ゼロからのOS自作入門

从零自制操作系统

o p e r a t i n g s y s t e m

[日] 内田公太◎著

马起园 罗浩源 苏杰◎译

電子工業出版社
Publishing House of Electronics Industry
北京 · BEIJING

内容简介

在本书中，你将尝试从零自制操作系统。你会体验到制作操作系统的整个过程，从打开计算机、调用操作系统到能够运行各种应用。你会了解到计算机的内部结构，以及操作系统的工作原理。在此之前，它们对于你来说可能一直都是黑箱。

本书内容包括：个人可以制作操作系统吗、计算机工作原理和Hello World、EDK II和内存映射、屏幕显示实践和引导加载器、像素绘图和make入门、文本显示和控制台类、鼠标输入和PCI、中断和FIFO、内存管理、叠加过程、窗口、定时器和ACPI、键盘输入、多任务处理、终端、命令、文件系统、应用、分页、系统调用、窗口应用、图形和事件、多终端、使用应用加载文件、从应用写入文件、应用的内存管理、日文显示和重定向、应用间通信、额外应用、前方的路，以及配置开发环境、获取MikanOS、EDK II文件说明、C++中的模板、iPXE、ASCII码表。

本书的目标读者是写过简单程序的人。如果你编写过几百行代码，有相关编程经验，那么应该可以毫无顾虑地通读本书。但如果你从未编写过程序，那么阅读本书会很吃力。

图书在版编目（CIP）数据

从零自制操作系统 /（日）内田公太著 ; 马起园等译. -- 北京 : 电子工业出版社, 2025. 8. -- ISBN 978-7-121-50875-2

Ⅰ. TP316

中国国家版本馆CIP数据核字第2025784Q2M号

责任编辑：张春雨
印　　刷：三河市君旺印务有限公司
装　　订：三河市君旺印务有限公司
出版发行：电子工业出版社
　　　　　北京市海淀区万寿路173信箱　　邮编：100036
开　　本：787×980　1/16　　印张：45.25　　字数：1014千字
版　　次：2025年8月第1版
印　　次：2025年8月第1次印刷
定　　价：188.00元

凡所购买电子工业出版社图书有缺损问题，请向购买书店调换。若书店售缺，请与本社发行部联系，联系及邮购电话：（010）88254888，88258888。

质量投诉请发邮件至zlts@phei.com.cn，盗版侵权举报请发邮件至dbqq@phei.com.cn。

本书咨询联系方式：faq@phei.com.cn。

译 者 序

想要了解一项技术，除了阅读相关的技术文档之外，最好的办法就是造“轮子”。接近于圆形的轮子当然能跑起来，而接近于方形的轮子也有可能跑起来，只是费力一些。造“轮子”的目的不是获得轮子这个结果，而是掌握制造的过程。在这个过程中，一定会碰到问题。无论是用了完美的还是略显笨拙的方法来解决这些问题，都将转化为制造者的知识。

本书就是这种“做中学”思维的成果。从专业的角度来看，MikanOS这个操作系统有些过于简略。但是，任何参天大树都是从一颗种子成长起来的。一颗种子能长成多高、多大的树，与信心和付出的时间相关。我们翻译这本书，就是为了给读者引一引路，并增加一些可参考的材料。

由于译者水平有限，如果读者发现了什么错漏，那不必怀疑：正确往往归于读者，错误往往归于译者。

引　言

本书的主题是自制操作系统。从零开始，用30章介绍如何做出一个简单的操作系统：MikanOS。在30章结束之后，你将看到下图所示的效果。图中的一切都是依照本书的内容实现的。当然，这些功能都是独立运行的，没有使用其他操作系统。

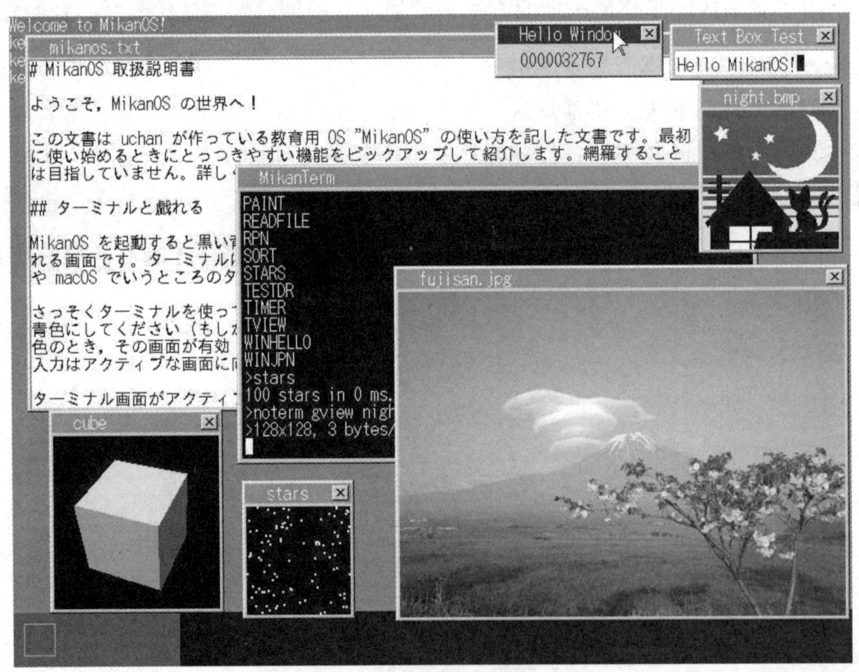

30天后的MikanOS

上图显示了一些在MikanOS上运行的应用。其中，左上显示的是MikanOS的用户手册（日文）；左下是一个旋转的彩色立方体；中间是一个黑色背景的终端；右下是富士山的JPEG照片。此外，还有几个小型应用正在运行。例如，右上角有一个窗口，显示操作系统启动后的运行时间（单位为0.01s），其上还有一个鼠标指针。总的来说，看起来是不是很真实？

操作系统（Operating System）是计算机中的基础软件，比如常见的Windows、macOS和Linux。操作系统在计算机的使用过程中发挥着重要作用——它通过提供网络浏览器和文字处理器等常用功能来支持应用开发，通过分配计算资源来实现多个应用的同时使用，并且提供了统一的操作方法。操作系统使计算机更加强大，更易于使用。

本书的目标是制作一个无须借助其他操作系统即可运行的操作系统，而不是在既有的操作系统（如 Windows）上运行的应用。不借助其他操作系统的功能意味着，比如在操作鼠标时，自己编写鼠标指针（箭头）在屏幕上移动的过程；使用键盘输入命令并按下回车键时，自己编写启动命令的进程。此外，还必须创建一个函数来探知并管理计算机的内存。几乎所有的处理过程都是自己完成的，这就是自制操作系统。是不是很激动人心？

乍一看，自制操作系统似乎是在浪费时间。虽然现在已经有了很多功能强大的操作系统，自制操作系统是在模仿它们，但是自制操作系统能给你带来宝贵的经验。探索计算机系统的工作原理会激发你的求知欲。从实用的角度来看，了解硬件和操作系统的工作原理将拓宽软件工程师的工作范围：研究操作系统如何工作，并探索如何创建高效运行的应用。或者，在调查系统故障原因时，可以利用调试操作系统的经验来深入研究。当需要阅读 Linux 内核的代码时，如果有制作操作系统的经验，那么读起来会容易得多。

这里用专业术语介绍一下MikanOS的功能：MikanOS是一个通过UEFI BIOS启动的操作系统，以64位模式运行，具有抢占式多任务、窗口系统、分页内存管理和系统调用等功能。如果你不知道这些专业术语的含义，也不要紧，本书的任务就是在实践中解释它们的含义。

目标读者

如今，个人可以创建复杂的网络服务和支持VR的游戏。如果你购买了一台面向物联网的小型计算机，就可以立即开始从事十年前无法想象的高级电子工作了。以如何构建编译器和CPU为主题的书也已出版。

虽然制作各种东西变得更加容易，但制作操作系统却很更加困难。这是随着计算机的日益复杂而演变出的结果。本书的目的就是揭示隐藏在黑暗中的操作系统原理，确保自制的乐趣依然存在。为什么不与作者一起手工制作操作系统呢？

本书是2006年出版的《30天自制操作系统》的衍生成果。那是一本非常好的书，2021年仍在印刷。但自该书出版以来，个人计算机已经发生了很大的变化，有些信息（尤其是与硬件相关的信息）已经过时。于是，我决定写一本新书[1]。因此，本书的内容是在编写此书时市面销售的计算机上进行测试的（但不保证在所有型号的计算机上都能正常工作）。

本书的目标读者是写过简单程序的人。如果你有几百行代码的编写经验，那么应该可以毫无顾虑地阅读本书。但如果你从未编写过程序，那将会很吃力。

本书中的MikanOS是用C++编写的。对于那些不熟悉C++的读者，书中会提供一些解释。要了解更多，可以参考本书中的说明，也可以参考相关的入门书籍和网站信息。你可能决心在开发操作系统之前完全学会C++，但作者认为，在开发的过程中根据需要学习 C++，会更容易保持积极性。脚踏实地，勇往直前吧！[2]

1　作者高中时参加了《30天自制操作系统》一书的校对工作。当时做梦也没想到自己会写一本这样的书。

2　编者注：如果你对自制操作系统感兴趣，请一定要阅读**第0章**。

目　　录

第 0 章

个人可以制作操作系统吗

我们日常使用的Windows、macOS和Linux都是大型操作系统。例如，Linux 4.10（2017年发布）约有2 100万行代码。我们不知道其他两个操作系统的情况，因为它们的源码没有公开，但数千万行大概是有的。当然，个人不可能构建如此大型的软件。

这些操作系统并不是一开始就很庞大。Linus Torvalds的Linux的第一个版本0.01（1991年发布）只有10 239行。与4.10版本相比，它虽然小，但却具备了操作系统的基本功能。

此外，《30天自制操作系统》一书中制作的操作系统有4 249行，编译后大小约为40KB。你不觉得个人也可以制作这种操作系统吗？是的，当然可以！

本书中制作的操作系统虽然简单，但它仍然是一个不错的操作系统，具有图形用户界面（Graphical User Interface，GUI）[1]、弹出窗口和多任务功能[2]。在本书中，我们将制作一个可以在UEFI下启动、在Intel 64位模式下运行、使用分页内存管理、具有USB 3.0驱动程序和文件系统的操作系统。

0.1 如何制作操作系统

制作操作系统主要有两种方法：修改现有的操作系统，或者自己制作整个操作系统。

你可以在现有操作系统（如Linux）的基础上，通过添加必要的功能和删除不必要的功能，制作一个原创的操作系统。这是制作具有实用性的操作系统的最快方法。macOS和Android是不同的操作系统，但它们都是以这种方式制作的。不过，采用这种方式很难看到操作系统的全貌，只能体验操作系统制作过程的一小部分。难道你不想体验整个制作过程吗？

在本书中，你将尝试动手自制操作系统。你将体验到制作操作系统的整个过程，从打开计算机、调用操作系统本身到能够运行各种应用。在阅读本书的过程中，你将了解到计算机的内部结构，以及操作系统的工作原理。在此之前，它们对于你来说可能一直都是黑箱。

制作操作系统是有诀窍的——不要从一开始就试图让它变得完美。如果一开始就追求完美，你将会停滞不前，根本无法前进。相反，可以一开始做一个看起来像操作系统的玩具。随着制作的玩具越来越多，最初的玩具就会逐渐变得越来越像实物。

在制作操作系统时，你可能会被专家问到很多问题，比如是使用宏内核还是微内核、如何管理内存，以及如何保证实时性能等。要回答这些问题，必须好好学习理论知识。可见，学习操作系统的理论知识非常重要。

但是，这并不意味着只有在学习了操作系统的各个方面之后才能动手。事实上，我认为

1　一种使用按钮和复选框等图形部件的可视化操作方法。

2　同时执行多项任务（工作）。现在多任务处理已很普遍，但一些旧的操作系统并不支持。

在不了解理论的情况下开始学习会更好。开发操作系统是一项非常令人兴奋的创造性活动，一开始最好能尽情享受制作的乐趣，这样以后才会有学习的动力。

0.2 到底什么是操作系统

到目前为止，我们只是含糊地使用了“操作系统”一词，但操作系统究竟是什么？它要达到什么目标才能被称为操作系统？

事实上，人们所说的操作系统不大相同，似乎很难给出一个明确的定义。《30天自制操作系统》一书中写道：“在比较各种操作系统时，我们找不到任何可以说具有共同特征的系统。毕竟，任何软件都可以是操作系统，只要它的创造者坚持认为它是操作系统，并且周围的人也认为它是操作系统。”我也有这种感觉。因为世界上有很多功能非常简单却被称为操作系统的软件，很难找到所有软件都具有的功能。

不过，不妨静下心来，想一想常用的操作系统都有哪些功能。且不说所有的操作系统，如果观察一下日常可能使用的操作系统，如Windows、macOS和Linux，则可以看到三个方面（图0.1）。

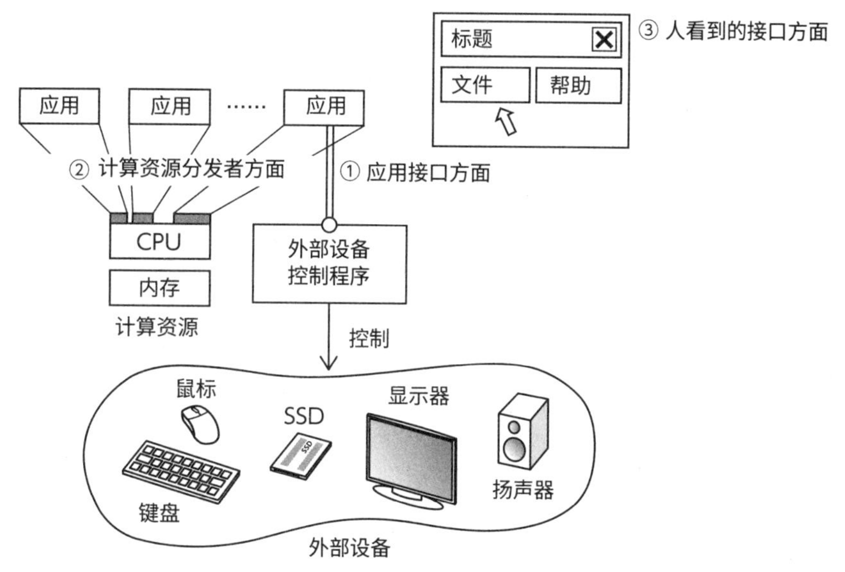

图0.1 操作系统的三个方面

图0.1中的接口指的是两个事物的交界处。它是应用和操作系统的交汇点，或者说是人和计算机的交汇点。比如日常生活中的微波炉或洗衣机上的按钮就是接口，因为它们是人与机器的接触点。或者说，家用游戏机的控制器就是人与游戏之间的接口。从细节上看，控制器

上的按钮是人与人之间的接口，而游戏机上的控制器连接端口则是控制器与控制器之间的接口。

接口是操作的窗口。接口的质量直接关系到产品的易用性。就操作系统而言，应用在使用操作系统的功能时会使用其提供的接口，而人们在使用计算机时也会使用操作系统提供的接口。那么，能否提供一个易于使用的接口，是对操作系统作者能力的考验。

计算机上连接着各种外部设备：HDD（机械硬盘）和SSD（固态硬盘）等二级存储设备、鼠标、键盘、显示器、网卡（Network Interface Card）[1]、摄像头、扬声器等。在没有操作系统的时代，每个应用都控制着自己的外部设备。操作系统接管了每个应用对外部设备的控制。在通常情况下，控制外部设备（硬件）往往很复杂，但操作系统会吸收这种复杂性，这样应用就能通过简化的接口使用外部设备。

通过操作系统提供的简化接口，应用可以轻松地使用外部设备。此外，通过向应用隐藏外部设备的详细信息，可以在同一个接口上使用不同（相同）类型的外部设备。例如，存储设备（HDD、SSD等）因产品不同而有不同的连接标准和速度，但操作系统会吸收这些差异，因此应用只需要使用简化的文件读/写接口即可。这种隐藏细节和提供简化接口的方式被称为**抽象**。抽象是一种重要的机制，它能使内在复杂的计算机世界保持足够简单，以便人类能够处理。

抽象不仅适用于外部设备控制，也适用于网络通信。TCP和UDP通常用于互联网通信，但其底层传输方式通常隐藏在操作系统中，应用看不到——也许是连接到主板的网线上的以太网，也许是通过USB插入的Wi-Fi天线。它们是不同的物理传输方式，但操作系统提供了一个抽象接口，因此应用无须担心。

正如我们所看到的，“应用接口方面”是程序员在创建应用时经常依赖的部分。相比之下，接下来要解释的“计算资源分发者方面”则与使用应用的一方有关。

计算资源是指应用处理所需的所有资源，如CPU计算、内存分配、存储读/写、网卡传输/接收等。这些资源是有限的，如果一个应用垄断了这些资源，那么其他应用就无法运行了。此外，需要这些资源的不仅仅是应用，操作系统的活动也需要资源，例如鼠标光标移动过程。操作系统的作用就是合理分配计算资源，使多个应用和操作系统能够并行运行。那么，如何划分和分配资源是操作系统作者的能力体现。

资源分配是一个深奥的话题。例如，假设在运行CPU密集型应用（如视频编码）时移动了一下鼠标。如果操作系统非常简单，在视频编码完成之前，应用会垄断CPU，那么鼠标光标就会一直静止不动，直到视频编码完成。这会让操作者误以为计算机已被冻结或损坏。虽然视频编码会占用大量的CPU，但这一过程暂停一下也不会有什么问题。另外，鼠标光标移动过程平均占用的CPU很少，但在鼠标光标移动的一瞬间，你希望尽快处理它。在这种情况

1 一种传输和接收网络数据的外部设备。之所以称其为卡，是因为它最初是作为扩展卡出售的。它现已作为标准配置内置于计算机主板中。

下，所有流行的操作系统都能正常工作。

到目前为止，我们所看到的两个方面主要是编程方法，包括让创建程序变得更容易，以及确保多个程序能很好地协同工作。最后是“人看到的接口方面”，即操作系统如何帮助人类与计算机打交道。

在使用计算机时，如果每个应用都有一个统一的菜单，那么操作起来就会更加方便。每个应用都有一个外观相同的主菜单，点击“文件”菜单后，可以选择“覆盖保存”或“另存为”等。另外，键盘快捷键（如按“Ctrl+C”快捷键进行复制，按“Ctrl+V”快捷键进行粘贴）也能够在各个应用中通用。这样一来，操作系统[1]的作用就是为各应用提供通用接口。

我们从三个角度探讨了操作系统的作用。这并不是说，如果不具备所有这些功能，就不能称之为操作系统。而是说，流行的操作系统都具备这些功能。在本书中，我们也将仿效现有的操作系统，尝试制作一个或多或少具备这些功能的操作系统。

专栏0.1　操作系统规范和POSIX

前面提到了“接口”这个关键词。操作系统与应用或者人通过接口进行交互。因此，如何使用接口以及接口的行为方式（即接口规范）非常重要。从应用的角度来看，接口规范包括函数名称、参数类型、函数行为和返回值等。从人的角度来看，接口规范可能包括点击鼠标时会发生什么、如何启动应用、如何将应用的结果保存到文件中、窗口上的“关闭”按钮在哪里等。

它并不局限于操作系统，只要接口相同，即使实现方式不同，也能以相同的方式使用。如果有多个符合相同接口规范的操作系统，那么对于应用的作者和用户来说，在任何操作系统上运行应用都是非常方便的。这对于操作系统的作者来说也是一件好事：无论操作系统的目标硬件是x86计算机、ARM手机还是使用自制CPU的计算机，只要提供通用接口，就能运行现有的应用。

POSIX（Portable Operating System Interface）是著名的操作系统接口。这是一种被类UNIX的操作系统广泛采用的接口，涵盖了大量的C函数、文件系统和进程。本书中使用的标准C库Newlib基于POSIX，因此在制作MikanOS时会不时地出现与POSIX相关的话题。

不过，MikanOS本身并不符合任何现有的接口规范。因为本书的目的并不是介绍现有的接口规范。我们将努力以一种易于构建的方式来实现自己想要的东西，而不受现有规范的限制。我们认为自制操作系统并与POSIX和其他现有的接口规范兼容是非常有趣的，所以不会阻止你去尝试。在此表示支持！

1　有人可能会指出：不，这不是操作系统（内核）的作用，而是GUI框架的作用。的确如此。在这里，操作系统并不局限于内核，而是对其做了更广泛的解释。

0.3 自制操作系统的步骤

对于普通的应用，你可以在计算机上编写源码，然后编译创建可执行文件。启动该文件（双击文件名或在终端输入文件名），它就会运行。使用Python等解释型语言，可以按原样执行源码。

不过，我们之所以能以这种方式执行源码，也要归功于操作系统。我们要制作的是操作系统本身，因此必须创建不依赖操作系统就能运行的特殊程序。我们将遵循以下步骤进行制作。

1. **在开发机上编写和编译操作系统的源码。**
2. **将生成的可执行文件写入U盘。**
3. **将U盘插入测试机，打开并运行它。**

开发机和测试机可以是同一台机器，但在这种情况下每次都需要重启，比较麻烦。因此，我使用了一台名为GPD MicroPC的小型计算机作为测试机。这台机器的价格在5万日元左右，功能齐全，非常适合测试自制的操作系统。此外，我也会偶尔使用装有AMD FX-8800P CPU的A10N-8800E主板的组装机作为测试机。你可以购买二手计算机。如果是2012年之后发售的机型，我认为其工作原理大概与本书中所述一致（但我不能保证这一点）。

你也可以使用模拟器来测试自己的操作系统。模拟器是一种在计算机中虚拟再现计算机的软件。使用模拟器，即使没有准备测试机，也可以放心地测试本书的内容。即使你有一台测试机，模拟器也会很有用，因为你可以轻松地进行测试，而无须准备U盘。我经常使用QEMU模拟器来开发MikanOS。关于如何使用QEMU模拟器，将在**1.4**节中介绍。

本书是在使用Linux系统开发的前提下编写的，而《30天自制操作系统》是基于Windows系统编写的。因为与那个时代相比，现在的Linux系统已经足够易用，而且有了WSL（Windows Subsystem for Linux）[1]，Linux系统也可以在Windows系统上运行。在Linux系统上建立开发环境比在Windows系统上更容易[2]。如果你还没有使用过Linux系统，何不借此机会了解一下呢？确切地说，我们在Ubuntu 18.04（Linux的一种发行版）上做了测试。与Ubuntu在WSL上的任何操作差异都将在本书中说明，因此Windows系统的用户也可以一起体验！

在步骤1中，你可以使用任何自己喜欢的文本编辑器来编写源码。我更喜欢使用Vim。只要最终能得到想要的可执行文件，使用任何工具都可以。要将源码转换成可执行文件，需要

1　Windows 10中的一项功能，允许Windows系统和各种Linux发行版（如Ubuntu）共存。

2　大多数Linux发行版都自带开发工具，或者易于安装。如果你想研究超出本书范围的内容，例如使用Git进行源码版本控制或尝试不同的编译器，那么使用Linux会更方便。

使用编译器。编译器有很多种，但本书中使用的是Clang（+LLVM）[1]。除Clang之外，还有著名的编译器GCC，也值得一试。

对于在步骤2中使用的U盘，建议购买便宜的U盘，这样即使坏了也不会有太大的损失。容量小一些也没关系。当然，也不一定非得使用U盘，只要测试机的固件支持该介质即可。也可以使用内置或外置的硬盘，或者通过网络启动。我不想每次都插拔U盘，因此在开发操作系统时，只将通过网络加载操作系统的软件（iPXE）放在了U盘上，而将主要操作系统文件放在了开发机上。这样U盘就可以一直插着了。

0.4 享受自制操作系统的乐趣

自制操作系统没有标准答案。0.5节是本书中流程的一大引子，但它只是一个例子。我们鼓励读者自由发挥，而不必担心迷失方向；我们鼓励读者自己修改和实现本书中未涉及的功能。虽然仅仅通过再现本书中的流程，可能就会获得相当多的关于操作系统和底层的知识，但是通过探索未知，将会获得更深刻的体验。

如果你想更深入地了解本书中的内容，建议你“抄经”。“抄经”原指抄写佛经，本书中是指自己输入示例代码，而不是复制和粘贴。你可能会问：这样做有什么意义？到目前为止，复制和粘贴是最快的学习方法。

根据我的经验，“抄经”的优势在于，你可以在阅读代码的同时理解细节。这是因为当你自己逐个字符输入代码时，你会更容易注意到细节，而不是只看复制和粘贴的代码。事实上，我在复制和粘贴代码时阅读了《30天自制操作系统》一书。在复制代码的过程中，我觉得自己能够深刻理解。当然，“抄经”需要一定的时间，但如果你是一个时间充裕的学习者，为什么不试试呢？

在阅读本书的过程中，你可能会对内容产生疑问。或者，如果你想尝试自己修改，那么肯定会遇到一些研究了也想不明白的问题。在这种情况下，你可以向我或自制操作系统的社区成员提问。如果你的问题与本书内容直接相关，那么最好访问本书的支持站点。在支持站点内的GitHub Issues上发布你的问题，我和其他读者会回答你的问题。你也可以将GitHub Wiki作为记录学习笔记和发布自己的修改的平台。支持站点是本书读者聚集的地方，因此，你也可以在这里找到读友。不过，根据GitHub的使用条款，13岁以下的读者不能使用Issues或Wiki。

对于本书未涉及的更高级主题的问题和讨论（例如，如何从自制的操作系统直接读/写U盘），你可以访问操作系统社区osdev-jp。在osdev-jp中，既有为个人计算机制作操作系统

1 选择Clang有几个原因，例如，其警告信息比GCC的更易阅读，而且可以有选择性地指定编译目标。不过，这只是个人喜好问题。如果你更喜欢GCC，那么也可以使用它。

的人，也有为嵌入式设备制作操作系统的人。

本书中制作的MikanOS可能无法在所有的计算机上正常运行。尽管我确认它能在我自己的计算机上启动，但它很有可能无法在读者的计算机上启动。这是操作系统开发的难点，也是乐趣所在。原因在于，操作系统与硬件直接相关，因此它能否正常运行在很大程度上取决于各种硬件。如果MikanOS不能在某一特定型号的计算机上运行，你就必须找出它不能运行的原因，并对它进行修改，使它能够运行。

0.5 自制操作系统的全貌

从第1章开始，你将具体地开发自己的操作系统。内容相当详尽，因此，你会感觉像在森林中探险一样。你甚至可能会迷路。为了尽量避免迷路，在进入主体部分之前，你应该看看整个区域。不过，主体部分非常密集，我花了很长时间才看完整个区域。本书目录可以在你以后再看的时候起到鸟瞰图[1]的作用。

在第1章至第3章中，将创建引导加载器。引导加载器是将操作系统加载到主内存并启动的程序。由于计算机工作方式的限制，必须将要执行的程序放在主内存中。然而，一般主内存（DDR-SDRAM）中的内容在计算机关闭后会丢失。因此，将操作系统记录在关机后也不会丢失内容的存储器（如HDD或SSD）中，并通过引导加载器将其从存储器读取到主内存中。

在本书中，我们将创建一个可以与UEFI BIOS配合使用的引导加载器。例如，UEFI具有读/写存储设备的能力，因此引导加载器的作者不需要为存储设备创建自己的控制程序（设备驱动程序），只需要调用UEFI功能即可。这样，创建引导加载器就容易多了。

在完成引导加载器的创建后，就可以开始制作操作系统了。第一个目标是在屏幕上显示图形和文本（第4章和第5章）。如果仔细观察计算机屏幕（称为显示器或监视器），就会发现它是由许多水平和垂直排列的小方块（像素）组成的，每个小方块可以显示任意颜色。如果给相应的像素涂上颜色，就可以显示图形和文本。对于矩形和线条，可以计算出要绘制的像素的位置。对于文本，可以使用字体（即含有文本形状的数据文件）来确定要绘制的像素。此时，你可以用任意颜色来绘制矩形和显示文本，如图0.2所示。

在第6章和第7章中，将学习使用鼠标。当鼠标可用时，就可以在屏幕上移动鼠标光标了。这是通过中断机制实现的。中断是一种中断正常处理的机制。如果试图在不使用中断的情况下控制鼠标，就必须每隔一段时间（如0.01s）查询一次鼠标："移动了吗？"平均而言，鼠标光标几乎静止不动，查询最终也是徒劳无功的。不过，如果降低查询频率，你很可能会感觉到鼠标不流畅。在使用中断的情况下，当鼠标移动时，中断过程会自动运行，鼠标

1 鸟瞰是指以鸟的视角从高处俯瞰。这可以看到整个区域，更容易了解自己在森林中的位置。

光标也会移动。使用中断机制来处理鼠标移动会更有效率。

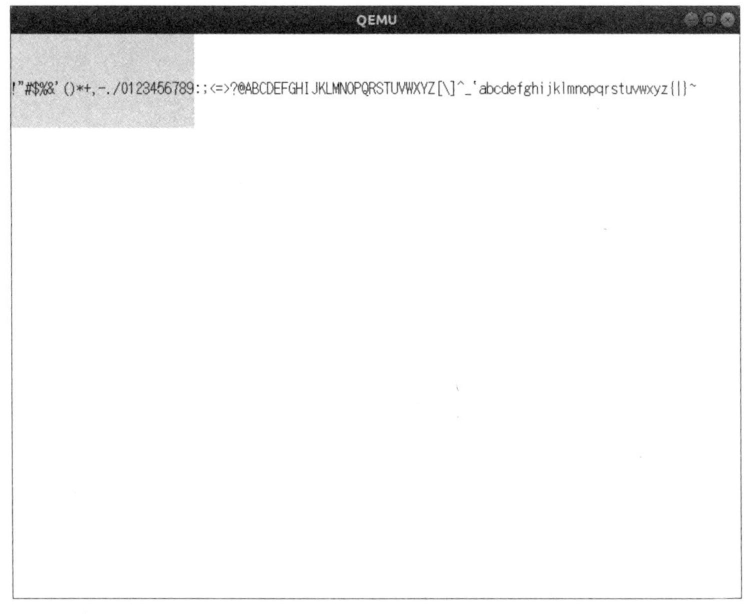

图0.2　字体集合

在第8章中，将创建一种内存管理机制。内存管理是指确定计算机中哪些部分的主内存在使用，哪些是空闲的，并将内存空间分配给需要的应用和程序的过程。要做到这一点，首先需要了解内存的容量和初始状态。你必须知道内存是4GB的还是32GB的，还必须知道操作系统以外的程序（如UEFI BIOS本身和引导加载器）所使用的内存空间，以便正确管理内存。

在第9章和第10章中，将介绍如何显示窗口。显示窗口与显示文本原理相同，基本上只是在像素上绘制图片，但叠加过程有些难度，必须考虑到背景、窗口和鼠标光标之间的重叠。基本上，可以按顺序绘制图片来表现叠加效果，从重叠部分底下的图片开始。不过，由于要在大量的像素上绘制颜色，简单的绘制任务往往也会变得繁重。我们将尝试加快绘制过程，以便可以顺利移动鼠标光标和窗口。

在第11章中，将介绍定时器。定时器是计算机中内置的一种硬件，可以用于测量时间。能够测量时间就意味着可以实现一个定期执行某种处理的系统。对于定时切换多个任务和实现抢占式多任务处理（即多个任务并行运行）来说，定时器至关重要。此外，定时器还有助于实现需要适当定时的应用，如游戏和视频等。

在第12章中，将介绍键盘，用于文本输入。键盘上的每个键都有一个数值，称为键码。每次按下一个键时都会发送一个键码，它由中断处理程序接收。如果仔细观察键盘上的键，就会发现上面印有多个字符。例如日文键盘上“W”键上方的“2”键，除印有“2”之外，还印有一个"""。操作系统会考虑是否同时按下了Shift键，并将键码转换为相应的字符。

在第13章和第14章中，将尝试多任务处理，这是一种并行运行多个任务的机制。应用就是任务的一种。当你在计算机上工作时，会同时使用多个应用。例如，使用音乐应用播放背景音乐（BGM），使用网页浏览器应用查找文献，使用文字处理应用撰写报告等。这一切都要归功于多任务机制。在没有多任务功能的操作系统上，只有在关闭了一个应用后才能使用其他应用。

多任务机制对于最大限度地提高计算机的处理性能非常重要。例如，假设你正在制作一款运行速度为10fps（帧/秒）的游戏。帧之间的时间间隔为0.1s，第一帧在0.02s内完成，那么可以将第二帧之前的0.08s的空闲时间分配给其他任务，这就意味着在这段时间内可以完成更多的任务。给人类0.08s的时间，什么也做不了。但CPU的速度非常快，即使这么短的时间也能充分利用。如果没有多任务机制，当有其他进程需要处理时，计算机就会处于闲置状态。

在第15章和第16章中，将介绍终端和命令。所谓终端，就是指黑底白字的那个屏幕。终端是一种使用文本形式下达命令并显示结果的机制，被称为CLI（Command Line Interface）[1]。在CLI应用中，只需要处理字符串，与需要在窗口中放置按钮和使用事件驱动编程的GUI应用相比，它更容易构建。因此，终端特别适合在操作系统开发的早期阶段使用。此外，在终端中输入命令并按Enter键执行，就像黑客一样酷！如果你读到第16章的中间部分，就会看到图0.3。

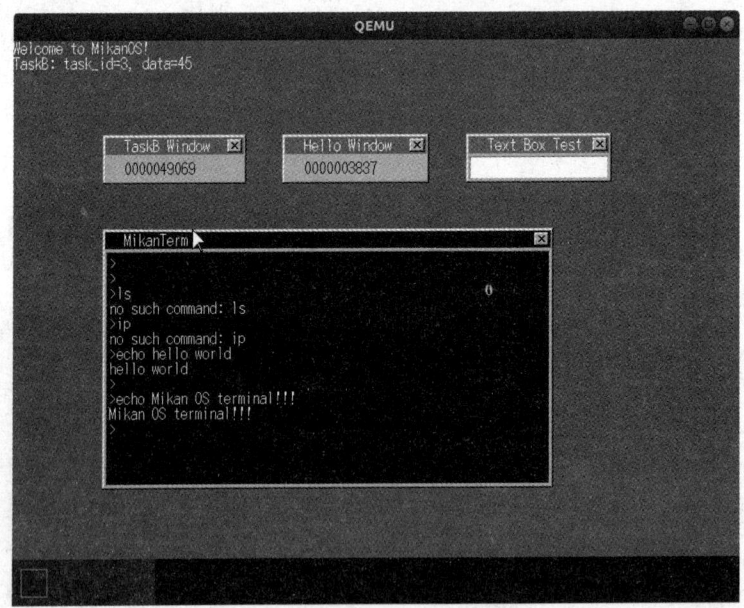

图0.3 终端中的echo命令

1 命令行是在终端中输入的命令。当我们说CLI应用时，指的是以文本形式下达命令并以文本形式显示结果的应用。

在第17章中，将创建一个文件系统。现代计算机以字节为单位处理数据。字节是一个小的存储单元，可以表示0～255的数字[1]。对于字母数字字符，一个字节可以代表一个字符，因此可以将HDD、SSD和其他存储设备看作是非常大的字节串。到底有多大呢？1TB可以存储大约2万册《广辞苑》[2]的文件。想象一下它们堆叠起来的样子，甚至很难找到某一页，不是吗？看起来非常笨重。

文件系统可以被描述为将庞大的字节串分割成小块并命名为“文件”的功能。文件系统会维护一个表，将文件名映射到字节串中的位置，并返回文件名指定的文件在字节串中的位置。或者在创建新文件时，查找字节串中的可用空间并更新文件名和位置的对照表。根据字节串的管理方式，有多种文件系统，但本书中将使用FAT文件系统。

在第18章至第20章中，将学习创建应用。到目前为止，我们一直在为操作系统本身创建功能。但从现在起，将创建在操作系统之上运行的应用。0.2节介绍的操作系统的三个部分都是以应用为基础的。“应用”对应的英文单词是application，其内涵是应用于现实世界，为用户带来某种价值。没有应用的操作系统是无用的，能够运行应用是操作系统自制的一个重要里程碑。

特别是在第20章中创建的**系统调用**机制，它是实现第一个切入点“应用接口”的非常重要的机制。系统调用是应用调用操作系统功能的窗口。应用利用操作系统的各种功能进行处理，但如果可以随意调用操作系统中包含的程序，就无法保证安全性了。如果你只运行自己创建的应用，那没问题，但通常你会获取和使用第三方创建的应用。如果应用是由怀有恶意的人制作的，那么整个系统就会被劫持，其他应用中的重要数据也会被窃取。通过将应用与操作系统之间的接触点限制在系统调用上，你就可以在为应用提供操作系统功能的同时维护安全性。大多数自己制作操作系统的人，都不会在自己的操作系统上运行别人的应用，因此不需要系统调用。然而，系统调用是大多数操作系统中始终存在的一种机制，因此我决定在本书中创建一个系统调用。

在第21章至第23章中，将扩展系统调用。这些调用包括打开窗口、绘制图片、计时和点击。系统调用越多，可以创建的应用范围就越广。我认为，在创建大量应用的时候是非常有趣的。创建操作系统的基本机制很有趣，但看到自己能够创建的应用数量在不断增加，也会让人非常有动力。

在第24章中，将能够启动多个终端。在本书的操作系统设计中，一个终端就是一个应用，因此能够打开多个终端就意味着可以同时使用多个应用。启动多个应用的效果如图0.4所示。是不是严肃了许多？

1 字节没有固定的位数，但在本书涉及的x86-64架构中，1字节等于8位。

2 据说一册《广辞苑》大约有1500万字。按照每字平均3字节计算，1500万字就是45MB。1TB/45MB≈22222。顺便提一下，在撰写本书时，我在一家电子产品零售店查看SSD时，发现许多500GB至1TB的产品都在促销。

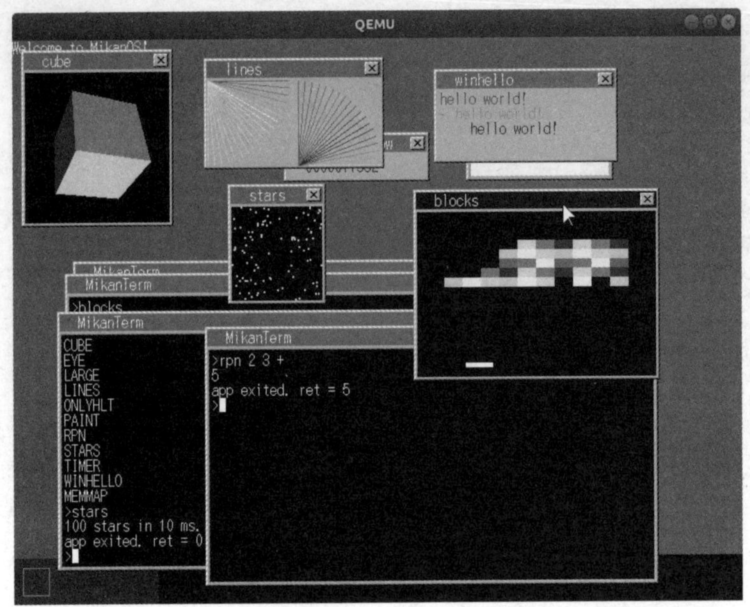

图0.4　启动多个应用

在第25章和第26章中，将为应用创建一种读/写文件的机制。应用使用文件描述符编号这个整数值来操作文件。在打开文件时，操作系统会分配一个新的文件描述符编号，此后应用就使用该编号对文件执行读/写等操作。操作系统会保存编号与文件描述符之间的对应关系表、应用打开的文件列表、每个文件的读/写位置以及文件描述符编号。通过整数值指定文件的方法不是强制性的，但已被广泛采用，本书中也采用了这种方法。如果使用相同的机制，那么与其他工程师的交流就会更容易。一旦可以从应用中读/写文件，你可以创建的应用的范围就会大大扩展。

在第27章中，将为应用创建一种机制，以分配大量内存或使文件看起来像内存。这里创建的机制既简单又复杂，你会觉得自己是在“建立一种从背后支持操作系统的机制”。你可以创建的应用的范围并不广泛，但从技术角度来看，内容还是很有趣的。

第28章中介绍的日文显示，对于操作系统教程来说是一个额外的内容。我决定接受挑战，因为毕竟支持日文看起来既华丽又有趣。日文字体与字母数字字体基本相同，只是日文字体包含大量的字符来显示日文。日文有大量的字符，在FreeType库的帮助下，可以使用TrueType字体。建议读者玩一玩，换上自己喜欢的字体。

在第29章中，将尝试使用应用间通信[1]（管道）。应用间通信是多个应用相互交换信息的一种机制。在此之前，每个应用都是独立启动的，进行一些处理，然后退出。应用间通信允

1　通常称为进程间通信。

许将一个应用的输出结果输入另一个应用中进行处理。现在你可以将小型应用组合起来，让它们完成复杂的工作，从而进一步扩大应用的使用范围。

在第30章中，将创建额外的功能和应用。创建一个用于在大屏幕上查看文本文件的文本查看器和一个用于显示图像文件的图像查看器，会让你的屏幕看起来更加绚丽多彩（**图0.5**）。漂亮吧？

图0.5　在图像查看器中显示三张图像

第 1 章

计算机工作原理和 Hello World

为了迈出制作操作系统的第一步，本章尝试在没有其他操作系统的情况下在屏幕上显示一条信息。计算机是由数字电路组成的，只能处理二进制数据，那么如何显示文字呢？我们将通过使用二进制编辑器编程来简要介绍其工作原理。在本章的最后，我们将使用C语言重新实现显示一条信息。

1.1 Hello World

现在可以开始制作操作系统了。先来创建一个简单的程序，它在没有任何操作系统的帮助下即可启动，并在屏幕上显示一条信息。通常，在这种情况下，你可能会使用某种编程语言来编写程序。但在本书中，我们将尝试不使用任何编程语言。下面将首先介绍如何在Ubuntu（非WSL）中运行程序，然后展示在WSL中运行的不同之处。

要运行所创建的程序，请尝试在测试机上运行。即使没有测试机也不用担心，我们会介绍如何在模拟器上运行。

在这里，我们使用二进制编辑器来创建程序。二进制编辑器是一种多功能工具，可以用于创建任何类型的文件。我们要创建的是一个在屏幕上显示信息的程序，但它也是一种文件，所以可以使用二进制编辑器创建。

二进制编辑器有很多种，但所有二进制编辑器的基本功能都是一样的，你可以根据自己的喜欢来选择。如果你使用的是Linux系统，我认为Okteta是一款功能强大、简单易用的二进制编辑器。这是一款免费工具，你可以随意使用。在Ubuntu中，你可以使用“Ubuntu软件”或以下命令行来安装它。

```
$ sudo apt install okteta
```

前面的$符号表示这一行是命令行，不必输入它，只需要输入从sudo开始的字符串即可。

如果上述命令运行成功，Okteta的安装就完成了。接下来，启动Okteta。在Ubuntu中，按下Windows键[1]，在出现的搜索框中输入“okteta”，找到Okteta。点击出现的图标，Okteta就会启动（图1.1）。

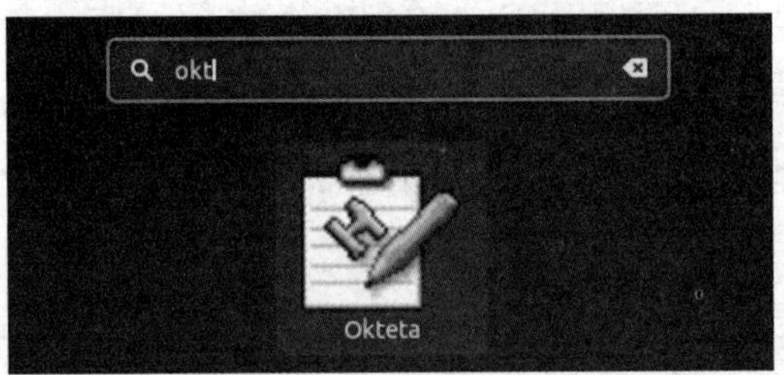

图1.1 搜索“okteta”并启动Okteta

现在，启动二进制编辑器并输入图1.2所示的数字序列。整行为0的部分用“*”表示。此处输入的数字的含义将在后面进行解释。

1 有Windows符号的键，在Mac上称为Command键，在Linux系统上称为Super键。

```
00000000  4d 5a 00 00 00 00 00 00  00 00 00 00 00 00 00 00  |MZ..............|
*
00000030  00 00 00 00 00 00 00 00  00 00 00 00 80 00 00 00  |................|
*
00000080  50 45 00 00 64 86 02 00  00 00 00 00 00 00 00 00  |PE..d...........|
00000090  00 00 00 00 f0 00 22 02  0b 02 00 00 00 02 00 00  |......"........|
000000a0  00 02 00 00 00 00 00 00  00 10 00 00 00 10 00 00  |................|
000000b0  00 00 00 40 01 00 00 00  00 10 00 00 00 02 00 00  |...@............|
000000c0  00 00 00 00 00 00 00 00  06 00 00 00 00 00 00 00  |................|
000000d0  00 30 00 00 00 02 00 00  00 00 00 00 0a 00 60 81  |.0............`.|
000000e0  00 00 10 00 00 00 00 00  00 10 00 00 00 00 00 00  |................|
000000f0  00 00 10 00 00 00 00 00  00 10 00 00 00 00 00 00  |................|
00000100  00 00 00 00 10 00 00 00  00 00 00 00 00 00 00 00  |................|
*
00000180  00 00 00 00 00 00 00 00  2e 74 65 78 74 00 00 00  |.........text...|
00000190  14 00 00 00 00 10 00 00  00 02 00 00 00 02 00 00  |................|
000001a0  00 00 00 00 00 00 00 00  00 00 00 00 20 00 50 60  |............ .P`|
000001b0  2e 72 64 61 74 61 00 00  1c 00 00 00 00 20 00 00  |.rdata....... ..|
000001c0  00 02 00 00 00 04 00 00  00 00 00 00 00 00 00 00  |................|
000001d0  00 00 00 00 40 00 50 40  00 00 00 00 00 00 00 00  |....@.P@........|
*
00000200  48 83 ec 28 48 8b 4a 40  48 8d 15 f1 0f 00 00 ff  |H..(H.J@H.......|
00000210  51 08 eb fe 00 00 00 00  00 00 00 00 00 00 00 00  |Q...............|
*
00000400  48 00 65 00 6c 00 6c 00  6f 00 2c 00 20 00 77 00  |H.e.l.l.o.,. .w.|
00000410  6f 00 72 00 6c 00 64 00  21 00 00 00 00 00 00 00  |o.r.l.d.!.......|
*
00000600
```

图1.2　在二进制编辑器中输入的神秘的数字序列

图1.3显示了在Okteta中输入数字序列的过程。

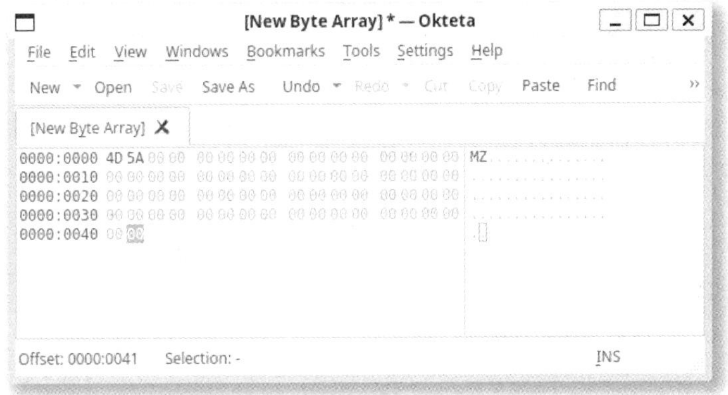

图1.3　在Okteta中输入数字序列的过程

在默认情况下，Okteta的显示方式可能有些不同。如果在“View（视图）”菜单的

“Bytes per Line（设置每行字节数）”中设置为16，那么显示效果将与这里的相似（图1.4）。

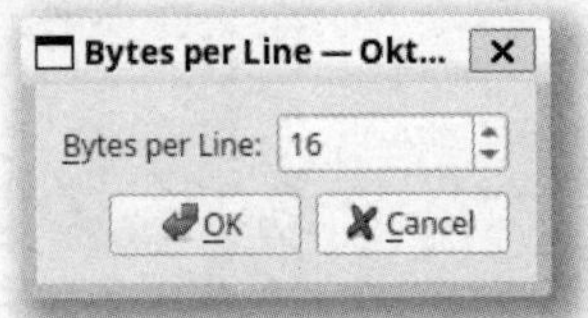

图1.4 调整Okteta的显示效果

虽然大多是数字，但其中也夹杂着字母，如4d。这是因为上面的数字是以十六进制形式书写的。我们稍后将讨论十六进制数字。现在，请尝试按图所示输入数字序列。输入完毕后，将其保存为BOOTX64.EFI，并将这个文件放在容易找到的地方。

要检查BOOTX64.EFI中的内容是否正确，盯着上面的数字序列查找错误是非常困难的。这时候校验和技术就有了用武之地。从技术角度来讲，校验和是一种错误检测码，只需要比较校验和的值，就能确定文件内容是相同的还是不同的（准确度很高）。要计算校验和，请使用sum命令。

```
$ sum BOOTX64.EFI
12430 2
```

如果在二进制编辑器中输入是正确的，那么BOOTX64.EFI的校验和应为12430。如果输入错误，则将导致错误的校验和。不过，仅凭校验和并不能确定错误的位置，最终还是要通过肉眼找到错误。

接下来，我们将介绍如何在计算机上运行所创建的程序。如何在模拟器上而不是在真机上运行程序，将在1.4节中介绍。

如果你想在真机上运行程序，则需要准备一个包含已创建程序的U盘设备。首先以FAT格式格式化U盘，然后将刚刚创建的BOOTX64.EFI文件复制到U盘上的/EFI/BOOT目录[1]下。如果将U盘插入计算机时的设备名称是/dev/sdb，则具体命令顺序如下。查找实际设备名称可参考1.2节。

```
$ sudo umount /dev/sdb1
$ sudo mkfs.fat /dev/sdb1
$ sudo mkdir -p /mnt/usbmem
$ sudo mount /dev/sdb1 /mnt/usbmem
$ sudo mkdir -p /mnt/usbmem/EFI/BOOT
$ sudo cp BOOTX64.EFI /mnt/usbmem/EFI/BOOT
$ sudo umount /mnt/usbmem
```

复制BOOTX64.EFI后，将U盘插入测试机并开机。这时屏幕上会显示Hello, world!（如果还想检查开发机的运行情况，那么只需要在插入U盘的情况下重启即可）。

1 目录是存放多个文件的地方。详情请参阅25.1节。

我将U盘插入GPD MicroPC（用于MikanOS实验的小型计算机）并启动它，显示的信息是“Hello, world!”，尽管其非常小（图1.5）。

图1.5　插入U盘启动GPD MicroPC

如果在你的计算机上无法启动BOOTX64.EFI，一个常见的原因是启用了名为“安全启动（Secure Boot）”的功能。该功能的设计初衷是防止启动被篡改和未经授权的操作系统，但它也会干扰你自己的操作系统的启动，因此必须禁用它。在BIOS设置中禁用“安全启动”如图1.6所示。

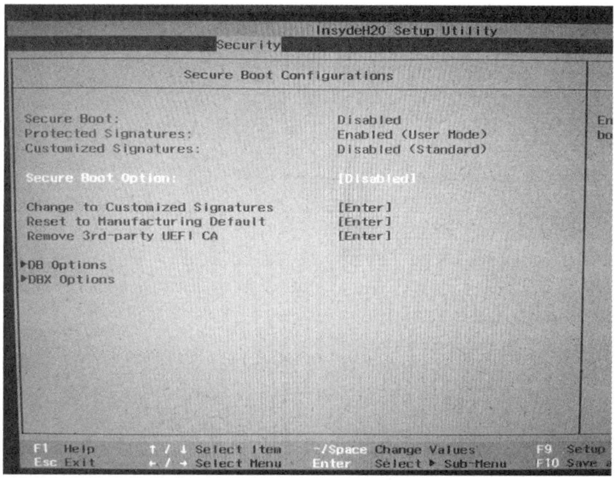

图1.6　禁用“安全启动”

访问BIOS设置的方法因计算机型号而异，例如，可以在打开计算机时按Delete键或F2键（请查阅手册）。

“安全启动”设置项的位置也因计算机型号而异。在我的测试机上，“Security”菜单中有一个名为“Secure Boot Option”的项目，将其设置为“Disabled”。更改设置后，保存并重启。要保存并重启，请选择“Save Changes and Reset”。

如果不熟悉，更改BIOS设置会很困难。这是一个有风险和危险的过程，因为一个小错误就可能导致计算机无法启动。如果你用于实验的计算机是与家人共用的，而它无法启动的话会带来麻烦，那么在更改BIOS设置时一定要非常小心。稍后将介绍使用模拟器进行实验的方法，这种方法不需要更改BIOS设置，所以你可以放心地使用。尽管如此，但更改BIOS设置并使用真实设备进行实验也是一种不错的体验，因此希望你能拥有一台自己单独使用的计算机，它即使坏了也没关系。

1.2 如何查找U盘的设备名称

在上面的命令示例中，假定U盘被识别为/dev/sdb。插入U盘后，运行dmesg命令就能知道设备名称。将U盘插入测试机后，dmesg命令的输出如下。

```
$ dmesg
…
[573264.472481] usb 2-2: new SuperSpeed Gen 1 USB device number 5 using xhci_hcd
[573264.493232] usb 2-2: New USB device found, idVendor=0411, idProduct=01dd,
bcdDevice= a.00
[573264.493233] usb 2-2: New USB device strings: Mfr=1, Product=2, SerialNumber=3
[573264.493234] usb 2-2: Product: USB Flash Disk
[573264.493235] usb 2-2: Manufacturer: BUFFALO
[573264.493236] usb 2-2: SerialNumber: 0902000000CE30204B00009026
[573264.494355] usb-storage 2-2:1.0: USB Mass Storage device detected
[573264.494589] scsi host0: usb-storage 2-2:1.0
[573265.516972] scsi 0:0:0:0: Direct-Access     BUFFALO  USB Flash Disk
1.00 PQ: 0 ANSI: 5
[573265.517314] sd 0:0:0:0: Attached scsi generic sg0 type 0
[573265.517608] sd 0:0:0:0: [sda] 30162944 512-byte logical blocks: (15.4 GB/14.4 GiB)
[573265.517722] sd 0:0:0:0: [sda] Write Protect is off
[573265.517724] sd 0:0:0:0: [sda] Mode Sense: 23 00 00 00
[573265.517841] sd 0:0:0:0: [sda] Write cache: disabled, read cache: disabled,
doesn't support DPO or FUA
[573265.519160]  sda: sda1
[573265.520001] sd 0:0:0:0: [sda] Attached SCSI removable disk
$
```

该输出显示已插入的U盘（USB Flash Disk），并被识别为sda。在这种情况下，请将前面命令序列中的/dev/sdb替换为/dev/sda。

1.3 如何使用WSL

在WSL（Windows Subsystem for Linux）下的Ubuntu中运行程序时，其流程与在普通Ubuntu中运行几乎相同，但也有一些不同之处。

首先说说二进制编辑器。在普通的Ubuntu中，我们使用的是Okteta，但在使用WSL时，最好使用Windows的二进制编辑器。其实，许多Windows的二进制编辑器都很完善。Binary Editor Bz就是一个不错的选择。《30天自制操作系统》中也介绍过它，而且它的开发似乎还在继续，由tamachan接替了原作者c.mos的工作。

接下来，我们将介绍如何在WSL中格式化U盘，以及如何编写BOOTX64.EFI。在普通的Ubuntu中，这两项工作都是通过命令操作完成的，但在WSL中，无法通过命令格式化U盘。因此，格式化是在Windows系统中完成的，然后使用WSL命令复制文件。

在将U盘插入Windows计算机时，系统会自动识别，并赋予一个字母形式的驱动器代号（盘符）。在我们的环境中，这个字母是“F”。要格式化U盘，请在资源管理器中右键单击U盘图标，选择“格式化”（图1.7）。

弹出一个对话框，类似于图1.8。在格式化时，将文件系统设置为“exFAT”，不能选择NTFS文件系统，这样BOOTX64.EFI才能正常工作[1]。为卷标设置一个合适的名称，不超过11个字母数字字符。此处的格式化工作取代了mkfs.fat命令。

图1.7　在Windows系统中格式化U盘

图1.8　文件系统选择exFAT

1　因为UEFI规范规定，BOOTX64.EFI所在的系统分区的格式必须是FAT。

格式化完成后，下一步是将BOOTX64.EFI复制到U盘中。这可以在WSL的Ubuntu中完成，如图1.9所示，从“开始”菜单启动Ubuntu。请注意，在完成WSL安装之前，该菜单项不会出现。有关如何安装WSL的信息，请参阅A.1节。

图1.9　从“开始”菜单启动Ubuntu

WSL启动后，将U盘挂载到/mnt/usbmem下并复制文件。

```
$ sudo mkdir -p /mnt/usbmem
$ sudo mount -t drvfs F: /mnt/usbmem
$ sudo mkdir -p /mnt/usbmem/EFI/BOOT
$ sudo cp BOOTX64.EFI /mnt/usbmem/EFI/BOOT
$ sudo umount /mnt/usbmem
```

WSL与普通Ubuntu的唯一区别在于mount一行。在WSL中，mount命令的选项是-t drvfs F:，而不是/dev/sdb1。当然，你也可以根据自己的环境将“F:”改成合适的盘符。此方法在WSL 1和WSL 2中是一样的。

1.4 使用模拟器

本节介绍如何使用QEMU模拟器，该模拟器可以用软件模拟计算机。要执行这个程序，必须安装相应的开发环境。请参阅A.1节进行安装。在WSL的Ubuntu中使用QEMU还需要其他准备工作，请参阅A.2节安装X服务器。

使用QEMU启动BOOTX64.EFI有两个步骤。首先，创建包含BOOTX64.EFI的磁盘镜像，然后将其加载到QEMU中并启动它。

创建磁盘镜像的命令如下。

```
$ qemu-img create -f raw disk.img 200M
$ mkfs.fat -n 'MIKAN OS' -s 2 -f 2 -R 32 -F 32 disk.img
$ mkdir -p mnt
$ sudo mount -o loop disk.img mnt
$ sudo mkdir -p mnt/EFI/BOOT
```

```
$ sudo cp BOOTX64.EFI mnt/EFI/BOOT/BOOTX64.EFI
$ sudo umount mnt
```

使用qemu-img命令会创建一个200MB的空文件，将其格式化为FAT格式，并将BOOTX64.EFI文件写入其中。最终会创建一个名为disk.img的文件，其中包含BOOTX64.EFI文件。

在运行sudo时会要求输入密码，因为它需要权限。请输入在安装WSL时设置的密码。输入密码后，就可以在没有密码的情况下运行sudo了。

使用QEMU启动所创建的磁盘镜像的命令如下。

```
$ qemu-system-x86_64 \
   -drive if=pflash,file=$HOME/osbook/devenv/OVMF_CODE.fd \
   -drive if=pflash,file=$HOME/osbook/devenv/OVMF_VARS.fd \
   -hda disk.img
```

如果要在UEFI模式下启动QEMU，则需要使用第2行和第3行的长选项。如果没有这些选项，QEMU将以传统BIOS模式启动。我们的BOOTX64.EFI是一个需要使用UEFI模式的程序，在传统BIOS模式下无法正常工作。关于UEFI的详细解释，参见1.7节。

创建磁盘镜像和使用QEMU启动磁盘镜像是两个常见的操作，因此我们在开发环境中添加了run_qemu.sh脚本，以便同时进行这两个操作。有了这个脚本，前面提到的冗长的命令就变成了下面的一行。

```
$ $HOME/osbook/devenv/run_qemu.sh BOOTX64.EFI
```

是不是很方便？

1.5 最终做了些什么

到此为止，我们创建了一个性质不明的文件，命名并将其放在了U盘上，然后开机。屏幕上出现了一条信息。这一系列事件直接展示了计算机是如何启动和运行的。这也是制作操作系统重要的第一步，下面将逐步加以说明。

首先，让我们来看一下在二进制编辑器中创建的BOOTX64.EFI文件。该文件被称为可执行文件。可执行文件是指包含可由CPU执行的机器语言指令的文件。

如图1.10所示，你正在使用的计算机是由执行指令的CPU、临时存储CPU处理的指令和数据的主存储器、永久存储这些指令和数据的存储器（HDD或SSD），以及将人与计算机连接起来的输入/输出设备（鼠标、键盘、显示器）构成的。CPU从主存储器中获取指令和数据，并执行这些指令和数据，然后将结果写回主存储器。不断重复这一过程。

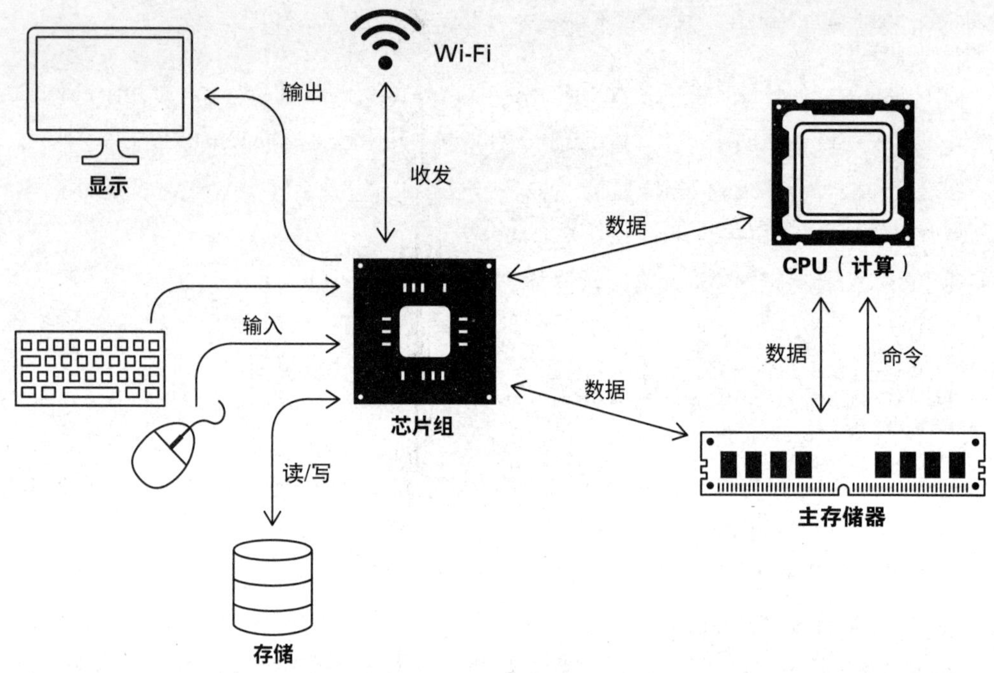

图1.10 计算机的构成

CPU是由数字电路组成的。数字电路是指在两个电压值（高电平或低电平）下工作的电路。假设将高电平表示为1，将低电平表示为0，则可以用0和1画图（**图1.11**）。

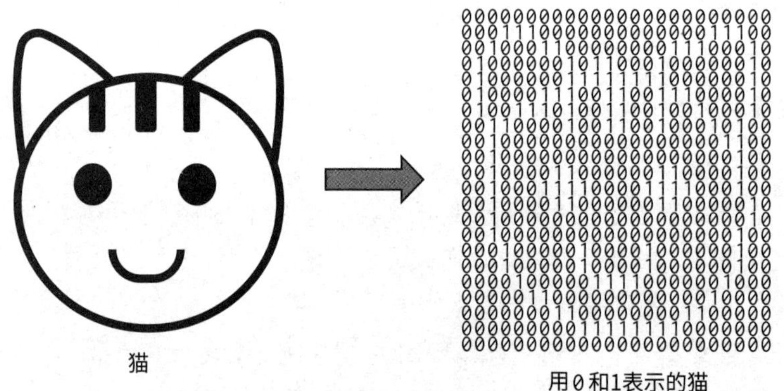

图1.11 二进制图像

你也可以将几个能够处理0和1的数字电路组合起来，来处理多个0和1。例如，你可以构建一个数字电路来处理两位数字，如00、01、10和11。如果把00看作0，01看作1，10看作2，11看作3，那么就可以将其视为一个能够处理0～3数字的电路。如果不断增加位数，就可以处理更大的整数。

我们常用的数字的表示方式被称为**十进制数**。在十进制数的世界里，一个数字由10个不同的数字表示，即0～9。

另外，上面提到的00、01、10和11这样的数字的表示方式被称为二进制数。在二进制数的世界里，一个数字由0和1表示，1之后的数字向前推进到10。从0开始，依次为0、1、10、11、100……顺便提一下，在二进制数中不写前缀0，就像在十进制数中不把42写成042一样。不过，在数字电路的世界里，为明确起见，可处理的位数有时会写成001。在这种情况下，我们知道电路最多可以处理三位数。

问题是，当写下100时，你无法区分它是十进制数还是二进制数。因此，在C++中，十进制数保持原样，而二进制数加上了前缀0b，例如0b100，以此来区分二者。在本书中，为了避免两者混淆，就采用这种写法。

在数字电路的世界里，二进制数的一个数位被称为一个**比特**（bit）。一个比特的状态是0或1。多个比特可以组合在一起，代表较大的数位。通常，由8个比特组成的一组被称为一个**字节**（byte）。

二进制数与数字电路的兼容性非常好，但由于位数增加很快，使用起来很不方便。因此，我们经常使用十六进制数来代替二进制数。十六进制数在本书中不时出现，是附带介绍的。

与十进制数使用10个数字表示和二进制数使用2个数字表示一样，十六进制数使用16个不同的数字来表示。然而，我们只知道10个不同的数字，即0～9，这不足以表示16个不同的数字。因此，除了0～9，还使用了A～F这6个字母。为了区分十进制数和十六进制数，在十六进制数的开头加上了前缀0x。十六进制数与二进制数配合使用非常方便，但它们如何配合使用，我们稍后再解释。

二进制数、十进制数和十六进制数之间的对应关系如**表1.1**所示。

表1.1　二进制数、十进制数和十六进制数之间的对应关系

十进制数	十六进制数	二进制数	十进制数	十六进制数	二进制数
0	0x0	0b0000	16	0x10	0b10000
1	0x1	0b0001	17	0x11	0b10001
2	0x2	0b0010	18	0x12	0b10010
3	0x3	0b0011	19	0x13	0b10011
4	0x4	0b0100	20	0x14	0b10100
5	0x5	0b0101	21	0x15	0b10101
6	0x6	0b0110	22	0x16	0b10110
7	0x7	0b0111	23	0x17	0b10111
8	0x8	0b1000	24	0x18	0b11000
9	0x9	0b1001	25	0x19	0b11001

续表

十进制数	十六进制数	二进制数	十进制数	十六进制数	二进制数
10	0xA	0b1010	26	0x1A	0b11010
11	0xB	0b1011	27	0x1B	0b11011
12	0xC	0b1100	28	0x1C	0b11100
13	0xD	0b1101	29	0x1D	0b11101
14	0xE	0b1110	30	0x1E	0b11110
15	0xF	0b1111	31	0x1F	0b11111

该表显示，1位十六进制数与4位二进制数完全一一对应；如果将二进制数每4位一组进行划分，并用十六进制数表示，那么无论二进制数和十六进制数的位数有多少，都可以轻松地转换。下面是将0b1111101011001110转换为十六进制数的示例。

```
0b1111101011001110
= 1111  1010  1100  1110
=    F     A     C     E
= 0xFACE
```

有点儿离题了。言归正传，我们想说的是，CPU是数字电路，数字电路处理的是高低电压，也就是二进制数。可以说，如果不用二进制数表示，CPU就无法处理。你可能听说过，现在的主流计算机都有64位CPU，这意味着它在一次计算中可以处理64个二进制数。CPU无法计算十进制数，但通过将十进制数转换为二进制数，它可以执行十进制数世界中的任何计算。简而言之，CPU可以处理任意数字。

计算机能够处理的数字主要分为两类：一类是机器语言指令，即CPU执行的指令；另一类是非机器语言指令。你在二进制编辑器中创建的BOOTX64.EFI文件中就包含了这两种类型的指令。机器语言指令是指在屏幕上显示字符串的指令；非机器语言指令是指要在屏幕上显示的字符串“Hello, world!”和元数据[1]。

要在屏幕上显示的字符串位置嵌入BOOTX64.EFI文件中的0x0400～0x041b。在二进制编辑器中显示“Hello, world!”时，应该可以一眼看到。值得注意的是，这里的每个字母都是用数字表示的。因为字母不是数字，所以用数字形式来表示是很难的。因此，在计算机世界中，我们将字母与数字关联起来进行处理。例如，如果字母A～Z对应于0x41～0x5A，字母a～z对应于0x61～0x7A，那么H就是0x48，o就是0x6f。

字符和数字（字节序列）之间的这种映射规则被称为“字符编码”。字符编码有很多种，最著名的有ASCII、Unicode和Shift-JIS等。**附录F**中显示了ASCII编码的所有字符和字节之间的对应关系。字符编码通常将字符映射到字节序列，但ASCII编码非常简单：一个字符对应一个字节。

1 元数据是指用来描述数据的附加信息，如文件格式和大小、包含哪些面向CPU的机器语言等。

在BOOTX64.EFI中，我们使用Unicode的UCS-2类型[1]来表示字符。UCS-2是一种字符编码，它将一个字符表示为两个字节（16位）。这与ASCII编码不同，但在英文字符范围内，它的值与ASCII编码相同，外加一个字节。如果在二进制编辑器中查看BOOTX64.EFI，则会发现每个字符之间都有0x00。这就是附加的一个字节。例如，H在ASCII编码中是0x48，那么在UCS-2中就是0x0048。以字节为单位，就是0x48 0x00。

顺便提一下，多字节数字有几种可能的排列方式：如果两个字节的数字0x0102从低字节开始排列为0x02 0x01，则称为小端模式；如果该数字从高字节开始排列为0x01 0x02，则称为大端模式。本书中涉及的x86-64架构采用的是小端模式，因此在二进制编辑器中输入数字时，先输入低字节。

言归正传。我们发现，在BOOTX64.EFI中，屏幕显示字符串的位置为0x0400～0x041b。另外，机器语言指令的位置为0x0200～0x022f，这对于人类来说有点儿混乱，因为它们是CPU读取的指令。这样，可执行文件中就包含了CPU要执行的指令序列（本例中是在屏幕上显示字符串的指令）、该指令序列要使用的数据（本例中是字符串“Hello, world!”）和元数据。

计算机中的UEFI BIOS会读取可执行文件并执行它。稍后我们将对此进行说明。

1.6 还是让我们动手吧

对于自制操作系统的初学者来说，到目前为止的解释，理解起来肯定是相当难的。部分原因是我们没有能力轻松地传达这些信息，但这本来就是一个很难的话题。

读者在继续阅读之前，一定想要彻底理解相应的解释。不过，为了在阅读本书时不会感到沮丧，希望你即使不理解其中的解释，也要通过简单的动手操作来继续前进。通过动手编写和执行程序，你会加深对内容的理解。另外，你稍微深入之后，回过头来再看，或许就能理解一些东西了。

本书的理念是将制作操作系统的过程化整为零，而不是系统地讲解操作系统背后的理论。可以说，本书就是一本节录习题的操作系统理论教科书。基于这种情况，建议你通过实践来理解内容。你可以复习我们制作操作系统的过程。

除了本书中介绍的修改，我们还建议你尝试自己修改。自己修改，需要你对内容有深入的理解。为此，你可能需要回头重新阅读本章内容。当你最终成功完成修改时，就说明你对内容有了深入的理解。

通过“抄经”复制程序源码是一种值得推荐的学习方法。根据经验，与简单复制和运行

1　因为在BOOTX64.EFI运行的UEFI世界中决定使用UCS-2。

程序自带的示例代码相比，采用这种学习方法能更好地理解程序，因为你可以关注到细节。不过，需要注意的是，文中并没有列出完整的差异。即使你复制了文中显示的所有修改，你的修改也可能是不完整的。通过使用git diff命令显示示例代码中的差异，你可以看到完整的差异，包括文中未介绍的差异。

1.7 使用UEFI BIOS启动

将BOOTX64.EFI保存到U盘中，再将U盘插入计算机并开机，屏幕上出现了“Hello, world!”，这是因为CPU执行了BOOTX64.EFI中的机器语言。但实际上，CPU并不直接读取和执行U盘中的内容。计算机中内置的BIOS发挥着这一作用。

BIOS（Basic Input Output System）是计算机开机时执行的第一个程序，称为固件。BIOS提供基本的输入和输出功能，尤其是在操作系统启动前对计算机内部结构进行初始化，以及从存储器中读取操作系统（引导程序）的功能。计算机启动时，按下Delete键或F2键即可进入配置界面。

根据UEFI（Unified Extensible Firmware Interface，统一可扩展固件接口）[1]标准规范构建的BIOS被称为UEFI BIOS。历史上，一直使用的是被称为传统BIOS的旧的固件，但现在它已被UEFI BIOS完全取代。2006年，《30天自制操作系统》出版，当时从传统BIOS到UEFI BIOS的转换刚刚开始。本书中提到的BIOS均指UEFI BIOS，除非另有说明。

运行存储在U盘中的可执行文件的大致流程是：首先，开机后，CPU会开始执行BIOS，即CPU会执行BIOS中存储的机器语言程序。如果在存储器中找到可执行文件，BIOS就会将该文件读入主存储器。然后，CPU会中断BIOS的执行，并开始执行所读取的文件。

下面让我们更详细地了解每个阶段。

关机后，主内存中的内容会丢失[2]，所以下次开机时，主内存中没有任何数据。这是一个问题，因为CPU只能执行主内存中的程序[3]。因此，计算机具备一种机制，可以将BIOS写入只读存储器（ROM）。只读存储器与主内存的处理方式相同，但在关闭电源后只读存储器中的数据不会丢失，CPU可按原样执行BIOS。

以这种方式开始执行的BIOS，首先会初始化计算机本身和外部设备。具体来说，它会

1　我们猜测，“统一”和“可扩展”的细微差别在于，“统一”是指遵循单一规范，而不是由各公司单独开发；“可扩展”是指能够灵活应对计算机功能的增加。

2　现在，可插入DIMM插槽的非易失性内存NVDIMM（Non-Volatile DIMM）已投入实际使用，只要愿意，就有可能制造出即使关闭电源也不会丢失主内存中内容的计算机。在不久的将来，采用基于NVDIMM的新机制的计算机可能会得到普及。

3　CPU只能从内存地址空间映射的区域读取指令。

设置CPU的运行模式，并且检测和配置PCI设备。然后，它会在与计算机连接的存储设备（HDD、SSD、U盘、DVD等）中搜索可执行文件。如果在特定目录中找到BOOTX64.EFI等文件，它就会将其加载到主内存中。最后，BIOS会中断自身的执行，开始执行所加载的程序。

UEFI BIOS运行的程序（本例中为BOOTX64.EFI）被称为UEFI应用。这意味着你已经在二进制编辑器中创建了UEFI应用。UEFI应用可以使用UEFI BIOS的功能，例如，在屏幕上显示文本、从键盘输入文本、从存储器中读取文件等。你可以创建多种UEFI应用，但在本书中，我们将只创建一个引导加载器，用于将操作系统加载到主内存中并启动它。

1.8 制作操作系统的工具

二进制编辑器是一个多功能工具，使用它可以创建任何以二进制数据表示的内容，比如文本和音乐文件等（当然，还需要你有创作乐曲的能力）。BOOTX64.EFI和电脑游戏也可以用二进制编辑器创建，因为它们也都是以二进制数据表示的。

不过，虽说可以使用二进制编辑器创建任何东西，但做起来并不容易。如果使用专用工具来创建文件，则肯定会容易得多。可以说，二进制编辑器是一张白纸，其用途广泛，但并非最佳选择。在自制操作系统的过程中，还是需要使用某种编程语言和文本编辑器。

因此，在本书中，我们将使用编程语言来制作操作系统。编程语言有很多种，我们选择使用C和C++。使用C/C++创建可执行文件的流程如图1.12所示。

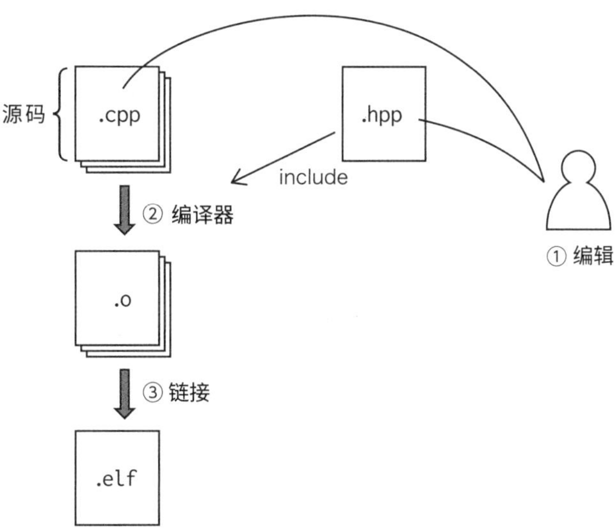

图1.12　使用C/C++创建可执行文件的流程

该流程开始处的源码是一个使用编程语言编写的文本文件。文本文件的实体是由字符代码转换而来的字节序列。HDD和SSD也与CPU一样，只能处理数值（二进制数字），因此要将其记录为字符代码序列。

执行编译过程的软件被称为“编译器”。编译器根据源码创建对象文件。对象文件包含CPU可以直接执行的机器语言指令，以及这些机器语言指令所使用的数据等。最后，通过链接将所有对象文件合并为一个可执行文件。

1.9 C语言版的Hello World程序

大家使用二进制编辑器输入的二进制数据，最初是以C语言程序为基础的。使用C语言编写了一个显示信息的程序，然后编译并链接了该程序文件作为参考，以便以尽可能小的尺寸显示信息。

在继续开发操作系统的过程中，我们想使用C语言创建一个程序，因为使用二进制编辑器很难坚持下去。因此，让我们来看一个与在二进制编辑器中输入的机器语言程序相同的C语言程序。如果你已经安装了开发环境，则可以在$HOME/osbook/day01/c/hello.c中找到源码。有关安装开发环境的信息，请参阅A.1节。

这个文件的内容有些杂乱，但唯一能称为程序主体的是结尾的EfiMain()函数（**代码1.1**）。

该函数与普通程序中出现的main()函数一样，是程序启动时执行的第一个函数。我们将其命名为EfiMain()，是为了明确这是一个UEFI应用。

代码1.1　实现EfiMain()（hello.c）

```
EFI_STATUS EfiMain(EFI_HANDLE        ImageHandle,
                   EFI_SYSTEM_TABLE  *SystemTable) {
  SystemTable->ConOut->OutputString(SystemTable->ConOut, L"Hello, world!\n");
  while (1);
  return 0;
}
```

该函数中的SystemTable->ConOut…是输出“Hello, world!”的核心。EfiMain()的两个参数ImageHandle和SystemTable是由UEFI BIOS设置的。

由于该程序仅在第1章中出现，所以就不对整个程序进行说明了。我们将简要介绍编译和链接该程序的步骤。使用Clang和LLD对上述C语言程序进行编译和链接的步骤如下（此步骤假定开发环境已经安装）。

```
$ cd $HOME/osbook/day01/c
```

```
$ clang -target x86_64-pc-win32-coff \
    -mno-red-zone -fno-stack-protector -fshort-wchar -Wall -c hello.c
$ lld-link /subsystem:efi_application /entry:EfiMain /out:hello.efi hello.o
```

UEFI应用的实体是PE格式的，即Windows的标准可执行文件格式（详见专栏1.1）。因此，可以使用创建Windows应用的程序来创建UEFI应用。

第2行clang是Linux的编译器。该编译器通常以ELF格式输出文件，但通过指定-target x86_64-pc-win32-coff，它将以COFF格式为Windows输出文件。这个选项是必要的，因为接下来执行的lld-link需要COFF格式。编译完成后，将生成一个名为hello.o的COFF格式文件。

lld-link是用于创建PE格式的可执行文件的链接器。这里用它来链接hello.o，得到hello.efi。该链接器的主要目的是为Windows生成PE文件。值得庆幸的是，/subsystem:efi_application选项可以为UEFI生成PE文件。该选项会考虑到Windows PE文件和UEFI PE文件略有不同的部分，从而创建文件。

hello.efi是Hello World应用程序的C语言版本。将其复制到U盘的/EFI/BOOT目录中，文件名为BOOTX64.EFI，然后将U盘插入测试机并开机，屏幕上就会出现“Hello, world!”。

使用C语言创建的BOOTX64.EFI，也可以像在二进制编辑器中创建的BOOTX64.EFI一样执行。

```
$ $HOME/osbook/devenv/run_qemu.sh hello.efi
```

这将启动QEMU，并在一段时间后运行hello.efi（图1.13）。在运行run_qemu.sh时，如果系统要求输入密码，请按照提示输入密码。run_qemu.sh的作用在1.4节中有解释。

图1.13　在QEMU中运行hello.efi

专栏1.1 PE、COFF和ELF

你可能会在计算机上使用各种应用，如网络浏览器、视频会议、文字处理软件等。本章使用的二进制编辑器、编译器和链接器也是应用。每个应用都由可执行文件和配置文件组合而成。

在这些文件中，可执行文件包含告诉计算机做什么的程序，以及程序运行所需的数据。我们说过，CPU只能执行机器语言。可执行文件有多种类型，其中一种可执行文件被称为“脚本”。脚本通常是用编程语言编写的，由一个称为“解释器”的应用读取并执行脚本的内容。例如，shell脚本是这样的：

```
#!/bin/bash
echo "hello, world"
```

第1行“#!/bin/bash”表示/bin/bash（本例中为Bash）中指定的解释器读取并执行此脚本文件。这一行被称为shebang。在第2行之后，将以Bash可以解释的格式编写程序。被指定执行该脚本的操作系统（shell）会启动Bash，并将第2行及以后各行的内容输入Bash中。

另一种可执行文件主要是机器语言程序。与脚本不同的是，这种文件中包含的机器语言可以直接由CPU执行。指定执行这种文件的操作系统会配置CPU直接执行机器语言。在**第18章**中，我们将为MikanOS添加启动由此类机器语言程序组成的可执行文件的功能。

本专栏的主题——PE格式，是由机器语言程序组成的可执行文件格式，也是Windows的标准格式。通常，PE格式文件的扩展名为.exe。而ELF格式是Linux的标准格式。

COFF格式是一种对象文件格式，通常在创建PE格式文件的过程中用作中间文件格式。这也是从hello.c生成hello.efi的过程，不是吗？

事实上，ELF格式也可用作对象文件格式。也就是说，PE/COFF分为可执行文件格式和对象文件格式，而ELF则可以同时代表这两种格式。ELF是Executable and Linkable Format的缩写。顾名思义，它既可以表示可执行文件，也可以表示可链接文件（对象文件）。

PE、COFF和ELF有一个共同点：它们都是存储机器语言的文件格式。这些格式之间的关系类似于Word、PDF和HTML之间的区别。PE、COFF和ELF都可以包含x86-64架构CPU的机器语言，但在文件内部的表示方式（如元数据的附加方式和数据排列方式）上有所不同。

历史上曾有很多种可执行文件格式，如a.out和COM格式，但现在大多使用PE和ELF。顺便提一下，Haribote OS使用名为HRB的可执行文件格式，它与PE和ELF不兼容。

第 2 章

EDK II和内存映射

为了继续推进开发，我们将使用名为 EDK II的UEFI开发工具包。首先，我们将使用 EDK II重构第1章创建的Hello World程序。然后，利用EDK II的功能获取计算机的内存映射并将其保存到文件中。

2.1 EDK II简介

EDK II[1]最初是Intel对UEFI及其周边程序的实现，后来被开源。EDK II已成为一个开发工具包，既可用于开发UEFI BIOS本身，也可用于开发在其上运行的应用。

无论如何，第一步都是获取EDK II。不过，如果你已经安装了开发环境，那么应该已将它下载到$HOME/edk2中了。

我们先来看看EDK II中都有哪些文件。如果使用ls命令查看文件目录结构，则可以看到它是这样的。

```
edk2/
  edksetup.sh          环境变量设置脚本
  Conf/
    target.txt         构建设置
    tools_def.txt      工具链设置
  MdePkg/              EDK软件包目录
  ...Pkg/              其他软件包
```

edksetup.sh是一个脚本，用于使EDK II的编译命令正常工作。你只需要知道应该在编译前使用它，不需要知道里面有什么。不过，如果你感兴趣，则可以阅读它的内容。

Conf目录中包含target.txt和tools_def.txt。其中，target.txt用于设置要编译的内容，而tools_def.txt用于设置在编译时要使用的编译器。最初，这两个文件并不存在，但首次运行edksetup.sh时会生成一个模板。

HogePkg目录[2]中包含以软件包形式存储的各种程序。下面列出了一些典型的软件包。

MdePkg是其他程序经常使用的基本库。通过使用库，可以减少自己开发程序的数量，从而更快地完成程序开发。除了MdePkg，所有的软件包都是使用MdePkg中包含的组件构建的。

AppPkg包含多个UEFI应用。它可作为编写原始UEFI应用的参考。

OvmfPkg包含OVMF，它是UEFI BIOS的开源实现。

1 EDK可能来自EFI Development Kit，但官方网站上只提到了EDK，所以这一定是官方名称。

2 hoge是无意义的词，可以表示任意名字。如果写成HogePkg，它就代表AppPkg或MdePkg之类的名称。其他无意义的名称还有fuga和piyo。在英语中，则常使用foo和bar。这些变量也被称为“元语法变量”。

2.2 EDK II的Hello World程序（osbook_day02a）

现在，你对EDK II的文件结构已经有了一定的了解，让我们开始创建应用程序吧。首先，我们将使用EDK II库重写在第1章中创建的C语言版Hello World程序。

无论如何，我们都要为这个应用程序确定一个名称。之所以选择“MikanLoader”这个名称，是希望将来能不断扩展这个应用程序，并将其发展成为一个**引导加载器**，用于将操作系统从U盘加载到主存储器中。因为其功能还不完善，所以无法正式使用。但它是一个加载器，因为它可以加载操作系统。其源码在MikanOS代码库的osbook_day02a标签中。文件结构如下。

```
$HOME/workspace/mikanos/MikanLoaderPkg/（Git标签：osbook_day02a）
  MikanLoader.dec          包声明文件
  MikanLoader.dsc          包描述文件
  Loader.inf               组件定义文件
  Main.c                   源码
```

在EDK II中编写程序时，包声明文件、包描述文件和组件定义文件是必须创建的文件。但其内容在某种程度上是琐碎的，就像复制和粘贴的一样。我们将在**附录A**中进行整体描述，这里只重点介绍一部分。

值得注意的是Loader.inf（**代码2.1**）中的ENTRY_POINT设置。它是该UEFI应用的入口点名称。**入口点**听起来可能有些陌生，但它是程序启动时首先要执行的函数，相当于普通C/C++程序中的main()。在普通C/C++程序中，main()的名称是固定的。但在EDK II中，每个UEFI应用的入口点名称都可以自由指定。

代码2.1　为Loader.inf设置入口点（Loader.inf）

```
[Defines]
  <略>
  ENTRY_POINT                    = UefiMain
```

Hello World程序的主体是Main.c文件。**代码2.2**显示了它的全部内容。一眼就能看出，它比在第1章中创建的hello.c文件更简洁。这是因为在hello.c中编写的大部分内容都是由EDK II库提供的，而在Main.c中只需要使用#include将其引入即可。

代码2.2　使用EDK II的Hello World程序（Main.c）

```
#include  <Uefi.h>
#include  <Library/UefiLib.h>
```

```
EFI_STATUS EFIAPI UefiMain(
    EFI_HANDLE image_handle,
    EFI_SYSTEM_TABLE *system_table) {
  Print(L"Hello, Mikan World!\n");
  while (1);
  return EFI_SUCCESS;
}
```

#include会告诉编译器包含（include）指定文件的内容。#include <Uefi.h>表示把Uefi.h文件的内容扩展到该位置。Uefi.h是EDK II中包含的一个头文件，其本体为$HOME/edk2/MdePkg/Include/Uefi.h。

总之，只要写两行#include就可以使用非标准的C语言类型和函数，如EFI_STATUS、EFI_SYSTEM_TABLE和Print()。我们将在**专栏2.1**中更详细地解释使用它们的机制。

Print()是一个字符串显示函数，类似于C语言标准的printf()。它也可以使用%d、%s等格式，但在Hello World示例中并没有出现。它与printf()的不同之处在于，它需要传递一个宽字符作为参数。你注意到字符串前面的字母L了吗？这是表示由宽字符组成的字符串的一种方法。因此，只要记住在UEFI中显示字符时需要使用宽字符[1]就足够了。

现在我们知道了源码的内容，接下来构建并启动它。在构建之前，我们需要做几件事情：在MikanOS软件源中调用要构建的版本，创建指向MikanLoaderPkg的符号链接，并加载edksetup.sh文件。我们将按顺序操作。

```
$ cd $HOME/workspace/mikanos
$ git checkout osbook_day02a
```

git checkout是调用指定版本（tag）的源码并将其保存为文件的命令。现在，被保存在$HOME/workspace/mikanos下的文件即是day02a的源码。

```
$ cd $HOME/edk2
$ ln -s $HOME/workspace/mikanos/MikanLoaderPkg ./
```

使用ln -s创建的是符号链接，类似于Windows中的快捷方式。指向$HOME/workspace/mikanos/MikanLoaderPkg[2]的符号链接位于$HOME/edk2目录下。

```
$ source edksetup.sh
```

使用source命令读取edksetup.sh文件时，会自动生成Conf/target.txt文件（如果该文件不存在的话）。然后，为了编译Hello World程序，需要在生成的Conf/target.txt文件中指定

1　虽然C语言标准只规定宽字符的位宽大于或等于字符的位宽，但在创建UEFI应用时，建议宽字符的位宽大于或等于字符的位宽。在创建UEFI应用时，需要使用能够处理UCS2宽字符的编译器。

2　在$HOME/edk2中运行ls -l，检查符号链接是否已正确创建。

MikanLoaderPkg为编译目标。此处设置如表2.1所示。

表2.1　使用EDK II构建MikanLoaderPkg的设置

设置项	设置值
ACTIVE_PLATFORM	MikanLoaderPkg/MikanLoaderPkg.dsc
TARGET	DEBUG
TARGET_ARCH	X64
TOOL_CHAIN_TAG	CLANG38
3	0x3

设置完成后，使用EDK II提供的build命令[1]进行构建。

```
$ cd $HOME/edk2
$ build
```

构建完成后，将所需的文件输出到$HOME/edk2/Build/MikanLoaderX64/DEBUG_CLANG38/X64/Loader.efi中。按照惯例，将该文件复制到U盘上的/EFI/BOOT/BOOTX64.EFI中，然后启动，在屏幕上会显示“Hello, Mikan World!”。

专栏2.1　文件包含

本专栏解释如何通过包含代码2.2中的Uefi.h来使用EFI_STATUS类型。

Uefi.h的内容（省略前半部分的注释）如代码2.3所示。

代码2.3　EDK II中的Uefi.h主体

```
#ifndef __PI_UEFI_H__
#define __PI_UEFI_H__

#include <Uefi/UefiBaseType.h>
#include <Uefi/UefiSpec.h>

#endif
```

#ifndef、#define和最后一行的#endif是一种被称为“include guard”的技术，其作用是防止同一个文件被包含多次。本书没有对此进行详细介绍，但应该知道，将include guard写在头文件中是为了防止无意的编译错误。

如果不使用include guard，则会出现两行#include。#include指令指示编译器读取并提取在该位置指定的文件。例如，在第1行将加载Uefi/UefiBaseType.h。该文件的内容位于$HOME/edk2/MdePkg/Include/Uefi/UefiBaseType.h中。其部分内容如代码2.4所示。

1　build命令看起来像一个带有路径的普通命令，但可以通过加载edksetup.sh来使用它。

代码2.4　EDK II中的UefiBaseType.h

```
#ifndef __UEFI_BASETYPE_H__
#define __UEFI_BASETYPE_H__

#include <Base.h>
...
typedef RETURN_STATUS             EFI_STATUS;
...
#endif
```

你可以看到这里定义了EFI_STATUS类型。顺便提一下，在Base.h中，RETURN_STATUS被定义为无符号整数类型。到目前为止，我们已经了解了如何通过#include <Uefi.h>来使用EFI_STATUS类型。如果你感兴趣，则可以通过仔细跟踪包含链来找到EFI_SYSTEM_TABLE类型和Print()函数。

2.3 主存储器

主存储器是个人计算机最重要的部件之一，台式计算机的内存部件如图2.1所示。多块内存芯片组合成一个整体，以实现大容量。在笔记本电脑中，为了减小体积，通常将内存芯片直接安装在主板上。

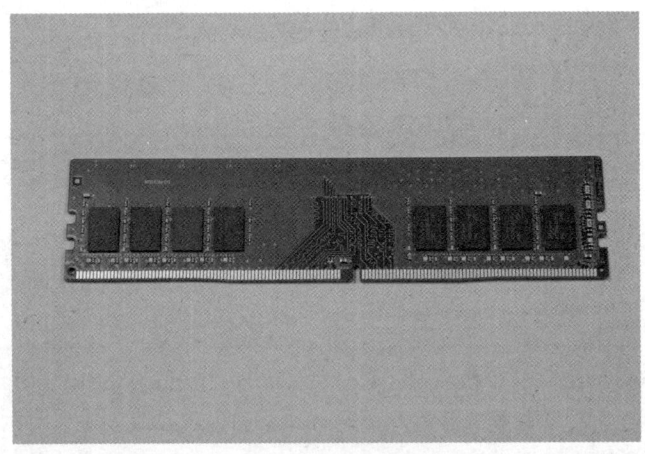

图2.1　DDR4-SDRAM内存部件

从硬件的角度来看，主存储器由多块内存芯片组成。但从软件的角度来看，主存储器就像许多字节排列在一条直线上，没有空隙，如图2.2所示。这要归功于CPU中的内存控制器。每个字节都有一个从0开始的序列号，CPU可以使用这个序列号逐个字节地读/写主内存中的数据。

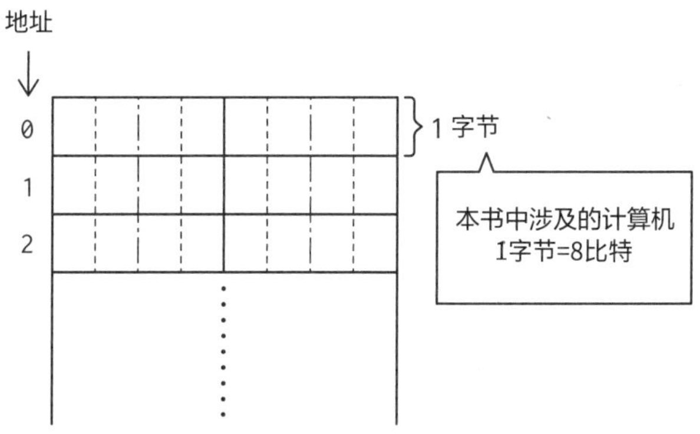

图2.2　主存储器由一排多个字节组成

分配给每个字节的序列号被称为地址。CPU使用地址来读取机器语言指令和读/写数据。

2.4 内存映射

在陌生城市中，标有街道、建筑物和地名的地图（map）是到达目的地不可或缺的工具。如果没有地图，在城市中行走，你根本不可能知道哪里有什么。比如我，在到达一个车站后，常常会先仔细看导游图，然后决定走哪条路。

在计算机世界里，也有一种地图，叫作内存映射。内存映射是一种显示主内存的哪个部分用于何种用途的地图。城市地图是二维的，而内存映射是一维的，只向一个方向延伸，示例如表2.2所示。从这个意义上说，与其说它是地图，不如说它是数字线更容易表达。

表2.2　内存映射示例

PhysicalStart	Type	NumberOfPages
0x00000000	EfiBootServicesCode	0x1
0x00001000	EfiConvensionalMemory	0x9F
0x00100000	EfiConvensionalMemory	0x700
0x00800000	EfiACPIMemoryNVS	0x8
⋮	⋮	⋮

在日本，地址通常是“X街道Y门牌号Z”这样的结构。而在美国，地址的结构通常是“X门牌号Y街道”。例如，位于圣克拉拉的Intel博物馆[1]的地址是“2200 Mission College Blvd”，其中2200是门牌号，“Mission College Blvd”是街道名称。在日式地址中，数字的

1　一个可以了解Intel CPU历史的博物馆。如果你对CPU感兴趣，那么在这里可以找到很多乐趣，因为这里展示了真实的硅锭和4004掩模。

编号规则很难理解。但在美式地址中，数字是沿着道路连续编号的，因此，只要能找到这条路，就能很快地找到目的地址。

这里之所以谈到美国，是因为内存映射使用的是美式地址方式。在内存映射中，与地址相对应的部分是表2.2中PhysicalStart列中的数字。如果世界上有一座只有一条路的城市，美国人绘制了该城市的地图，那么它可能就是这个样子。与现实世界不同的是，地址的范围非常大（在32位CPU上从0到大约4亿）。

内存映射的地址，即PhysicalStart列中的数字，是以字节为单位的值。表2.2中的第1行表示最开始的内存区域，第2行表示从0x00001000=4096字节开始的内存区域。Type列显示了该区域的用途（或者是未使用的空闲区域），各项的含义如表2.3所示。

表2.3 Type列各项的含义

Type值	Type名称	含义
1	EfiLoaderCode	UEFI应用的执行代码
2	EfiLoaderData	UEFI应用使用的数据区域
3	EfiBootServicesCode	引导服务驱动程序的执行代码
4	EfiBootServicesData	引导服务驱动程序使用的数据区域
7	EfiConvensionalMemory	空闲区域

正如真实城市中建筑物的大小各不相同一样，每个内存区域的大小也各不相同。在内存映射中，NumberOfPages表示内存区域的大小，以页为单位；每页的大小取决于上下文[1]，而UEFI内存映射中每页的大小为4KiB[2]。在UEFI的内存映射中，内存区域的大小都可以用页来表示，但由于某些原因，地址却是用字节来表示的。这有点儿混乱，我们希望能将两者统一起来。

在上面的内存映射示例中，内存区域是彼此相邻的，但实际上可能存在孔洞。这意味着将NumberOfPages×4KiB与PhysicalStart相加可能不会得到下一行的PhysicalStart。在创建读取内存映射的程序时，需要考虑到这一点。

现在，为了让操作系统正常工作，必须正确理解主内存。例如，覆盖包含CPU配置信息的内存区域可能会导致CPU故障。还必须避免UEFI破坏正在使用的内存。如果要使用内存，就必须找到空闲空间。

因此，在制作操作系统之前，需要创建一个程序，使用UEFI的功能获取内存映射。最终，获取到的内存映射将被传递给操作系统，但目前的目标是将其保存到文件中。

---

1 例如，在x86-64架构的CPU中，有一个名为“分页”的功能，页面大小可以被设置为4KiB、2MiB、4MiB或1GiB。

2 1KiB等于1024字节。在计算机领域，计数单位通常是2^{10}=1024，因此，“千”是表示1000倍还是1024倍，很容易混淆。而KiB（千字节）则明确表示1024倍。KiB的1024倍是MiB（兆字节），MiB的1024倍是GiB（吉字节），GiB的1024倍是TiB（太字节）。

2.5 获取内存映射（osbook_day02b）

使用UEFI获取内存映射的程序可以在$HOME/workspace/mikanos/MikanLoaderPkg/Main.c（Git标签：osbook_day02b）中找到。代码2.5显示了Main.c中实际获取内存映射的部分。

代码2.5　使用GetMemoryMap()获取内存映射（Main.c）

```
EFI_STATUS GetMemoryMap(struct MemoryMap* map) {
  if (map->buffer == NULL) {
    return EFI_BUFFER_TOO_SMALL;
  }

  map->map_size = map->buffer_size;
  return gBS->GetMemoryMap(
      &map->map_size,
      (EFI_MEMORY_DESCRIPTOR*)map->buffer,
      &map->map_key,
      &map->descriptor_size,
      &map->descriptor_version);
}
```

UEFI主要由引导服务和运行时服务（Runtime Service）两部分组成，前者提供操作系统启动所需的功能，后者提供操作系统启动前后都可使用的功能。引导服务中包含了内存管理相关功能，因此使用全局变量gBS[1]来表示引导服务。如果使用运行时服务中包含的功能，则使用全局变量gRT，但它不会出现在本书中。

根据UEFI文档，gBS->GetMemoryMap()的参数和返回类型（函数原型）如代码2.6所示。

代码2.6　gBS->GetMemoryMap()的规范

```
EFI_STATUS GetMemoryMap(
    IN OUT UINTN *MemoryMapSize,
    IN OUT EFI_MEMORY_DESCRIPTOR *MemoryMap,
    OUT UINTN *MapKey,
    OUT UINTN *DescriptorSize,
    OUT UINT32 *DescriptorVersion);
```

对于C语言来说，参数列表中的IN和OUT的写法很奇怪。它们是EDK II自带的宏，只是为了告诉程序员如何使用参数。IN和OUT分别表示函数的输入和输出。在调用函数之前，输入参数必须有一个有效值。输出参数的内容会被函数改写，并且使用指针将值传递给被改写

1　在EDK II中，全局变量的名称应该以“g”为前缀。

的参数[1]。IN OUT表示该参数的值被用作输入值后，也用于输出。

gBS->GetMemoryMap()在函数调用时获取内存映射，并将其写入MemoryMap参数指定的内存区域。如果成功获取内存映射，则返回EFI_SUCCESS。如果内存区域太小，无法容纳整个内存映射，则返回EFI_BUFFER_TOO_SMALL，也可能返回其他错误信息。

第1个参数MemoryMapSize设置用于写入内存映射的内存区域大小（单位为字节）作为输入，并且设置实际内存映射的大小作为输出。

第2个参数MemoryMap设置用于写入内存映射的内存区域的第1个指针。IN表示输入内存区域的第1个指针，OUT表示写入内存映射。写入内存映射的数据结构将在后面进行详细介绍。

第3个参数MapKey指定一个变量，将内存映射的标识值写入该变量。内存映射会随着程序和UEFI本身的处理而变化。如果在两个时间点获取的MapKey值相同，则表示内存映射在这段时间内没有变化。稍后调用gBS->ExitBootServices()时将需要这个值。

第4个参数DescriptorSize表示在内存描述符中代表内存映射各行的字节数。你可能会认为内存描述符的大小可以用sizeof(EFI_MEMORY_DESCRIPTOR)来计算，但使用这里获得的值更为准确，因为某些UEFI实现可能有扩展结构，字节数可能不同。

第5个参数DescriptorVersion代表内存描述符结构的版本号。本书中不使用它。

写入MemoryMap所指向的内存区域的数据结构是一个EFI_MEMORY_DESCRIPTOR结构体的数组，如图2.3所示。整个内存映射的大小为MemoryMapSize字节，元素以DescriptorSize字节间隔排列。

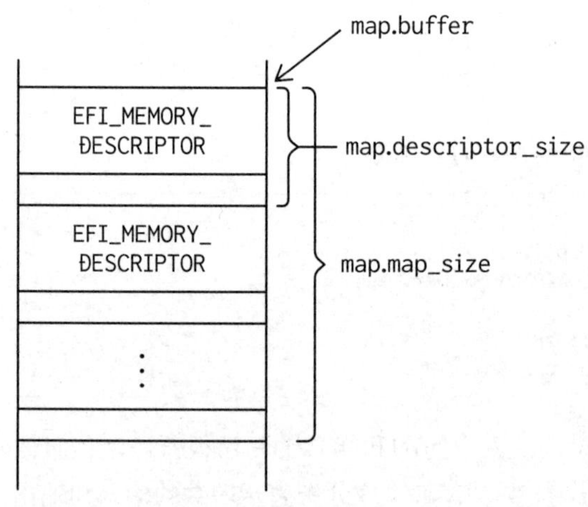

图2.3 内存映射的数据结构

1 在C语言中，只能指定一个返回值。如果要从函数中返回多个值，则通常使用指针。EDK II中的许多函数的返回值都是EFI_STATUS。因此，如果有其他输出，则应使用指针参数。

EFI_MEMORY_DESCRIPTOR结构体的定义如表2.4所示。该定义摘自UEFI文档，你可以在EDK II的MdePkg/Include/Uefi/UefiSpec.h头文件中找到符合该标准的结构体定义。

表2.4 EFI_MEMORY_DESCRIPTOR结构体的定义

字段名称	类型	说明
Type	UINT32	内存区域类型
PhysicalStart	EFI_PHYSICAL_ADDRESS	内存区域开始的物理内存地址
VirtualStart	EFI_VIRTUAL_ADDRESS	内存区域开始的虚拟内存地址
NumberOfPages	UINT64	内存区域大小（以4KiB页为单位）
Attribute	UINT64	表示内存区域的用途或属性

现在，我们已经介绍了UEFI标准中定义的gBS->GetMemoryMap()和内存描述符规范。此外，示例程序中还定义并使用了一个名为MemoryMap的结构体。该结构体的定义如代码2.7所示，它可以记录用于写入内存描述符的整个缓冲区的大小，以及通过gBS->GetMemoryMap()获得的描述符大小。

代码2.7 内存映射结构体（Main.c）

```
struct MemoryMap {
  UINTN buffer_size;
  VOID* buffer;
  UINTN map_size;
  UINTN map_key;
  UINTN descriptor_size;
  UINT32 descriptor_version;
};
```

2.6 将内存映射保存到文件中

将使用GetMemoryMap()获得的内存映射保存到文件中的程序位于UefiMain()中。相关部分如代码2.8所示。

代码2.8 主函数的更新部分（Main.c）

```
  CHAR8 memmap_buf[4096 * 4];
  struct MemoryMap memmap = {sizeof(memmap_buf), memmap_buf, 0, 0, 0, 0};
  GetMemoryMap(&memmap);

  EFI_FILE_PROTOCOL* root_dir;
  OpenRootDir(image_handle, &root_dir);

  EFI_FILE_PROTOCOL* memmap_file;
```

```
  root_dir->Open(
      root_dir, &memmap_file, L"\\memmap",
      EFI_FILE_MODE_READ | EFI_FILE_MODE_WRITE | EFI_FILE_MODE_CREATE, 0);

  SaveMemoryMap(&memmap, memmap_file);
  memmap_file->Close(memmap_file);
```

对程序中的OpenRootDir()和root_dir->Open()两个函数不做深入解释，简单地说，它们打开了要写入的文件。执行这两个函数后，将以写模式打开一个名为memmap的文件（如果不存在，则创建一个新文件）。将打开的文件传递给SaveMemoryMap()，在这里保存之前获取的内存映射。

在OpenRootDir()和root_dir->Open()中，使用了“指针的指针”技术。具体来说，就是将地址运算符“&”应用于指针变量，如&root_dir或&memmap_file。这是在创建UEFI应用时经常使用的方法，将在专栏2.2中详细说明。

内存映射可能相当大。在我们的环境中，8KiB有时不够用，因此将memmap_buf设置为16KiB。如果你的环境出了问题，则最好将其增加到更大。

代码2.9显示了SaveMemoryMap()的实现。该函数将内存映射信息作为参数写入CSV（Comma Separated Values）[1]格式的文件。文件头一行由前面的file->Write()语句输出，这样可以在打开CSV文件时更容易理解各列的含义。后面的for语句输出以逗号分隔的内存映射的每一行。

代码2.9　使用SaveMemoryMap()将内存映射保存到文件夹（Main.c）

```
EFI_STATUS SaveMemoryMap(struct MemoryMap* map, EFI_FILE_PROTOCOL* file) {
  CHAR8 buf[256];
  UINTN len;

  CHAR8* header =
    "Index, Type, Type(name), PhysicalStart, NumberOfPages, Attribute\n";
  len = AsciiStrLen(header);
  file->Write(file, &len, header);

  Print(L"map->buffer = %08lx, map->map_size = %08lx\n",
      map->buffer, map->map_size);

  EFI_PHYSICAL_ADDRESS iter;
  int i;
  for (iter = (EFI_PHYSICAL_ADDRESS)map->buffer, i = 0;
       iter < (EFI_PHYSICAL_ADDRESS)map->buffer + map->map_size;
       iter += map->descriptor_size, i++) {
    EFI_MEMORY_DESCRIPTOR* desc = (EFI_MEMORY_DESCRIPTOR*)iter;
```

1　一种表格数据格式，使用逗号（,）分隔一行中的值。

```
    len = AsciiSPrint(
        buf, sizeof(buf),
        "%u, %x, %-ls, %08lx, %lx, %lx\n",
        i, desc->Type, GetMemoryTypeUnicode(desc->Type),
        desc->PhysicalStart, desc->NumberOfPages,
        desc->Attribute & 0xffffflu);
    file->Write(file, &len, buf);
  }

  return EFI_SUCCESS;
}
```

我们将详细解释for语句。在迭代过程中涉及两个变量：i和iter。其中，i是一个计数器，代表内存映射的行号；iter代表内存映射中每个元素（内存描述符）的地址。

iter是单词iterator的缩写，意为迭代器。迭代器是一种包含多个元素（如数组或列表）的数据结构，在处理每个元素时，迭代器都会指向这个元素。iter的初始值指向内存映射的开头，即第一个内存描述符，而更新表达式则依次指向相邻的内存描述符。

在for语句中，首先要做的是将整数转换为指针（类型转换）（代码2.10）。将整数类型的iter转换为指针类型EFI_MEMORY_DESCRIPTOR*。指针很难理解，但即使不理解也不用担心（请阅读2.8节）。

代码2.10　迭代器变量的类型转换

```
EFI_MEMORY_DESCRIPTOR* desc = (EFI_MEMORY_DESCRIPTOR*)iter;
```

然后，使用desc将内存描述符的内容转换为字符串（代码2.11）。AsciiSPrint()是EDK II的一个库函数，用于将格式化的字符串写入指定的字符数组，其类似于标准的C函数sprintf()。GetMemoryTypeUnicode()是Main.c中定义的一个函数，用于从内存描述符的类型值中获取类型名称并返回。

代码2.11　将内存描述符的内容转换为字符串

```
len = AsciiSPrint(
    buf, sizeof(buf),
    "%u, %x, %-ls, %08lx, %lx, %lx\n",
    i, desc->Type, GetMemoryTypeUnicode(desc->Type),
    desc->PhysicalStart, desc->NumberOfPages,
    desc->Attribute & 0xffffflu);
```

最后，使用EFI_FILE_PROTOCOL提供的Write()将字符串写入文件（代码2.12）。Write()的第2个参数是输入字符串的字节数。返回实际写入文件的字节数，作为输出。实际上，当指定的字符串没有全部输出时，应该编写一个程序来输出字符串的剩余部分，但在本例中省略了这一项。

代码2.12 将字符串写入文件

```
file->Write(file, &len, buf);
```

2.7 检查内存映射

下面我们来实际运行内存映射获取程序并检查内存映射。首先构建MikanLoaderPkg。

```
$ cd $HOME/workspace/mikanos
$ git checkout osbook_day02b
$ cd $HOME/edk2
$ source edksetup.sh
$ build
```

方法与构建Hello World程序相同。你也可以将编译生成的Loader.efi文件复制到U盘，然后在真实的设备上运行，但这里将展示如何在QEMU上运行。执行以下命令，在QEMU上运行Loader.efi。

```
$ $HOME/osbook/devenv/run_qemu.sh Build/MikanLoaderX64/DEBUG_CLANG38/X64/Loader.efi
```

如果使用run_qemu.sh脚本启动QEMU，则会在当前目录下创建一个名为disk.img的文件。这是磁盘镜像文件，其中包含了U盘的内容，你可以通过mount[1]查看其内容。

```
$ mkdir -p mnt # 加上-p，即使mnt已经存在也不会报错
$ sudo mount -o loop disk.img mnt
$ ls mnt
```

ls mnt将显示磁盘镜像的内容，其中除了EFI目录，还应该包含一个名为memmap的文件。这是一个保存在Loader.efi文件中的内存映射文件。我们来查看这个文件的内容。

```
$ cat mnt/memmap
```

cat命令用于在终端显示文件的内容。因为memmap是CSV格式的文件，所以使用电子表格软件打开看起来不错，但使用cat命令更便捷。运行上述命令后，你将看到内存映射的若干行。快速检查后，卸载磁盘镜像。

```
$ sudo umount mnt
```

你也可以不使用QEMU，选择在测试机上进行测试。与Hello World示例一样，将Loader.efi复制到U盘，将U盘插入测试机并启动。然后，将U盘插入开发机，查看里面保存的

1 挂载（mount）是Linux的基本操作之一，在加载文件系统时使用。在Linux下使用U盘、光盘和网络驱动器等外部存储设备时经常需要进行挂载操作。它也可用于打开并读/写磁盘镜像，本例就是如此。

memmap文件。使用cat命令或电子表格软件打开该文件，查看测试机的内存映射。

2.8 指针简介（1）：地址和指针

“鼠标指针”是指向屏幕上某一点的箭头。在C++中，指针的意思是“指向变量的东西”。

下面是指针的基本示例。

```
int i = 42;
int* p = &i;
```

第1行定义了一个int类型的变量，其初始值为42。第2行定义了一个指针变量p，其初始值为指向i的指针。现在，p是一个指向i的指针变量（图2.4）。

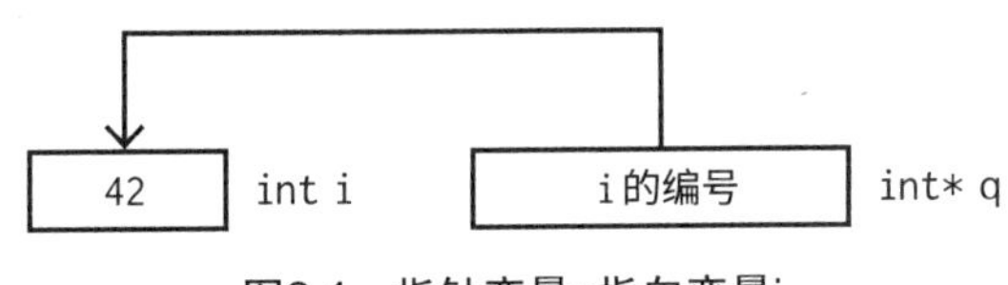

图2.4 指针变量p指向变量i

接下来，可以使用p来读取或改变i的值。在上述两行代码之后，执行以下代码，r1的值为42，r2的值为1。

```
int r1 =*p;
*p =1;
int r2 =i;
```

“*p = 1;”中的“*”是用于获取（引用）指针指向的位置的运算符，被称为“间接运算符”。在该行中，p指向i，因此*p等于i。

C++标准对如何实现指针并无太多的规定。但是，指针和整数是可以相互转换的。将指向不同变量的指针转换为的整数必须是不同的整数。换句话说，指针包含分配给每个变量的唯一编号。可以说，指针是变量的特定编号和类型信息的组合。

```
uintptr_t addr = reinterpret_cast<uintptr_t>(p);
int* q = reinterpret_cast<int*>(addr);
```

第1行是从指针到整数的转换。标准的uintptr_t（或intptr_t）作为一种整数类型，可以在不损失任何指针精度的情况下进行转换，因此这里使用了它。从指针到整数的转换相当于删除指针中的类型信息。转换得到的addr值是分配给变量i的唯一编号。

第2行是从整数到指针的转换。这种转换相当于将变量的类型信息添加到变量编号中。

结果q是指向变量i的指针。

C++标准中没有规定分配给变量的唯一编号的具体值，而是由处理器决定。许多编译器，包括本书中使用的Clang，都会使用变量所在的内存地址。内存地址是按字节顺序编号的，因此必须满足变量特定编号的限制。

在x86-64架构下，运行上述程序的结果如图2.5所示。虽然这只是一个例子，但对于理解指针是如何实现的很有帮助。

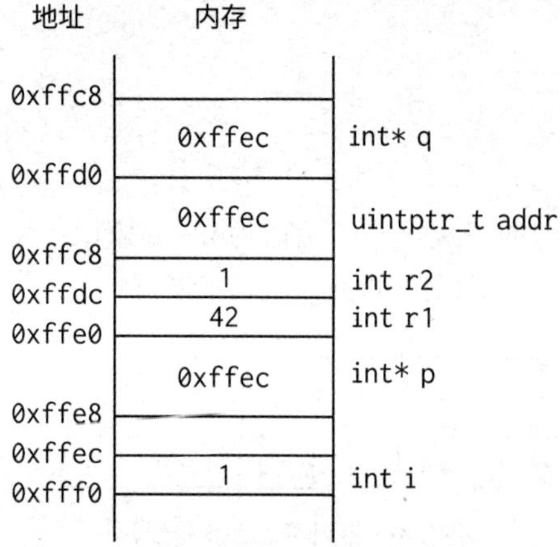

图2.5 在x86-64架构下指针的具体示例

图中左侧显示的内存地址的绝对值没有意义，有意义的是相对值，0xffec与0xfff0相差4，以此类推。

此外，图中变量的数量和位置是在不优化的情况下编译时的结果。在启用优化的情况下编译，变量的排列可能会有所不同，或者根本就不会创建变量。

2.9 指针和箭头运算符

C语言中的结构体是一种内存结构，其成员按声明顺序排列。例如，MemoryMap结构体的成员buffer_size在结构体的最开头，成员buffer紧随其后。从结构体开始处到某成员的距离（单位为字节）被称为偏移量：buffer_size的偏移量为0字节，buffer的偏移量为8字节（在64位环境中，UINTN为8字节）。

```
struct MemoryMap m;
struct MemoryMap* pm = &m;
```

在定义结构体类型的变量时，会在内存中根据结构体的大小为其分配一块内存区域。在上面的示例中，定义了一个名为m的变量，它的内存区域将与sizeof(struct MemoryMap)的一样大。它还定义了一个指针类型的变量pm。这两个变量之间的关系如图2.6所示。在该图中，假设指针是使用内存地址实现的。

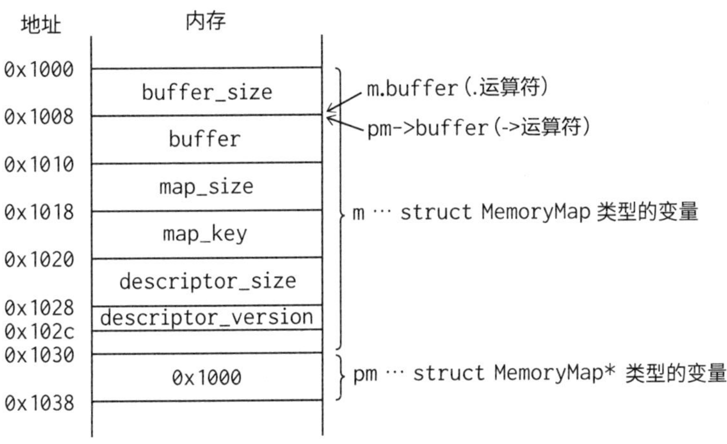

图2.6　变量m和pm之间的关系

与前面的示例一样，指针是变量的特定编号和类型信息的组合。值得注意的是，无论指针变量指向的类型是int（4字节）还是MemoryMap（48字节），其大小（8字节）都是相同的。这是因为指针变量只保存变量的地址。无论指针变量指向哪种类型的变量，表示地址所需的大小都是不变的。

要通过pm读取或写入m的每个成员，可以使用“->”（箭头运算符），也可以使用“*”（间接运算符）和“.”（点运算符）。下面是将0赋值给m.map_size的例子。

```
pm->map_size = 0;
(*pm).map_size = 0;
```

上面两行的处理方式完全相同。但使用箭头运算符更容易编写，因此在通过结构体类型的指针访问成员时通常使用箭头运算符。这样的语法被称为“语法糖”，它能在保留意义的同时使编写更容易。

专栏2.2　指针的指针

“指针的指针”是指将地址运算符&应用于指针变量。这是在创建UEFI应用时常见的一种技术。了解变量在内存中的排列方式，就能理解指针的指针。本专栏中的数值和内存位置取决于特定的CPU体系结构和编译器。但了解具体情况将有助于理解一般理论。

首先，我们快速回顾一下普通指针。指针可用于在调用的函数中重写变量的值。

```
void f(int* p) {
  *p = 42;
}
int g() {
  int x = 1;
  int* p = &x;
  f(p);
  return x;
}
```

在这段代码中，当函数g()执行时，返回值是42。这是因为：虽然变量x的初始值是1，但在函数f()中，变量x的内容被改写为42（图2.7）。这就是指针的作用。

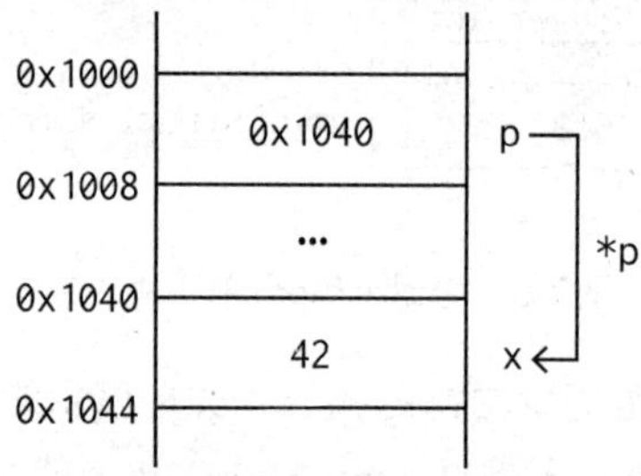

p指向x（p points to x）

图2.7 变量与指针之间的关系

指针的指针是在UEFI编程中经常使用的一种技术。本书中，在使用OpenRootDir()和root_dir->Open()时用到了这种技术。后者的代码如下所示（为了便于说明，我们将指针的指针放入变量中）。

```
EFI_FILE_PROTOCOL* memmap_file;
EFI_FILE_PROTOCOL** ptr_ptr = &memmap_file;
root_dir->Open(
    root_dir, ptr_ptr, L"\\memmap",
    EFI_FILE_MODE_READ | EFI_FILE_MODE_WRITE | EFI_FILE_MODE_CREATE, 0);
```

乍一看，指针的指针似乎很难理解，但是当你知道指针变量是“用于存储被称为地址的整数值的变量”时，就比较容易理解了。指针变量memmap_file与其指针ptr_ptr之间的关系如图2.8所示。

传递给root_dir->Open()的是ptr_ptr（而非memmap_file）。这是因为它可以重写memmap_file的内容（0xd800），并返回指向文件信息的指针。该函数最初如“memmap_file=root_dir->Open(...);”，但返回值已被用来表示EFI_STATUS。因此，别无选择，只能将指针作为参数。通过重写指针指向的变量，将指向文件信息的指针返回给函数的调用者。

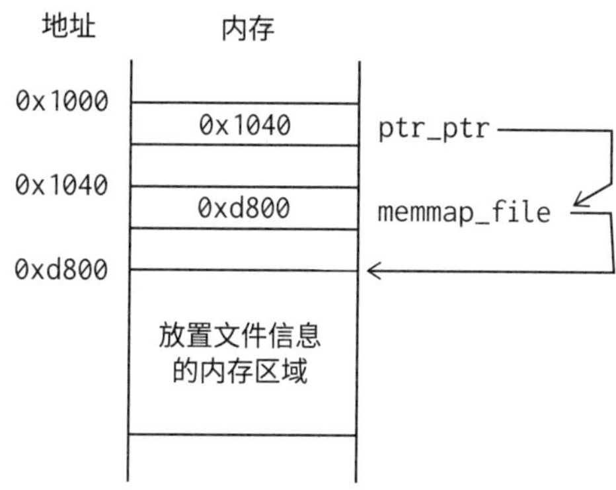

图2.8　指针的指针与普通指针之间的关系

将指针作为参数，是在C语言中创建具有多个返回值的函数时常见的做法。希望读者现在明白，只有当返回值类型是指针时，才会出现指针的指针，其概念与普通指针相同。

第 3 章

屏幕显示实践和引导加载器

现在，你已经熟悉了使用EDK II开发，是时候开始开发引导加载器来引导操作系统了。在本章中，我们将尝试创建一个简单的操作系统主体，只需要填充整个屏幕，然后通过引导加载器启动它即可。

3.1 QEMU监视器

如果自己创建的程序有问题，该如何调试呢？你可能会想到在源码的适当位置调用Print()来检查变量的值，或者将值写入文件。

这些都是应该做的，但有时这样做无法确定问题，或者受调试代码的影响，问题可能无法再现或症状可能发生变化。与在操作系统上运行的应用相比，在引导加载器和操作系统的开发过程中经常会出现这种情况。

例如，如果内存损坏或中央处理器未按预期配置，那么只需要重写一小段程序就能改变症状。这是很常见的。在低层开发中，像“注释掉Print()调用就能正常运行”这样的怪事经常发生。

QEMU监视器是QEMU的标准功能，可以显示CPU的设置和读/写内存内容。如果在真机上运行自己的操作系统，就无法做到这一点，但在模拟器上运行却很容易。本节将以内存映射获取程序为例，介绍如何做到这一点。

要使用QEMU监视器，请回到启动QEMU后执行run_qemu.sh的终端。run_qemu.sh允许你在终端[1]使用QEMU监视器，其初始界面如图3.1所示。(qemu)是QEMU监视器的提示符[2]。

```
uchan@uchan-lavie: ~/edk2
ファイル(F) 編集(E) 表示(V) 検索(S) 端末(T) ヘルプ(H)
+ MOUNT_POINT=./mnt
+ [ ! -f Build/MikanLoaderX64/DEBUG_CLANG38/X64/Loader.efi ]
+ rm -f ./disk.img
+ qemu-img create -f raw ./disk.img 200M
Formatting './disk.img', fmt=raw size=209715200
+ mkfs.fat ./disk.img
mkfs.fat 4.1 (2017-01-24)
+ mkdir -p ./mnt
+ sudo mount -o loop ./disk.img ./mnt
+ sudo mkdir -p ./mnt/EFI/BOOT
+ sudo cp Build/MikanLoaderX64/DEBUG_CLANG38/X64/Loader.efi ./mnt/EFI/BOOT/BOOTX64.EFI
+ sudo umount ./mnt
+ qemu-system-x86_64 -drive if=pflash,format=raw,readonly,file=/home/uchan/osbook/deve
nv/OVMF_CODE.fd -drive if=pflash,format=raw,file=/home/uchan/osbook/devenv/OVMF_VARS.f
d -drive if=ide,index=0,media=disk,format=raw,file=./disk.img -monitor stdio
QEMU 2.11.1 monitor - type 'help' for more information
(qemu) qemu-system-x86_64: warning: TCG doesn't support requested feature: CPUID.01H:E
CX.vmx [bit 5]

(qemu)
(qemu)
(qemu)
```

图3.1 QEMU监视器的初始界面

首先来检查CPU的寄存器值。在QEMU监视器中运行info registers命令，将显示CPU各寄存器的当前值，如下所示。

1 在QEMU启动选项中指定“-monitor stdio”的效果，就可以在终端使用QEMU监视器。

2 提示符是等待用户输入的字符串，通常Bash的提示符是“$”，Windows的命令提示符是“>”。

```
(qemu) info registers
RAX=0000000000000000 RBX=0000000000000001 RCX=0000000007b7b1c0 RDX=0000000000000002
RSI=0000000000000400 RDI=0000000007eab2d0 RBP=000000000000002e RSP=0000000007eaa8a0
R8 =00000000000000af R9 =0000000000000288 R10=0000000000000050 R11=0000000000000000
R12=0000000067ae8d0 R13=00000000000fffff R14=0000000007eaa930 R15=00000000722a920
RIP=0000000067ae4c4 RFL=00000202 [-------] CPL=0 II=0 A20=1 SMM=0 HLT=0
ES =0030 0000000000000000 ffffffff 00cf9300 DPL=0 DS   [-WA]
CS =0038 0000000000000000 ffffffff 00af9a00 DPL=0 CS64 [-R-]
```

CPU的寄存器是用来存储数值的存储区域。寄存器存储数值的功能与主存储器类似，但主要区别在于寄存器位于CPU内部，而主存储器位于CPU外部。关于寄存器，在3.2节中有详细解释。简单地说，上面输出示例中的RAX和ES都是寄存器。特别是RIP寄存器，它通常用于调试，并指向下一条要执行的机器语言指令的位置。将这些信息与下面要介绍的内存转储结合起来，就可以检查当前正在执行的机器语言指令。

接下来，显示主内存中指定地址附近的值（内存转储）。使用x命令执行内存转储。x命令的格式如下。

```
x /fmt addr
```

根据/fmt中指定的格式，显示以addr开头的内存区域的值。/fmt可细分为/[编号][格式][大小]。其中，编号指定要显示多少个数据块；格式可以是x（十六进制形式）、d（十进制形式）或i（反汇编机器语言指令）；大小指定将多少字节作为一个单位——b表示1字节，h表示2字节，w表示4字节，g表示8字节。作为测试，我们以十六进制形式显示0x067ae4c4的4字节。

```
(qemu) x /4xb 0x067ae4c4
00000000067ae4c4: 0xeb 0xfe 0x66 0x90
```

假设这是一条机器语言指令[1]。尝试将其拆解并显示两条指令。

```
(qemu) x /2i 0x067ae4c4
0x00000000067ae4c4:     jmp     0x67ae4c4
0x00000000067ae4c6:     xchg    %ax,%ax
```

jmp 0x67ae4c4是“跳转到0x67ae4c4”的指令，而0x67ae4c4正是该指令所在的位置，因此最终还是会在同一个地方绕来绕去。事实上，这条汇编指令是while (1);的编译结果。

以上是如何使用QEMU监视器的简要说明。更详细的说明可参阅维基教科书（Wikibooks）上的QEMU监视器页面。将QEMU监视器与可执行文件（EFI和ELF文件）和汇编语言的知识结合起来，就能深入高效地进行调试（尽管本书中很少提到汇编语言……）。

1 我们知道0xeb是跳转指令，它表示RIP附近指向下一条要执行的机器语言指令的区域，因此推测这是机器语言指令。

3.2 寄存器

本节将详细介绍寄存器（CPU内置的存储区域）。CPU通常配备有通用寄存器和专用寄存器。通用寄存器是可用于一般操作的寄存器，而专用寄存器则是用于进行CPU设置或控制定时器等CPU内置功能的寄存器。

通用寄存器的主要用途是存储数值。在这方面，其作用类似于CPU外部的主存储器。不过，它们在容量和读/写速度方面有很大的不同。与主存储器相比，寄存器的容量更小，读/写速度更快。例如，主存储器的容量约为16GB（2的34次方字节），而x86-64架构中的通用寄存器的容量仅为128B（2的7次方字节）。主存储器（DDR4-SDRAM）的读/写时间大约为100ns，而寄存器的读/写没有延迟。对于运行频率为2GHz的CPU来说，延迟时间仅为0.5ns左右。

x86-64的通用寄存器有16个：RAX、RBX、RCX、RDX、RBP、RSI、RDI、RSP、R8～R15。例如，可以为加法指令add指定以下两个寄存器。

```
add rax, rbx
;操作码 操作数1, 操作数2
```

一般来说，x86-64的运算指令有两个操作数（参数），左边的操作数被写入，右边的操作数被读出。上述指令的意思是在RAX上加上RBX的值。使用C++语言风格来写就是rax += rbx;。通用寄存器的读/写速度快，是CPU进行计算时不可或缺的工具。顺便提一下，在add部分出现的汇编指令的名称叫作操作码。

所有x86-64的通用寄存器都是8字节（=64位）的。但在某些情况下，我们可能需要使用比这更小的寄存器。在C++语言中，我们经常使用小于8字节的类型，如char或uint16_t。我们需要将这些类型的变量（变量在主内存中）读入寄存器中，对其执行操作，并将结果写回内存。为此，可以将通用寄存器的一部分作为小寄存器访问（图3.2）。例如，AX寄存器是以RAX寄存器的低16位命名的，通过读/写AX，可以读/写RAX的低16位[1]。

与通用寄存器相比，专用寄存器的种类非常多。当然，与通用寄存器一样，专用寄存器也具有存储数值的功能，但它们还具有通用寄存器所不具备的功能。也就是说，读/写数值的操作本身可能是有意义的，但每个位的作用可能不同。一些典型的例子如下。

- RIP：该寄存器用于存储CPU将要执行的下一条指令的内存地址。
- RFLAGS：该寄存器用于收集根据指令的执行结果而变化的标志。
- CR0：该寄存器用于收集重要的CPU设置。

1 在Intel SDM中，R8B被命名为R8L，但似乎NASM无法识别R8L这个名称。

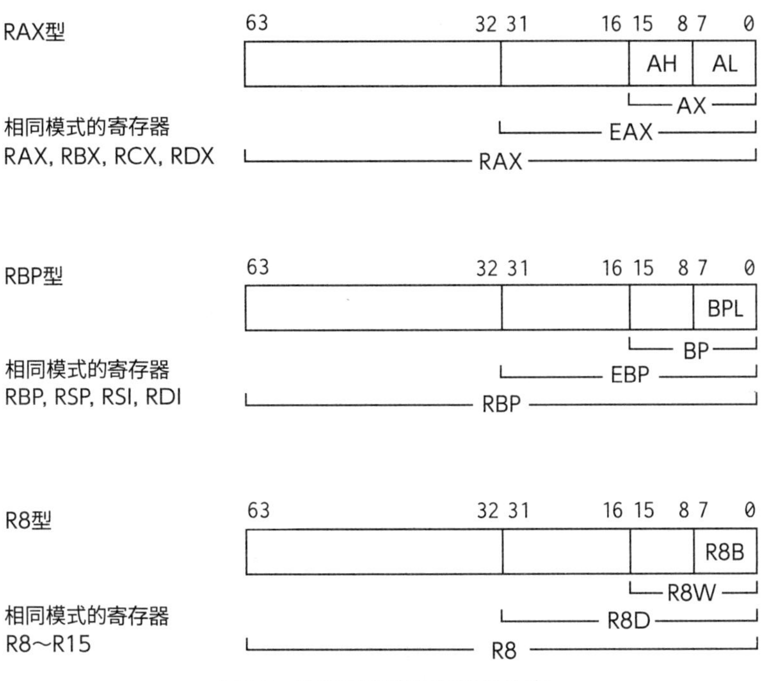

图3.2　通用寄存器和低位的别名

RIP保存要执行的下一条指令的内存地址，该地址会随着指令的执行而改变。RIP中的“IP”是Instruction Pointer的缩写。在执行运算指令时，它会增加，指向下一条指令。但对于jmp和call等分支指令，操作数指定的地址会被写入RIP。例如，jmp label是一条跳转到label所代表的地址的指令，但在内部它是一个名为“mov rip, label”的过程的镜像。

顾名思义，RFLAGS是一个标志寄存器，每个都有不同的作用。例如，第0位是进位标志（CF），第6位是零标志（ZF）。这些标志会随着各种指令的执行而改变。例如，如果执行指令的结果为0，则ZF为1。正如RIP会由CPU自动更新一样，RFLAGS的内容也会随着指令的执行而自动更新。

标志寄存器的正常使用方法是，将会根据标志寄存器的内容而改变行为的指令（如jz和cmovz）紧接在运算指令和影响标志寄存器的指令（如cmp）之后。例如，下面的程序在RAX减1的结果不等于0时循环。

```
loop:
  dec rax
  jnz loop
```

dec指令将寄存器的值减1。当指令执行后RAX恰好为0时，ZF为1。紧随其后的jnz是Jump if Not Zero的意思，这是一条只有在ZF为0时才跳转的指令。在上面的程序中，RFLAGS寄存器没有明确出现，但在这两条指令中隐含地使用了它。

当向CR0的第0位（PE）写入1时，会使CPU进入保护模式；当向其第31位（PG）写入1时，则会启用分页机制。

这样，专用寄存器不仅可以记录数值，还可以通过设置写入数值的行为触发某些操作。类似地，有些寄存器在读取数值时也会触发操作。此外，还有一些寄存器通过写入1将位初始化为0。

3.3 第一个内核（osbook_day03a）

开发引导加载器和操作系统本身（内核）的方法有很多种，但在本书中，我们把引导加载器开发成UEFI应用，把内核开发成ELF二进制文件，并在引导加载器中调用内核。通过分离文件，可以自由地创建内核而不必担心限制。首先，创建一个小的可执行文件，作为内核的基础。

那么，第一个内核应该是什么样的？

现在，假设它是一个什么也不做并永远循环的程序，如**代码3.1**所示。在这个阶段，内核不可能显示任何文本，所以我们只能勉强地理解这是一个死循环。这里定义的KernelMain()函数被称为入口点，由引导加载器调用。

代码3.1　第一个内核（main.cpp）

```
extern "C" void KernelMain() {
  while (1) __asm__("hlt");
}
```

函数定义的一个特点是extern "C"——这意味着函数是以C语言格式定义的。函数名称后面是参数信息的组合。就像在C++的普通函数定义中，可以定义名称相同但参数的个数和类型不同的函数[1]。这种转换被称为名称修饰（name mangling）。例如，int foo()被转换为_Z3foov，而int foo(int, int)被转换为_Z3fooii。在C程序中调用在C++中定义的函数需要使用修饰的名称，但这并不现实，因为名称太难懂了。在这种情况下，通常的做法是在函数定义前加上extern "C"[2]以禁止名称修饰。

一旦调用了KernelMain()函数，就会进入一个死循环。在死循环中，有一条陌生的语句，即__asm__("hlt");，我们来解释一下。__asm__()是内联汇编程序的符号，用于在C程序中嵌入汇编语言指令。汇编语言是一种非常接近机器语言的语言，基本上与机器语言一一对应。因此，无法用C语言表达的指令都可以用汇编语言来表达。当你想在程序中嵌入只能用

1 这个功能被称为函数重载。通过这个功能，可以定义多个函数，它们的参数个数和参数类型各不相同。

2 其副作用是无法定义参数的个数和类型不同的同名函数。这只针对函数名称，对在函数体中使用C++特定函数没有限制。

汇编语言表达的指令[1]时，内联汇编器就派上用场了。

本程序中嵌入了hlt指令。hlt是一条使CPU停止运行的指令，执行该指令会使CPU进入低功耗状态。如果不执行hlt指令，在死循环中CPU的使用率会达到100%，这样会浪费电能并产生热量。因此，我们会主动对CPU执行hlt指令。通过hlt指令，CPU进入省电状态，运行停止，但是当出现中断时，运行又会恢复。中断是指按下了键盘上的键或网络接收到数据等情况。不过，由于目前没有设置中断，所以根本不会发生任何中断，CPU会长时间处于停止状态。

根据源码创建内核文件的编译和链接步骤如下。

```
$ cd $HOME/workspace/mikanos/kernel
$ git checkout osbook_day03a
$ clang++ -O2 -Wall -g --target=x86_64-elf -ffreestanding -mno-red-zone \
  -fno-exceptions -fno-rtti -std=c++17 -c main.cpp
$ ld.lld --entry KernelMain -z norelro --image-base 0x100000 --static \
  -o kernel.elf main.o
```

第3行，使用clang++命令编译源码，创建对象文件main.o。对象文件是一个包含编译源码后生成的机器语言指令的文件。对于编译器来说，机器语言指令的输出就是“对象（目标）”。在**表3.1**中，简要解释了为编译器指定的选项的含义。

表3.1　编译器选项

选项	含义
-O2	使用第2级优化
-Wall	生成全部警告
-g	编译时生成调试信息
--target=x86_64-elf	生成x86-64的机器语言并将输出格式设置为ELF
-ffreestanding	编译为独立环境
-mno-red-zone	禁用Red Zone功能
-fno-exceptions	不使用C++异常
-fno-rtti	不使用C++动态类型信息
-std=c++17	将C++版本设置为C++ 17
-c	编译但不链接

-ffreestanding选项指定编译器应针对独立环境编译。C++运行环境有两种：**托管环境**（hosted environment）和**独立环境**（freestanding environment）。托管环境是程序在操作系统上运行的环境，而独立环境则是没有操作系统的环境。操作系统本身就是在没有操作系统的环境中运行的程序，因此增加了这个选项。-mno-red-zone、-fno-exceptions和-fno-rtti是在创建

1　《30天自制操作系统》中没有使用内联汇编器，而是使用了通过C语言调用汇编器创建的函数的方法。在本书中，我们倾向于使用内联汇编器。

操作系统时必须要添加的一组选项。其中，-mno-red-zone在专栏3.1中有解释；其他两个选项用于禁用需要操作系统支持的C++语言特性。在制作操作系统时，不能使用需要操作系统支持的语言特性。

接下来，链接器ld.lld会从对象文件创建一个可执行文件。由于对象文件中包含了机器语言指令，你可能认为CPU应该按原样执行这些指令，但这是不可能的。因为对象文件是一种中间文件，应该与其他对象文件链接（组合），而不能单独执行。这次恰好只有一个对象文件，但今后会有更多。在表3.2中，简要解释了为链接器指定的选项的含义。

表3.2 链接器选项

选项	含义
--entry KernelMain	使用KernelMain()作为入口点
-z norelro	不使用将重定位信息设置为只读的功能
--image-base 0x100000	将输出二进制文件的基地址设置为0x100000
-o kernel.elf	将输出文件名设置为kernel.elf
--static	静态链接

现在，编译和链接会生成一个名为kernel.elf的文件。这就是内核文件。恭喜你，你现在有了一个引导加载器！虽然它非常小，但这意味着你已经创建了一个真正的操作系统主体，而不只是一个引导加载器。你成功了！

接下来，为了从引导加载器启动该文件，引导加载器必须以某种方式将该文件读入主内存。有很多可用的方法，但在本书中，我们将把引导加载器的可执行文件Loader.efi和内核的可执行文件kernel.elf写入U盘，然后使用UEFI从引导加载器读取内核并启动它[1]。

下一步是创建读取内核文件的引导加载器。读取文件需要打开文件，分配足够的内存来存储整个文件，然后读取文件的内容。在引导加载器的UefiMain()中读取内核文件的部分如代码3.2所示。

代码3.2 读取内核文件的主函数部分（Main.c）

```
EFI_FILE_PROTOCOL* kernel_file;
root_dir->Open(
    root_dir, &kernel_file, L"\\kernel.elf",
    EFI_FILE_MODE_READ, 0);

UINTN file_info_size = sizeof(EFI_FILE_INFO) + sizeof(CHAR16) * 12;
UINT8 file_info_buffer[file_info_size];
kernel_file->GetInfo(
```

1 此外，Linux还有一种被称为EFI boot stub的机制，即将内核文件的开头部分设置成EFI文件，这样就可以在没有引导加载器的情况下启动操作系统。使用这种方法需要了解EFI文件头结构，因此本书中没有使用此方法。

```
    kernel_file, &gEfiFileInfoGuid,
    &file_info_size, file_info_buffer);

EFI_FILE_INFO* file_info = (EFI_FILE_INFO*)file_info_buffer;
UINTN kernel_file_size = file_info->FileSize;

EFI_PHYSICAL_ADDRESS kernel_base_addr = 0x100000;
gBS->AllocatePages(
    AllocateAddress, EfiLoaderData,
    (kernel_file_size + 0xfff) / 0x1000, &kernel_base_addr);
kernel_file->Read(kernel_file, &kernel_file_size, (VOID*)kernel_base_addr);
Print(L"Kernel: 0x%0lx (%lu bytes)\n", kernel_base_addr, kernel_file_size);
```

打开内核文件的过程与打开写入内存映射的文件类似。以只读方式（EFI_FILE_MODE_READ）打开顶层目录中的kernel.elf文件。

接下来，分配内存以读取整个打开的文件。为此，我们需要知道文件的大小，所以使用kernel_file->GetInfo()来获取文件信息。该函数的第4个参数必须指定一个足够大的内存区域，以存储EFI_FILE_INFO类型。为此，这里指定了一个比所需空间大sizeof(CHAR16)*12字节的内存区域，其原因将在下文中解释。

EFI_FILE_INFO类型的定义如**代码3.3**所示。如果查看最后一个成员FileName的定义，则可以看到没有写数组元素的个数。这是处理字符串的技术之一，在C语言中经常使用。如果没有指定元素个数，那么计算出的成员大小为0。因此，sizeof(EFI_FILE_INFO)等于成员Attribute的大小。内存布局如**图3.3**所示。

代码3.3 文件信息结构

```
typedef struct {
  UINT64 Size, FileSize, PhysicalSize;
  EFI_TIME CreateTime, LastAccessTime, ModificationTime;
  UINT64 Attribute;
  CHAR16 FileName[];
} EFI_FILE_INFO;
```

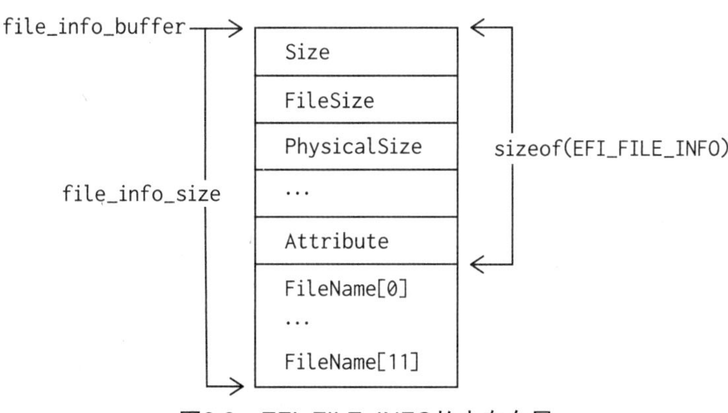

图3.3 EFI_FILE_INFO的内存布局

通过省略FileName的元素个数，可以增减file_info_buffer中的字节数来存储任意数量的字符。此处，为了存储\kernel.elf这12个字符（包括空字符），分配了一个比EFI_FILE_INFO的大小大sizeof(CHAR16)*12字节的内存区域。

当kernel_file->GetInfo()执行完毕时，file_info_buffer将被写入EFI_FILE_INFO类型的数据。随后，转换的结果用于读取FileSize。在专栏3.2中将详细说明转换过程。

一旦知道了内核文件的大小，就可以使用gBS->AllocatePages()分配足够大的内存区域来存储文件。该函数的第1个参数指定了分配内存区域的方法，第2个参数指定了要分配的内存区域类型，第3个参数指定了内存区域大小，第4个参数指定了所分配内存区域的地址。

你可以选择三种方式来确保内存安全。一是可以分配到任何可用的地方（AllocateAnyPages），二是可以分配到小于或等于指定地址的地址（AllocateMaxAddress）；三是可以分配到指定地址（AllocateAddress）。在制作内核文件时，假定将其放置在0x100000处（由ld.lld中的选项--image-base指定）。如果将其放置在该位置以外的其他位置，那么内核文件将无法正常运行。因此，指定AllocateAddress可确保在0x100000处分配内存。

请注意，根据要执行的逻辑的不同，0x100000地址的内存可能不是空闲区域。在这种情况下，请检查内存映射以找到一个足够大的区域作为EfiConventionalMemory，并将其起始地址设置为kernel_base_addr变量。

至于内存区域的类型，如果是引导加载器使用的区域，则通常指定EfiLoaderData就足够了。第4个参数是指向kernel_base_addr变量的指针。之所以传递指针，是因为当内存分配模式为AllocateAnyPages或AllocateMaxAddress时，gBS->AllocatePages()需要告知函数调用者实际分配的内存区域的首地址。除非将变量作为指针[1]传递，否则无法在函数内部改写变量的值。在本例中，变量的值不会被改写，因为它处于AllocateAddress模式。

传递给gBS->AllocatePages()的内存区域大小是以页为单位指定的，因此必须将kernel_file_size表示的字节数转换为以页为单位的值。因为UEFI的一页大小是4KiB=0x1000字节，所以转换公式如下。

```
页数=(kernel_file_size + 0xfff) / 0x1000
```

添加0xfff是为了将该值向上舍入到页面大小。如果kernel_file_size的值正好是页面大小的倍数，那么只需要除以0x1000即可得到精确的值。不过，在许多情况下会有小数，因此简单地除以0x1000会截断小数（C++语言中的整数除法会截断小数）。分配给分数的内存区域会

1 gBS->AllocatePages()的返回值被用作状态代码来表示内存分配成功还是失败，指针被用作参数来返回分配的内存区域的地址。因此，将指针作为参数向调用者返回两个或多个值是C语言中的一种常用方法。

稍小一些，无法用于读取整个文件。这里对为什么添加0xfff会起作用不再解释，感兴趣的读者可以自己计算一下。

在分配好内存区域后，使用kernel_file->Read()读取整个文件。这没什么难的。

现在，你可能认为将内核加载到内存中后，只需要启动内核即可。不过，在此之前，还需要做一些处理——停止一直在运行的UEFI BIOS引导服务。引导服务在幕后悄无声息地运行并执行各种进程，但它是操作系统的障碍，因此应该停止。**代码3.4**显示了执行此操作的代码。

代码3.4　在内核启动前停止引导服务（Main.c）

```
EFI_STATUS status;
status = gBS->ExitBootServices(image_handle, memmap.map_key);
if (EFI_ERROR(status)) {
  status = GetMemoryMap(&memmap);
  if (EFI_ERROR(status)) {
    Print(L"failed to get memory map: %r\n", status);
    while (1);
  }
  status = gBS->ExitBootServices(image_handle, memmap.map_key);
  if (EFI_ERROR(status)) {
    Print(L"Could not exit boot service: %r\n", status);
    while (1);
  }
}
```

这段代码有点儿长，我们先来看第2行调用gBS->ExitBootServices()的部分。该函数正是用于停止引导服务的函数。如果该函数执行成功，那么以后就无法使用引导服务的功能（如Print()以及与文件和内存相关的功能）了。

gBS->ExitBootServices()在调用时请求最新内存映射的映射键。映射键是在函数参数中指定的memmap.map_key，一个用于标识内存映射的值。内存映射的内容会随着引导服务的使用而发生变化。映射键与内存映射相关联，当内存映射发生变化时，映射键也会发生变化。如果指定的映射键不是与最新的内存映射相关联，那么gBS->ExitBootServices()将执行失败。

返回值会表明gBS->ExitBootServices()是否执行失败。如果执行失败，则会再次获取内存映射，并使用与之关联的映射键重新执行。第一次执行该函数可能会失败，因为在第一次获取内存映射和调用该函数之间使用了很多引导服务的功能。第二次执行该函数基本上不会失败。但如果第二次执行该函数也失败了，那么这将是一个严重的错误，我们将通过一个死循环暂时停止它。

停止引用服务后，我们就该看看启动内核的最后一部分了。

代码3.5显示了已加载内核的启动部分。这段代码计算内存中入口点的位置并调用入口点。入口点是程序的入口（进入）位置，在一般的C程序中是main()，在本例中是KernelMain()。确定KernelMain()实体在内存中的位置并调用它是引导加载器的主要目的。了解内核文件的内部结构对理解代码非常重要，因此这里稍做解释。

代码3.5　主函数中启动内核的部分（Main.c）

```
UINT64 entry_addr = *(UINT64*)(kernel_base_addr + 24);

typedef void EntryPointType(void);
EntryPointType* entry_point = (EntryPointType*)entry_addr;
entry_point();
```

内核文件kernel.elf是ELF格式的。你可以使用readelf命令来获取更多的信息，如下所示。

```
$ cd $HOME/workspace/mikanos/kernel
$ readelf -h kernel.elf
ELF Header:
  Magic:  7f 45 4c 46 02 01 01 00 00 00 00 00 00 00 00 00
  Class:                        ELF64
…
  Type:                         EXEC (Executable file)
…
  Entry point address:          0x101000
…
```

readelf的-h选项会显示指定的ELF文件的头[1]，告诉你kernel.elf是一个64位ELF文件，类型是EXEC，入口点地址的值是0x101000。此外，还显示了许多其他头信息，但目前不是很重要。

根据ELF格式规范，64位ELF文件的入口点地址是从偏移24字节的位置写入的8字节的整数。因此，代码3.5的第1行将读取它的值并将其设置到entry_addr变量中。如果类型是EXEC，那么读取的入口点地址的值就是KernelMain()实体所在的地址（图3.4）。

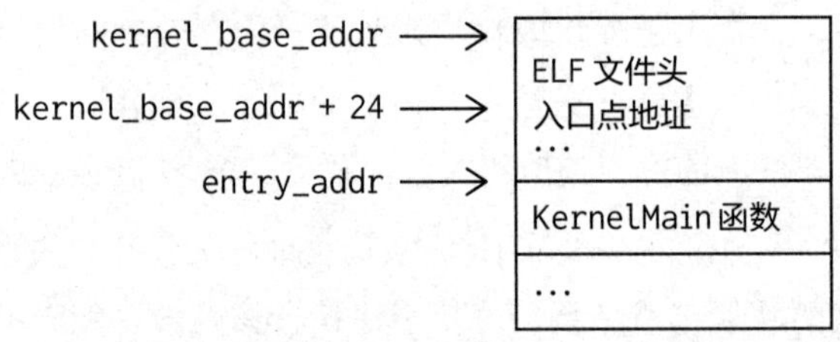

图3.4　入口点地址与文件位置之间的关系

入口点在内存中的位置已被设置在entry_addr变量中，因此其值最终会被转换为函数指

1　头信息被附加在包含结构化数据的文件中，用于描述数据在文件中的位置和结构。写在文件开头的此类信息被称为“文件头”。

针并被调用。这部分比较复杂，因为需要将入口点作为C函数调用。entry_addr的值是一个整数，代表入口点所在位置的地址。你可能会认为，一旦知道了函数的位置，所要做的就是调用它。然而，仅凭函数定义在内存中的位置信息，还不足以将入口点作为C函数调用。此外，还需要参数和返回值的类型信息（函数原型）。

typedef void EntryPointType(void);可能会让你感到陌生，但它创建了一个名为EntryPointType的新类型，表示“参数和返回值均为void类型的函数”。使用新创建的类型，指针变量entry_point被定义为EntryPointType* entry_point，初始值为entry_addr。这样，通过将函数的首地址与参数和返回值的类型信息相结合，就可以将入口点作为C函数调用（entry_point()）。

顺便提一下，可以以((EntryPointType*)entry_addr)();的方式调用该函数，而无须创建新的指针变量。为清晰起见，上面的代码通过指针变量使用了该方法。

现在，让我们构建引导加载器并启动内核。执行以下命令即可启动QEMU。

```
$ cd $HOME/workspace/mikanos
$ git checkout osbook_day03a
$ cd $HOME/edk2
$ build
$ $HOME/osbook/devenv/run_qemu.sh Build/MikanLoaderX64/DEBUG_CLANG38/X64/Loader.efi \
$HOME/workspace/mikanos/kernel/kernel.elf
```

启动后，内核应停止死循环的运行，最后的Print(L"All done\n");不应被执行。如果内核在显示“All done”之前停止死循环的运行，则说明内核启动成功。

你确定吗？会不会是因为CPU跳转到了一个奇怪的地方而导致运行失控？在这种情况下，QEMU监视器非常有用。使用info registers命令检查RIP的值（**图3.5**）。多运行几次，如果值没有变化，则认为已进入死循环。还可以检查RIP值附近的主内存内容，看看是否有hlt指令。实际的主内存内容如**图3.6**所示。首先显示了RIP指向的内存区域，发现一条jmp指令。接着显示了跳转目标地址0x669f028指向的内存区域，发现hlt指令被写入该区域。

```
(qemu) info registers
RAX=0000000000100000 RBX=
RSI=000000003feaca08 RDI=
R8 =000000003fea87c4 R9 =
R12=000000003effe920 R13=
RIP=0000000000101011 RFL=
```

图3.5　检查RIP的值

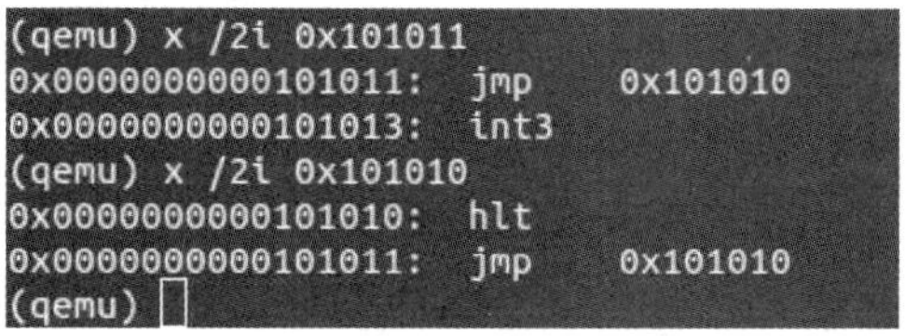

```
(qemu) x /2i 0x101011
0x0000000000101011:  jmp    0x101010
0x0000000000101013:  int3
(qemu) x /2i 0x101010
0x0000000000101010:  hlt
0x0000000000101011:  jmp    0x101010
(qemu)
```

图3.6　检查主内存的内容

要将数据写入U盘并在测试机上运行，请使用以下目录结构。

```
/kernel.elf
/EFI/BOOT/BOOTX64.EFI <--Loader.efi
```

专栏3.1 红区（Red Zone）

在编译内核时使用了-mno-red-zone选项。本专栏将介绍什么是红区，以及使用该选项后会发生什么。现在讨论这个话题有点儿难度，所以建议先跳过，以后再来讨论。

红区是栈指针稍超出栈的区域。System V AMD64 ABI将红区定义为RSP之前128字节的区域。该区域由正在运行的函数保留，中断处理程序不得擅自更改。

这意味着不调用其他函数的函数（leaf function）可以使用红区，而无须调整RSP的值。通常，如果要将栈作为临时区域使用，则需要从RSP中减去一个数值，以达到所需大小。但如果所需区域的大小为128字节或更小，则无须调整RSP的值即可使用红区。

下面将介绍红区功能对机器语言的影响。在启用红区的情况下，编译以下C++程序。

```
int g(int index) {
  int a[16] = {1, 1};
  for (inti =2; i < 16; ++i){
    a[i]=a[i-2] + a[i -1];
  }
  return a[index];
}
```

上面程序的编译过程为clang++ -O1 -mno-sse -c g.cpp。对结果进行反汇编，得到以下机器语言。

```
0000000000000000 <g(int)>:
   0:  48 c7 44 24 f0 00 00 00 00  mov  QWORĐ PTR [rsp-0x10],0x0
   9:  48 c7 44 24 e8 00 00 00 00  mov  QWORĐ PTR [rsp-0x18],0x0
…
```

写入栈指针以外的内存区域，如rsp-0x10和rsp-0x18。这就是红区的作用：如果不调整RSP的值，速度有望略有提高。

如果在执行使用红区的函数时发生中断，数据将被破坏。在操作系统开发过程中，最好禁用红区。

3.4 从引导加载器绘制像素（osbook_day03b）

什么都不做的内核是很无聊的，所以我们要尝试让内核做一些实际的处理。那么，第一个目标就是让屏幕充满各种颜色。

到目前为止，唯一的屏幕显示就是使用Print()显示字符串。在将来的操作系统中，不仅要显示字符串，还要显示窗口、鼠标指针和其他非字符串对象。为此，我们需要知道如何绘制像素（Pixel）[1]，而UEFI中的GOP（Graphics Output Protocol）为我们提供了绘制像素所需的信息。

1 像素是构成屏幕的每个点。在普通的显示器中，RGB（红、绿、蓝）组合构成一个像素。

绘制像素所需的（主要）信息如下：

- 帧缓冲区的首地址。帧缓冲区（Frame Buffer）是放置像素（要绘制的值）的内存区域。当向帧缓冲区中的每个点写入值时，该值会反映在显示器上的像素中。
- 帧缓冲区显示区域的宽度和高度（也称为分辨率）。
- 帧缓冲区的宽度，包括非显示区域。帧缓冲区的显示区域右侧可能存在不显示的额外宽度。
- 单个像素的数据格式。帧缓冲区中像素的字节数，以及RGB颜色中每种颜色的位数排列顺序。

代码3.6显示了一个用于获取这些信息并据此绘制适当图案的程序。

代码3.6 获取GOP并绘制屏幕（Main.c）

```
EFI_GRAPHICS_OUTPUT_PROTOCOL* gop;
OpenGOP(image_handle, &gop);
Print(L"Resolution: %ux%u, Pixel Format: %s, %u pixels/line\n",
    gop->Mode->Info->HorizontalResolution,
    gop->Mode->Info->VerticalResolution,
    GetPixelFormatUnicode(gop->Mode->Info->PixelFormat),
    gop->Mode->Info->PixelsPerScanLine);
Print(L"Frame Buffer: 0x%0lx - 0x%0lx, Size: %lu bytes\n",
    gop->Mode->FrameBufferBase,
    gop->Mode->FrameBufferBase + gop->Mode->FrameBufferSize,
    gop->Mode->FrameBufferSize);

UINT8* frame_buffer = (UINT8*)gop->Mode->FrameBufferBase;
for (UINTN i = 0; i < gop->Mode->FrameBufferSize; ++i) {
  frame_buffer[i] = 255;
}
```

在该程序中，首先使用OpenGOP()获取GOP。该函数的内容不是很重要，这里不做解释。但是如果该函数执行成功，那么指针变量gop将被设置为一个值。然后，将所获取的gop中主要项的值输出到屏幕上。

接下来，使用帧缓冲区的首地址（gop->Mode->FrameBufferBase）和总大小（gop->Mode->FrameBufferSize）填充屏幕。为了绘制出想要的颜色，需要正确解释像素数据格式（gop->Mode->Info->PixelFormat），并正确写入RGB值。但现在太麻烦了，我们只需要填充白色即可。

如图3.7所示，当在QEMU中运行该程序时，屏幕上显示的是白色。在写入值时没有考虑像素的数据格式，但对于任何数据格式来说，向每个字节写入255都是一样的。即，所有位都被设置为1[1]且为白色。

1 255=0xff=0b11111111。将所有8个位都设置为1。

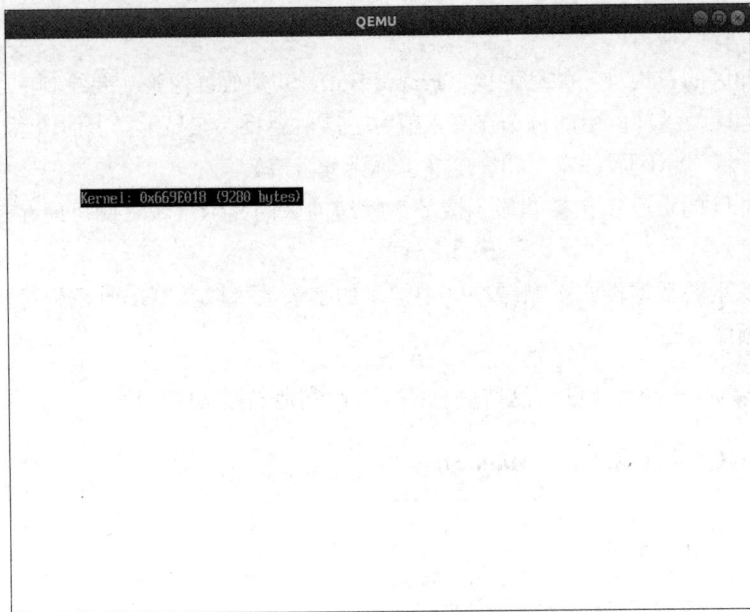

图3.7　用白色填充帧缓冲区

3.5 从内核绘制像素（osbook_day03c）

现在，我们已经能够从引导加载器绘制像素了。本节我们将尝试从内核做同样的事情。为此，我们需要将绘制所需的信息从引导加载器传递到内核。有多种方法可以做到这一点，但这里我们选择将其指定为KernelMain()的参数。修改后的内核端程序如**代码3.7**所示。

代码3.7　接收帧缓冲区信息并绘制像素（main.cpp）

```
#include <cstdint>

extern "C" void KernelMain(uint64_t frame_buffer_base,
                           uint64_t frame_buffer_size) {
  uint8_t* frame_buffer = reinterpret_cast<uint8_t*>(frame_buffer_base);
  for (uint64_t i = 0; i < frame_buffer_size; ++i) {
    frame_buffer[i] = i % 256;
  }
  while (1) __asm__("hlt");
}
```

请注意，在KernelMain()的参数中增加了两个64位整数。每个参数都将从引导加载器传递帧缓冲区的首地址和大小。该程序的目的是使用传递的参数填充帧缓冲区。

你可能第一次看到在函数中首先写reinterpret_cast。这是C++特有的符号，表示一种强制类型转换，在C语言中找不到。其效果与在C语言中写(uint8_t*)frame_buffer_base完全相同。后者只是将代表地址的整数值转换为指针。但通过使用reinterpret_cast，可以达到“这是整数值和指针之间的转换，应该小心处理”的目的。程序的其余部分与使用引导加载器填充屏幕时几乎相同。如果整个屏幕都是同一种颜色，那就太无趣了，所以我们试着让填充的颜色更有创意一些，根据像素的位置改变颜色，创造一种图案。

通过包含<cstdint>，我们可以使用整数类型uintX_t（X是位数）。在C和C++的标准中，short和int没有固定的位数，因此当位数很重要时，这些具有固定位数的整数类型就很有用了。帧缓冲区的首地址是一个64位的值，因此必须用一个64位（或更大）的变量来接收它，以避免产生错误。如果要在自己的操作系统中使用<cstdint>，则需要告诉Clang在哪里可以找到<cstdint>。为方便起见，我们准备了一个名为buildenv.sh的文件。该文件可以通过source命令加载。

```
$ source $HOME/osbook/devenv/buildenv.sh
```

buildenv.sh文件用于设置环境变量、CPPFLAGS和LDFLAGS。使用它们可以设置标准库的路径和其他必要的值。

```
$ echo $CPPFLAGS
-I/home/uchan/osbook/devenv/x86_64-elf/include/c++/v1 -I/home/uchan/osbook/devenv/
x86_64-elf/include -nostdlibinc -D__ELF__ -D_LDBL_EQ_DBL -D_GNU_SOURCE -D_POSIX_TIMERS
```

可以看到，CPPFLAGS变量设置了很多选项。第一个选项“-I<略>/include/c++/v1”对于使用<cstdint>非常重要。-I选项用于搜索要加载的文件，而#include <…>的意思是添加指定的目录作为要读取的文件的搜索目标。<cstdint>实际上位于“<略>/include/c++/v1/cstdint”中，因此使用-I指定该目录部分将使编译器能够正确地找到文件。

如果使用CPPFLAGS和LDFLAGS进行编译和链接，则应该不会出错。

```
$ clang++ $CPPFLAGS -O2 --target=x86_64-elf -fno-exceptions -ffreestanding -c main.cpp
$ ld.lld $LDFLAGS --entry KernelMain -z norelro --image-base 0x100000 --static -o
kernel.elf main.o
```

现在，我们已经完成了内核部分的修改，让我们来看看程序的引导加载器部分。改动如**代码3.8**所示。

代码3.8　将帧缓冲区信息传递给内核（Main.c）

```
typedef void EntryPointType(UINT64, UINT64);
EntryPointType* entry_point = (EntryPointType*)entry_addr;
entry_point(gop->Mode->FrameBufferBase, gop->Mode->FrameBufferSize);
```

根据对KernelMain()的修改，我们给entry_point传递了两个参数。在EntryPointType类型定义中，只有参数的类型，而没有参数的名称（如frame_buffer_base）。函数原型可以没有参数的名称。修改后的新内核在引导加载器中启动后，显示效果如图3.8所示。在写入值时没有考虑像素的数据格式，因此图案和颜色可能会因机型的不同而不同。

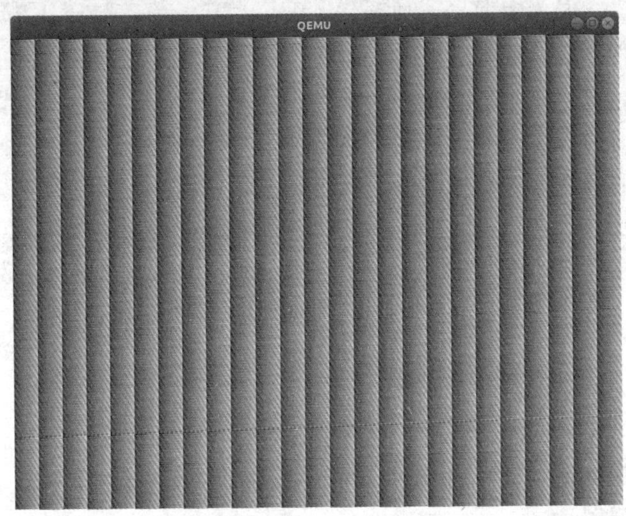

图3.8　在帧缓冲区中绘制适当的图案

3.6 错误处理（osbook_day03d）

错误处理是指检测并处理被调用函数或某些功能的故障。只要程序正常运行就不用执行错误处理，程序会表现得若无其事。但如果出现特殊情况（如内存不足、磁盘写入失败、输入的字符串比预期长很多或其他错误状态等），程序就很容易崩溃。对于“写完就忘了”的程序来说，错误处理可能不是必需的。但对于希望稳定运行的程序（操作系统就是一个很好的例子）来说，错误处理是必不可少的。此外，如果由于未执行错误处理而出现未定义的行为（如空指针访问、缓冲区溢出等），那么它就会成为漏洞和安全威胁。

到目前为止，我们几乎没有在引导加载器中处理任何错误。这里作为练习，我们将尝试添加错误处理。例如gBS->AllocatePages()，如果执行成功，则返回EFI_SUCCESS；如果执行失败，则返回其他值（如EFI_OUT_OF_RESOURCES）。因此，如果返回值是表示失败的值，程序应中断内核启动进程[1]。代码3.9显示了添加错误处理前后的情况。

1　错误处理主要有两种策略——要么中断处理，要么从错误状态中恢复并继续处理。一般来说，从错误状态中恢复比中断更难。引导加载器的错误处理一直采用中断处理的策略。

代码3.9　gBS->AllocatePages()中的错误处理（Main.c）

```
EFI_PHYSICAL_ADDRESS kernel_base_addr = 0x100000;
status = gBS->AllocatePages(
    AllocateAddress, EfiLoaderData,
    (kernel_file_size + 0xfff) / 0x1000, &kernel_base_addr);
if (EFI_ERROR(status)) {
  Print(L"failed to allocate pages: %r", status);
  Halt();
}
```

如果检测到错误，则会在屏幕上显示出来。Print()中使用的%r格式说明符会将EFI_STATUS的值转换为错误信息并打印出来。EFI_STATUS只是一个整数值，如果直接显示为数字则很难理解。UEFI函数会将EFI_STATUS的值转换为错误信息并打印出来。其中许多函数都返回EFI_STATUS，因此可以用同样的方法为所有函数编写错误处理。

如代码3.10所示，在错误处理中调用Halt()，会创建一个死循环来执行hlt指令。你可以选择在不调用该函数的情况下直接从UefiMain返回，但这样UEFI将放弃执行该引导加载器并继续进行引导处理。这可能会导致屏幕刷新和错误信息消失。如果你不喜欢这样，则建议通过这种死循环的方式来停止程序的执行。

代码3.10　Halt()通过死循环停止程序的执行（Main.c）

```
void Halt(void) {
  while (1) __asm__("hlt");
}
```


专栏3.2　转换指针

C/C++中的转换是一种转换数值类型的操作。它可用于将整数和浮点数相互转换，或者对数值的精度进行转换（如将int转换为long），还可实现指针和整数或指针和指针的相互转换。在制作操作系统时使用了大量涉及指针的转换，本专栏将对此进行详细解释。

例如，要创建一个指向0x1000的int变量的指针，请执行以下操作。该示例中的(int*)是一个转换。

```
(int*)0x1000
```

可以说，指针是“其指向的地址和类型的组合”。从整数到指针的转换是“将目标类型信息（int）分配给输入的整数（0x1000）的操作”。只有程序员知道内存中的0x1000是8位还是32位的整数、浮点数或结构体。通过转换向编译器发出指示，计算机就能正确读/写这些值。

指针之间也可以相互转换。作为测试，让我们将指向unsigned long的指针转换为指向float的指针。

```
#include <iostream>
int main() {
  unsigned long long_var = 0x40200000;
  float* float_ptr = (float*)&long_var;
  std::cout << *float_ptr << std::endl;

  *float_ptr = 1.0;
  std::cout << std::hex << long_var << std::endl;
  return 0;
}
```

编译并运行这个程序，输出结果如下。

```
$ clang++ main.cpp && ./a.out
2.5
3f800000
```

请注意，这个程序违反了C++规范[1]，可能会根据优化过程产生不同的结果。下面的说明假定没有对编译器进行任何优化。

指针&long_var（变量long_var被分配给它）**指向的内存地址和转换后的指针指向的内存地址是相同的**，只有指向的类型从unsigned long变为float。在转换之前或之后，哪个指针用于读取或写入，只有内存中的位字符串被视为哪种类型值的区别。在上面的示例中，你可以看到整数0x40200000和浮点数2.5以及整数0x3f800000和浮点数1.0的位表示是完全相同的。

在3.3节中，可以看到从“8位无符号整数的指针”到“EFI_FILE_INFO的指针”的转换。转换后的指针用于读取FileSize。

```
UINT8 file_info_buffer[file_info_size];
…
EFI_FILE_INFO* file_info = (EFI_FILE_INFO*)file_info_buffer;
UINTN kernel_file_size = file_info->FileSize;
```

虽然file_info_buffer是一个8位整数数组，但使用指针进行转换后，可以像在同一位置读/写EFI_FILE_INFO结构体一样读/写file_info_buffer。因此，在制作操作系统的过程中，将适当大小的内存区域保留为8位整数类型（如UINT8）的数组，然后将其转换为不同类型的指针，是一种常见的方法。

在使用这种方法时，需要注意对齐前后的类型对齐（alignment）。对齐是对变量所在内存地址的约束，“*N*字节对齐”意味着将变量放在*N*字节的倍数的地址上。大于1字节的类型（如int和结构体）有对齐约束，而1字节的类型（如UINT8）通常没有对齐约束。因此，如果file_info_buffer分配到的地址不满足EFI_FILE_INFO类型的对齐约束，那么使用转换后的指

1　通过指针将long_var转换为float读/写的部分违反了严格对齐规则。

针进行读/写操作可能会失败（可能会读取到奇怪的值，或者CPU可能会抛出异常）。在C语言中应使用alignas和alignof对齐约束，可以通过包含<stdalign.h>来使用。

```
alignas(alignof(EFI_FILE_INFO)) UINT8 file_info_buffer[file_info_size];
```

另外，在C++标准中，对指针、地址和转换等主题并没有严格的规定，通常取决于处理器。本专栏的内容（以及本书的所有内容）基于x86-64的编译器，而x86-64的编译器正是本书的目标编译器。请注意，其他实现可能会有不同的表现。

3.7 指针简介（2）：指针与汇编语言

在汇编语言的世界中，可以更好地理解指针是如何实现的。这是因为在汇编语言的世界中，可以直接使用地址来实现指针，而且可以仔细观察指针的行为。

```
void foo() {
  int i = 42;
  int* p = &i;
  int r1 = *p;
  *p = 1;
  int r2 = i;
  uintptr_t addr = reinterpret_cast<uintptr_t>(p);
  int* q = reinterpret_cast<int*>(addr);
}
```

上面的C++程序在Clang中编译（未优化）如下。让我们从函数的前半部分开始讲。

```
_Z3foov:
    push rbp
    mov rbp, rsp

    ; int i = 42; （以;开头的行是注释）
    mov dword ptr [rbp -4], 42
```

第1行中的_Z3foov是foo函数在汇编语言世界中的名称。C++的名称修饰将其翻译为这个不同的名称。有关名称修饰的更多信息，请参阅3.3节。

第2行和第3行是函数入口的典型处理。第2行的push指令将RSP寄存器的值减少8，然后将指定值写入RSP寄存器指向的内存区域。换句话说，RBP寄存器的值被存储在栈的末端。与C++指针不同，RSP是一种栈指针，它指向主内存中栈末尾的位置。

第3行中的mov指令将该值从右向左复制。C++风格代码为rbp = rsp。由于RSP的值通常变化很快，因此要复制某一时刻的值，以便以后用作参考点。第3行执行结束后，内存和寄存器的状态如图3.9所示。

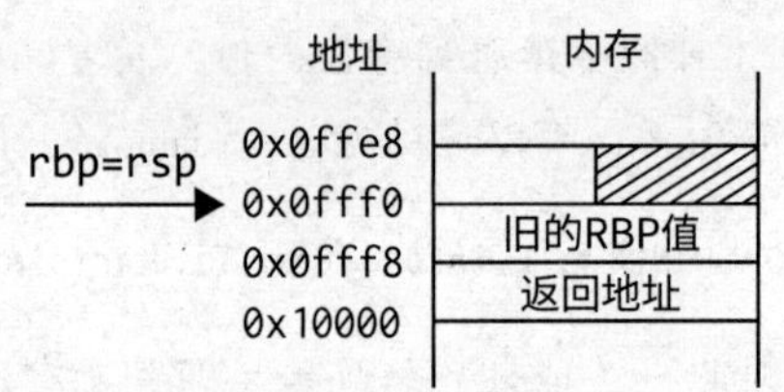

图3.9 函数入口处理结束时的栈（内存和寄存器的状态）

让我们仔细看看在这种状态下执行第6行的mov指令会发生什么。这个mov指令也是从右向左复制值的，但与上一个mov指令不同的是，其左边的值被[和]包围起来。x86汇编程序将[xxx]视为对地址xxx[1]的内存访问。这里的内存地址是rbp-4，即访问图中斜线部分的内存。在此部分将写入42。

[]之前的dword表示内存访问的大小为dword的大小（4字节）。这与本例中使用的编译器的int类型为4字节相对应。后面的ptr明确说明[]是内存访问，但这里可以省略。

从C++的角度来解释这条mov指令，它意味着以rbp-4开始的4字节内存区域与变量i相对应，将42写入其中。因此，在函数中声明的局部变量就是以这种方式被放入栈区域的。

现在，我们来看看C++中的指针在汇编语言中是如何工作的。大家已经掌握了理解下面的汇编语言代码所需的大部分知识。

```
; int* p = &i;
lea   rax, [rbp - 4]
mov   qword ptr [rbp - 16], rax

; int r1 = *p;
mov   rax, qword ptr [rbp - 16]
mov   ecx, dword ptr [rax]
mov   dword ptr [rbp - 20], ecx

; *p = 1;
mov   rax, qword ptr [rbp - 16]
mov   dword ptr [rax], 1

; int r2 = i;
mov   ecx, dword ptr [rbp - 4]
mov   dword ptr [rbp - 24], ecx

; uintptr_t addr = reinterpret_cast<uintptr_t>(p);
mov   rax, qword ptr [rbp - 16]
mov   qword ptr [rbp - 32], rax

; int* q = reinterpret_cast<int*>(addr);
mov   rax, qword ptr [rbp - 32]
mov   qword ptr [rbp - 40], rax

pop   rbp
ret
```

1 []表示内存访问，是Intel记法。与AT&T记法有不同的语法系统。

第2行中的lea[1]对于我们来说是新内容，但很容易理解，lea指令是一条将内存地址计算结果写入寄存器而不执行任何实际内存访问的指令。本质上，rax = rbp-4。这只不过是获取变量i的地址。第3行，地址值被写入rbp-16的内存区域。qword表示8字节。从rbp-16开始的8字节内存区域对应变量p，变量i的地址被写入其中。

将42写入变量i的过程和将地址写入变量p的过程非常相似，你觉得呢？虽然写入地址的大小不同（dword和qword），但它们都是mov指令，而且都使用[]作为第一个参数。这绝非巧合，i和p仍然是在内存中分配的变量。

进一步阅读：从第6行开始，读取变量p指向的值并将其写入变量r1。第6行，读取变量p的值并将其存储到rax中。第7行，从rax（变量i）指向的内存区域读取4字节。第8行，将该值写入变量r1。

怎么样？从汇编语言的角度来看int r1 = *p;，这是使用指针变量读取内存操作的一种非常简单的方法。从汇编语言的角度来看，**处理指针变量和处理普通变量并没有什么区别**，都是使用mov指令进行简单的读/写操作。唯一的区别是使用[]访问内存两次还是一次。

C++编译器知道指针变量存储的是“指向其他变量的地址”。从C++编译器的角度，考虑一下与使用间接运算符访问内存相对应的汇编指令int r1 =*p;。

- p是指向int类型的指针。这意味着*p只需要从指针指向的位置读取一个int类型的值就可以了。
- 首先将p存储的值读入寄存器。p是指针，所以使用qword就可以了。
  →mov rax, qword ptr [rbp -16]
- 因为读取的值是地址值，所以要读取它指向的值。目标类型是int，所以使用的是dword。
  →mov ecx, dword ptr [rax]
- 最后将读取到的值写入r1即可。r1是int，所以使用的是dword。
  →mov dword ptr[rbp -20], ecx

如果你明白了这些，剩下的处理就不用担心了。这是读者的课后作业，请尽量理解。

最后两行是函数退出时的处理。它们与函数入口处的处理（push和mov）相对应。pop将RBP的值恢复到函数调用前的值，ret将RBP的值返回给函数的调用者。

1 其英文全称为Load Effective Address，即加载有效地址。有效地址是加上地址转换、缩放和分段位移后的线性地址。

第 4 章

像素绘图和make入门

在本章中，你将学习如何在操作系统中于屏幕上绘制图像。能够随意控制屏幕显示，对于用户使用计算机非常重要。在本章后半部分，你将学习如何加载ELF文件，这对于确保程序正确运行非常重要。

4.1 make简介（osbook_day04a）

make是一个自动执行编译和链接等任务的工具。以前，在编译内核时必须手动输入clang++和ld.lld，而make可以自动完成这些任务。这是一个非常有用的工具，本节就来介绍它。如果你想了解更多信息，请参阅*GNU Make*第3版。

make由make命令和Makefile组成，后者是一组规则和指令。让我们从**第3章**中出现的内核编译和链接的Makefile开始（**代码4.1**）。在包含命令（rm、ld.lld和clang++）的三行中，行首是制表符而不是空格。

代码4.1　第一个Makefile

```
TARGET = kernel.elf
OBJS = main.o

CXXFLAGS += -O2 -Wall -g --target=x86_64-elf -ffreestanding -mno-red-zone \
            -fno-exceptions -fno-rtti -std=c++17
LDFLAGS  += --entry KernelMain -z norelro --image-base 0x100000 --static


.PHONY: all
all: $(TARGET)

.PHONY: clean
clean:
	rm -rf *.o

kernel.elf: $(OBJS) Makefile
	ld.lld $(LDFLAGS) -o kernel.elf $(OBJS)

%.o: %.cpp Makefile
	clang++ $(CPPFLAGS) $(CXXFLAGS) -c $<
```

在介绍Makefile之前。让我们先来看看使用make编译的过程：使用cd进入Makefile所在的目录，然后运行make。

```
$ cd $HOME/workspace/mikanos/kernel
$ git checkout osbook_day04a
$ make
clang++ -I/home/uchan/osbook/devenv/x86_64-elf/include/c++/v1 -I/home/uchan/osbook/devenv
/x86_64-elf/include -I/home/uchan/osbook/devenv/x86_64-elf/include/freetype2 -nostdlibinc
 -D__ELF__ -D_LDBL_EQ_DBL -D_GNU_SOURCE -D_POSIX_TIMERS -O2 -Wall -g --target=x86_64-elf
 -ffreestanding -mno-red-zone -fno-exceptions -fno-rtti -std=c++17 -c main.cpp
ld.lld -L/home/uchan/osbook/devenv/x86_64-elf/lib --entry KernelMain -z norelro --image-
base 0x100000 --static -o kernel.elf main.o
```

make的输出显示，clang++和ld.lld是依次执行的。这证明了Makefile中描述的依赖关系规则执行正常。下面我们将更详细地了解文件的内容。

Makefile的前半部分是变量定义，后半部分是规则定义。变量可以自由定义和使用，因此我们定义了如**表4.1**所示的四个变量。

表4.1　第一个Makefile中的变量

变量名称	含义
TARGET	此Makefile生成的最终对象
OBJS	创建TARGET所需的对象文件
CXXFLAGS	编译选项
LDFLAGS	链接选项

变量定义之后是规则。在Makefile中，规则是目标、前提条件和根据前提条件生成目标的方法（命令序列）的集合。从必填字段创建目标的实际过程就是方法。方法行必须始终以制表符开头。

```
目标 :必填字段
    方法
```

上面的Makefile包含四个目标：all、clean、kernel.elf和%.o。目标名称可以被作为make命令的参数指定。如果尝试执行make clean命令，则将删除main.o。如果在执行make命令时不带任何参数，那么其行为与Makefile中出现的第一个目标（all）的行为相同。

在目标中，all和clean并不是实际的文件名，而只是作为表示规则的名称使用。例如，all表示执行默认编译，clean表示从编译中删除中间文件等。这些目标被称为假目标（phony target），因为它们不是真正的文件名，并被声明为.PHONY[1]。

现在，Makefile中的每条关键规则都将按如下方式被递归处理。

- **首先，针对所有关键目标执行相应的规则。**
- **然后，根据以下规则处理方法。**
  - **如果目标比必填字段新，则什么也不做。**
  - **否则（目标不存在或比必填字段旧），执行方法。**

下面说明了如何从all开始递归搜索和执行规则。

```
all: kernel.elf
-->执行必填字段（kernel.elf）的规则（kernel.elf: main.o Makefile）。
    -->执行必填字段（main.o）的规则（main.o: main.cpp Makefile）。
```

1　只有存在all和clean等文件时，虚假声明才有效。如果没有这样的文件，那么不使用虚假声明也不会有问题。

```
      -->尝试执行必填字段（main.cpp）的规则，若文件不存在，则不执行。
      -->尝试执行必填字段（Makefile）的规则，若文件不存在，则不执行。
      -->执行方法。使用clang++生成main.o。
    -->尝试执行必填字段（Makefile）的规则，若文件不存在，则不执行。
    -->执行方法。使用ld.lld生成kernel.elf。
  -->没有方法。什么也不做。
```

由于行为是递归的，因此可能难以理解。要阅读本书的其余部分，并不需要完全理解它。所以，即使你不理解也不要停下，请继续阅读。如果由于某种原因跳过了某个方法，而没有执行所需的命令，那么可以执行神奇的make -B命令。使用-B选项，所有方法都会重新执行，而不管文件是新的还是旧的。

%.o和%.cpp并不是特定的文件名，而是文件名模式。当对象文件的数量增加时，使用模式规则将非常有用。OBJS中对象文件的数量将来会增加，使用模式规则统一每个文件的规则比为每个文件编写特定规则更容易，如main.o: main.cpp Makefile等。符合%的部分被称为“词干（stem）”。

现在，在%.o的方法中有一个特殊变量$<。该变量由makc自动定义，其值是必填字段中第一个文件的名称。在本例中，它就是main.cpp。当然，还有其他自动定义的变量。**表4.2**中列出了主要变量。

表4.2 由make自动定义的变量

变量名称	说明
$<	第一个必填字段
$^	用空格分隔的所有必填字段
$@	目标（包括扩展名）
$*	模式规则中的词干

$*的说明可能会引起混淆。我们给出了一些例子（**表4.3**）。

表4.3 词干示例

目标模式	实际目标	$*的值（词干）
%.o	foo.o	foo
a.%.b	dir/a.foo.b	dir/foo

顺便提一下，在%.o和kernel.elf的规则中将Makefile指定为必填字段，但在方法中并未使用。基本规则是只在必填字段中写入方法中使用的文件，但这是唯一的例外。这样做的原因是，如果Makefile的内容更新了，则应重新构建Makefile。如果Makefile被注册为必填字段，则方法会在更新后重新执行。

4.2 自由绘制像素（osbook_day04b）

到第3章为止，你已经可以从内核填充像素了，但当时完全没有考虑像素的数据格式，你也不知道不同色彩模型上的像素是什么颜色。此外，你也无法指定屏幕上的某个位置并且只绘制某些像素。无论是绘制窗口还是显示文本，都需要能够在任何位置绘制任何颜色。本节将开发这种功能。

代码4.2显示了FrameBufferConfig结构体的定义，该结构体用于组织绘制像素所需的信息。该结构体可保存指向帧缓冲区的指针、水平方向的像素数（包括帧缓冲区边距）、水平和垂直的分辨率，以及像素数据格式。

代码4.2　表示帧缓冲区配置信息的结构体（frame_buffer_config.hpp）

```
#pragma once

#include <stdint.h>

enum PixelFormat {
  kPixelRGBResv8BitPerColor,
  kPixelBGRResv8BitPerColor,
};

struct FrameBufferConfig {
  uint8_t* frame_buffer;
  uint32_t pixels_per_scan_line;
  uint32_t horizontal_resolution;
  uint32_t vertical_resolution;
  enum PixelFormat pixel_format;
};
```

根据UEFI标准，有四种像素数据格式（在EFI_GRAPHICS_PIXEL_FORMAT枚举中定义的值）

- PixelRedGreenBlueReserved8BitPerColor
- PixelBlueGreenRedReserved8BitPerColor
- PixelBitMask
- PixelBltOnly

你知道光的三原色吗？红、绿、蓝混合可以表现多种颜色，其英文缩写为RGB。计算机屏幕也采用了这一原理，屏幕上无数像素中的每一个都能产生三原色光。从远处看，颜色是混合在一起的，从而可以绘制出各种颜色的图像。

因此，要在屏幕上绘制图像，就必须指定每个像素的每种颜色的发光强度。光的强度被称为**色阶**，每种颜色的色阶决定了可以表示的颜色数量。例如，如果用8个色阶（3位）来表示红色，用4个色阶（2位）来表示绿色，用8个色阶（3位）来表示蓝色，则总共可以表示256种颜色。帧缓冲区可以被描述为三原色强度的整数值序列。PixelFormat表示颜色在帧缓冲区中的排列顺序，以及每种颜色使用的位数。

本书只支持四种像素数据格式中的前两种。我们希望跳过PixelBitMask的实现，因为它会使绘图程序复杂化。此外，PixelBltOnly不能逐像素绘制，只能通过一次性复制内存中绘制的图像来绘制屏幕。绘制程序也变得更加复杂，因此不在本书的讨论范围之内。

引导加载器方面的修改如**代码4.3**所示。将从UEFI的GOP中获取的信息复制到之前创建的结构体中，然后将指向该结构体的指针传递给KernelMain()的第一个参数。

代码4.3　引导加载器将绘制所需的信息传递给操作系统（Main.c）

```
struct FrameBufferConfig config = {
  (UINT8*)gop->Mode->FrameBufferBase,
  gop->Mode->Info->PixelsPerScanLine,
  gop->Mode->Info->HorizontalResolution,
  gop->Mode->Info->VerticalResolution,
  0
};
switch (gop->Mode->Info->PixelFormat) {
  case PixelRedGreenBlueReserved8BitPerColor:
    config.pixel_format = kPixelRGBResv8BitPerColor;
    break;
  case PixelBlueGreenRedReserved8BitPerColor:
    config.pixel_format = kPixelBGRResv8BitPerColor;
    break;
  default:
    Print(L"Unimplemented pixel format: %d\n", gop->Mode->Info->PixelFormat);
    Halt();
}

typedef void EntryPointType(const struct FrameBufferConfig*);
EntryPointType* entry_point = (EntryPointType*)entry_addr;
entry_point(&config);
```

KernelMain()方面的修改如**代码4.4**所示。这里有两点需要注意：通过引用（const FrameBufferConfig&）接收结构体的指针，以及函数体调用了名为WritePixel()的函数。

代码4.4　使用WritePixel()绘制屏幕（main.cpp）

```
extern "C" void KernelMain(const FrameBufferConfig& frame_buffer_config) {
  for (int x = 0; x < frame_buffer_config.horizontal_resolution; ++x) {
    for (int y = 0; y < frame_buffer_config.vertical_resolution; ++y) {
      WritePixel(frame_buffer_config, x, y, {255, 255, 255});
    }
  }
  for (int x = 0; x < 200; ++x) {
```

```
    for (int y = 0; y < 100; ++y) {
      WritePixel(frame_buffer_config, 100 + x, 100 + y, {0, 255, 0});
    }
  }
  while (1) __asm__("hlt");
}
```

引用类型是C++特有的语法，在C语言中并不存在。若要从C语言中调用带有引用类型参数的函数，那么只需要指定一个指针而不是引用。这不是C++本身的规范，而是由System V AMD64 ABI决定的，它是我们使用的编译器的规范。关于ABI，在专栏4.1中有详细的解释。

WritePixel()的实现如代码4.5所示。该函数在指定的像素坐标（*x*和*y*）上绘制指定的颜色（c）。它根据像素数据格式（config.pixel_format）将三原色光写入帧缓冲区。

代码4.5　WritePixel()的实现（main.cpp）

```
struct PixelColor {
  uint8_t r, g, b;
};

/** WritePixel  绘制一个点
 * @retval 0     成功
 * @retval 非0   失败
 */
int WritePixel(const FrameBufferConfig& config,
               int x, int y, const PixelColor& c) {
  const int pixel_position = config.pixels_per_scan_line * y + x;
  if (config.pixel_format == kPixelRGBResv8BitPerColor) {
    uint8_t* p = &config.frame_buffer[4 * pixel_position];
    p[0] = c.r;
    p[1] = c.g;
    p[2] = c.b;
} else if (config.pixel_format == kPixelBGRResv8BitPerColor) {
    uint8_t* p = &config.frame_buffer[4 * pixel_position];
    p[0] = c.b;
    p[1] = c.g;
    p[2] = c.r;
} else {
    return -1;
}
    return 0;
}
```

pixel_position（像素位置）被设置为从帧缓冲区开始的位置转换而来的像素坐标值[1]。如果要将像素坐标值转换为帧缓冲区开始的位置，请使用“含边距水平方向的像素数*y+x”公式。像素坐标与帧缓冲区开始的位置之间的关系如图4.1所示。

1　const使变量成为常量。被声明为const的变量只能在初始化时设置值，后续任何赋值操作都会导致编译错误。

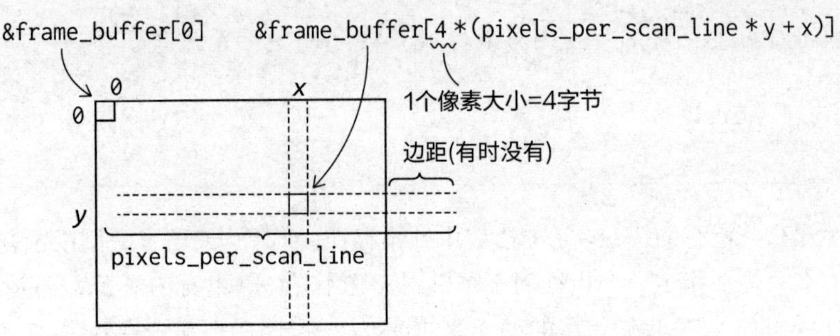

图4.1 像素坐标与帧缓冲区开始的位置之间的关系

PixelRGBResv8BitPerColor和PixelBGRResv8BitPerColor这两种像素数据格式都以8位表示每种颜色，但顺序不同。顾名思义，前者表示红色、绿色和蓝色，最后是8位保留区，而后者依次为蓝色、绿色、红色和保留区。保留区的任务是在保留区的基础上增加8位，使保留区的位数达到32位，而如果只使用三原色，则保留区的位数为24位。1个像素为32位，即4字节，因此要计算一个像素从帧缓冲区开始的字节位置，请将其作为像素的位置（pixel_position）乘以4。

KernelMain()使用WritePixel()，首先用白色（255,255,255）填充整个屏幕，然后在上面绘制一个200像素×100像素的绿色矩形。运行该程序后，你将看到如图4.2所示的图形。

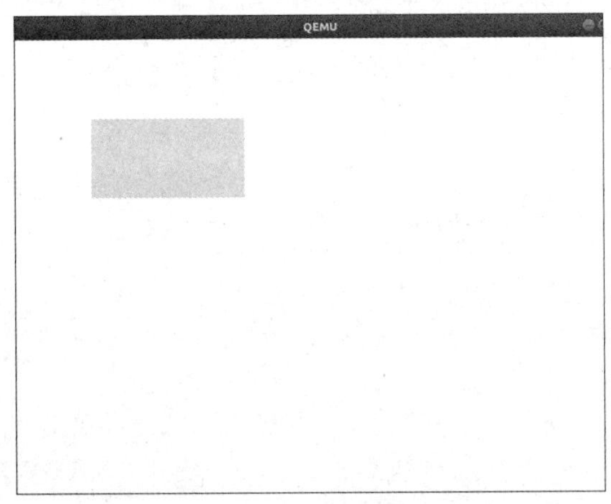

图4.2 使用WritePixel()绘制的绿色矩形

至此，你可以自由绘制像素了。不过，上面的程序在运行效率方面可能存在问题。也就是在WritePixel()中，要对像素的数据格式和分支进行判断。像素的数据格式在屏幕绘制过程中不会发生改变，每次调用WritePixel()时都进行判断是没有意义的。因为WritePixel()是在for语句中调用的，如果屏幕分辨率为800像素×600像素，那么就是800×600+200×100=50

万次调用。你可不想做出50万次判断吧[1]。在4.3节中，我们将利用C++语言特性来改进这个像素绘制程序。

专栏4.1 ABI

ABI（Application Binary Interface）规定了程序与CPU在机器语言层面上的交互。ABI决定了程序如何使用其运行所需的寄存器和内存。编译器根据ABI生成机器语言，操作系统的内部运作也必须考虑ABI。

本书中的所有编程都基于System V AMD64 ABI。另一个著名的x86-64的ABI是Microsoft x64 ABI。这两种ABI具有不同的函数调用约定，且互不兼容。这意味着链接使用不同ABI编译的函数将无法正常工作。

ABI中的一个重要项目是**调用约定**（Calling Convention）。调用约定定义了调用函数的规则，如参数如何传递、返回值如何返回、在函数中可以修改哪些寄存器等。专栏3.1中介绍的红区就是ABI定义的规则之一。

在System V AMD64 ABI中，当使用64位以内的整数或指针作为参数时，将按照RDI、RSI、RDX、RCX、R8和R9的顺序从上往下分配寄存器，它们将被加载到栈中。使用寄存器可以加快函数调用的速度。

对于返回值，将依次使用RAX和RDX。如果返回值是一个不超过64位的整数或指针，则只使用RAX。将返回值设置为RAX的ret指令允许函数调用者返回一个值。

在函数调用前后，RSP、RBP、RBX和R12～R15这七个寄存器的值必须保持不变。这意味着，如果被调用的函数使用了这些寄存器，则必须在更改寄存器之前将它们的值放到栈中或其他地方，并在退出函数之前恢复寄存器的值。除了这七个寄存器，其他寄存器可由被调用的函数自由改写。

对于其他情况，例如，将浮点数和超过64位的数据作为参数和返回值的规则，以及存储非通用寄存器的规则，参见System V AMD64 ABI。不过，本专栏介绍的知识足以用来理解本书中的程序。

如果使用C++编写函数，那么编译器会自动创建符合ABI约束的机器语言。如果使用汇编语言编写函数，那么程序员有责任遵守ABI的约束。在本书中，有些函数是用汇编语言实现的，因此每次都会提到ABI。

1 CPU有一种被称为“投机执行”的机制，这意味着50万次中的大部分实际上可能不需要判断成本。不过，要编写快速运行的程序，最好的方法是尽可能在循环之外进行处理。

4.3 利用C++语言特性重写程序（osbook_day04c）

在4.2节中创建的WritePixel()有一个问题，即在函数内部判断像素的数据格式。在这里，我们将使用C++语言的一个特性——**虚函数**，编写一个与WritePixel()功能相当的函数，但在函数外部判断像素的数据格式。

基本设计是使用类。在C++中，**类**是数据及其操作的组合。粗略地说，类是一种带有附加操作函数的C语言结构体。外部用户可以使用**抽象数据类型**来操作数据。其特点是能够将接口和实现分离开来，对外部用户隐藏数据内容（结构和内容）的细节，而通过对外界公开的过程来执行操作。这是模块化的基本思想之一，有利于创建大型程序。

这里我们使用类来分离“像素绘制接口”和“根据像素数据格式实际绘制像素的实现”。前者独立于像素数据格式。首先描述的是接口部分，然后是实现部分。

代码4.6显示了接口部分的源码，其中定义了一个PixelWriter类。该类包含一个用于绘制像素的Write()函数，该函数原型声明后的“=0”表示它是一个纯虚函数。纯虚函数的特点是没有实现，以后可以提供多个实现，并且可以在实现之间动态切换。它可以表示一种函数或接口：在这种函数或接口中，未定义实际的处理过程，但定义了返回值、参数规范和函数名称。

代码4.6　PixelWriter类的实现（main.cpp）

```
class PixelWriter {
 public:
  PixelWriter(const FrameBufferConfig& config) : config_{config} {
  }
  virtual ~PixelWriter() = default;
  virtual void Write(int x, int y, const PixelColor& c) = 0;

 protected:
  uint8_t* PixelAt(int x, int y) {
    return config_.frame_buffer + 4 * (config_.pixels_per_scan_line * y + x);
  }

 private:
  const FrameBufferConfig& config_;
};
```

没有返回值类型且名称与类名相同的PixelWriter()函数被称为构造函数，而以代字号开头的~PixelWriter()函数被称为析构函数。类几乎等同于结构体，因此类本身并不存在于内存中。只有在定义了类类型的变量后，才会根据类的定义在内存中创建一个实例[1]。调用构造函

1　如果类是设计图，那么实例就是根据设计图创建的。在C/C++中，设计图不是放在内存中的，而是由编译器在编译时使用的，但有些编程语言会将设计图放在内存中。

数在内存中构造实例，调用析构函数销毁实例。

构造函数PixelWriter::PixelWriter会获取帧缓冲区的配置信息，并将其复制到类的成员变量config_中［复制是引用类型的复制，因此不会复制FrameBufferConfig结构体的内容，只会复制其引用（实体是指针）］。通过在构造函数中接收配置信息，以后调用PixelWriter::Write()时就无须再传递配置信息了。如果不使用类，就必须在每次绘制一个像素（使用WritePixel()）时都传递配置信息，但如果使用了类，就可以很好地绕过这个问题。

代码4.7显示了接口实现部分的源码，其中定义了RGBResv8BitPerColorPixelWriter和BGRResv8BitPerColorPixelWriter类。这两个类继承自接口的PixelWriter类，并分别为两种像素数据格式提供了实现方法。继承是在类的基础上编写功能差异的一种方式。在本例中，继承用于为底层PixelWriter类的Write()提供实现。继承的基础类被称为父类或基类，通过继承创建的新类被称为子类。你可以在C++教程中找到更多相关信息，如有必要，请参考这些教程。

代码4.7　继承PixelWriter类的类组（main.cpp）

```
class RGBResv8BitPerColorPixelWriter : public PixelWriter {
 public:
  using PixelWriter::PixelWriter;

  virtual void Write(int x, int y, const PixelColor& c) override {
    auto p = PixelAt(x, y);
    p[0] = c.r;
    p[1] = c.g;
    p[2] = c.b;
  }
};

class BGRResv8BitPerColorPixelWriter : public PixelWriter {
 public:
  using PixelWriter::PixelWriter;

  virtual void Write(int x, int y, const PixelColor& c) override {
    auto p = PixelAt(x, y);
    p[0] = c.b;
    p[1] = c.g;
    p[2] = c.r;
  }
};
```

子类重写父类中的函数被称为**覆盖**（override）。为纯虚函数提供一个实现也是一种覆盖（上面的例子就是这种情况）。覆盖关键字可用于覆盖一个本应被覆盖的函数，但却变成了一个新函数。如果写了override关键字，那么当你定义了一个新函数时，编译时就会发现错误（参见专栏4.2）。

乍一看，RGBResv8BitPerColorPixelWriter和BGRResv8BitPerColorPixelWriter这两个子类

没有构造函数的定义，但实际上using PixelWriter::PixelWriter;代替了构造函数的定义。这种using声明允许将父类的构造函数直接用作子类的构造函数。在创建子类的实例时，可以看到这种效果。

代码4.8展示了已定义类的实际使用情况。其中的pixel_writer和pixel_writer_buf是定义的全局变量，如**代码4.9**所示。在代码4.8的前半部分，根据像素数据格式frame_buffer_config.pixel_format创建了两个子类中相应类的实例，并将指向该实例的指针设置为pixel_writer变量。在代码4.8的后半部分，pixel_writer实际用于填充屏幕，然后绘制一个200像素×100像素的绿色矩形。

代码4.8　使用PixelWriter类（main.cpp）

```
extern "C" void KernelMain(const FrameBufferConfig& frame_buffer_config) {
  switch (frame_buffer_config.pixel_format) {
    case kPixelRGBResv8BitPerColor:
      pixel_writer = new(pixel_writer_buf)
        RGBResv8BitPerColorPixelWriter{frame_buffer_config};
      break;
    case kPixelBGRResv8BitPerColor:
      pixel_writer = new(pixel_writer_buf)
        BGRResv8BitPerColorPixelWriter{frame_buffer_config};
      break;
  }

  for (int x = 0; x < frame_buffer_config.horizontal_resolution; ++x) {
    for (int y = 0; y < frame_buffer_config.vertical_resolution; ++y) {
      pixel_writer->Write(x, y, {255, 255, 255});
    }
  }
  for (int x = 0; x < 200; ++x) {
    for (int y = 0; y < 100; ++y) {
      pixel_writer->Write(x, y, {0, 255, 0});
    }
  }
  while (1) __asm__("hlt");
}
```

代码4.9　定义pixel_writer指针变量（main.cpp）

```
char pixel_writer_buf[sizeof(RGBResv8BitPerColorPixelWriter)];
PixelWriter* pixel_writer;

extern "C" void KernelMain(const FrameBufferConfig& frame_buffer_config) {
  ...
```

现在，我们必须谈谈**带参数的new**的问题。如果你看一下在创建两个实例时使用的new运算符，就会发现new需要一个参数，这与通常的用法不同。在解释了普通的new之后，我们将讨论带参数的new。

new的一般用法是“new类名”。它不带参数，并且会在**堆**中创建一个指定类的实例。堆是一个即使在函数执行完毕后也不会被销毁的区域，退出函数后需要保留的数据由new运算符（在C语言中为malloc()函数）分配。顺便提一下，不使用new运算符或malloc()函数而正常定义的变量会被放置在堆中。当定义变量的程序块退出时，堆中的变量将被销毁。

new运算符和malloc()函数的主要区别在于是否调用类的构造函数。如果使用malloc()分配内存，则不会调用构造函数，内存区域的内容将以垃圾数据的形式返回。而new运算符会在分配内存区域后调用构造函数。准确地说，当编译器发现new运算符时，它会自动插入一条指令来调用该区域的构造函数。由于程序员无法显式调用类的构造函数，因此创建类实例的唯一方法就是使用new运算符。

我们说过，普通的new会在堆中分配变量。事实上，这只有在操作系统能够管理内存的情况下才有可能。当new运算符在分配内存时，它会向操作系统发出请求，而操作系统无法响应该请求，因为它还不能管理内存。然而，如前所述，调用类的构造函数的唯一方法就是使用new运算符。在内存管理功能可用之前，我们不能使用C++类吗？不，并非如此。

对于那些即使在没有内存管理的情况下也想创建类实例的人来说，**带参数的new**是一个强大的工具。与普通的new不同，它不分配内存区域，而是会在参数指定的内存区域创建实例。即使操作系统没有内存管理功能，也可以使用编程语言固有的数组来分配任意大小的内存区域。因此，将数组和带参数的new结合起来，就可以创建类的实例。

带参数的new必须包含<new>或由你自己定义它。我们想让你看看实现带参数的new是多么容易，所以我们自己定义了它，如**代码4.10**所示。在C++中，operator关键字可用于定义运算符。普通的new的唯一参数是size，而带参数的new则有一个附加参数，即内存区域指针。由于带参数的new本身不需要分配内存区域，因此它只需要按原样返回指向接收到的内存区域的指针buf即可。

代码4.10　定义带参数的new运算符（main.cpp）

```
void* operator new(size_t size, void* buf) {
  return buf;
}

void operator delete(void* obj) noexcept {
}
```

operator delete是一个普通的delete运算符，与带参数的new无关。但如果没有它，链接时就会出错，因此不可避免地定义了它。~PixelWriter()似乎需要这个运算符，虽然它对pixel_writer_buf执行了new操作，但并没有删除它。所以，我们认为没有必要定义它。C++真难啊。

现在，使用这种方便的带参数的new创建的子类实例的指针被分配给pixel_writer变量，而pixel_writer变量是指向父类PixelWriter的指针类型。在两个具有继承关系的类中，通过将子类的指针赋值给父类的指针，可以像操作父类一样操作子类。在本例中，通过在父类中定义的接口PixelWriter::Write()来调用在子类中实现的函数。4.4节中介绍了如何实现这一vtable机制。

接下来，我们将使用pixel_writer填充屏幕。请注意，与WritePixel()不同，pixel_writer->Write()中没有条件分支。在KernelMain()中，50万个条件分支被转换成了一条switch语句。源码的行数增加了一些，但我们希望程序在语义上是简洁的，所以不厌其烦地用了一页来展示现在是如何完成的。

让我们运行修改后的程序。如果像往常一样在QEMU中运行，你会在屏幕上看到一个绿色的方块（图4.3）。

图4.3　使用PixelWriter类绘制的绿色方块

专栏4.2　编译器错误是你的朋友

当编译器发出错误或警告（warning）时，你会想到什么呢？有些人可能会感到害怕或高兴。虽然不知道编译器出了什么问题，但对编译器发火可不是一件愉快的事情。错误信息是英文的，这也是难以理解其含义的一个原因。

不过，我们希望你能与编译器的错误和警告相处融洽，因为它们能帮助你发现程序中的错误。在编译时发现错误，总比在程序运行时出现错误而无法运行要好。如果能尽早发现错误，那么修复起来会更容易。

```
$ clang++-10 compiler_error.cpp
compiler_error.cpp:3:9: error: cannot initialize a variable of type 'char *'
with an lvalue of type 'char'
```

```
char* p = arr[7];
      ^   ~~~~~~
```

错误信息的第一行，意思是char *类型的变量不能用char类型的值初始化。compiler_error.cpp:3:9:列出了检测到错误的文件名称、行号和列号。错误信息的第二行显示检测到错误的行的实际内容。

若要与编译器的错误和警告交朋友，阅读并尝试理解它们非常重要。不过，很多人可能会想："我读不懂，因为这是英文！"遗憾的是，英语是编程世界的标准语言，你基本别无选择，只能阅读英文信息（某些编译器支持日文信息）。幸运的是，如果你知道文件名称、行号和列号，即使不懂英语，也很容易找到问题所在。

如果看了半天也找不到出错的原因，那么就只能阅读英文文本了。这是一项艰巨的任务，但并不像正常的英语学习那样困难。因为错误信息是有规律的，与大多数英文文本不同。在上面的错误示例中，只有"char*"和"char"部分发生了变化，这意味着其他部分是固定不变的。此外，你平时遇到的错误是有限的，因此，你只需要逐一记住它们的含义就行。如果遇到不明白其意思的错误，则可以上网搜索，或者向熟人或本书的支持网站求助。

如果你能把错误和警告看成有序报告错误的好心人，而不是你不理解的可怕东西，那么在开发过程中，它们就会成为你的强大盟友。倾听并理解编译器的意思，你就能愉快地开发！

4.4 vtable

在4.3节的示例中，我们将两个子类中任何一个的实例分配给父类的指针，并通过父类的指针调用子类的函数。这种通过父类的指针调用子类函数的机制的实现方法由编译器决定。但在我们的Clang版本中，使用了一种名为vtable的方法（最常用的方法）。简单来说，vtable就是虚函数（virtual function）的指针表（table）。每个类都有一个vtable，而不是每个实例。

代码4.11展示了一个说明vtable的类层次结构的示例。其中不包括成员函数的定义，但应假定已对其进行了适当的定义。

代码4.11　类的层次结构

```
class Base {
 public:
  virtual ~Base();
  void Func();
  virtual void VFunc1();
  virtual void VFunc2();
};
```

```
class Sub : public Base {
 public:
  ~Sub();
  void Func(); // 添加overide关键字会出错
  void VFunc1() override;
 private:
  int x;
};
```

如果在定义类的成员函数时添加virtual关键字，该函数就会成为一个虚函数并被添加到vtable中。一旦将函数添加到vtable中，即使没有特意添加virtual关键字（即使被重载），该函数在子类中也会被视为虚函数。Base类及其子类Sub的vtable分别如表4.4和表4.5所示。在父类中没有为Base::Func添加virtual关键字，因此它不是虚函数。可见，即使在子类中定义了具有相同名称和参数的函数，也不会覆盖父类的函数。覆盖仅适用于虚函数。因此，在Sub::Func中添加override关键字会导致错误。

表4.4 Base类的vtable

函数名称	值
~Base	Base::~Base
VFunc1	Base::VFunc1
VFunc2	Base::VFunc2

表4.5 Sub子类的vtable

函数名称	值
~Sub	Sub::~Sub
VFunc1	Sub::VFunc1
VFunc2	Base::VFunc2

指向vtable的指针被嵌入包含一个或多个虚函数的类实例的开头。换句话说，指向Base::vtable的指针被嵌入Base类的实例中，指向Sub::vtable的指针被嵌入Sub类的实例中。虽然程序员无法使用嵌入指针，但编译器会在函数调用时引用它。如**代码4.12**所示，即使Sub的实例被视为Base，vtable本身也将使用Sub::vtable。因此预期函数将被调用。

代码4.12 通过vtable调用函数

```
Base* base_ptr = new Sub;
base_ptr->Func();          // 调用时不使用vtable。Base::Func被调用
base_ptr->VFunc1();        // 通过vtable调用。Sub::VFunc1被调用
base_ptr->VFunc2();        // 通过vtable调用。Base::VFunc2被调用
delete base_ptr;           // 通过vtable调用。Sub::~Sub被调用
```

 改进加载器（osbook_day04d）

乍一看，使用虚函数的绘图程序运行良好，但实际上在内核加载过程中存在一个错误。在为加载内核分配内存的部分，计算内存大小的过程是错误的。

从根本上说，加载器需要根据内核文件中记录的信息来确定内存大小。在ELF格式（kernel.elf格式）中，有关加载到内存的信息存在于被称为程序头的部分。要检查程序头，请使用readelf -l命令。

```
$ cd $HOME/workspace/mikanos/kernel
$ readelf -l kernel.elf

Elf file type is EXEC (Executable file)
Entry point 0x101020
There are 5 program headers, starting at offset 64

Program Headers:
  Type           Offset             VirtAddr           PhysAddr
                 FileSiz            MemSiz              Flags  Align
  PHDR           0x0000000000000040 0x0000000000100040 0x0000000000100040
                 0x0000000000000118 0x0000000000000118  R      0x8
  LOAD           0x0000000000000000 0x0000000000100000 0x0000000000100000
                 0x00000000000001b0 0x00000000000001b0  R      0x1000
  LOAD           0x0000000000001000 0x0000000000101000 0x0000000000101000
                 0x0000000000000199 0x0000000000000199  R E    0x1000
  LOAD           0x0000000000002000 0x0000000000102000 0x0000000000102000
                 0x0000000000000000 0x0000000000000018  RW     0x1000
  GNU_STACK      0x0000000000000000 0x0000000000000000 0x0000000000000000
                 0x0000000000000000 0x0000000000000000  RW     0x0

Section to Segment mapping:
  Segment Sections...
   00
   01     .rodata
   02     .text
   03     .bss
   04
```

程序头中的PHDR、LOAD、GNU_STACK等被称为“段”。段是ELF文件的一部分，每个段都有自己在文件中的偏移量和大小、在内存中的偏移量和大小，以及内存属性。根据这些段信息，加载器将文件加载到内存中。

加载器要查看的主要是LOAD段。顾名思义，它是加载器在加载过程中参考的段。加载器会根据LOAD段提供的信息将文件数据复制到内存中。这一过程被称为“加载（load）”。

表4.6总结了三个LOAD段的信息。表中的“虚拟地址”只是一个内存地址。等你在**第19章**中学习过分页后，就会知道“虚拟”的含义及其与“物理”的区别。表中标志的意思分别是

R=Readable（可读）、W=Writable（可写）、E=Executable（可执行）。这些信息主要用于对内存进行属性管理，以提高安全性。不过，现在可以忽略不计。

表4.6　有关三个LOAD段的信息

偏移量	虚拟地址	文件大小	内存大小	标志
0x0000	0x100000	0x01b0	0x01b0	R
0x1000	0x101000	0x0199	0x0199	RE
0x2000	0x102000	0x0000	0x0018	RW

从表中可以看出，虚拟地址从0x100000开始，只有第三个LOAD段的内存大小与文件大小不同。虚拟地址从0x100000开始的原因是，我们在ld.lld中指定了--image-base 0x100000。那么，为什么只有第三个LOAD段的内存大小和文件大小不同呢？

这是因为第三个LOAD段包含了.bss部分。.bss部分通常是放置没有初始值的全局变量的地方。例如，main.cpp中的pixel_writer_buf和pixel_writer全局变量没有初始值，因此被放置在.bss部分。没有初始值意味着不必在文件中记录初始值。因此，该变量在文件中的大小为0，在内存中的大小也为0。这就是内存大小大于LOAD段文件大小的原因。

将三个LOAD段的信息放在一起考虑，如图4.4所示，将它们读入内存即可。

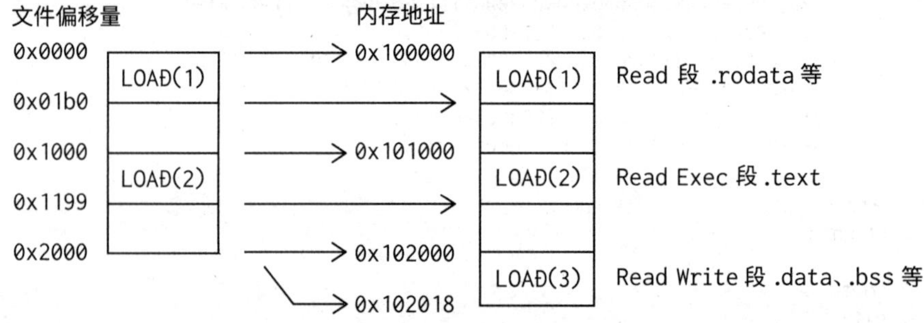

图4.4　复制LOAD段

现在，我们已经知道了程序头中记录的LOAD段的数值的含义。接下来，将介绍加载器如何定位kernel.elf文件中的程序头。为此，我们将详细说明ELF格式。

ELF格式的文件大致分为文件头、程序头、节体和节头（图4.5）。在大多数ELF文件中，它们通常按此顺序排列。文件头包含整个文件的信息，如ELF文件的位数、目标结构、程序头和节头的起始位置与大小。程序头包含加载器的信息，我们刚才已经看到。节头包含链接器的信息，如文件中每个节的位置、大小、属性等。

图4.5　ELF文件结构

64位ELF文件头的结构如**代码4.13**所示。其中，e_phoff代表程序头的文件偏移量。通过读取此处显示的文件区域可以获得程序头。程序头是一个数组，其中e_phentsize是一个元素的大小，e_phnum是元素的个数。

代码4.13　64位ELF文件头的结构（elf.hpp）

```
#define EI_NIDENT 16

typedef struct {
  unsigned char e_ident[EI_NIDENT];
  Elf64_Half    e_type;
  Elf64_Half    e_machine;
  Elf64_Word    e_version;
  Elf64_Addr    e_entry;
  Elf64_Off     e_phoff;
  Elf64_Off     e_shoff;
  Elf64_Word    e_flags;
  Elf64_Half    e_ehsize;
  Elf64_Half    e_phentsize;
  Elf64_Half    e_phnum;
  Elf64_Half    e_shentsize;
  Elf64_Half    e_shnum;
  Elf64_Half    e_shstrndx;
} Elf64_Ehdr;
```

64位ELF文件的程序头元素的结构如**代码4.14**所示。代码中的注释与**表4.6**中各列的名称相对应。

代码4.14　64位ELF文件的程序头元素的结构（elf.hpp）

```
typedef struct {
  Elf64_Word  p_type;   // 段类型，如PHDR、LOAD等
  Elf64_Word  p_flags;  // 标志
  Elf64_Off   p_offset; // 偏移量
  Elf64_Addr  p_vaddr;  // 虚拟地址
  Elf64_Addr  p_paddr;
  Elf64_Xword p_filesz; // 文件大小
```

```
  Elf64_Xword p_memsz;  // 内存大小
  Elf64_Xword p_align;
} Elf64_Phdr;
```

既然已经收集到这么多信息，那么可以开始修改实际的加载器了。修改策略如下。

1. **将内核文件kernel.elf加载到临时区域，而不是突然加载到最终目的地。**
2. **读取已被加载到临时区域的内核文件的程序头，获取最终目的地的地址范围。**
3. **将临时区域中的LOAD段复制到最终目的地，并删除临时区域。**

最终目的地是由ld.lld中的--image-base选项指定的，在本书中始终为0x100000。因此，第2步看似不必要，但实际上却很有意义——一是计算要复制的字节数，二是确保在改变--image-base的值时也能正常工作。

现在，让我们根据这一策略来编写代码。首先，将内核文件加载到临时区域的过程如**代码4.15**所示。

代码4.15　加载内核文件（Main.c）

```
  EFI_FILE_INFO* file_info = (EFI_FILE_INFO*)file_info_buffer;
  UINTN kernel_file_size = file_info->FileSize;

  VOID* kernel_buffer;
  status = gBS->AllocatePool(EfiLoaderData, kernel_file_size, &kernel_buffer);
  if (EFI_ERROR(status)) {
    Print(L"failed to allocate pool: %r\n", status);
    Halt();
  }
  status = kernel_file->Read(kernel_file, &kernel_file_size, kernel_buffer);
  if (EFI_ERROR(status)) {
    Print(L"error: %r", status);
    Halt();
  }
```

gBS->AllocatePool()函数第一次出现，用于分配临时区域以加载内核文件。该函数分配内存区域的方式与gBS->AllocatePages()相同，但它是以字节而不是页为单位来分配内存区域的。该函数不允许指定要分配的位置。由于我们只想将内核文件加载到临时区域，因此没有必要使用会指定位置的函数。

如果gBS->AllocatePool()执行成功，kernel_buffer就会存储已分配内存区域的第一个地址。通过向kernel_file->Read指定该地址，内核文件的全部内容就会被读入临时区域。

接下来，**代码4.16**展示了获取最终目的地的地址范围并相应地分配最终目的地的内存区域的过程。最终目的地的地址范围特指从0x100000开始的地址范围，使用CalcLoadAddressRange()计算出该地址范围，并将起始地址设置在kernel_first_addr变量中，将终止地址设置在kernel_last_addr变量中。使用它们计算所需内存区域的大小（num_pages）并分配内存区域。

代码4.16　分配要复制的内存区域（Main.c）

```
  Elf64_Ehdr* kernel_ehdr = (Elf64_Ehdr*)kernel_buffer;
  UINT64 kernel_first_addr, kernel_last_addr;
  CalcLoadAddressRange(kernel_ehdr, &kernel_first_addr, &kernel_last_addr);

  UINTN num_pages = (kernel_last_addr - kernel_first_addr + 0xfff) / 0x1000;
  status = gBS->AllocatePages(AllocateAddress, EfiLoaderData,
                              num_pages, &kernel_first_addr);
  if (EFI_ERROR(status)) {
    Print(L"failed to allocate pages: %r\n", status);
    Halt();
  }
```

CalcLoadAddressRange()的实现如**代码4.17**所示。该函数遍历内核文件中所有的LOAD段（p_type为PT_LOAD的段），并更新地址范围（first, last）。

代码4.17　CalcLoadAddressRange()的实现（Main.c）

```
void CalcLoadAddressRange(Elf64_Ehdr* ehdr, UINT64* first, UINT64* last) {
  Elf64_Phdr* phdr = (Elf64_Phdr*)((UINT64)ehdr + ehdr->e_phoff);
  *first = MAX_UINT64;
  *last = 0;
  for (Elf64_Half i = 0; i < ehdr->e_phnum; ++i) {
    if (phdr[i].p_type != PT_LOAD) continue;
    *first = MIN(*first, phdr[i].p_vaddr);
    *last = MAX(*last, phdr[i].p_vaddr + phdr[i].p_memsz);
  }
}
```

对first的计算实质上是在多个值中找出最小值。在多个值（如a_1, a_2, …, a_N）中查找最小值的方法如下。查找最大值的方法与此大致相同。

1. 为计算准备一个变量（比如x），并用一个永远不会出现在a_1～a_N中的大数值初始化。
2. 逐个查看a_1～a_N（a_i），比较a_i和x的值。
3. 将a_i和x中较小的值赋给x。

phdr是指向程序头数组的指针，phdr[i]表示第i个程序头。p_type表示段的类型，如果不是LOAD段，则跳过处理。

在该函数结束时，*first的值是LOAD段开始时的p_vaddr的值，*last的值是LOAD段结束时的p_vaddr+p_memsz的值。可以说，所有的LOAD段被视为一个整块，并得到了整块开始和结束的地址。

现在，我们已经计算出了最终目的地的地址范围，并实际分配了内存区域。下一步是将LOAD段从临时区域复制到最终目的地。代码4.18显示了执行此操作的部分。不过，这只是调用了CopyLoadSegments()。之后执行的gBS->FreePool()用于释放临时区域。

代码4.18 复制LOAD段（Main.c）

```
CopyLoadSegments(kernel_ehdr);
Print(L"Kernel: 0x%0lx - 0x%0lx\n", kernel_first_addr, kernel_last_addr);

status = gBS->FreePool(kernel_buffer);
if (EFI_ERROR(status)) {
  Print(L"failed to free pool: %r\n", status);
  Halt();
}
```

CopyLoadSegments()的实现如代码4.19所示。该函数对p_type == PT_LOAD的段执行以下两个操作。

1. 将数据从segm_in_file指向的临时区域复制到p_vaddr指向的最终目的地（使用CopyMem()）。
2. 如果段在内存中的大小大于在文件中的大小（remain_bytes>0），则将剩余部分填充为0（使用SetMem()）。

代码4.19 CopyLoadSegments()的实现（Main.c）

```
void CopyLoadSegments(Elf64_Ehdr* ehdr) {
  Elf64_Phdr* phdr = (Elf64_Phdr*)((UINT64)ehdr + ehdr->e_phoff);
  for (Elf64_Half i = 0; i < ehdr->e_phnum; ++i) {
    if (phdr[i].p_type != PT_LOAD) continue;

    UINT64 segm_in_file = (UINT64)ehdr + phdr[i].p_offset;
    CopyMem((VOID*)phdr[i].p_vaddr, (VOID*)segm_in_file, phdr[i].p_filesz);

    UINTN remain_bytes = phdr[i].p_memsz - phdr[i].p_filesz;
    SetMem((VOID*)(phdr[i].p_vaddr + phdr[i].p_filesz), remain_bytes, 0);
  }
}
```

完成将所有的LOAD段复制到最终目的地后，从复制目的地获取入口点（代码4.20）。至此，加载器的改进就完成了。

代码4.20 获取入口点（Main.c）

```
UINT64 entry_addr = *(UINT64*)(kernel_first_addr + 24);
```

第 5 章 文本显示和控制台类

在本章中，你将学习如何在操作系统中于屏幕上显示文本。通过在屏幕上显示文本可以输出各种信息，使操作系统的开发变得更加容易。

5.1 尝试写入字符（osbook_day05a）

Linux启动时会在控制台产生大量的启动信息（图5.1）。我很喜欢看这些信息，因为这些信息让我觉得操作系统是由许多组件组成的。目前最流行的做法是通过在屏幕上显示大幅图像（称为闪屏）来隐藏启动信息，但我还是希望在操作系统启动时能够看到滚动的信息。你呢？

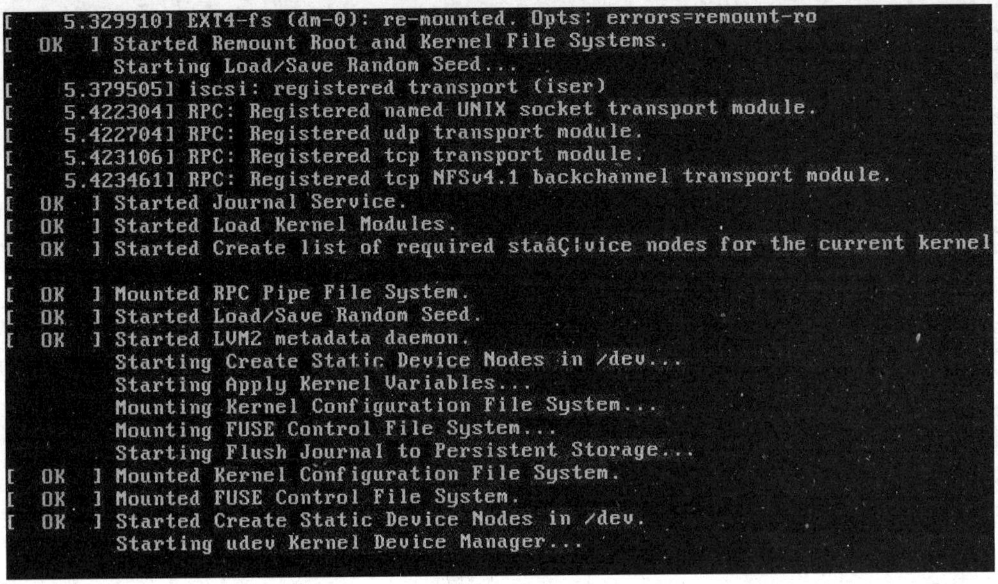

```
[    5.329910] EXT4-fs (dm-0): re-mounted. Opts: errors=remount-ro
[  OK  ] Started Remount Root and Kernel File Systems.
         Starting Load/Save Random Seed...
[    5.379505] iscsi: registered transport (iser)
[    5.422304] RPC: Registered named UNIX socket transport module.
[    5.422704] RPC: Registered udp transport module.
[    5.423106] RPC: Registered tcp transport module.
[    5.423461] RPC: Registered tcp NFSv4.1 backchannel transport module.
[  OK  ] Started Journal Service.
[  OK  ] Started Load Kernel Modules.
[  OK  ] Started Create list of required staâÇ¦vice nodes for the current kernel
.
[  OK  ] Mounted RPC Pipe File System.
[  OK  ] Started Load/Save Random Seed.
[  OK  ] Started LVM2 metadata daemon.
         Starting Create Static Device Nodes in /dev...
         Starting Apply Kernel Variables...
         Mounting Kernel Configuration File System...
         Mounting FUSE Control File System...
         Starting Flush Journal to Persistent Storage...
[  OK  ] Mounted Kernel Configuration File System.
[  OK  ] Mounted FUSE Control File System.
[  OK  ] Started Create Static Device Nodes in /dev.
         Starting udev Kernel Device Manager...
```

图5.1　Ubuntu的启动信息

在第4章中，我们已经了解了如何在像素上绘制颜色。虽然现在只是随机填充上色，但如果努力的话，应该能够画出字符形状的图形。要在屏幕上显示字符，可以只画字符的线条而不画其他部分（或者用背景色来画）。这很容易做到，让我们来试试。首先，准备好绘制字符A的数据，黑色的部分为1，白色的部分为0（**代码5.1**）。

代码5.1　A的字体数据（main.cpp）

```
const uint8_t kFontA[16] = {
  0b00000000, //
  0b00011000, //    **
  0b00011000, //    **
  0b00011000, //    **
  0b00011000, //    **
  0b00100100, //   *  *
  0b00100100, //   *  *
  0b00100100, //   *  *
  0b00100100, //   *  *
  0b01111110, //  ******
```

```
  0b01000010, //  *    *
  0b01000010, //  *    *
  0b01000010, //  *    *
  0b11100111, // ***  ***
  0b00000000, //
  0b00000000, //
};
```

表示字符形状的数据被称为“字体”。与每个像素需要3字节的颜色信息不同，字体可以用每个像素1比特来表示，因为它足以表示字体是否上色。这意味着一个字符可以用16个8位整数来表示，因此我们假设每个字体都是一个由16个元素组成的uint8_t数组。顺便提一下，带0b前缀的数字，如0b11100111，表示二进制数（参见1.2节）。

代码5.2展示了使用创建的字体数据绘制单个字符的WriteAscii()函数。该函数将ASCII编码作为参数，并在指定位置绘制与该字符对应的字体。

代码5.2　字体绘制函数（main.cpp）

```
void WriteAscii(PixelWriter& writer, int x, int y, char c, const PixelColor& color) {
  if (c != 'A') {
    return;
  }
  for (int dy = 0; dy < 16; ++dy) {
    for (int dx = 0; dx < 8; ++dx) {
      if ((kFontA[dy] << dx) & 0x80u) {
        writer.Write(x + dx, y + dy, color);
      }
    }
  }
}
```

外部的for语句首先实现垂直移动，内部的for语句则实现水平移动。因此，首先水平绘制顶端的像素，然后水平绘制第二个像素，接着绘制第三个像素……水平绘制8个像素，重复此操作16次以绘制字体。

一行字体数据是一个8位整数。8位整数的最大位（第7位）对应字符的左边缘，最小位（第0位）对应字符的右边缘。当循环变量dx为0时其对应字符的左端，为7时对应字符的右端，那么检查字体数据的对应位是否为1（为1时表示真）的表达式为“(kFontA[dy]<<dx)&0x80u”。位运算可能有点儿难懂，**表5.1**显示了假设kFontA[dy]为0b11000001=0xc1时，是如何进行位运算的。

表5.1　0xc1的位运算

dx	0xc1u << dx	(0xc1u << dx) & 0x80u	真假
0	00000000 11000001	0x80	真（绘制）
1	00000001 10000010	0x80	真（绘制）

续表

dx	0xc1u << dx	(0xc1u << dx) & 0x80u	真假
2	00000011 00000100	0	假（不绘制）
⋮	⋮	⋮	⋮
7	01100000 10000000	0x80	真（绘制）

在C++中，0代表假，非0代表真，所以当表中的(0xc1u << dx) & 0x80u的值为 0时，writer.Write()不会被执行（没有绘制）；而当它的值为0x80时，writer.Write()会被执行（绘制）。我们可以用color参数来指定要绘制的颜色。

使用字体绘制函数的代码已被添加到KernelMain()中（代码5.3）。由于WriteAscii()需要在内部绘制像素，因此要引用PixelWriter类作为参数。这里也可以接收一个指针，但我们选择使用引用而不是指针是有原因的。关于引用和指针的使用，参见专栏5.1。

代码5.3　使用字体绘制函数（main.cpp）

```
WriteAscii(*pixel_writer, 50, 50, 'A', {0, 0, 0});
WriteAscii(*pixel_writer, 58, 50, 'A', {0, 0, 0});
```

WriteAscii()依赖一个名为PixelWriter的接口，而不是RGBResv8BitPerColorPixelWriter这样的实现。将接口与实现分离并通过接口将模块耦合在一起的方式是大型程序模块化的基础。WriteAscii()的实现与绘制像素的具体方式脱钩，所以改变绘制像素的方式不会影响WriteAscii()方面的变化。

现在，在QEMU中调用添加了字体绘制函数的内核，结果如图5.2所示。看来，你可以使用更多的字符来享受创作的乐趣了。

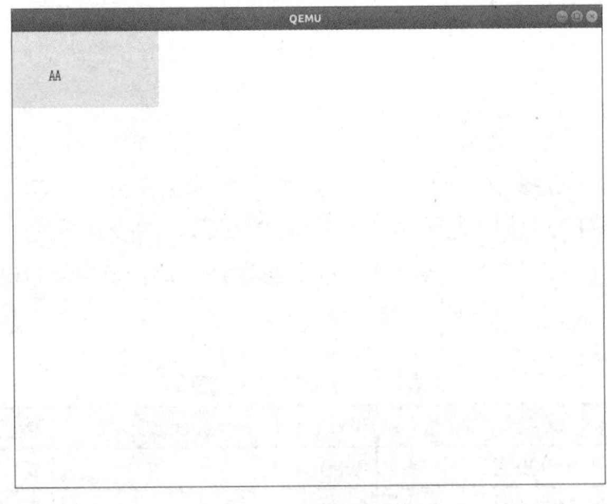

图5.2　绘制字体

专栏5.1　引用和指针

指针（从C语言时代就开始存在）和引用（在C++中引入）的功能基本相同，都是指向其他对象（如变量）。例如，在下面的程序中，变量a和b的最终值都是42。

```
int a = 1,b =2;
int&ra = a;      // ra是指向a的引用
int*pb = &b;     // pb是指向b的指针
ra =42;
*pb = 42;
```

编译器输出的机器语言的引用和指针通常是相同的。毕竟，引用和指针都使用内存地址表示。不同的是，创建空指针更加容易。对于指针，只需要写入nullptr或0即可表示空指针。另外，在使用引用的情况下，创建空指针（空引用）相当麻烦。如果你强迫自己创建一个空指针，则将变成下面这样。

```
int* null_ptr = nullptr;
int& null_ref = *null_ptr;
```

与创建空指针的容易程度相比，创建空引用非常困难。可以说，不可能创建。因为创建空引用的唯一方法是使用未定义的行为来取消引用空指针（使用间接运算符，比如*null_ptr取消引用），如本例所示。未定义的行为是一个严重的错误，所以要使程序没有错误，就必须没有空引用。

很难创建空引用，表明程序不希望传递空值。在使用指针的情况下，要么将空指针作为正常值，要么将空指针作为异常值。另外，在使用引用的情况下，空引用总是异常值，因此可以放心地认为空引用永远不会被传递。WriteAscii()接收的是引用而不是指向PixelWriter的指针，这意味着PixelWriter将永远接收存在的东西。这清楚地表明，PixelWriter希望传递的是永远存在的东西。

5.2 拆分编译（osbook_day05b）

随着开发的推进，我们发现main.cpp文件的内容多达130行。虽然它还不算太大，但有点儿混乱。因为将屏幕绘制相关代码、字体相关代码和主函数等都放在了一个文件里。

在开发大型程序时，每个文件尽可能关注于一个感兴趣的问题，开发会更容易。这是因为拆分文件带来了如下好处：将自己关注的事项集中在一起，更容易跟踪。而且，只需要对有变化的文件进行重新编译，减少了编译时间。另外，随着程序的增大，编译时间也会增加，因此更容易感受到拆分文件的优势。现在正是学习如何拆分文件的好时机，本节将对此进行介绍。

在C++中，你可以将文件拆分为函数或类等单元。对拆分后的文件进行单独编译并转换为对象文件[1]，然后将所有对象文件链接在一起，创建一个可执行文件（或共享对象文件）。由于编译是以.cpp文件为单位的，因此拆分文件意味着只需要编译已更改的文件，然后就可以重新链接整个文件。编译的时间通常比链接的时间长，因此拆分文件可以减少所需的总时间。

拆分.cpp文件的另一种方法是，可以将其拆分出一个头文件，并将头文件包含在.cpp文件中，例如elf.hpp或frame_buffer_config.hpp。不过，使用这种方法，在编译时会将所有内容都包含在内一起编译。因此，单独编译无法达到减少整体编译时间的目的。

我们的目标是将一个.cpp文件拆分成多个.cpp文件。我们决定将当前main.cpp中的代码拆分成以下文件。

- graphics.cpp：图像处理，如PixelWriter类。
- font.cpp：字体，如WriteAscii()函数。
- main.cpp：存储main函数。

当然，拆分文件也有坏处，就是类名、函数名等与可见区域是分开的。拆分文件后，写在另一个文件中的类名、函数名等就不可见了，也就无法使用它们了。因此，通常的方法是将它们的声明写入头文件，并在所需的.cpp文件中包含头文件。这样一来，虽然将其定义拆分到了不同的.cpp文件中，但仍然可以跨文件使用它们。下面是graphics.cpp文件拆分的示例，通过具体示例更容易理解。

代码5.4显示了新创建的头文件。原本位于main.cpp中的PixelColor结构体、PixelWriter类及其子类已被移至此处。在多个.cpp文件中使用的程序组件可能都以这种方式被写入头文件。

代码5.4　在graphics.hpp中编写结构体和类的定义

```
#include "frame_buffer_config.hpp"

struct PixelColor {
  uint8_t r, g, b;
};

class PixelWriter {
```

1　每个编译过程都被称为一个单元。通常，一个单元由一个.cpp文件和其中包含的头文件组成。

```
  ...
};

class RGBResv8BitPerColorPixelWriter : public PixelWriter {
 public:
  using PixelWriter::PixelWriter;
  virtual void Write(int x, int y, const PixelColor& c) override;
};

class BGRResv8BitPerColorPixelWriter : public PixelWriter {
 public:
  using PixelWriter::PixelWriter;
  virtual void Write(int x, int y, const PixelColor& c) override;
};
```

对于带有成员函数的类[1]，如RGBResv8BitPerColorPixelWriter，包括成员函数在内的整个类定义都被写入了头文件。请注意，不会将成员函数的主体写入头文件，而只会写入原型声明。成员函数的主体位于graphics.cpp中。是将成员函数的主体写在头文件中好，还是像本例一样写在.cpp文件中好，取决于具体的情况。但为了充分发挥拆分编译的优势，最好尽可能将函数主体写在.cpp文件中。如果将函数主体写入头文件，那么每次修改函数主体时，都必须重新编译包含该头文件的所有.cpp文件。

代码5.5显示了graphics.cpp文件的部分内容。为清楚起见，头文件和.cpp文件是一对。如文件内容所示，要在类定义之外编写成员函数的定义，则必须将类名前置，例如类名::成员名称。如果不写类名，而写成void Write(…) {这样，则是全局函数的定义，不是成员函数的定义。

代码5.5　将成员函数的定义移到graphics.cpp中

```
#include "graphics.hpp"

void RGBResv8BitPerColorPixelWriter::Write(int x, int y, const PixelColor& c) {
  auto p = PixelAt(x, y);
  p[0] = c.r;
  p[1] = c.g;
  p[2] = c.b;
}
```

代码5.6显示了为使用FrameBufferConfig、PixelWriter和WriteAscii()从main.cpp中读取的三个头文件。由于文件被拆分，原来的定义都分散在各个文件中，因此必须使用#include单独将它们包含进来。

1　C++中的结构体和类是相同的，除了它们的默认可见属性（public和private）不同。不过，当类具有成员函数时，我们会使用类，反之则使用结构体。

代码5.6　main.cpp中的头文件

```
#include "frame_buffer_config.hpp"
#include "graphics.hpp"
#include "font.hpp"
```

对Makefile也做了修改，但不在本话题的讨论范围内，故略去。如果你对此感兴趣，则可阅读$HOME/workspace/mikanos/kernel/Makefile（Git标签：osbook_day05b）。

5.3 增加字体（osbook_day05c）

现在，字符A已经显示出来了。接下来，你可以通过增加字体以同样的方式来绘制任何字符。不过，仅字母、数字字符和符号就有100种左右，因此全部自己创建很难。我们只想创建操作系统，而不是字体，所以这里选择使用现成的字体。可以免费使用的字体之一是“東雲”字体，它正好包含了8×16的字母、数字字体，我们就使用它。我们对“東雲”字体的数据进行了处理，使其更易于使用，并将其添加为hankaku.txt。该文件中包含256个字符的数据，如代码5.7所示。

代码5.7　hankaku.txt的部分内容

```
0x41 'A'
........
...@....
...@....
..@.@...
..@.@...
..@.@...
.@...@..
.@...@..
.@...@..
.@@@@@..
@.....@.
@.....@.
@.....@.
@.....@.
........
........
```

现在字体文件hankaku.txt已经就绪，可以在操作系统中使用了。使用它有多种方法。例如，可以在操作系统中添加文件读取功能并加载字体文件。不过，目前这种方法还很难实现。首先，创建文件读取功能所需的各种前提功能缺失，因此需要进行包括这些功能在内的大规模开发。其次，即使可以读取文件，也不可能在无法加载字体文件时显示错误信息。因此，我们选择将字体文件直接嵌入内核文件中。正如将函数的机器语言和变量的初始值都包含在kernel.elf文件中一样，我们也将在此文件中包含字体数据。这样，就可以在操作系统启动后立即使用字体数据了。

由于很难处理程序中的hankaku.txt文件，因此我们事先将其转换为与前面的kFontA数组类似的格式，然后再嵌入内核文件中。换言之，就是将其转换为每个字符16字节的二进制数据。该字体总共有256个字符，因此数据量为16×256=4096字节。我们创建了一个转换工具，并将其放在$HOME/workspace/mikanos/tools/makefont.py中。使用该工具，可以将hankaku.txt文件转换为4096字节的二进制文件。

```
$ ../tools/makefont.py -o hankaku.bin hankaku.txt
```

生成的hankaku.bin是一个二进制文件，其中没有任何用于链接的信息，因此我们需要做更多的工作才能将其嵌入内核文件中。我们可以使用objcopy命令为二进制文件添加信息。

```
$ objcopy -I binary -O elf64-x86-64 -B i386:x86-64 hankaku.bin hankaku.o
```

这样就可以得到hankaku.o，一个带有链接所需信息的对象文件。通过将该文件与main.o等文件链接起来，它就会作为变量在程序中可见。

代码5.8展示了如何在程序中引用嵌入的字体数据。名称以“_binary”开头的三个变量是由objcopy命令定义的，因此不能随意对其进行命名。此处定义的GetFont()将返回与ASCII编码相对应的字体数据（每个字符16字节）的第一个地址。

代码5.8　引用hankaku.o中的数据作为变量（font.cpp）

```
extern const uint8_t _binary_hankaku_bin_start;
extern const uint8_t _binary_hankaku_bin_end;
extern const uint8_t _binary_hankaku_bin_size;

const uint8_t* GetFont(char c) {
  auto index = 16 * static_cast<unsigned int>(c);
  if (index >= reinterpret_cast<uintptr_t>(&_binary_hankaku_bin_size)) {
    return nullptr;
  }
  return &_binary_hankaku_bin_start + index;
}
```

请注意，这三个变量的声明都标有extern，其作用是告诉编译器它们引用了其他对象文件中的变量。之所以要加上extern，是因为我们并不想在font.o中创建这三个变量，而只想在hankaku.o中引用它们。（如果你不理解与extern相关的内容，也不是什么大问题，不用担心，继续往下看。）

代码5.9显示了修改后的WriteAscii()函数，它使用了包含在其中的字体数据，而且使用GetFont()获取字符c对应的字体并绘制。这里主要修改的是获取字体的方式，for语句的内容与之前的相同，只是将kFontA改为font。现在可以输出ASCII编码的字符了，效果如图5.3所示。

代码5.9　修改WriteAscii()以使用hankaku.o中的数据（font.cpp）

```
void WriteAscii(PixelWriter& writer, int x, int y, char c, const PixelColor& color) {
  const uint8_t* font = GetFont(c);
  if (font == nullptr) {
    return;
  }
  for (int dy = 0; dy < 16; ++dy) {
    for (int dx = 0; dx < 8; ++dx) {
      if ((font[dy] << dx) & 0x80u) {
        writer.Write(x + dx, y + dy, color);
      }
    }
  }
}
```

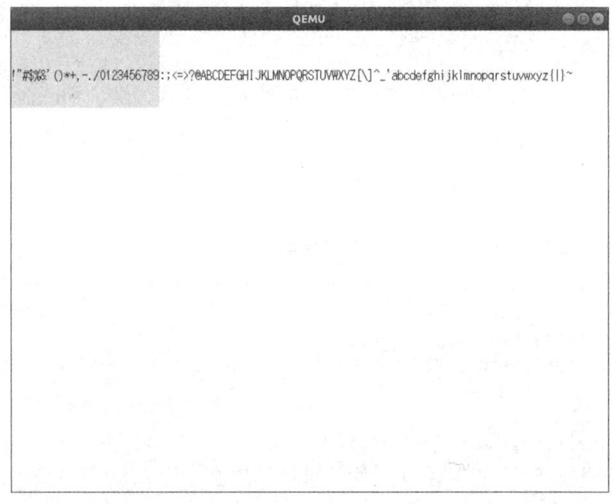

图5.3　大型字体集

5.4 字符串绘制和sprintf()（osbook_day05d）

此时，你可能希望用字符串来显示数据，而不是逐字符显示。如果你愿意，则可以使用printf显示格式化的字符串。这并不难，我们将逐步实现。

首先，我们需要显示未格式化的字符串。这其实很简单，只需要使用for语句反复调用WriteAscii()即可。代码5.10显示了字符串绘制函数WriteString()。

代码5.10　字符串绘制函数（font.cpp）

```
void WriteString(PixelWriter& writer, int x, int y, const char* s, const PixelColor& color) {
  for (int i = 0; s[i] != '\0'; ++i) {
    WriteAscii(writer, x + 8 * i, y, s[i], color);
  }
}
```

代码5.11显示了在主函数中使用WriteString()的例子。执行后，屏幕上将显示蓝色的“Hello, world!”。

代码5.11　使用字符串绘制函数实现Hello World（main.cpp）

```
  int i = 0;
  for (char c = '!'; c <= '~'; ++c, ++i) {
    WriteAscii(*pixel_writer, 8 * i, 50, c, {0, 0, 0});
  }
  WriteString(*pixel_writer, 0, 66, "Hello, world!", {0, 0, 255});
```

接下来，尝试显示格式化的字符串。为此，需要一个类似于printf的函数，它可以解释%d等。如果是简单的函数，则可以自己动手编写，但使用标准库中的函数会更容易一些。

本书中，我们将使用名为Newlib的C语言标准库，该库具有高可移植性，可方便地将其用于无操作系统的嵌入式设备，也可方便地将其引入我们正在制作的操作系统中。该库已在本书提供的开发环境中，见$HOME/osbook/devenv/x86_64-elf，包括include中的头文件和lib中的各种库文件。

请尝试使用C语言标准库中的sprintf()来显示格式化的字符串。这非常简单，只需要包含<cstdio>并按照代码5.12中的方法编写即可。

代码5.12　使用sprintf()格式化（main.cpp）

```
  char buf[128];
  sprintf(buf, "1 + 2 = %d", 1 + 2);
  WriteString(*pixel_writer, 0, 82, buf, {0, 0, 0});
```

Newlib的实现方式尽可能与操作系统无关，但有些函数，如malloc和printf，不可避免地依赖操作系统的功能。在Newlib中，依赖操作系统的部分被从malloc和printf等标准函数中分离出来，成为单独的函数，由Newlib的用户独立实现。因此，要使用Newlib，就必须实现这些分离出来的函数。现阶段，由于操作系统的功能很少，大部分函数的定义内容都是空的。

但即便如此，像strlen和sprintf这样只能通过在内存中的操作来完成的函数也可以正常使用[1]。

因此，使用sprintf时必须定义的函数都在newlib_support.c中一并定义了。随着操作系统的功能越来越丰富，你可以添加这些函数的实现，以使用更多的标准库函数。

现在，在newlib_support.c中已经实现了一组函数，可以使用sprintf了，让我们来构建并启动它。

```
$ source $HOME/osbook/devenv/buildenv.sh
$ make
```

构建完成后，尝试使用QEMU启动。如果值被嵌入%d中并显示如图5.4所示的结果，就表示成功了。

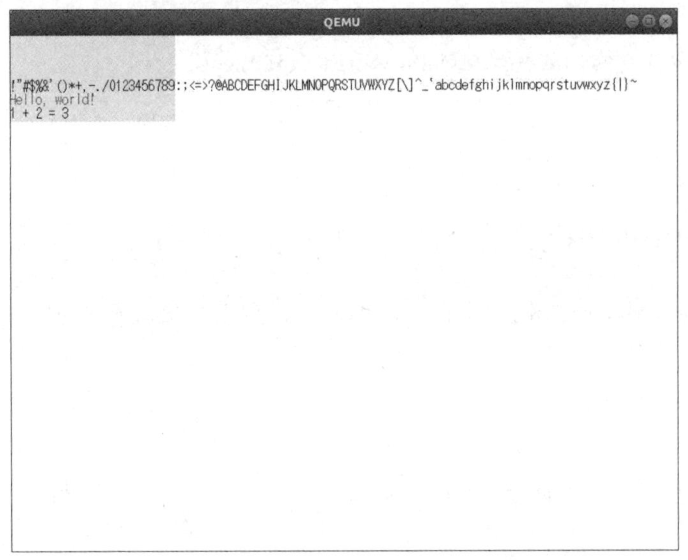

图5.4 使用sprintf显示计算结果

5.5 控制台类（osbook_day05e）

一旦字符串可以显示，控制台就是一个应该实现的功能。“控制台”一词原指计算机控制设备。通常，它带有屏幕和输入设备，通过键盘输入来控制计算机。不过，我们在此使用控制台的意义是“在屏幕上显示令人心动的信息”。我们还没有实现键盘输入的功能，因此这是一个纯输出的控制台。

1 严格来说，sprintf可以在内部执行动态内存分配，但只要使用简单的格式说明符（如%d），它就不会执行动态内存分配。

为了源源不断地显示信息，我们需要实现使用换行符换行的功能，以及当一行到达屏幕底边时滚动一行的功能。使用换行符换行似乎很容易。你可以从字符串的开头开始，每遇到一个换行符，就将*X*坐标设回0，并将*Y*坐标增加16。而滚动要复杂一些。为了实现滚动，需要先填充屏幕，然后擦除信息，接着再次绘制信息，并将其移动一行。因此，还需要记住至少一个屏幕上显示过的信息。

控制台类的定义如**代码5.13**所示。

代码5.13　控制台类的定义（console.hpp）

```
#pragma once

#include "graphics.hpp"

class Console {
 public:
  static const int kRows = 25, kColumns = 80;

  Console(PixelWriter& writer,
      const PixelColor& fg_color, const PixelColor& bg_color);
  void PutString(const char* s);

 private:
  void Newline();

  PixelWriter& writer_;
  const PixelColor fg_color_, bg_color_;
  char buffer_[kRows][kColumns + 1];
  int cursor_row_, cursor_column_;
};
```

kRows和kColumns表示控制台显示区域的大小，以字符为单位。垂直行数为kRows，水平列数为kColumns。在带static的类中定义的变量是静态变量，这意味着从操作系统被加载到内存中直到退出它们都存在。PutString()是向类的用户公开的唯一接口（除构造函数之外），它提供了控制台类的主要功能，即向控制台输出给定的字符串。普通的控制台都有一个光标，字符串就是从这个光标位置开始绘制的。该类还有cursor_row_和cursor_column_，分别表示光标的垂直位置和水平位置。字符串基本上是从光标位置向右绘制的，但如果字符串中有换行符，则会执行换行处理。使用fg_colour_表示绘制字符串的颜色（fg=foreground，前景）。Newline()会执行换行处理。换行处理总是将cursor_column_设回0，将cursor_row_增加1，或者在已到达控制台显示区域底部时执行滚动。buffer_是一个用于存储控制台显示区域中显示的字符串的缓冲区。该缓冲区为一行末尾的空字符（'\0'）预留了位置，因此它只比列数大1。在滚动的过程中，该缓冲区中的数据将用于重绘整个显示区域。bg_colour_（bg=background，背景）用于填充显示区域的颜色。

代码5.14显示了一个无描述符的构造函数。它获取类运行所需的信息，并将其设置为一个成员变量。用于存储显示区域中显示的字符串的buffer_被初始化为空字符，因此字符串是空的。

代码5.14 定义控制台类的构造函数（console.cpp）

```
Console::Console(PixelWriter& writer,
    const PixelColor& fg_color, const PixelColor& bg_color)
    : writer_{writer}, fg_color_{fg_color}, bg_color_{bg_color},
      buffer_{}, cursor_row_{0}, cursor_column_{0} {
}
```

代码5.15显示了PutString()的定义。针对给定的字符串，它从头开始逐个字符进行处理。如果是换行符，则委托给Newline()来处理，否则按原样绘制。

代码5.15 唯一的公共接口PutString()的定义（console.cpp）

```
void Console::PutString(const char* s) {
  while (*s) {
    if (*s == '\n') {
      Newline();
    } else if (cursor_column_ < kColumns - 1) {
      WriteAscii(writer_, 8 * cursor_column_, 16 * cursor_row_, *s, fg_color_);
      buffer_[cursor_row_][cursor_column_] = *s;
      ++cursor_column_;
    }
    ++s;
  }
}
```

虽然目前它只支持换行符，但ASCII编码中定义了许多其他控制字符。例如，制表符（'\t'）经常与换行符一起使用，但在这里制表符被视为普通的单字符。最初，你会想出一种办法来对齐每个8位数字，例如，在它们之间加上空格。还有一个略微次要的响铃字符（'\a'）。当响铃字符出现时，可以发出声音或使图标闪烁，使其看起来更真实。

代码5.16显示了Newline()的定义。该函数用于处理换行符。如果当前光标尚未到达下一行，那么只需要将光标向前移动一行即可。

代码5.16 定义执行换行处理的Newline()函数（console.cpp）

```
void Console::Newline() {
  cursor_column_ = 0;
  if (cursor_row_ < kRows - 1) {
    ++cursor_row_;
  } else {
    for (int y = 0; y < 16 * kRows; ++y) {
```

```
      for (int x = 0; x < 8 * kColumns; ++x) {
        writer_.Write(x, y, bg_color_);
      }
    }
    for (int row = 0; row < kRows - 1; ++row) {
      memcpy(buffer_[row], buffer_[row + 1], kColumns + 1);
      WriteString(writer_, 0, 16 * row, buffer_[row], fg_color_);
    }
    memset(buffer_[kRows - 1], 0, kColumns + 1);
  }
}
```

如果光标已在最下面的一行，则必须将整个显示区域滚动一行，而不是向前移动光标。第一个双重for语句用于填充显示区域，接下来的for语句用于重新绘制显示区域，每次移动buffer_的一行内容。

memcpy()是C语言标准库中的一个函数。写成memcpy(dest, src, size)意味着将size字节从src的开头复制到dest。在本例中，它用于将row+1行复制到row行。

memset()也是C语言标准库中的一个函数，它允许你用给定的值填充给定的数组。它用于将空字符填入最下面的一行。

现在，我们有了一个控制台类，可以试着在其中写入比25行多一点儿的行，比如27行，看看它是否会滚动（**图5.5**）。最前面的几行不可见，看来滚动正常。至此，控制台暂时就完成了。在今后的开发中，我们会在这里传递信息。

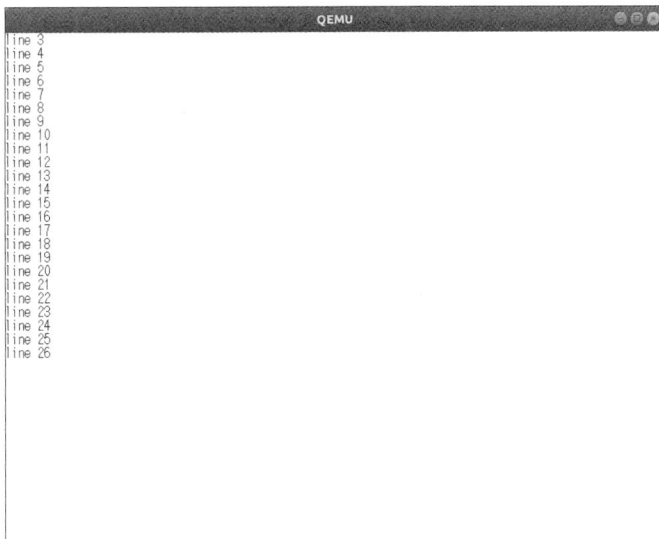

图5.5　向控制台输出27行内容

5.6 printk()（osbook_day05f）

Linux有一个名为printk()的函数，用于从内核内部发出信息。这个函数可以在内核的任何地方使用，而且和printf()一样，它也具有格式化功能，在修改内核时它非常有用。我们希望在MikanOS中添加这样一个函数。修改策略是首先将控制台类作为全局变量来引用，然后创建一个以控制台为输出目标的printk()。

要使控制台类成为全局变量，我们可以采用与pixel_writer相同的方法。也就是说，在全局区域中为Console分配一个char数组大小的内存区域，然后创建一个带参数new的实例。实际代码如**代码5.17**所示。

代码5.17　将控制台类的缓冲区定义为全局变量（main.cpp）

```
char console_buf[sizeof(Console)];
Console* console;
...
extern "C" void KernelMain(const FrameBufferConfig& frame_buffer_config) {
  ...
  console = new(console_buf) Console{*pixel_writer, {0, 0, 0}, {255, 255, 255}};
  ...
}
```

代码5.18显示了printk()的实现，**代码5.19**显示了如何使用它。该函数最重要的特点是可以接收变长参数。要接收变长参数，必须使用“...”声明，并在函数中使用va_list接收变长参数。实际的格式化处理被委托给了vsprintf()来做，它是sprintf()的亲戚，可以接收va_list类型的变量，而不是变长参数，所以在委托格式化处理时非常方便。所创建的printk()在内部使用一个固定的1024字节的数组，这限制了最大字符数。除此之外，它的使用方法与printf()相同。

代码5.18　printk()的实现（main.cpp）

```
int printk(const char* format, ...) {
  va_list ap;
  int result;
  char s[1024];

  va_start(ap, format);
  result = vsprintf(s, format, ap);
  va_end(ap);

  console->PutString(s);
  return result;
}
```

代码5.19　使用printk()（main.cpp）

```
for (int i = 0; i < 27; ++i) {
  printk("printk: %d\n", i);
}
```

图5.6显示了代码5.19的执行结果，可以看到printk()完成了格式化。无须每次都结合使用sprintf()和console->PutString()，就能在控制台上显示格式化后的信息。这无疑有助于接下来的操作系统开发！

图5.6　使用printk()在控制台上显示格式化后的信息

第 6 章

鼠标输入和PCI

到目前为止，它可以换行显示信息，而且变得越来越像一个操作系统了。不过，它仍然不能接收用户的任何输入，所以只能显示编译时准备好的信息。在本章中，我们将让它接收鼠标输入，并允许用户控制计算机。

6.1 鼠标光标（osbook_day06a）

现在也可以显示文本了，感觉它开始有点儿操作系统的样子了。我们想让它看起来更像操作系统。那要怎么做呢？现在，改变屏幕设计，并尝试绘制鼠标光标。首先，创建鼠标光标。我们定义了光标的形状，如代码6.1所示。

代码6.1　鼠标光标的形状（main.cpp）

```
const int kMouseCursorWidth = 15;
const int kMouseCursorHeight = 24;
const char mouse_cursor_shape[kMouseCursorHeight][kMouseCursorWidth + 1] = {
  "@              ",
  "@@             ",
  "@.@            ",
  "@..@           ",
  "@...@          ",
  "@....@         ",
  "@.....@        ",
  "@......@       ",
  "@.......@      ",
  "@........@     ",
  "@.........@    ",
  "@..........@   ",
  "@...........@  ",
  "@............@ ",
  "@......@@@@@@@@",
  "@......@       ",
  "@....@@.@      ",
  "@...@ @.@      ",
  "@..@   @.@     ",
  "@.@    @.@     ",
  "@@      @.@    ",
  "@       @.@    ",
  "         @.@   ",
  "         @@@   ",
};
```

'@'是鼠标光标的边缘，实际输出到屏幕时会以黑色绘制。'.'是鼠标光标的内部，会以白色填充。之所以将二维数组的水平长度定义为比鼠标光标的宽度大1，是为了避免出现字符串末尾的空字符（'\0'）无法存储的错误。

代码6.2显示了一个绘制鼠标光标的程序。其操作很简单：根据前面定义的光标形状绘制像素。'@'是边缘，因此被涂成黑色{0, 0, 0}，而 '.' 被涂成白色{255, 255, 255}。

代码6.2　绘制鼠标光标（main.cpp）

```
  for (int dy = 0; dy < kMouseCursorHeight; ++dy) {
    for (int dx = 0; dx < kMouseCursorWidth; ++dx) {
      if (mouse_cursor_shape[dy][dx] == '@') {
        pixel_writer->Write(200 + dx, 100 + dy, {0, 0, 0});
      } else if (mouse_cursor_shape[dy][dx] == '.') {
        pixel_writer->Write(200 + dx, 100 + dy, {255, 255, 255});
      }
    }
  }
```

为了让它看起来更像操作系统，我们想绘制一张桌面背景的图片。其背景是蓝色的，底部有一个类似于任务栏的区域。为此，我们想绘制一些矩形（Rectangle）。如果能像绘制鼠标光标那样在双重for循环中绘制这些矩形，那么效果会很好。但由于需要多次进行这种处理，所以还是将其实现为一个函数较好。

代码6.3中的FillRectangle()函数用于填充矩形。其中，第2个参数指定矩形的左上角坐标，第3个参数指定矩形的大小，第4个参数指定矩形的颜色。参数中的Vector2D是一个表示二维向量（*X*和*Y*坐标对）的结构体，其定义如代码6.4所示。

代码6.3　FillRectangle()的实现（graphics.cpp）

```
void FillRectangle(PixelWriter& writer, const Vector2D<int>& pos,
                   const Vector2D<int>& size, const PixelColor& c) {
  for (int dy = 0; dy < size.y; ++dy) {
    for (int dx = 0; dx < size.x; ++dx) {
      writer.Write(pos.x + dx, pos.y + dy, c);
    }
  }
}
```

代码6.4　二维向量Vector2D（graphics.hpp）

```
template <typename T>
struct Vector2D {
  T x, y;

  template <typename U>
  Vector2D<T>& operator +=(const Vector2D<U>& rhs) {
    x += rhs.x;
    y += rhs.y;
    return *this;
  }
};
```

该结构体是使用模板实现的。模板可以表示各种类型的二维向量。第1行中的template

<typename T>就是模板的标记，这意味着T将在后面的结构体定义中作为某种类型使用。在使用结构体时，在结构体定义中出现的T将被一个具体的类型所取代。欲了解更多信息，请参见附录D。

除了两个成员变量，Vector2D还有一个operator +=运算符。有了这个运算符，就可以将一个变量加到另一个变量上。例如，对于两个Vector2D类型的变量a和b，执行a+=b。这种操作稍后会用到。在C++术语中，以这种方式定义运算符被称为“运算符重载”。

我们还创建了另一个函数DrawRectangle()，用于绘制矩形的边框（**代码6.5**），其参数与FillRectangle()的完全相同，只是没有填充矩形。

代码6.5　DrawRectangle()的实现（graphics.cpp）

```
void DrawRectangle(PixelWriter& writer, const Vector2D<int>& pos,
                   const Vector2D<int>& size, const PixelColor& c) {
  for (int dx = 0; dx < size.x; ++dx) {
    writer.Write(pos.x + dx, pos.y, c);
    writer.Write(pos.x + dx, pos.y + size.y - 1, c);
  }
  for (int dy = 1; dy < size.y - 1; ++dy) {
    writer.Write(pos.x, pos.y + dy, c);
    writer.Write(pos.x + size.x - 1, pos.y + dy, c);
  }
}
```

使用上面创建的两个函数绘制桌面的程序如**代码6.6**所示。首先用淡蓝色（kDesktopBGColor）填充几乎整个桌面区域，然后用黑色（{1, 8, 17}）和灰色（ {80, 80, 80}）绘制一个小矩形，最后用浅灰色绘制一个30像素×30像素的小方框。

代码6.6　绘制桌面（main.cpp）

```
  FillRectangle(*pixel_writer,
                {0, 0},
                {kFrameWidth, kFrameHeight - 50},
                kDesktopBGColor);
  FillRectangle(*pixel_writer,
                {0, kFrameHeight - 50},
                {kFrameWidth, 50},
                {1, 8, 17});
  FillRectangle(*pixel_writer,
                {0, kFrameHeight - 50},
                {kFrameWidth / 5, 50},
                {80, 80, 80});
  DrawRectangle(*pixel_writer,
                {10, kFrameHeight - 40},
                {30, 30},
                {160, 160, 160});
```

```
console = new(console_buf) Console{
  *pixel_writer, kDesktopFGColor, kDesktopBGColor
};
printk("Welcome to MikanOS!\n");
```

让我们启动它，看看改造后的效果。改造后的设计如图6.1所示。你不觉得它看起来更像一个操作系统吗？我们鼓励读者尝试原创设计。

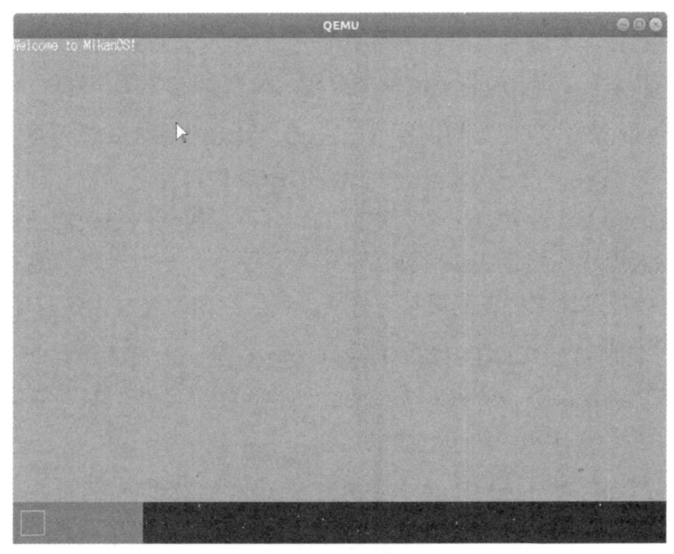

图6.1　尝试设计的桌面

6.2 USB Host驱动程序

现在可以绘制鼠标光标了。接下来你想移动它，不是吗？在本章中，最终的目标是结合实际的鼠标移动来移动鼠标光标。

那么，你使用的是哪种鼠标呢？是用USB连接的鼠标？是笔记本的触摸板？还是通过蓝牙无线连接的鼠标？

在USB普及之前，PS/2是鼠标（和键盘）的主要连接标准。台式计算机和笔记本电脑通常都有PS/2端口，在USB鼠标成为主流后，BIOS也有了仿真功能，能够让USB鼠标看起来像PS/2鼠标。因此，即使在只支持PS/2的操作系统上，也能使用USB鼠标。由于PS/2鼠标比USB鼠标更容易控制，因此在USB鼠标已经得到广泛使用时出版的《30天自制操作系统》，也假定使用的是PS/2鼠标。

然而，许多现代UEFI BIOS并不具备PS/2仿真功能。用来检查自己制作的操作系统运行情况的板载计算机也没有具备PS/2仿真功能的机型。因此，本书讨论的是不带仿真功能的USB鼠标。换句话说，我们不会将其视为PS/2鼠标，而是使用可以根据USB标准正常通信的USB鼠标[1]。

USB是Universal Serial Bus的缩写，顾名思义，它是一种串行**总线**标准。总线是计算机领域的常用术语，其词源与交通工具公共汽车相同。与城市中不同的人乘坐公共汽车类似，计算机总线承载着来自不同设备的信号。有些计算机总线由铜制成，用于传输电信号；有些则由玻璃制成，用于传输光信号。总线的特点不是一对一的专用连接，而是各种设备一起使用。USB也是总线的一种，其上有各种设备（键盘、鼠标、扬声器、U盘、网络摄像头等）。

在制作操作系统时，你不需要知道**串行**的含义，但这里还是解释一下，以供参考。串行（通信）是指在一条信号线上一次发送一个比特的信号。其反义词是并行。并行（通信）是指使用多条信号线同时发送和接收多个比特的信号。串行的优点是所需的信号线较少，这意味着可以使用较细的电缆连接设备。此外，由于串行比并行更容易以更高的速度通信（此时电缆更长），因此串行是连接外设的最常见方式。稍后介绍的PCIe也是一种串行通信标准。

计算机中有一个被称为**USB控制器**的控制芯片，它是USB设备和软件（操作系统）之间的桥梁。操作系统通过控制该控制器与USB设备通信。主要用于处理控制芯片等硬件的软件被称为**驱动程序**[2]。驱动程序是操作系统的一部分。

与USB有关的驱动程序分为用于单个USB设备（USB目标）的目标驱动程序和用于中央计算机（USB主机）的Host驱动程序。当然，本书讨论的是Host驱动程序。创建Host驱动程序的方法有很多种。如**图6.2**所示，我们将USB驱动程序分为三层（还有一层PCI总线驱动程序），它们分别是主机控制器驱动程序、隐藏主机控制器的细节并提供USB标准中定义的API的USB总线驱动程序，以及针对各类USB目标的类驱动程序。

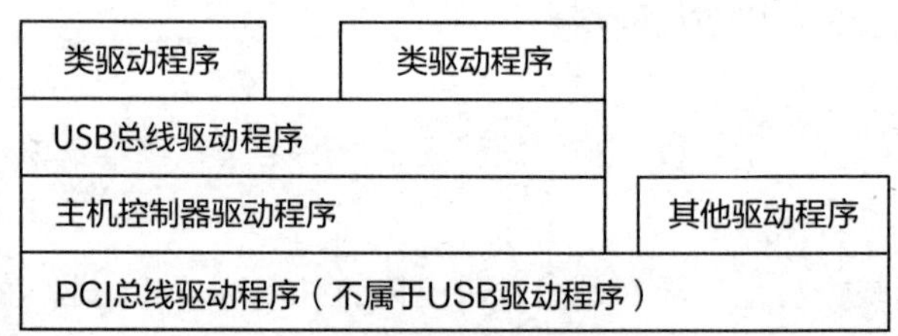

图6.2　USB驱动程序的层次结构

主机控制器驱动程序必须根据主机控制器标准来创建。在撰写本书时，计算机的主要控制器标准是用于USB 1.1的OHCI和UHCI、用于USB 2.0的EHCI和用于USB 3.x的xHCI。几乎

1 可以毫不夸张地说，本书的主要优势在于它能正确支持USB设备。

2 驱动程序原本是为操作硬件而设计的，但有些驱动程序并不用于操作硬件，它们被称为“虚拟驱动程序”。例如，虚拟打印机驱动程序用于将文档保存为PDF格式，而不是真正的打印机。

所有的现代计算机都应该有一个USB 3.x端口和一个符合xHCI标准的控制器，但如果你的计算机不支持xHCI，那么你将不得不购买一台新的计算机或忍受QEMU。顺便提一下，xHCI是eXtended Host Controller Interface的缩写，该标准定义了主机控制器接口[1]。符合xHCI标准的主机控制器被称为xHC。

总线驱动程序利用主机控制器驱动程序的功能，并提供USB标准中定义的API（Application Programming Interface）。API是软件间交互的接口，这里指的是USB标准中定义的各种函数和常量。例如，API包括GET_DESCRIPTOR消息，该消息用于将USB目标识别为设备；还包括DEVICE和CONFIGURATION等常量，这些常量被指定为参数。USB总线驱动程序的工作就是向类驱动程序提供这些API。

类驱动程序是为各种类型的USB目标创建的。USB标准中定义的标准类包括键盘和鼠标所属的HID（Human Interface Device，人机接口设备）[2]类、音频设备所属的音频类，以及存储设备所属的大容量存储类。由于每个类的操作完全不同，因此必须为每个类创建类驱动程序。应根据总线驱动程序提供的USB标准使用API来实现类驱动程序。

我们将开发一个USB主机控制器驱动程序来控制USB主机控制器，并开发一个类驱动程序来使用它控制鼠标。我们想说的是，与USB相关的驱动程序过于高级和复杂，在本书中无法解释，因此将只介绍如何使用我们自己开发的驱动程序。如果你认为自己能够学会如何开发驱动程序，那么可以阅读源码（请在$HOME/workspace/mikanos/kernel/usb下查找源码）。

6.3 搜索PCI设备（osbook_day06b）

本节将介绍如何使用USB驱动程序通过鼠标输入数据。一般流程如下。

- 枚举所有连接到PCI总线的PCI设备。
- 在枚举的设备列表中找到xHC。
- 初始化xHC。
- 在USB总线上找到鼠标。
- 初始化鼠标。
- 从鼠标接收数据。

本书涵盖的xHCI标准指定xHC为PCI设备。PCI（Peripheral Component Interconnect）是连

1 在这个方面，接口和实现也是分开的。开发人员在创建驱动程序时只能依赖xHCI标准，而不能依赖特定的实现行为。

2 一种允许人类连接计算机的设备。键盘和鼠标通常属于HID类。

接组件和主板的标准，是现代计算机的核心技术。NVMe SSD、高精度计时器、网卡和GPU等计算机的主要组件都通过PCI及其后续PCIe标准连接。因此，能够处理PCI和PCIe对于创建现代计算机操作系统来说至关重要。幸运的是，PCI和PCIe在软件上是兼容的，因此能够处理PCI就足够了。

在本节中，我们将首先介绍如何搜索PCI设备。为了便于今后参考，我们将枚举连接到PCI总线（连接多个PCI设备的总线）的所有PCI设备，而不仅仅是xHC。然后，我们将在枚举出的设备中再次搜索xHC。

每个符合PCI标准的设备都有一个256字节的**PCI配置空间**。该空间包含PCI设备的基本信息，如设备的供应商ID（分配给每个制造公司的ID）和类别代码（表示PCI设备类型的数字）。在此基础上，我们将依次查看所有PCI设备的配置空间，查找供应商ID和类别代码等信息。

图6.3显示了PCI配置空间的结构。PCI配置空间有256字节（0x00～0xff），其中前0x40字节为所有PCI设备所共有。后面将详细解释每个项目的含义，现在来介绍如何读取该空间。

31–24	23–16	15–8	7–0	
Device ID		Vendor ID		03h~00h
Status		Command		07h~04h
Base Class	Sub Class	Interface	Revision ID	0Bh~08h
BIST	Header Type	Latency Timer	Cacheline Size	0Fh~0Ch
BAR0				13h~10h
BAR1				17h~14h
BAR2				1Bh~18h
BAR3				1Fh~1Ch
BAR4				23h~20h
BAR5				27h~24h
Cardbus CIS Pointer				2Bh~28h
Subsystem ID		Subsystem Vendor ID		2Fh~2Ch
Expansion ROM Base Address				33h~30h
Reserved			Capabilities Pointer	37h~34h
Reserved				3Bh~38h
Max_lat	Min_Gnt	Interrupt Pin	Interrupt Line	3Fh~3Ch
Device dependent region				40h … FFh

图6.3 PCI配置空间的结构

要读取PCI配置空间，请使用CONFIG_ADDRESS和CONFIG_DATA寄存器。在CONFIG_ADDRESS寄存器中设置要读/写的PCI配置空间的位置，然后通过读/写CONFIG_DATA来读/写PCI配置空间（**图6.4**）。

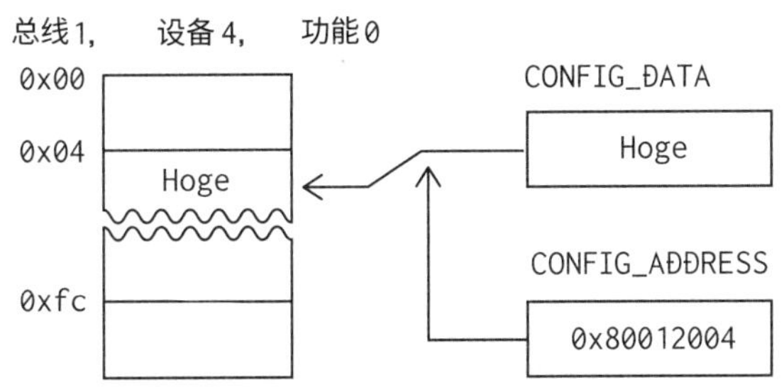

图6.4　从CONFIG_ADDRESS寄存器查看PCI配置空间

CONFIG_ADDRESS寄存器的位结构如**表6.1**所示。

表6.1　CONFIG_ADDRESS寄存器的位结构

位	内容
31	启用位；当设置为1时，对CONFIG_DATA的读/写将被传输到PCI配置空间
30:24	保留区；如果设置为0，则保留区为0
23:16	总线编号（0～255）
15:11	设备编号（0～31）
10:8	功能编号（0～7）
7:0	寄存器偏移量（0～255）；以4字节增量指定偏移量

PCI总线可以有多条，一条总线最多可连接32个PCI设备。每个PCI设备最多可有8个功能（函数）。设备始终具有功能0，但可能没有其他功能。如果有多个功能，则不一定从1开始依次编号。允许有孔洞状态。通过读取某个功能编号的供应商ID并判断其是否为0xffff（无效供应商ID），可以确定该功能编号是否未实现。

通过读/写CONFIG_DATA寄存器，并将启用位设置为1，可以读/写任何寄存器。**代码6.7**中显示了一个生成值的函数，用于从各种编号中生成32位值并写入CONFIG_ADDRESS寄存器。

代码6.7　MakeAddress()的实现（pci.cpp）

```
/** @brief CONFIG_ADDRESS用32位整数生成 */
uint32_t MakeAddress(uint8_t bus, uint8_t device,
                     uint8_t function, uint8_t reg_addr) {
  auto shl = [](uint32_t x, unsigned int bits) {
      return x << bits;
  };

  return shl(1, 31) // 启用位
      | shl(bus, 16)
      | shl(device, 11)
      | shl(function, 8)
      | (reg_addr & 0xfcu);
}
```

MakeAddress()将指定的总线编号、设备编号、功能编号和寄存器偏移量进行适当组合，生成一个启用位被设置为1的32位值。函数定义看起来可能有点儿陌生，下面来详细解释一下。

从第4行开始的[](uint32_t x, unsigned int bits) {…}是一种创建lambda表达式的写法。lambda表达式也被称为匿名函数。本质上，它是一个没有名称的普通函数。其典型语法是[capture](参数列表){body}，其中capture是空的。带捕获的lambda表达式出现在**第9章**中。

在这里，我们创建了一个lambda表达式，它接收两个参数，即x和bits，并返回一个值，其中x向左移动了bits个位置。第4行还进一步设置了变量shl，以便以后使用所创建的lambda表达式。换句话说，我们给lambda表达式起了一个名字叫shl（尽管它是一个匿名函数）。但为什么要使用lambda表达式而不是普通函数呢？因为lambda表达式可以在函数内部定义，而普通函数不能。在实现一个函数时，通过将其所需的一小部分临时定义为lambda表达式，可以使实现和使用这个部分的地方变得更加接近，源码也更容易理解（适度，因为滥用会增加阅读难度）。

lambda表达式可以像普通函数一样被调用。例如，shl(1, 31)是对lambda表达式的调用，其结果是将1向左移动31位。这个“1”恰好位于启用位的位置。同样，对bus、device和function的位置也进行了移位，以与CONFIG_ADDRESS寄存器的结构相匹配，并用“|”将它们进行OR连接。寄存器偏移量不需要移位，因此可以按原样合并（但需要屏蔽位，因为低两位必须为0）。

下面我们将介绍如何读/写CONFIG_ADDRESS和CONFIG_DATA寄存器。这两个寄存器应该位于IO地址空间的0xcf8和0xcfc处。因此，我们把它们定义为常量（**代码6.8**）。

代码6.8　定义IO端口地址（pci.hpp）

```
/** @brief CONFIG_ADDRESS寄存器中的IO端口地址 */
const uint16_t kConfigAddress = 0x0cf8;
/** @brief CONFIG_DATA寄存器中的IO端口地址 */
const uint16_t kConfigData = 0x0cfc;
```

IO地址空间与内存地址空间是两个完全独立的地址空间。IO地址空间与PCI配置空间（外设）相连。为了区分这两个地址空间，必须使用专用的IO指令（in和out）来读/写IO地址空间。这些IO指令比较特殊，不能用纯C++程序来表达。在别无选择的情况下，我们将只使用汇编语言来编写这部分程序，然后使用C++程序来调用。**代码6.9**显示了IoOut32()和IoIn32()两个函数，它们可以在C++程序中被调用。

代码6.9　用于读/写IO端口的汇编函数（asmfunc.asm）

```
; asmfunc.asm
;
```

```
; System V AMD64 Calling Convention
; Registers: RDI, RSI, RDX, RCX, R8, R9

bits 64
section .text
global IoOut32  ; void IoOut32(uint16_t addr, uint32_t data);
IoOut32:
    mov dx, di    ; dx = addr
    mov eax, esi  ; eax = data
    out dx, eax
    ret

global IoIn32  ; uint32_t IoIn32(uint16_t addr);
IoIn32:
    mov dx, di    ; dx = addr
    in eax, dx
    ret
```


IoOut32()为参数中指定的IO端口地址addr输出一个32位整数data。根据System V AMD64 ABI规范[1]，函数必须先将参数addr设置到RDI寄存器中，将参数data设置到RSI寄存器中。IoOut32()的主要部分是下面一行。

```
out dx, eax
```

这一行表示输出EAX中设置的32位整数，用于DX中设置的IO端口地址。其前面两行的作用是调整DX和EAX的值。

```
mov dx, di;dx = addr
mov eax, esi ; eax = data
```

这两行表示将DI的值赋给DX，将ESI的值赋给EAX。根据**第3章**的介绍，DI是RDI的低16位，ESI是RSI的低32位，因此最终参数addr的值被写入DX，参数data的值被写入EAX。在汇编语言中，在分号后面可以写注释，所以为清楚起见，这里已经写了注释。

IoIn32()是一个从指定的IO端口地址输入并返回一个32位整数的函数。此函数的主要部分是下面一行。

```
in eax, dx
```

该行表示从DX中设置的IO端口地址输入一个32位整数，并将其设置为EAX。根据System V AMD64 ABI规范，在RAX寄存器中设置的值为返回值。因此，如果在执行in之后立即执行ret，那么从IO端口输入的值将被适当地返回给函数的调用者。

1 参见**专栏4.1**。参数按照以下顺序分配：RDI、RSI、RDX、RCX、R8、R9。

代码6.10显示了一组使用汇编语言函数读/写CONFIG_ADDRESS和CONFIG_DATA的函数，以及从配置空间实际读取供应商ID的ReadVendorId()的实现。典型方法是使用WriteAddress()将总线编号、设备编号、功能编号和寄存器偏移量设置为CONFIG_ADDRESS，然后使用WriteData()和ReadData()读/写CONFIG_DATA。除了ReadVendorId()函数，我们还创建了其他几个类似的函数，它们的形式几乎相同，这里不再介绍。

代码6.10　一组用于操作PCI寄存器的函数（pci.cpp）

```
void WriteAddress(uint32_t address) {
  IoOut32(kConfigAddress, address);
}

void WriteData(uint32_t value) {
  IoOut32(kConfigData, value);
}

uint32_t ReadData() {
  return IoIn32(kConfigData);
}

uint16_t ReadVendorId(uint8_t bus, uint8_t device, uint8_t function) {
  WriteAddress(MakeAddress(bus, device, function, 0x00));
  return ReadData() & 0xffffu;
}
```

现在，我们已经掌握了所有必要的准备知识，终于可以开始执行搜索PCI设备的函数了（这是一条漫长的道路）。首先，在代码6.11中定义了两个全局变量pci::devices和pci::num_device，用于注册搜索到的PCI设备。稍后我们将详细了解如何使用这些变量。

代码6.11　将数组定义为全局变量以注册PCI设备（pci.hpp）

```
/** @brief 通过ScanAllBus()发现的PCI设备列表 */
inline std::array<Device, 32> devices;
/** @brief devices有效元素的数量 */
inline int num_device;
/** @brief 搜索所有PCI设备并将其存储在devices中
 *
 * 从总线0开始递归搜索PCI设备并写入devices
 * 将发现的设备数量设置为num_devices
 */ Error ScanAllBus();
```

在头文件（本例中为pci.hpp）中定义全局变量时，请使用inline使其成为内联变量。在较早的C++中，通常是在头文件中使用extern，然后在.cpp的某处定义实体的[1]。

1　在本书中，有些地方仍使用传统方法来定义全局变量。在许多情况下，保留全局变量只是为了便于编写。

代码6.12显示了pci::ScanAllBus()函数，它是搜索的起点。该函数搜索所有的PCI总线，将找到的PCI设备从devices数组的开头写入，并将num_device设置为找到的PCI设备总数。

代码6.12　用于递归搜索连接到PCI总线的设备的函数（pci.cpp）

```
Error ScanAllBus() {
  num_device = 0;

  auto header_type = ReadHeaderType(0, 0, 0);
  if (IsSingleFunctionDevice(header_type)) {
    return ScanBus(0);
  }

  for (uint8_t function = 1; function < 8; ++function) {
    if (ReadVendorId(0, 0, function) == 0xffffu) {
      continue;
    }
    if (auto err = ScanBus(function)) {
      return err;
    }
  }
  return Error::kSuccess;
}
```

如果你仔细看ScanAllBus()，则会发现它首先从总线0、设备0和功能0的PCI配置空间读取头类型（Header Type）。总线0上的设备0始终是主机**桥接器**，因此我们要读取主机桥接器的头类型。主机桥接器是主机和PCI总线之间的桥梁，CPU和PCI设备之间的通信总是通过主机桥接器进行。

头类型是一个8位整数，其中第7位为1，表示这是一个多功能设备，即除了功能0之外还有其他功能的PCI设备。如果功能0的主机桥接器不是多功能设备（是单功能设备），那么它就是负责总线0的主机桥接器。如果是多功能设备，则意味着主机桥接器不止一个。在这种情况下，功能0的主机桥接器负责总线0，功能1的主机桥接器负责总线1，以此类推，其中功能编号代表负责的总线编号。对每条总线的搜索由ScanBus()负责。

代码6.13显示了pci::ScanBus()函数，它由ScanAllBus()调用，用于搜索总线上的所有设备。通过检查每个设备的功能0的供应商ID，可以确定在某个设备编号下是否存在实际的设备。如果供应商ID不是0xffff（无效值），则表示存在实际的设备。如果找到一个供应商ID为有效值的设备，则将处理工作交给ScanDevice()来完成。

代码6.13　在指定总线上搜索设备的函数（pci.cpp）

```
/** @brief 扫描指定总线编号下的每一个设备
 * 一旦找到有效的设备，就执行ScanDevice
 */
Error ScanBus(uint8_t bus) {
```

```
  for (uint8_t device = 0; device < 32; ++device) {
    if (ReadVendorId(bus, device, 0) == 0xffffu) {
      continue;
    }
    if (auto err = ScanDevice(bus, device)) {
      return err;
    }
  }
  return Error::kSuccess;
}
```

代码6.14显示了pci::ScanDevice()函数。它比ScanBus()更复杂，因为它需要根据指定的PCI设备是否是多功能设备来切换处理过程。它一旦找到有效的功能，就将处理工作交给ScanFunction()来完成。

代码6.14　搜索指定设备功能的函数（pci.cpp）

```
/** @brief 扫描指定设备编号下的每一个功能
 * 一旦找到有效的功能，就执行ScanFunction
 */
Error ScanDevice(uint8_t bus, uint8_t device) {
  if (auto err = ScanFunction(bus, device, 0)) {
    return err;
  }
  if (IsSingleFunctionDevice(ReadHeaderType(bus, device, 0))) {
    return Error::kSuccess;
  }

  for (uint8_t function = 1; function < 8; ++function) {
    if (ReadVendorId(bus, device, function) == 0xffffu) {
      continue;
    }
    if (auto err = ScanFunction(bus, device, function)) {
      return err;
    }
  }
  return Error::kSuccess;
}
```

代码6.15显示了pci::ScanFunction()函数。该函数的前半部分负责在devices中注册指定的总线编号、设备编号和功能编号对，而AddDevice()则负责将指定的编号对追加到devices数组的末尾（后面会介绍具体的实现）。如果PCI设备过多，无法放入devices中，那么AddDevice()会返回Error::kFull报错。如果出现这种情况，那么继续搜索PCI设备就没有意义了，因此会执行return err;中止搜索。

代码6.15　查找指定功能的函数（pci.cpp）

```
/** @brief 为devices添加指定的功能
 * 如果是PCI-PCI桥接器，则对二级总线执行ScanBus
 */
```

```
Error ScanFunction(uint8_t bus, uint8_t device, uint8_t function) {
  auto header_type = ReadHeaderType(bus, device, function);
  if (auto err = AddDevice(bus, device, function, header_type)) {
    return err;
  }

  auto class_code = ReadClassCode(bus, device, function);
  uint8_t base = (class_code >> 24) & 0xffu;
  uint8_t sub = (class_code >> 16) & 0xffu;

  if (base == 0x06u && sub == 0x04u) {
    // 标准的PCI-PCI桥接器
    auto bus_numbers = ReadBusNumbers(bus, device, function);
    uint8_t secondary_bus = (bus_numbers >> 8) & 0xffu;
    return ScanBus(secondary_bus);
  }

  return Error::kSuccess;
}
```

现在介绍上面出现的两个函数。pci::ReadHeaderType()从PCI配置空间（图6.3）读取头类型，之后的结构取决于头类型。由于所有普通PCI设备的Header Type=0x00，因此本书对它并没有特别关注。不过，头类型的第7位用于指示此PCI设备是一个多功能设备。

pci::ReadClassCode()从PCI配置空间读取类代码（0Bh～08h的4字节）。类代码中的8位单元具有不同的含义。其中，31:24位为基类，代表广泛的设备类型；23:16位为子类，代表详细的设备类型，例如基类0x0c代表串行总线控制器，而子类0x03代表USB；15:8位为Programming Interface，代表寄存器级别的规格，例如0x20代表USB 2.0（EHCI），0x30代表USB 3.0（xHCI）。API是软件之间的接口，Programming Interface是硬件相关接口。

该函数的后半部分负责处理PCI-PCI桥接器的情况。PCI-PCI桥接器是一种连接两条PCI总线的PCI设备。如果它的基类为0x06，子类为0x04，那么它就是PCI-PCI桥接器。桥接器的上游侧被称为主总线，下游侧被称为次总线，它们的总线编号被记录在PCI配置空间的0x18处。一旦找到桥接器，就会获取次总线的编号，然后调用ScanBus()查找连接到次总线的PCI设备。

代码6.16显示了AddDevice()的实现。在函数开始时，检查num_device的值。num_device是一个变量，代表当前写入devices数组的元素数。因此，如果这个值等于devices数组的容量（device.size()），则表示数组中已经没有更多的空间了。在这种情况下，返回Error::kFull表示出错。如果数组中仍有空间，则将其写到数组末尾并递增num_device。

代码6.16　将发现的PCI设备添加到devices中的函数（pci.cpp）

```
/** @brief 将信息写入devices[num_device]并递增num_device */
Error AddDevice(uint8_t bus, uint8_t device,
                uint8_t function, uint8_t header_type) {
  if (num_device == devices.size()) {
```

```
    return Error::kFull;
  }

  devices[num_device] = Device{bus, device, function, header_type};
  ++num_device;
  return Error::kSuccess;
}
```

代码6.17显示了我们在主函数中添加的代码，以调用所创建的函数。首先调用ScanAllBus()检测所有的PCI设备，然后打印检测到的PCI设备列表。我们在第5章中创建的printk帮了大忙。我们在MinnowBoard Turbot板载计算机上运行它，结果如图6.5所示。如果在QEMU或实际设备上运行它，则可能会显示不同的结果。

代码6.17 枚举PCI设备（main.cpp）

```
auto err = pci::ScanAllBus();
printk("ScanAllBus: %s\n", err.Name());

for (int i = 0; i < pci::num_device; ++i) {
  const auto& dev = pci::devices[i];
  auto vendor_id = pci::ReadVendorId(dev.bus, dev.device, dev.function);
  auto class_code = pci::ReadClassCode(dev.bus, dev.device, dev.function);
  printk("%d.%d.%d: vend %04x, class %08x, head %02x\n",
      dev.bus, dev.device, dev.function,
      vendor_id, class_code, dev.header_type);
}
```

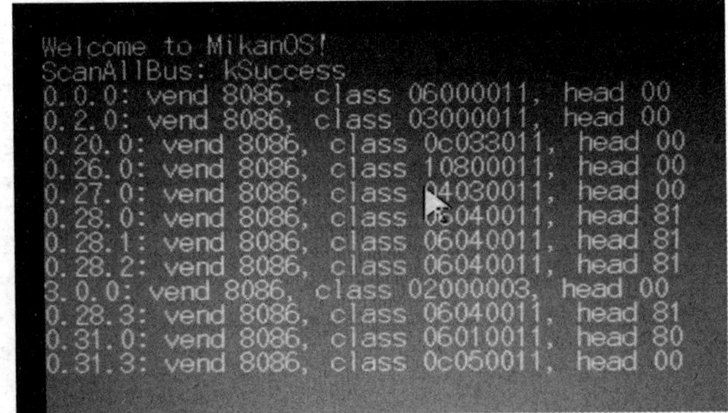

图6.5 在MinnowBoard Turbot上查看PCI设备列表

6.4 带轮询的鼠标输入（osbook_day06c）

在本节中，我们将尝试从枚举的PCI设备中找到xHC并将其初始化，以便使用USB鼠标。当本节结束时，鼠标光标将随着鼠标的移动而移动。

第一步是找到xHC。这很简单，只需要在pci::devices中查找类代码0x0c、0x03和0x30即可。其中，基类0x0c代表整个串行总线控制器[1]，而不仅仅是USB；子类0x03代表USB控制器；接口0x30代表xHCI。

代码6.18显示了一个搜索程序。即使搜索到多个xHC，该程序也只选择一个xHC，因为只选择一个xHC可使整个USB驱动程序机制保持简单。当从多个xHC中选择一个时，应优先选择Intel的xHC，因为Intel的产品最有可能成为主控制器。

代码6.18　在PCI总线上搜索xHC（main.cpp）

```
// 优先选择Intel的xHC
pci::Device* xhc_dev = nullptr;
for (int i = 0; i < pci::num_device; ++i) {
  if (pci::devices[i].class_code.Match(0x0cu, 0x03u, 0x30u)) {
    xhc_dev = &pci::devices[i];

    if (0x8086 == pci::ReadVendorId(*xhc_dev)) {
      break;
    }
  }
}

if (xhc_dev) {
  Log(kInfo, "xHC has been found: %d.%d.%d\n",
      xhc_dev->bus, xhc_dev->device, xhc_dev->function);
}
```

ClassCode::Match()将自己的类代码与参数中指定的类代码进行比较，如果三者都匹配，则返回true。当找到xHC时，记录指向xhc_dev的指针。如果退出for语句时xhc_dev不为null，则说明xHC存在。Intel的PCI设备有一个共同的供应商ID，即0x8086，找到它后应立即中断。这样一来，Intel的PCI设备就会获得优先权。

获取供应商ID是一个经常要编写的过程。因此，我们使用在代码6.10中创建的具有三个参数的ReadVendorId()（将总线编号、设备编号和功能编号作为参数），创建了一个可直接传递Device结构体的单参数的ReadVendorId()。在代码6.18的搜索程序中使用了这个新创建的函数。

Log()首次出现，它就像printk()的改进版。该函数是我们在开发USB驱动程序的过程中创建的，目的是改善信息的显示效果。详细说明参见专栏6.1。

找到xHC后，下一步就是获取xHC寄存器组所在的内存地址。事实上，与内存地址空间相连的不仅有主存储器，还有各种可以像内存一样处理的非内存组件。典型的例子就是

1　基类0x0c属于IEEE 1394 FireWire、InfiniBand以及USB。如果需要PCI类代码列表，The PCI ID Repository等类代码收集网站会提供帮助。

MMIO（内存映射IO），可以像内存一样读/写的寄存器。3.2节介绍的CPU内置的寄存器在读/写时使用的名称是RAX，而不是内存地址。而MMIO则被赋予了内存地址，并使用这些地址进行读/写。不过，MMIO毕竟是寄存器，因此它的其他功能（不仅是存储值，还有读/写本身的含义）与CPU内置的寄存器相同。

在xHCI规范中，控制xHC的寄存器是MMIO，这意味着它们位于内存地址空间的某个位置，具体取决于机型、安装的主内存容量等。MMIO地址应该被记录在PCI配置空间的BAR0（基地址寄存器0）中，因此应该读取并使用该值。

代码6.19显示了使用pci::ReadBar()读取BAR0的程序。pci::ReadBar()被定义在pci.cpp中，如果你对其内容感兴趣，请参阅源码。

代码6.19　读取BAR0寄存器（main.cpp）

```
const WithError<uint64_t> xhc_bar = pci::ReadBar(*xhc_dev, 0);
Log(kDebug, "ReadBar: %s\n", xhc_bar.error.Name());
const uint64_t xhc_mmio_base = xhc_bar.value & ~static_cast<uint64_t>(0xf);
Log(kDebug, "xHC mmio_base = %08lx\n", xhc_mmio_base);
```

PCI配置空间中有6个BAR（图6.3），即BAR0～BAR5。pci::ReadBar()读取指定的BAR和随后的BAR，并返回合并后的地址。最后，将xhc_bar变量设置为指向xHC的MMIO的64位地址。

xhc_bar.value表示的地址指向xHC中一组寄存器的开头，但BAR标志存在于该地址的低4位。因此，屏蔽了低4位的值被设置为xhc_mmio_base，作为真正的MMIO基地址。此处出现的~static_cast<uint64_t>(0xf)表达式将在专栏6.2中进行解释。

pci::ReadBar()返回一个名为WithError<uint64_t>的结构体。此结构体的原始结构体模板被定义在error.hpp中，如代码6.20所示。该结构体模板包含两个成员：value和error，它们分别代表任何值和错误代码。

代码6.20　表示可能返回错误的返回值（error.hpp）

```
template <class T>
struct WithError {
  T value;
  Error error;
};
```

使用BAR0的值初始化xHC（代码6.21）。usb::xhci::Controller是USB驱动程序的一部分，是根据xHCI标准控制主机控制器的一个类。该类的实例是通过在构造函数中指定BAR0的值创建的。通过在该实例上执行Initialize()方法（Initialize的意思是初始化），xHC将被重置，然后进行操作设置。

代码6.21　初始化并启动xHC（main.cpp）

```
usb::xhci::Controller xhc{xhc_mmio_base};

if (0x8086 == pci::ReadVendorId(*xhc_dev)) {
  SwitchEhci2Xhci(*xhc_dev);
}
{
  auto err = xhc.Initialize();
  Log(kDebug, "xhc.Initialize: %s\n", err.Name());
}

Log(kInfo, "xHC starting\n");
xhc.Run();
```

只有当xHC是Intel的xHC时，才会在初始化xHC之前调用SwitchEhci2Xhci()。该函数为2012年发布的Intel Panther Point芯片组内置的USB主机控制器提供特殊支持。Panther Point芯片组既有USB 2.0标准的EHCI控制器，也有USB 3.0标准的控制器[1]。SwitchEhci2Xhci()通过特殊设置将USB端口切换为由xHCI控制。

如果你想进一步了解SwitchEhci2Xhci()的内容，请看其实现（代码6.22）。对此不感兴趣的读者可以跳过。该函数首先检测计算机中是否存在符合EHCI标准的Intel控制器。如果安装了这样的EHC，则最终执行从EHCI到xHCI的模式切换。这一过程涉及4种不同的寄存器。要了解这些寄存器的规格，请参见Intel 7系列芯片组数据表中的17.1.33～17.1.36。

代码6.22　SwitchEhci2Xhci()切换USB端口的控制模式（main.cpp）

```
void SwitchEhci2Xhci(const pci::Device& xhc_dev) {
  bool intel_ehc_exist = false;
  for (int i = 0; i < pci::num_device; ++i) {
    if (pci::devices[i].class_code.Match(0x0cu, 0x03u, 0x20u) /* EHCI */ &&
        0x8086 == pci::ReadVendorId(pci::devices[i])) {
      intel_ehc_exist = true;
      break;
    }
  }
  if (!intel_ehc_exist) {
    return;
  }
```

1　让我们来推测一下造成这种复杂情况的原因。2012年，当兼容USB 3.0的芯片组刚刚开始流行时，许多不支持xHCI的操作系统仍在使用。由于这些旧版操作系统只能识别EHCI，因此芯片组可能试图通过将操作系统初始设置为EHCI模式来提高兼容性。支持xHCI的新版操作系统自然也会支持EHCI，因此这就不存在问题了。我们在收到某些型号的MikanOS无法使用USB鼠标的报告后，竭尽全力调查了这个bug，最终通过阅读Linux设备驱动程序发现了Panther Point的特殊规范。

```
  uint32_t superspeed_ports = pci::ReadConfReg(xhc_dev, 0xdc); // USB3PRM
  pci::WriteConfReg(xhc_dev, 0xd8, superspeed_ports); // USB3_PSSEN
  uint32_t ehci2xhci_ports = pci::ReadConfReg(xhc_dev, 0xd4); // XUSB2PRM
  pci::WriteConfReg(xhc_dev, 0xd0, ehci2xhci_ports); // XUSB2PR
  Log(kDebug, "SwitchEhci2Xhci: SS = %02, xHCI = %02x\n",
      superspeed_ports, ehci2xhci_ports);
}
```

XUSB2PR（xHC USB 2.0 Port Routing）寄存器的每一位都对应一个USB端口，如果向某一位写1，则会使相应的端口进入xHCI模式。USB3_PSSEN（USB 3.0 Port SuperSpeed Enable）寄存器的每一位也对应一个USB端口，如果向某一位写1，则将启用相应端口的SuperSpeed功能。该设置本身与从EHCI到xHCI的模式切换无关，但却是在进入xHCI模式后实现USB 3.0真正速度所必需的。这两个寄存器并不是所有的位都有效：两个掩码寄存器USB3PRM和XUSB2PRM指示了哪些位有效。因此，应将掩码寄存器中的值直接写入XUSB2PR和USB3_PSSEN。

在设置了USB端口的xHCI模式并初始化xHC后，下一步是调用xHC的Run()方法启动xHC的运行。一旦xHC开始运行，它就会逐步识别连接到计算机的USB设备等。

xHC启动后，就可以在连接的USB设备中搜索鼠标了。**代码6.23**显示了一个搜索所有USB端口并设置已连接设备的端口的程序：如果port.IsConnected()为true，则表示该端口已连接了某些设备；因此，如果找到这样的端口，就调用usb::xhci::.ConfigurePort()。该函数也是驱动程序的一部分，它可以重置端口、进行xHC内部设置并生成类驱动程序。如果USB鼠标已连接到某个端口，那么将在USB鼠标类驱动程序中注册usb::HIDMouseDriver::default_observer中设置的函数，作为接收USB鼠标数据的函数。MouseObserver()将在后面介绍。

代码6.23　检查USB端口并设置已连接的端口（main.cpp）

```
usb::HIDMouseDriver::default_observer = MouseObserver;

for (int i = 1; i <= xhc.MaxPorts(); ++i) {
  auto port = xhc.PortAt(i);
  Log(kDebug, "Port %d: IsConnected=%d\n", i, port.IsConnected());

  if (port.IsConnected()) {
    if (auto err = ConfigurePort(xhc, port)) {
      Log(kError, "failed to configure port: %s at %s:%d\n",
          err.Name(), err.File(), err.Line());
      continue;
    }
  }
}
```

ConfigurePort()是在usb::xhci命名空间中定义的，但可以在主函数中调用它，而无须加上命名空间名称。为什么呢？这要归功于C++的ADL（实际参数依赖的名称搜索）功能。作为参数指定的xhc类型是usb::xhci::Controller，这意味着会自动搜索usb::xhci中定义的函数。

代码6.24显示了实际处理鼠标移动事件的部分。鼠标等USB设备的移动会产生需要处理的数据。当鼠标移动时，会产生上、下、左、右移动幅度的数据。如果使用键盘，则会产生按键数据。这些数据会以事件的形式累积在xHC中。在本程序中，通过在while语句中反复调用ProcessEvent()，指示xHC处理累积的事件。

代码6.24　处理累积在xHC中的事件（main.cpp）

```
while (1) {
  if (auto err = ProcessEvent(xhc)) {
    Log(kError, "Error while ProcessEvent: %s at %s:%d\n",
        err.Name(), err.File(), err.Line());
  }
}
```

这种主动检查事件的方法被称为**轮询**（Polling）。它会询问USB主机控制器：“是否有要处理的事件？”如果有，它就会处理事件；如果没有，它就什么也不做。如果每次询问都有高概率的事件（事件发生频率高）要处理，那么轮询方法就很有效。然而，鼠标和键盘输入是零星的[1]，因此在查询事件发生情况时，往往没有事件发生。而如果轮询频率较低，例如每10s一次，那么在最糟糕的情况下，从按下一个键到操作系统识别该键将耗时10s，这将导致操作系统非常难以使用。

对于零星发生的事件，中断方法比轮询更合适。这里介绍轮询是因为它比较简单，但在第7章中，我们将尝试使用中断来处理鼠标输入。

代码6.25显示了MouseObserver()的定义。该函数非常简短，只有一行，即调用mouse_cursor->MoveRelative()。

代码6.25　MouseObserver()的定义（main.cpp）

```
char mouse_cursor_buf[sizeof(MouseCursor)];
MouseCursor* mouse_cursor;

void MouseObserver(int8_t displacement_x, int8_t displacement_y) {
  mouse_cursor->MoveRelative({displacement_x, displacement_y});
}
```

1　鼠标（和其他输入设备）并不总是有规律地使用。它们往往大部分时间是静止的，偶尔也会移动。

下面我们来看看MouseCursor类的定义，以了解具体的处理过程。代码6.26显示了头文件（mouse.hpp）中MouseCursor类的定义。该类负责绘制和移动鼠标光标，其构造函数需要三个参数，成员函数只需要一个参数。

代码6.26 MouseCursor类的定义（mouse.hpp）

```
#include "graphics.hpp"

class MouseCursor {
 public:
  MouseCursor(PixelWriter* writer, PixelColor erase_color,
              Vector2D<int> initial_position);
  void MoveRelative(Vector2D<int> displacement);

 private:
  PixelWriter* pixel_writer_ = nullptr;
  PixelColor erase_color_;
  Vector2D<int> position_;
};
```

代码6.27显示了创建MouseCursor类实例的部分。可以看到，构造函数调用是通过带参数的new来完成的。如果构造函数给出了像素绘制类writer、用于擦除鼠标光标的颜色erase_color，以及初始位置initial_position，则将在指定的初始位置绘制鼠标光标。在这里，初始位置被设置为300和200，所以应将鼠标光标绘制在屏幕右上方300像素和左上方向下200像素的位置。

代码6.27 创建MouseCursor类的实例（main.cpp）

```
  mouse_cursor = new(mouse_cursor_buf) MouseCursor{
    pixel_writer, kDesktopBGColor, {300, 200}
  };
```

现在，让我们看看MouseCursor类的构造函数和成员函数的具体实现。代码6.28展示了该实现。以前，我们只在头文件中编写成员函数的原型声明，并在相应的.cpp文件中编写定义。遵循这一原则，应将该实现写入mouse.cpp。

代码6.28 MouseCursor类的构造函数和成员函数（mouse.cpp）

```
MouseCursor::MouseCursor(PixelWriter* writer, PixelColor erase_color,
                         Vector2D<int> initial_position)
    : pixel_writer_{writer},
      erase_color_{erase_color},
      position_{initial_position} {
```

```
  DrawMouseCursor(pixel_writer_, position_);
}

void MouseCursor::MoveRelative(Vector2D<int> displacement) {
  EraseMouseCursor(pixel_writer_, position_, erase_color_);
  position_ += displacement;
  DrawMouseCursor(pixel_writer_, position_);
}
```

在初始化三个成员变量后，构造函数只绘制一次鼠标光标。作为参数给出的initial_position用于指定绘制位置。DrawMouseCursor()是对6.1节中介绍的鼠标光标绘制程序（**代码6.2**）略微修改后函数化而来的。在6.1节中，位置被固定为200和100。但DrawMouseCursor()经过修改，允许将位置指定为参数。

MoveRelative()成员函数将鼠标光标向指定方向移动。之所以用“相对（relative）”来命名，是因为移动的参考点是当前位置。参数名中的displacement意为“位移”或“移动”，在编程中经常使用。在这里，它的意思是鼠标光标位置的位移。例如，如果指定Vector2D<int>{3, -4}为displacement，那么鼠标光标将向右移动3个像素、向上移动4个像素。

从MoveRelative()调用的EraseMouseCursor()是一个擦除（erase）鼠标光标的函数。该函数的实现基于这样的想法：通过用屏幕背景色填充鼠标光标形状来擦除鼠标光标。其内容与DrawMouseCursor()几乎相同，但区别在于DrawMouseCursor()使用固定的黑白颜色，而EraseMouseCursor()使用指定的颜色。

虽然上面的解释很长，但现在你应该可以根据实际鼠标的移动在屏幕上移动鼠标光标了。我们试着移动鼠标光标（**图6.6**）。

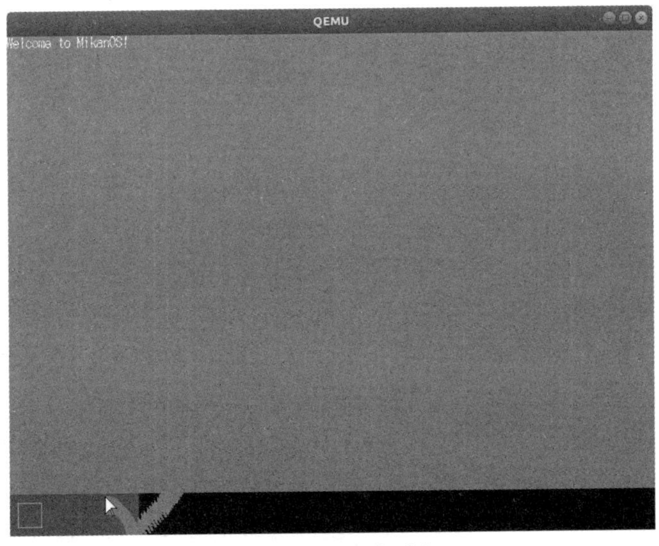

图6.6　移动鼠标光标

啊！当将鼠标光标移动到屏幕底部时，我们之前绘制的酷酷的状态栏图片被破坏了。这是因为无论鼠标光标在哪里，EraseMouseCursor()都会使用相同的颜色填充。解决这个问题是一个挑战，所以请耐心等待一段时间。总之，鼠标光标移动了，很令人高兴！

专栏6.1 日志函数

Log()是一个用于在屏幕上显示消息的函数，与printk()类似。它们的主要区别在于可以根据条件显示或不显示消息。Log()的第一个参数指定了日志级别，该值表示消息的重要性。这里指定的日志级别会与之前通过SetLogLevel()设置的阈值进行比较，如果其高于阈值，消息就会显示在屏幕上。

将日志级别按优先级顺序（从高到低）定义为以下4种：kError、kWarn、kInfo和kDebug。例如，如果写入kInfo级别的日志，那么只有在SetLogLevel()中设置为kInfo或kDebug时，消息才会被打印到屏幕上。

printk()会显示所有的调试信息，而使用Log()，只需要调整阈值，就能调整日志的细节。另外，你也可以使用SetLogLevel(kDebug)和SetLogLevel(kWarn)将日志的某部分包围起来，使其更加详细。随着功能的增加和信息量的增大，在day06b和day06c之间，我们使用Log()代替了大部分地方使用的printk()。你可以看到，屏幕显示因此整洁了许多。

专栏6.2 static_cast<uint64_t>(0xf)的奥秘

代码6.19中出现了下面一行代码。

```
const uint64_t xhc_mmio_base = xhc_bar.value & ~static_cast<uint64_t>(0xf);
```

~static_cast<uint64_t>(0xf)的目的是创建一个只有低4位为0的64位整数。换句话说，我们想要0xfffffffffffffff0这个整数。通过计算这个整数和xhc_bar.value的位AND，我们试图得到一个忽略（设为0）xhc_bar.value低4位的值。顺便提一下，这种计算整数和位AND的操作被称为“位掩码”。

虽然可以将0xfffffffffffffff0这样的值原封不动地嵌入程序中，但是“f”太多了，读起来很费劲，而且可能会写错。因此，我们决定对低4位都是1的整数使用位反转策略，例如~0xf或~0b1111。使用这种策略，你可以创建一个只有低4位是0，其余位都是1的整数，这样就不会出错了。

然而，这种策略存在一个陷阱：0xf被解释为int。编译器将int视为32位整数，因此~0xf变成了一个32位的0xfffffff0值，f完全不够。为了避免出现这种情况，我们需要将~0xf扩展到64位，然后进行位反转，最后得到~static_cast<uint64_t>(0xf)代码。

当然，你也可以写成~0xful或~UINT64_C(0xf)。这个更简短，但我们还是决定使用static_cast方法，因为它更容易理解。

第7章

中断和FIFO

在第6章中，我们介绍了USB鼠标。这是它第一次能够接收并处理用户输入。与只能显示信息的机器相比迈出了一大步，也是在与用户交互方面迈出的一大步。然而，轮询鼠标输入的效率很低。在本章中，我们将使用中断来处理鼠标输入。

7.1 中断（osbook_day07a）

轮询是一种查询事件是否发生的方法。相比之下，中断是在事件发生时由硬件通知操作系统的方法。有了中断，操作系统就能在事件发生时收到通知，并能非常高效地处理事件，例如鼠标或键盘输入。操作系统通常根本不关心鼠标或键盘，而是进行其他处理。我们可以把中断比作一个可靠的机器人，它会一直盯着你，直到你有所行动（图7.1）。

图7.1　让中断监控鼠标是否移动

本章将介绍如何在x86-64架构中处理中断。解释有点儿长，请努力跟上。因为一旦有了中断，编写鼠标输入以外的各种进程就会变得更加容易。例如，代码6.24中引入的死循环目前只能处理鼠标事件，但如果尝试添加其他处理，难度就会大大增加。在后面章节中出现的定时器处理中，要求定时器每达到一定的时间都要执行处理。但要在死循环中添加一个函数，每隔一定的时间执行一个特定的处理，是非常困难的。而有了中断，只需要每隔一定的时间产生一个中断，就能实现这一目标。

在本书所涉及的x86-64架构中，中断的实现过程如下（在任何CPU上，中断的处理流程基本都是相同的）。

- 事前准备：
  - 准备一个中断处理程序，以便在事件发生时执行。
  - 在IDT（中断描述符表）中注册中断处理程序。
- 事件发生时：
  - 硬件（在某些情况下是软件）将事件通知CPU。

- CPU中断当前的处理，并根据事件类型将处理转移到已注册的中断处理程序。
- 当中断处理程序完成处理后，将恢复中断的进程。

这里的主角是**中断处理程序**（Interrupt Handler）。中断处理程序指的是发生中断时执行的函数。值守机器人检测到任何变化时所执行的处理，就是中断处理程序。

7.2 中断处理程序

让我们来看看中断处理程序的内容。USB主机控制器（xHCI）驱动程序的中断处理程序的实现如**代码7.1**所示。

代码7.1　xHCI中断处理程序的实现（main.cpp）

```
usb::xhci::Controller* xhc;

__attribute__((interrupt))
void IntHandlerXHCI(InterruptFrame* frame) {
  while (xhc->PrimaryEventRing()->HasFront()) {
    if (auto err = ProcessEvent(*xhc)) {
      Log(kError, "Error while ProcessEvent: %s at %s:%d\n",
          err.Name(), err.File(), err.Line());
    }
  }
  NotifyEndOfInterrupt();
}
```

首先要注意的是__attribute__((interrupt))。它的作用是告诉编译器，紧接着定义的函数不是一个纯C++函数，而是一个中断处理程序。有了这一行，编译器就会为中断处理程序插入必要的前处理和后处理[1]。

除了调用NotifyEndOfInterrupt()（通知USB Host驱动程序处理已积累的事件），我们只是将之前写在KernelMain()末尾的处理过程进行了转移。当需要处理的事件发生时，会产生一个中断，并指示驱动程序在中断处理程序中进行处理。

当中断处理程序结束时，调用NotifyEndOfInterrupt()。该函数的定义如**代码7.2**所示。它的功能很简单：向0xfee000b0地址（中断结束寄存器）写入0。当然，可以写入任何值。但无论如何，都要向该地址写入一个值，告诉CPU中断处理结束了。如果不告诉CPU中断处理已经结束，那么下一次发生同样的中断时，中断处理程序就不会被调用，也就无法继续移动鼠标了。

1　插入的前处理和后处理是上下文的保存和恢复过程。有关保存和恢复上下文的概念，请参见13.2节。

代码7.2 NotifyEndOfInterrupt()的定义（interrupt.cpp）

```
void NotifyEndOfInterrupt() {
  volatile auto end_of_interrupt = reinterpret_cast<uint32_t*>(0xfee000b0);
  *end_of_interrupt = 0;
}
```

你可能会问，为什么要设计这样一种机制——只需要在主内存中写入一个值，CPU就会收到信息？在通常情况下，向主内存中写入值的操作只是单纯地写入值，不应该有其他影响。原因在于，主内存实际上并不位于CPU寄存器所在的0xfee00000～0xfee00400的1024字节范围内[1]。与主内存不同，在使用寄存器的情况下，写操作本身会触发某种进程[2]。在这种情况下，会执行一个进程来告诉CPU中断处理已经结束。

通过在end_of_interrupt中添加volatile修饰符，可以告诉C++编译器这个变量是易变的。这对于确保将变量写入0xfee000b0地址是必要的；读/写带有volatile修饰符的变量不需要进行优化。如果没有volatile修饰符，C++编译器就无法使用*end_of_interrupt = 0;在其他地方写入的值。由于其写入的值不会在其他地方使用，所以C++编译器可能会认为这次写入毫无用处，并忽略内存写入指令。的确，没有代码可以读回写入的值，但写入本身是重要的，因此不应省略写入指令。更多解释，参见专栏11.1。

7.3 中断向量

中断有多种类型。当USB主机控制器检测到鼠标或键盘等事件时会产生中断，当定时器达到一定的时间时会产生中断，当磁盘设备和主内存之间的数据传输完成时会产生中断；当尝试执行除以零时会产生中断……如果将所有中断都视为相同的中断，则会非常不方便。因此有一种机制可以管理这些不同类型的中断，即为它们分配不同的**中断原因编号**，也称为**中断向量**。

有的中断向量被分配了一个固定编号，还有的中断向量可由操作系统作者自行分配一个编号。但不管怎样，在x86-64架构中，该编号都在0～255之间。例如，根据CPU规范，除以零中断的固定编号为0，而USB中断的编号则由操作系统作者自行分配。当一个中断发生时，CPU会停止当前正在执行的进程，并切换到与中断向量相对应的中断处理程序。因此，CPU需要知道对于每个中断向量*N*，“当*N*号中断发生时应执行哪个中断处理程序”。接下来，我们将对中断表设置进行说明。

1 由于解释内存地址和读/写主内存的是CPU本身，因此截取部分内存地址并将其分配给自己的寄存器并非易事。

2 硬件可以这样构建。CPU的EOI寄存器就是这样构建的，以至于写入值的行为本身就是有意义的。

IDT（Interrupt Descriptor Table，中断描述符表）是指将中断向量映射到中断处理程序的表。IDT的结构如图7.2所示，它被放置在主内存中。不同的中断处理程序可与0～255之间的中断向量相关联。通过在IDT中注册中断处理程序，当中断实际发生时，将调用注册的中断处理程序。

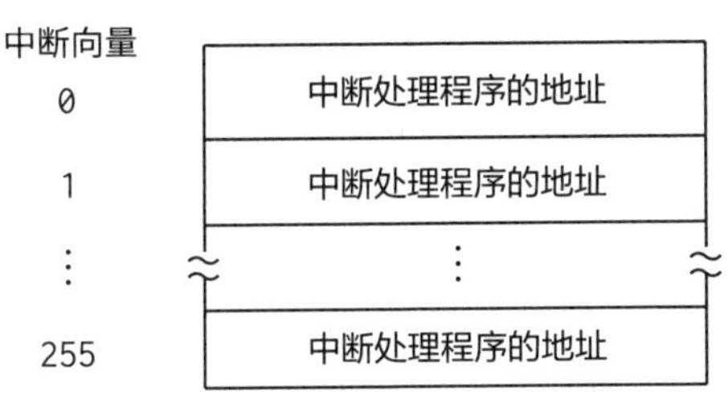

图7.2　IDT的结构

IDT的定义如代码7.3所示。它是一个包含256个中断描述符的数组，可以处理0～255之间的任何中断向量。std::array是一个类，用于在C++中创建定长数组——实际上，与C语言的定长数组相同。下文将详细解释InterruptDescriptor。

代码7.3　IDT的定义（interrupt.cpp）

```
std::array<InterruptDescriptor, 256> idt;
```

代码7.4显示了常用对象InterruptDescriptorAttribute（代表IDT的每个元素，即中断描述符的属性）和结构体InterruptDescriptor（代表中断描述符本身）。中断描述符的结构如图7.3所示。

代码7.4　InterruptDescriptor结构体的定义（interrupt.hpp）

```
union InterruptDescriptorAttribute {
  uint16_t data;
  struct {
    uint16_t interrupt_stack_table : 3;
    uint16_t : 5;
    DescriptorType type : 4;
    uint16_t : 1;
    uint16_t descriptor_privilege_level : 2;
    uint16_t present : 1;
  } __attribute__((packed)) bits;
} __attribute__((packed));

struct InterruptDescriptor {
  uint16_t offset_low;
  uint16_t segment_selector;
  InterruptDescriptorAttribute attr;
  uint16_t offset_middle;
  uint32_t offset_high;
```

```
  uint32_t reserved;
} __attribute__((packed));
```

	31–16	15	14 13	12	11–8	7–3	2–0
+0	segment_selector	offset_low					
+4	offset_middle	P	DPL	0	Type	0 0 0 0 0	IST
+8	offset_high						
+12	reserved						

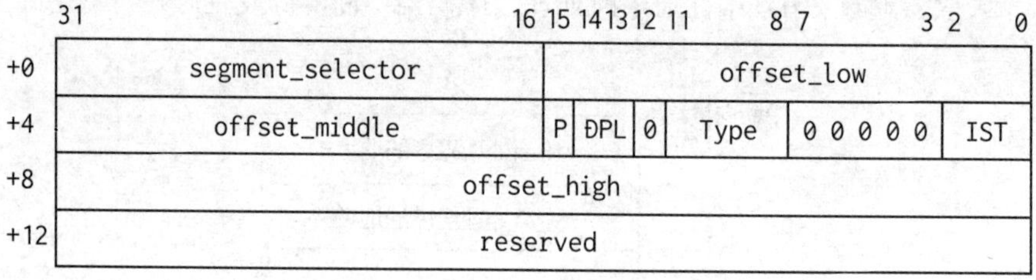

图7.3 中断描述符的结构

图中的P、DPL、Type和IST使用了一种被称为位域（bit field）的C++特性，这里将对此进行简要说明。这些字段位于attr.bits中。类型定义是InterruptDescriptorAttribute中的一个未命名结构体。每一行都是“类型字段名称: 位宽”，这就是位域的写法。结构体中的普通字段只能用一个字节命名，但位域可以用位来命名。每行写入的类型并不重要，只需要指定一个宽度大于或等于位宽的无符号整数即可。

在使用位域时，可以写成idt[...].attr.bits.type = 14;，表示将整数14赋值给Type字段（偏移量4的11:8位）。C++编译器使用AND和OR等指令生成机器语言，将14赋值给Type，而不改变任何其他位。

现在解释一下中断描述符中每个字段的含义。offset_low、offset_middle和offset_high是设置中断处理程序地址的字段，可以将这三个字段组合起来指定一个64位地址。segment_selector指定了执行该中断处理程序的代码段。

代码段是指可执行代码所在的内存区（段）。分段是一种内存管理功能，允许为内存地址空间分区（段）设置可执行、读/写等属性。如果使用得当，它应该会很有用。然而，在广泛使用的现代操作系统中，并没有使用分段功能。原因不明，但在x86-64架构中大大减少了对分段功能的使用。在本节所讨论的x86-64的64位模式中，不再禁用将内存划分为不同部分（称为代码段）的功能，而是将该功能简化为简单地指定整个内存的属性。**第8章**将再次介绍分段功能。

使用attr设置中断描述符的属性。重要的属性是type和descriptor_privilege_level（DPL）。使用type设置中断描述符的类型，其值只能是14（Interrupt Gate，中断门）或15（Trap Gate，陷阱门）。使用DPL设置中断处理程序的执行权限。详情请参阅**20.2节**。但在大多数情况下，将中断描述符的DPL设置为0即可。在本书中，interrupt_stack_table始终被设置为0。present是一个标志，表明描述符有效，将其设置为1。

在结束对中断描述符结构的说明之前，再来介绍一下在三个地方使用的__attribute__((packed))。这是编译器的扩展，用于打包和放置结构体的每个字段。如果没有指定，那么编译器会在字段之间插入间隙（填充），以保持变量对齐。但是，为了将硬件规范中定义的数据结构表示为结构体，编译器不应自行插入间隙。因此，该编译器扩展的目的是防止插入间隙。

7.4 设置中断描述符

现在，你已经知道中断描述符是一个16字节的结构体，以及它的详细内容。接下来，我们将介绍SetIDTEntry()函数，该函数用于设置该结构体的值。该函数的实现如**代码7.5**所示。

代码7.5　SetIDTEntry()的实现（interrupt.cpp）

```
void SetIDTEntry(InterruptDescriptor& desc,
                 InterruptDescriptorAttribute attr,
                 uint64_t offset,
                 uint16_t segment_selector) {
  desc.attr = attr;
  desc.offset_low = offset & 0xffffu;
  desc.offset_middle = (offset >> 16) & 0xffffu;
  desc.offset_high = offset >> 32;
  desc.segment_selector = segment_selector;
}
```

SetIDTEntry()对参数desc指定的中断描述符进行各种设置，比如设置描述符的属性、中断处理程序的地址，以及中断处理程序所在代码段的选择器值等。对中断处理程序的地址必须分成三部分进行设置，非常烦琐，但作用却很小。

SetIDTEntry()的用法如**代码7.6**所示。其中为IDT中xHCI的中断向量[1]注册了中断处理程序（IntHandlerXHCI()），并将中断描述符的类型指定为Interrupt Gate，将DPL指定为0。对于段寄存器，指定了通过GetCS()获得的当前代码段的选择器值。我们在测试时，GetCS()的返回值为0x38。

代码7.6　通过设置中断向量0x40向CPU注册IDT（main.cpp）

```
  const uint16_t cs = GetCS();
  SetIDTEntry(idt[InterruptVector::kXHCI], MakeIDTAttr(DescriptorType::kInterruptGate, 0),
              reinterpret_cast<uint64_t>(IntHandlerXHCI), cs);
  LoadIDT(sizeof(idt) - 1, reinterpret_cast<uintptr_t>(&idt[0]));
```

设置IDT后，需要将IDT的位置告知CPU，为此需要使用LoadIDT()函数。该函数的定义

1　在interrupt.hpp中，InterruptVector::kXHCI被定义为0x40。

如代码7.7所示。该函数获取IDT的大小和IDT所在主内存的地址，并使用lidt指令将其注册到CPU中。这条指令并不直接指定IDT的大小和地址，而是需要指定一个10字节的内存区域，将这两个值写入其中。该内存区域的结构如表7.1所示。

代码7.7　LoadIDT()的定义（asmfunc.asm）

```
global LoadIDT  ; void LoadIDT(uint16_t limit, uint64_t offset);
LoadIDT:
    push rbp
    mov rbp, rsp
    sub rsp, 10
    mov [rsp], di  ; limit
    mov [rsp + 2], rsi  ; offset
    lidt [rsp]
    mov rsp, rbp
    pop rbp
    ret
```

表7.1　lidt指令指定的内存区域的结构

偏移量	类型	含义
0	uint16_t	IDT的大小-1
2	uint64_t	IDT的开始地址

LoadIDT()是一个使用汇编语言编写的函数，其参数按RDI、RSI、RDX、RCX、R8和R9的顺序进行存储（见专栏4.1）。因此，第一个参数limit与RDI相对应，第二个参数offset与RSI相对应。limit是一个16位值，因此实际使用的是代表RDI低16位的DI寄存器。执行lidt指令前栈区域的状态如图7.4所示。

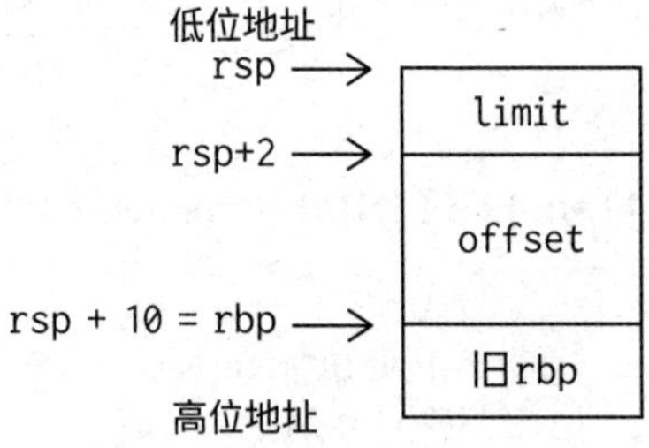

图7.4　执行lidt指令前栈区域的状态

7.5 MSI机制

前面的说明是关于从中断产生到中断处理程序执行的设置，接下来的说明是关于产生中断部分的设置。xHCI使用PCI标准定义的MSI来产生中断。本节将介绍MSI机制，并说明如何设置该机制。

有多种方法可以将PCI设备的中断通知CPU，其中最原始的方法是改变中断信号线的电压电平。这种方法需要与PCI设备数量相同的信号线，但PCI标准只规定了INT#A～INT#D四条中断信号线，这意味着多个PCI设备共享一条中断信号线。许多人可能会为共享而苦恼。

MSI是Message Signaled Interrupt的缩写。MSI（以及扩展标准的MSI-X）是PCI标准中定义的一种相对较新的中断方式。它不使用信号线，而是通过对内存总线的写入操作来产生中断。类似于向中断结束寄存器写入一个值来通知中断结束的机制，可以通过写入特定的内存地址来通知CPU中断。这大大改善了中断情况，因为PCI设备之间不再共享中断信号线，而且可以从同一个PCI设备向CPU通知多种类型的中断。

MSI和MSI-X通过向特定的内存地址（Message Address，消息地址）写入32位值（Message Data，消息数据）来产生中断。内存地址和值的格式是在PCI标准之外定义的，即在CPU端的规范中。图7.5和图7.6展示了x86-64架构下的格式。

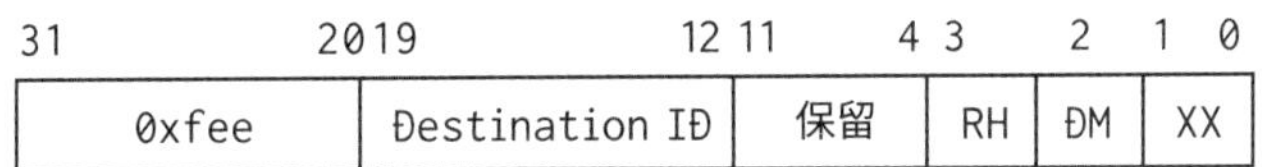

RH: Redirection Hint
DM: Destination Mode

图7.5　Message Address寄存器的格式

31–16	15	14	13–11	10–8	7–0
保留	TM	LV	保留	DM	Vector

TM: Trigger Mode
LV: Level
DM: Delivery Mode

图7.6　Message Data寄存器的格式

在Message Address字段中，最重要的是Destination ID。这里设置了通知中断的CPU内核的编号（Local APIC ID）。本书中将Redirection Hint设置为0。如果将其设置为1，则可以结合Destination Mode灵活地发送中断。

在Message Data字段中，Vector最为重要。这里设置了中断向量。当鼠标移动等中断情况发生时，将对此处设置的中断向量进行中断处理。通过将Vector字段设置为与中断描述符（InterruptVector::kXHCI）编号相同的编号，并为其设置中断处理程序IntHandlerXHCI()，就会在鼠标移动等情况下调用IntHandlerXHCI()。

为xHC设置MSI的程序如**代码7.8**所示。其核心是pci::ConfigureMSIFedDestination()。该程序将设置xHC以启用MSI。作为该函数的第2个参数传递的bsp_local_apic_id是在Destination ID字段中设置的值，作为第5个参数传递的InterruptVector::kXHCI是在Vector字段中设置的值。换句话说，InterruptVector::kXHCI指定的中断将被设置为由bsp_local_apic_id指定的CPU内核产生。

代码7.8　启用MSI（main.cpp）

```
const uint8_t bsp_local_apic_id =
  *reinterpret_cast<const uint32_t*>(0xfee00020) >> 24;
pci::ConfigureMSIFixedDestination(
    *xhc_dev, bsp_local_apic_id,
    pci::MSITriggerMode::kLevel, pci::MSIDeliveryMode::kFixed,
    InterruptVector::kXHCI, 0);
```

在多核CPU中，每个内核都有一个唯一的编号（Local APIC ID），需要使用Local APIC ID来指定应通知哪个CPU内核中断。通过读取0xfee00020的31:24[1]位，可以获取正在运行程序的内核的Local APIC ID。

在多核CPU中，只有一个内核在上电时被激活，而其他内核在被明确激活前是停止运行的。第一个运行的内核被称为BSP（Bootstrap Processor）。在**代码7.8**中，只有BSP在运行，因此通过读取0xfee00020获得的Local APIC ID就是BSP的ID。换句话说，变量bsp_local_apic_id表示BSP的Local APIC ID。遗憾的是，在本书中制作的操作系统将禁用非BSP内核。因此，不会在非BSP内核中产生中断。

7.6 中断总结

到目前为止，我们已经对x86-64架构中的中断机制、具体如何设置中断描述符和IDT（中断描述符表，是中断的核心），以及MSI进行了说明。下面总结了从发生中断到执行中断处理程序的过程。

- 要处理中断，必须设置中断处理程序、中断描述符和中断源。
- 中断处理程序用__attribute__((interrupt))标记，并在处理结束时向中断结束寄存器写入一个值。
- 中断描述符是在主内存中创建的IDT数组结构的一个元素，它设置了中断处理程序的

1　写成*N*:*M*，表示从位*N*到位*M*的范围。通常，将较大的数字写在左边（*N*）。

地址和各种属性。

- IDT是一个数组，最多有256个元素，每个元素对应一个0～255之间的中断向量。
- 通过lidt指令在CPU中注册IDT的首地址和大小。
- xHCI使用MSI（或MSI-X）的方式产生中断，因此要设置Message Address和Message Data。

尝试使用中断方式移动鼠标光标（图7.7）。不过，看起来没有什么变化。

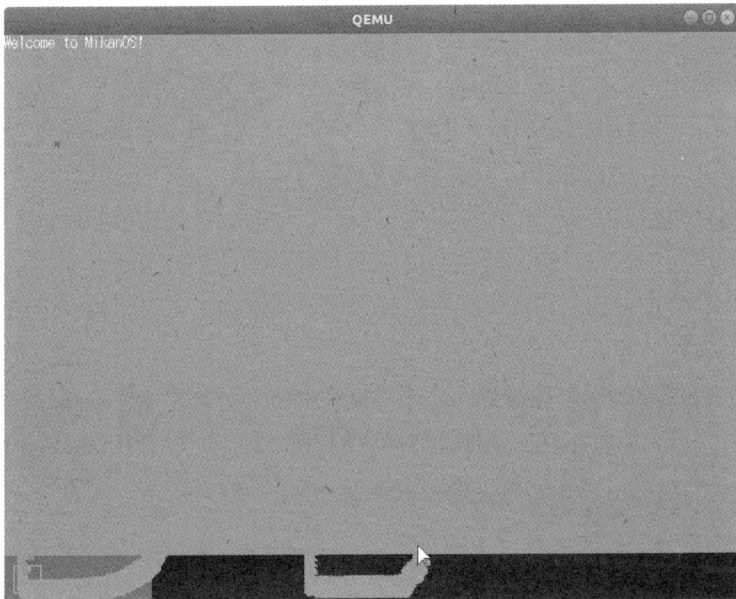

图7.7　使用中断方式移动鼠标光标

7.7 加速中断处理程序（osbook_day07b）

7.6节介绍了如何处理中断，但还有一个重要问题，就是中断处理程序有时需要很长时间才能处理完毕。我们再来看看中断处理程序的实现（代码7.9）。

代码7.9　xHCI中断处理程序的实现（再次列出）（main.cpp）

```
usb::xhci::Controller* xhc;

__attribute__((interrupt))
void IntHandlerXHCI(InterruptFrame* frame) {
  while (xhc->PrimaryEventRing()->HasFront()) {
    if (auto err = ProcessEvent(*xhc)) {
```

```
    Log(kError, "Error while ProcessEvent: %s at %s:%d\n",
        err.Name(), err.File(), err.Line());
  }
 }
 NotifyEndOfInterrupt();
}
```

当鼠标移动等中断情况发生时，该中断处理程序就会开始处理。只要xHC积累了要处理的事件，就会继续调用ProcessEvent()。即使只执行一次ProcessEvent()，也会进行大量处理。对于从USB设备接收到的数据，如果输入来自鼠标，则调用MouseObserver()。在此函数中，我们使用背景颜色来填充原始鼠标光标，并在新位置重新绘制鼠标光标。鼠标光标的非透明部分有173个像素，因此每次要写173×2次内存（VRAM）。这个过程非常耗时（从CPU的角度来看）。

如果中断处理程序的处理时间很长，会出现什么问题？在处理中断时，不能接收其他中断。如果在处理中断的过程中集中发生新的中断，就会错过新的中断。如果是鼠标有点儿不流畅，还不算太糟糕，但如果错过了网络数据包，就很麻烦了。这就是本节考虑加快中断处理程序处理的原因。

加快中断处理程序处理的基本策略是，只记录中断已到来的事实，稍后再慢慢进行全面处理。记录中断已到来的方法有很多种，这里我们将介绍一种使用FIFO数据结构的方法。

7.8 FIFO和FILO

FIFO即First In First Out，先进先出。如图7.8所示，FIFO（在概念上）是一个管状数据结构，一侧用于插入数据，另一侧用于移除数据。

图7.8　FIFO结构

向管道中插入数据的操作称为推送（push），从管道中移除数据的操作称为弹出（pop）[1]。数据在管道中的顺序是固定的，不会发生变化，因此先被推入的数据将先被弹出。这里我们仍然只是在谈论概念，而不是实物。例如，数据可能是一个4字节的整数，也可能是电子邮件文本或视频数据。总之，能存储多条数据并按推送顺序弹出数据的结构称为FIFO。

1　将数据推送到FIFO中有时称为入队（enqueue），从FIFO中弹出数据有时称为出队（dequeue）。

虽然与加速中断无关，但我们还是介绍一下FILO类型的数据结构。FILO即First In Last Out，先进后出。如图7.9所示，FILO结构就像一摞书，数据从顶部装入，从顶部取出。

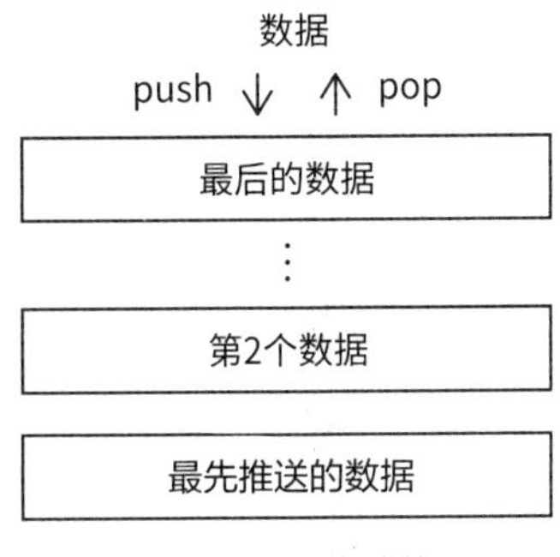

图7.9　FILO结构

FIFO和FILO都有别名：FIFO是队列（queue），FILO是栈（stack）。你可能会在计算机图书中经常看到这些别名。

现在，我们将为自己的操作系统实现一个FIFO类型的数据结构。事实上，队列和栈非常常用，C++标准库中也包含了它们[1]。但它们需要动态内存管理，因此无法在现阶段的操作系统中使用。因为还没有实现内存管理，我们别无选择，只能创建自己的队列。

7.9 实现队列

在本节中，我们将尝试使用C++的模板功能来实现队列。这看起来可能有点儿复杂，但我们认为这是一个很好的练习C++的任务，所以会详细解释它。

队列类ArrayQueue的整体形式如代码7.10所示。你可以看到成员函数原型声明和数据成员都已被定义。

代码7.10　ArrayQueue类的全景（queue.hpp）

```
template <typename T>
class ArrayQueue {
 public:
  template <size_t N>
  ArrayQueue(std::array<T, N>& buf);
  ArrayQueue(T* buf, size_t size);
  Error Push(const T& value);
  Error Pop();
```

1　std::deque和std::list可以用作FIFO或FILO。此外，std::queue和std::stack作为容器适配器，可以封装现有的容器类，并提供push和pop方法。

```
  size_t Count() const;
  size_t Capacity() const;
  const T& Front() const;

 private:
  T* data_;
  size_t read_pos_, write_pos_, count_;
  /*
   * read_pos_ 指向读取的元素
   * write_pos_ 指向空位置
   * count_
   */
  const size_t capacity_;
};
```

之所以命名为ArrayQueue，是因为该类是一个使用数组（array）实现的队列（queue）。

第一行中的template <typename T>是一个标记，它使下面的ArrayQueue类成为一个模板类。有了这个标记，在类中T可以被视为代表某种数据类型的字符；在实际使用该类时，T将被具体类型（如int）所取代。

首先来介绍成员变量。图7.10显示了每个成员变量所代表的值。

图7.10 ArrayQueue类成员变量的关系

data_是一个数组，用于实际存储队列中的数据。capacity_表示该数组中的元素数。从capacity_被声明为const这一事实可以看出，该队列的长度是固定的。这意味着如果连续推送，即使缓冲区已满，容量也不会自动扩大。

read_pos_表示队列中存储的第一个数据。换句话说，该数据就是下一个要被弹出的数据，可以使用Front()获取。write_pos_表示紧接在队列中最后一个数据之后的数据，也就是空闲空间的起始位置。这也是下一次推送写入数据的位置。

到目前为止，我们已经解释了成员变量的值是如何变化的，以及它们的含义。当然，变量的值不可能随意改变。在编写程序时，必须尽力使这里所解释的内容成为现实。从现在起，我们将对程序进行说明，请在阅读时注意变量值的变化。

代码7.11显示了ArrayQueue类的构造函数。构造函数是一个初始化函数，在定义（实体化、实例化）类类型的变量时调用。参数buf指定了用于存储队列数据的数组，参数size指定了该数组中的元素数量。可以看到，成员变量data_和capacity_是使用接收到的两个参数初始化的。其他成员变量的初始值被设置为0。

代码7.11　ArrayQueue类的构造函数（queue.hpp）

```
template <typename T>
template <size_t N>
ArrayQueue<T>::ArrayQueue(std::array<T, N>& buf) : ArrayQueue(buf.data(), N) {}

template <typename T>
ArrayQueue<T>::ArrayQueue(T* buf, size_t size)
  : data_{buf}, read_pos_{0}, write_pos_{0}, count_{0}, capacity_{size}
{}
```

单参数的构造函数将处理过程转移到双参数的构造函数，前者从唯一的参数buf中获取两个信息，即数组头部指针和元素数量，并将它们传递给双参数的构造函数。std::Array无须将元素数量作为参数来接收，因为该类型本身已内置了元素数量。

向队列中推送数据的函数Push()如代码7.12所示。如果队列已满，该函数将返回Error::kFull错误并退出。如果队列为空，该函数会将参数中给出的value写入write_pos_指向的位置，并递增write_pos_。最重要的一点是：如果write_pos_超过了数组的末尾，它就会被重置为0。这一操作将数组的末尾和开头连接起来，可以将数组视为一个环来处理（图7.11）。

代码7.12　将元素添加到数组末尾的Push()函数（queue.hpp）

```
template <typename T>
Error ArrayQueue<T>::Push(const T& value) {
  if (count_ == capacity_) {
    return MAKE_ERROR(Error::kFull);
  }

  data_[write_pos_] = value;
  ++count_;
  ++write_pos_;
  if (write_pos_ == capacity_) {
    write_pos_ = 0;
  }
  return MAKE_ERROR(Error::kSuccess);
}
```

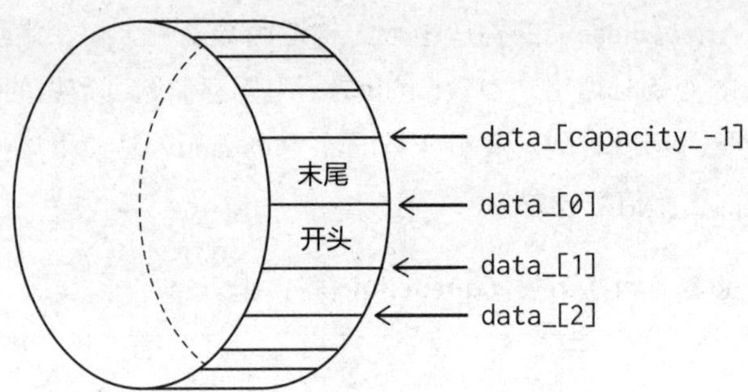

图7.11 数组的末尾和开头连接的样子

从队列中弹出数据的函数Pop()如**代码7.13**所示。如果队列为空，该函数将返回Error::kEmpty错误并退出；否则，它会删除第一个元素。删除只是read_pos_的递增。如果递增的结果超过了数组的末尾，read_pos_就会被重置为0。这与write_pos_相同。

代码7.13 使用Pop()删除第一个元素（queue.hpp）

```
template <typename T>
Error ArrayQueue<T>::Pop() {
  if (count_ == 0) {
    return MAKE_ERROR(Error::kEmpty);
  }

  --count_;
  ++read_pos_;
  if (read_pos_ == capacity_) {
    read_pos_ = 0;
  }
  return MAKE_ERROR(Error::kSuccess);
}
```

Pop()不会返回弹出的值。要获取队列头部的数据，请使用Front()函数（**代码7.14**）。Front()函数只是返回read_pos_指向的数据的引用。Pop()不返回值有C++特有的原因，但与操作系统的制作无关，所以这里就不多说了。函数名称和花括号{之间的const表示这个函数（本例中为Front()）不会改变成员变量的值。与Push()和Pop()不同，如果只调用Front()，队列的内容不会改变。在使用ArrayQueue的某些情况下，这个const是有效的。

代码7.14 使用Front()获取第一个元素（queue.hpp）

```
template <typename T>
const T& ArrayQueue<T>::Front() const {
  return data_[read_pos_];
}
```

7.10 使用队列加速中断

使用已经实现的队列来加速中断处理程序。为了使用队列而修改的中断处理程序如代码7.15所示。

代码7.15　从中断处理程序推送消息（main.cpp）

```
struct Message {
  enum Type {
    kInterruptXHCI,
  } type;
};

ArrayQueue<Message>* main_queue;

__attribute__((interrupt))
void IntHandlerXHCI(InterruptFrame* frame) {
  main_queue->Push(Message{Message::kInterruptXHCI});
  NotifyEndOfInterrupt();
}
```

我们决定定义一个专用的Message结构体作为队列处理的数据类型，它是中断处理程序发送给主函数的消息。该结构体的类型值决定了消息的类型。目前，它只用于来自xHCI的中断，因此只有一种类型，但将来会增加。

在中断处理程序中，现在只需要生成Message结构体的值并将其推送到队列中。在此之前，我们甚至还需要进行移动鼠标光标的处理，因此这一过程已大大简化[1]。这是一个理想的中断处理程序。

向队列中添加一条信息还不足以移动鼠标光标。在KernelMain()中实现的进程如代码7.16所示。虽然有点儿复杂，但总体框架是从队列中获取消息并根据其内容进行处理。不过，目前还只是进行xHCI处理。

代码7.16　使用事件循环结构遍历消息（main.cpp）

```
  while (true) {
    __asm__("cli");
    if (main_queue.Count() == 0) {
      __asm__("sti\n\thlt");
      continue;
    }
```

1　原本应该测量处理所需的时间，以了解修改的程度，但由于目前还没有这样做的方法，所以这里没有进行测量。

```
    Message msg = main_queue.Front();
    main_queue.Pop();
    __asm__("sti");

    switch (msg.type) {
    case Message::kInterruptXHCI:
      while (xhc.PrimaryEventRing()->HasFront()) {
        if (auto err = ProcessEvent(xhc)) {
          Log(kError, "Error while ProcessEvent: %s at %s:%d\n",
              err.Name(), err.File(), err.Line());
        }
      }
      break;
    default:
      Log(kError, "Unknown message type: %d\n", msg.type);
    }
  }
```

代码7.17显示的只是从队列中获取信息的部分。其中前半部分检查队列中的元素数量，如果为空，则执行continue；（后半部分）如果不为空，则获取第一个元素并将其存储在msg变量中，然后弹出第一个元素。

代码7.17 从队列中获取消息（main.cpp）

```
    __asm__("cli");
    if (main_queue.Count() == 0) {
      __asm__("sti\n\thlt");
      continue;
    }

    Message msg = main_queue.Front();
    main_queue.Pop();
    __asm__("sti");
```

在第1行中，使用3.3节中介绍的内联汇编器编写方法嵌入了cli指令[1]。cli指令将CPU的中断标志（IF，Interrupt Flag）设为0。中断标志是CPU的RFLAGS寄存器中的一个标志，当该标志为0时，CPU将不再接收外部中断（如来自xHCI的中断）。这意味着中断处理程序IntHandlerXHCI()将不再被执行。

之所以要执行cli指令，是因为在队列操作期间发生中断可能会导致问题（专业术语是“数据冲突”或“并发错误”）。你永远不知道什么时候会发生中断。例如，在执行Pop()时可能会发生中断，而Push()可能会被中断处理程序调用。下面将详细解释为什么这样做不行。

1 cli指令，即Clear Interrupt Flag。

Pop()会递减count_变量。考虑一下递减过程是如何实现的（实际情况取决于编译器输出的汇编结果）。

1. 将count_变量读入RAX。
2. 从RAX中减去1。
3. 将RAX的值写入count_变量中。

假设进程1和进程2之间发生了中断。当中断发生时，count_的值没有变化。接下来，在中断处理程序中执行Push()，count_递增。当CPU从中断中返回时，它将恢复被中断的进程。RAX寄存器中包含了count_递增前的值，因此进程2会忽略中断处理程序对count_的递增。最终，写入的count_值将比预期的值小1。

上述情况只是可能发生的数据冲突的一小部分。在当今高度复杂的CPU和编译器优化下，可能会发生意想不到的数据冲突。示例代码试图通过cli指令禁用中断来防止与队列操作相关的数据冲突，但这可能还不够。不过，本书并不涉及完全防止数据冲突的方法，因此我们决定只介绍简单有效的方法。有关数据冲突的更多信息，请参阅*C++ Concurrency in Action*。

接下来，我们将介绍将cli指令设置为不接收中断后的过程。首先，我们遵循队列不为空时的流程。如果队列不为空（Count()不为0），则获取队列的第一个元素并将其存储在msg变量中，然后弹出队列的第一个元素。值得注意的是紧接着的sti指令[1]。该指令与cli相对应，具有将中断标志（IF）置为1的作用。当中断标志为1时，CPU将接收外部中断。切记：在完成队列操作后再执行sti指令，否则中断将永远不会发生，鼠标光标也不会移动。

当队列为空时执行的__asm__("sti\n\thlt")是sti和hlt指令的并列[2]。hlt是一条将CPU切换到省电模式的指令。执行hlt指令后，CPU进入省电模式，停止指令的执行，直到下一次发生中断。如果在中断标志为0时执行hlt指令，则将无法从省电模式返回，因此必须在hlt之前执行sti指令。

当中断发生时，CPU会从省电模式返回，并执行与中断相对应的中断处理程序。当中断处理程序的处理完成后，将从hlt之后的指令开始执行。此时，由于中断，队列中会有一条或多条信息，因此这次处理将继续进行，而不需要执行hlt指令。就这样，循环继续，从队列中获取一条信息，并根据其内容进行处理。这种重复过程被称为“事件循环”。

1 sti指令，即Set Interrupt Flag。

2 为了利用在sti指令和紧随其后的指令之间不发生中断的规定，将它们无间隙地排列起来很重要。

说点儿题外话，当调用操作系统主函数时，中断标志是什么状态？UEFI规范规定，在引导服务运行期间，即从启动引导加载器开始到调用gBS->ExitBootServices()为止，允许启用中断。由于gBS->ExitBootServices()并未禁用中断，因此在调用操作系统主函数时可以假设IF=1。事实上，我们的计算机就是这种情况。即使在主函数的开始和进入事件循环之间没有执行sti指令，鼠标也能正常工作，因为从一开始中断就被启用了。

在本章中，我们介绍了中断，以及如何使用队列加速中断处理程序。这一章可能很无聊，因为功能并没有改变，只是速度加快了，但它包含了许多对未来开发很重要的信息。在第8章中，我们将继续开发新功能。

第 8 章

内存管理

内存管理功能是操作系统的基本功能之一，它能够跟踪计算机内存的空闲空间并根据应用程序的需求进行分配。本章将介绍如何查找物理内存中的空闲空间，以及如何管理空闲空间和已分配空间。在本章的最后，将介绍允许动态分配内存的malloc等机制。

8.1 内存管理概述

在操作系统运行过程中，经常需要或不需要内存。例如，启动应用程序或打开文件等各种操作都需要临时内存区域。但这种临时内存区域并不是一直都需要的，当应用程序退出或文件关闭时，这些内存区域就不需要了。由于事先不知道要启动多少应用程序或打开多少文件，因此需要一个函数来分配和释放所需的内存。

这种功能被称为**内存管理**，它是操作系统应具备的基本功能之一。内存管理的主要功能之一是分配和释放内存空间。它为需要内存的人分配和保留所需的内存空间，并在返还时释放不再需要的内存空间。要做到这一点，就必须管理计算机内存中哪些区域是未使用的，哪些区域是正在使用的。如果不加以管理，则可能有多个应用程序对同一个内存区域进行读/写，从而导致数据损坏。

本章首先介绍如何在操作系统启动后立即识别主内存中未使用的区域。为此，我们使用UEFI获取的内存映射。接下来，我们将介绍并实现一种简单的内存管理方法。

8.2 UEFI内存映射（osbook_day08a）

为了管理内存，必须了解计算机中主内存的状况。如果不知道主内存中的哪些区域正在使用，哪些区域是空闲的，就无法进行内存管理。那么，如何才能知道主内存的状况呢？事实上，**第2章**中介绍的内存映射正好包含了这些信息。因此，无论如何，我们都要修改通过UEFI BIOS功能获得的内存映射，并将其传递给KernelMain()。

事实上，我们的引导加载器已经将UEFI BIOS的一些信息作为参数传递给KernelMain()。只需要模仿它并添加参数即可完成。修改部分的代码如**代码8.1**所示。

代码8.1 向KernelMain()传递指向内存映射结构体的指针（main.c）

```
typedef void EntryPointType(const struct FrameBufferConfig*,
                            const struct MemoryMap*);
EntryPointType* entry_point = (EntryPointType*)entry_addr;
entry_point(&config, &memmap);
```

代码8.2显示了接收端的修改。只是根据引导加载器的修改添加了参数。

代码8.2 接收指向内存映射结构体的指针（main.cpp）

```
extern "C" void KernelMain(const FrameBufferConfig& frame_buffer_config,
                           const MemoryMap& memory_map) {
```

MemoryMap结构体最初是在MikanLoaderPkg/Main.c中定义的。但从现在起，在kernel/main.cpp中也需要使用相同的结构体定义。因此，我们将整个结构体定义提取到memory_map.hpp中，并对其进行了修改，使其包含在Main.c和main.cpp中。

代码8.3显示了memory_map.hpp的内容。该文件在Main.c和main.cpp中使用，因此必须以C和C++两种语言提供。枚举类（enum class）是C++特有的功能，因此不能以C语言编译。因此，C++特有的功能应被括入#ifdef __cplusplus中，以便从Main.c加载时不启用它们。有条件地启用或禁用被称为“条件编译”。

代码8.3　MemoryMap结构体和相关类型的定义（memory_map.hpp）

```
#pragma once

#include <stdint.h>

struct MemoryMap {
  unsigned long long buffer_size;
  void* buffer;
  unsigned long long map_size;
  unsigned long long map_key;
  unsigned long long descriptor_size;
  uint32_t descriptor_version;
};

struct MemoryDescriptor {
  uint32_t type;
  uintptr_t physical_start;
  uintptr_t virtual_start;
  uint64_t number_of_pages;
  uint64_t attribute;
};

#ifdef __cplusplus
enum class MemoryType {
  kEfiReservedMemoryType,
  kEfiLoaderCode,
  kEfiLoaderData,
  kEfiBootServicesCode,
  kEfiBootServicesData,
  kEfiRuntimeServicesCode,
  kEfiRuntimeServicesData,
  kEfiConventionalMemory,
  kEfiUnusableMemory,
  kEfiACPIReclaimMemory,
  kEfiACPIMemoryNVS,
  kEfiMemoryMappedIO,
  kEfiMemoryMappedIOPortSpace,
  kEfiPalCode,
  kEfiPersistentMemory,
  kEfiMaxMemoryType
```

```
};

inline bool operator==(uint32_t lhs, MemoryType rhs) {
  return lhs == static_cast<uint32_t>(rhs);
}

inline bool operator==(MemoryType lhs, uint32_t rhs) {
  return rhs == lhs;
}
```

在KernelMain()中，我们希望显示接收到的内存映射。

代码8.4展示了一个显示内存映射的程序。内存映射是一个内存描述符数组，因此该程序被设计为按顺序显示。需要注意的是，根据计算机中安装的UEFI BIOS版本，MemoryDescriptor的定义和实际获取的内存描述符的结构可能会有所不同。因此，较新的UEFI版本可能会在内存描述符中添加成员变量。

代码8.4　接收指向MemoryMap结构体的指针（main.cpp）

```
extern "C" void KernelMain(const FrameBufferConfig& frame_buffer_config,
                           const MemoryMap& memory_map) {

  <略>

  printk("memory_map: %p\n", &memory_map);
  for (uintptr_t iter = reinterpret_cast<uintptr_t>(memory_map.buffer);
       iter < reinterpret_cast<uintptr_t>(memory_map.buffer) + memory_map.map_size;
       iter += memory_map.descriptor_size) {
    auto desc = reinterpret_cast<MemoryDescriptor*>(iter);
    for (int i = 0; i < available_memory_types.size(); ++i) {
      if (desc->type == available_memory_types[i]) {
        printk("type = %u, phys = %08lx - %08lx, pages = %lu, attr = %08lx\n",
            desc->type,
            desc->physical_start,
            desc->physical_start + desc->number_of_pages * 4096 - 1,
            desc->number_of_pages,
            desc->attribute);
      }
    }
  }
```

为了应对这种可能性，UEFI除了允许获取内存映射本身之外，还允许获取元素的大小（字节数）。记录大小的变量是memory_map.descriptor_size。变量iter从内存映射的起始地址遍历内存映射，按memory_map.descriptor_size移位。你可能不记得了，程序的这一部分与第2章中出现的程序几乎完全相同。

由于iter表示一个数组元素的起始地址，因此可以将其转换为指向MemoryDescriptor的指针，这样就可以将数组元素作为结构体引用了。

8.3 移动数据结构（osbook_day08b）

我们要做的主要事情是参考从UEFI传递过来的内存映射，找到空闲的内存空间，并根据内存分配请求分配所需的内存空间。通过内存映射的type很容易确定空闲的内存空间，因此剩下的工作就是利用此信息来正确管理空闲空间和使用中的内存空间。代码8.5显示了IsAvailable()的实现，可用于确定指定的内存类型（代码8.4中的desc->type）是否为空闲空间。

代码8.5　使用IsAvailable()确定空闲空间（memory_map.hpp）

```
inline bool IsAvailable(MemoryType memory_type) {
  return
    memory_type == MemoryType::kEfiBootServicesCode ||
    memory_type == MemoryType::kEfiBootServicesData ||
    memory_type == MemoryType::kEfiConventionalMemory;
}

const int kUEFIPageSize = 4096;
```

UEFI标准根据内存分区的使用情况定义了几种内存类型。代码8.5中显示了三种在退出UEFI后[1]允许作为空闲空间处理的内存类型。由于IsAvailable()返回true的内存空间可以被操作系统自由使用，因此后面介绍的内存管理类BitmapMemoryManager也将其视为空闲空间。

接下来，我们就通过引用内存映射开始管理内存。但在此之前，我们需要做一些准备工作。即：在操作系统拥有的内存区域存储一些数据结构（IsAvailable()不会判断其为未使用的内存区域）。UEFI启动时会创建在x86-64的64位模式下运行所需的数据结构。创建的位置是引导加载器的专用数据区域（kEfiBootServicesData）。这是IsAvailable()将其判断为未使用的区域，因此未来的内存分配请求可能会涉及该区域。如果不将UEFI创建的数据结构移动到其他位置，它们就会被其他数据所覆盖，导致CPU故障。

需要移动的数据结构有三个。第一个是栈区域。第二个是GDT（Global Descriptor Table，全局描述符表），它是分段设置的集合。分段（segmentation）是指将内存划分为多个部分。但在x86-64的64位模式下，将内存划分为多个部分的功能已不再可用，实际上已被禁用。第三个是页表，它是分页功能的配置信息集合。分页是一种将内存划分为固定长度的区段（页）并进行管理的功能，它已取代分段成为现代内存管理的主流。分页在第19章中有详细介绍，因此本章只介绍最低配置。

1　确切地说，是在调用ExitBootServices()之后。

8.4 移动栈区域

我们首先要做的是将栈区域从UEFI管理转为操作系统管理。一旦了解了栈区域的工作原理，剩下的事情就很简单了，因此我们先来解释一下栈区域。

栈通常是一种先进后出的数据结构，但此处讨论的栈是CPU在运行程序时使用的内存区域。CPU在使用call指令调用函数时，会将返回地址隐式存储在栈中。C++编译器还会在栈上分配临时变量。栈中的实体是RSP寄存器。

RSP是CPU的寄存器之一，用于保存内存地址。图8.1（a）显示了将RSP设置为0x7fff1000的示例。在此状态下，如果执行call rax指令，CPU则会将RSP的值减8，并将当前的RIP值写入该内存区域，如图8.1（b）所示。然后跳转到RAX中存储的地址。接下来执行ret指令时，CPU会执行与call相反的操作。也就是说，CPU从RSP指向的内存区域读取8字节，并将RSP增加8，然后跳转到所读取的地址。

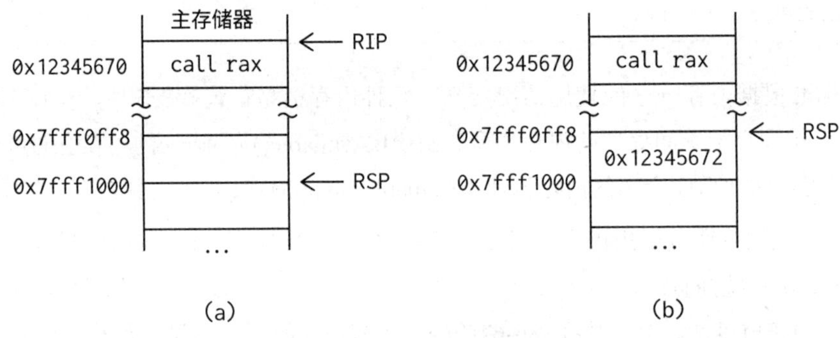

图8.1 栈区域和栈指针

换句话说，重新定位栈区域意味着重写RSP的值。一旦你理解了它，它就变得很容易了。值得注意的是，栈向地址0的方向增长，如图8.1所示，因此RSP的初始值必须位于内存区域的末尾。

代码8.6显示了对main.cpp的修改。主要改动是定义了一个内存区域kernel_main_stack作为新的栈区域，并将KernelMain()更名为KernelMainNewStack()。此外，还添加了两行内容，用于将作为参数传递的两个数据结构复制到新的栈区域。

代码8.6 将旧的入口点更名为KernelMainNewStack()（main.cpp）

```
alignas(16) uint8_t kernel_main_stack[1024 * 1024];

extern "C" void KernelMainNewStack(
    const FrameBufferConfig& frame_buffer_config_ref,
```

```
    const MemoryMap& memory_map_ref) {
  FrameBufferConfig frame_buffer_config{frame_buffer_config_ref};
  MemoryMap memory_map{memory_map_ref};
```

代码8.7显示了一个在切换栈时调用KernelMainNewStack()的程序。请注意，函数名称是KernelMain()。这样，UEFI就会调用新编写的汇编函数，而不是C++函数。

代码8.7　新的入口点（asmfunc.asm）

```
extern kernel_main_stack
extern KernelMainNewStack

global KernelMain
KernelMain:
    mov rsp, kernel_main_stack + 1024 * 1024
    call KernelMainNewStack
.fin:
    hlt
    jmp .fin
```

在新的KernelMain()中，第一行设置了RSP。设置RSP后，原始主函数KernelMainNewStack()将被调用。.fin:的三行只是一个预防程序：它不会从KernelMainNewStack()返回，但我们做了一个死循环以防万一。这是因为新的栈区域不包含KernelMain()的返回地址。

8.5 设置分段

现在，我们开始移动数据进行分段。我们需要做的是在操作系统侧区域重建GDT。

在本书介绍的x86-64的64位模式中，分段是一种确定CPU操作权限的功能。CPU拥有当前的操作权限（0～3之一），并以该权限执行指令。0被称为特权模式或内核模式，3被称为用户模式。分段机制可用于设置CPU的操作权限，并可用于各种访问控制目的。有些机器语言指令（特权指令）只能在特权模式下执行，结合分页功能，可以设置只有在特权模式下才能访问的内存区域。

分段设置所需的数据结构是GDT（全局描述符表）。它是一个由多个称为描述符的8字节数据结构组成的数组（图8.2）。描述符[1]是一个通用术语，但在本节中，除非另有说明，否则作为GDT元素出现的数据结构均被称为描述符。

1　POSIX中出现的文件描述符和USB设备中的设备描述符也是描述符的一种。

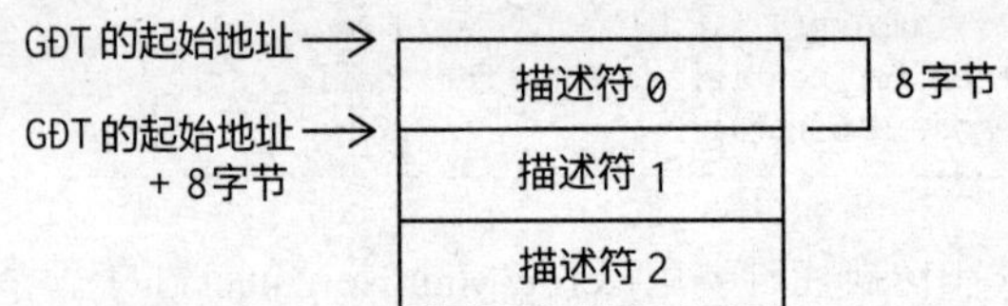

图8.2 带有三个描述符的GDT的外观

GDT的实体是segment.cpp中定义的全局变量gdt。代码8.8显示了定义该变量的部分，可以看到它是一个数组，其中有三个SegmentDescriptor作为元素。变量gdt是使用C++中的匿名命名空间定义的，因为只需要在segment.cpp中引用它。在匿名命名空间中定义的标识符在该文件之外是不可见的。

代码8.8 全局描述符表的实体定义（segment.cpp）

```
namespace {
  std::array<SegmentDescriptor, 3> gdt;
}
```

代码8.9显示了GDT的单个元素SegmentDescriptor结构体的定义。它将一个8字节的数据结构定义为一个位域。后面将介绍每个字段的含义。

代码8.9 段描述符的类型定义（segment.hpp）

```
union SegmentDescriptor {
  uint64_t data;
  struct {
    uint64_t limit_low : 16;
    uint64_t base_low : 16;
    uint64_t base_middle : 8;
    DescriptorType type : 4;
    uint64_t system_segment : 1;
    uint64_t descriptor_privilege_level : 2;
    uint64_t present : 1;
    uint64_t limit_high : 4;
    uint64_t available : 1;
    uint64_t long_mode : 1;
    uint64_t default_operation_size : 1;
    uint64_t granularity : 1;
    uint64_t base_high : 8;
  } __attribute__((packed)) bits;
} __attribute__((packed));
```

重建GDT（在变量gdt中设置值），并将重建后的GDT内容反映到CPU的程序如代码8.10所示。该程序是在KernelMain()之前添加的，但也可以在实际分配内存即SetupSegments()重建GDT之前的任何地方添加。随后的SetDSAll()和SetCSSS()会将重建后的GDT内容反映到CPU

（CPU的段寄存器）。最后的SetupIdentityPageTable()将在8.6节中介绍。让我们依次查看它们。

代码8.10　分段设置（main.cpp）

```
  SetupSegments();

  const uint16_t kernel_cs = 1 << 3;
  const uint16_t kernel_ss = 2 << 3;
  SetDSAll(0);
  SetCSSS(kernel_cs, kernel_ss);

  SetupIdentityPageTable();
```

代码8.11显示了用于重建GDT的SetupSegments()函数的实现，以及由此使用的SetCodeSegment()和SetDataSegment()函数。

代码8.11　GDT重建程序（segment.cpp）

```
void SetCodeSegment(SegmentDescriptor& desc,
                    DescriptorType type,
                    unsigned int descriptor_privilege_level,
                    uint32_t base,
                    uint32_t limit) {
  desc.data = 0;

  desc.bits.base_low = base & 0xffffu;
  desc.bits.base_middle = (base >> 16) & 0xffu;
  desc.bits.base_high = (base >> 24) & 0xffu;

  desc.bits.limit_low = limit & 0xffffu;
  desc.bits.limit_high = (limit >> 16) & 0xfu;

  desc.bits.type = type;
  desc.bits.system_segment = 1; // 1: 代码段和数据段
  desc.bits.descriptor_privilege_level = descriptor_privilege_level;
  desc.bits.present = 1;
  desc.bits.available = 0;
  desc.bits.long_mode = 1;
  desc.bits.default_operation_size = 0; // 当long_mode == 1时它应为0
  desc.bits.granularity = 1;
}

void SetDataSegment(SegmentDescriptor& desc,
                    DescriptorType type,
                    unsigned int descriptor_privilege_level,
                    uint32_t base,
                    uint32_t limit) {
  SetCodeSegment(desc, type, descriptor_privilege_level, base, limit);
  desc.bits.long_mode = 0;
```

```
  desc.bits.default_operation_size = 1; // 32位栈段
}

void SetupSegments() {
  gdt[0].data = 0;
  SetCodeSegment(gdt[1], DescriptorType::kExecuteRead, 0, 0, 0xfffff);
  SetDataSegment(gdt[2], DescriptorType::kReadWrite, 0, 0, 0xfffff);
  LoadGDT(sizeof(gdt) - 1, reinterpret_cast<uintptr_t>(&gdt[0]));
}
```

SetupSegments()为GDT中的三个描述符设置值：第0个描述符是所有8个字节都被设置为0，第1个描述符被设置为代码段描述符，第2个描述符被设置为数据段描述符。之后，调用LoadGDT()，将变量gdt作为正式的GDT注册到CPU中。LoadGDT()是用汇编语言编写的，因为它需要的指令无法用C++语言编写。稍后将介绍其实现。

GDT的第0个描述符被称为空描述符（null descriptor）。因为GDT的第0个字节不应被使用，所以用0填充全部8个字节。

GDT元素可以有不同类型的描述符，但目前只处理**段描述符**，空描述符除外。SetCodeSegment()和SetDataSegment()函数用于将指定的描述符设置为段描述符。为了理解这一过程，我们来解释一下段描述符中每个字段的含义（**表8.1**）。

表8.1 段描述符的字段

字段	含义
base_...	段的起始地址
limit_...	段的字节数-1
type	描述符的类型
system_segment	如果为1，则表示代码段或数据段
descriptor_privilege_level	描述符的权限级别
present	如果为1，则说明描述符有效
available	操作系统可自由使用的位
long_mode	如果为1，则表示代码段是64位模式的
default_operation_size	如果long_mode为1，则此字段始终为0
granularity	如果为1，则limit被解释为4KiB单位

分段是一种将内存划分为段来管理内存的功能，因此它有两个属性：内存段的起始地址（base）和内存段的大小（limit）。base是32位的，limit是20位的，但由于历史原因，需要设置的字段有所不同。在64位模式下，base和limit会被忽略，因此没有必要为它们设置值。但我们还是以某种方式为它们设置了值。

system_segment和type字段结合起来就能确定描述符的类型：当system_segment为1、type为

10时，表示可读、可执行的段。可执行的段被称为代码段。当system_segment为1、type为2时，表示可读可写、不可执行的段。不可执行的段被称为数据段。在x86_descriptor.hpp中，DescriptorType::kExecuteRead被定义为10，DescriptorType::kReadWrite被定义为2。

事实上，这个type字段也是中断描述符（InterruptDescriptor结构体）中的一个常用条目，在**第7章**中出现过。中断描述符中没有system_segment字段，但仔细查看结构体的定义就会发现，system_segment应该在一个1位的未命名字段[1]处。在结构体初始化时，这个未命名字段的值被设置为0，所以从CPU的角度来看，system_segment为0，type为14，即它是一个中断门（interrupt gate）描述符。

descriptor_privilege_level（简称DPL）指定CPU的操作权限级别，其值介于0和3之间。DPL值的含义因描述符类型的不同而略有不同。对于代码段描述符的DPL（如本例），它负责设置CPU的当前权限级别（CPL[2]）。当在SetCSSS()中切换CPU要引用的代码段时，DPL值将被设置为CPU的权限级别（将在下文中介绍）。CPU的权限级别会影响特权指令的使用和分页等情况下的访问限制。现在只使用权限级别0（最高权限）。

对于有效的描述符，present始终被设置为1。任何试图使用present为0的描述符的行为都会引发CPU异常。available是CPU不使用的字段。操作系统可以出于任何目的使用该字段，但在本书中并未特别使用。

long_mode是代码段特有的字段，表示代码是否为64位代码，其值为1表示是64位代码。本书中涉及的CPU的运行模式是IA-32e模式[3]，但实际上该模式下有两个子模式：64位模式和兼容模式（compatibility mode）。如果long_mode被设置为0，则表示该段用于兼容模式。但在本书中，由于不使用兼容模式，因此long_mode被设置为1。当long_mode被设置为1时，default_operation_size必须为0。

数据段中的long_mode是保留字段，必须为0。当CPU以64位模式运行时，数据段中的default_operation_size设置将被忽略，但为了与**第20章**中的syscall指令保持一致，请将其设置为1。

如果将granularity设置为1，则limit被解释为4KiB单位。不过，在64位模式下，limit会被忽略，因此该位毫无意义（在示例代码中不知何故被设置为1）。

上面我们已经简要解释了SetCodeSegment()和SetDataSegment()的含义，现在就该看看GDT了。最终，GDT将有一个空描述符和两个连续的段描述符。至此，GDT的数据结构就完成了。最后一步是调用LoadGDT()在CPU中注册GDT的位置和大小。

1　uint16_t : 1;所在的行。

2　CPL的全称为Current Privilege Level。

3　在AMD中称为长模式。

代码8.12显示了LoadGDT()的实现。该函数是使用lgdt指令用汇编语言编写的，使用C++语言无法编写该指令。该函数接收两个参数：limit和offset。其中，limit是GDT的字节数（减去1），offset是GDT的首地址。lgdt指令将这两个值设置到一个名为GDTR的寄存器中。GDTR代表GDT Register，它是CPU中一个80位（10字节）宽的寄存器，用于存储GDT的大小和位置。

代码8.12　LoadGDT()将GDT注册到GDTR中（asmfunc.asm）

```
global LoadGDT  ; void LoadGDT(uint16_t limit, uint64_t offset);
LoadGDT:
    push rbp
    mov rbp, rsp
    sub rsp, 10
    mov [rsp], di  ; limit
    mov [rsp + 2], rsi  ; offset
    lgdt [rsp]
    mov rsp, rbp
    pop rbp
    ret
```

lgdt指令的设计目的不是接收两个寄存器中的limit和offset，而是接收写入limit和offset的10字节的内存区域。因此，LoadGDT()在栈上分配了一个10字节的空闲空间，将limit和offset写入其中，并将其传递给lgdt指令。10字节内存区域的结构如图8.3所示。当然，x86-64是小端字节序，因此limit和offset也必须以小端模式写入。如果不假思索地使用mov指令，它自然会这样做。

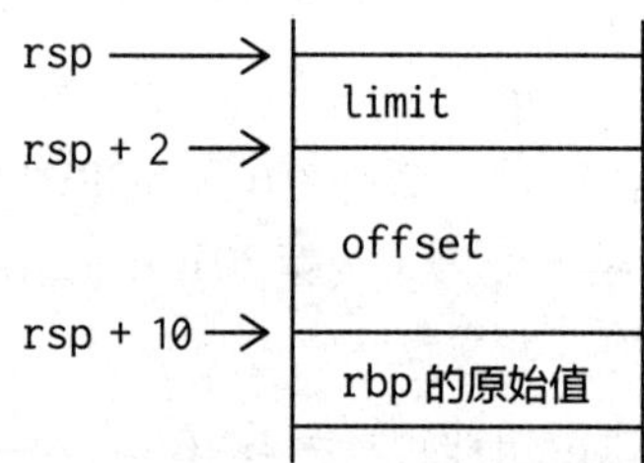

图8.3　传递给lgdt指令的10字节内存区域的结构

“sub rsp, 10”是一条在栈上分配空闲空间的指令。它将栈指针移动10，并在栈上分配10字节的空闲空间。

“mov [rsp], di”是一条将DI寄存器的内容从栈指针指向的地址复制到2字节区域的指令。LoadGDT()的第一个参数limit是在RDI寄存器中传递的，因此DI寄存器，即RDI寄存器的低16位包含了所需的值。同样，“mov[rsp 2]，rsi”将RSI寄存器的内容复制到紧接在limit之后的8字节区域。第二个参数offset是在RSI寄存器中传递的，因此应该可以正常工作。

现在，我们已经设置了GDT并将其注册到GDTR中。如果查看代码8.10并回忆一下之后的过程，就会知道调用了SetDSAll()和SetCSSS()函数。让我们来看看这两个函数的实现。从SetDSAll()开始。

代码8.13显示了SetDSAll()的实现。它只是将参数复制到4个段寄存器中。

代码8.13　使用SetDSAll()设置DS和SS等寄存器（asmfunc.asm）

```
global SetDSAll  ; void SetDSAll(uint16_t value);
SetDSAll:
    mov ds, di
    mov es, di
    mov fs, di
    mov gs, di
    ret
```


mov指令的第一个操作数中的ds等是16位寄存器，称为段寄存器。段寄存器保存GDT的索引号，在读/写内存时，内存保护基于该索引号的描述符属性。不过，在x86-64的64位模式下，不使用DS和ES，也不使用FS和GS，除非程序员明确指定。此外，在不知情的情况下，C++编译器不会生成使用FS和GS的代码。因此，在SetDSAll()中，我们将0作为参数传递，这样4个段寄存器就会指向空描述符。

SS（栈段寄存器）实际上也是完全不用的，但为了与第20章中的syscall指令兼容，我们决定设置一个适当的数据段。实际设置由SetCSSS()完成，稍后将介绍。

CS（代码段寄存器）是一个例外，即使在64位模式下它也能有效工作（尽管limit和base会被忽略），所有指令在运行时都会根据CS指向的描述符设置检查访问权限。例如，SetDSAll()的4条mov指令和ret指令在执行时也会受到CS中设置值的影响。

咦？出问题了。在调用SetDSAll()时，GDTR已经切换为指向新的GDT。但是，在SetDSAll()之后，CS的内容会被更新，而且CS仍包含UEFI设置的值，因此在重新设置GDTR和更新CS之间，CS可能会指向一个非预期的描述符，甚至可能超出GDT的范围。

事实上，所有的段描述符都有一个程序员无法访问的隐藏区域[1]，这就解决了之前的问题。隐藏区域可以保存与段描述符相同的内容（limit、base、属性）。当段寄存器被更新（例如通过mov指令）时，将从GDT中读取相应的描述符并将其设置到隐藏区域中。该隐藏区域中的信息将一直使用到下一次段寄存器更新为止，从而避免了任何重写GDT或重置GDTR带来的直接影响。正是因为有了这个隐藏区域，程序才能在重新设置GDTR和更新CS之间继续运行。

因此，我们可以放心地继续运行SetCSSS()函数（代码8.14）。该函数用于设置CS和SS

1　有时称为“描述符缓存”或“影子寄存器”。

中的值。与DS一样，SS也可以使用mov指令设置。只有CS不能使用mov指令改写，取而代之的是retf指令。

代码8.14 使用SetCSSS()设置CS寄存器（asmfunc.asm）

```
global SetCSSS  ; void SetCSSS(uint16_t cs, uint16_t ss);
SetCSSS:
    push rbp
    mov rbp, rsp
    mov ss, si
    mov rax, .next
    push rdi    ; CS
    push rax    ; RIP
    o64 retf
.next:
    mov rsp, rbp
    pop rbp
    ret
```

retf是far return的缩写，最初用于从far call调用的函数中返回。far call是一种跨代码段跳转的函数，用于跳转到不同的代码段。在call中，栈只加载返回地址。而far call除了返回地址，还将当前的CS值放入栈中。在通过far return返回时，执行的是相反的操作，即从栈中取出值并设置为CS和RIP。

retf操作用于重写CS。在默认情况下，retf从栈中获取32位的值，但如果需要64位的值，则可以使用操作数o64来改变大小[1]。

装入栈的RIP值是retf的返回地址。这部分被设置为SetCSSS()中标签.next的值，因此当retf被执行时，它将跳转到.next。在跳转到.next之后，清理函数，然后由一条普通的ret指令中止函数，并返回SetCSSS()的调用者。

SetCSSS()将CS设置为1<<3，将SS设置为2<<3。这意味着CS指向gdt[1]，SS指向gdt[2]。这与UEFI设置的GDT完全不同。

8.6 设置分页

分页是一种以页为单位管理内存地址空间的机制。在x86-64架构中，规定了页面大小为4KiB、2MiB和1GiB，最常用的是4KiB页面。由于在x86-64的64位模式下要求使用分页功能（无法禁用），因此与分页相关的设置也必须被转移至操作系统区域。

分页在第19章中有详细介绍，但简而言之，分页就是将线性地址（linear address）转换

1 o64是NASM自己的写法。

为物理地址（physical address）的功能。线性地址是软件指定的地址，而物理地址是CPU读/写内存时使用的地址[1]。在读/写内存之前，CPU会参考页表，将线性地址[2]转换为物理地址（图8.4）。

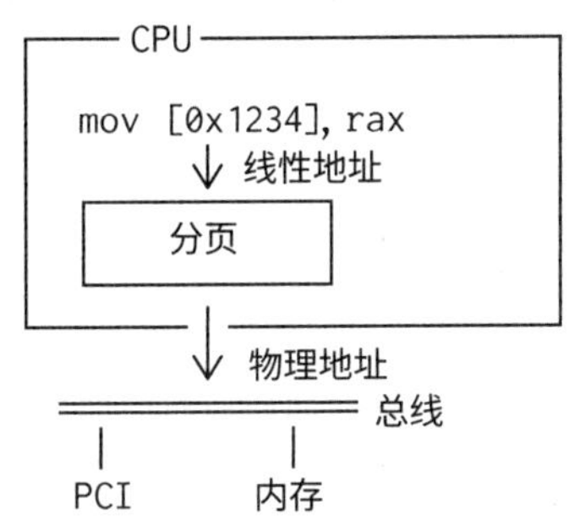

图8.4 从线性地址到物理地址的转换

分页允许逐页设置地址转换。这样就可以进行复杂的转换，但目前这样做并无特别意义，因此我们决定保持线性地址和物理地址一致。程序中的地址符号和实际访问地址相等的设置被称为**身份映射**。在本章中，我们不对分页进行详细介绍，只介绍允许进行身份映射的最低配置。

代码8.15显示了用于设置身份映射的SetupIdentityPageTable()函数的实现。在64位模式下，分页有以下4层结构。

- 页面映射4级表（PML4表）
- 页面目录指针表（PDP表）
- 页面目录
- 页表

代码8.15 为身份映射创建分层分页结构（paging.cpp）

```
namespace {
  const uint64_t kPageSize4K = 4096;
  const uint64_t kPageSize2M = 512 * kPageSize4K;
  const uint64_t kPageSize1G = 512 * kPageSize2M;

  alignas(kPageSize4K) std::array<uint64_t, 512> pml4_table;
  alignas(kPageSize4K) std::array<uint64_t, 512> pdp_table;
  alignas(kPageSize4K)
    std::array<std::array<uint64_t, 512>, kPageDirectoryCount> page_directory;
}
```

1 物理地址不仅用于访问主内存，还用于访问与内存地址空间相连的各种其他设备，如PCI总线。

2 准确地说，软件指定的地址是逻辑地址（logical address），逻辑地址通过分段被转换为线性地址。但在64位模式下，不进行分段地址的转换，因此逻辑地址=线性地址。

```
void SetupIdentityPageTable() {
  pml4_table[0] = reinterpret_cast<uint64_t>(&pdp_table[0]) | 0x003;
  for (int i_pdpt = 0; i_pdpt < page_directory.size(); ++i_pdpt) {
    pdp_table[i_pdpt] = reinterpret_cast<uint64_t>(&page_directory[i_pdpt]) | 0x003;
    for (int i_pd = 0; i_pd < 512; ++i_pd) {
      page_directory[i_pdpt][i_pd] = i_pdpt * kPageSize1G + i_pd * kPageSize2M | 0x083;
    }
  }

  SetCR3(reinterpret_cast<uint64_t>(&pml4_table[0]));
}
```

分页刚出现时，只有两层结构：页面目录和页表。页面目录是指向页表的指针数组。这种关系类似于目录是文件系统中的文件列表。我们认为这种命名方式简单明了。然而，在x86-64的64位模式下扩展到4级分页[1]，并引入了比目录更高的层次后，名称就变得令人困惑了。在4级分页中，页面映射4级表是顶层。

“页表”一词狭义上指最底层结构，但广义上可以指整个层次结构。这有点儿令人困惑。*Intel 64 and IA-32 Architectures Software Developer's Manual*中使用了“分层分页结构”（hierarchical paging structure）一词来指整个层次结构，因此在本书中，我们也是这样称呼的。

在SetupIdentityPageTable()中，你可以看到分别设置了这4层转换表。该函数的第1行将PML4表的第1个元素pml4_table[0]设置为PDP表的第1个地址；第2行的for语句将PDP表的每个元素pdp_table[i_pdpt]都设置为页面目录的第1个地址。在内部的for语句中设置了页面目录的每个元素。

kPageDirectoryCount是一个常量，值为64，表示要创建的页面目录的数量。一个页面目录可以表示的内存区域大小为2MiB×512=1GiB。因此，最多可以对64GiB的内存区域进行身份映射。

SetupIdentityPageTable()最终生成的分层分页结构如图8.5所示。虽说是4级分页，但其实是3层，因为全部都是2MiB页面。我们需要执行按位相加，例如，| 0x083表示要写入页面目录中每个元素的值。将页面目录中每个元素的第7位设置为1，就有了2MiB页面。身份映射不会以较小的增量重新组合页面，因此可以通过采用尽可能大的页面来减小需要创建的数据结构。通常，我们希望采用最大的页面，即1GiB页面，但有些CPU不支持1GiB页面，所以采用了2MiB页面，以保证兼容性。

SetupIdentityPageTable()最后执行的SetCR3()的实现如代码8.16所示。该函数将PML4表的物理地址设置到CR3寄存器中。在重写CR3后，CPU立即使用新的分层分页结构进行地址转换。在SetCR3()之前，使用的都是UEFI准备的分层分页结构，从现在起，将使用我们自己准备的分层分页结构。

1 这里的级别（level）是指层次结构。

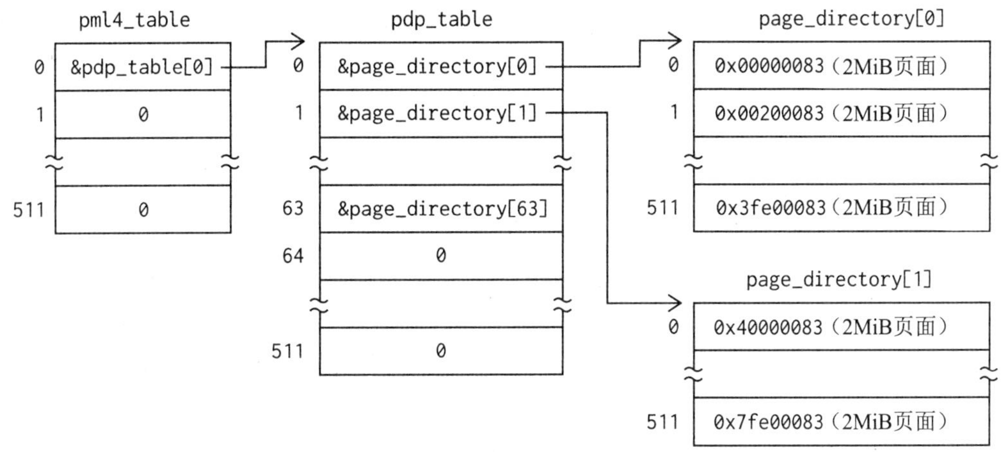

图8.5　构建分层分页结构的整体视图

代码8.16　SetCR3()向CR3寄存器中写入值（asmfunc.asm）

```
global SetCR3  ; void SetCR3(uint64_t value);
SetCR3:
    mov cr3, rdi
    ret
```


8.7 内存管理挑战（osbook_day08c）

三个数据结构已经被从kEfiBootServicesData转移到了操作系统管理下的区域，我们终于可以进行最初想做的内存管理了。在本节中，我们将使用位图创建一个简单的内存管理器BitmapMemoryManager，并使用从UEFI接收的内存映射初始化内存管理器（memory manager）。内存管理器就是用于管理内存的。

现在我们创建的BitmapMemoryManager将是一个以4KiB页帧为单位管理内存区域的内存管理器。因为只有这样才能与以后的分页兼容。以页帧为单位，如果可以知道一些页帧正在使用中，而另一些页帧没有被使用，那么我们的目标就达到了。

请注意，“页帧”一词比页面更有意义。页面代表线性地址上的一个部分（若是4KiB页面，则为4KiB），而页帧代表物理地址上的一个部分。换句话说，我们要创建的内存管理器是一个管理物理地址而非线性地址使用情况的功能。除非你学习过分页，否则很难理解这个叙述。目前，线性地址和物理地址是一致的，所以你不需要知道页面和页帧之间的区别。这里之所以这样写，是为了在稍后介绍的程序中出现frame这个词时，你不会感到困惑。

管理页帧有几种可能的方法。这里采用的方法是每个页帧使用一个位，通过将该位设置为1表示页帧正在使用中、设置为0表示页帧未使用来管理页帧。这种由位表示状态的形式被称为“位图”。这种方式的优点是帧号和位的位置是一一对应的，处理起来非常容易理解。作为准备，我们创建了一个表示帧号的数据类型。

代码8.17显示了FrameID类型的帧号和一组辅助函数的定义。首先来看FrameID的定义，我们可以看到它是一个类，类中有一个size_t类型的变量。虽然帧号只是一个整数值，但如果直接使用size_t，则可能会产生混淆：“这是帧号吗？也许是页面的大小吧？”即使是一个简单的整数值，也可以将其封装在类（或结构）中，以避免混淆。

代码8.17　为单元运算符和帧号定义类型（memory_manager.hpp）

```
namespace {
  constexpr unsigned long long operator""_KiB(unsigned long long kib) {
    return kib * 1024;
  }

  constexpr unsigned long long operator""_MiB(unsigned long long mib) {
    return mib * 1024_KiB;
  }

  constexpr unsigned long long operator""_GiB(unsigned long long gib) {
    return gib * 1024_MiB;
  }
}

/** @brief 物理内存帧的大小（字节）*/
static const auto kBytesPerFrame{4_KiB};

class FrameID {
 public:
  explicit FrameID(size_t id) : id_{id} {}
  size_t ID() const { return id_; }
  void* Frame() const { return reinterpret_cast<void*>(id_ * kBytesPerFrame); }

 private:
  size_t id_;
};

static const FrameID kNullFrame{std::numeric_limits<size_t>::max()};
```

在FrameID的定义中有一个常量kBytesPerFrame，该常量是在FrameID的定义之前定义的，初始值为4_KiB。对于这种写法，我们可能有点儿陌生。它不像是一个标识符[1]，因为它是以数字开头的；它也不像是一个整数字面量[2]，因为它后面跟着_KiB。

1　标识符（identifier）是变量名或函数名。标识符不能以数字开头。

2　字面量（=直接值）是嵌入源码中的数值或字符串。例如，代码char c="abc"[1];中的"abc"是字符串字面量，1是整数字面量。

事实上，这种写法被称为“用户定义字面量”，是在C++ 11中引入的。用户定义字面量是通过重载运算符定义，以operator""后缀的形式创建的。**代码8.17**中的示例代码定义了3个版本的后缀，即_KiB、_MiB和_GiB。使用这样定义的运算符编写4_KiB，则会将4传递给operator""_KiB的参数kib，并返回4096作为执行结果。换句话说，kBytesPerFrame是一个值为4096的unsigned long long类型的常量。

最后，定义了一个变量kNullFrame，表示未定义的帧号。例如，在搜索特定页帧的函数中找不到页帧时，该常量将作为返回值使用。

在介绍内存管理器的实现之前，我们先来看看它的使用方法。**代码8.18**显示了一个为内存管理器设置使用中区域的程序。在初始状态下，内存管理器假定整个内存区域都未使用，因此我们通过MarkAllocated()方法告诉它哪些区域正在使用中——IsAvailable()返回false的区域，以及内存映射中缺少的区域。一旦找到这样的区域，就会计算出该区域的第一个帧号和该区域的大小（以页帧为单位），并传递给MarkAllocated()方法。

代码8.18　将UEFI的内存映射通知内存管理器（main.cpp）

```
::memory_manager = new(memory_manager_buf) BitmapMemoryManager;

const auto memory_map_base = reinterpret_cast<uintptr_t>(memory_map.buffer);
uintptr_t available_end = 0;
for (uintptr_t iter = memory_map_base;
     iter < memory_map_base + memory_map.map_size;
     iter += memory_map.descriptor_size) {
  auto desc = reinterpret_cast<const MemoryDescriptor*>(iter);
  if (available_end < desc->physical_start) {
    memory_manager->MarkAllocated(
        FrameID{available_end / kBytesPerFrame},
        (desc->physical_start - available_end) / kBytesPerFrame);
  }

  const auto physical_end =
    desc->physical_start + desc->number_of_pages * kUEFIPageSize;
  if (IsAvailable(static_cast<MemoryType>(desc->type))) {
    available_end = physical_end;
  } else {
    memory_manager->MarkAllocated(
        FrameID{desc->physical_start / kBytesPerFrame},
        desc->number_of_pages * kUEFIPageSize / kBytesPerFrame);
  }
}
memory_manager->SetMemoryRange(FrameID{1}, FrameID{available_end / kBytesPerFrame});
```

由于desc->physical_start包含内存区域起始位置的物理地址，因此用物理地址除以页帧大小就得到了帧号。地址0～4095为页帧0，地址4096～8192为页帧1，以此类推。

计算区域大小有些复杂，因为UEFI标准中的页面大小并不总是与将要创建的内存管理器所管理的页帧大小一致。desc->number_of_pages包含基于UEFI标准中页面大小的页面数，它通过乘以kUEFIPageSize转换为字节数，然后通过除以kBytesPerFrame[1]进一步转换为页帧数。

在标记了使用中的区域后，最后一步是使用内存管理器的SetMemoryRange()方法设置物理内存的大小。available_end变量记录了"最后未使用区域的末尾地址"。在通常情况下，这个值应该与计算机中加载的主内存的大小大致匹配。

代码8.19显示了代表内存管理器的BitmapMemoryManager类的概览。该类最核心的数据结构是alloc_map_。这是一个位图，用一个位表示一个页帧。所需的位数，即帧数，是物理地址的最大值/帧大小，由常量kFrameCount表示。

代码8.19　使用位图方式管理内存的BitmapMemoryManager类（memory_manager.hpp）

```
class BitmapMemoryManager {
 public:
  /** @brief 内存管理类可处理的最大物理内存量（字节）*/
  static const auto kMaxPhysicalMemoryBytes{128_GiB};
  /**@brief kMaxPhysicalMemoryBytes处理最大物理内存量所需的帧数 */
  static const auto kFrameCount{kMaxPhysicalMemoryBytes / kBytesPerFrame};

  /** @brief 位图数组元素类型 */
  using MapLineType = unsigned long;
  /** @brief 位图数组元素的位数==帧数 */

  static const size_t kBitsPerMapLine{8 * sizeof(MapLineType)};

  /** @brief 实例初始化 */
  BitmapMemoryManager();

  /** @brief 为请求的帧数分配空间，并返回第一帧的ID */
  WithError<FrameID> Allocate(size_t num_frames);
  Error Free(FrameID start_frame, size_t num_frames);
  void MarkAllocated(FrameID start_frame, size_t num_frames);

  /** @brief 设置该内存管理器处理的内存范围
   *调用后，Allocate只能在设定的范围内分配内存
   *
   * @param range_begin_ 内存范围的起始点
   * @param range_end_ 内存范围的结束点。最后一帧的下一帧
   */
  void SetMemoryRange(FrameID range_begin, FrameID range_end);

 private:
  std::array<MapLineType, kFrameCount / kBitsPerMapLine> alloc_map_;
  /** @brief 该内存管理器处理的内存范围的起始点 */
  FrameID range_begin_;
```

1　实际上，UEFI页面的大小固定为4KiB，因此，只要kBytesPerFrame为4KiB，就不需要进行单位转换。之所以进行单位转换，只是为了防止将来在使用不同页帧大小时出现错误。

```
  /** @brief 该内存管理器处理的内存范围的结束点。最后一帧的下一帧 */
  FrameID range_end_;

  bool GetBit(FrameID frame) const;
  void SetBit(FrameID frame, bool allocated);
};
```

如果假设alloc_map_的元素类型是unsigned long，那么用kFrameCount除以unsigned long的位数，就可以求出所需的数组元素数。

range_begin_和range_end_表示该内存管理器将处理的内存范围，即将来进行内存分配的内存范围。SetMemoryRange()设置了这些变量。

现在，我们对该类的定义有了一个总体的了解，接下来看看各个方法的定义。代码8.20显示了MarkAllocated()的实现。该方法的参数包括使用中区域的第一个帧号和该区域的大小（以页帧为单位）。其处理过程非常简单，只需要将位图中与参数指定范围相对应的位设置为true即可。稍后将介绍SetBit()，该函数仅用于将指定值写入alloc_map_中的指定位。

代码8.20　使用MarkAllocated()设置使用中的区域（memory_manager.cpp）

```
void BitmapMemoryManager::MarkAllocated(FrameID start_frame, size_t num_frames) {
  for (size_t i = 0; i < num_frames; ++i) {
    SetBit(FrameID{start_frame.ID() + i}, true);
  }
}
```

代码8.21显示了SetMemoryRange()的实现。这是一个非常简单的方法，它只是将参数中指定的物理地址范围设置为一个成员变量。

代码8.21　使用SetMemoryRange()设置内存管理器处理的地址范围（memory_manager.cpp）

```
void BitmapMemoryManager::SetMemoryRange(FrameID range_begin, FrameID range_end) {
  range_begin_ = range_begin;
  range_end_ = range_end;
}
```

代码8.22显示了GetBit()和SetBit()的定义。这两个方法都将参数frame中指定的帧号转换为位图alloc_map_中的位的位置，其中line_index是alloc_map_的索引，bit_index是该索引指定元素中的位的位置。

代码8.22　定义读/写位的两个方法（memory_manager.cpp）

```
bool BitmapMemoryManager::GetBit(FrameID frame) const {
  auto line_index = frame.ID() / kBitsPerMapLine;
```

```
  auto bit_index = frame.ID() % kBitsPerMapLine;

  return (alloc_map_[line_index] & (static_cast<MapLineType>(1) << bit_index)) != 0;
}

void BitmapMemoryManager::SetBit(FrameID frame, bool allocated) {
  auto line_index = frame.ID() / kBitsPerMapLine;
  auto bit_index = frame.ID() % kBitsPerMapLine;

  if (allocated) {
    alloc_map_[line_index] |= (static_cast<MapLineType>(1) << bit_index);
  } else {
    alloc_map_[line_index] &= ~(static_cast<MapLineType>(1) << bit_index);
  }
}
```

line_index和bit_index之间的关系如图8.6所示。将位数除以kBitsPerMapLine（即alloc_map_中一个元素的位数）就得到了alloc_map_的索引。此外，除法的余数也表示一个元素中的位的位置。

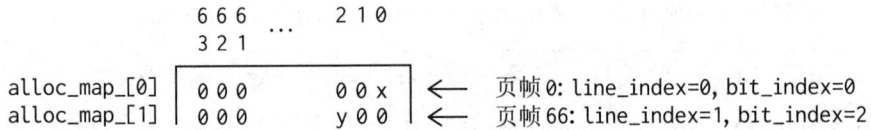

```
                 6 6 6  ...   2 1 0
                 3 2 1
alloc_map_[0]  | 0 0 0        0 0 x |  <-  页帧 0: line_index=0, bit_index=0
alloc_map_[1]  | 0 0 0        y 0 0 |  <-  页帧 66: line_index=1, bit_index=2
```

图8.6 计算位图中的位的位置

到目前为止，我们已经介绍了告诉内存管理器哪些区域正在使用中，以及设置物理内存范围的功能。这些都是使用内存管理器的准备步骤。下面我们来看看内存管理器最重要的功能，即内存分配和内存释放。

内存分配的基础是寻找指定大小或更大的未使用区域，如果找到这样的区域，就将其标记为使用中，并返回该区域的位置。有多种方法可以做到这一点，关键是如何寻找未使用的区域，以及当有多个候选区域时如何进行分配。在这里，我们将尝试使用最简单的方法。接下来要介绍的算法在专业术语中被称为“首次适配（first fit）”。

代码8.23显示了用于分配指定大小内存区域的Allocate()方法。如果将要分配的页帧的数量作为参数传递，那么该方法就会搜索并分配一个连续具有该大小或更大空间的区域。

代码8.23 使用Allocate()为指定帧数分配内存区域（memory_manager.cpp）

```
WithError<FrameID> BitmapMemoryManager::Allocate(size_t num_frames) {
  size_t start_frame_id = range_begin_.ID();
  while (true) {
    size_t i = 0;
    for (; i < num_frames; ++i) {
      if (start_frame_id + i >= range_end_.ID()) {
```

```
      return {kNullFrame, MAKE_ERROR(Error::kNoEnoughMemory)};
    }
    if (GetBit(FrameID{start_frame_id + i})) {
      // start_frame_id + i 中的帧已经分配
      break;
    }
  }
  if (i == num_frames) {
    // 找到空的num_frames
    MarkAllocated(FrameID{start_frame_id}, num_frames);
    return {
      FrameID{start_frame_id},
      MAKE_ERROR(Error::kSuccess),
    };
  }
  // 从下一帧开始重新搜索
  start_frame_id += i + 1;
 }
}
```


搜索过程如下。从该内存管理器负责的内存区域的起始位置（range_begin_）开始搜索。首先，检查是否有连续num_frames个未使用的帧。如果for语句中的GetBit(FrameID{start_frame_id + i})从未变为true，即有连续num_frames个未使用的帧，那么break;不会被执行。只有在这种情况下，for语句后的if (i == num_frames)才会成立，表明有连续num_frames个未使用的帧。接下来，将刚刚发现的num_frames个未使用的页面标记为正在使用中。最后，返回区域中第一帧的编号（start_frame_id）并结束。

当不再需要已分配的内存区域时，可以将其释放。**代码8.24**显示了用于释放内存区域的Free()方法。它比分配方法简单得多，只需要将参数中指定的帧范围设置为未使用状态即可。

代码8.24　使用Free()方法使指定的内存区域处于未使用状态（memory_manager.cpp）

```
Error BitmapMemoryManager::Free(FrameID start_frame, size_t num_frames) {
  for (size_t i = 0; i < num_frames; ++i) {
    SetBit(FrameID{start_frame.ID() + i}, false);
  }
  return MAKE_ERROR(Error::kSuccess);
}
```

熟悉malloc和free的人可能会想：为什么Free()需要指定第一帧的编号和区域的大小，而free只需要传递一个指针（区域的首地址）？这是为了更容易创建内存管理器。为了只需要传递第一帧的编号就能返回内存管理器，有必要在分配时记住某个地方的大小，但这次我们不想这么做。

至此，对内存管理器的介绍就结束了，本章到此结束。

第 9 章

叠加过程

当将鼠标光标叠加在“开始”菜单上时，它会被背景色填充，“开始”菜单会被破坏。在本章中，我们将创建一个叠加过程，即使鼠标光标叠加，底层图像也不会被破坏。我们首先使用一种简单的算法来实现它，然后尝试让它变得更快。本章结束时，即使你移动鼠标光标，“开始”菜单和文本显示也不会被破坏。

9.1 叠加过程概述（osbook_day09a）

移动鼠标光标的过程是使用桌面背景色填充原位置，然后在新位置绘制鼠标光标。因此，如果鼠标光标经过的区域不是背景色，那么图像就会被破坏。在本章中，我们将尝试实现一个叠加过程，以防止图像被破坏。对于那些在计算机上处理图像或绘制图片的人来说，说“图层”会更容易理解一些。

为了实现叠加过程，使用new分配内存是非常方便的。因此，在下面的章节中，我们首先要使用new，然后再实现叠加过程。

9.2 new运算符

既然我们已经实现了内存管理，那么就希望能够使用C++的new运算符。到现在为止出现的new运算符，都是带参数的new。带参数的new并不是动态分配内存的，而是允许程序员在指定的内存区域构建类实例的函数。当没有动态分配内存的函数时，我们别无选择，只能使用带参数的new；但现在有了动态内存管理函数，所以我们想摆脱带参数的new。

在本书中使用的C++库libc++中，new运算符的实现方式是在分配内存时调用malloc()。因此，要想执行普通的new操作，就必须能够使用malloc()。本书中使用的C库Newlib提供了malloc()，因此无须自己定义。不过，要使Newlib中的malloc()正常工作，程序员需要实现一个名为sbrk()的函数，下文将对此进行说明。在图9.1中，总结了它们的依赖关系。

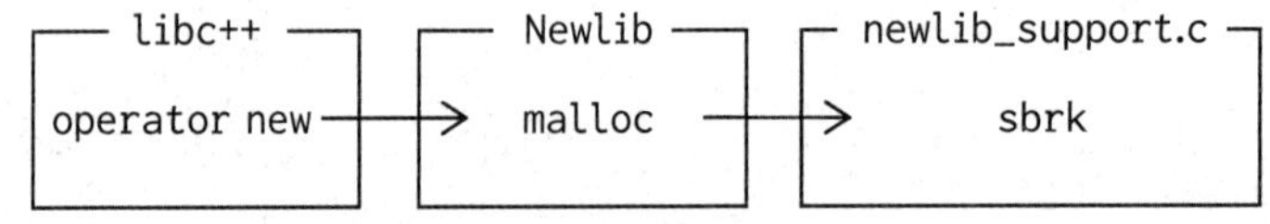

图9.1 new、malloc()和sbrk()之间的关系

要使用普通的new，我们需要做的就是正确实现sbrk()。该函数用于设置程序断点（program break）。程序断点最初是指在UNIX系统中每个进程可以使用的内存区域末尾的地址。进程通过向后移动程序断点来分配新的内存区域。在本书中，我们使用程序断点来分配内存区域供malloc()使用（图9.2）。

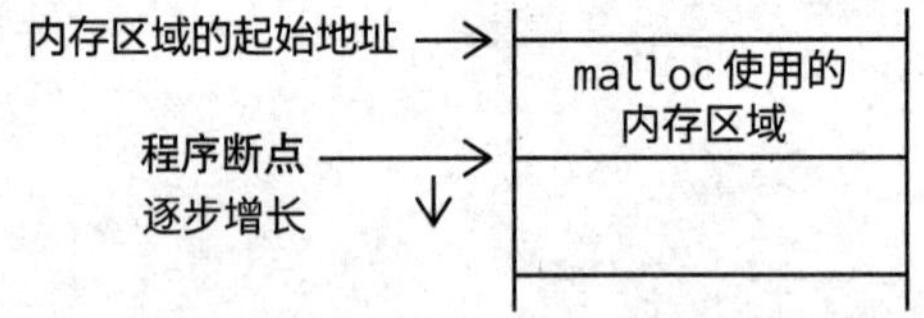

图9.2 程序断点指向程序可以使用的内存区域的末尾

现在，让我们来实现sbrk()。首先，我们来看看sbrk()必须满足的规范[1]，如下所示。

- 函数原型是caddr_t sbrk(int incr)。
- sbrk()将程序断点增加或减少incr字节。
- 如果进程成功，则返回增加前的程序断点。
- 如果进程失败，则将errno设置为ENOMEM并返回(caddr_t)-1。

现在，我们想编写一个满足此规范的函数，但是还没有足够的信息。那就是应该如何处理程序断点的初始值（=malloc()可以使用的区域的开头）和上限值（=malloc()可以使用的区域的末尾）。这些必须由执行sbrk()的人来决定。所以，我们决定使用在**第8章**中创建的内存管理器分配的内存区域。

代码9.1显示了根据规范实现的内容。首先要注意的是program_break和program_break_end，它们被定义为全局变量，分别代表程序断点的初始值和结束值。虽然在定义时没有设置值，但sbrk()在运行时假定已适当设置这些值。因此，在首次使用sbrk()之前，需要对这两个变量进行初始化。

代码9.1　sbrk()按照指定的字节数增加或减少程序断点（newlib_support.c）

```
caddr_t program_break, program_break_end;

caddr_t sbrk(int incr) {
  if (program_break == 0 || program_break + incr >= program_break_end) {
    errno = ENOMEM;
    return (caddr_t)-1;
  }

  caddr_t prev_break = program_break;
  program_break += incr;
  return prev_break;
}
```

接下来，我们来看看函数本身。首先，我们要检查program_break变量是否设置正确，以及是否有足够的可用内存区域。如果没有为program_break设置值，那么它的初始值默认为0——如果为0，就会出错。此外，如果程序断点增加了参数incr指定的字节数，超过程序断点的上限，那么就会导致内存不足。如果sbrk()处理失败，那么它会按照规范将errno变量设置为ENOMEM，并返回(caddr_t)-1。

如果program_break变量设置正确，并且有足够的可用内存区域，那么就执行实际的内存分配过程。程序断点增加或减少incr字节，并返回改变前的值（prev_break）。

1　有关sbrk()的规范，请参见Newlib文档和man sbrk。

至此，sbrk()的实现就完成了。接下来，我们编写一个程序来设置program_break和program_break_end的初始值。

代码9.2显示了InitializeHeap()函数的实现，该函数用于设置两个全局变量的值。该函数首先要求内存管理器分配64×512帧（128MiB）的内存区域，现在这个内存区域暂时足够。如果以后new或malloc失败，则可以增加这个值。memory_.manager.Allocate可能会在内存不足等情况下返回错误，因此要进行错误检查。

代码9.2 使用InitializeHeap()设置程序断点的初始值（memory_manager.cpp）

```
extern "C" caddr_t program_break, program_break_end;

Error InitializeHeap(BitmapMemoryManager& memory_manager) {
  const int kHeapFrames = 64 * 512;
  const auto heap_start = memory_manager.Allocate(kHeapFrames);
  if (heap_start.error) {
    return heap_start.error;
  }

  program_break = reinterpret_cast<caddr_t>(heap_start.value.ID() * kBytesPerFrame);
  program_break_end = program_break + kHeapFrames * kBytesPerFrame;
  return MAKE_ERROR(Error::kSuccess);
}
```

如果帧分配成功，则可以根据帧号计算地址。将帧号乘以kBytesPerFrame，即可得到帧的首地址。已分配内存区域开头的帧号是heap_start.value.ID()，因此，如果将该值转换为地址，那么它就会成为程序断点的初始值。内存区域末尾的地址是program_break的值加上内存区域的字节数。

让我们在主函数中添加调用前面定义的InitializeHeap()的过程。代码9.3显示了添加的调用过程。我们是在调用内存管理器的SetMemoryRange()，使内存管理器可用后立即添加的。

代码9.3 调用InitializeHeap()（main.cpp）

```
  memory_manager->SetMemoryRange(FrameID{1}, FrameID{available_end / kBytesPerFrame});

  if (auto err = InitializeHeap(*memory_manager)) {
    Log(kError, "failed to allocate pages: %s at %s:%d\n",
        err.Name(), err.File(), err.Line());
    exit(1);
  }
```

9.3 叠加过程的原理

要实现叠加过程，似乎只需要在对应于桌面和鼠标的两个图层上提前准备好桌面和鼠标光标的形状，并在鼠标光标移动时从下面的图层开始依次绘制即可。这一想法的图形化表示如图9.3所示。

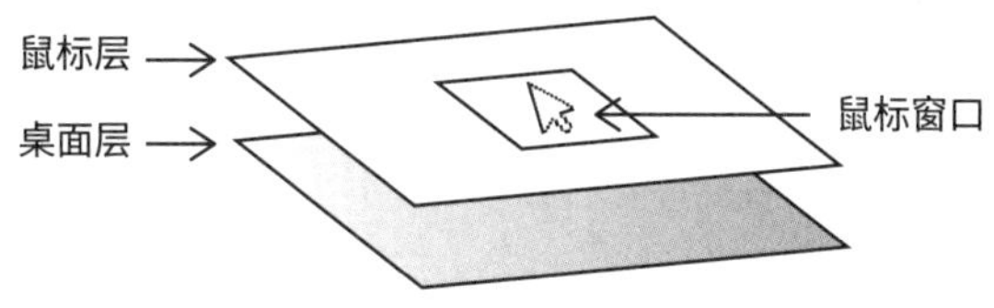

图9.3　使用图层绘制屏幕

我们可以将图层看作一个无限大的平面。图层的属性只有原点坐标和重叠顺序。图层没有水平尺寸或垂直尺寸。另外，鼠标光标和桌面背景都是尺寸有限的绘图区域。鼠标光标是一个复杂的形状，它不是一个矩形，但你可以把它想象成一个用透明色填充空隙的矩形。这样，鼠标光标和桌面背景就都可以被视为具有水平尺寸和垂直尺寸的矩形。我们把这种任意大小的矩形绘图区域称为**窗口**。

因此，我们将快速创建一个图层和一个窗口。由于窗口的结构在图层中，所以首先创建窗口。

代码9.4显示了窗口类Window的定义。该类的成员变量有：width_和height_，用于保存宽度和高度；data_，用于保存像素数组；writer_，用于提供写入像素的功能；transparent_colour_，用于保存透明色。std::optional对于有些人来说很陌生，它表示一种无值状态[1]。transparent_colour_可以表示有PixelColor类型的值或无值。其初始值被设置为特殊值std::nullopt，它没有任何值，即没有任何颜色的透明度。

代码9.4　Window类的定义（window.hpp）

```
class Window {
 public:
  /** @brief WindowWriter提供了一个与Window相关联的PixelWriter
   */
   class WindowWriter : public PixelWriter {
     <略>
   };

   /** @brief 创建一个具有指定像素数的平面绘图区域 */
   Window(int width, int height);
```

1　Wrapper（要封装的东西）。在这里生成了一个新类来封装PixelColor类。

```
    ~Window() = default;
    Window(const Window& rhs) = delete;
    Window& operator=(const Window& rhs) = delete;

    /** @brief 在给定的PixelWriter中绘制该窗口的显示区域
     *
     * @param writer 绘制处

     * @param position writer 左上角的绘制基准点
     */
   void ĐrawTo(PixelWriter& writer, Vector2Đ<int> position);
   /** @brief 设置透明色 */
   void SetTransparentColor(std::optional<PixelColor> c);
   /** @brief 获取与此实例相关的WindowWriter */
   WindowWriter* Writer();

   /** @brief 返回指定位置上的像素 */
   PixelColor& At(int x, int y);
   /** @brief 返回指定位置上的像素 */
   const PixelColor& At(int x, int y) const;

   /** @brief 以像素为单位返回平面绘图区域的宽度 */
   int Width() const;
   /** @brief 以像素为单位返回平面绘图区域的高度 */
   int Height() const;

  private:
   int width_, height_;
   std::vector<std::vector<PixelColor>> data_{};
   WindowWriter writer_{*this};
   std::optional<PixelColor> transparent_color_{std::nullopt};
 };
```

窗口类的开头定义了WindowWriter类，该类专门为窗口类提供写入功能。WindowWriter继承自PixelWriter，因此可以在需要PixelWriter的地方使用它。该类定义的详细内容如下。

首先来看窗口类的构造函数。你可以看到它有一个构造函数Window(int width, int height)，用于创建指定大小的窗口。**代码9.5**显示了该构造函数的定义。

代码9.5　创建指定大小窗口的构造函数（window.cpp）

```
Window::Window(int width, int height) : width_{width}, height_{height} {
  data_.resize(height);
  for (int y = 0; y < height; ++y) {
    data_[y].resize(width);
  }
}
```

该构造函数生成了一个指定宽度和高度的二维数组。查看data_的类型，可以看到std::vector<std::vector<PixelColor>>，这是一个数组的数组。在构造函数的第一行中，使用resize方法将第一维数组中的元素数量增加到height个。在执行第一行时，data_将成为图9.4所示形式的数组。

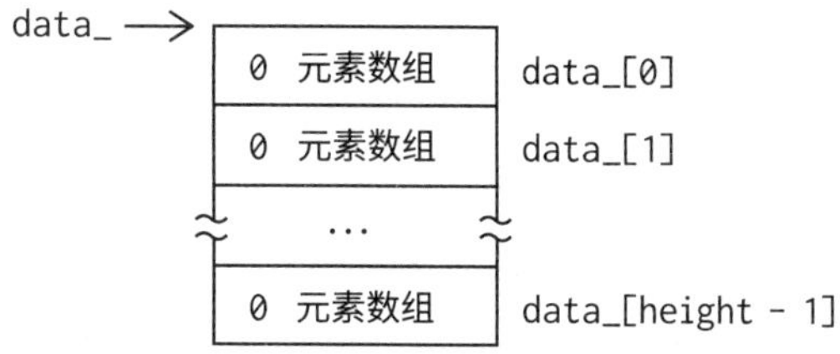

图9.4　执行data_.resize(height)之后的样子

这是一个有height个元素为零（空）的数组。在构造函数的第二行和后续行中，每个数组中的元素数量都会通过for语句增加到width个。最终，当构造函数执行完毕时，data_的形式如图9.5所示[1]。

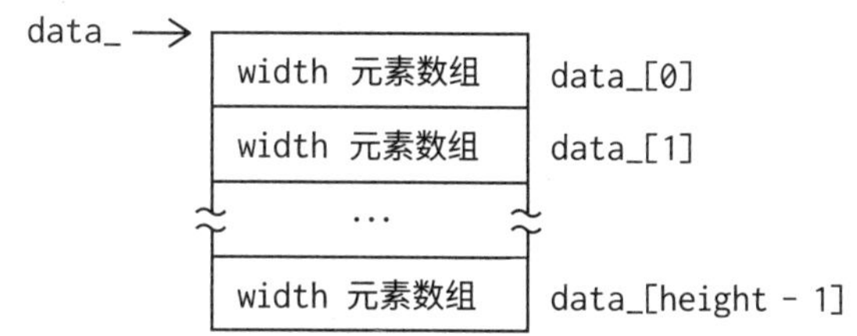

图9.5　执行构造函数后的样子

DrawTo()是一个使用指定的PixelWriter绘制窗口内容的方法。创建该方法的目的是将窗口内容绘制到屏幕上。其参数writer将传递与屏幕关联的PixelWriter，参数position将传递窗口在屏幕上显示的坐标。

代码9.6显示了DrawTo()的实现。根据是否设置透明色，分为两个过程。如果未设置透明色，则!transparent_colour_为true，并执行if语句的内容。std::optional是transparent_colour_的类型，在需要true值或false值（例如，在if语句中）的情况下，如果设置了有效值，则返回true；否则（如果设置了std::nullopt），将返回false。如果为true，则可以获取transparent_colour_.value()设置的值。

代码9.6　DrawTo()将窗口内容绘制到指定的位置（window.cpp）

```
void Window::DrawTo(PixelWriter& writer, Vector2D<int> position) {
  if (!transparent_color_) {
    for (int y = 0; y < Height(); ++y) {
```

1　虽然只需要在构造函数中写入data_(height, std::vector<PixelColor>(width, PixelColor{}))作为初始化程序，就可以扩展一个二维数组，但为了解释清楚，这里我们还是大胆地使用了for语句的方法。

```
      for (int x = 0; x < Width(); ++x) {
        writer.Write(position.x + x, position.y + y, At(x, y));
      }
    }
    return;
  }

  const auto tc = transparent_color_.value();
  for (int y = 0; y < Height(); ++y) {
    for (int x = 0; x < Width(); ++x) {
      const auto c = At(x, y);
      if (c != tc) {
        writer.Write(position.x + x, position.y + y, c);
      }
    }
  }
}
```

不管哪个过程，所做的事情几乎是一样的。使用参数中指定的writer绘制该窗口的所有像素数据，绘制位置由position指定。绘制过程如图9.6所示。

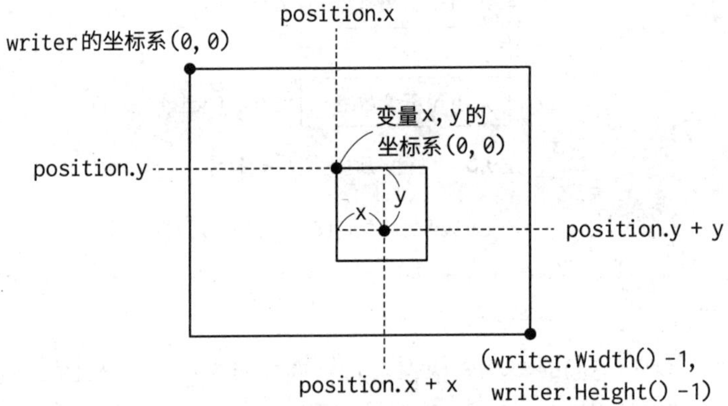

图9.6 使用PixelWriter绘制窗口

通过向DrawTo()传递与帧缓冲区相关联的PixelWriter，即main.cpp中定义的pixel_writer，可以将此窗口的内容绘制到帧缓冲区中。Window::DrawTo()[1]由图层类的DrawTo()方法调用，后面将会介绍图层类。

代码9.7显示了SetTransparentColor()函数，该函数用于设置transparent_colour_的值。它的功能非常简单：如果向该函数传递一个PixelColor类型的值，例如window.SetTransparentColor(PixelColor{1,1,1});，就可以将该颜色设置为透明色。你也可以通过向该函数传递std::nullopt来禁用透明色设置。

1 ::是命名空间或类内部的一种写法，这里指的是在Window类中定义的DrawTo()方法。

代码9.7　使用SetTransparentColor()设置窗口的透明色（window.cpp）

```
void Window::SetTransparentColor(std::optional<PixelColor> c) {
  transparent_color_ = c;
}
```

既然已经解释了Window类本身，那么我们就可以继续讨论剩下的WindowWriter类（代码9.8）。该类提供了与窗口相关的写入功能。

代码9.8　WindowWriter类的定义（window.hpp）

```
class WindowWriter : public PixelWriter {
 public:
  WindowWriter(Window& window) window_{window} {}
  /** @brief 在指定位置绘制指定颜色 */
  virtual void Write(int x, int y, const PixelColor& c) override {
    window_.At(x, y) = c;
  }
  /** @brief 返回Window的Width，以像素为单位 */
  virtual int Width() override { return window_.Width(); }
  /**@brief 返回Window的Height，以像素为单位 */
  virtual int Height() const override { return window_.Height(); }

 private:
  Window& window_;
};
```

该类的显著特点是将Window作为成员变量引用，这样就可以在WindowWriter::Write()中绘制窗口了。该引用的初始化过程可能有点儿难以理解，因此我们对其进行详细解释。

window_在WindowWriter的构造函数中初始化。代码9.8中的window_{window}是初始化部分。初始值是在构造函数的参数中指定的Window类实例。

那么，调用该构造函数的地方就是Window类成员变量的初始化部分，即代码9.4中的WindowWriter writer_{*this};。在这里，成员变量writer_被初始化，*this被指定为其初始值。this是一个特殊的变量，它根据使用场合的不同而指向不同的内容，这里它指向Window类的一个实例。因此，当你创建一个Window类型的变量时，变量的初始指针就是this，然后将指针作为参数传递给writer_的构造函数。

总之，Window类实例的成员变量writer_拥有对该实例的引用。这种关系如图9.7所示。

类或结构体中的成员变量引用父类或结构体是一种相当常见的情况。一种解决方法是让内部类有一个指向父类的指针或引用，就像本例中一样；Linux内核使用了另一种方法，可以节省更多的内存空间。如果你有兴趣，则可以查看container_of宏。

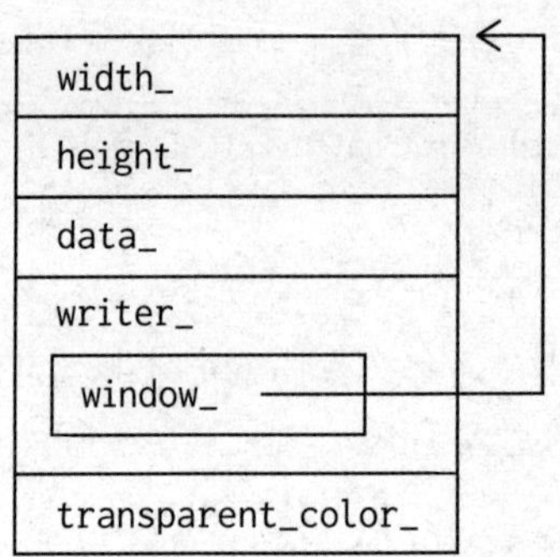

图9.7　Window类和WindowWriter类之间的关系

下一步是创建图层。代表图层的Layer类的定义如代码9.9所示。std::shared_ptr是一种智能指针（smart pointer）。有关详情，请参阅专栏9.1。现在，将window_视为Window*类型的指针变量。

代码9.9　实现叠加的Layer类（layer.hpp）

```
class Layer {
 public:
  /** @brief 生成具有指定ID的图层 */
  Layer(unsigned int id = 0);
  /** @brief 返回此实例的ID */
  unsigned int ID() const;

  /** @brief 设置窗口。将现有的窗口从该图层中删除 */
  Layer& SetWindow(const std::shared_ptr<Window>& window);
  /** @brief 返回已配置的窗口 */
  std::shared_ptr<Window> GetWindow() const;

  /** @brief 将图层位置信息更新为指定的绝对坐标。不执行重绘 */
  Layer& Move(Vector2D<int> pos);
  /** @brief 将图层位置信息更新为指定的相对坐标。不执行重绘 */
  Layer& MoveRelative(Vector2D<int> pos_diff);

  /** @brief 现在设置writer为窗口写入内容 */
  void DrawTo(PixelWriter& writer) const;

 private:
  unsigned int id_;
  Vector2D<int> pos_;
  std::shared_ptr<Window> window_;
};
```

图层类中最重要的是移动和绘制方法。让我们来看看里面都有哪些方法。

代码9.10显示了移动图层的方法：Move()使用绝对坐标移动图层，MoveRelative()使用相对坐标移动图层。这并不难：在MoveRelative()中可以写出pos_ += pos_diff;这样的代码，因为

Vector2D类实现了operator+=。

代码9.10　使用Move()将图层移动到指定位置（layer.cpp）

```
Layer& Layer::Move(Vector2D<int> pos) {
  pos_ = pos;
  return *this;
}

Layer& Layer::MoveRelative(Vector2D<int> pos_diff) {
  pos_ += pos_diff;
  return *this;
}
```

代码9.11显示了绘制图层的DrawTo()方法。如果已设置窗口的指针window_，那么该方法将调用窗口的DrawTo()方法。这种结构使得窗口本身并不存储其在平面上的位置，而是由图层来管理位置。从概念上讲，管理重叠的图层和表示显示区域的窗口是两个不同的东西，因此我们将它们分开。但即使将它们组合在一起，程序的可读性可能也不会有太大差别。

代码9.11　在设置为pos_的位置绘制图层（layer.cpp）

```
void Layer::DrawTo(PixelWriter& writer) const {
  if (window_) {
    window_->DrawTo(writer, pos_);
  }
}
```

图层本身没有任何意义。既然是叠加过程，那么就必须能够表示多个图层的重叠。为此，我们创建一个LayerManager类。

代码9.12显示了LayerManager类的定义。首先，我们关注成员变量layers_。该变量是一个动态数组std::vector，它将按照图层创建的顺序存储图层的实例。图层可能是隐藏的，但它将存储所有存在的图层，包括隐藏的图层。

代码9.12　使用LayerManager类管理多个图层（layer.hpp）

```
class LayerManager {
 public:
  /** @brief 设置绘图的目标位置，例如使用Draw方法 */
  void SetWriter(PixelWriter* writer);
  /** @brief 生成一个新图层并返回一个引用
   *
   * 将新生成的图层的实体保存在LayerManager内部的容器中
   */
  Layer& NewLayer();
```

```
    /** @brief 绘制当前可见的图层 */
    void Draw() const;

    /** @brief 将图层位置信息更新为指定的绝对坐标。不执行重绘 */
    void Move(unsigned int id, Vector2D<int> new_position);
    /** @brief 将图层位置信息更新为指定的相对坐标。不执行重绘 */
    void MoveRelative(unsigned int id, Vector2D<int> pos_diff);

    /** @brief 将图层的高度位置移动到指定位置
     *
     * 如果new_height为负数，则隐藏图层
     * 如果其为0以上的值，则高度为该值
     * 如果指定的值大于当前层数，那么它将成为最前面的一层
     * */
    void UpDown(unsigned int id, int new_height);
    /** @brief 隐藏图层 */
    void Hide(unsigned int id);

  private:
    PixelWriter* writer_{nullptr};
    std::vector<std::unique_ptr<Layer>> layers_{};
    std::vector<Layer*> layer_stack_{};
    unsigned int latest_id_{0};

    Layer* FindLayer(unsigned int id);
  };

  extern LayerManager* layer_manager;
```

你可能对layers_元素的std::unique_ptr类型不太熟悉。这种类型与std::shared_ptr一样，也是一种智能指针，但std::shared_ptr允许指针共享，而std::unique_ptr则不允许。有了这个特性，我们就可以清楚地表明某个对象被他人“拥有”的关系。由于我们希望将图层设计为由图层管理器拥有，因此这一特性正是我们所需要的。

现在，还有一个重要的成员变量：layer_stack_。名字中的stack是图层栈的意思。这个变量表示图层的堆叠，数组中的第一个元素是最靠后的图层，图层从这里开始依次堆叠，最后一层是最前面的图层。隐藏的图层不包括在内。**图9.8**显示了layers_和layer_stack_之间的关系。目前只有两个图层，其中一个是鼠标光标图层，另一个是背景图层。因此，图层的顺序不能互换。

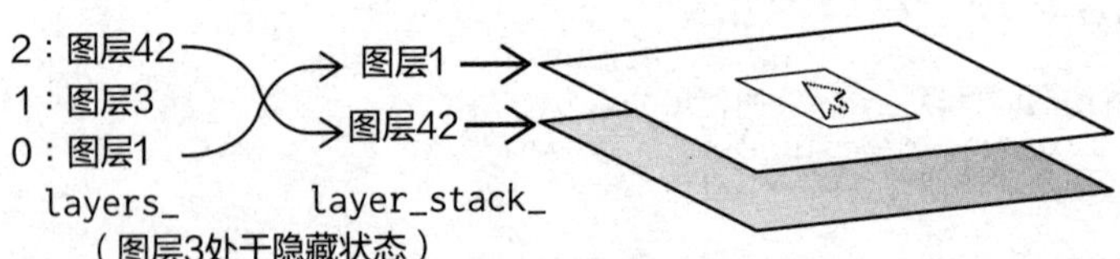

图9.8 layers_和layer_stack_之间的关系

既然已经确定了主要的数据结构，那么我们就可以开始实现各个方法了。

代码9.13显示了NewLayer()的实现。从此方法的第一行可以很容易地看到，ID是通过将成员变量latest_id_的值增加1来生成的。第二行比较难理解，下面做详细说明。

代码9.13　使用NewLayer()创建一个新图层（layer.cpp）

```
Layer& LayerManager::NewLayer() {
  ++latest_id_;
  return *layers_.emplace_back(new Layer{latest_id_});
}
```

layers_.emplace_back()方法将指定值添加到数组末尾。这里传递的值是new Layer{latest_id_}。因此，在第二行执行结束时，layers_将添加一个以当前latest_id_为ID的图层实例。

由于NewLayer()的调用者需要对新创建的图层实例进行一些设置，因此它应返回一个对已创建图层实例的引用（Layer&）。这样，调用者就可以轻松地添加其他设置，如NewLayer().SetWindow(…)。

layer_.emplace_back()的返回值是对已添加元素的引用。这意味着它会返回一个std::unique_ptr<Layer>&类型的值。既然是指针类型，那么返回值似乎就应该是这样的。但是，std::unique_ptr是一个不能共享的指针，因此不能按原样返回。因此，我们使用*运算符将其转换为layer&类型，并创建返回值。

代码9.14显示了FindLayer()方法的实现，该方法从layers_中查找具有指定ID的图层实例。如果指定ID的图层实例存在，那么该方法将返回指向该图层实例的指针；如果未找到，则返回nullptr。

代码9.14　使用FindLayer()查找具有指定ID的图层（layer.cpp）

```
Layer* LayerManager::FindLayer(unsigned int id) {
  auto pred = [id](const std::unique_ptr<Layer>& elem) {
    return elem->ID() == id;
  };
  auto it = std::find_if(layers_.begin(), layers_.end(), pred);
  if (it == layers_.end()) {
    return nullptr;
  }
  return it->get();
}
```

本实现中使用的std::find_if()包含三个参数，如std::find_if(begin, end, pred)。参数pred通常被称为谓词（predicate）。代码9.14将谓词定义为lambda表达式。

lambda表达式在6.3节中介绍过，但这里将变量名写在了捕获中，如[id]。捕获是一种机制，用于在lambda表达式内部使用表达式之外的局部变量。在这里，变量id被捕获，以便在内部使用。

lambda表达式接收layers_中的一个元素，并检查该元素是否具有与id相同的图层ID。如果图层ID等于id，则返回true。因此，谓词是“可以被判断为真假的语句”。例如，对于整数x，语句“x是偶数”就是一个谓词，因为当给定x时，可以判断它为真或假。

std::find_if()的谓词必须是一个函数（或可以像函数一样调用的东西），只有一个参数。此外，其参数类型必须是可以接收容器元素的类型。std::find_if()返回谓词的返回值为true（条件满足）的第一个元素。

虽然我们写的是返回一个元素，但实际上std::find_if()返回的是一个指向该元素的迭代器。如果没有找到元素，迭代器的值就是layers_.end()，在这种情况下返回nullptr。如果找到元素，那么迭代器将指向std::unique_ptr<Layer>。因此，要从它那里获取原始指针Layer*，需要使用it->get()。

既然已经定义了FindLayer()，那么我们就可以使用它来实现其他方法了。

代码9.15显示了移动图层的两个方法的实现。我们来看Move()，它会查找第一行中指定ID的图层，并调用该图层的Move()方法。图层的Move()方法指定绝对坐标，该方法不会重绘，因此要在屏幕上反映移动的效果，需要调用Draw()方法。稍后将实现MoveRelative()方法的相对坐标版本。

代码9.15 使用Move()将图层移动到指定位置（layer.cpp）

```
void LayerManager::Move(unsigned int id, Vector2D<int> new_position) {
  FindLayer(id)->Move(new_position);
}

void LayerManager::MoveRelative(unsigned int id, Vector2D<int> pos_diff) {
  FindLayer(id)->MoveRelative(pos_diff);
}
```

FindLayer()在实现这两个方法时非常有用。如果没有指定ID的图层，FindLayer()将无法找到它，但调用者有责任指定一个有效的ID；由于调用者有责任检查ID的有效性，因此Move()中的空检查被省略了。

代码9.16显示了Draw()的实现。该方法从最下面的图层开始向上绘制。因为layer_stack_的最下面的图层位于数组的开头，而最上面的图层位于数组的末尾。从下向上绘制则可以表达图层的重叠。我们可以使用SetWriter()设置要绘制的writer_。通常，与帧缓冲区相关联的PixelWriter会被用作绘制目标。

代码9.16　使用Draw()将图层绘制到屏幕上（layer.cpp）

```
void LayerManager::Draw() const {
  for (auto layer : layer_stack_) {
    layer->DrawTo(*writer_);
  }
}
```

这里的for语句被称为范围for语句。范围for语句允许你编写一个简洁的循环，对容器（如std::vector）中的每个元素进行处理。如果你编写了for(类型变量: 容器)，那么for语句的主体将从容器的.begin()开始按顺序执行变量设置。

实现Hide()方法以隐藏指定的图层（代码9.17）。该方法通过将图层从layer_stack_中移除来隐藏该图层，layer_stack_按重叠顺序保存当前显示的图层。

代码9.17　使用Hide()隐藏指定的图层（layer.cpp）

```
void LayerManager::Hide(unsigned int id) {
  auto layer = FindLayer(id);
  auto pos = std::find(layer_stack_.begin(), layer_stack_.end(), layer);
  if (pos != layer_stack_.end()) {
    layer_stack_.erase(pos);
  }
}
```

std::find()函数用于查找具有指定值的元素。与传递谓词作为第三个参数的std::find_if()不同，它指定的是目标值，而不是谓词。std::find()和std::find_if()都以迭代器的形式返回目标值的位置。在找到所需的图层后，使用layer_stack_.erase()删除其元素。

代码9.18显示了UpDown()的定义，用于更改指定图层的重叠顺序。此方法将指定图层ID改为特定的高度，其中new_height是在layer_stack_中的位置。当其值为0时，表示移动到最靠后的图层；当其值大于layer_stack_.size()时，表示移动到最前面的图层。负值表示隐藏图层。

代码9.18　使用UpDown()将图层移动到指定高度（layer.cpp）

```
void LayerManager::UpDown(unsigned int id, int new_height) {
if (new_height < 0) {
  Hide(id);
  return;
}
if (new_height > layer_stack_.size()) {
  new_height = layer_stack_.size();
}

auto layer = FindLayer(id);
auto old_pos = std::find(layer_stack_.begin(), layer_stack_.end(), layer);
```

```
  auto new_pos = layer_stack_.begin() + new_height;

  if (old_pos == layer_stack_.end()) {
    layer_stack_.insert(new_pos, layer);
    return;
  }

  if (new_pos == layer_stack_.end()) {
    --new_pos;
  }
  layer_stack_.erase(old_pos);
  layer_stack_.insert(new_pos, layer);
}
```

这个过程很复杂，我们来详细了解一下。第一条if语句用于处理new_height为负值的情况，并退出函数。如果new_height的值过大，那么下一条if语句会将layer_stack_.size()调整到上限。在退出这两条if语句时，可以保证new_height的值在0和layer_stack_.size()之间。

在调整new_height的值后，定义一些必要的变量。变量有三个：指定ID的图层实例layer、指向图层当前位置的迭代器old_pos，以及指向new_height位置的迭代器new_pos。这些变量之间的关系如图9.9所示。在图中，指定图层的高度为1，即将被设置为新的高度3。

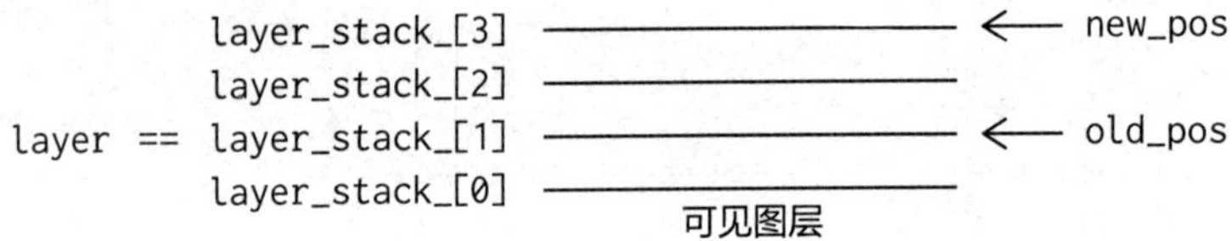

图9.9 UpDown()方法中定义的变量之间的关系

一旦定义了变量，就可以对其进行处理。基本策略是从old_pos中删除图层，然后将其插入new_pos中。第一步是处理指定图层是否被隐藏（old_pos==layer_stack_.end()）。在这种情况下，没有必要删除图层，因此我们将图层插入new_pos指向的位置，仅此而已。

剩余的处理是在图层当前可见的情况下进行的。在这种情况下，一旦从layer_stack_中删除了图层，layer_stack_就会减少一个元素：如果new_pos指向末尾（new_pos==layer_stack_.end()），那么少一个元素就会跳过末尾，从而出现问题。因此，需要将new_pos向前移动1。在完成所有的调整后，删除当前显示位置上的图层，并在新位置插入一个新图层。

至此，窗口和图层的准备工作完成。你终于可以做最初想做的工作了。我们希望即使移动鼠标光标，背景也不会被破坏。

代码9.19显示了MouseObserver()函数的新实现，鼠标光标移动时会调用该函数。以前，我们使用mouse_cursor->MoveRelative()来移动鼠标光标，但现在将其改为使用图层机制。全局变量mouse_layer_id表示与鼠标光标相关的图层ID。在主函数中设置该值（代码9.20）。

代码9.19 在鼠标事件处理程序中使用图层（main.cpp）

```
unsigned int mouse_layer_id;

void MouseObserver(int8_t displacement_x, int8_t displacement_y) {
  layer_manager->MoveRelative(mouse_layer_id, {displacement_x, displacement_y});
  layer_manager->Draw();
}
```

代码9.20显示了主函数修改的地方。我们首先创建了一个窗口实例bgwindow，它具有屏幕的宽度和高度。该变量的名称代表背景窗口。然后，使用DrawDesktop()在bgwindow中绘制背景图片。切换控制台，将图片绘制到该窗口中（稍后详述）。至此，背景窗口的准备工作完成。

代码9.20 生成两个图层（main.cpp）

```
  const int kFrameWidth = frame_buffer_config.horizontal_resolution;
  const int kFrameHeight = frame_buffer_config.vertical_resolution;

  auto bgwindow = std::make_shared<Window>(kFrameWidth, kFrameHeight);
  auto bgwriter = bgwindow->Writer();

  DrawDesktop(*bgwriter);
  console->SetWriter(bgwriter);

  auto mouse_window = std::make_shared<Window>(
      kMouseCursorWidth, kMouseCursorHeight);
  mouse_window->SetTransparentColor(kMouseTransparentColor);
  DrawMouseCursor(mouse_window->Writer(), {0, 0});

  layer_manager = new LayerManager;
  layer_manager->SetWriter(pixel_writer);

  auto bglayer_id = layer_manager->NewLayer()
    .SetWindow(bgwindow)
    .Move({0, 0})
    .ID();
  mouse_layer_id = layer_manager->NewLayer()
    .SetWindow(mouse_window)
    .Move({200, 200})
    .ID();

  layer_manager->UpDown(bglayer_id, 0);
  layer_manager->UpDown(mouse_layer_id, 1);
  layer_manager->Draw();
```

接下来，为鼠标光标创建一个Window实例。由于鼠标光标不是矩形，而是复杂的形状，因此有必要设置透明色。将透明色设置为kMouseTransparentColor值。该常量在mouse.hpp中被定义为const PixelColor kMouseTransparentColor{0, 0, 1};。鼠标光标本身不会使用这种颜色，因此将其设置为透明色没有问题。然后，使用DrawMouseCursor()在鼠标窗口中绘制鼠标光标的图片。

在中间部分，创建图层管理器，并将pixel_writer设置为图层管理器使用的PixelWriter。这样，以后调用图层管理器的Draw()时，所设置的图层就会被写入pixel_writer。

在后面的部分，我们使用图层管理器生成两个图层，即背景层和鼠标层。生成图层、设置窗口、移动图层和获取ID这一系列操作被称为方法链，因为Layer()类的某些方法会返回对自身的引用（Layer&）作为返回值。将生成的图层ID分别写入bglayer_id和mouse_layer_id变量中。mouse_layer_id被定义为全局变量，以便在MouseObserver()中使用（**代码9.19**）。

生成的图层最初是隐藏的（未在layer_stack_中注册），必须使用UpDown()方法使其可见。一旦所需的图层可见，就通过Draw()将它们绘制到屏幕上。最终会将它们写入帧缓冲区并输出到屏幕上。

现在，叠加过程已基本完成，但还有一件事要做，那就是修改用于显示调试信息的控制台类。控制台类应在内存管理器、图层管理器等之前准备好。这是因为在准备它们的同时，希望在控制台中能显示调试信息。不可避免的是，需要在图层机制就位之前就开始使用控制台类，一旦图层机制就位，控制台类就会被图层机制所取代。

代码9.21展示了创建控制台类的过程。可以看到，修改后添加了console->SetWriter(pixel_writer);。在此之前，我们将PixelWriter传递给控制台类的构造函数。但这里添加了一个设置方法，以便以后可以重新设置。

代码9.21　调用控制台类的SetWriter()方法（main.cpp）

```
DrawDesktop(*pixel_writer);

console = new(console_buf) Console{
  kDesktopFGColor, kDesktopBGColor
};
console->SetWriter(pixel_writer);
printk("Welcome to MikanOS!\n");
SetLogLevel(kWarn);
```

代码9.22显示了SetWriter()方法的实现。该方法设置了将写入控制台类的PixelWriter实例。然后执行Refresh()，将缓冲区中累积的字符串写入新的目标。如果不这样做，那么当你切换写入目标时，将看不到之前已输出的字符串。

代码9.22　使用SetWriter()设置控制台字符串的写入位置（console.cpp）

```
void Console::SetWriter(PixelWriter* writer) {
  if (writer == writer_) {
    return;
  }
  writer_ = writer;
  Refresh();
}
```

代码9.23显示了Refresh()方法的实现。它的作用很简单，就是将控制台类的缓冲区buffer_中的内容绘制到当前设置的写入目标writer_中。

代码9.23　使用Refresh()根据缓冲区绘图（console.cpp）

```
void Console::Refresh() {
  for (int row = 0; row < kRows; ++row) {
    WriteString(*writer_, 0, 16 * row, buffer_[row], fg_color_);
  }
}
```

最后，让我们修改PutString()方法，使其在每次显示字符串时都重绘屏幕（代码9.24）。将绘制目标从帧缓冲区主体切换到控制台窗口后，除非显式调用layer_manager->Draw()，否则屏幕不会更新。

代码9.24　使用PutString()重绘屏幕（console.cpp）

```
void Console::PutString(const char* s) {
  while (*s) {
    if (*s == '\n') {
      Newline();
    } else if (cursor_column_ < kColumns - 1) {
      WriteAscii(*writer_, 8 * cursor_column_, 16 * cursor_row_, *s, fg_color_);
      buffer_[cursor_row_][cursor_column_] = *s;
      ++cursor_column_;
    }
    ++s;
  }
  if (layer_manager) {
    layer_manager->Draw();
  }
}
```

现在图层功能已经创建好，让我们试试当将鼠标光标移动到背景图片上时，图片是否真的不会被破坏（图9.10）。

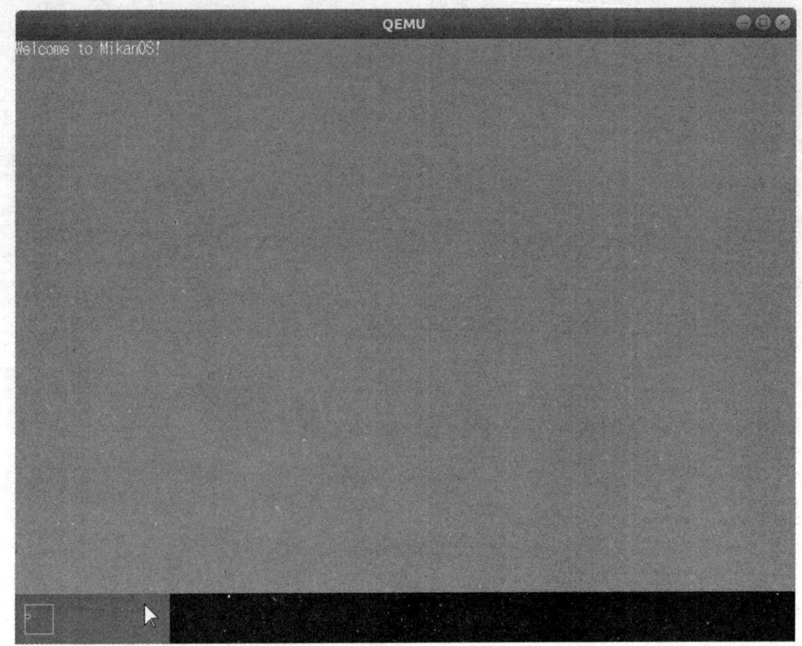

图9.10　当鼠标光标重叠时，背景图片不会被破坏

（鼠标咔嗒咔嗒）哦，背景图片没有被破坏！这很让人高兴！但是当移动鼠标光标时，它的速度非常慢，而且屏幕会闪烁（在图片中看不到闪烁）。下一节将讨论这个问题。

专栏9.1　智能指针

智能指针是普通指针的多功能版本。普通指针具有指向其他变量的能力。当然，智能指针也具有指向其他变量的基本功能。但除此之外，不同类型的智能指针还具有在不再需要变量时将其自动丢弃的功能，或防止创建指向同一个变量的多个指针的功能。

本文中提到的std::shared_ptr指针可以在不再需要它所指向的变量时将其自动丢弃。std::shared_ptr会在内部保留一个引用计数，每次复制指针时都会增加引用计数。相反，当指针被销毁时，引用计数就会递减；当引用计数为0时，它所指向的变量就会被销毁。

```
#include <iostream>
#include <memory>
struct A {
  A(int a, int b) : a{a}, b{b} {}
  int a, b;
};
void Test() {
  std::shared_ptr<A> p = std::make_shared<A>(3, 7); // 生成指针（引用计数=1）
  {
```

```
    std::shared_ptr<A> p2 = p; // 复制指针（引用计数→2）
    std::cout << p2->a <<"," << p2->b << std::endl;
  } // 丢弃指针（引用计数→1）
  std::cout << p->a <<"," << p->b << std::endl;
}
```

在Test()开始时，会创建std::shared_ptr<A>实例，它是一个指向A类型变量的智能指针。std::make_shared<A>()在内部使用new运算符创建变量，并使用接收到的参数对其进行初始化，然后返回一个指向已创建变量的指针。使用普通指针的方法是A* p = new A(3,7);。

在代码块内部，复制p以创建p2。std::shared_ptr的复制构造函数会将引用计数加1，因此此时p和p2的引用计数都是2。

在代码块结束时，p2被销毁。std::shared_ptr的析构函数会将引用计数减1，因此此时p和p2的引用计数都是1。指针指向的变量（由new创建的变量）没有被销毁，因为引用计数仍然大于0。

在Test()结束时，p被销毁。析构函数会将p的引用计数减1，变为0。然后，使用delete运算符销毁p指向的变量。

智能指针可以确保你正确地创建和销毁变量。它消除了手动编写new/delete的需要，避免了忘记销毁变量、使用已销毁的变量或多次销毁变量等错误。这就是MikanOS决定使用智能指针来管理窗口的原因，在窗口中指针可能会被复制到不同的地方。

9.4 叠加过程的时间测量（osbook_day09b）

我们发现鼠标光标的移动过程非常缓慢。因此，我们希望加快这一过程。

这不局限于操作系统自制软件，在加速（优化）任何过程时，建议都要测量显示改进工作效果的数值。你可以自动或手动进行测量，但如果不经测量就尝试改进，则可能无法很好地理解效果，最终可能会导致源码变得不必要的复杂，尽管几乎没有对它做任何改进。

在本节中，作为加快鼠标光标移动过程的准备工作，我们将测量该过程所花费的时间。为了测量时间，我们使用了定时器。定时器通常有一个名为计数器的寄存器，用于存储数值，计数器的值每隔一段时间就会增加或减少一次。在处理前后读取计数器的值，然后计算差值，就可以知道处理所需的时间。

个人计算机上有多种类型的定时器。这里我们将使用Local APIC定时器，它是最容易使用的一种。虽然Local APIC定时器要求将计数器的值转换成秒，但我们只想测量速度加快的程度，因此没有必要进行转换。

代码9.25显示了timer.cpp文件，该文件定义了一系列用于操作Local APIC定时器的函数。文件开头定义了与Local APIC定时器相关的一个常量和四个寄存器。寄存器的含义如表9.1所示。

代码9.25 用于定时器操作的Local APIC函数组（timer.cpp）

```
#include "timer.hpp"

namespace {
  const uint32_t kCountMax = 0xffffffffu;
  volatile uint32_t& lvt_timer = *reinterpret_cast<uint32_t*>(0xfee00320);
  volatile uint32_t& initial_count = *reinterpret_cast<uint32_t*>(0xfee00380);
  volatile uint32_t& current_count = *reinterpret_cast<uint32_t*>(0xfee00390);
  volatile uint32_t& divide_config = *reinterpret_cast<uint32_t*>(0xfee003e0);
}

void InitializeLAPICTimer() {
  divide_config = 0b1011;
  lvt_timer = (0b001 << 16) | 32;
}

void StartLAPICTimer() {
  initial_count = kCountMax;
}

uint32_t LAPICTimerElapsed() {
  return kCountMax - current_count;
}

void StopLAPICTimer() {
  initial_count = 0;
}
```

表9.1 Local APIC定时器的寄存器的含义

寄存器名称	内存地址	含义
LVT Timer	0xfee00320	设置如何产生中断等
Initial Count	0xfee00380	计数器的初始值
Current Count	0xfee00390	计数器的当前值
Divide Configuration	0xfee003e0	设置计数器的递减速度

让我们来看看InitializeLAPICTimer()的实现。该函数用于设置定时器：Local APIC定时器按一定的时钟周期将计数器的值减1。Local APIC定时器有一个时钟分频电路，可以通过Divide Configuration寄存器设置分频比。分频意味着时钟被分为*n*份。分频电路降低了计数器的递减速度，使定时器可以测量更长的时间。

表9.2显示了通过Divide Configuration寄存器设置的分频比。分频比越大，计数器的递减速度越慢。在本例中，由于测量时间较短，无须设置分频比，因此在InitializeLAPICTimer()中将分频比设置为1（0b1011是二进制字面量，表示3、1和0位均为1的数字）。

表9.2　Local APIC定时器的分频比设置

Divide Configuration位3,1,0	分频比
000	2
001	4
⋮	⋮
110	128
111	1

LVT Timer（Local Vector Table Timer）寄存器的字段结构如表9.3所示。该寄存器主要用于设置与中断相关的信息。Local APIC定时器可以在设定的时间过后产生中断。LVT Timer寄存器允许或禁止中断，并设置中断向量编号。在这里，由于不使用中断，因此将Mask设置为1以防止产生中断。

表9.3　LVT Timer寄存器的字段结构

位位置	字段名称	含义
0:7	Vector	中断向量编号
12	Delivery Status	中断的发送状态（0=空闲，1=等待发送）
16	Mask	中断屏蔽（1=不允许中断）
17:18	Timer Mode	定时器的工作模式（0=单次，1=周期）

LVT Timer寄存器还可用于选择定时器的工作模式。定时器的工作模式有以下两种[1]。在这里，由于只需要测量一次时间，因此选择单次模式。

- 0：单次（oneshot）模式，定时器超时一次即结束。
- 1：周期（periodic）模式，超时后，重新读取初始值，定时器继续运行。

在单次模式下，向Initial Count寄存器中写入一个值后，Local APIC定时器开始运行。当操作开始时，首先将Initial Count寄存器中的值复制到当前计数寄存器中，然后值递减1，当值为0时，操作停止。如果此时Mask=0，则会根据Vector中设置的数字产生中断。

在StartLAPICTimer()中，32位Initial Count寄存器的宽度为0xffffffff，以尽可能测量更长的时间。然后，LAPICTimerElapsed()会计算初始值0xffffffff和当前值之间的差值，从而计算出处理所需的时间。

1　如果CPUID.01H:ECX.TSC_Deadline为1，则可以通过设置TimerMode=2来选择TSC截止时间模式（解释略）。

在单次模式和周期模式下，只要在定时器运行时向Initial Count寄存器中写入0，就可以停止定时器的运行。

我们还创建了一个头文件，以便从其他文件中调用操作Local APIC定时器的函数组（**代码9.26**）。

代码9.26　timer.hpp

```
#pragma once

#include <cstdint>

void InitializeLAPICTimer();
void StartLAPICTimer();
uint32_t LAPICTimerElapsed();
void StopLAPICTimer();
```

我们将使用这些函数为鼠标光标移动过程计时。首先包含timer.hpp文件，以便在main.cpp中使用这些函数（**代码9.27**）。

代码9.27　包含timer.hpp文件（main.cpp）

```
#include "timer.hpp"
```

在测量时间之前，我们需要设置Local APIC定时器。如**代码9.28**所示，在主函数中添加了一个初始化函数调用过程。在激活鼠标之前，在何处初始化定时器并不重要，但你可能希望将定时器用于非鼠标时间测量，因此我们决定提前初始化。

代码9.28　初始化Local APIC定时器（main.cpp）

```
  printk("Welcome to MikanOS!\n");
  SetLogLevel(kWarn);

  InitializeLAPICTimer();
```

初始化结束后，就可以开始测量时间了。**代码9.29**显示了修改后的MouseObserver()，用于测量时间。由于我们要加快的是鼠标光标移动时重绘屏幕的过程，因此将测量layer_manager->Draw()的时间。在这一行之前启动定时器（StartLAPICTimer()），紧接着我们就获得了耗时（LAPICTimerElapsed()）。最后，将显示进程所花费的时间。

代码9.29　为鼠标光标移动过程计时（main.cpp）

```
void MouseObserver(int8_t displacement_x, int8_t displacement_y) {
  layer_manager->MoveRelative(mouse_layer_id, {displacement_x, displacement_y});
```

```
  StartLAPICTimer();
  layer_manager->Draw();
  auto elapsed = LAPICTimerElapsed();
  StopLAPICTimer();
  printk("MouseObserver: elapsed = %u\n", elapsed);
}
```

那么，时间测量正确吗？让我们运行它来检查一下（图9.11）。很好，看来测量的时间是正确的。每次移动鼠标光标时，都会显示大约2.5亿的数值。虽然不知道其单位是什么，但你应该让这个数值更小。在测量时，请尽可能确保运行环境良好。

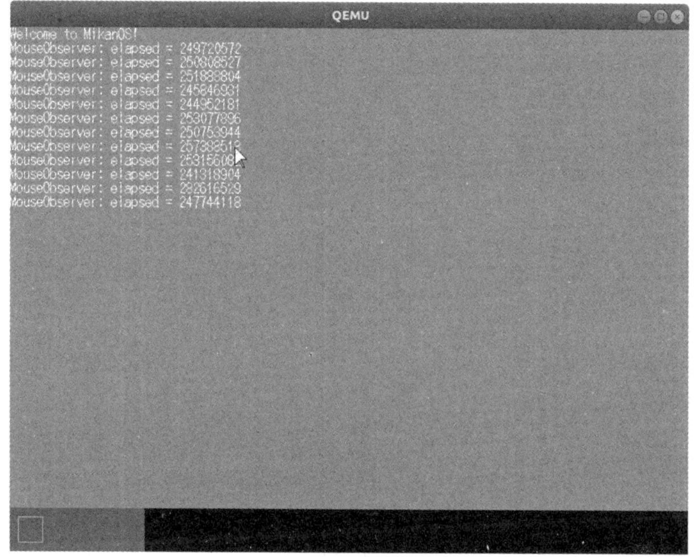

图9.11　移动鼠标光标所需的时间

9.5 加速叠加过程（osbook_day09c）

现在可以测量鼠标光标移动过程的时间了。你可以在适当监控效果的同时加快处理速度。

为了找出应在哪些方面进行修改以加快处理速度，我们首先给出鼠标光标移动过程中的主要处理过程。

1. 当鼠标光标移动时，数据到达xHC，最后到达MouseObserver()。
2. MouseObserver()会更新鼠标层的坐标，并调用LayerManager::Draw()。
3. LayerManager::Draw()调用Layer::DrawTo()，从最底层开始。
4. Layer::DrawTo()调用Window::DrawTo()。

5. Window::DrawTo()使用PixelWriter::Write()绘制窗口内容，同时考虑到透明色。
6. PixelWriter::Write()在指定坐标处绘制指定颜色。

其中，步骤5和步骤6是最耗时的。这是因为根据窗口中的像素数量PixelWriter::Write()会被反复调用。如果屏幕分辨率为1920像素×1080像素，最大的窗口（背景窗口）大约有207万像素。一次函数调用的时间并不长，但如果重复调用207万次，就会耗费大量时间。

对于步骤5和步骤6，有两种可能的加速策略。

- 加快将窗口图片写入帧缓冲区的过程。
- 减少要写入的像素数量。

首先，加快每次向帧缓冲区中写入207万像素的过程。这并不会改变写入207万像素本身，但会使整体速度更快。其次，减少必须传输到帧缓冲区的像素数量。当鼠标光标移动时，需要更新的区域只是屏幕的一部分，因此限制需要重绘的区域应该会使重绘速度更快。我们从第一种方法开始介绍。

回顾一下PixelWriter::Write()的作用。它将参数指定的PixelColor类型值转换为实际的帧缓冲区数据格式，并将其写入帧缓冲区。无论帧缓冲区的数据格式如何，程序员都只需要使用通用的PixelColor类型，这是一种非常便利的机制。另外，由于数据格式的转换，这个过程比简单地将值写入内存要繁重得多。

每次重绘时，为每个像素调用PixelWriter::Write()是没有用的。这是因为当鼠标光标移动时，背景窗口和鼠标窗口的图片并不一定会改变。现在，每次移动鼠标光标时，背景窗口的内容都会发生变化，因为会显示移动过程的时间。但从整个背景来看，仍然只有一小部分发生了变化。而且，如果不测量时间，仅仅移动鼠标光标，那么背景根本不会发生变化。然而，每移动一下鼠标光标就在帧缓冲区重绘整个背景，是一种浪费。当前的绘制流程如图9.12所示。

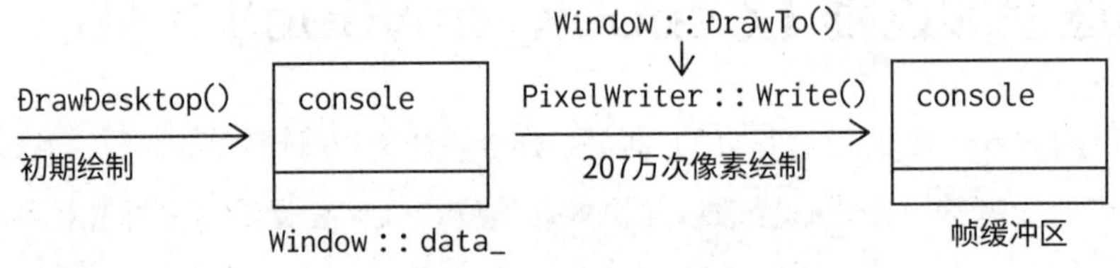

图9.12　将窗口绘制到帧缓冲区的流程

与其每次都调用PixelWriter::Write()，还不如通过memcpy来传输内存区域。如果可以通过memcpy直接将Window::data_中的内容复制到帧缓冲区，那么速度会快得多。这是因为函数调用的次数可以大大减少，而且memcpy使用了高度优化的复制指令，因此通常速度更快。不过，由于Window::data_是PixelColor类型的数组，因此不能将其直接传输到帧缓冲区。如果帧缓冲区的数据格式恰好与PixelColor的内存布局相同，则可以这样做，但并非所有模型都是如此。

为了加快处理速度，我们考虑使用阴影缓冲区，如图9.13所示。阴影缓冲区是一个内存区域，其垂直方向和水平方向上的大小与Window::data_相同，但像素的数据格式与帧缓冲区相匹配。我们将其命名为阴影缓冲区，是因为它的存在对程序员是隐蔽的。当程序员将像素写入Window::data_时，数据格式会自动转换并被写入阴影缓冲区。

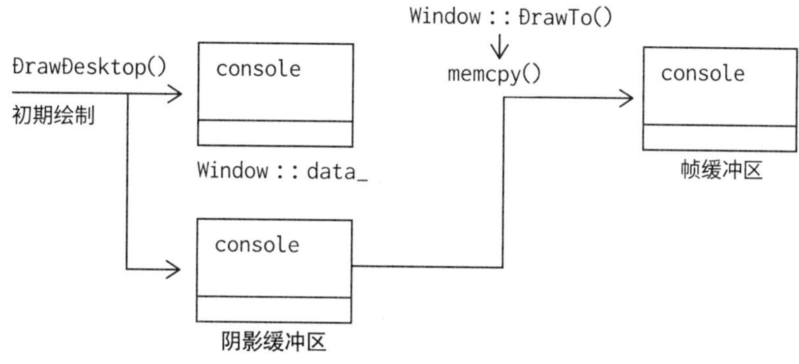

图9.13　使用阴影缓冲区的绘制流程

阴影缓冲区的数据格式与帧缓冲区对齐，因此当重新绘制屏幕时，可以使用memcpy将阴影缓冲区的内容复制到帧缓冲区。这样就不需要每次都调用PixelWriter::Write()了。

这种方法的缺点是需要与阴影缓冲区相对应的内存空间。如果帧缓冲区中的一个像素为4字节，那么1920像素×1080像素的阴影缓冲区约为8MiB。现代计算机的主内存都有几GB或更大，因此我们认为，为了提高速度，这个内存容量并不算太大。

我们为Window类添加一个阴影缓冲区，如代码9.30所示。我们先来了解如何使用该类，然后再讨论FrameBuffer的实现。

代码9.30　使Window类具有阴影缓冲区（window.hpp）

```
private:
 int width_, height_;
 std::vector<std::vector<PixelColor>> data_{};
 WindowWriter writer_{*this};
 std::optional<PixelColor> transparent_color_{std::nullopt};

 FrameBuffer shadow_buffer_{};
```

代码9.31显示了如何初始化阴影缓冲区。在创建Window类时，阴影缓冲区会自动初始化。需要向阴影缓冲区传递高度和宽度的大小，以及像素的数据格式。我们决定使用FrameBufferConfig结构体，因为它恰到好处：通过在config.frame_buffer中输入nullptr， shadow_buffer_.Initialize将自动在内部分配内存空间。

代码9.31 初始化阴影缓冲区（window.cpp）

```
Window::Window(int width, int height, PixelFormat shadow_format) : width_{width}, height_
{height} {
  data_.resize(height);
  for (int y = 0; y < height; ++y) {
    data_[y].resize(width);
  }

  FrameBufferConfig config{};
  config.frame_buffer = nullptr;
  config.horizontal_resolution = width;
  config.vertical_resolution = height;
  config.pixel_format = shadow_format;

  if (auto err = shadow_buffer_.Initialize(config)) {
    Log(kError, "failed to initialize shadow buffer: %s at %s:%d\n",
        err.Name(), err.File(), err.Line());
  }
}
```

你可能想知道为什么shadow_buffer_.Initialize()会记录错误：在构建操作系统时，C++异常函数被禁用，Window类构造函数无法向调用者返回错误信息。因此，报告错误的唯一方法就是记录错误日志。正常的函数调用可以将错误作为返回值，但构造函数没有返回值，因此需要使用异常将错误返回给构造函数的调用者。在禁用异常的环境中，构造函数的限制有点儿严格。

在Window类中绘制桌面或鼠标光标图片时，以前我们只需要在Window::data_中绘制，但现在需要在阴影缓冲区中绘制相同的内容。因此，我们创建了一个新的Write()方法，如代码9.32所示。到目前为止，我们一直通过设置window_.At(x, y) = c;并将其赋值给非const版本的At()方法的返回值来绘制像素。但这无法实现在Window::data_中绘制的同时也自动在Window::shadow_buffer_中绘制。

代码9.32 使用Write()方法也可写入阴影缓冲区（window.cpp）

```
const PixelColor& Window::At(Vector2D<int> pos) const{
  return data_[pos.y][pos.x];
}

void Window::Write(Vector2D<int> pos, PixelColor c) {
  data_[pos.y][pos.x] = c;
  shadow_buffer_.Writer().Write(pos, c);
}
```

代码9.33显示了使用新创建的Write()的WindowWriter的实现。PixelWriter::Write()使用相同的参数调用Window::Write()，这似乎有点儿无用。与其编写这样的代码，还不如让Window类本身也能用作PixelWriter。我们把这方面的修改留给读者来完成。

代码9.33　WindowWriter使用新创建的Write()绘制像素（window.hpp）

```
/** @brief 在指定位置绘制指定颜色 */
virtual void Write(Vector2D<int> pos, const PixelColor& c) override {
  window_.Write(pos, c);
}
```

代码9.34显示了修改后的DrawTo()方法的实现。修改是为了在没有设置透明色时进行处理。如果没有设置透明色，那么只需要将阴影缓冲区的内容复制到所需的帧缓冲区即可。而如果设置了透明色，那么在复制阴影缓冲区的同时也会复制透明色，这样阴影缓冲区就不再透明了。在这种情况下，你别无选择，只能调用writer.Write()进行绘制。目前，只有鼠标光标使用了透明色，该区域非常小，不会受到太大的影响。

代码9.34　使用DrawTo()将窗口内容传输到指定的帧缓冲区（window.cpp）

```
void Window::DrawTo(FrameBuffer& dst, Vector2D<int> position) {
  if (!transparent_color_) {
    dst.Copy(position, shadow_buffer_);
    return;
  }

  const auto tc = transparent_color_.value();
  auto& writer = dst.Writer();
  for (int y = 0; y < Height(); ++y) {
    for (int x = 0; x < Width(); ++x) {
      const auto c = At(Vector2D<int>{x, y});
      if (c != tc) {
        writer.Write(position + Vector2D<int>{x, y}, c);
      }
    }
  }
}
```

既然我们已经完成了使用阴影缓冲区的部分，那么接下来将实现阴影缓冲区类FrameBuffer。首先，我们定义了要创建的整个类，如代码9.35所示。

代码9.35　实现阴影缓冲区的FrameBuffer类（frame_buffer.hpp）

```
#pragma once

#include <vector>
```

```
#include <memory>

#include "frame_buffer_config.hpp"
#include "graphics.hpp"
#include "error.hpp"

class FrameBuffer {
 public:
  Error Initialize(const FrameBufferConfig& config);
  Error Copy(Vector2D<int> pos, const FrameBuffer& src);

  FrameBufferWriter& Writer() { return *writer_; }

 private:
  FrameBufferConfig config_{};
  std::vector<uint8_t> buffer_{};
  std::unique_ptr<FrameBufferWriter> writer_{};
};

int BitsPerPixel(PixelFormat format);
```

当我们说帧缓冲区时，通常指的是与显示屏相连的特殊内存区域（在此区域中绘制的内容将显示在显示屏上），有时也称为VRAM（Video RAM）。相比之下，阴影缓冲区只是一个内存区域，在其中绘制的图片不会自动显示在显示屏上，但我们敢于将其命名为帧缓冲区（Frame Buffer）。这是因为我们想表达这样一个事实：它是一个内存区域，其垂直和水平的尺寸与帧缓冲区相同，固定的像素数据格式与帧缓冲区相同。

下面是FrameBuffer类的成员变量。config_保存绘图区域的配置信息，包括绘图区域的垂直尺寸和水平尺寸，以及像素的数据格式。buffer_是一个像素数组，是绘图区域的主体。与Window::data_的PixelColor不同，它是一个uint8_t数组。由于不同模型的像素数据格式各不相同，因此有必要使用一种可以存储任何数据的类型。writer_存储与该绘图区域相关联的PixelWriter实例。writer_是一个uint8_t数组，这里之所以使用std::unique_ptr而不是std::shared_ptr，是因为FrameBuffer拥有writer_指向的实例的所有权。

现在我们来实现每个方法。

代码9.36显示了一个初始化方法Initialize()。该方法根据config参数准备绘图区域。在方法开始时，使用BitsPerPixel()[1]计算一个像素所占的位数。如果数据格式不被BitsPerPixel()支持，那么BitsPerPixel()会返回错误信息。

1 目前，所有的像素格式均为32位，因此无须费心计算。这里使用该函数计算位数，是为了说明位数可能会根据机型和设置而改变。

代码9.36 Initialize()以指定的设置分配缓冲区（frame_buffer.cpp）

```
Error FrameBuffer::Initialize(const FrameBufferConfig& config) {
  config_ = config;

  const auto bits_per_pixel = BitsPerPixel(config_.pixel_format);
  if (bits_per_pixel <= 0) {
    return MAKE_ERROR(Error::kUnknownPixelFormat);
  }

  if (config_.frame_buffer) {
    buffer_.resize(0);
  } else {
    buffer_.resize(
        ((bits_per_pixel + 7) / 8)
        * config_.horizontal_resolution * config_.vertical_resolution);
    config_.frame_buffer = buffer_.data();
    config_.pixels_per_scan_line = config_.horizontal_resolution;
  }

  switch (config_.pixel_format) {
    case kPixelRGBResv8BitPerColor:
      writer_ = std::make_unique<RGBResv8BitPerColorPixelWriter>(config_);
      break;
    case kPixelBGRResv8BitPerColor:
      writer_ = std::make_unique<BGRResv8BitPerColorPixelWriter>(config_);
      break;
    default:
      return MAKE_ERROR(Error::kUnknownPixelFormat);
  }

  return MAKE_ERROR(Error::kSuccess);
}
```


代码9.37显示了BitsPerPixel()的实现，以供参考。由于目前只定义了两种数据格式，因此该实现意义不大。

代码9.37 BitsPerPixel()返回一个像素的位数（frame_buffer.cpp）

```
int BitsPerPixel(PixelFormat format) {
  switch (format) {
    case kPixelRGBResv8BitPerColor: return 32;
    case kPixelBGRResv8BitPerColor: return 32;
  }
  return -1;
}
```

在获得了每个像素的位数后，将根据config_.frame_buffer是否为nullptr来划分过程。除特殊情况外，假设config_.frame_buffer为nullptr，并执行else子句。else子句动态分配内存空间。

如果在buffer_.resize()方法中指定了元素数量，那么数组将被扩展到足够大小，以存储这些元素[1]。将动态分配内存区域的第一个指针设置为config_.frame_buffer。

如果config_.frame_buffer不为nullptr，即有某个指针被设置为nullptr，那么指针指向的内存区域将被用作绘制区域。我们设计了一种方法来处理将UEFI获得的帧缓冲区（原始帧缓冲区）作为FrameBuffer类的情况。在这种情况下，不需要进行动态内存分配，因此通过buffer_.resize(0)将内部缓冲区的元素数量减少为0。

在Initialize()方法的后半部分，将对writer_进行设置：根据config_.pixel_format生成合适的PixelWriter，并将其设置为writer_。顺便提一下，std::make_unique是一个生成初始化的std::unique_ptr的函数，下面两行具有相同的含义。

```
std::unique_ptr<A>(new A(config_))
std::make_unique<A>(config_)
```

代码9.38展示了FrameBuffer类的主要功能，即用于相互复制缓冲区的Copy()方法。与使用PixelWriter()来重复每个像素的数据转换不同，通过memcpy缓冲区来绘图的核心方法是Copy()。该方法将参数src指定的缓冲区内容复制到参数pos指定的位置，如图9.14所示。

代码9.38　Copy()将指定的缓冲区内容复制到它自己的缓冲区（frame_buffer.cpp）

```
Error FrameBuffer::Copy(Vector2D<int> pos, const FrameBuffer& src) {
  if (config_.pixel_format != src.config_.pixel_format) {
    return MAKE_ERROR(Error::kUnknownPixelFormat);
  }

  const auto bits_per_pixel = BitsPerPixel(config_.pixel_format);
  if (bits_per_pixel <= 0) {
    return MAKE_ERROR(Error::kUnknownPixelFormat);
  }
  const auto dst_width = config_.horizontal_resolution;
  const auto dst_height = config_.vertical_resolution;
  const auto src_width = src.config_.horizontal_resolution;
  const auto src_height = src.config_.vertical_resolution;
  const int copy_start_dst_x = std::max(pos.x, 0);
  const int copy_start_dst_y = std::max(pos.y, 0);
  const int copy_end_dst_x = std::min(pos.x + src_width, dst_width);
  const int copy_end_dst_y = std::min(pos.y + src_height, dst_height);

  const auto bytes_per_pixel = (bits_per_pixel + 7) / 8;
  const auto bytes_per_copy_line =
    bytes_per_pixel * (copy_end_dst_x - copy_start_dst_x);

  uint8_t* dst_buf = config_.frame_buffer + bytes_per_pixel *
    (config_.pixels_per_scan_line * copy_start_dst_y + copy_start_dst_x);
```

1　std::vector::resize()使用new运算符分配内存。之前实现的sbrk()很有用！

```
  const uint8_t* src_buf = src.config_.frame_buffer;

  for (int dy = 0; dy < copy_end_dst_y - copy_start_dst_y; ++dy) {
    memcpy(dst_buf, src_buf, bytes_per_copy_line);
    dst_buf += bytes_per_pixel * config_.pixels_per_scan_line;
    src_buf += bytes_per_pixel * src.config_.pixels_per_scan_line;
  }

  return MAKE_ERROR(Error::kSuccess);
}
```

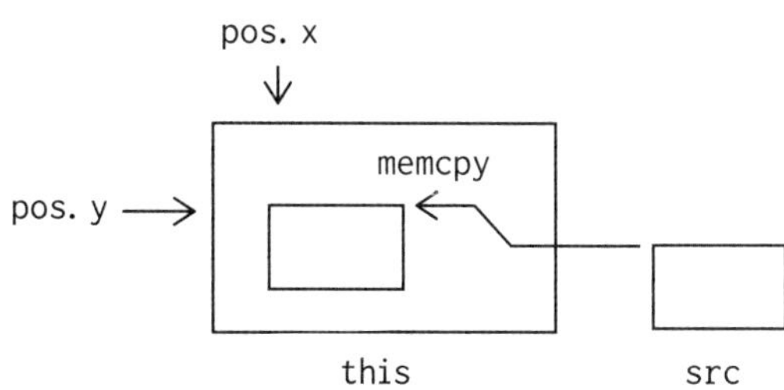

图9.14　FrameBuffer::Copy()工作示意图

这个方法有点儿长，让我们从头开始介绍。

在方法开始时，它会检查源（src）和目标（this）中像素的数据格式是否相同。禁止memcpy数据格式不同的缓冲区，否则会导致颜色发生变化。

然后，计算每个像素的位数，与Initialize()相同。

接下来是四行变量的定义，为dst_width等短名称的变量设置各种值。这样做是为了使程序的后半部分更容易阅读。

紧接着的四行定义了copy_start_dst_x等变量，这里可能有点儿难。这四行用于处理pos指定的位置超出范围或者src太大而溢出的情况。

pos.x超出范围的模式如图9.15所示。在这种情况下，应复制的区域是图中的阴影区域。前面四行的计算就是为了找到这个范围。

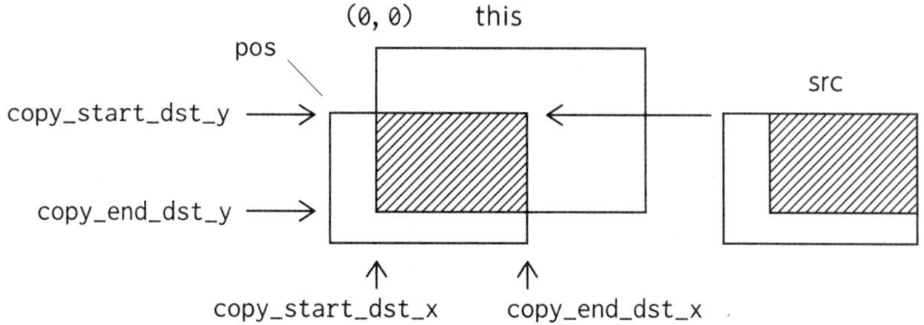

图9.15　超出范围时FrameBuffer::Copy()的行为

bytes_per_copy_line变量表示每次要复制的字节数。在图9.15中，可以说它是复制阴影区域一条斜线所需的字节数。

dst_buf变量的初始值是目标地址（图9.16）。虽然公式相当复杂，但实际上类似的计算方法在4.2节中也出现过。如果y = copy_start_dst_y，x = copy_start_dst_x，则括号中的内容与本公式相同。将其乘以每个像素的字节数，再加上起始地址config_.frame_buffer，就是你要查找的地址。

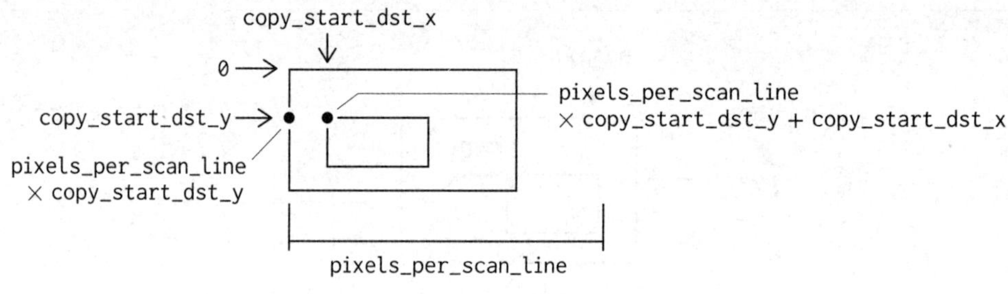

图9.16 dst_buf初始值的含义

src_buf变量的初始值就是源地址。这个很简单。

最后使用for语句复制数据：从src_buf复制到dst_buf，重复复制数次。每次复制时都会使src_buf和dst_buf增加一列，为下一次复制做好准备。

代码9.39显示了对LayerManager的主要修改。之前的PixelWriter* writer_{nullptr};已被更改为FrameBuffer* screen_{nullptr};，这意味着在屏幕上绘图将使用FrameBuffer来完成。与此同时，一些使用PixelWriter的部分也被改写为使用FrameBuffer。

代码9.39 更改LayerManager以使用FrameBuffer（layer.hpp）

```
private:
  FrameBuffer* screen_{nullptr};
  std::vector<std::unique_ptr<Layer>> layers_{};
  std::vector<Layer*> layer_stack_{};
  unsigned int latest_id_{0};
```

在主函数中，我们创建了一个FrameBuffer实例，如代码9.40所示。传递给Initialize()的frame_buffer_config是一个代表与实际显示相关联的帧缓冲区的结构。这是Initialize()方法中if语句if (config_.frame_buffer)唯一为真的情况。

代码9.40 创建一个FrameBuffer实例代表真正的帧缓冲区（main.cpp）

```
  FrameBuffer screen;
  if (auto err = screen.Initialize(frame_buffer_config)) {
    Log(kError, "failed to initialize frame buffer: %s at %s:%d\n",
```

```
        err.Name(), err.File(), err.Line());
  }

  layer_manager = new LayerManager;
  layer_manager->SetWriter(&screen);
```

修改完成后，移动鼠标光标并测量时间（图9.17）。数值大约为370万。而在修改之前，时间约为2.5亿。这意味着速度提升了约67倍。这太惊人了！

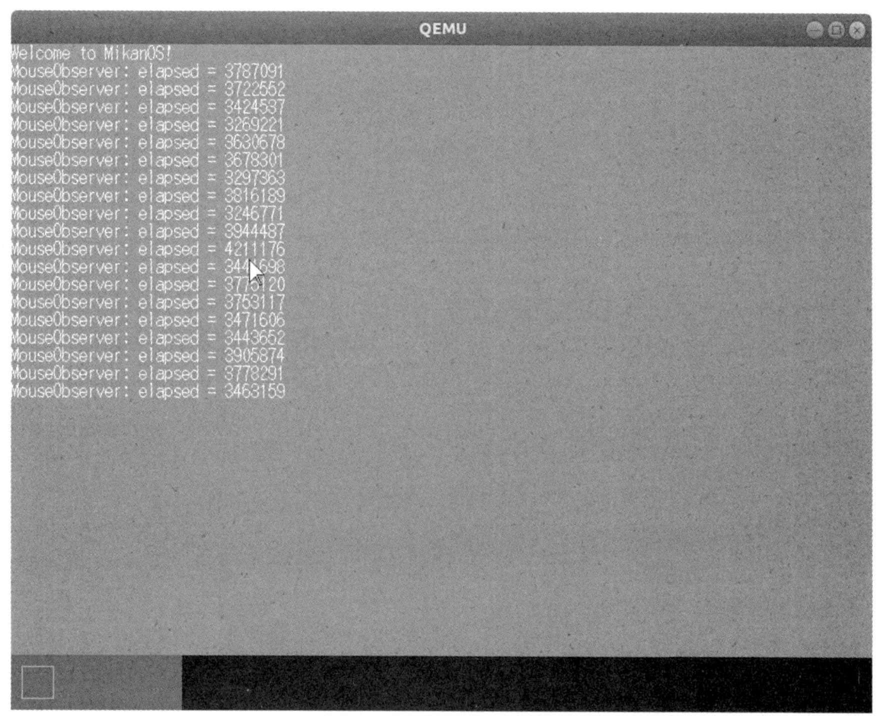

图9.17　在memcpy版本中鼠标光标移动的时间

你可以看到，在快速移动鼠标光标时，它变得非常舒适。不过，虽然一开始很舒适，但是当控制台滚动时，感觉鼠标光标开始晃动。控制台滚动过程会不会很慢？在下一节中，我们将尝试加快控制台滚动过程。

9.6 测量滚动过程时间（osbook_day09d）

要加快速度，首先应进行正确的测量，因此我们要测量控制台滚动过程所需的时间。我们在printk中添加了一个时间测量程序，如代码9.41所示，用于测量显示一行所需的时间。

代码9.41 测量显示一行所需的时间（main.cpp）

```
int printk(const char* format, ...) {
  va_list ap;
  int result;
  char s[1024];

  va_start(ap, format);
  result = vsprintf(s, format, ap);
  va_end(ap);

  StartLAPICTimer();
  console->PutString(s);
  auto elapsed = LAPICTimerElapsed();
  StopLAPICTimer();

  sprintf(s, "[%9d]", elapsed);
  console->PutString(s);
  return result;
}
```

让我们实际测量一下（图9.18）。当滚动时，处理时间会急剧增加。不滚动时，处理时间约为300万；但滚动时，处理时间约为1亿。这无论如何都太慢了。

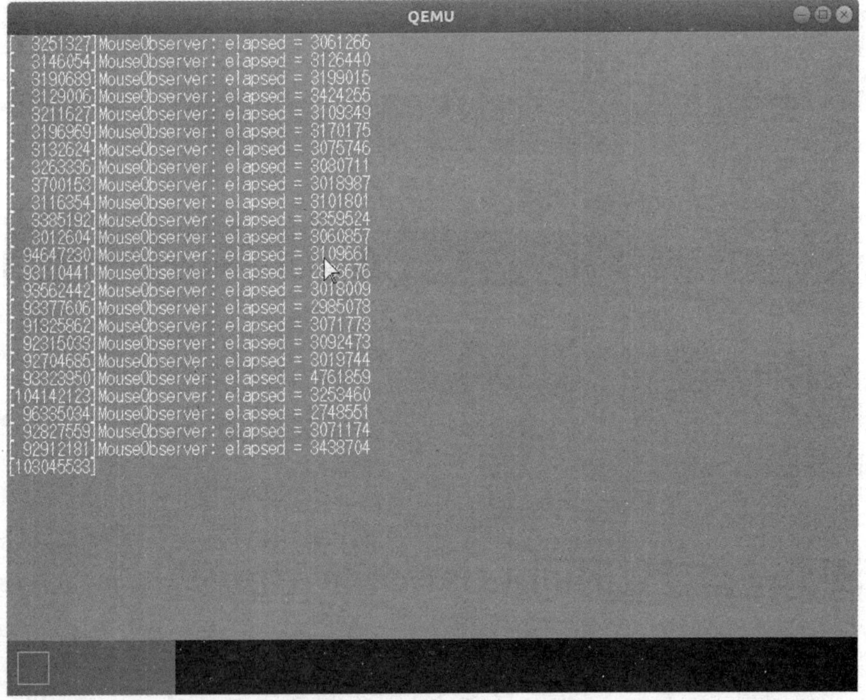

图9.18 滚动时处理时间增加

9.7 更快的滚动过程（osbook_day09e）

考虑一下滚动过程耗时如此之长的原因。**代码9.42**重现了负责滚动处理的Console::Newline()进程。该源码首次出现在**代码5.16**中。

代码9.42　定义Newline()来处理换行（改进前）

```
void Console::Newline() {
  cursor_column_ = 0;
  if (cursor_row_ < kRows - 1) {
    ++cursor_row_;
  } else {
    for (int y = 0; y < 16 * kRows; ++y) {
      for (int x = 0; x < 8 * kColumns; ++x) {
        writer_.Write(x, y, bg_color_);
      }
    }
    for (int row = 0; row < kRows - 1; ++row) {
      memcpy(buffer_[row], buffer_[row + 1], kColumns + 1);
      WriteString(writer_, 0, 16 * row, buffer_[row], fg_color_);
    }
    memset(buffer_[kRows - 1], 0, kColumns + 1);
  }
}
```

当if语句为假（cursor_row_到达最后一行）时，发生滚动。当if语句为假时，首先用背景色填充整个控制台。填充过程只根据控制台的大小调用writer_.Write()，这可能会比较慢。调用PixelWriter::Write()是导致屏幕重绘速度变慢的原因；WriteString()在内部也使用PixelWriter::Write()来绘制文字，这也是导致速度变慢的原因。

为了加快速度，我们考虑的方法是在帧缓冲区内移动像素。目前的滚动过程是“填充整个控制台，然后重新绘制从第一行到kRows-1行的字符串”。这可以改为“将倒数第二行上移一行，只在最后一行填充背景色，然后绘制字符串”（**图9.19**）。这将大大减少调用PixelWriter::Write()的次数。

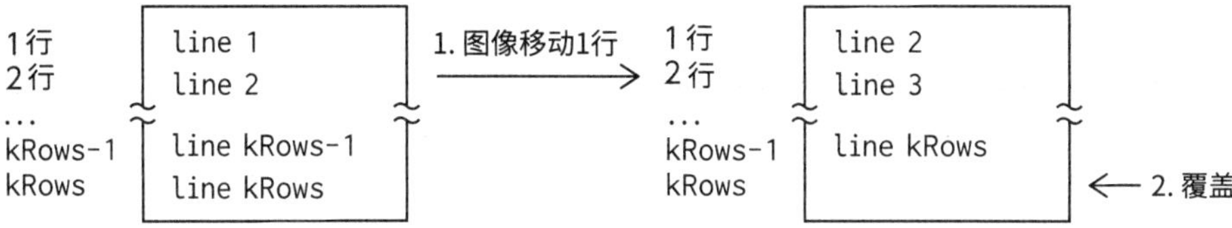

图9.19　利用帧缓冲区中的像素移动来实现滚动过程

代码9.43显示了如何通过像素移动（Window::Move()）来实现滚动过程。像素移动方法将在后面实现，但需要说明的是，如果写为Window::Move(目标坐标, 源矩形)，则会把源矩形指定的矩形移动到目标坐标处。要使控制台滚动，只需要将第二行到最后一行的矩形区域上移一行。因此，源基准坐标应为(0,16)，目标坐标应为(0,0)，矩形大小应为(8*kColumns,16*(kRows-1))。移动后空出来的最后一行应使用FillRectangle()填充。

代码9.43 在控制台中使用Window::Move()来换行（console.cpp）

```
void Console::Newline() {
  cursor_column_ = 0;
  if (cursor_row_ < kRows - 1) {
    ++cursor_row_;
    return;
  }

  if (window_) {
    Rectangle<int> move_src{{0, 16}, {8 * kColumns, 16 * (kRows - 1)}};
    window_->Move({0, 0}, move_src);
    FillRectangle(*writer_, {0, 16 * (kRows - 1)}, {8 * kColumns, 16}, bg_color_);
  } else {
    FillRectangle(*writer_, {0, 0}, {8 * kColumns, 16 * kRows}, bg_color_);
    for (int row = 0; row < kRows - 1; ++row) {
      memcpy(buffer_[row], buffer_[row + 1], kColumns + 1);
      WriteString(*writer_, Vector2D<int>{0, 16 * row}, buffer_[row], fg_color_);
    }
    memset(buffer_[kRows - 1], 0, kColumns + 1);
  }
}
```

Rectangle类是在graphics.hpp中新创建的类型，表示单个矩形。它具有左上角点的坐标（Vector2D pos），以及水平和垂直的尺寸（Vector2D size）。

当可以通过移动像素来处理滚动时，就不再需要buffer_来存储字符串了。我们已经停止了滚动时移动一行的过程。此外，虽然没有发布源码，但我们添加了std::shared_ptr<Window> window_;作为Console类的成员变量。这与上述修改是一致的。

我们创建了一个SetWindow()方法（代码9.44），当控制台开始使用Window而不是PixelWriter时，就可以适当地进行切换了。这并不难，关键是最后调用Refresh()重新绘制整个控制台。

代码9.44 SetWindow()的实现（console.cpp）

```
void Console::SetWindow(const std::shared_ptr<Window>& window) {
  if (window == window_) {
    return;
  }
  window_ = window;
```

```
  writer_ = window->Writer();
  Refresh();
}
```

代码9.45显示了Window::Move()的实现，这也是本节的主要内容。不过，它只是将移动过程委托给FrameBuffer::Move()。

代码9.45　将屏幕内的移动过程委托给阴影缓冲区（window.cpp）

```
void Window::Move(Vector2D<int> dst_pos, const Rectangle<int>& src) {
  shadow_buffer_.Move(dst_pos, src);
}
```

代码9.46显示了FrameBuffer::Move()的主体。此方法根据移动方向是向上还是向下来区分处理过程。在移动时，像素在水平方向上每次复制一行，因此有必要将两种情况分开处理，以免覆盖源数据。

代码9.46　移动指定范围（frame_buffer.cpp）

```
void FrameBuffer::Move(Vector2D<int> dst_pos, const Rectangle<int>& src) {
  const auto bytes_per_pixel = BytesPerPixel(config_.pixel_format);
  const auto bytes_per_scan_line = BytesPerScanLine(config_);

  if (dst_pos.y < src.pos.y) { // 向上移动
    uint8_t* dst_buf = FrameAddrAt(dst_pos, config_);
    const uint8_t* src_buf = FrameAddrAt(src.pos, config_);
    for (int y = 0; y < src.size.y; ++y) {
      memcpy(dst_buf, src_buf, bytes_per_pixel * src.size.x);
      dst_buf += bytes_per_scan_line;
      src_buf += bytes_per_scan_line;
    }
  } else { // 向下移动
    uint8_t* dst_buf = FrameAddrAt(dst_pos + Vector2D<int>{0, src.size.y - 1}, config_);
    const uint8_t* src_buf = FrameAddrAt(src.pos + Vector2D<int>{0, src.size.y - 1},
                                         config_);
    for (int y = 0; y < src.size.y; ++y) {
      memcpy(dst_buf, src_buf, bytes_per_pixel * src.size.x);
      dst_buf -= bytes_per_scan_line;
      src_buf -= bytes_per_scan_line;
    }
  }
}
```

移动过程使用memcpy来完成。此外，还定义并使用了其他几个便利函数。**代码9.47**中列出了主要的便利函数。BytesPerPixel()函数用于计算每个像素的字节数。到现在为止，我们一直在使用BitsPerPixel()，但因为以字节为单位计算更方便，所以重新创建了它。

FrameAddrAt()函数用于查找与给定坐标相对应的内存地址。其他两个函数的意思，你看一下实现过程就知道了。通过这些便利函数，我们改进了一些函数的实现。关于它们之间的差异，参见所附的源码。

代码9.47　实用程序（frame_buffer.cpp）

```
namespace {
  int BytesPerPixel(PixelFormat format) {
    switch (format) {
      case kPixelRGBResv8BitPerColor: return 4;
      case kPixelBGRResv8BitPerColor: return 4;
    }
    return -1;
  }

  uint8_t* FrameAddrAt(Vector2D<int> pos, const FrameBufferConfig& config) {
    return config.frame_buffer + BytesPerPixel(config.pixel_format) *
      (config.pixels_per_scan_line * pos.y + pos.x);
  }

  int BytesPerScanLine(const FrameBufferConfig& config) {
    return BytesPerPixel(config.pixel_format) * config.pixels_per_scan_line;
  }

  Vector2D<int> FrameBufferSize(const FrameBufferConfig& config) {
    return {static_cast<int>(config.horizontal_resolution),
            static_cast<int>(config.vertical_resolution)};
  }
}
```

最后，当窗口准备就绪时，我们将在控制台中对其进行设置，如代码9.48所示。现在，控制台可以使用窗口执行绘制和滚动过程了。

代码9.48　设置绘制控制台的窗口（main.cpp）

```
  DrawDesktop(*bgwriter);
  console->SetWindow(bgwindow);
```

请看修改后的效果（图9.20）。滚动前的处理时间几乎没有变化，而滚动处理后的计数约为850万。虽说变慢了，速度只提高了不到3倍，但与实现Window::Move()之前相比，速度提高了11倍。在我们的使用环境中，鼠标光标的移动已经完全不生涩了。这样的速度提升已经足够了。

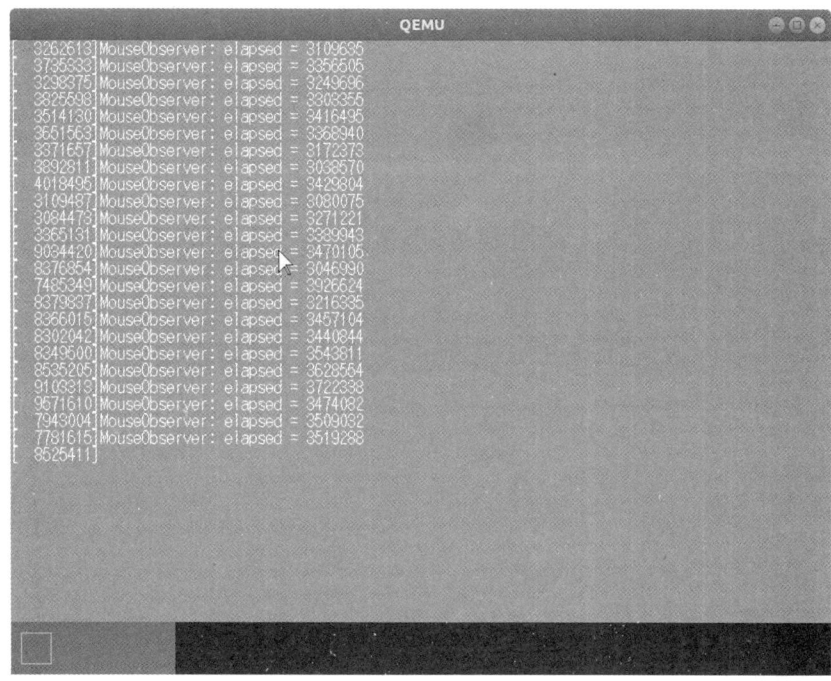

图9.20　滚动处理速度更快了

第 10 章

窗口

在本章中，我们将调出一个类似于窗口的外观。当窗口出现时，它看起来更像一个带图形用户界面的操作系统了。如果只是出现一个窗口，则显得有点儿乏味，所以我们将在窗口中显示计时器的计数值。

10.1 再论鼠标（osbook_day10a）

你注意到了吗？如果将鼠标光标移动到屏幕左侧或右侧的边缘之外，它就会从另一侧移出。在一般的操作系统中，如果试图将鼠标光标移出屏幕，它就会停在屏幕边缘，所以我们要模仿这种情况。

首先，我们需要修复Window::DrawTo()方法中的一个错误。该错误会导致鼠标光标在屏幕边缘移动时，在有透明色的情况下，从屏幕的另一侧移出。如**代码10.1**所示，在屏幕边缘对绘制范围进行了删减。

代码10.1　修复Window::DrawTo()中的坐标计算错误（window.cpp）

```
for (int y = std::max(0, 0 - position.y);
     y < std::min(Height(), writer.Height() - position.y);
     ++y) {
  for (int x = std::max(0, 0 - position.x);
       x < std::min(Width(), writer.Width() - position.x);
       ++x) {
```

此修复可解决鼠标光标跳过屏幕边缘并在另一侧出现的错误，但无法解决鼠标光标跳过屏幕边缘并在任何地方移动的问题。为了防止鼠标光标丢失，我们要对其进行修改，使其停在屏幕边缘。

代码10.2显示了修改后的MouseObserver()。首先，我们尝试移动鼠标光标的坐标，并修改结果使其适配屏幕。ElementMin()函数逐元素比较两个向量并取其中较小的一个。

代码10.2　调整鼠标光标的坐标以适配屏幕（main.cpp）

```
unsigned int mouse_layer_id;
Vector2D<int> screen_size;
Vector2D<int> mouse_position;

void MouseObserver(int8_t displacement_x, int8_t displacement_y) {
  auto newpos = mouse_position + Vector2D<int>{displacement_x, displacement_y};
  newpos = ElementMin(newpos, screen_size + Vector2D<int>{-1, -1});
  mouse_position = ElementMax(newpos, {0, 0});

  layer_manager->Move(mouse_layer_id, mouse_position);
  layer_manager->Draw();
}
```

这一行：

```
newpos = ElementMin(newpos, screen_size + Vector2D<int>{-1, -1});
```

与下面的if语句具有相同的效果。

```
if (newpos.x > screen_size.x -1) { newpos.x = screen_size.x -1; }
if (newpos.y > screen_size.y -1) { newpos.y = screen_size.y -1; }
```

也就是说，它将坐标的上限限制为(screen_size.x-1, screen_size.y-1)。同样，ElementMax()对两个向量进行逐元素比较，并取其中较大的一个。它将坐标的下限限制为(0,0)。

screen_size的值应在main.cpp中设置（**代码10.3**）。这样就能成功防止鼠标光标跳出屏幕吗？即使用图来展示也看不清楚，请自行尝试。顺便提一下，我们已经删除了day10a代码中的时间测量代码。现在不需要了。

代码10.3　在screen_size中设置屏幕尺寸（main.cpp）

```
screen_size.x = frame_buffer_config.horizontal_resolution;
screen_size.y = frame_buffer_config.vertical_resolution;
```


10.2 第一个窗口（osbook_day10b）

仅仅有了鼠标光标还不够，我们想显示一个窗口。让我们利用之前建立的叠加过程来快速创建一个窗口。

代码10.4显示了创建显示区域并绘制窗口的过程。这有点儿令人困惑，因为Window类代表显示区域，而这里所说的窗口是一个带有关闭按钮等功能的组件。这里创建了一个大小为160像素×68像素的显示区域，并使用DrawWindow()在该区域绘制窗口框架。稍后将实现该函数。接下来，我们使用WriteString()写入要在窗口中显示的信息。

代码10.4　创建一个小的显示区域并绘制窗口（main.cpp）

```
auto main_window = std::make_shared<Window>(
    160, 68, frame_buffer_config.pixel_format);
DrawWindow(*main_window->Writer(), "Hello Window");
WriteString(*main_window->Writer(), {24, 28}, "Welcome to", {0, 0, 0});
WriteString(*main_window->Writer(), {24, 44}, " MikanOS world!", {0, 0, 0});
```

创建一个图层以显示已创建的窗口，过程如**代码10.5**所示。图层的高度应低于鼠标层。

代码10.5　创建并注册一个与显示区域相关的图层（main.cpp）

```
auto main_window_layer_id = layer_manager->NewLayer()
  .SetWindow(main_window)
  .Move({300, 100})
  .ID();
```

```
  layer_manager->UpDown(bglayer_id, 0);
  layer_manager->UpDown(mouse_layer_id, 1);
  layer_manager->UpDown(main_window_layer_id, 1);
  layer_manager->Draw();
```

DrawWindow()的实现如**代码10.6**所示。该函数用于绘制窗口的标题栏（显示标题的水平区域）、关闭按钮和背景。

代码10.6　使用DrawWindow()绘制窗口的标题栏和背景（window.cpp）

```
void DrawWindow(PixelWriter& writer, const char* title) {
  auto fill_rect = [&writer](Vector2D<int> pos, Vector2D<int> size, uint32_t c) {
    FillRectangle(writer, pos, size, ToColor(c));
  };
  const auto win_w = writer.Width();
  const auto win_h = writer.Height();

  fill_rect({0, 0},         {win_w, 1},             0xc6c6c6);
  fill_rect({1, 1},         {win_w - 2, 1},         0xffffff);
  fill_rect({0, 0},         {1, win_h},             0xc6c6c6);
  fill_rect({1, 1},         {1, win_h - 2},         0xffffff);
  fill_rect({win_w - 2, 1}, {1, win_h - 2},         0x848484);
  fill_rect({win_w - 1, 0}, {1, win_h},             0x000000);
  fill_rect({2, 2},         {win_w - 4, win_h - 4}, 0xc6c6c6);
  fill_rect({3, 3},         {win_w - 6, 18},        0x000084);
  fill_rect({1, win_h - 2}, {win_w - 2, 1},         0x848484);
  fill_rect({0, win_h - 1}, {win_w, 1},             0x000000);

  WriteString(writer, {24, 4}, title, ToColor(0xffffff));

  for (int y = 0; y < kCloseButtonHeight; ++y) {
    for (int x = 0; x < kCloseButtonWidth; ++x) {
      PixelColor c = ToColor(0xffffff);
      if (close_button[y][x] == '@') {
        c = ToColor(0x000000);
      } else if (close_button[y][x] == '$') {
        c = ToColor(0x848484);
      } else if (close_button[y][x] == ':') {
        c = ToColor(0xc6c6c6);
      }
      writer.Write({win_w - 5 - kCloseButtonWidth + x, 5 + y}, c);
    }
  }
}
```

DrawWindow()函数第一行中的lambda表达式fill_rect简单地调用了FillRectangle()。它的名称比FillRectangle()的名称更简短，使用起来也更方便，因为它不需要每次都指定写入器。捕获被指定为&writer，开头的&表示通过引用捕获变量。由于PixelWriter类是一个抽象类，所以它不能接收值的副本，只能通过引用捕获。

DrawWindow()函数的中间部分使用之前创建的lambda表达式fill_rect来绘制标题栏和背景。fill_rect可以传递左上角的坐标、矩形的大小和颜色，并以指定的颜色绘制矩形。用于绘制的颜色是以6位十六进制形式的颜色代码表示的，并在fill_rect中转换为PixelColor。颜色代码从左到右依次为红、绿、蓝各两位数，与网络领域中的#848484的写法相同。

DrawWindow()的后半部分绘制关闭按钮。关闭按钮的形状由一个名为close_button的二维数组表示。稍后将介绍数组的定义。数组中的一个元素对应一个像素，像素的颜色会根据元素中的字符进行切换，以绘制关闭按钮。比如在调用writer.Write()的行中，关闭按钮的左上角坐标为(win_w-5-kCloseButtonWidth, 5)。

代码10.7显示了绘制窗口所需的close_button数组和ToColor()的定义。这理解起来并不难。

代码10.7　窗口绘制的辅助定义（window.cpp）

```
namespace {
  const int kCloseButtonWidth = 16;
  const int kCloseButtonHeight = 14;
  const char close_button[kCloseButtonHeight][kCloseButtonWidth + 1] = {
    "...............@",
    ".:::::::::::::$@",
    ".:::::::::::::$@",
    ".:::@@::::@@::$@",
    ".::::@@::@@:::$@",
    ".:::::@@@@::::$@",
    ".::::::@@:::::$@",
    ".:::::@@@@::::$@",
    ".::::@@::@@:::$@",
    ".:::@@::::@@::$@",
    ".:::::::::::::$@",
    ".:::::::::::::$@",
    ".$$$$$$$$$$$$$$@",
    "@@@@@@@@@@@@@@@@",
  };

  constexpr PixelColor ToColor(uint32_t c) {
    return {
      static_cast<uint8_t>((c >> 16) & 0xff),
      static_cast<uint8_t>((c >> 8) & 0xff),
      static_cast<uint8_t>(c & 0xff)
    };
  }
}
```

ToColor()中指定的constexpr用于定义**常量表达式**（Constant Expression）[1]。如果使用常量作为参数，那么被定义为常量表达式的函数将在编译时执行计算。因为在源码中写为ToColor(0x848484)时，你希望在编译时完成向PixelColor的转换。

现在，它看起来怎么样？让我们来运行它（**图10.1**）。哦，看起来不错！这看起来像不像一个操作系统？这种效果非常令人兴奋！

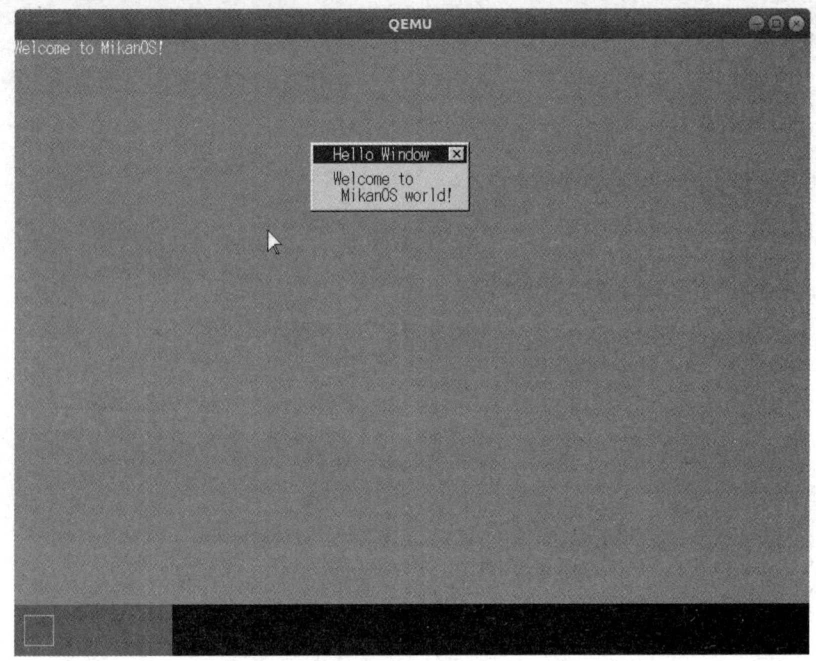

图10.1　显示一个窗口的效果

10.3 快速计数器（osbook_day10c）

我们想在窗口中显示一些移动的信息，而不是固定的信息。你有什么建议？我们希望在主函数中计算循环次数并显示出来。

我们想将循环次数显示在一行上，因此现在将窗口缩小了一行（16像素）（**代码10.8**）。显示的字符串也已被删除。

代码10.8　将窗口变小（main.cpp）

```
auto main_window = std::make_shared<Window>(
```

1　常量表达式是C++ 11中引入的一种规范。

```
    160, 52, frame_buffer_config.pixel_format);
DrawWindow(*main_window->Writer(), "Hello Window");
```

我们初始化了计数器变量count，用于计数（**代码10.9**）。我们还定义了字符串缓冲区str，用于显示计数值。

代码10.9 创建计数器变量（main.cpp）

```
char str[128];
unsigned int count = 0;
```

代码10.10显示了在计数器变量中计算循环次数并将其显示在窗口中的过程。计数过程非常简单：只需要递增count即可。使用sprintf()将计数值转换为字符串，并使用WriteString()将其显示在窗口中。

代码10.10 显示计数器变量的值（main.cpp）

```
  ++count;
  sprintf(str, "%010u", count);
  FillRectangle(*main_window->Writer(), {24, 28}, {8 * 10, 16}, {0xc6, 0xc6, 0xc6});
  WriteString(*main_window->Writer(), {24, 28}, str, {0, 0, 0});
  layer_manager->Draw();

  __asm__("cli");
  if (main_queue.Count() == 0) {
    __asm__("sti");
    continue;
  }
```

当main_queue.Count() == 0为真时，hlt会在sti之后执行，直到现在。hlt会让CPU等待中断的到来，从而降低功耗。但这次，我们希望全速运行循环，即使没有中断也要使计数值递增，因此停止了hlt。

运行结果如**图10.2**所示。可以看到，计数值正在以极快的速度递增。虽然从图中看不出来，但屏幕在闪烁。这是因为计数值每次增加1时都会调用layer_manager->Draw()，从而重写整个屏幕。我们将在下一节中解决这个问题。

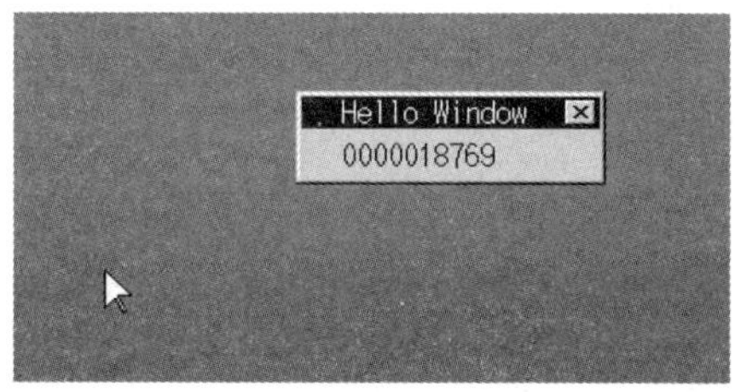

图10.2 显示计数值

10.4 消除闪烁（osbook_day10d）

快速计数器闪烁，是因为在重绘屏幕时，整个屏幕都会被重绘。首先绘制背景，然后绘制窗口，因此有时窗口并不显示。不显示窗口的时间可能比显示窗口的时间更长，这就难怪会发生闪烁了。

现在，有一种方法可以解决这个问题，同时还能加快屏幕绘制速度。这就是限制绘制范围的方法。如果只重新绘制窗口，那么窗口将始终在屏幕上可见，而不会发生闪烁。此外，需要绘制的像素数量也将大大减少，因此绘制过程将大大加快。下面我们进行修改。

首先，我们来修改LayerManager::Draw()方法（**代码10.11**）。在此之前，该方法不带参数，并且重绘整个屏幕。在此修改中，指定要绘制的范围或图层ID，以便只重绘特定区域。利用C++函数重载机制，可以创建多个名称相同但参数不同的函数和方法。

- Draw(const Rectangle<int>& area)，以绘制的范围为参数，从最底层开始依次绘制，重点在该范围内绘制。
- Draw(unsigned int id)，将图层ID作为参数，只绘制指定的图层及其上的图层。它从最底层开始搜索layer_stack_，找到指定的图层后，确定绘制范围并设置draw标志。此后，draw标志将始终为true，并继续执行绘制过程。

代码10.11　指定范围或图层进行绘制（layer.cpp）

```
void LayerManager::Draw(const Rectangle<int>& area) const {
  for (auto layer : layer_stack_) {
    layer->DrawTo(*screen_, area);
  }
}

void LayerManager::Draw(unsigned int id) const {
  bool draw = false;
  Rectangle<int> window_area;
  for (auto layer : layer_stack_) {
    if (layer->ID() == id) {
      window_area.size = layer->GetWindow()->Size();
      window_area.pos = layer->GetPosition();
      draw = true;
    }
    if (draw) {
      layer->DrawTo(*screen_, window_area);
    }
  }
}
```

由于LayerManager::Draw()的参数发生了变化，因此需要修改调用部分。首先，控制台绘制过程的修改部分如**代码10.12**所示。我们将成员变量layer_id_设置为控制台的图层ID，并将其用于绘制。

代码10.12　通过指定自己的图层重绘控制台（console.cpp）

```
if (layer_manager) {
  layer_manager->Draw(layer_id_);
}
```

在主函数中创建图层后，还需要修改第一次绘制过程（**代码10.13**）和计数器显示过程（**代码10.14**）。在第一次绘制过程中，需要重写整个屏幕，因此调用Draw()来指定绘制范围而不是图层ID。不过仔细想想，如果使用指定图层ID的方法，调用layer_manager->Draw(bglayer_id)，效果也是一样的。在计数器显示过程中，指定主窗口的ID并重新绘制。这样，多余的部分就不会被重新绘制，也就不会发生闪烁了。

代码10.13　第一次绘制时重写整个屏幕（main.cpp）

```
layer_manager->UpDown(bglayer_id, 0);
layer_manager->UpDown(console->LayerID(), 1);
layer_manager->UpDown(main_window_layer_id, 2);
layer_manager->UpDown(mouse_layer_id, 3);
layer_manager->Draw({{0, 0}, screen_size});
```

代码10.14　计数器显示时只重绘主窗口（main.cpp）

```
  ++count;
  sprintf(str, "%010u", count);
  FillRectangle(*main_window->Writer(), {24, 28}, {8 * 10, 16}, {0xc6, 0xc6, 0xc6});
  WriteString(*main_window->Writer(), {24, 28}, str, {0, 0, 0});
  layer_manager->Draw(main_window_layer_id);
```

现在，LayerManager::Draw()在内部为Layer::Draw()指定了绘制范围，因此需要修改Layer::Draw()。**代码10.15**和**代码10.16**显示了这些修改。因为Layer::DrawTo()只将处理委托给窗口，所以唯一必要的修改是Window::DrawTo()。

代码10.15　确保Layer::DrawTo()接收绘制范围（layer.cpp）

```
void Layer::DrawTo(FrameBuffer& screen, const Rectangle<int>& area) const {
  if (window_) {
    window_->DrawTo(screen, pos_, area);
  }
}
```

代码10.16　使Window::DrawTo()接收绘制范围（window.cpp）

```
void Window::DrawTo(FrameBuffer& dst, Vector2D<int> pos, const Rectangle<int>& area) {
  if (!transparent_color_) {
    Rectangle<int> window_area{pos, Size()};
    Rectangle<int> intersection = area & window_area;
    dst.Copy(intersection.pos, shadow_buffer_, {intersection.pos - pos, intersection.size});
    return;
  }
```

我们有必要回顾一下Window::DrawTo()中参数的含义：dst是绘制窗口图片的缓冲区；pos是窗口左上角相对于缓冲区左上角的坐标；新添加的参数area是相对于缓冲区左上角的绘制范围。请注意，坐标是基于缓冲区的，而不是窗口中的坐标。

此方法中运行的area & window_area是唯一的。矩形之间的&操作代表交集（我们稍后将实现它）。交集是一个数学术语，但在这里指的是矩形的重叠部分。在本程序中，将计算area和window_area的重叠部分。

例如，在图10.3中，阴影部分是area和window_area的交集。我们使用&运算符来实现实际的计算。

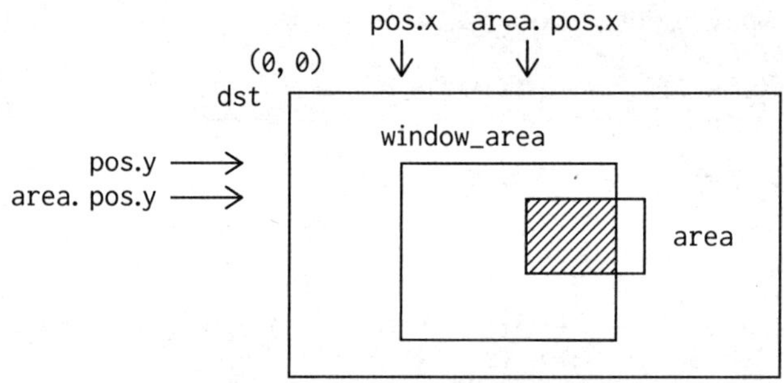

图10.3　窗口和绘制范围的交集

我们重载了&运算符，如代码10.17所示。参数lhs和rhs分别取自英文单词Left Hand Side和Right Hand Side的首字母，分别表示左侧和右侧。在写lhs & rhs时，lhs在左侧，rhs在右侧。

代码10.17　使用operator&()计算矩形的交集（graphics.hpp）

```
template <typename T, typename U>
Rectangle<T> operator&(const Rectangle<T>& lhs, const Rectangle<U>& rhs) {
  const auto lhs_end = lhs.pos + lhs.size;
  const auto rhs_end = rhs.pos + rhs.size;
  if (lhs_end.x < rhs.pos.x || lhs_end.y < rhs.pos.y ||
      rhs_end.x < lhs.pos.x || rhs_end.y < lhs.pos.y) {
    return {{0, 0}, {0, 0}};
```

```
  }

  auto new_pos = ElementMax(lhs.pos, rhs.pos);
  auto new_size = ElementMin(lhs_end, rhs_end) - new_pos;
  return {new_pos, new_size};
}
```

运算符的前半部分处理两个矩形lhs和rhs不重叠的情况。lhs_end和rhs_end表示每个矩形右下角的坐标。因此，当矩形lhs的右边缘小于（=向左）矩形rhs的左边缘时，表达式lhs_end.x<rhs.pos.x为真。此时，无论如何努力，两个矩形都不会重叠（图10.4）。

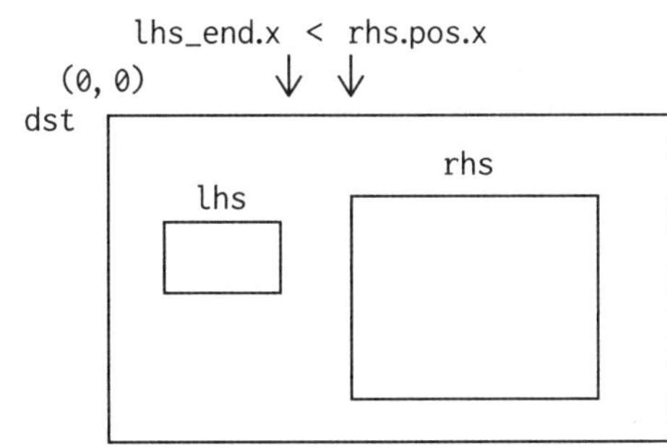

图10.4　当lhs_end.x<rhs.pos.x为真时的位置关系

*Y*轴的情况与此类似，此外，两个矩形左右和上下对调的模式也是如此。如果两个矩形不重叠，那么operator&()将返回一个面积为0的矩形。

我们为Window::DrawTo()调用的FrameBuffer::Copy()也添加了一个参数，用于指定源矩形（代码10.18）。以前，我们会尝试复制src指定的整个缓冲区，但经过修改后，现在可以使用矩形src_area来指定复制源的范围。

代码10.18　允许Copy()指定复制源的范围（frame_buffer.cpp）

```
Error FrameBuffer::Copy(Vector2D<int> dst_pos, const FrameBuffer& src,
                        const Rectangle<int>& src_area) {
  if (config_.pixel_format != src.config_.pixel_format) {
    return MAKE_ERROR(Error::kUnknownPixelFormat);
  }

  const auto bytes_per_pixel = BytesPerPixel(config_.pixel_format);
  if (bytes_per_pixel <= 0) {
    return MAKE_ERROR(Error::kUnknownPixelFormat);
  }

  const Rectangle<int> src_area_shifted{dst_pos, src_area.size};
  const Rectangle<int> src_outline{dst_pos - src_area.pos, FrameBufferSize(src.config_)};
  const Rectangle<int> dst_outline{{0, 0}, FrameBufferSize(config_)};
  const auto copy_area = dst_outline & src_outline & src_area_shifted;
  const auto src_start_pos = copy_area.pos - (dst_pos - src_area.pos);
```

```
  uint8_t* dst_buf = FrameAddrAt(copy_area.pos, config_);
  const uint8_t* src_buf = FrameAddrAt(src_start_pos, src.config_);

  for (int y = 0; y < copy_area.size.y; ++y) {
    memcpy(dst_buf, src_buf, bytes_per_pixel * copy_area.size.x);
    dst_buf += BytesPerScanLine(config_);
    src_buf += BytesPerScanLine(src.config_);
  }

  return MAKE_ERROR(Error::kSuccess);
}
```

现在出现了三个矩形src_area_shifted、src_outline和dst_outline，它们有点儿复杂，因此使用图来加以说明（**图10.5**）。这些复杂计算的目的是找到copy_area，即实际复制像素的区域。必须仔细计算，以免超出源区域或目标区域。超出任何一个区域都可能导致内存损坏。

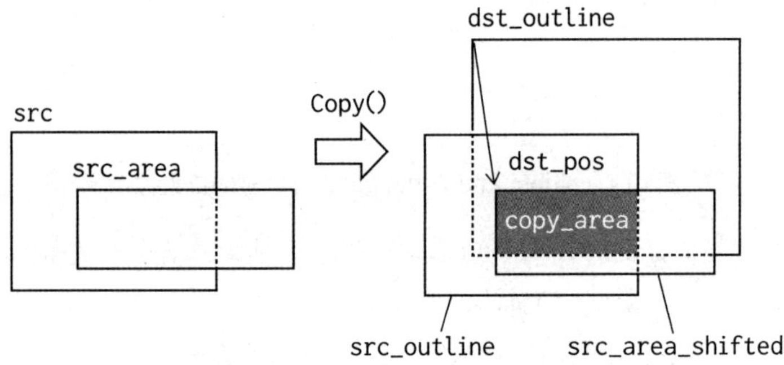

图10.5 在FrameBuffer::Copy()中出现的矩形之间的关系

其中一个主要变化是，LayerManager::Draw()现在可以在指定范围或图层的情况下进行绘制。另一个主要变化是，LayerManager::Move()现在可以自动重绘屏幕。修改后的LayerManager::Move()的实现如**代码10.19**所示。该方法将指定图层移动到指定位置，然后绘制该图层移动前后的区域。

代码10.19 使用Move()移动图层并重绘（layer.cpp）

```
void LayerManager::Move(unsigned int id, Vector2D<int> new_pos) {
  auto layer = FindLayer(id);
  const auto window_size = layer->GetWindow()->Size();
  const auto old_pos = layer->GetPosition();
  layer->Move(new_pos);
  Draw({old_pos, window_size});
  Draw(id);
}
```

通过只在特定图层（及其所包含的窗口）中绘制，重绘屏幕的速度应该会更快。这意味着控制台也应被划分成不同的图层，从而提高滚动效率。我们很快就做到了（**代码10.20、代码10.21、代码10.22**）。

代码10.20　为控制台生成窗口（main.cpp）

```
auto console_window = std::make_shared<Window>(
    Console::kColumns * 8, Console::kRows * 16, frame_buffer_config.pixel_format);
console->SetWindow(console_window);
```

代码10.21　为控制台生成图层（main.cpp）

```
console->SetLayerID(layer_manager->NewLayer()
  .SetWindow(console_window)
  .Move({0, 0})
  .ID());
```

代码10.22　使用SetLayerID()为控制台设置图层ID（console.cpp）

```
void Console::SetLayerID(unsigned int layer_id) {
  layer_id_ = layer_id;
}

unsigned int Console::LayerID() const {
  return layer_id_;
}
```

现在，如果你已经完成了目前的修改，让我们运行它吧。嗯……不再闪烁了。这样很舒服。当然，鼠标也能用了。啊，当将鼠标光标停留在窗口上时，感觉还是在闪烁。我们截了几张屏幕图，幸运地得到了**图10.6**。看来鼠标光标被重新绘制了。

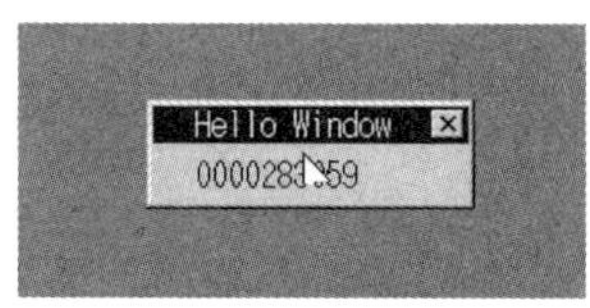

图10.6　当将鼠标光标悬停在计数器上时发生闪烁

让我们在下一节中讨论这个闪烁问题。目前，我们忽略了闪烁问题，并对循环进行了计时。这里就不介绍程序了，不过当使用Local APIC定时器测量循环一定的次数（比如100次）所需的时间时，发现与在**10.3节**中制作的计数器相比，这里制作的计数器在速度上提高了大约7倍。

10.5 后置缓冲区（osbook_day10e）

当将鼠标光标悬停在计数器上时出现闪烁，这是因为鼠标光标是在绘制计数器之后才绘制的，因此有一段时间鼠标光标是不可见的。以前，在绘制整个屏幕时会出现这种现象。现在虽然缩小了绘制区域，但如果鼠标光标进入该绘制区域，那么也会出现同样的现象。

要彻底解决这个问题，似乎可以使用一种叫作后置缓冲区的机制。后置缓冲区是一个与帧缓冲区大小相同的缓冲区。通过先绘制到后置缓冲区，然后将后置缓冲区转移到帧缓冲区，就可以完全消除鼠标光标不可见的时间段。

让我们来快速实现后置缓冲区。首先，我们为后置缓冲区添加一个成员变量back_buffer_，如**代码10.23**所示。mutable是首次出现的关键字：被声明为mutable的成员变量可以在const方法中更改。LayerManager::Draw()已被声明为const，因此在其中重写back_buffer_的唯一方法是，从该方法中删除const或将back_buffer_变为mutable。

代码10.23　将后置缓冲区设为LayerManager的成员变量（layer.hpp）

```
private:
  FrameBuffer* screen_{nullptr};
  mutable FrameBuffer back_buffer_{};
```

虽然滥用mutable并不好，但我们认为在这样的用法中使其可变更为自然。back_buffer_可以是Draw()方法中的一个局部变量，但每次都要为其分配内存和销毁内存，这会减慢速度。back_buffer_是Draw()方法中的一个成员变量。对back_buffer_的修改不会影响其他方法，因此使用mutable声明是合适的。

代码10.24显示了修改后的LayerManager::SetWriter()[1]。之前它只有第一行，但我们在其后添加了后置缓冲区初始化过程。创建的后置缓冲区必须与给定的screen大小和数据格式相同，因此除back_config.frame_buffer以外的参数都是从screen->Config()中复制的。

代码10.24　初始化后置缓冲区（layer.cpp）

```
void LayerManager::SetWriter(FrameBuffer* screen) {
  screen_ = screen;

  FrameBufferConfig back_config = screen->Config();
  back_config.frame_buffer = nullptr;
  back_buffer_.Initialize(back_config);
}
```

1　当将参数的类型更改为FrameBuffer时，本应将方法名称更改为SetScreen()等，但这里还是保持原样。

为了使用back_buffer_绘制而修改的LayerManager::Draw()的实现如**代码10.25**所示。之前直接绘制到screen_的layer->DrawTo方法已被改为绘制到back_buffer_，并且在绘制完所有图层后，会将back_buffer_复制到screen_。

代码10.25　通过指定范围绘制所有图层（layer.cpp）

```
void LayerManager::Draw(const Rectangle<int>& area) const {
  for (auto layer : layer_stack_) {
    layer->DrawTo(back_buffer_, area);
  }
  screen_->Copy(area.pos, back_buffer_, area);
}
```

对指定图层的Draw()函数也做了同样的修改（**代码10.26**），在所有图层都绘制完成后，将back_buffer_复制到screen_。

代码10.26　绘制指定图层之上的图层（layer.cpp）

```
void LayerManager::Draw(unsigned int id) const {
  bool draw = false;
  Rectangle<int> window_area;
  for (auto layer : layer_stack_) {
    if (layer->ID() == id) {
      window_area.size = layer->GetWindow()->Size();
      window_area.pos = layer->GetPosition();
      draw = true;
    }
    if (draw) {
      layer->DrawTo(back_buffer_, window_area);
    }
  }
  screen_->Copy(window_area.pos, back_buffer_, window_area);
}
```

请尝试运行它。这里没有贴出截图，因为没有任何变化，但你能看到，当将鼠标光标悬停在计数器上时，光标不再闪烁。非常舒适！顺便提一下，我们测量了性能，结果是速度大约是原来的0.7倍，即慢了大约30%。当然，这有点儿遗憾，因为每次都要从后置缓冲区复制到帧缓冲区。不过，它不再闪烁了，所以这很好。

10.6 拖动窗口（osbook_day10f）

我们在窗口绘制方面做了很多工作，它看起来不错，但在功能方面进展甚微。我们注意到，鼠标即使能移动，也没有做任何有用的事情。相反，它可能会导致窗口闪烁，可以说它更像是一种阻碍。为了让鼠标变得更有用，我们将在本节中介绍如何使用鼠标拖动窗口。

拖动窗口是指在窗口上单击鼠标左键，然后按住左键并移动鼠标来移动窗口。为此，需要修改USB驱动程序，使其在任何情况下都能获取到鼠标点击事件。目前，USB驱动程序会在鼠标移动时调用MouseObserver()，但此时它能获得的唯一信息就是坐标差值。我们希望将按下按键的状态作为参数传递给MouseObserver()。

USB驱动程序是我们的一个软件实现，你只是在使用它，所以对它的实现可能不太了解。我们将对所做的修改进行简要说明，即使你不理解，也不必担心，可以跳过。

代码10.27显示了OnDataReceived()函数，当USB鼠标驱动程序接收到来自鼠标的数据时会调用该函数。该函数的主要目的是解析和理解接收到的数据（只是一个字节序列），并使用解析后的值调用NotifyMouseMove()。到目前为止，我们只向NotifyMouseMove()传递了坐标差值，但经过修改后，还传递了当前按键按下状态的buttons。

代码10.27　解读从鼠标接收到的数据（usb/classdriver/mouse.cpp）

```
Error HIDMouseDriver::OnDataReceived() {
  uint8_t buttons = Buffer()[0];
  int8_t displacement_x = Buffer()[1];
  int8_t displacement_y = Buffer()[2];
  NotifyMouseMove(buttons, displacement_x, displacement_y);
  Log(kDebug, "%02x,(%3d,%3d)\n", buttons, displacement_x, displacement_y);
  return MAKE_ERROR(Error::kSuccess);
}
```

代码10.28显示了NotifyMouseMove()的实现。该函数调用了在observers_中注册的所有函数。主要变化是在参数中添加了buttons。

代码10.28　调用已注册的观察者（usb/classdriver/mouse.cpp）

```
void HIDMouseDriver::NotifyMouseMove(
    uint8_t buttons, int8_t displacement_x, int8_t displacement_y) {
  for (int i = 0; i < num_observers_; ++i) {
    observers_[i](buttons, displacement_x, displacement_y);
  }
}
```

为了与NotifyMouseMove()中的变化保持一致，我们对MouseObserver()进行了修改（**代码10.29**）。现在，它接收buttons作为第一个参数，buttons参数逐位表示鼠标按键的按下状态。如果按键未被按下，则其值为0；如果按键被按下了，则其值为1。对于典型的鼠标，左键为0位，右键为1位，中键为2位。

代码10.29 根据鼠标移动量移动光标（main.cpp）

```
void MouseObserver(uint8_t buttons, int8_t displacement_x, int8_t displacement_y) {
  static unsigned int mouse_drag_layer_id = 0;
  static uint8_t previous_buttons = 0;

  const auto oldpos = mouse_position;
  auto newpos = mouse_position + Vector2D<int>{displacement_x, displacement_y};
  newpos = ElementMin(newpos, screen_size + Vector2D<int>{-1, -1});
  mouse_position = ElementMax(newpos, {0, 0});

  const auto posdiff = mouse_position - oldpos;

  layer_manager->Move(mouse_layer_id, mouse_position);

  const bool previous_left_pressed = (previous_buttons & 0x01);
  const bool left_pressed = (buttons & 0x01);
  if (!previous_left_pressed && left_pressed) {
    auto layer = layer_manager->FindLayerByPosition(mouse_position, mouse_layer_id);
    if (layer) {
      mouse_drag_layer_id = layer->ID();
    }
  } else if (previous_left_pressed && left_pressed) {
    if (mouse_drag_layer_id > 0) {
      layer_manager->MoveRelative(mouse_drag_layer_id, posdiff);
    }
  } else if (previous_left_pressed && !left_pressed) {
    mouse_drag_layer_id = 0;
  }

  previous_buttons = buttons;
}
```

下面解释一下MouseObserver()开头定义的两个静态变量。mouse_drag_layer_id用于记忆被鼠标拖动的图层。如果没有图层在移动，则应将其设置为0（图层ID是一个大于或等于1的整数，因此0可能是一个无效值）。previous_buttons用于记忆上一次按键的按下状态。USB驱动程序接收按键当前是否被按下的信息。该变量用于确定按键是现在被按下的还是之前被按下的。

MouseObserver()的前半部分和之前一样，处理鼠标光标的移动。变量posdiff非常重要，它代表鼠标光标的移动量。你可能认为移动量就是displacement_x、displacement_y，但在屏幕边缘会修改移动量，因此要重新计算修改后的移动量。

MouseObserver()的后半部分执行窗口移动过程。if语句有三个条件分支，即按下左键时、在按下左键的同时和松开左键后。按下左键时，使用layer_manager->FindLayerByPosition()来搜索在鼠标光标坐标处带有窗口的图层。找到图层后，将该图层的ID设置为mouse_drag_layer_id。此后，该图层将成为被拖动的目标。

在按下左键的同时，使用layer_manager->MoveRelative()移动图层。此时，刚刚计算出的posdiff会发挥作用。松开左键后，mouse_drag_layer_id将被重置为0。

代码10.30显示了LayerManager::FindLayerByPosition()的实现。该函数按显示顺序在指定坐标位置搜索带有窗口的图层。但是，如果只是搜索一个图层，那么鼠标光标将总是符合该条件，因此可以使用exclude_id来指定要从搜索中排除的图层。

代码10.30　在指定坐标处查找最前面的图层（layer.cpp）

```
Layer* LayerManager::FindLayerByPosition(Vector2D<int> pos, unsigned int exclude_id) const {
  auto pred = [pos, exclude_id](Layer* layer) {
    if (layer->ID() == exclude_id) {
      return false;
    }
    const auto& win = layer->GetWindow();
    if (!win) {
      return false;
    }
    const auto win_pos = layer->GetPosition();
    const auto win_end_pos = win_pos + win->Size();
    return win_pos.x <= pos.x && pos.x < win_end_pos.x &&
           win_pos.y <= pos.y && pos.y < win_end_pos.y;
  };
  auto it = std::find_if(layer_stack_.rbegin(), layer_stack_.rend(), pred);
  if (it == layer_stack_.rend()) {
    return nullptr;
  }
  return *it;
}
```

谓词pred接收一个图层。如果pos位于该图层的窗口显示范围内，则返回true；如果该图层是exclude_id指定的图层或没有窗口的图层，则返回false。

传递给std::find_if()的开始和结束范围是layer_stack_.rbegin()和layer_stack_.rend()。对于有定义顺序的数据结构，begin()生成的迭代器从数据结构的起点开始向后迭代，而rbegin()生成的迭代器从终点开始向前迭代。layer_stack_（图层栈）是一种数据结构，它按照从下到上的顺序存储显示的图层，因此可以通过逆序遍历找到所需的图层。

让我们运行一下试试看（图10.7）。用鼠标抓住窗口，可以随意移动窗口。即使窗口跳出屏幕，也不会发生故障。这证明了交集的计算过程运行正常。太棒了！

在移动窗口时，控制台突然移动了（图10.8）！控制台也是一种窗口，所以它可以移动。这是否意味着连背景图片也可以移动……？是的，可以移动它。这有点儿不太酷。在本章的最后，我们将创建一种机制来区分哪些对象可以用鼠标移动，哪些对象不可以。

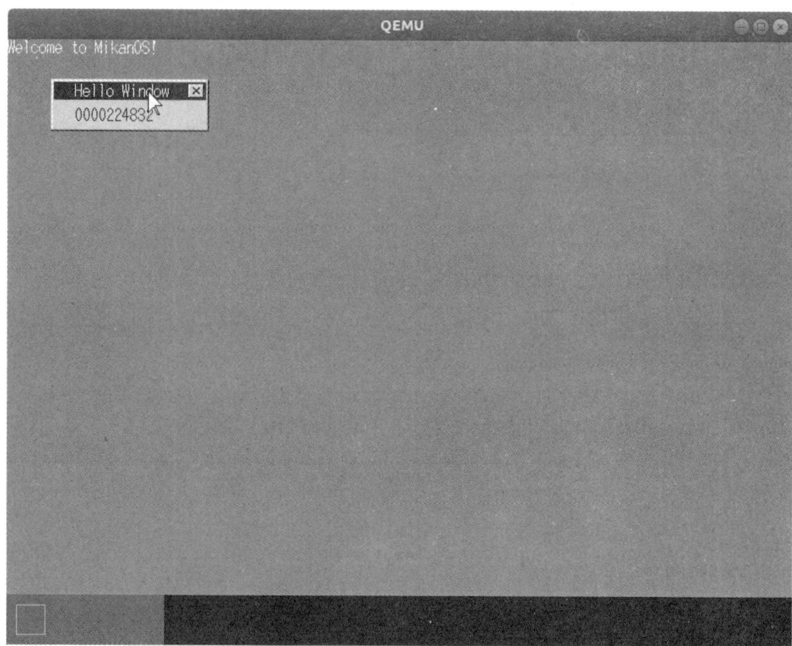

图10.7　移动窗口

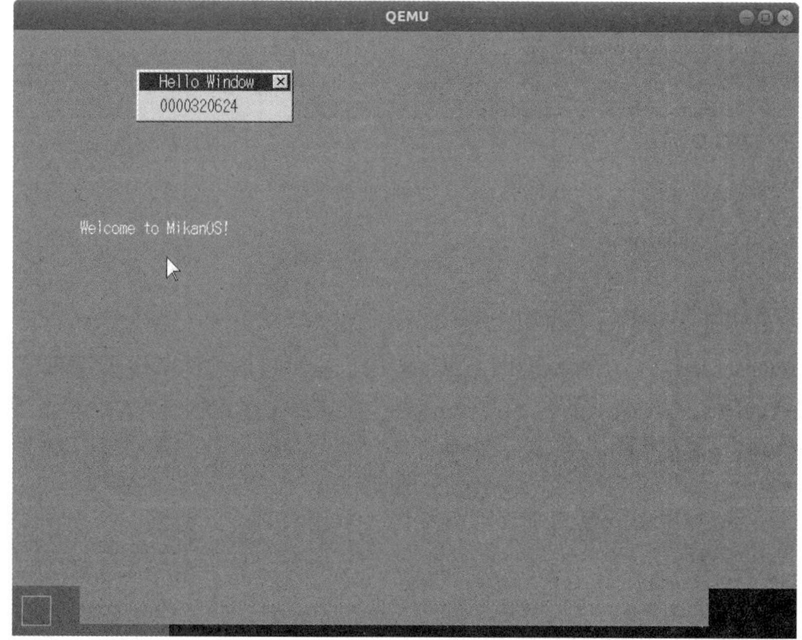

图10.8　控制台也可移动

10.7 仅拖动窗口（osbook_day10g）

为了防止多余的窗口被拖动，我们可以给图层赋予一个属性来指示它是否可拖动，并在MouseObserver()中检查这一点。听起来很简单，让我们试试看。

代码10.31显示了对Layer类成员变量的修改。我们添加了一个bool类型的成员变量，名为draggable_。我们将其初始值设置为false。其初始值可以是false或true，但由于目前有更多的图层是不可拖动的，因此将其初始值设置为false对代码的改动较小。我们注意到还没有初始化pos_和window_，所以先初始化它们以防万一。

代码10.31　添加dragggable_标志以表示可拖动（layer.hpp）

```
private:
  unsigned int id_;
  Vector2D<int> pos_{};
  std::shared_ptr<Window> window_{};
  bool draggable_{false};
```

代码10.32显示了我们添加到Layer类中的两个方法。这两个方法分别用于设置和获取draggable_的值。

代码10.32　设置和获取draggable_标志的方法（layer.cpp）

```
Layer& Layer::SetDraggable(bool draggable) {
  draggable_ = draggable;
  return *this;
}

bool Layer::IsDraggable() const {
  return draggable_;
}
```

在MouseObserver()中，Layer::IsDraggable()用于检查可拖动性（代码10.33）。只有当按下左键时获取的图层是可拖动的，才设置mouse_drag_layer_id的值。如果在不可拖动的图层上按下左键，那么mouse_drag_layer_id仍为0。

代码10.33　在MouseObserver()中检查可拖动性（main.cpp）

```
if (!previous_left_pressed && left_pressed) {
  auto layer = layer_manager->FindLayerByPosition(mouse_position, mouse_layer_id);
  if (layer && layer->IsDraggable()) {
    mouse_drag_layer_id = layer->ID();
  }
```

通过使用Layer::SetDraggable()方法，我们只将包含主窗口的图层设置为可拖动（**代码10.34**）。现在运行，控制台层和背景层应该是不可拖动的。

代码10.34　仅使主窗口可拖动（main.cpp）

```
auto main_window_layer_id = layer_manager->NewLayer()
  .SetWindow(main_window)
  .SetDraggable(true)
  .Move({300, 100})
  .ID();
```

第 11 章

定时器和ACPI

操作系统的一个基本功能就是测量时间。在第10章之前，我们通过轮询Local APIC定时器来测量时间，以加快速度。在本章中，我们将创建一种机制，使用多个定时器来轻松测量时间。这是因为将来需要许多时间测量过程。

11.1 整理源码（osbook_day11a）

当再次查看main.cpp文件来讨论定时器时，我们发现主函数乱糟糟的，非常糟糕。在理想情况下，每个函数都应该足够短以适合一屏显示，但在我们这里，却成了长函数，占据了大约5屏。另外，main.cpp中的中断处理程序和鼠标事件处理程序等函数，从名称上看都在interrupt.cpp和mouse.cpp中，这也不太好。因此，我们想重构main.cpp。

我们做了大量的整理工作。**代码11.1**显示了主函数循环之前的部分。它看起来比以前整洁多了。基本上，我们只是将代码从主函数移动到了另一个文件中名为InitializeXXX()的函数。但也做了一些小改动，例如，main_queue原本是一个名为ArrayQueue的自建队列，但现在改用了标准库中的队列。既然有了内存管理，那么就不再需要ArrayQueue了。

代码11.1 整理KernelMainNewStack()（main.cpp）

```
extern "C" void KernelMainNewStack(
    const FrameBufferConfig& frame_buffer_config_ref,
    const MemoryMap& memory_map_ref) {
  MemoryMap memory_map{memory_map_ref};

  InitializeGraphics(frame_buffer_config_ref);
  InitializeConsole();

  printk("Welcome to MikanOS!\n");
  SetLogLevel(kWarn);

  InitializeSegmentation();
  InitializePaging();
  InitializeMemoryManager(memory_map);
  ::main_queue = new std::deque<Message>(32);
  InitializeInterrupt(main_queue);

  InitializePCI();
  usb::xhci::Initialize();

  InitializeLayer();
  InitializeMainWindow();
  InitializeMouse();
  layer_manager->Draw({{0, 0}, ScreenSize()});
```

还有很多其他改动，这里就不一一解释了，因为这些改动主要是代码的移动。如果你有兴趣，请查看随附的源码。

11.2 定时器中断（osbook_day11b）

在第9章和第10章中，通过轮询读取Local APIC定时器并测量函数的执行时间。不过，这种方法很不方便，因为一次只能测量一个系统的时间。今后，我们还想在控制台中添加一个输入函数，使用定时器闪烁输入光标，同时测量函数的执行时间，并在开始制作应用时休眠指定秒数。要做到这些，需要同时运行多个定时器。

每个CPU内核只有一个Local APIC定时器。那么，如何同时运行多个定时器呢？例如，以短周期运行Local APIC定时器，并通过计算周期数来计时，似乎是一个不错的主意。让我们立即实现这个想法。

首先让Local APIC定时器以循环模式运行，并在每次计时时都产生中断。这一点相当简单。

我们使用InitializeLAPICTimer()将Local APIC定时器设置为循环模式，如代码11.2所示。此外，现在还允许中断，中断向量编号被设置为InterruptVector::kLAPICTimer。这样，每当Current Count的值达到0时，就会以指定的向量编号产生一个中断。有关此处设置的LVT Timer寄存器字段的定义，参见表9.3。

代码11.2　将定时器设置为循环模式并允许中断（timer.cpp）

```
void InitializeLAPICTimer() {
  divide_config = 0b1011;
  lvt_timer = (0b010 << 16) | InterruptVector::kLAPICTimer;
  initial_count = kCountMax;
}
```

中断向量编号InterruptVector::kLAPICTimer在interrupt.hpp中定义（代码11.3），它必须是介于0x21和0xff之间且未被覆盖的值。

代码11.3　添加中断向量编号的定义（interrupt.hpp）

```
class InterruptVector {
 public:
  enum Number {
    kXHCI = 0x40,
    kLAPICTimer = 0x41,
  };
};
```

修改后的InitializeLAPICTimer()由主函数调用（代码11.4）。

代码11.4 在主函数中调用InitializeLAPICTimer()（main.cpp）

```
InitializeLAPICTimer();
```

在完成中断发生器（Local APIC定时器）的配置后，再配置中断接收器。**代码11.5**显示了注册中断处理程序的过程：主函数调用InitializeInterrupt()将处理程序注册到IDT中，并将IDT注册到IDTR寄存器中。参数msg_queue传递的是在主函数中生成的main_queue。

代码11.5 为Local APIC定时器注册中断处理程序（interrupt.cpp）

```
void InitializeInterrupt(std::deque<Message>* msg_queue) {
  ::msg_queue = msg_queue;

  SetIDTEntry(idt[InterruptVector::kXHCI],
              MakeIDTAttr(DescriptorType::kInterruptGate, 0),
              reinterpret_cast<uint64_t>(IntHandlerXHCI),
              kKernelCS);
  SetIDTEntry(idt[InterruptVector::kLAPICTimer],
              MakeIDTAttr(DescriptorType::kInterruptGate, 0),
              reinterpret_cast<uint64_t>(IntHandlerLAPICTimer),
              kKernelCS);
  LoadIDT(sizeof(idt) - 1, reinterpret_cast<uintptr_t>(&idt[0]));
}
```

代码11.6显示了中断处理程序的主体。msg_queue被设置为在主函数中生成的main_queue，并向其中添加一条消息（push_back），表明发生了中断。如果在中断结束时忘记了调用NotifyEndOfInterrupt()，那么第二次及后续中断将无法发送。

代码11.6 中断处理程序的主体（interrupt.cpp）

```
namespace {
  std::deque<Message>* msg_queue;

  __attribute__((interrupt))
  void IntHandlerXHCI(InterruptFrame* frame) {
    msg_queue->push_back(Message{Message::kInterruptXHCI});
    NotifyEndOfInterrupt();
  }

  __attribute__((interrupt))
  void IntHandlerLAPICTimer(InterruptFrame* frame) {
    msg_queue->push_back(Message{Message::kInterruptLAPICTimer});
    NotifyEndOfInterrupt();
  }
}
```

在本例中，目的是暂时产生一个定时器中断，因此只需要打印已收到中断的信息即可，如**代码11.7**所示。如果每隔一段时间就打印出一条Timer interrupt信息，则说明程序成功。让我们运行它（**图11.1**）。哦！启动并等待一段时间后，定时器中断似乎已正确产生。恭喜！

代码11.7 在主函数中处理定时器事件（main.cpp）

```
  switch (msg.type) {
  case Message::kInterruptXHCI:
    usb::xhci::ProcessEvents();
    break;
  case Message::kInterruptLAPICTimer:
    printk("Timer interrupt\n");
    break;
```

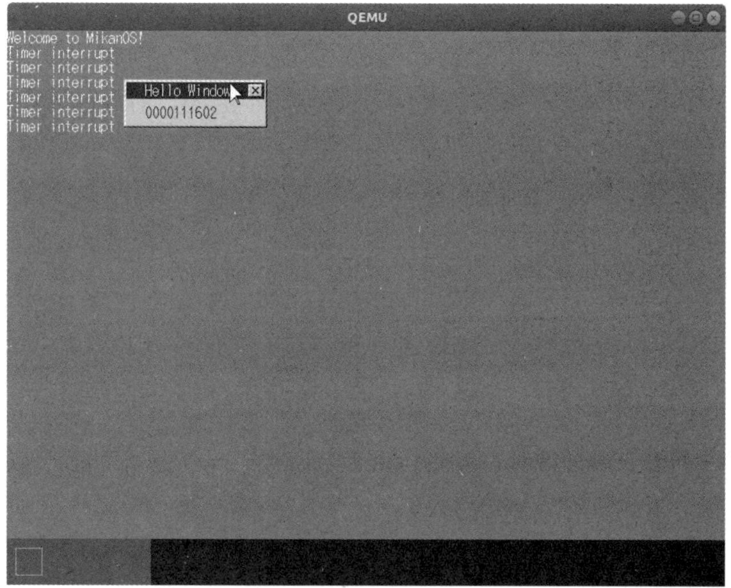

图11.1 产生定时器中断

11.3 精确定时（osbook_day11c）

在我们的环境中，当前的定时器中断似乎每隔几秒钟就会发生一次（根据机型的不同，可能会更快或更慢）。即使在当前状态下，也可以通过计算中断次数来测量以秒为单位的时间，因此对于厨房定时器等用途而言，它已经足够实用。然而，如果希望将定时器作为操作系统的功能，那么几秒钟的时间太慢了。我们需要的分辨率约为1ms。

因此，我们将尝试让Local APIC定时器以更短的周期运行，同时计算中断次数，这样就能同时测量短时间和长时间。在这里需要做的是减小写入Initial Count寄存器的值，并创建一种计算中断次数的机制。让我们立即尝试实现这一点。

我们决定创建一个TimerManager类来计算中断次数（代码11.8）。名为tick_的成员变量用于存储中断次数。Tick()方法将中断次数递增1，而CurrentTick()方法返回当前的中断次数。

代码11.8 使用TimerManager类计算定时器中断的次数（timer.hpp）

```
class TimerManager {
 public:
  void Tick();
  unsigned long CurrentTick() const { return tick_; }

 private:
  volatile unsigned long tick_{0};
};

extern TimerManager* timer_manager;
```

为tick_添加volatile修饰符可抑制与读/写tick_相关的优化。这是必要的，因为tick_是在中断处理程序中修改的，并且在中断处理程序之外被引用。C++编译器无法识别中断处理程序是否被实际调用，因此优化可能会导致CurrentTick()返回的值固定。详情见专栏11.1。

代码11.9显示了TimerManager::Tick()的实现，以及调用它的LAPICTimerOnInterrupt()函数。稍后将在定时器中断处理程序中调用该函数。

代码11.9 每次中断都会调用Tick()（timer.cpp）

```
void TimerManager::Tick() {
  ++tick_;
}

TimerManager* timer_manager;

void LAPICTimerOnInterrupt() {
  timer_manager->Tick();
}
```

代码11.10显示了修改后的InitializeLAPICTimer()。主要变化是在开始时创建了一个TimerManager类实例，并减小了Initial Count寄存器中设置的值。

代码11.10　设置定时器中断的周期（timer.cpp）

```
void InitializeLAPICTimer() {
  timer_manager = new TimerManager;

  divide_config = 0b1011;
  lvt_timer = (0b010 << 16) | InterruptVector::kLAPICTimer;
  initial_count = 0x1000000u;
}
```

创建的定时器中断处理程序如代码11.11所示。我们要做的很简单：调用LAPICTimerOnInterrupt()，最后通知Local APIC中断已完成。

代码11.11　定时器中断的处理程序（interrupt.cpp）

```
  __attribute__((interrupt))
  void IntHandlerLAPICTimer(InterruptFrame* frame) {
    LAPICTimerOnInterrupt();
    NotifyEndOfInterrupt();
  }
```

现在，如果你已经实现了这一点，那么每次定时器中断时都会调用timer_manager->Tick()并使tick_递增1。在主循环中，我们一直在不使用hlt的情况下全速计算循环次数。让我们改变这种情况并修改它，以便每次发生中断时都显示当前tick_的值。

代码11.12显示了对主循环的修改。主要改动是删除count变量，在主窗口中显示timer_manager->CurrentTick()的值，并在sti之后改回hlt。

代码11.12　在主循环中显示定时器的值（main.cpp）

```
    __asm__("cli");
    const auto tick = timer_manager->CurrentTick();
    __asm__("sti");

    sprintf(str, "%010lu", tick);
    FillRectangle(*main_window->Writer(), {24, 28}, {8 * 10, 16}, {0xc6, 0xc6, 0xc6});
    WriteString(*main_window->Writer(), {24, 28}, str, {0, 0, 0});
    layer_manager->Draw(main_window_layer_id);

    __asm__("cli");
    if (main_queue->size() == 0) {
      __asm__("sti\n\thlt");
      continue;
    }
```

之所以在执行timer_manager->CurrentTick()之前和之后使用cli和sti，是因为在这里读取的tick_变量会在中断处理程序中发生变化。由于中断可能随时发生，因此在即将读取tick_

变量和重写tick_变量时，中断也可能发生。这可能会导致意想不到的故障，应予以避免。因此，我们使用cli和sti将前后两部分封装起来，以防止发生中断。这（异步环境中的同步处理）是一个相当难的话题，本书中没有详细论述，但无论如何，请记住，当在中断处理程序之外读取一个可能被中断处理程序改写的变量时，应该对其进行保护，使其不会在此时产生中断。你应该这样做。

运行程序，效果看起来如图11.2所示。从图中看不出什么不同，但在我们的QEMU上运行时，计数器移动得很慢。由于不再全速运行循环，CPU使用率大幅下降。成功！

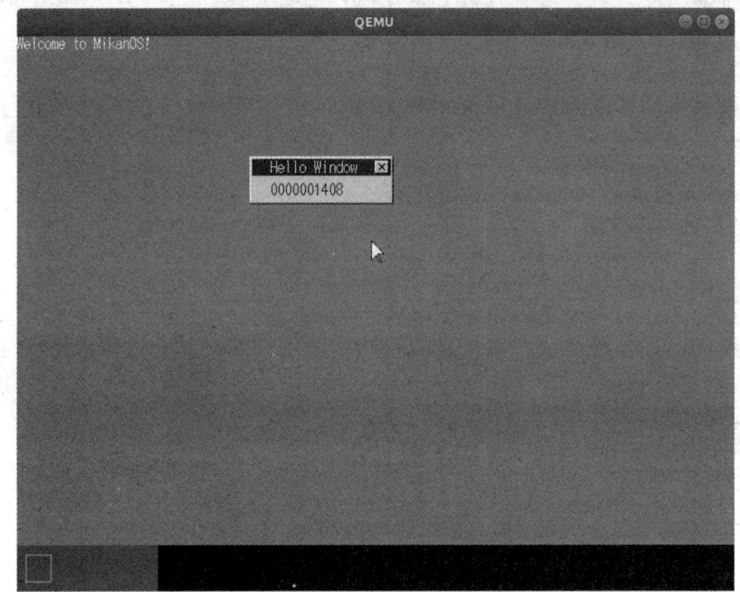

图11.2　显示定时器中断次数

专栏11.1　volatile的必要性

假设你编写了一个程序，在一个循环中反复调用CurrentTick()等待时间流逝，如下所示。

```
const auto begin = timer_manager->CurrentTick();
while (begin + 10 > timer_manager->CurrentTick());
```

CurrentTick()读取tick_变量的值。程序的目的是在进入循环之前读取当前值，并等待计数到10。CurrentTick()的值将逐渐增加，当达到begin + 10时将退出循环。这样做似乎没有问题。

由于在这个循环中没有调用Tick()等，所以C++编译器可能会认为tick_变量的值在循环过程中保持不变。在这种情况下，当tick_不变时，每次调用CurrentTick()都是一种浪费，因此它将被嵌入一个固定值。这样一来，这个while循环实际上就是一个死循环，因为C++编译器在优化时会假设程序只在当前上下文中运行，而忽略了tick_的值在定时器中断时确实会发生变化这一事实。

通过将tick_修改为用volatile修饰，可以告诉编译器这个变量是易变的。易变性是指值可以随时改变，硬件寄存器就是典型的易变性变量。编译器不会对易变性变量的读/写进行优化，因此程序中的while循环可以正常工作，不会成为一个死循环。

11.4 多个定时器和超时通知（osbook_day11d）

超时是指定时器设定的时间已过。Local APIC定时器的Current Count寄存器的值变为0也是超时。当超时发生时，Local APIC定时器通过中断通知CPU。

在本节中，我们将尝试创建一个基于TimerManager::tick_工作的逻辑定时器，并实现一个在超时时发出通知的函数。因为我们不知道Local APIC定时器的一个计数是多少秒，所以它不能用于测量秒数。但“Local APIC定时器时间”可用于根据Local APIC定时器的一个计数来测量时间。

我们创建了一个Timer类来表示逻辑定时器（**代码11.13**）。该类有一个表示超时时间的timeout_变量和一个用于存储超时时要发送的值的value_变量。这是一个非常简单的类。如果超时时间超过了TimerManager::tick_，我们就认为超时了。

代码11.13　表示逻辑定时器的Timer类（timer.hpp）

```
class Timer {
 public:
  Timer(unsigned long timeout, int value);
  unsigned long Timeout() const { return timeout_; }
  int Value() const { return value_; }

 private:
  unsigned long timeout_;
  int value_;
};
```

代码11.14显示了修改后的TimerManager类的定义。我们创建了一个timers_变量来保存多个逻辑定时器，并创建了一个msg_queue_引用变量来指向一个消息队列，以便在超时时通知定时器。

代码11.14　TimerManager有多个逻辑定时器（timer.hpp）

```
class TimerManager {
 public:
```

```
  TimerManager(std::deque<Message>& msg_queue);
  void AddTimer(const Timer& timer);
  void Tick();
  unsigned long CurrentTick() const { return tick_; }

 private:
  volatile unsigned long tick_{0};
  std::priority_queue<Timer> timers_{};
  std::deque<Message>& msg_queue_;
};
```

std::priority_queue是第一次出现，所以我们来解释一下。std::priority_queue是一种被称为优先级队列的数据结构。普通队列是一种先进先出（FIFO）的数据结构，即先进入的数据先出队列。而优先级队列不遵循先进先出的原则，数据进入队列的顺序并不重要，在当时存储的数据中，优先级最高的数据会被提取出来。

对于std::priority_queue，优先级是通过less运算符（<）来确定的。这意味着使用less运算符比较的值越大，优先级就越高。例如整数2和3，2<3，那么3的优先级就高于2。timers_的元素是Timer，因此，如果有两个定时器t1和t2，且t1<t2，那么定时器t2的优先级更高。但是，标准中并没有提供用于比较Timer的less运算符，你必须自己创建一个。

因此，我们创建了一个less运算符（**代码11.15**）。这个less运算符用于比较两个定时器的优先级，如果lhs<rhs，则返回true。那么，定时器的优先级到底是什么？确定它的方法有很多，但这次我们将考虑适合超时处理的优先级。

代码11.15　用于比较定时器优先级的less运算符（timer.hpp）

```
/** @brief 比较定时器的优先级。超时越长，优先级越低 */
inline bool operator<(const Timer& lhs, const Timer& rhs) {
  return lhs.Timeout() > rhs.Timeout();
}
```

粗略地说，超时处理就是在timers_中找到超时的定时器，然后将它们从timers_中移除。换句话说，对于每个定时器，它都要检查timeout_变量是否小于或等于timer_manager->tick_的值，如果是，则将其从timer_manager->timers_中移除。有些定时器可能在计数3次或10000次后超时，但在超时处理中关注的是计数3次后超时的定时器。这意味着，将定时器的优先级设置为“越接近超时时间，优先级越高”是一个好主意。如果这样设置优先级，那么就可以按照超时的顺序从timer_manager->timers_中提取定时器。**代码11.15**就是这部分的代码。

代码11.16显示了TimerManager类的构造函数和AddTimer()方法的实现。构造函数的参数msg_queue被传递给了由main函数生成的main_queue。在构造函数的主体中，将一个定时器插入timers_变量中。该定时器的最大值可表示为超时值（unsigned long），其优先级低于其他定时器。这是一种被称为看门狗的技术。稍后会有更详细的解释。

代码11.16　AddTimer()将定时器插入优先级队列中（timer.cpp）

```
TimerManager::TimerManager(std::deque<Message>& msg_queue)
    : msg_queue_{msg_queue} {
  timers_.push(Timer{std::numeric_limits<unsigned long>::max(), -1});
}

void TimerManager::AddTimer(const Timer& timer) {
  timers_.push(timer);
}
```

AddTimer()将指定的定时器添加到timers_中。当然，timers_是一个优先级队列，因此定时器不会被添加到队列的末尾，而是按照超时值递减的顺序添加的。

代码11.17显示了TimerManager::Tick()的实现。以前，该方法只是执行++tick_;，但这次我们添加了一个超时处理，所以看起来很不错。提醒一下，Tick()方法是从LAPICTimerOnInterrupt()调用的，而LAPICTimerOnInterrupt()是从Local APIC定时器中断处理程序调用的。

代码11.17　每次执行Tick()时都要进行超时处理（timer.cpp）

```
void TimerManager::Tick() {
  ++tick_;
  while (true) {
    const auto& t = timers_.top();
    if (t.Timeout() > tick_) {
      break;
    }

    Message m{Message::kTimerTimeout};
    m.arg.timer.timeout = t.Timeout();
    m.arg.timer.value = t.Value();
    msg_queue_.push_back(m);

    timers_.pop();
  }
}
```

在while循环开始时，从timers_中获取优先级最高的定时器，并将其设置为引用变量t。在下一行中，将检查定时器t的超时时间，如果尚未超时，则退出while循环。此时去检查timers_中的其余定时器就没有意义了。

如果定时器t已超时，那么就不会退出while循环，而是进入下一个进程。使用定时器的超时时间（t.Timeout()）和通知值（t.Value()）创建一条通知消息m，并将其添加到msg_queue_消息队列中。这样，主函数就能感知定时器何时超时。

如代码11.18所示，我们修改了作为消息队列元素类型的Message结构体。以前只有一个成员变量type来表示通知消息的类型，这次增加了一个成员变量arg来表示超时时间和通知值。由于这个Message结构体将来会用于各种通知，因此arg需要能够处理各种类型的数据。所以，我们将其定义为共享对象，这样type为kTimerTimeout的消息将使用arg.timer。

代码11.18　Message结构体的定义（message.hpp）

```
#pragma once

struct Message {
  enum Type {
    kInterruptXHCI,
    kTimerTimeout,
  } type;

  union {
    struct {
      unsigned long timeout;
      int value;
    } timer;
  } arg;
};
```

现在有了定时器实现，我们想实际生成一些定时器并使用它们。代码11.19展示了一个生成和注册定时器的示例。在timer_manager中生成并注册了两个定时器，它们分别在200次和600次计数后超时。

代码11.19　在主函数中生成两个定时器（main.cpp）

```
  InitializeLAPICTimer(*main_queue);

  timer_manager->AddTimer(Timer(200, 2));
  timer_manager->AddTimer(Timer(600, -1));
```

我们已编写了在处理定时器超时时发送到main_queue的通知消息的部分（代码11.20）。控制台将显示定时器的超时时间和通知值。显示信息后，如果通知值为正数，则将注册一个额外的定时器，该定时器将在100次计数后超时。这样，就可以表示一个以100个计数周期计时的定时器。在注册额外的定时器时，通知值会增加1，这并没有什么深意。只是如果值增加1，则可能会更容易看清。即使值始终保持不变，也不会有问题。

代码11.20　显示超时通知并注册其他定时器（main.cpp）

```
    case Message::kTimerTimeout:
      printk("Timer: timeout = %lu, value = %d\n",
```

```
    msg.arg.timer.timeout, msg.arg.timer.value);
if (msg.arg.timer.value > 0) {
  timer_manager->AddTimer(Timer(
      msg.arg.timer.timeout + 100, msg.arg.timer.value + 1));
}
break;
```

图11.3显示了定时器的运行情况。可以看到，100次循环定时器和600次单次定时器正在运行。因此，它非常成功。

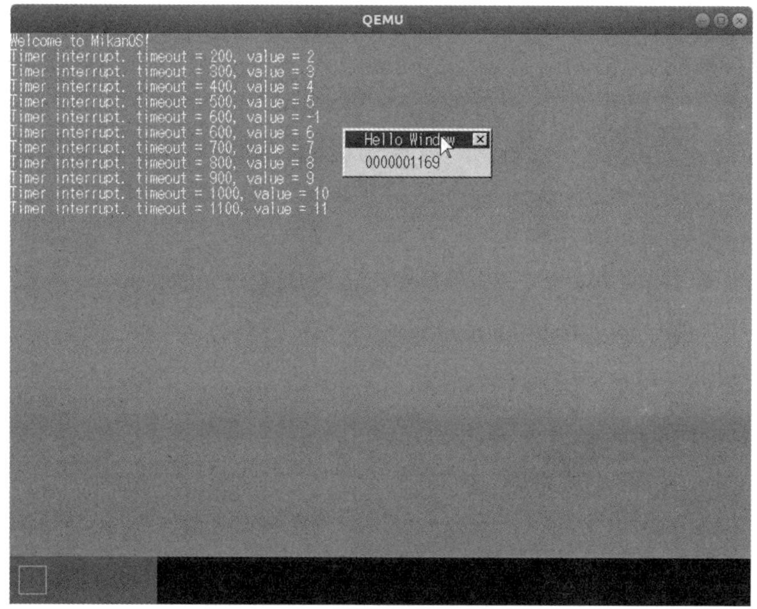

图11.3　正在运行的两个定时器

11.5 ACPI PM定时器和RSDP（osbook_day11e）

到目前为止，我们所处理的Local APIC定时器都是一个计数为未知秒数的定时器。此外，不同机型的定时器在运行速度上也有相当大的差异（在我们的环境中，QEMU在几秒内完成100次计数，而实际设备则需要几十秒），因此很难按原样处理。我们可以通过调整timer.cpp中分配给initial_count的值来改变tick_递增的时间，因此需要找到一种自动调整的方法。

最好使用已知工作频率的定时器来测量Local APIC定时器的周期。事实上，除了Local APIC定时器，现代计算机还配备了多个定时器。如果使用其中一个已知工作频率的定时器，那么就可以计算出Local APIC定时器的一个计数是多少秒。本节将使用ACPI PM定时器创建一个函数来测量Local APIC定时器的周期。

ACPI（Advanced Configuration and Power Interface）是管理计算机配置和电源的标准。顾名思义，ACPI PM（Power Management）定时器是为ACPI电源管理而安装的，但也可用于电源管理以外的用途。根据经验，几乎所有机型都安装了ACPI PM定时器。如果你使用的机型没有ACPI PM定时器，那么下面描述的程序将无法运行。

现在，要使用ACPI PM定时器，需要知道控制定时器的寄存器组的IO端口号和寄存器的内容。我们首先要获取IO端口号。ACPI PM定时器寄存器组的端口号被记录在内存地址空间中名为FADT的表中。要找出FADT的位置（内存地址），需要查找同样位于内存地址空间的XSDT（eXtended System Descriptor Table）。XSDT的位置会在RSDP（Root System Description Pointer）中列出。因此，第一步是获取RSDP。

虽然RSDP被命名为指针，但它是一个结构体，不像C++指针那么简单。RSDP结构体也位于内存地址空间中，UEFI BIOS知道它的位置。因此，可以修改引导加载器，从UEFI BIOS获取该信息并将其传递到操作系统端。

引导加载器的主函数UefiMain()的定义如**代码11.21**所示。可以看到，主函数的第二个参数传递了一个指向EFI_SYSTEM_TABLE结构体的指针。**表11.1**列出了获取RSDP所需的EFI_SYSTEM_TABLE结构体的成员变量。

代码11.21　UEFI中的主函数

```
EFI_STATUS EFIAPI UefiMain(
    EFI_HANDLE image_handle,
    EFI_SYSTEM_TABLE* system_table) {
  ...
}
```

表11.1　EFI_SYSTEM_TABLE结构体的成员变量（摘录）

成员变量名称	类型
NumberOfTableEntries	UINTN
ConfigurationTable	EFI_CONFIGURATION_TABLE*

ConfigurationTable是指向配置信息数组的指针，元素数量用NumberOfTableEntries表示。数组元素是EFI_CONFIGURATION_TABLE结构体，其成员变量如**表11.2**所示。EFI_SYSTEM_TABLE和EFI_CONFIGURATION_TABLE结构体的定义在UEFI规范中有所描述。

表11.2　EFI_CONFIGURATION_TABLE结构体的成员变量

成员变量名称	类型	说明
VendorGuid	EFI_GUID	标识系统配置表的GUID
VendorTable	VOID*	指向系统配置表的指针

从**表11.2**中查找VendorGuid代表ACPI的元素。VendorTable就是所需的值，即指向RSDP结构体的指针。

因此，获取RSDP结构体指针的UEFI程序如**代码11.22**所示。

代码11.22　获取RSDP结构体指针的UEFI程序（main.c）

```
VOID* acpi_table = NULL;
for (UINTN i = 0; i < system_table->NumberOfTableEntries; ++i) {
  if (CompareGuid(&gEfiAcpiTableGuid,
                  &system_table->ConfigurationTable[i].VendorGuid)) {
    acpi_table = system_table->ConfigurationTable[i].VendorTable;
    break;
  }
}

typedef void EntryPointType(const struct FrameBufferConfig*,
                            const struct MemoryMap*,
                            const VOID*);
EntryPointType* entry_point = (EntryPointType*)entry_addr;
entry_point(&config, &memmap, acpi_table);
```

程序中的CompareGuid()函数，当两个GUID相等时它返回true，可以通过包含<Library/BaseMemoryLib.h>来使用。要比较的gEfiAcpiTableGuid是EDK II定义的GUID，是代表ACPI 2.0或更高版本的常量。退出循环后，acpi_table变量应具有指向RSDP的指针。我们添加了一个const VOID*参数，以便将其传递给主函数。

要使用gEfiAcpiTableGuid，需要将其GUID添加到Loader.inf的Guids中，如**代码11.23**所示。

代码11.23　将gEfiAcpiTableGuid添加到Guids中（Loader.inf）

```
[Guids]
  gEfiFileInfoGuid
  gEfiAcpiTableGuid
```

在引导加载器端，我们添加了主函数的参数，因此在主体端也需要进行类似的更改（**代码11.24**）。在引导加载器端是const VOID*，而在主体端是const acpi::RSDP&。对于C++程序来说，使用不同的类型并不合适，但归根结底是内存地址的问题，所以还是可行的。acpi::RSDP是acpi.hpp中新定义的结构体。稍后将介绍它。

代码11.24 在主函数的参数中接收对RSDP的引用（main.cpp）

```
extern "C" void KernelMainNewStack(
    const FrameBufferConfig& frame_buffer_config_ref,
    const MemoryMap& memory_map_ref,
    const acpi::RSDP& acpi_table) {
```

从主函数调用acpi::Initialize()，它接收acpi::RSDP结构体并执行各种操作（代码11.25）。

代码11.25 调用ACPI库的初始化函数（main.cpp）

```
  acpi::Initialize(acpi_table);
  InitializeLAPICTimer(*main_queue);
```

代码11.26显示了acpi::Initialize()的实现。rsdp.IsValid()方法用于验证参数中指定的RSDP结构体是否正确。换句话说，acpi::Initialize()目前只做错误检查，是一个相当无用的函数，但我们计划将来扩展它。

代码11.26 ACPI初始化函数执行RSDP的完整性检查（acpi.cpp）

```
void Initialize(const RSDP& rsdp) {
  if (!rsdp.IsValid()) {
    Log(kError, "RSDP is not valid\n");
    exit(1);
  }
}
```

代码11.27显示了acpi.hpp文件的内容，其中包含RSDP结构体的定义。该结构体的成员变量的含义由ACPI规范确定，如表11.3所示。

代码11.27 表示RSDP数据结构的RSDP结构体的定义（acpi.hpp）

```
/**
 * @file acpi.hpp
 *
 * ACPI表定义和运行程序集合的头文件
 */

#pragma once

#include <cstdint>

namespace acpi {

struct RSDP {
  char signature[8];
  uint8_t checksum;
```

```
  char oem_id[6];
  uint8_t revision;
  uint32_t rsdt_address;
  uint32_t length;
  uint64_t xsdt_address;
  uint8_t extended_checksum;
  char reserved[3];

  bool IsValid() const;
} __attribute__((packed));

void Initialize(const RSDP& rsdp);

} // namespace acpi
```

表11.3　RSDP结构体的成员变量的含义

成员变量名称	类型	offset	说明
signature	char[8]	0	RSDP签名，8个字符“RSD.PTR.”
checksum	uint8_t	8	校验和，前20个字符
oem_id	char[6]	9	OEM的名称
revision	uint8_t	15	RSDP结构体的版本号。ACPI 1.0为0，ACPI 6.2为2
rsdt_address	uint32_t	16	指向RSDT的32位物理地址
length	uint32_t	20	RSDP整体的字节数
xsdt_address	uint64_t	24	指向XSDT的64位物理地址
extended_checksum	uint8_t	32	包含扩展区域在内的整个RSDP的校验和
reserved	char[3]	33	保留区域

为了确保RSDP结构体不被破坏，有必要检查signature的值是否正确，以及使用checksum和extended_checksum计算的校验和是否正确。校验和是一种错误检测方法，在这种方法中，按一定的长度分割数据，然后将数据相加来检查它们的总和是否为0。在RSDP中，需要检查每个字节的总和是否为0。

代码11.28展示了RSDP::IsValid()的实现。首先检查signature的值是否正确。签名没有以NUL字符结束，因此不能使用strcmp进行比较。一定要使用允许指定字符数的比较函数。

代码11.28　使用IsValid()检查RSDP的完整性（acpi.cpp）

```
bool RSDP::IsValid() const {
  if (strncmp(this->signature, "RSD PTR ", 8) != 0) {
    Log(kDebug, "invalid signature: %.8s\n", this->signature);
    return false;
  }
  if (this->revision != 2) {
```

```
    Log(kDebug, "ACPI revision must be 2: %d\n", this->revision);
    return false;
  }
  if (auto sum = SumBytes(this, 20); sum != 0) {
    Log(kDebug, "sum of 20 bytes must be 0: %d\n", sum);
    return false;
  }
  if (auto sum = SumBytes(this, 36); sum != 0) {
    Log(kDebug, "sum of 36 bytes must be 0: %d\n", sum);
    return false;
  }
  return true;
}
```

然后是版本检查。版本为0意味着它是ACPI 1.0所定义的RSDP结构体，并且只存在前20字节。如果版本为2（撰写本文时的最新版本），则表示结构体大小为36字节。我们需要的最终值是XSDT的地址（xsdt_address），因此需要在版本2中读取该值。

接下来计算前20字节和36字节的校验和。要计算前20字节的校验和，我们使用checksum。**代码11.29**中定义了SumBytes()。该函数将给定的内存区域逐字节地相加，这样做没有问题。但如果将一个20字节的区域逐字节地相加，则无法将结果容纳在一个字节中，并且会溢出。校验和的计算方式是，每次将一个字节相加后，只留下最后一个字节。在计算前20字节的总和时会自动包含checksum，这样就可以得到正确计算的校验和。

代码11.29　SumBytes()以字节为单位对指定的内存区域求和（acpi.cpp）

```
namespace {

template <typename T>
uint8_t SumBytes(const T* data, size_t bytes) {
  return SumBytes(reinterpret_cast<const uint8_t*>(data), bytes);
}

template <>
uint8_t SumBytes<uint8_t>(const uint8_t* data, size_t bytes) {
  uint8_t sum = 0;
  for (size_t i = 0; i < bytes; ++i) {
    sum += data[i];
  }
  return sum;
}

} // namespace
```

代码11.29使用了模板泛型，这是C++模板的一个特点。我们要实现的是“获取字节数组及其大小并计算以字节为单位的总和”的功能。因此，我们可以定义一个获取字节数组及其大小的函数，但要使用该函数获取字节数组以外的变量（本例中为RSDP结构体）的总和，则需要对其进行转换。通过使用模板泛型，可以向函数用户隐藏转换过程。

在两个SumBytes()定义中，前者是通用定义，可用于任何类型，具体取决于模板参数T；后者则是专门针对uint8_t的定义。如果前者中的T是uint8_t，那么后者将取代前者。换句话说，如果输入了uint8_t以外的类型，则会将其转换为uint8_t，并使用专门的定义。有了这种机制，函数用户就可以调用SumBytes(&rsdp, 20)来计算校验和，而无须进行转换。太棒了！

上面我们已经解释了前20字节的校验和计算。接下来，我们将计算整个RSDP（36字节）的校验和。这个校验和的计算涉及extended_checksum。如果36字节的总和为0，则校验和正确。

如果到此为止的所有校验都通过了，那么就可以认为RSDP的数据结构没有损坏。IsValid()返回true，表示校验通过。

至此，RSDP的获取工作完成。在第12章中，我们将获取XSDT。

第12章

键盘输入

在第11章中，鼠标和定时器都可以使用了，它开始变得像一个操作系统了。接下来我们要做的事情，会让它更像一个操作系统。在本章中，我们将尝试使用键盘输入。事实上，键盘和鼠标一样，都是USB HID设备，因此可以使用大致相同的方式控制它。在学完本章后，你将能够从键盘输入字符串并将其显示在文本框中。

12.1 查找FADT（osbook_day12a）

在使用USB键盘之前，让我们继续第11章中未完成的工作：使用ACPI PM定时器来测量Local APIC定时器一个计数的秒数。要做到这一点，需要FADT，并且需要XSDT来知道FADT在哪里，还需要RSDP来知道XSDT在哪里（这是第11章中的最后一项工作）。它们之间的关系如图12.1所示。

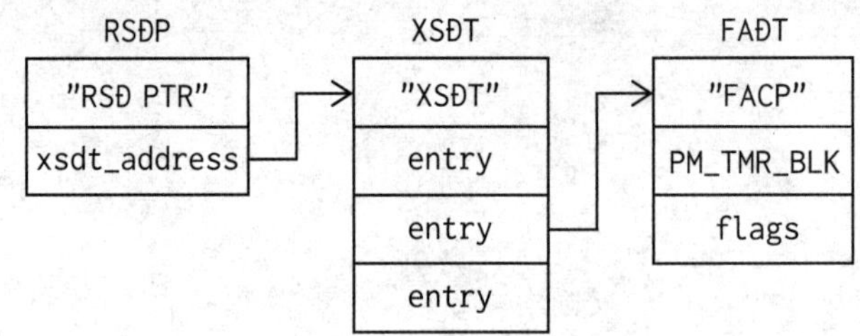

图12.1　RSDP、XSDT和FADT之间的关系

XSDT是ACPI的核心数据结构，因此我们首先要定义一个表示XSDT的结构体。

代码12.1显示了acpi::XSDT结构体的定义，以及其中使用的acpi::DescriptionHeader结构体。ACPI中的结构体的一个特征是，**描述头**（公共头）被附加在XSDT本身和XSDT指向的其他数据结构的开头。DescriptionHeader是一个表示该头的结构体。XSDT具有一种结构，其中每个数据结构的地址都位于描述头之后。

代码12.1　表示XSDT的描述头和结构体的定义（acpi.hpp）

```
struct DescriptionHeader {
  char signature[4];
  uint32_t length;
  uint8_t revision;
  uint8_t checksum;
  char oem_id[6];
  char oem_table_id[8];
  uint32_t oem_revision;
  uint32_t creator_id;
  uint32_t creator_revision;

  bool IsValid(const char* expected_signature) const;
} __attribute__((packed));

struct XSDT {
  DescriptionHeader header;

  const DescriptionHeader& operator[](size_t i) const;
  size_t Count() const;
} __attribute__((packed));
```

代码12.2显示了IsValid()方法，该方法使用描述头来检查数据结构的完整性。它检查描述头中的4字节签名并计算校验和。描述头的校验和是通过对整个数据结构（以length写入的大小）求和来计算的，而不仅仅是描述头。

代码12.2　描述头中的IsValid()检查整个数据结构的完整性（acpi.cpp）

```
bool DescriptionHeader::IsValid(const char* expected_signature) const {
  if (strncmp(this->signature, expected_signature, 4) != 0) {
    Log(kDebug, "invalid signature: %.4s\n", this->signature);
    return false;
  }
  if (auto sum = SumBytes(this, this->length); sum != 0) {
    Log(kDebug, "sum of %u bytes must be 0: %d\n", this->length,  sum);
    return false;
  }
  return true;
}
```

XSDT的结构是，描述头之后是每个数据结构的地址。为了获取这些地址，我们定义了一个下标运算符（operator[]），如代码12.3所示。在下标运算符中，[]中的数字被作为参数i传递，所以我们可以获取XSDT中指定下标的地址，然后将其转换为const DescriptionHeader&类型并返回。Count()表示XSDT保存的数据结构的地址数量。

代码12.3　访问XSDT条目的下标运算符（acpi.cpp）

```
const DescriptionHeader& XSDT::operator[](size_t i) const {
  auto entries = reinterpret_cast<const uint64_t*>(&this->header + 1);
  return *reinterpret_cast<const DescriptionHeader*>(entries[i]);
}

size_t XSDT::Count() const {
  return (this->header.length - sizeof(DescriptionHeader)) / sizeof(uint64_t);
}
```

代码12.4显示了使用XSDT::operator[]()和XSDT::Count()查找FADT的程序。XSDT的数据结构位于rsdp.xsdt_address中写入的物理地址处，将该地址转换为XSDT结构体指针并使用它。引用变量xsdt指向内存中的XSDT数据结构。

代码12.4　在XSDT持有的地址数组中搜索FADT（acpi.cpp）

```
void Initialize(const RSDP& rsdp) {
  if (!rsdp.IsValid()) {
    Log(kError, "RSDP is not valid\n");
    exit(1);
  }
```

```
  const XSDT& xsdt = *reinterpret_cast<const XSDT*>(rsdp.xsdt_address);
  if (!xsdt.header.IsValid("XSDT")) {
    Log(kError, "XSDT is not valid\n");
    exit(1);
  }

  fadt = nullptr;
  for (int i = 0; i < xsdt.Count(); ++i) {
    const auto& entry = xsdt[i];
    if (entry.IsValid("FACP")) { // FACP是FADT的签名
      fadt = reinterpret_cast<const FADT*>(&entry);
      break;
    }
  }

  if (fadt == nullptr) {
    Log(kError, "FADT is not found\n");
    exit(1);
  }
}
```

使用for语句搜索FADT，从头开始追踪XSDT描述头后面的地址数组，寻找签名为“FACP”的FADT。由于历史原因，FADT的签名与数据结构名称不同。“FACP”并不是一个错误。

使用xsdt[i]来获取XSDT描述头后面序列中的第i个地址。不过，返回的是对DescriptionHeader结构体的引用，而不是代表地址的整数值。你可以在引用变量entry中接收并使用它。如果成功找到FADT，则将指向FADT的指针设置为全局变量acpi::fadt，然后退出for循环。

表示FADT的FADT结构体的定义如**代码12.5**所示。FADT是一个很大的结构体，总共276字节，但只需要两个成员变量来控制ACPI PM定时器。通过使用reserved1跳过了不必要的部分，从而简化了定义。

代码12.5　表示FADT的FADT结构体的定义（acpi.hpp）

```
struct FADT {
  DescriptionHeader header;

  char reserved1[76 - sizeof(header)];
  uint32_t pm_tmr_blk;
  char reserved2[112 - 80];
  uint32_t flags;
  char reserved3[276 - 116];
} __attribute__((packed));

extern const FADT* fadt;
```

12.2 使用ACPI PM定时器（osbook_day12b）

在获得FADT后，就可以使用ACPI PM定时器了。在本节中，我们将使用ACPI PM定时器来测量Local APIC定时器一个计数的秒数。

ACPI PM定时器以3.579545MHz频率持续运行。计数器有24位或32位的，具体取决于环境。24位计数器完成一轮计数并归零大约需要4.7s。那么，如何利用这个定时器来测量Local APIC定时器的一个计数呢？我们的想法是，等待ACPI PM定时器前进1s，并在该时间前后读取Local APIC定时器的计数器。由于等待1s和读取Local APIC定时器的计数器的过程需要一点儿时间，因此会有一点儿误差，但我们可以接受。

在代码12.6中，我们实现了WaitMilliseconds()等待指定的毫秒数。该函数第1行定义的pm_timer_32变量是fadt->flags的第8位——如果ACPI PM定时器的计数器为32位宽，则该位为true；如果为24位宽，则该位为false。

代码12.6　WaitMilliseconds()等待指定的毫秒数（acpi.cpp）

```
void WaitMilliseconds(unsigned long msec) {
  const bool pm_timer_32 = (fadt->flags >> 8) & 1;
  const uint32_t start = IoIn32(fadt->pm_tmr_blk);
  uint32_t end = start + kPMTimerFreq * msec / 1000;
  if (!pm_timer_32) {
    end &= 0x00ffffffu;
  }

  if (end < start) { // 溢出
    while (IoIn32(fadt->pm_tmr_blk) >= start);
  }
  while (IoIn32(fadt->pm_tmr_blk) < end);
}
```

ACPI PM定时器始终在计数，没有任何特殊操作。其位于fadt->pm_tmr_blk代表的IO端口上，因此IoIn32(fadt->pm_tmr_blk)可用来读取当前的计数值。在该函数的第2行，读取当前的计数值并将其存储在start变量中，然后使用该值来计算指定毫秒数后的计数值并将其设置在end变量中。kPMTimerFreq在acpi.hpp中被定义为一个常量，其值为3579545。

该函数第4行中的if语句检查计数器的位宽，如果是24位计数器（pm_timer_32为false），则将end的值限制为24位。这样，无论计数器的位宽是24位还是32位，都可以在后面的处理中通用。

第二条if语句在大多数情况下不执行，最后一条while语句按原样执行。这条while语句等待ACPI PM定时器计时到指定的毫秒数。这是一个非常简单的过程，等待定时器的计数值达到end。

第二条if语句在end溢出并小于start时执行（图12.2）。在这种情况下，如果立即执行最后一条while语句，那么程序就会退出循环，根本不需要等待。因此，需要在if内的while语句中等待计数器溢出并归零。

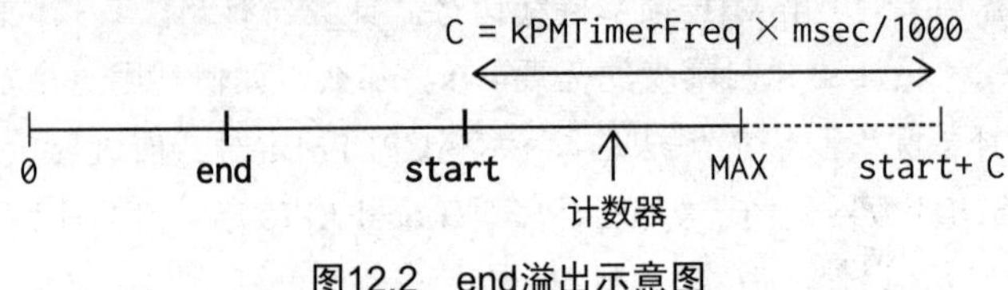

图12.2 end溢出示意图

我们希望使用WaitMilliseconds()为Local APIC定时器的一个计数计时，并定义一个全局变量来存储结果。但是，一个计数的秒数可能是一个非常小的值，很难用一个整数变量来处理，因此，我们要存储每秒的计数次数（定时器频率）。这是一个大得多的值，即使使用整数变量，也能以很高的精度表示。因此，我们创建了一个名为lapic_timer_freq的全局变量（代码12.7）。

代码12.7 Local APIC定时器频率和逻辑定时器频率（timer.hpp）

```
extern TimerManager* timer_manager;
extern unsigned long lapic_timer_freq;
const int kTimerFreq = 100;
```

在它下面定义的kTimerFreq常量，表示1s内调用TimerManager::Tick()的次数。如果我们将其设置为100，那么tick_将每秒递增100次，即每10ms递增一次。增加kTimerFreq可以更精确地测量时间，但超时处理的时间也会增加，从而降低了操作系统的整体处理性能。找到合适的平衡点非常重要。

代码12.8显示了一个使用WaitMilliseconds()来测量Local APIC定时器频率的程序：它等待100ms（0.1s），然后检查Local APIC定时器的计数器在这段时间前后的变化情况。将变化量乘以10，即可得到Local APIC定时器每秒的计数，即频率。

代码12.8 测量LAPIC定时器的频率（timer.cpp）

```
void InitializeLAPICTimer(std::deque<Message>& msg_queue) {
  timer_manager = new TimerManager{msg_queue};

  divide_config = 0b1011;
  lvt_timer = 0b001 << 16;
```

```
  StartLAPICTimer();
  acpi::WaitMilliseconds(100);
  const auto elapsed = LAPICTimerElapsed();
  StopLAPICTimer();

  lapic_timer_freq = static_cast<unsigned long>(elapsed) * 10;
  divide_config = 0b1011;
  lvt_timer = (0b010 << 16) | InterruptVector::kLAPICTimer;
  initial_count = lapic_timer_freq / kTimerFreq;
}
```

起初我们打算测量1s，但觉得等待时间太长了，所以将其缩短为0.1s。

根据测量得到的频率计算initial_count变量的值。之后会以此处设置的时间间隔发生中断。无论在哪种机型上运行，都应大约每10ms发生一次中断，不会太早也不会太晚。

完成定时器的构建并启动，效果如**图12.3**所示。虽然图中显示的效果并不理想，但无论是在QEMU还是实际设备上，原本设置为100次计时的周期性定时器现在都以1s的间隔计时了。这是一个巨大的成功！

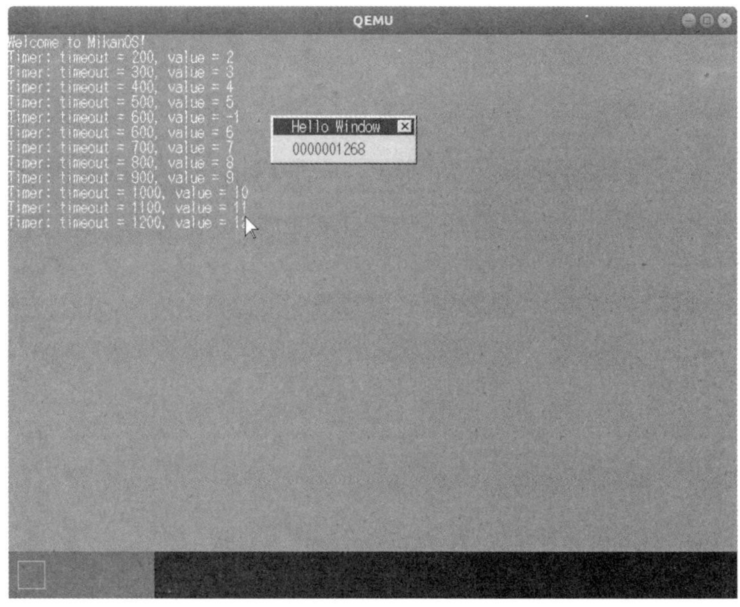

图12.3　逻辑定时器每秒正常超时

12.3 USB键盘驱动程序（osbook_day12c）

到此为止，我们已经完成了定时器的构建。接下来，我们将开始介绍按键输入。我们的目标是敲击键盘输入假名、英文字母和符号。

在本书中，我们将使用USB键盘作为按键输入设备。键盘的连接类型有多种，其中最常见的是USB键盘，它与鼠标同属HID类设备，其控制方式与鼠标基本相同。我们制作的USB驱动程序实际上包含了键盘驱动程序，因此可以轻松获得键盘支持。

代码12.9显示了InitializeKeyboard()函数的定义，该函数以lambda表达式创建了一个处理程序来处理按键事件，并将其注册到USB驱动程序中。当有任何键被按下时，都会调用该处理程序（lambda表达式）。将按下的键的键码作为参数keycode传递，然后将其值和转换为ASCII码的值注册到msg_queue中。

代码12.9将　将按键处理程序注册到USB驱动程序中（keyboard.cpp）

```
void InitializeKeyboard(std::deque<Message>& msg_queue) {
  usb::HIDKeyboardDriver::default_observer =
    [&msg_queue](uint8_t keycode) {
      Message msg{Message::kKeyPush};
      msg.arg.keyboard.keycode = keycode;
      msg.arg.keyboard.ascii = keycode_map[keycode];
      msg_queue.push_back(msg);
    };
}
```

键码是分配给每个键的数值。字母键和符号键都有键码，Esc键、F1键、退格键和Enter键也都有键码，可用于确定按下的是哪个键。每个键的键码都位于HID Usage Table标准的“10 Keyboard/KeypadPage (0x07)”中。

要将键码转换为字母数字字符或符号，必须先将键码转换为ASCII码。**代码12.10**显示了转换表的定义。这种转换表一般被称为映射表，因此我们将其命名为keycode_map，意思是将键码映射为ASCII码。如果将键码作为数组keycode_map的索引，那么就可以得到相应的ASCII码。例如，键码4对应的ASCII码是keycode_map[4]，它对应于英文字母“a”的ASCII码。

代码12.10　键码到ASCII码的转换表（keyboard.cpp）

```
const char keycode_map[256] = {
  0,    0,    0,    0,    'a',  'b',  'c',  'd', // 0
  'e',  'f',  'g',  'h',  'i',  'j',  'k',  'l', // 8
  'm',  'n',  'o',  'p',  'q',  'r',  's',  't', // 16
  'u',  'v',  'w',  'x',  'y',  'z',  '1',  '2', // 24
  '3',  '4',  '5',  '6',  '7',  '8',  '9',  '0', // 32
  '\n', '\b', 0x08, '\t', ' ',  '-',  '=',  '[', // 40
  ']',  '\\', '#',  ';',  '\'', '`',  ',',  '.', // 48
```

```
  '/',  0,    0,    0,    0,    0,    0,    0,   // 56
  0,    0,    0,    0,    0,    0,    0,    0,   // 64
  0,    0,    0,    0,    0,    0,    0,    0,   // 72
  0,    0,    0,    0,    '/',  '*',  '-',  '+', // 80
  '\n', '1',  '2',  '3',  '4',  '5',  '6',  '7', // 88
  '8',  '9',  '0',  '.',  '\\', 0,    0,    '=', // 96
};
```

之所以需要进行这种转换，原因之一是输入的字符会根据是否按下Shift键而发生变化，即使键上印的是相同的字符。例如，如果你想在按住Shift键的同时敲击“a”键，则会输入“A”，但“a”键本身与是否按下Shift键无关，因此键码不会改变。然而，由于种种原因（如果你好奇，则可以想一想），键盘发送的是键码而不是ASCII码，因此你必须尽力将其转换成ASCII码。

在进入主函数循环之前，调用初始化函数（代码12.11）。按键事件处理程序已在USB键盘驱动程序中注册。

代码12.11　从主函数中调用初始化函数（main.cpp）

```
  InitializeKeyboard(*main_queue);
```

我们修改Message结构体来通知主函数按键事件（代码12.12）。添加kKeyPush作为类型，代表按键事件，并在arg中添加keyboard。你可以设置键被按下时的键码，以及将其转换为ASCII码的值（如果无法转换，则为0）。顺便提一下，arg.timer和arg.keyboard是共享结构，它们共享内存空间。因此，Message结构体的大小不会增加。

代码12.12　在Message结构体中添加按键事件字段（message.hpp）

```
#pragma once

struct Message {
  enum Type {
    kInterruptXHCI,
    kTimerTimeout,
    kKeyPush,
  } type;

  union {
    struct {
      unsigned long timeout;
      int value;
    } timer;

    struct {
      uint8_t keycode;
      char ascii;
```

```
    } keyboard;
  } arg;
};
```

在主函数的循环中添加一个对按键事件做出响应的case（代码12.13）：每次按下USB键盘上的一个键时，都应执行该case，并在控制台上显示与按下的键对应的字符。让我们运行它（图12.4）。另外，我们觉得定时器已经够多了，所以删除了主函数中生成定时器和超时处理的过程。

代码12.13　在主函数中响应按键事件（main.cpp）

```
    case Message::kKeyPush:
      if (msg.arg.keyboard.ascii != 0) {
        printk("%c", msg.arg.keyboard.ascii);
      }
      break;
```

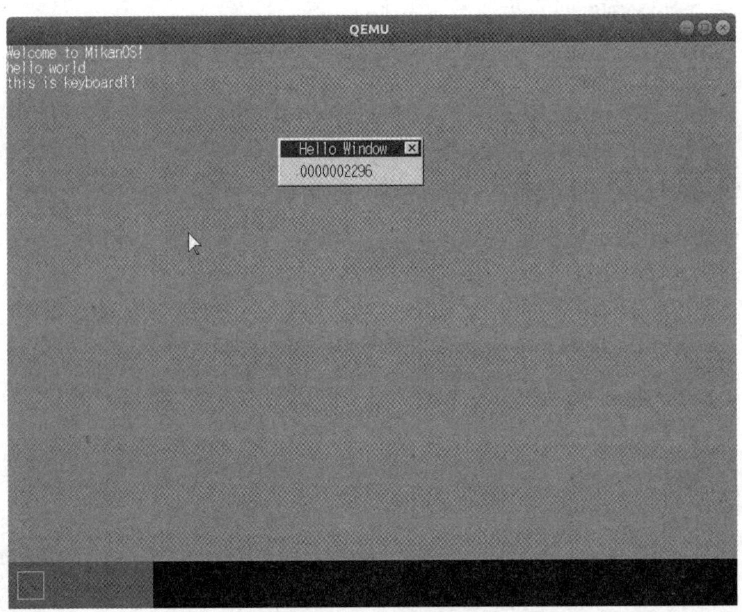

图12.4　尝试从键盘输入

最后的感叹号“!!”被输入为“11”，因为它还不支持Shift键。我们将在下一节中尝试解决这个问题。

12.4 修改键（osbook_day12d）

目前，按下键时调用的事件处理程序（在InitializeKeyboard()中创建的lambda表达式）只能接收一个键码，因此无法知道修改键的状态。那么如何获取修改键的按下状态呢？不妨在事件处理程序中添加一个参数，同时发送当前修改键的状态。因为按下修改键本身不会通知事件，但是当按下修改键以外的其他键时，就会设置修改键的状态并通知事件。

代码12.14显示了修改后的事件处理程序，主要变化是添加了一个名为modifier的参数，通过该参数确定Shift键的按下状态并切换键码映射，而keycode则接收单个键的键码，modifier按位表示8个修改键的按下状态。哪个位代表哪个键，在HID标准的“8.3 Report Format for Array Items”中有详细说明（**代码12.15**）。

代码12.14　在按键事件处理程序中添加参数（keyboard.cpp）

```
void InitializeKeyboard(std::deque<Message>& msg_queue) {
  usb::HIDKeyboardDriver::default_observer =
    [&msg_queue](uint8_t modifier, uint8_t keycode) {
      const bool shift = (modifier & (kLShiftBitMask | kRShiftBitMask)) != 0;
      char ascii = keycode_map[keycode];
      if (shift) {
        ascii = keycode_map_shifted[keycode];
      }
      Message msg{Message::kKeyPush};
      msg.arg.keyboard.modifier = modifier;
      msg.arg.keyboard.keycode = keycode;
      msg.arg.keyboard.ascii = ascii;
      msg_queue.push_back(msg);
    };
}
```

代码12.15　修改键的位位置的定义（keyboard.cpp）

```
const int kLControlBitMask = 0b00000001u;
const int kLShiftBitMask   = 0b00000010u;
const int kLAltBitMask     = 0b00000100u;
const int kLGUIBitMask     = 0b00001000u;
const int kRControlBitMask = 0b00010000u;
const int kRShiftBitMask   = 0b00100000u;
const int kRAltBitMask     = 0b01000000u;
const int kRGUIBitMask     = 0b10000000u;
```

我们可以组合按下多个修改键。例如，如果在按住左Control键和右Shift键的同时按下

“a”键，则modifier为0x41，keycode为4。在这种情况下，我们希望在按下Shift键时切换键码映射，因此编写了一个程序，在按下左Shift键或右Shift键时使用keycode_map_shifted（代码12.16）。

代码12.16　按下Shift键时的键码映射（keyboard.cpp）

```
const char keycode_map_shifted[256] = {
  0,    0,    0,    0,    'A',  'B',  'C',  'D', // 0
  'E',  'F',  'G',  'H',  'I',  'J',  'K',  'L', // 8
  'M',  'N',  'O',  'P',  'Q',  'R',  'S',  'T', // 16
  'U',  'V',  'W',  'X',  'Y',  'Z',  '!',  '@', // 24
  '#',  '$',  '%',  '^',  '&',  '*',  '(',  ')', // 32
  '\n', '\b', 0x08, '\t', ' ',  '_',  '+',  '{', // 40
  '}',  '|',  '~',  ':',  '"',  '~',  '<',  '>', // 48
  '?',  0,    0,    0,    0,    0,    0,    0,   // 56
  0,    0,    0,    0,    0,    0,    0,    0,   // 64
  0,    0,    0,    0,    0,    0,    0,    0,   // 72
  0,    0,    0,    0,    '/',  '*',  '-',  '+', // 80
  '\n', '1',  '2',  '3',  '4',  '5',  '6',  '7', // 88
  '8',  '9',  '0',  '.', '\\',  0,    0,    '=', // 96
};
```

既然已经修改了事件处理程序以接收修改键，那么对USB驱动程序也需要做相应的修改。我们需要获取修改键，并将其传递给事件处理程序。为此，我们首先需要知道USB键盘是以何种格式发送数据的。

属于HID类的设备，如键盘和鼠标，一般都被统一处理，不加以区分。键盘和鼠标是完全不同的设备，但有些设备介于二者之间，例如带多个按键的鼠标和带触摸板的键盘。另外，还有些HID设备既不像键盘，也不像鼠标，例如扬声器上的音量控制旋钮。总之，用于将人与计算机连接起来的设备通常都是作为HID实现的，因此HID标准是一个可以同时处理所有设备的标准。因此，键盘和鼠标通常不会被区分开来，而只会被识别为HID设备。为了支持如此多种多样的设备，HID设备本身内置了一个报告描述符（Report Descriptor）[1]，用于描述要发送和接收的数据结构，操作系统读取该报告描述符并相应地发送和接收数据。

我们的USB驱动程序使用键盘和鼠标作为启动接口。启动接口只存在于键盘和鼠标中。启动接口具有标准中定义的数据结构，使你可以在不读取报告描述符的情况下控制设备。启动接口主要是提供给那些不想做太复杂事情的软件，如引导加载器或UEFI BIOS，但它们至少可以使用键盘和鼠标。为了使USB驱动程序尽可能简单，我们的USB驱动程序不包含解释报告描述符的程序，而是使用启动接口。

在使用启动接口的情况下，键盘发送的数据结构如表12.1所示。从表12.1中可以看出，

1　通过解读报告描述符，可以了解按钮的数量和数据结构等。

修改键信息位于字节0中。从键码1到键码6，枚举了当时按下的所有键。请注意，枚举的不只是当时按下的键，而是所有按下的键。

表12.1　USB键盘数据结构

字节位置	值的含义
0	修改键
1	保留
2	键码1
3	键码2
4	键码3
5	键码4
6	键码5
7	键码6

表12.2举例说明了在按下和释放某些键时键盘发送的数据序列。按下的键以粗体显示。请注意表中的B键是何时按下的。注意，表中的键码是按照递减的顺序排列的，但HID标准中并未规定键码1至键码6的具体顺序。

表12.2　依次按下a、b、c键时数据序列的变化

修改键字节	键码1	键码2	键码3	键盘操作
0b00000000	0x00	0x00	0x00	初始状态（未按下任何键）
0b00000000	**0x04**	0x00	0x00	按下A键
0b00000010	0x04	0x00	0x00	按下Shift键
0b00000010	0x04	**0x1b**	0x00	按下X键
0b00000010	0x04	**0x05**	0x1b	按下B键
0b00000010	0x05	0x1b	0x00	释放A键

让我们利用所学知识来修改USB键盘驱动程序。**代码12.17**显示了OnDataReceived()函数的修改源码，该函数在键盘发送数据时被调用。主要的修改是将修改键作为第一个参数传递给字节Buffer()[0]，如NotifyKeyPush(Buffer()[0], key);所示。

代码12.17　获取修改键字节并将其传递给处理程序（usb/classdriver/keyboard.cpp）

```
Error HIDKeyboardDriver::OnDataReceived() {
  for (int i = 2; i < 8; ++i) {
    const uint8_t key = Buffer()[i];
    if (key == 0) {
      continue;
    }
    const auto& prev_buf = PreviousBuffer();
    if (std::find(prev_buf.begin() + 2, prev_buf.end(), key) != prev_buf.end()) {
```

```
      continue;
    }
    NotifyKeyPush(Buffer()[0], key);
  }
  return MAKE_ERROR(Error::kSuccess);
}
```

这里还修正了一个小错误，即将std::find()的第一个参数从prev_buf.begin()改为prev_buf.begin()+2。这一行的作用是根据键盘上次发送的8字节数据与这次发送的数据之间的差值找到新按下的键。我们要提取的是键码1至键码6的差值，而字节0和字节1本应跳过，但实际上并没有。这里有一个bug，即某些修改键组合恰好与刚按下的键的键码一致，导致按下该键后无法输入（例如，在修复前，如果按住左Alt键，则无法输入A键）。

修改NotifyKeyPush()以接收两个参数（代码12.18）。这并不难。

代码12.18　调用已注册的观察者（usb/classdriver/keyboard.cpp）

```
void HIDKeyboardDriver::NotifyKeyPush(uint8_t modifier, uint8_t keycode) {
  for (int i = 0; i < num_observers_; ++i) {
    observers_[i](modifier, keycode);
  }
}
```

修改完成后，让我们运行它（图12.5）。Shift键工作正常，现在可以输入大写字母和符号了。

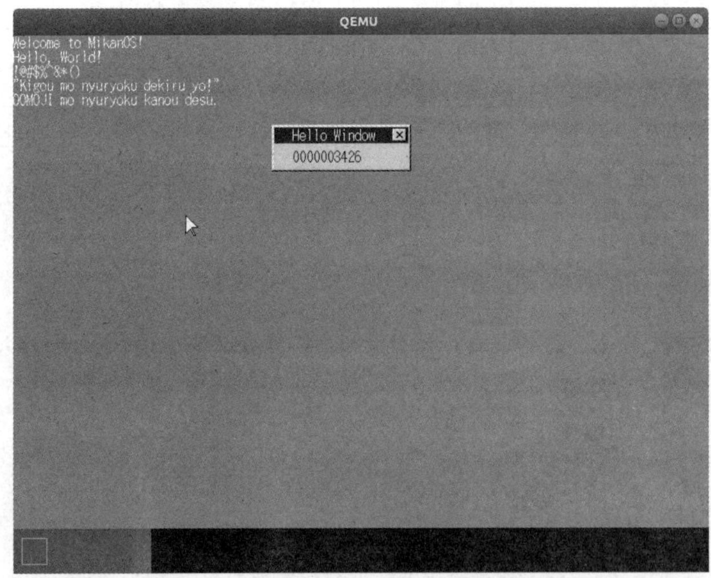

图12.5　使用Shift键输入大写字母和符号

12.5 文本框（osbook_day12e）

现在，只是在控制台中显示文本而已，但如果能在窗口中设置的文本框中输入文本，让它看起来更像操作系统，那么一定很酷。试试看。

首先，我们决定创建一个带有文本框的窗口。**代码12.19**显示了一个创建新窗口的程序。这与创建main_window时的情况几乎完全相同，只是这次我们调用了DrawTextbox()函数。顾名思义，该函数用于绘制文本框。

代码12.19　创建带有文本框的窗口（main.cpp）

```
std::shared_ptr<Window> text_window;
unsigned int text_window_layer_id;
void InitializeTextWindow() {
  const int win_w = 160;
  const int win_h = 52;

  text_window = std::make_shared<Window>(
      win_w, win_h, screen_config.pixel_format);
  DrawWindow(*text_window->Writer(), "Text Box Test");
  DrawTextbox(*text_window->Writer(), {4, 24}, {win_w - 8, win_h - 24 - 4});

  text_window_layer_id = layer_manager->NewLayer()
    .SetWindow(text_window)
    .SetDraggable(true)
    .Move({350, 200})
    .ID();

  layer_manager->UpDown(text_window_layer_id, std::numeric_limits<int>::max());
}
```

代码12.20显示了DrawTextbox()函数的实现。该函数将文本框的背景填充为白色，然后绘制外框。fill_rect()函数的第一个参数pos是文本框左上角的坐标（相对于窗口左上角的坐标），第二个参数size是文本框的外部尺寸（以像素为单位）。

代码12.20　使用DrawTextbox()绘制文本框（window.cpp）

```
void DrawTextbox(PixelWriter& writer, Vector2D<int> pos, Vector2D<int> size) {
  auto fill_rect =
    [&writer](Vector2D<int> pos, Vector2D<int> size, uint32_t c) {
      FillRectangle(writer, pos, size, ToColor(c));
    };

  //填充矩形
  fill_rect(pos + Vector2D<int>{1, 1}, size - Vector2D<int>{2, 2}, 0xffffff);
```

第12章　键盘输入

```
  // 绘制框线
  fill_rect(pos,                              {size.x, 1}, 0x848484);
  fill_rect(pos,                              {1, size.y}, 0x848484);
  fill_rect(pos + Vector2D<int>{0, size.y}, {size.x, 1}, 0xc6c6c6);
  fill_rect(pos + Vector2D<int>{size.x, 0}, {1, size.y}, 0xc6c6c6);
}
```

调用前面定义的InitializeTextWindow()，如**代码12.21**所示。这将创建一个窗口并显示在屏幕上。

代码12.21　显示窗口（main.cpp）

```
  InitializeLayer();
  InitializeMainWindow();
  InitializeTextWindow();
  InitializeMouse();
  layer_manager->Draw({{0, 0}, ScreenSize()});
```

现在已经显示了一个带有文本框的窗口，下一步就是创建一个程序，当按键事件发生时，在文本框中显示一个字符串。**代码12.22**显示了按键事件的处理过程。之前，我们使用printk()将输入的字符发送到控制台，但现在将其发送到InputTextWindow()。这个函数还不存在，下面我们就来创建它。

代码12.22　当按键事件发生时输入字符（main.cpp）

```
    case Message::kKeyPush:
      InputTextWindow(msg.arg.keyboard.ascii);
      break;
```

代码12.23显示了InputTextWindow()函数的实现。该函数接收一个字符并将其显示在文本框中。如果是普通字符，则从文本框的开头开始依次添加。如果输入的字符是退格符（'\b'），则会删除字符而不是添加。

代码12.23　将接收到的字符添加到文本框的末尾（main.cpp）

```
int text_window_index;
void InputTextWindow(char c) {
  if (c == 0) {
    return;
  }

  auto pos = []() { return Vector2D<int>{8 + 8*text_window_index, 24 + 6}; };

  const int max_chars = (text_window->Width() - 16) / 8;
  if (c == '\b' && text_window_index > 0) {
```

```
    --text_window_index;
    FillRectangle(*text_window->Writer(), pos(), {8, 16}, ToColor(0xffffff));
  } else if (c >= ' ' && text_window_index < max_chars) {
    WriteAscii(*text_window->Writer(), pos(), c, ToColor(0));
    ++text_window_index;
  }
  layer_manager->Draw(text_window_layer_id);
}
```

全局变量text_window_index记录了文本框中当前显示的字符数。当输入退格符时，如果显示的字符超过一个，则会进行删除处理。删除处理只是将最后一个字符填充为白色。当输入非退格符时，它会检查显示的字符数是否小于文本框中可显示的最大字符数max_chars。如果有超过一个字符的空余，则会在最后添加输入的字符。

我们将函数的定义从window.cpp移至graphics.hpp中，因此在main.cpp中也可以使用ToColor()（**代码12.24**）。对于普通函数，只需要在头文件中编写原型声明，在.cpp文件中定义主体即可，但对于带有constexpr规范的函数，甚至需要在头文件中编写主体的定义。

代码12.24　利用32位整数创建PixelColor结构体（graphics.hpp）

```
constexpr PixelColor ToColor(uint32_t c) {
  return {
    static_cast<uint8_t>((c >> 16) & 0xff),
    static_cast<uint8_t>((c >> 8) & 0xff),
    static_cast<uint8_t>(c & 0xff)
  };
}
```

图12.6展示了修改后操作系统的运行情况。经确认，字符串在文本框中可以正常显示，输入的字符不可能超过18个，而且可以使用退格键擦除字符。完美！

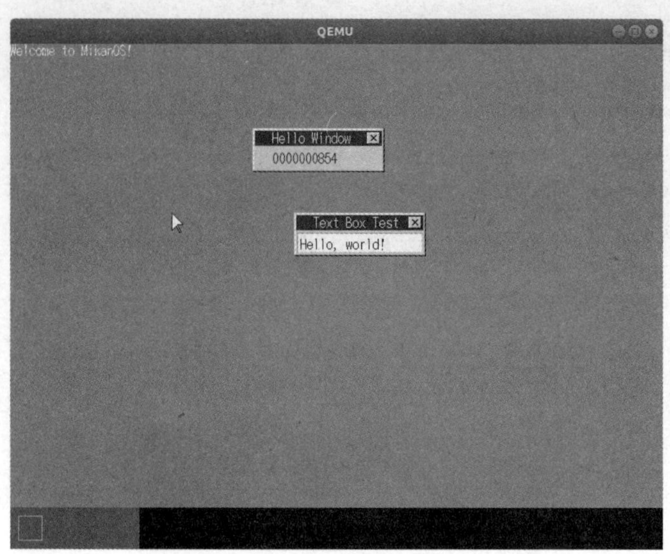

图12.6　在带有文本框的窗口中输入字符

12.6 光标（osbook_day12f）

作为本章的点睛之笔，我们要在文本框中显示光标。光标是文本编辑器中闪烁的矩形或条形标记。例如，Visual Studio Code中的光标如图12.7所示（“今”字左侧的竖线）。

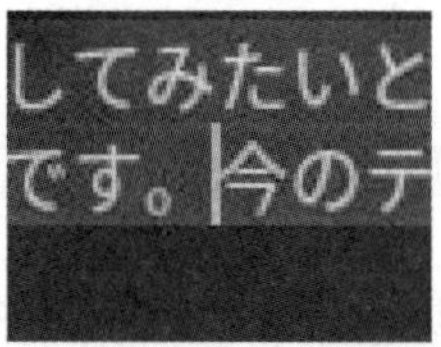

图12.7　Visual Studio Code中的光标

在文本框中显示光标，可以清楚地告诉用户在此输入。如果文本框中没有显示光标，用户就会怀疑，真的可以在这里输入吗？使用键盘输入字符时，你难道不会感到有点儿不舒服？我就有这种感觉。因此，光标应显示在输入的字符串后面。

代码12.25展示了修改后的显示光标的InputTextWindow()。DrawTextCursor()是稍后要实现的函数，如果将true传递给参数，则显示光标；如果将false传递给参数，则擦除光标。绘制或擦除光标的位置由text_window_index变量决定。当输入退格符时，光标向左移动；当输入其他字符时，光标向右移动。

代码12.25　在输入字符时移动光标（main.cpp）

```
void InputTextWindow(char c) {
  if (c == 0) {
    return;
  }

  auto pos = []() { return Vector2D<int>{8 + 8*text_window_index, 24 + 6}; };

  const int max_chars = (text_window->Width() - 16) / 8 - 1;
  if (c == '\b' && text_window_index > 0) {
    DrawTextCursor(false);
    --text_window_index;
    FillRectangle(*text_window->Writer(), pos(), {8, 16}, ToColor(0xffffff));
    DrawTextCursor(true);
  } else if (c >= ' ' && text_window_index < max_chars) {
    DrawTextCursor(false);
    WriteAscii(*text_window->Writer(), pos(), c, ToColor(0));
    ++text_window_index;
    DrawTextCursor(true);
  }

  layer_manager->Draw(text_window_layer_id);
}
```

代码12.26中的DrawTextCursor()在text_window_index变量所表示的位置绘制或擦除光标。擦除光标，也就是将光标填充为白色。如果visible参数为true，则显示光标；如果visible参数为false，则擦除光标。

代码12.26　使用DrawTextCursor()绘制或擦除光标（main.cpp）

```
void DrawTextCursor(bool visible) {
  const auto color = visible ? ToColor(0) : ToColor(0xffffff);
  const auto pos = Vector2D<int>{8 + 8*text_window_index, 24 + 5};
  FillRectangle(*text_window->Writer(), pos, {7, 15}, color);
}
```

现在，应该能够显示光标了。但你希望光标闪烁，不是吗？现在的情况是，光标显示为一个黑色矩形，看起来不够像光标。因此，我们决定实现闪烁功能。作为一种策略，最好创建一个周期性定时器，在大约0.5s后超时，并在每次超时时都绘制或擦除光标。我们尽快尝试一下。得益于我们为实现定时器付出的努力，0.5s的周期性定时器非常容易实现（代码12.27）。

代码12.27　创建一个0.5s超时的定时器（main.cpp）

```
const int kTextboxCursorTimer = 1;
const int kTimer05Sec = static_cast<int>(kTimerFreq * 0.5);
__asm__("cli");
timer_manager->AddTimer(Timer{kTimer05Sec, kTextboxCursorTimer});
__asm__("sti");
bool textbox_cursor_visible = false;
```

kTimerFreq是timer.hpp中定义的一个常量，表示每秒tick_增加的次数。将kTimerFreq乘以所需的秒数，即可计算出该秒数对应的tick_变化量。

在timer_manager->AddTimer()之前和之后禁用或启用中断的原因与11.3节中的解释相同。timer_manager是在定时器中断处理程序中使用的，因此，当从中断处理程序外部对其进行操作时，有必要暂时禁用中断。

如果不禁用中断会发生什么情况，让我们在回顾的时候仔细考虑一下。设想timer_manager->AddTimer()正在向timers_变量添加一个定时器，而就在此时发生了一个定时器中断。定时器中断处理程序调用timer_manager->Tick()，并读取其中的timers_。而读取半修改的timers_，将导致未定义的行为。更糟糕的是，如果发现定时器超时，它会尝试重写timers_变量。而如果试图重写一个半修改的timers_变量，那么其内容就会变得一团糟。

我们编写了一个程序来处理超时事件（代码12.28）。检查msg.arg.timer.value是否与预期一致，如果一致，则添加一个0.5s后超时的新定时器，并处理闪烁的光标。闪烁过程会反转textbox_cursor_visible的值，但会使用该值在显示光标和隐藏光标之间进行切换。现在光标每隔0.5s就会切换一次状态，看起来就像在闪烁。同样，在timer_manager->AddTimer()运行时应禁用中断。

代码12.28　光标定时器超时时的处理（main.cpp）

```
case Message::kTimerTimeout:
  if (msg.arg.timer.value == kTextboxCursorTimer) {
    __asm__("cli");
    timer_manager->AddTimer(
        Timer{msg.arg.timer.timeout + kTimer05Sec, kTextboxCursorTimer});
    __asm__("sti");
    textbox_cursor_visible = !textbox_cursor_visible;
    DrawTextCursor(textbox_cursor_visible);
    layer_manager->Draw(text_window_layer_id);
  }
  break;
```

运行结果如图12.8所示。虽然在图中看不到闪烁，但在我们的环境中光标确实是闪烁的。当然，在输入字符时光标会左右移动。作为一个文本框，它看起来一点儿也不奇怪。这是一个巨大的成功。

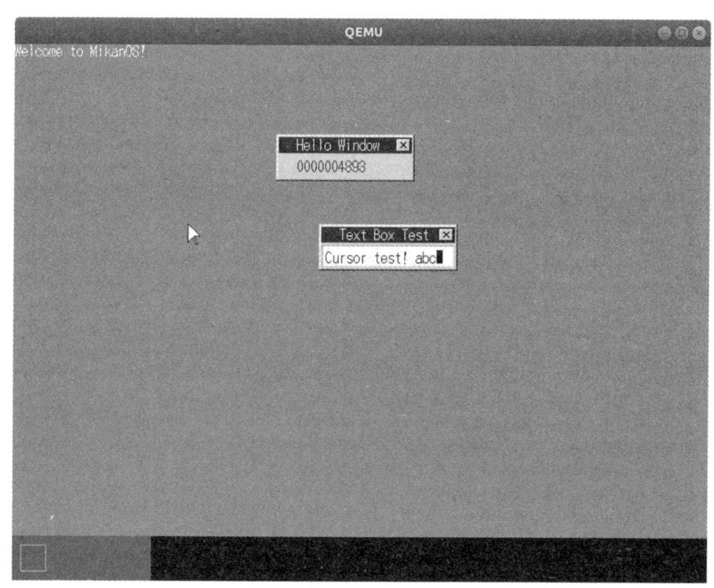

图12.8　在输入字符时光标会移动，也会闪烁

第 13 章

多任务处理（1）

有了按键输入功能后，就有了操作系统的样子了。然而，操作系统重要的运行应用功能尚未实现。在本章中，我们将在内核空间中实现多任务处理功能。这是第一步。一旦在内核空间实现了多任务处理功能，就可以将其用于运行中的应用。在本章结束时，你将能够在多个任务之间进行切换。

13.1 多任务和上下文

多任务，顾名思义，就是同时执行多项任务。即使不是真的同时进行，多任务处理也用于在处理一项任务时在另一项任务上取得一些进展，然后再回到原来的任务。你可能有过这样的经历：一边在后台播放音乐，一边在浏览器中显示文档，一边在编辑器中编程。在这种情况下，浏览器、编辑器和音乐播放程序在同时运行。这就是所谓的多任务处理。

从某种意义上说，MikanOS也是支持多任务处理的。一次处理来自USB设备和计时器的事件，可以说鼠标移动、键盘输入和光标闪烁等进程是同时运行的。

不过，同时启动和运行多个应用的多任务处理与基于事件的多任务处理（**图13.1**）有很大不同。对于前者，每个应用只需要考虑自己的处理。编辑器只需要接收用户的输入并将其显示在屏幕上或保存到文件中，而不需要考虑如何显示文档或播放音乐。而后者则负责所有的处理工作，如鼠标移动、键盘输入和光标闪烁等。

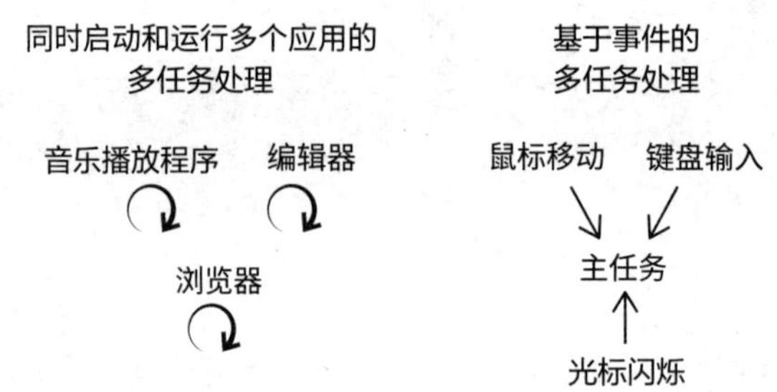

图13.1 基于事件的多任务处理根据事件类型划分处理程序

后者的特点还在于，如果某个处理过程耗时较长，其他处理过程就会被延迟。例如，你有一个事件驱动进程，在按下A键时对某个文件进行加密。如果文件较小，那可能没什么问题，但如果文件较大，加密过程就会花费较长的时间。而且，在加密过程中光标不会移动，这意味着无法在文本框中输入文本。为了避免这种情况，每个事件的处理都应在短时间内完成。在启动多个应用的多任务处理中，短时间运行一个应用，然后强制切换到下一个应用，可以确保即使一个应用正在进行复杂的处理，其他应用也不会无法运行[1]。

这种差异可以用**上下文**（Context）一词来解释。上下文可以说是完成某项任务所必需的数据或变量的集合。例如，考虑一个在操作系统上运行的C语言应用。该应用的上下文是其可执行二进制文件、命令行参数、环境变量、栈内存、各寄存器值等的汇总。如果以同样的

1 应用有可能占用CPU以外的资源，导致其他需要该资源的应用无法正常运行。这里我们只讨论CPU时间资源。

方式多次启动同一个应用，则可执行二进制文件、命令行参数和环境变量是相同的，但栈内存和寄存器的值不同。因此，它们是不同的上下文。

在多任务（同时启动和运行多个应用的多任务处理）中，每个应用都有自己的运行上下文。在一个上下文中，程序运行时不考虑其他上下文。因此，每个应用都可以独立运行。而在基于事件的多任务处理中，事件处理部分必须在一个上下文中进行，这意味着在一个上下文中要处理多个不同类型的任务。

在本章中，我们要做的就是在不同的上下文中同时运行任务。实现这一点主要有两种方法。

一种方法是在单独的CPU内核上运行每个上下文。现代计算机中的大多数CPU都是多核CPU，即拥有多个独立运行的CPU内核。每个CPU内核都有自己的寄存器，因此每个CPU内核都可以运行一个上下文。也就是说，如果CPU有8个内核，则可以同时运行8个上下文。真正同时运行多个上下文称为**并行处理**。

另一种方法是以分时方式切换CPU内核运行的上下文。在任何给定时刻，只有一个上下文在运行，但总体而言，每个上下文都被平均运行，因此在使用计算机的人看来，所有上下文（任务）都在同时运行。这种处理方法称为**并发处理**。

在实际应用中，通常不会只选择这两种方法中的一种，而是将它们结合起来，最大限度地实现并行化可以避免占用过多的内核，从而实现高效处理。但如果要执行的任务多于内核数量，就必须在内核内切换上下文。由于多核的难度较高，在本书中无法处理，因此我们将只实现使用一个CPU内核的并发处理。

13.2 处理上下文切换（osbook_day13a）

这里也可以写成任务切换，但我们试图提供一个更准确的标题。在本节中，我们将尝试准备两个上下文并在它们之间进行切换，即实现上下文切换。上下文切换是同时运行多个应用的第一步。

其中一个上下文是主函数，另一个是TaskB()。这样两个上下文就会切换，主函数的处理和TaskB()的处理就会交替进行。

当CPU正在执行主函数时，RIP寄存器指向当前执行指令之后的下一条指令，该指令位于主函数中的某处。RSP寄存器指向栈顶部，该栈位于kernel_main_stack中的某处。主函数中的指令通过通用寄存器（如RAX）逐条执行，如图13.2中①所示。

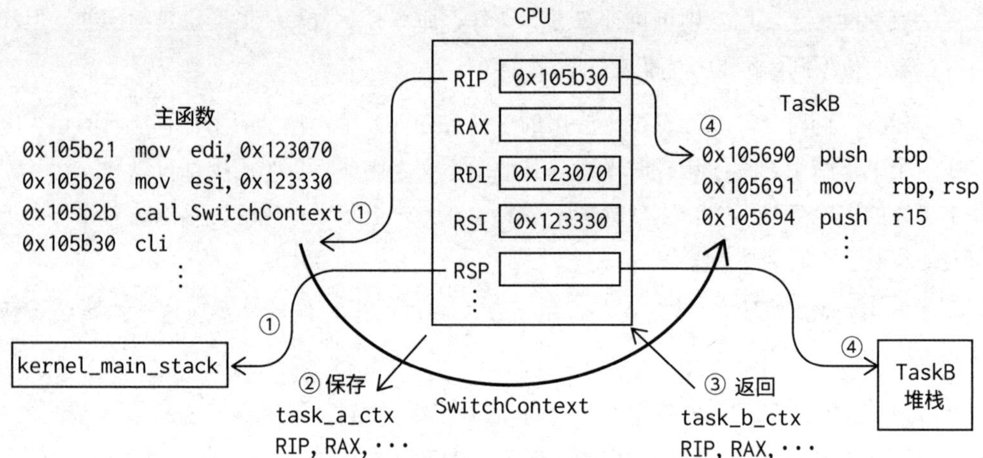

图13.2 切换到TaskB()的上下文

现在考虑切换到另一个上下文（TaskB()上下文）所需的处理。你只需要将RIP重写为TaskB()的第一个地址，并将TaskB()的两个参数设置为RDI和RSI。完成这些工作后，就可以直接切换到TaskB()上下文。不过，这只是一张单程票。你需要保存一些寄存器，以便稍后返回主函数上下文。如果不保存RIP寄存器，就不知道返回到哪里，而且需要恢复RSP值。还有一些寄存器也需要保存，稍后将详细说明。

需要注意的是，CPU只会参照寄存器的值逐条执行机器语言，即从RIP指向的内存区域读取机器语言，更新RIP以指向下一条指令，执行机器语言，然后重复上述过程。随着机器语言的执行，寄存器的值将不断更新，内存也随之被读/写。利用这种简单性，CPU可以通过巧妙改变寄存器的值来切换执行环境。交换寄存器的值是上下文切换的精髓。

从这里开始，我们将实际创建一个在两个任务之间切换的进程。首先，我们创建一个窗口task_b_window，用于显示信息，这样就可以看到TaskB()是否正在正常工作（代码13.1）。这与前几个窗口的显示方式相同，因此应该不会有什么太大的困难。创建窗口的过程与上下文切换完全无关。

代码13.1 创建显示TaskB()的窗口（main.cpp）

```
std::shared_ptr<Window> task_b_window;
unsigned int task_b_window_layer_id;
void InitializeTaskBWindow() {
  task_b_window = std::make_shared<Window>(
      160, 52, screen_config.pixel_format);
  DrawWindow(*task_b_window->Writer(), "TaskB Window");

  task_b_window_layer_id = layer_manager->NewLayer()
    .SetWindow(task_b_window)
```

```
      .SetDraggable(true)
      .Move({100, 100})
      .ID();

  layer_manager->UpDown(task_b_window_layer_id, std::numeric_limits<int>::max());
}
```

用于存储任务上下文的结构体TaskContext的定义如**代码13.2**所示。该结构体包含切换上下文时需要保存和恢复其值的所有寄存器。

代码13.2　存储任务上下文的结构体（main.cpp）

```
struct TaskContext {
  uint64_t cr3, rip, rflags, reserved1; // offset 0x00
  uint64_t cs, ss, fs, gs; // offset 0x20
  uint64_t rax, rbx, rcx, rdx, rdi, rsi, rsp, rbp; // offset 0x40
  uint64_t r8, r9, r10, r11, r12, r13, r14, r15; // offset 0x80
  std::array<uint8_t, 512> fxsave_area; // offset 0xc0
} __attribute__((packed));

alignas(16) TaskContext task_b_ctx, task_a_ctx;
```

代码13.3显示了TaskB()的定义。调用该函数后，它将进入一个死循环，计算循环次数并在窗口中显示。这个死循环与普通死循环的不同之处在于，每次循环都会调用一个名为SwitchContext()的神秘函数。该函数用于在两个上下文之间切换，在本例中，会从执行TaskB()的上下文task_b_ctx切换到执行主函数的上下文task_a_ctx。

代码13.3　TaskB()在每次循环时切换上下文（main.cpp）

```
void TaskB(int task_id, int data) {
  printk("TaskB: task_id=%d, data=%d\n", task_id, data);
  char str[128];
  int count = 0;
  while (true) {
    ++count;
    sprintf(str, "%010d", count);
    FillRectangle(*task_b_window->Writer(), {24, 28}, {8 * 10, 16}, {0xc6, 0xc6, 0xc6});
    WriteString(*task_b_window->Writer(), {24, 28}, str, {0, 0, 0});
    layer_manager->Draw(task_b_window_layer_id);

    SwitchContext(&task_a_ctx, &task_b_ctx);
  }
}
```

SwitchContext()将在稍后实现，它是一个通过操作寄存器来切换上下文的函数。具体来说，寄存器（如RIP或RSP）的原始值被存储在第二个参数指向的内存区域task_b_ctx中，然后从第一个参数指向的内存区域task_a_ctx中恢复寄存器的值。

通过操作寄存器来很好地切换上下文是C++标准中没有的概念。C++编译器根本不希望TaskB()在执行过程中突然切换到主函数。System V AMD64 ABI规定，某些寄存器将在函数调用前后保存其值。而C++编译器认为，在调用SwitchContext()前后应遵守这一规则。

但实际上，在调用SwitchContext()与函数结束之间，会暂时切换到主函数上下文，并执行一段时间主函数处理。在主函数处理过程中，本应保存的寄存器值可能会发生变化。这也是TaskContext结构体拥有如此多寄存器的原因之一。

代码13.4显示了主循环被修改的地方，从主函数的上下文切换到TaskB()的上下文（以下简称TaskB上下文）。

代码13.4　即使在主循环中也能切换上下文（main.cpp）

```
    __asm__("cli");
    if (main_queue->size() == 0) {
      __asm__("sti");
      SwitchContext(&task_b_ctx, &task_a_ctx);
      continue;
    }
```

TaskB上下文的初始化程序如**代码13.5**所示，其中第一行分配了一个适当大小的内存区域（这里暂时假设为8KiB），即task_b_stack，作为该上下文的栈。

然后设置上下文的初始值。首先通过赋值为0来清空整个上下文区域，然后分别设置所需的值。此处设置的值将在稍后创建的SwitchContext()中使用。task_b_ctx.rip包含TaskB()的首地址，因此当SwitchContext()首次执行时，将跳转到此处设置的地址。在task_b_ctx.rdi和rsi中，写入了TaskB()参数的值。具体细节将在执行SwitchContext()之后解释。

代码13.5　为TaskB()创建上下文（main.cpp）

```
  std::vector<uint64_t> task_b_stack(1024);
  uint64_t task_b_stack_end = reinterpret_cast<uint64_t>(&task_b_stack[1024]);

  memset(&task_b_ctx, 0, sizeof(task_b_ctx));
  task_b_ctx.rip = reinterpret_cast<uint64_t>(TaskB);
  task_b_ctx.rdi = 1;
  task_b_ctx.rsi = 42;

  task_b_ctx.cr3 = GetCR3();
  task_b_ctx.rflags = 0x202;
  task_b_ctx.cs = kKernelCS;
  task_b_ctx.ss = kKernelSS;
  task_b_ctx.rsp = (task_b_stack_end & ~0xflu) - 8;

  // 屏蔽所有MXCSR异常
  *reinterpret_cast<uint32_t*>(&task_b_ctx.fxsave_area[24]) = 0x1f80;
```

在task_b_ctx.cr3中，我们复制了CR3当前设置的值。GetCR3()的实现如**代码13.6**所示。由于PML4表的地址是在CR3中设置的，因此复制该值意味着在TaskB()执行期间将引用相同的PML4表。

代码13.6　GetCR3()获取CR3寄存器的值（asmfunc.asm）

```
global GetCR3  ; uint64_t GetCR3();
GetCR3:
    mov rax, cr3
    ret
```

task_b_ctx.rflags指定执行TaskB()时RFLAGS的值。赋值0x202表示只有第1位和第9位为1，其他位为0。第9位是IF（中断标志），将其设置为1表示允许中断。IF是我们熟悉的位，在cli和sti中都可以操作。将第1位设置为0或1均可，没有区别，因为RFLAGS寄存器的第1位被硬件固定为1。

在task_b_ctx.cs和ss中设置与执行主函数时相同的段寄存器。在task_b_ctx.rsp中设置栈指针的初始值。这种计算之所以复杂，是因为要满足x86-64架构特有的对齐限制。详情请参阅**专栏13.1**。为了满足该限制，需要调整task_b_ctx.rsp值的低四位，使其为8。

task_b_ctx.fxsave_area中的偏移量为24～27，与MXCSR寄存器相对应。该寄存器用于设置浮点数计算和表示状态。C++编译器可能会输出浮点数计算指令，即使是不执行浮点数计算的程序。有关MXCSR的更多信息，可参见*Intel SDM*第1卷中的“10.2.3 MXCSR Control and Status Register”。

最后，我们实现SwitchContext()，它是上下文切换的核心（**代码13.7**）。

代码13.7　在两个上下文之间切换的SwitchContext()（asmfunc.asm）

```
global SwitchContext
SwitchContext:  ; void SwitchContext(void* next_ctx, void* current_ctx);
    mov [rsi + 0x40], rax
    mov [rsi + 0x48], rbx
    mov [rsi + 0x50], rcx
    mov [rsi + 0x58], rdx
    mov [rsi + 0x60], rdi
    mov [rsi + 0x68], rsi

    lea rax, [rsp + 8]
    mov [rsi + 0x70], rax  ; RSP
    mov [rsi + 0x78], rbp

    mov [rsi + 0x80], r8
    mov [rsi + 0x88], r9
```

```
mov [rsi + 0x90], r10
mov [rsi + 0x98], r11
mov [rsi + 0xa0], r12
mov [rsi + 0xa8], r13
mov [rsi + 0xb0], r14
mov [rsi + 0xb8], r15

mov rax, cr3
mov [rsi + 0x00], rax  ; CR3
mov rax, [rsp]
mov [rsi + 0x08], rax  ; RIP
pushfq
pop qword [rsi + 0x10] ; RFLAGS

mov ax, cs
mov [rsi + 0x20], rax
mov bx, ss
mov [rsi + 0x28], rbx
mov cx, fs
mov [rsi + 0x30], rcx
mov dx, gs
mov [rsi + 0x38], rdx

fxsave [rsi + 0xc0]

;iret用栈帧
push qword [rdi + 0x28] ; SS
push qword [rdi + 0x70] ; RSP
push qword [rdi + 0x10] ; RFLAGS
push qword [rdi + 0x20] ; CS
push qword [rdi + 0x08] ; RIP

;返回上下文
fxrstor [rdi + 0xc0]

mov rax, [rdi + 0x00]
mov cr3, rax
mov rax, [rdi + 0x30]
mov fs, ax
mov rax, [rdi + 0x38]
mov gs, ax

mov rax, [rdi + 0x40]
mov rbx, [rdi + 0x48]
mov rcx, [rdi + 0x50]
mov rdx, [rdi + 0x58]
mov rsi, [rdi + 0x68]
mov rbp, [rdi + 0x78]
mov r8,  [rdi + 0x80]
mov r9,  [rdi + 0x88]
mov r10, [rdi + 0x90]
mov r11, [rdi + 0x98]
mov r12, [rdi + 0xa0]
mov r13, [rdi + 0xa8]
```

```
mov r14, [rdi + 0xb0]
mov r15, [rdi + 0xb8]

mov rdi, [rdi + 0x60]

o64 iret
```

该函数的主要目的是保存和恢复上下文。它将当前执行的上下文保存在第二个参数（RSI）指向的内存区域中，并从第一个参数（RDI）指向的内存区域中恢复一组CPU寄存器。该程序很长，但执行起来却很简单：将每个寄存器复制到上下文结构的相应字段中，反之亦然，并将上下文结构的值复制到每个寄存器中。它的实现非常简单。在此过程中需要使用fxsave/fxrstor指令。这些指令用于集体保存和恢复一组浮点数寄存器（如XMM0），读/写TaskContext::fxsave_area。

SwitchContext()针对的是暂时不需要保存和恢复的寄存器，但这是在为我们计划将来进行的上下文切换做准备。具体来说，除了CR3、段寄存器（如CS）、RBP、RBX、R12～R15，其他通用寄存器不需要保存和恢复，因为CR3和段寄存器在两个上下文中具有相同的值。此外，其他通用寄存器在函数调用前后也无须保存值。稍后，当我们进行所谓的抢占式多任务处理时，保存和恢复这些寄存器就有意义了。

当运行至**代码13.4**中的部分时，SwitchContext()首次被调用。它是在完成一次事件处理后被调用的。在第一次调用SwitchContext()之前，两个上下文结构如**图13.3**所示，task_b_ctx包含TaskB()的上下文初始值，而task_a_ctx则被清零。

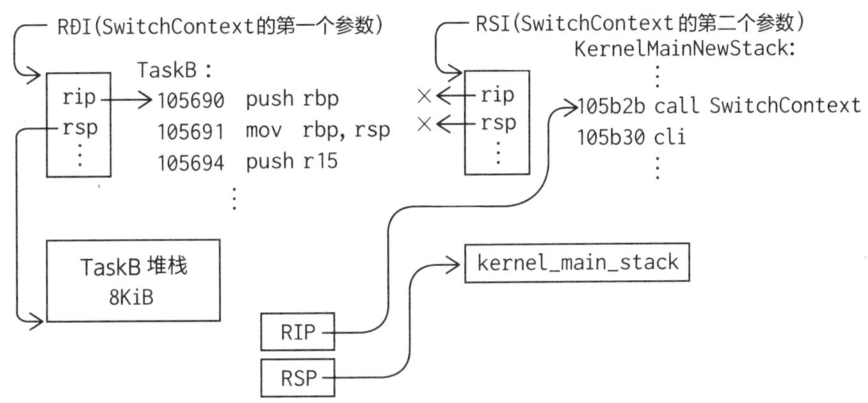

图13.3 调用SwitchContext()之前的上下文结构

SwitchContext()将当前寄存器的值保存在第二个参数RSI指向的上下文结构task_a_ctx中。通用寄存器的值可以通过简单的mov操作来保存，但保存某些特定寄存器的值需要一些技巧。最容易混淆的是RIP和RSP。

存储在上下文结构中的值会在下一次恢复上下文时被写回寄存器。因此，我们希望在执行SwitchContext()之后立即在上下文结构中记录RIP和RSP的值。要想知道如何获取RIP和RSP的值，可参见**代码13.7**。

主函数通过调用指令调用SwitchContext()，将返回地址加载到栈中，然后跳转到目标函数。因此，在跳转到SwitchContext()的顶部后，RSP指向的栈区域会立即记录call指令之后的指令地址（**图13.4**）。

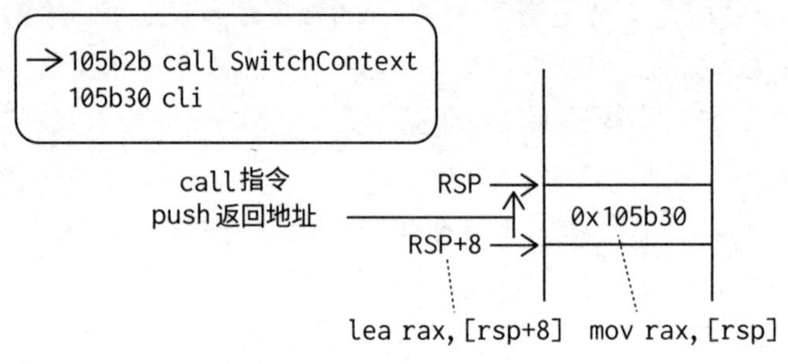

图13.4 计算RIP和RSP

因此，可以通过执行mov rax,[rsp]获得RAX寄存器中的返回地址，这就是应该记录在task_a_ctx.rip中的值。此外，此时的RSP值加上8就是应该记录在task_a_ctx.rsp中的值。可以通过lea rax, [rsp+8]来计算（也可以通过合并mov和add来计算，但lea是一条指令）。

另一个只能通过特殊方法获得的寄存器是RFLAGS寄存器。与其他寄存器一样，它不能使用mov指令处理，而只能使用一条pushfq特殊指令处理，pushfq将RFLAGS的值放入栈中（有意思的是，还有一条特殊指令也用于此，这条指令用于将该值从栈中取出）。

执行完fxsave指令后，就保存了上下文。下一步是从第一个参数RDI指向的上下文结构task_b_ctx中返回上下文。大多数寄存器的值都可以使用mov指令恢复，但有些寄存器的恢复方式比较特殊。

在返回每个寄存器之前，都会为iret构建一个栈帧。这是执行SwitchContext()结束时的iret指令所必需的。通常，当从函数中返回寄存器时，ret指令只用于从栈中取出返回地址并返回。但是，在切换上下文时，普通的ret指令就不够用了。这是因为切换上下文需要同时切换CS、RSP等。为此，可以使用iret指令。

为iret构建栈帧后，就可以恢复由iret恢复的寄存器以外的寄存器。这是一种万无一失的方法，但有一点需要注意：必须最后恢复RDI，因为一旦RDI发生变化，上下文结构的地址就将不再为人所知。

执行iret指令后的上下文结构如**图13.5**所示。在调用SwitchContext()时，各寄存器的值被记录在task_a_ctx中，然后将task_b_ctx中设置的值读取到各寄存器中。执行iret指令后，CPU将继续执行，从iret指令在RIP中设置的地址所指向的内存区域读取机器语言。

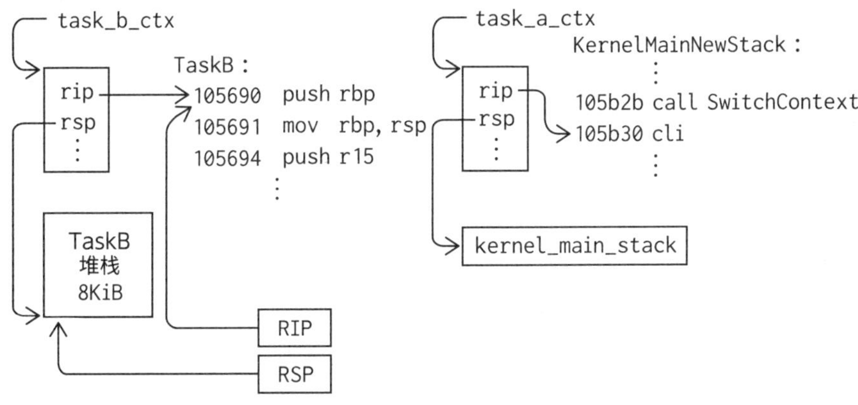

图13.5　执行iret指令后的上下文结构

至此，SwitchContext()函数执行完毕。通过在主函数和TaskB()中相互执行该函数，两个上下文将并行运行，并高速切换。

图13.6显示了运行情况：成功实现了两个上下文并行运行、高速切换并逐步处理！

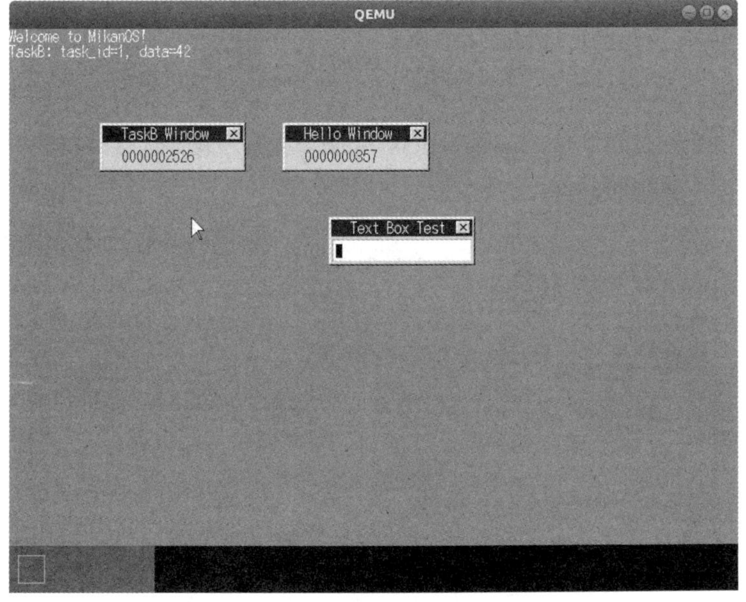

图13.6　两个上下文并行运行

专栏13.1 x86-64架构和栈对齐限制

System V AMD64 ABI规定，通过一个函数调用另一个函数时，栈指针值必须与16字节边界对齐。这是因为为某些x86-64指令（如movaps）提供的内存地址必须满足16字节对齐要求；如果为它们提供的内存地址不是16字节的倍数，则会导致GP异常（一般是保护异常）。

在一个函数调用另一个函数之前，即在执行call指令之前，栈指针值必须是16的倍数。用十六进制表示时，意味着最后一位数字是0，如0xfff0。因为call指令会将8字节的返回地址加载到栈上。C++编译器在将变量放入栈时会假定这一约束已得到满足。如果这一假设被打破，就会导致GP异常。

在代码13.5中，TaskB栈指针低四位的值被调整为8，具体如下。

```
task_b_ctx.rsp = (task_b_stack_end & ~0xflu) -8;
```

首先，task_b_stack_end & ~0xflu将地址值的低四位截断，并调整为16的倍数。然后，从该值中减去8，使低四位始终为8。为什么栈指针值明明必须是16的倍数，却故意只移位8?

因为TaskB()需要看起来像被调用了一条调用指令：TaskB上下文中RIP的初始值包含TaskB()的首地址。因此，当第一次从主任务切换到TaskB时，处理从TaskB()的开头开始：C++编译器假定函数是使用调用指令调用的，即在TaskB()的开头，栈指针的低四位是8，并输出机器语言。这就是需要特意将TaskB上下文中RSP的初始值移位8的原因。

13.3 自动上下文切换（osbook_day13b）

两个任务通过互相调用SwitchContext()实现成功切换。我们称这种方法为**合作式多任务处理**（cooperative multitasking）[1]，即其中一个任务会在适当的时间调用SwitchContext()，而不会独占CPU。如果某个任务在处理过程中出现错误，导致其可以在不调用SwitchContext()的情况下继续运行，那么合作式多任务处理就很容易崩溃。

如果操作系统的内置功能是作为任务被执行的，那么合作式多任务处理就足够使用了。但是，如果将来想对应用进行多任务处理，合作式多任务处理就不够了。如果有一个应用行为不对或存在漏洞，而你一直在处理它却没有调用SwitchContext()，那么它就不会进行上下文切换，整个操作系统就会被冻结。

在本节中，我们将尝试停止合作式多任务处理，并实现**抢占式多任务处理**（preemptive multitasking）。抢占式多任务处理利用CPU中断处理（通常是定时器中断）来强制切换任务。任务本身无须担心切换，操作系统会自行切换任务并按顺序执行。

1 它也称为非抢占式多任务。

由于我们要停止合作式多任务处理，因此将暂时移除TaskB()和主循环中对SwitchContext()的调用。我们只需要移除TaskB()中调用SwitchContext()的行，不会引入源码。在主循环中，如**代码13.8**所示，除了不再调用SwitchContext()，我们现在还调用了hlt。在合作式多任务处理的情况下，当没有任何事情可做时，我们可以立即切换到TaskB()。但在抢占式多任务处理的情况下，并非如此，你需要调用hlt并等待任务切换定时器超时。

代码13.8　SwitchContext()不在主循环中调用，而是在hlt中调用（main.cpp）

```
    __asm__("cli");
    if (main_queue->size() == 0) {
      __asm__("sti\n\thlt");
      continue;
    }
```

为了创建任务切换定时器，我们定义了定时器的周期和超时间隔（**代码13.9**）。我们决定让定时器每0.02s（20ms）超时一次，这意味着每秒会发生50次上下文切换。这样的切换次数已经够多了。对于超时间隔，我们决定将其设置为int类型所能承受的最小值，只要它与其他定时器中使用的值不重复即可。

代码13.9　任务切换定时器（timer.hpp）

```
const int kTaskTimerPeriod = static_cast<int>(kTimerFreq * 0.02);
const int kTaskTimerValue = std::numeric_limits<int>::min();
```

代码13.10显示了InitializeTask()的定义，用于初始化与多任务相关的函数。调用该函数的上下文为current_task，即当前运行的上下文，其中还注册了用于任务切换的定时器。

代码13.10　InitializeTask()初始化多任务函数（task.cpp）

```
void InitializeTask() {
  current_task = &task_a_ctx;

  __asm__("cli");
  timer_manager->AddTimer(
      Timer{timer_manager->CurrentTick() + kTaskTimerPeriod, kTaskTimerValue});
  __asm__("sti");
}
```

创建的初始化函数像往常一样在主函数中调用（**代码13.11**）。由于任务切换可能在调用初始化函数后立即发生，因此最好在初始化TaskB上下文和完成其他初始化过程后再调用。这就是为什么要在主循环之前调用该函数。

代码13.11 从主函数调用InitializeTask()（main.cpp）

```
InitializeTask();
```

任务切换定时器的处理需要与其他定时器不同。如果任务切换定时器与其他定时器一样超时并通知主函数侧的消息队列，那么它将无法正常工作。这是因为主函数必须中断TaskB()的执行并切换到主函数上下文才能处理该事件，但TaskB()会继续工作而不理会该事件。这意味着任务切换定时器超时事件从未得到处理。

代码13.12显示了修改后的TimerManager::Tick()。第一个主要变化是Tick()的返回值，原来是void，现在被改为bool。如果任务切换定时器超时，则将返回true。

代码13.12 Tick()特别处理任务切换定时器（timer.cpp）

```
bool TimerManager::Tick() {
  ++tick_;

  bool task_timer_timeout = false;
  while (true) {
    const auto& t = timers_.top();
    if (t.Timeout() > tick_) {
      break;
    }

    if (t.Value() == kTaskTimerValue) {
      task_timer_timeout = true;
      timers_.pop();
      timers_.push(Timer{tick_ + kTaskTimerPeriod, kTaskTimerValue});
      continue;
    }

    Message m{Message::kTimerTimeout};
    m.arg.timer.timeout = t.Timeout();
    m.arg.timer.value = t.Value();
    msg_queue_.push_back(m);

    timers_.pop();
  }

  return task_timer_timeout;
}
```

在函数中间，当任务切换定时器超时时，会执行特殊处理。我们没有向消息队列发送通知，而是将task_timer_timeout变量设置为true，然后重新注册任务切换定时器。重新注册后，任务切换定时器将作为常规定时器定期运行。处理完所有定时器后，将返回task_timer_timeout。

代码13.13显示了修改后的定时器中断处理程序的实现。每当定时器中断发生时，该函数就会被调用：它仍然调用第1行的timer_manager->Tick()，但现在会接收其返回值。如果返回值为true，则SwitchTask()会被调用以切换任务。你可能会注意到，NotifyEndOfInterrupt()是在SwitchTask()完成之前被调用的，而不是在函数结束时被调用的。

代码13.13　处理定时器中断并在必要时切换任务（timer.cpp）

```
void LAPICTimerOnInterrupt() {
  const bool task_timer_timeout = timer_manager->Tick();
  NotifyEndOfInterrupt();

  if (task_timer_timeout) {
    SwitchTask();
  }
}
```

在通常情况下，NotifyEndOfInterrupt()应该在中断处理程序中尽可能靠后的位置调用。但这里是在中间调用的，而不是在最后调用的。这是因为如果调用SwitchTask()，任务就会切换，NotifyEndOfInterrupt()就不会被调用。而如果不调用NotifyEndOfInterrupt()，定时器中断就不会发生，任务从此就不会中断。此后，该任务将在很长一段时间内保持未切换状态。

代码13.14展示了SwitchTask()的实现。该函数用于确定要切换的下一个任务，并切换到该任务的上下文。为了确定下一个任务，我们决定将当前正在运行的任务存储在current_task变量中，这样在task_a和task_b中，与current_task匹配的任务就是当前正在运行的任务，因此我们需要切换到剩余任务的上下文，执行剩余任务的上下文。

代码13.14　SwitchTask()切换任务（task.cpp）

```
alignas(16) TaskContext task_b_ctx, task_a_ctx;

namespace {
  TaskContext* current_task;
}

void SwitchTask() {
  TaskContext* old_current_task = current_task;
  if (current_task == &task_a_ctx) {
    current_task = &task_b_ctx;
  } else {
    current_task = &task_a_ctx;
  }
  SwitchContext(current_task, old_current_task);
}
```

至此，主要修改完成。我们将TaskB()的参数值从42改为43，以便更容易看出修改（代码13.15）。

代码13.15　将TaskB()的参数值设为43（main.cpp）

```
memset(&task_b_ctx, 0, sizeof(task_b_ctx));
task_b_ctx.rip = reinterpret_cast<uint64_t>(TaskB);
task_b_ctx.rdi = 1;
task_b_ctx.rsi = 43;
```

现在，定时器的抢占式多任务处理已经实现，运行程序，结果显示切换正常（图13.7）。很好，看来暂时成功了。

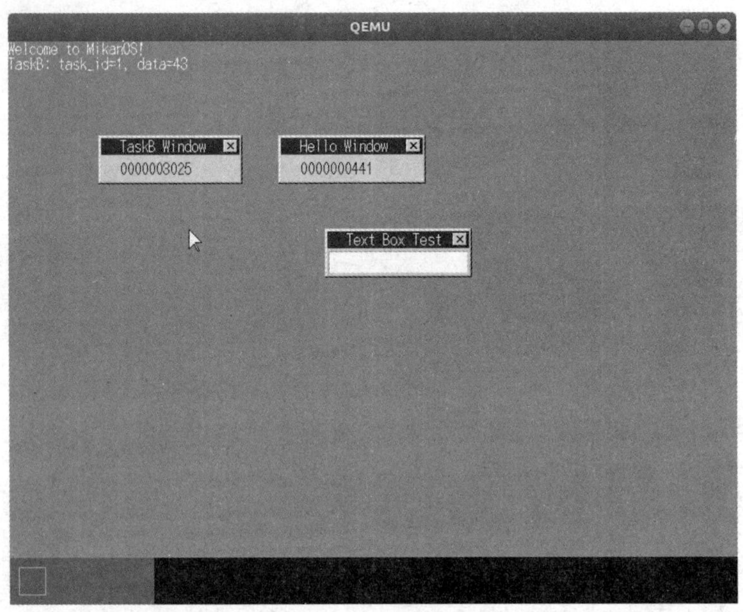

图13.7　在抢占式多任务处理中实现交替执行两个任务

13.4 验证多任务处理（osbook_day13c）

大家可能会有点儿担心，不知道是否真的实现了抢占式多任务处理。因为屏幕的外观并没有因为合作式多任务处理而发生变化，所以我们想验证一下是否真的通过定时器进行了任务切换。验证很容易。我们只需要将任务切换定时器的周期设置得足够大，使其可见即可。

```
const int kTaskTimerPeriod = static_cast<int>(kTimerFreq * 1.0);
```

因此，我们将timer.hpp中的kTaskTimerPeriod常量设置为1s，这样构建并试验。

试验结果如**图13.8**所示："Hello Window"窗口中的数字899并不是巧合，而是任务每秒切换一次（按100计数）的证据，因此它反复增加到99、299、499、699、899，然后停止。鼠标和键盘操作的结果也每秒变化一次，反映在屏幕上，证明系统正常进行抢占式多任务处理！

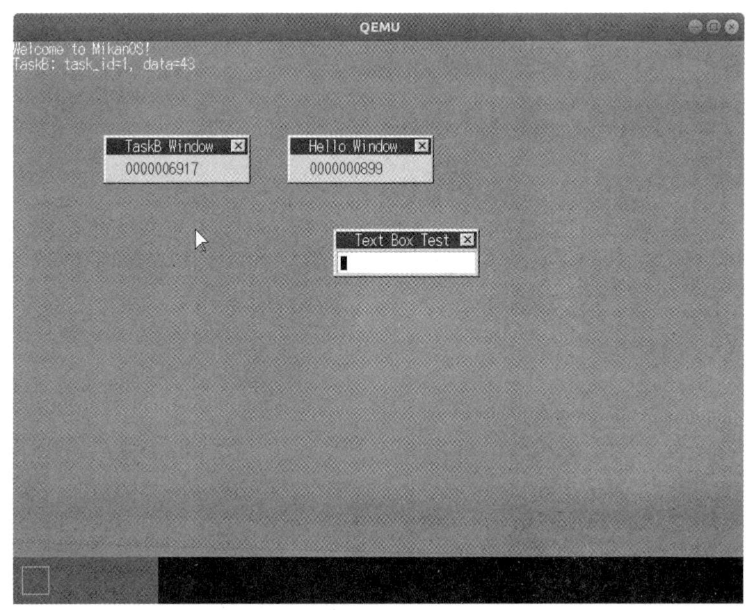

图13.8　每秒切换一次任务

验证成功！之后，定时器周期恢复到初始值。

13.5 更多任务（osbook_day13d）

到目前为止，我们已经尝试了两个任务的上下文切换。如果试图增加当前状态下的任务数，那将会很不方便，因为有多少个任务，我们就必须创建多少个task_c_ctx等，而且中间也很难增加或减少任务。基于此，我们希望创建一个系统，允许随时随地创建任意数量的任务。

```
const int kTaskTimerPeriod = static_cast<int>(kTimerFreq * 1.0);
```

在栈区域和上下文结构中，表示单个任务所需的信息似乎已经足够。因此，我们创建了一个Task类来表示单个任务，如**代码13.16**所示。一个任务有一个唯一的ID、一个栈区域和一个上下文结构。

InitContext()的第一个参数（TaskFunc类型）一眼看上去并不像函数指针，因为如果它是函数指针，就会有void (*f)(int, int)这样的复杂形式。

事实上，TaskFunc是函数类型的别名，使用了using声明，即代码13.16第一行中的using TaskFunc。void (uint64_t, int64_t)是一种编写函数类型的方法，它接收两个64位整数参数，返回值为void。如果以这种方式为函数类型添加别名，就可以像创建变量指针一样创建函数指针，如TaskFunc* foo。如果不使用别名来创建函数指针，它就会变成void (*foo)(uint64_t, int64_t)。使用别名的指针定义显然更容易理解。

代码13.16　表示单个任务的Task类（task.hpp）

```
using TaskFunc = void (uint64_t, int64_t);

class Task {
 public:
  static const size_t kDefaultStackBytes = 4096;
  Task(uint64_t id);
  Task& InitContext(TaskFunc* f, int64_t data);
  TaskContext& Context();

 private:
  uint64_t id_;
  std::vector<uint64_t> stack_;
  alignas(16) TaskContext context_;
};
```

到目前为止，TaskB()的设计都是接收int类型的参数。从现在起，参数类型已改为与TaskFunc类型一致。无论如何，函数的参数都是以RDI或RSI等64位寄存器的形式传递的。因此没有理由将它们保留为int等（可能）小于64位的类型。

代码13.17显示了Task类的构造函数。这是一个简单的构造函数，它只将指定的任务ID设置为id_。接下来介绍的InitContext()的作用是为stack_和context_赋值。

代码13.17　Task类的构造函数（task.cpp）

```
Task::Task(uint64_t id) : id_{id} {
}
```

InitContext()函数用于为任务的上下文结构设置初始值（代码13.18）。当SwitchContext()首次调用该任务时，将读取该函数设置的值。要做到这一点并不难，因为它几乎与目前在主函数中实现的操作完全相同。任务栈的大小可以通过Task::kDefaultStackBytes进行调整。目前，它被设置为4096字节。为了满足栈的对齐限制，我们特意将RSP（context_.rsp）的初始值调整为仅偏离8字节。

代码13.18　使用InitContext()设置上下文的初始值（task.cpp）

```
Task& Task::InitContext(TaskFunc* f, int64_t data) {
  const size_t stack_size = kDefaultStackBytes / sizeof(stack_[0]);
  stack_.resize(stack_size);
  uint64_t stack_end = reinterpret_cast<uint64_t>(&stack_[stack_size]);
  memset(&context_, 0, sizeof(context_));
  context_.cr3 = GetCR3();
  context_.rflags = 0x202;
  context_.cs = kKernelCS;
  context_.ss = kKernelSS;
  context_.rsp = (stack_end & ~0xflu) - 8;
  context_.rip = reinterpret_cast<uint64_t>(f);
  context_.rdi = id_;
  context_.rsi = data;

  // 屏蔽所有MXCSR异常
  *reinterpret_cast<uint32_t*>(&context_.fxsave_area[24]) = 0x1f80;

  return *this;
}
```


代码13.19显示了 Context()的实现。该函数返回对任务上下文结构的引用。重要的是，它是一个引用而不是一个值。这是因为必须将上下文结构的地址传递给SwitchContext()。在切换上下文时，SwitchContext()会将寄存器值存储在该地址指向的内存区域中。

代码13.19　Context()返回对任务上下文结构的引用（task.cpp）

```
TaskContext& Task::Context() {
  return context_;
}
```

实现了单个任务的类后，下一步是实现TaskManager类来管理多个任务（代码13.20）。Task和TaskManager之间的关系类似于Layer和LayerManager之间的关系。TaskManager的作用是生成Task并存储生成的Task实例。我们还将为TaskManager提供任务切换函数SwitchTask()。

代码13.20　使用TaskManager类管理多个任务（task.hpp）

```
class TaskManager {
 public:
  TaskManager();
  Task& NewTask();
  void SwitchTask();

 private:
  std::vector<std::unique_ptr<Task>> tasks_{};
  uint64_t latest_id_{0};
  size_t current_task_index_{0};
```

```
};

extern TaskManager* task_manager;
```

代码13.21显示了TaskManager的构造函数。虽然在构造函数中没有明确说明，但三个成员变量tasks_、latest_id_和current_task_index_是使用头文件中指定的初始值来初始化的。初始化后，构造函数调用NewTask()方法创建一个latest_id_任务。该任务是与当前运行上下文相对应的任务，也就是此刻即将执行NewTask()的上下文。

代码13.21　构造函数只创建一个任务（task.cpp）

```
TaskManager::TaskManager() {
  NewTask();
}
```

代码13.22显示了NewTask()方法的实现。该方法会递增代表最新任务ID的latest_id_，使用该值创建一个Task类实例，并将其追加到tasks_的末尾。该方法的主要功能是创建一个新任务并将其注册到tasks_上，但它也会返回一个对已创建任务的引用。通过返回引用，该方法可以写成方法链，如NewTask().InitContext(...)，这非常有用。

代码13.22　NewTask()在tasks_的末尾添加一个新任务（task.cpp）

```
Task& TaskManager::NewTask() {
  ++latest_id_;
  return *tasks_.emplace_back(new Task{latest_id_});
}
```

仅创建任务是不够的，还需要在任务间切换。代码13.23展示了用于切换任务的SwitchTask()方法的实现。该方法会检索当前运行的任务和下一个任务，并将执行操作切换到下一个任务的上下文中。

代码13.23　使用SwitchTask()切换到下一个任务（task.cpp）

```
void TaskManager::SwitchTask() {
  size_t next_task_index = current_task_index_ + 1;
  if (next_task_index >= tasks_.size()) {
    next_task_index = 0;
  }

  Task& current_task = *tasks_[current_task_index_];
  Task& next_task = *tasks_[next_task_index];
  current_task_index_ = next_task_index;
```

```
  SwitchContext(&next_task.Context(), &current_task.Context());
}
```

当前运行的任务由tasks_[current_task_index_]表示，每次切换任务时，current_task_index_都会递增。这样，在每次调用SwitchTask()时，就可以一个接一个地切换任务。

在InitializeTask()中，会创建一个TaskManager实例，并将其设置为全局变量task_manager（代码13.24），这样就可以在调用InitializeTask()后使用task_manager。

代码13.24　创建TaskManager实例（task.cpp）

```
void InitializeTask() {
  task_manager = new TaskManager;

  __asm__("cli");
  timer_manager->AddTimer(
      Timer{timer_manager->CurrentTick() + kTaskTimerPeriod, kTaskTimerValue});
  __asm__("sti");
}
```

代码13.25显示了主函数方面的修改。我们删除了之前写在这里的有关TaskB上下文的程序，取而代之的是调用task_manager->NewTask()。由于决定使用std::vector来管理任务，因此我们现在可以创建任意数量的任务。让我们尝试创建一个名为TaskIdle()的新函数，并使用该函数创建两个任务。

代码13.25　初始化多任务函数并创建三个任务（main.cpp）

```
  InitializeTask();
  task_manager->NewTask().InitContext(TaskB, 45);
  task_manager->NewTask().InitContext(TaskIdle, 0xdeadbeef);
  task_manager->NewTask().InitContext(TaskIdle, 0xcafebabe);
```

这两个任务执行相同的函数，但它们的上下文不同。执行相同函数的上下文之所以不同，是因为这两个任务具有不同的栈和上下文结构。要执行的机器语言是完全相同的，但要执行的栈和寄存器值是分开的，因此它们独立工作。这种情况经常发生。例如，可能有两个完全相同的文本编辑器正在运行，各自打开一个不同的文件。在这种情况下，可执行文件也是相同的，但上下文不同，因此文件可以独立编辑。

TaskIdle()是一个类似于代码13.26的函数。其中Idle表示空闲，顾名思义，它将在打印任务ID和数据后保持hlt状态。这是一个非常无用的函数，但它是用于实验的，所以我们尽量让它保持简单。

代码13.26　TaskIdle()一直运行hlt（main.cpp）

```
void TaskIdle(uint64_t task_id, int64_t data) {
  printk("TaskIdle: task_id=%lu, data=%lx\n", task_id, data);
  while (true) __asm__("hlt");
}
```

修改完成后，构建并运行程序（图13.9）。你觉得如何？在左上角，有两行提示TaskIdle，“TaskB Window”中显示已正确更新，鼠标和键盘也可以使用。由此看来，所有任务均运行良好。

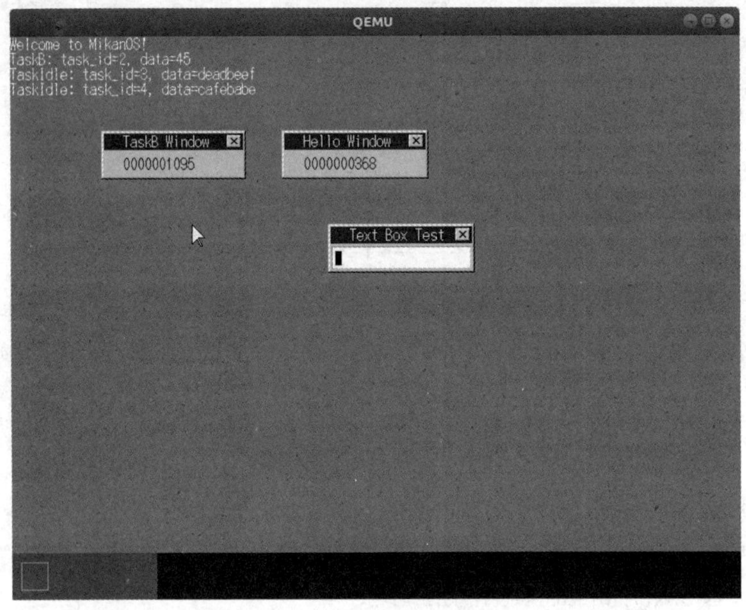

图13.9　四个任务并行运行

当你移动鼠标时，是不是感觉有些卡住了？我就有这种感觉。如果你不确定，则可以尝试使用更多任务进行测试（你可以创建许多执行TaskIdle的任务），这样你就会有明显的感觉。造成这种现象的原因是，每个任务消耗0.02s的CPU时间。因此随着任务数量的增加，处理到主任务的时间会延迟，鼠标事件处理也会延迟。当需要进行移动鼠标等重要处理时，执行TaskIdle()函数的等待时间不能太长，但目前的情况就是如此。在第14章中，我们将尝试解决这个问题。

第 14 章

多任务处理（2）

现在，多个任务可以在内核空间切换，从而可以分配CPU时间。这是操作系统的一项重要功能。然而，CPU时间是强制分配给每个任务的，因此无事可做的任务只能浪费CPU时间。在本章中，我们将创建一个在任务无事时休眠的函数，以及一个对任务进行优先排序的函数。这样一来，即使任务再多，也不会再浪费CPU时间，鼠标也不会那么卡顿了。

14.1 休眠（osbook_day14a）

在第13章中，当我们通过允许生成任意数量的任务将简单任务的数量增加到hlt时，便遇到了鼠标卡顿的问题。这是因为为每个任务都分配了等量的0.02s的CPU时间，而处理鼠标事件的主任务（任务ID=1）只是偶尔执行。对于这个问题，有两种方法可以解决。

- **当没有工作要做时，让任务休眠，这样就不会分配CPU时间。**
- **提高处理鼠标事件的任务的优先级，当鼠标移动时优先执行该任务。**

前者是为了不浪费CPU资源，后者是为了快速执行应该快速执行的进程。前者暂且不赘述，让我们来详细解释一下后者。操作系统应该执行的进程分为两类：一类是需要时间但应该缓慢执行的大型进程，另一类是不需要时间但应该立即执行的进程。需要缓慢执行的进程会在CPU空闲时逐步执行。当遇到需要立即执行的进程时，需要缓慢执行的进程会被中断，而需要立即执行的进程则会启动。这与执行正常程序时发生中断的情况类似。这是在任务管理层面完成的。

顺便提一下，如果出现了需要时间同时应该立即完成的进程，你也无能为力。以前，当Java的垃圾回收机制被触发时，程序会停止几秒到几十秒不等。因为垃圾回收是在没有更多内存可用时触发的，有大量内存需要恢复（耗时），而且这是一个必须马上完成的进程，所以最糟糕的选择就是停止Java程序。

在介绍了上述方法后，我们来介绍休眠函数。

休眠状态是任务的状态之一。当创建一个任务时，它会被添加到等待运行的队列（称为运行队列）中，并**随时准备运行**。队列中的任务会逐个运行。当CPU从队列中取出任务并运行时，任务处于**运行状态**。0.02s后，上下文切换，任务返回队列并再次成为可运行任务。这样，任务就会在可运行状态和运行状态之间频繁切换，并逐步推进。

当任务处于可运行或运行状态时，将其从运行队列中移除的状态称为**休眠状态**。处于休眠状态的任务不会运行，直到它通过某种操作再次返回运行队列。我们希望实现这样一种机制。我们需要创建一个作为备用队列的运行队列、一个让任务进入休眠状态（从运行队列中移除任务）的函数和一个唤醒任务（将处于休眠状态的任务添加回运行队列）的函数。

代码14.1显示了修改后的TaskManager的定义。首先添加了Sleep()和Wakeup()方法。之所以每种方法都有两个，是因为它们可以通过任务ID或指向任务变量的指针来指定任务。你可以在后面的实现中看到我们想做的事。我们删除了成员变量中的current_task_index_，并增加了running_。在此之前，我们一直认为tasks_[current_task_index_]是当前正在运行的任务，但现在我们认为running_[0]是当前正在运行的任务。

代码14.1　为TaskManager添加运行队列和方法（task.hpp）

```
class TaskManager {
 public:
  TaskManager();
  Task& NewTask();
  void SwitchTask(bool current_sleep = false);

  void Sleep(Task* task);
  Error Sleep(uint64_t id);
  void Wakeup(Task* task);
  Error Wakeup(uint64_t id);

 private:
  std::vector<std::unique_ptr<Task>> tasks_{};
  uint64_t latest_id_{0};
  std::deque<Task*> running_{};
};
```

我们修改了SwitchTask()以匹配成员变量的变化（代码14.2）。第一个主要变化是，我们不再按顺序切换tasks_上的任务，而是处理running_上的任务。tasks_是一个数组，包含处于所有状态的任务。而running_是一个运行队列（先进先出），即只包含处于可运行状态的任务。所有处于可运行状态的任务都存储在running_中（我们现在创建的任务就处于可运行状态），因此可以依次检索和切换它们。

代码14.2　SwitchTask()依次切换运行队列中的任务（task.cpp）

```
void TaskManager::SwitchTask(bool current_sleep) {
  Task* current_task = running_.front();
  running_.pop_front();
  if (!current_sleep) {
    running_.push_back(current_task);
  }
  Task* next_task = running_.front();

  SwitchContext(&next_task->Context(), &current_task->Context());
}
```

SwitchTask()将running_中开头的任务添加到末尾。如图14.1所示，如果运行队列顶部的任务是Task X，且SwitchTask()的current_sleep参数为false，则会将Task X从运行队列的顶部移除，然后添加到队列尾部。如果current_sleep参数为true，则不会将Task X添加到运行队列尾部。这意味着无论之后调用多少次SwitchTask()，都不会运行Task X。

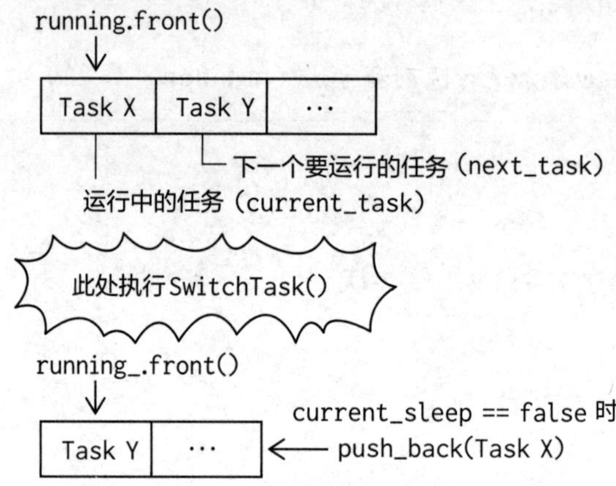

图14.1 通过SwitchTask()改变运行队列（running_）

顺便提一下，current_sleep参数在task.hpp中被赋予了默认值：void SwitchTask(bool current_sleep = false);。因为C++允许函数参数被赋予默认值，所以直到现在才可以使用task_manager->SwitchTask()。这样我们就可以添加新参数，而无须修改无参数的调用。代码修改少是一件好事。

代码14.3显示了Sleep()的实现，该函数用于使指定任务进入休眠状态。该函数首先在运行队列running_中查找指定的任务。如果任务位于运行队列的顶部（it ==running_.begin()），则表示任务当前正在运行（任务试图自我休眠，也属于这种情况）。要使当前正在运行的任务休眠，就必须进行任务切换。因此，可以使用刚刚修改的SwitchTask()来切换任务：因为你将true作为参数传递给SwitchTask()，该任务就会从运行队列中被移除并进入休眠状态。

代码14.3 Sleep()从运行队列中移除指定任务（task.cpp）

```
void TaskManager::Sleep(Task* task) {
  auto it = std::find(running_.begin(), running_.end(), task);

  if (it == running_.begin()) {
    SwitchTask(true);
    return;
  }

  if (it == running_.end()) {
    return;
  }

  running_.erase(it);
}
```

如果找不到指定的任务（it == running_.end()），则表示该任务已经退出运行队列（休眠），因此无须做任何操作即可退出。在其他模式下，任务存在于运行队列顶部之外，因此会以running_.erase(it)的方式将任务从运行队列中移除。在这种情况下，不需要切换任务。

代码14.4展示了唤醒（准备运行）指定任务的Wakeup()的实现。如果指定的任务还不存在，则该函数会将其添加到运行队列的末尾，非常简单。如果任务被添加到队列末尾，那么它迟早会被执行，因此无须明确切换任务。

代码14.4　Wakeup()将指定任务添加到运行队列中（task.cpp）

```
void TaskManager::Wakeup(Task* task) {
  auto it = std::find(running_.begin(), running_.end(), task);
  if (it == running_.end()) {
    running_.push_back(task);
  }
}
```


最初，运行队列中没有任何任务，此时如果定时器中断调用SwitchTask()，就会有麻烦。因此，我们将在初始化任务管理器的同时向运行队列中添加第一个任务，如代码14.5所示。可以看到，使用NewTask()创建的任务代表了与调用TaskManager构造函数的上下文相对应的任务。即执行主函数的上下文。执行构造函数后，只有一个任务被添加到运行队列中。

代码14.5　将代表当前上下文的任务添加到运行队列中（task.cpp）

```
TaskManager::TaskManager() {
  running_.push_back(&NewTask());
}
```

代码14.6和代码14.7展示了Sleep()和Wakeup()的实现，其版本可通过任务ID指定。两者的执行过程几乎相同，首先按任务ID搜索tasks_以获取任务实例，然后调用Sleep()或Wakeup()。

代码14.6　可通过任务ID指定Sleep()（task.cpp）

```
Error TaskManager::Sleep(uint64_t id) {
  auto it = std::find_if(tasks_.begin(), tasks_.end(),
                         [id](const auto& t){ return t->ID() == id; });
  if (it == tasks_.end()) {
    return MAKE_ERROR(Error::kNoSuchTask);
  }

  Sleep(it->get());
  return MAKE_ERROR(Error::kSuccess);
}
```

代码14.7 可通过任务ID指定Wakeup()（task.cpp）

```
Error TaskManager::Wakeup(uint64_t id) {
  auto it = std::find_if(tasks_.begin(), tasks_.end(),
                         [id](const auto& t){ return t->ID() == id; });
  if (it == tasks_.end()) {
    return MAKE_ERROR(Error::kNoSuchTask);
  }

  Wakeup(it->get());
  return MAKE_ERROR(Error::kSuccess);
}
```

每次都要写task_manager->Sleep(task)，非常麻烦。我们希望能更简单地编写task->Sleep()，因此我们为Task类添加了一些方法，如**代码14.8**所示。

代码14.8 新添加到Task类中的一组方法（task.cpp）

```
uint64_t Task::ID() const {
  return id_;
}

Task& Task::Sleep() {
  task_manager->Sleep(this);
  return *this;
}

Task& Task::Wakeup() {
  task_manager->Wakeup(this);
  return *this;
}
```

在TaskManager::NewTask()中，我们本可以修改代码，使它不仅能创建任务，还能将任务添加到运行队列中，但没敢这么做（其实也没什么深层原因）。因此，如**代码14.9**所示，我们将对NewTask()创建的任务执行Wakeup()；否则，任务只能被创建而不会执行。

代码14.9 使生成的任务可执行（main.cpp）

```
  InitializeTask();
  const uint64_t taskb_id = task_manager->NewTask()
    .InitContext(TaskB, 45)
    .Wakeup()
    .ID();
  task_manager->NewTask().InitContext(TaskIdle, 0xdeadbeef).Wakeup();
  task_manager->NewTask().InitContext(TaskIdle, 0xcafebabe).Wakeup();
```

最后，我们在按键事件处理部分添加了一个程序，当按下S键时让TaskB休眠，当按下W键时将其唤醒（**代码14.10**）。这个过程很简单。现在，若你尝试运行这个程序，会发生什么？当你分别按下S键和W键时，TaskB对应停止和移动，如**图14.2**所示！成功了！

代码14.10　使TaskB休眠或被唤醒（main.cpp）

```
case Message::kKeyPush:
  InputTextWindow(msg.arg.keyboard.ascii);
  if (msg.arg.keyboard.ascii == 's') {
    printk("sleep TaskB: %s\n", task_manager->Sleep(taskb_id).Name());
  } else if (msg.arg.keyboard.ascii == 'w') {
    printk("wakeup TaskB: %s\n", task_manager->Wakeup(taskb_id).Name());
  }
  break;
```


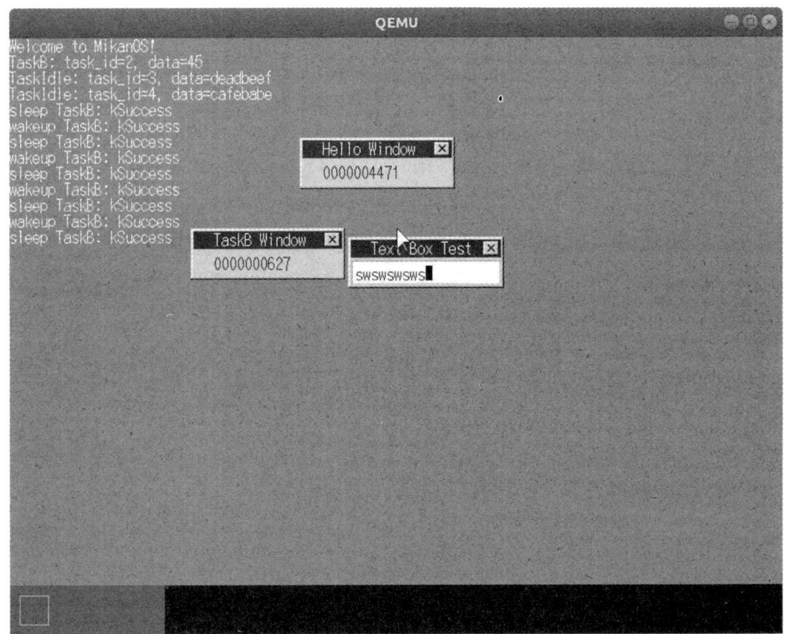

图14.2　TaskB休眠和唤醒

14.2 事件发生时唤醒（osbook_day14b）

你已经实现了两种加速鼠标移动的方法的其中一种。在接下来的章节中，我们将尝试另一种方法，即提高处理鼠标事件的任务的优先级，并在鼠标移动时优先运行该任务。不过，我们想创建一种更通用的机制，这种机制并不只针对鼠标，而是针对所有优先级更高的进程，实现优先处理该进程。

实现这一点的方法有很多种。例如，让优先级更高的任务获得更多运行时间。优先级为10（最高）的任务可获得0.1s，优先级为1的任务可获得0.01s，以此类推。这种方法适用于有多个繁重进程的情况，而且可以调整每个进程的运行时间。然而，你现在要做的是尽快启动移动鼠标和窗口这些相对轻量的进程，以防止出现时间紧迫的情况。

那么，为什么不根据优先级对任务进行分类呢？这样在高优先级任务就位时，低优先级任务就不会被运行。处理鼠标事件的任务（即主任务）的优先级高于其他任务，但通常处于休眠模式，因此会运行TaskB()和TaskIdle()。一旦鼠标移动并发生鼠标事件，主任务就会被唤醒并开始运行。由于主任务在可运行状态下具有最高优先级，因此在主任务进入休眠状态之前，其他任务会一直处于暂停状态。

这似乎是一个好主意。鼠标事件的处理时间相对较短，因此不会出现主任务被唤醒而其他任务无法运行的情况。当然，主任务也不能成为繁重的处理器。高优先级任务应在短时间内处理完成。

为了实现这一点，有必要设置一个函数，在事件发生时唤醒“沉睡”的任务。具体来说，如果主任务处于休眠状态，那么当有消息被添加到main_queue中时，该函数就会唤醒主任务。这个函数并不局限于主任务，也可以用来唤醒其他任务。因此，我们将尝试把它作为任务的标准函数来实现。

首先，我们在Task类中添加了一个消息队列msgs_（**代码14.11**），这样一来，所有任务，而不仅仅是主任务，都将拥有与main_queue相同的功能。因此，在main.cpp中删除了main_queue的定义。

代码14.11　为Task类添加消息队列（task.hpp）

```
private:
  uint64_t id_;
  std::vector<uint64_t> stack_;
  alignas(16) TaskContext context_;
  std::deque<Message> msgs_;
```

向任务的消息队列中添加消息的SendMessage()方法，如**代码14.12**所示。如果任务处于休眠状态，则该方法会在将消息添加到队列后调用Wakeup()将其唤醒。如果任务处于唤醒状态，则调用Wakeup()不会有任何影响。如果使用该方法在任务间发送消息，就可以在没有消息时安全地休眠。

代码14.12　向消息队列中添加消息并在其处于休眠状态时将其唤醒（task.cpp）

```
void Task::SendMessage(const Message& msg) {
  msgs_.push_back(msg);
  Wakeup();
}
```

代码14.13显示了检索消息的ReceiveMessage()方法。此方法的返回类型std::optional <Message>是带有无效值的Message类型。无效值是明确表示无效的值。例如，返回类型为int的函数的无效值可能是-1，但你无法从int类型中判断-1代表的是错误值还是有效值，你必须阅读函数的规范。std::optional允许将任何类型转换为具有null值的std::nullopt类型。因此，ReceiveMessage()是一个函数，如果消息队列为空，则返回无效值，否则返回消息队列顶部的值。std::optional也出现在9.3节中。

代码14.13　从消息队列中取出一条消息（task.cpp）

```
std::optional<Message> Task::ReceiveMessage() {
  if (msgs_.empty()) {
    return std::nullopt;
  }

  auto m = msgs_.front();
  msgs_.pop_front();
  return m;
}
```

代码14.14展示了在主循环中接收消息的过程。该过程使用我们之前创建的ReceiveMessage()提取一条消息。如果消息队列为空，则msg的值无效，因此要像if(!msg)一样对其进行检查。如果是无效值，主任务就会休眠。顺便提一下，由于主任务会自己休眠，因此在不返回main_task.Sleep()的情况下，会切换到下一个任务。

代码14.14　如果主任务的消息队列为空，则休眠（main.cpp）

```
    __asm__("cli");
    auto msg = main_task.ReceiveMessage();
    if (!msg) {
      main_task.Sleep();
      __asm__("sti");
      continue;
    }
```

main_task是在进入主循环之前创建的引用变量，如代码14.15所示。task_manager-> CurrentTask()将返回当前运行（运行此方法）的task方法。

代码14.15 在main_task中获取并设置当前任务（main.cpp）

```
  InitializeTask();
  Task& main_task = task_manager->CurrentTask();
```

代码14.16显示了CurrentTask()的实现。这是一个非常简单的方法，只返回运行队列顶部的任务。运行队列的顶部是当前正在运行的任务，即调用CurrentTask()的任务（指向Task的指针）。

代码14.16 CurrentTask()返回当前正在运行的任务（task.cpp）

```
Task& TaskManager::CurrentTask() {
  return *running_.front();
}
```

由于我们已经删除了main.cpp中的main_queue，因此需要修改以前直接向main_queue中添加消息的程序。例如，TimerManager::Tick()中调用main_queue.push_back()的部分已被修改，如代码14.17所示。task_manager->SendMessage(1, m)向ID为1的任务发送消息m，并唤醒正在休眠的任务。

代码14.17 SendMessage()用于发送消息（timer.cpp）

```
    if (t.Value() == kTaskTimerValue) {
      task_timer_timeout = true;
      timers_.pop();
      timers_.push(Timer{tick_ + kTaskTimerPeriod, kTaskTimerValue});
      continue;
    }

    Message m{Message::kTimerTimeout};
    m.arg.timer.timeout = t.Timeout();
    m.arg.timer.value = t.Value();
    task_manager->SendMessage(1, m);

    timers_.pop();
```

TaskManager::SendMessage()的实现如代码14.18所示。它从tasks_中搜索具有指定ID的任务，并在该任务上调用SendMessage()。主任务的ID始终为1，因此在向主任务发送消息时，这将非常有用。

代码14.18 SendMessage()向指定的任务发送消息（task.cpp）

```
Error TaskManager::SendMessage(uint64_t id, const Message& msg) {
  auto it = std::find_if(tasks_.begin(), tasks_.end(),
                         [id](const auto& t){ return t->ID() == id; });
```

```
  if (it == tasks_.end()) {
    return MAKE_ERROR(Error::kNoSuchTask);
  }

  (*it)->SendMessage(msg);
  return MAKE_ERROR(Error::kSuccess);
}
```

另一个使用TaskManager::SendMessage()的修改如**代码14.19**所示。此前，这里使用msg_queue->push_back(...)，但我们将其改为task_manager->SendMessage()。还有一些地方也会接收到指向main_queue的指针，但这些地方已被纠正。

代码14.19　使用SendMessage()发送信息（第二部分）（interrupt.cpp）

```
__attribute__((interrupt))
void IntHandlerXHCI(InterruptFrame* frame) {
  task_manager->SendMessage(1, Message{Message::kInterruptXHCI});
  NotifyEndOfInterrupt();
}
```

我们将xHCI的初始化移至InitializeTask()后执行，如**代码14.20**所示。这是因为一旦执行usb::xhci::Initialize()，就会产生中断。全局变量task_manager用于中断处理程序IntHandlerXHCI()，因此必须先初始化任务函数。

代码14.20　在初始化任务函数后初始化xHCI（main.cpp）

```
usb::xhci::Initialize();
InitializeKeyboard();
InitializeMouse();

char str[128];

while (true) {
```

现在，必要的修改已经完成。让我们运行程序，截图没有显示任何变化，所以这里就不放了。但如果看一下运行时的截图，就会发现主窗口中的计数器增加了50。此外，计数器增加的时间似乎与文本框中光标闪烁的时间同步。这是因为主任务是由光标定时器以50次为周期的超时触发的，并在显示过程结束后立即休眠，这就是发生上述变化的原因。

如果你移动鼠标或按下按键，就会发现主窗口中的计数器会在该时间点更新。这证明每次通过SendMessage()向主任务通知鼠标移动或按键事件时，主任务都会被唤醒，主循环将完成一个周期。

14.3 性能测量

由于主任务在空闲时处于休眠状态，因此应将分配给它的CPU时间分配给其他任务。这意味着TaskB中的计数器会转得更快。让我们来测试一下。

我们尝试用一种非常原始的方法。当主窗口中的计数器转到大约1000（=10s）时，我们截了一张屏幕图，然后目测一下。

首先，主任务始终运行的版本（osbook_day14a）如图14.3所示。当主窗口中的计数器显示1000时，TaskB中的计数器显示2991。

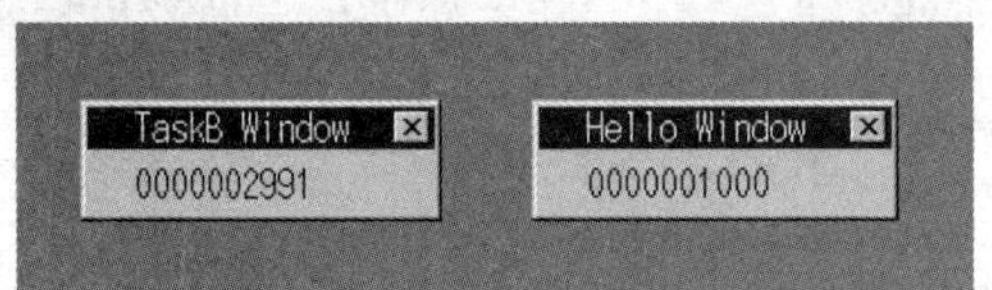

图14.3 当主任务始终运行时（osbook_day14a的内容）

与此同时，主任务休眠的版本（osbook_day14b）如图14.4所示。当主计数器显示1004时，TaskB计数器显示4190。虽然1000和1004之间有轻微差异，但如果将其视为误差，那么TaskB计数器的性能提高了4190/2991≈1.40倍。

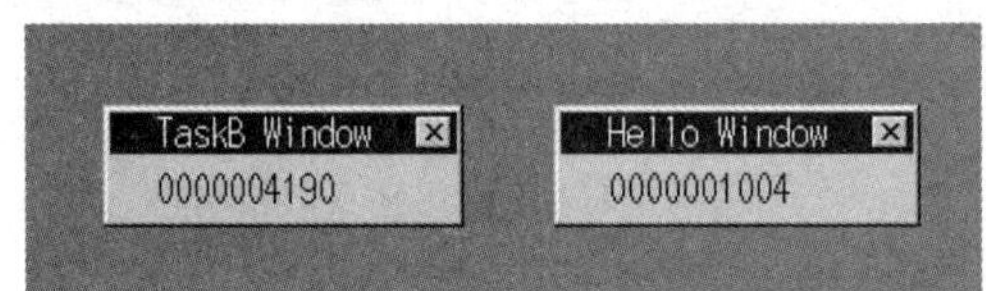

图14.4 当主任务进入休眠状态时（osbook_day14b的内容）

在day14a中，始终有四个任务在运行，由于将时间平均分配给了每个任务，因此TaskB只用了10s CPU时间中的2.5s。在day14b中，主任务大部分时间处于休眠状态，因此如果假设主任务消耗的CPU时间为0s，那么其余三个任务各占用了3.33s的CPU时间，3.33/2.5≈1.33倍。这与之前计算得出的1.40倍有些出入，但我们姑且认为事实就是如此。可以断言，休眠主任务增加了TaskB的处理时间。

14.4 确定任务的优先级（osbook_day14c）

现在，你可以在事件发生时唤醒正在休眠的任务。现在是时候做我们最初想做的事情了：根据优先级对任务进行分类，并创建一种机制来防止优先级较低的任务在优先级较高的任务运行时被运行。优先级可以有多种不同的解释，在这里我们称之为级别。

你可以自由选择划分为多少级，但现在我们将以三级为例。**图14.5**显示了三个级别的概念图。每个级别都有自己的运行队列，可运行任务在队列中注册；在三个可运行任务中，TaskA的级别最高。因此，在这三个任务中，只有TaskA会运行。TaskB和TaskC的级别低于TaskA，因此在TaskA休眠或其级别降为1时才会运行。

（最高）	级别 3	[TaskA]
（中）	级别 2	
（最低）	级别 1	[TaskB] [TaskC]

图14.5　将任务划分为不同级别

在通常情况下，级别较高的任务会在短时间内运行完成并休眠。这是因为：如果一个级别较高的任务一直在运行，那么其他任务根本得不到运行。如果TaskA休眠，那么TaskB和TaskC将在三个任务中拥有最高的级别。因此，TaskB和TaskC将分别在0.02s内切换运行。

在解释了级别的概念后，我们很快在TaskManager类中实现了级别，如**代码14.21**所示。首先要看的是running_变量。它以前是一个单一的队列，但现在我们把它变成了一个数组，其中元素的数量与级别的数量相同。我们决定创建从0到kMaxLevel的级别。目前，kMaxLevel为3，因此有四个级别。如果数量不够，还可以增加。

代码14.21　在TaskManager类中引入特定级别的运行队列（task.hpp）

```
class TaskManager {
 public:
  // level: 0 = lowest, kMaxLevel = highest
  static const int kMaxLevel = 3;

  TaskManager();
  Task& NewTask();
  void SwitchTask(bool current_sleep = false);

  void Sleep(Task* task);
  Error Sleep(uint64_t id);
  void Wakeup(Task* task, int level = -1);
  Error Wakeup(uint64_t id, int level = -1);
  Error SendMessage(uint64_t id, const Message& msg);
  Task& CurrentTask();

 private:
  std::vector<std::unique_ptr<Task>> tasks_{};
  uint64_t latest_id_{0};
  std::array<std::deque<Task*>, kMaxLevel + 1> running_{};
```

```
  int current_level_{kMaxLevel};
  bool level_changed_{false};

  void ChangeLevelRunning(Task* task, int level);
};
```

current_level_变量表示当前正在运行的任务所属的级别。初始值设置为kMaxLevel，因为主任务是最高级别。在TaskManager的构造函数中使用该值。在图14.5所示的情况中，current_level_为3（因为TaskA正在运行）。level_changed_变量的作用是发出信号，表明需要在下一次任务切换时检查运行级别。如果将该变量设置为true，则下次执行SwitchTask()方法时就会查看current_level_。更多细节将在修改SwitchTask()时解释。

如代码14.22所示，我们在Task类中添加了代表任务当前级别的变量level_和代表任务运行状态的变量running_。由于这两个变量主要由TaskManager使用，以便于任务管理，因此我们希望只允许TaskManager重写这两个变量。我们将重写SetLevel()和SetRunning()方法，将其设置为私有，并将它们声明为friend TaskManager;。这样一来，只有TaskManager类可以在Task类之外使用这两个方法。

代码14.22 Task类存储级别和运行状态（task.hpp）

```
 private:
  uint64_t id_;
  std::vector<uint64_t> stack_;
  alignas(16) TaskContext context_;
  std::deque<Message> msgs_;
  unsigned int level_{kDefaultLevel};
  bool running_{false};

  Task& SetLevel(int level) { level_ = level; return *this; }
  Task& SetRunning(bool running) { running_ = running; return *this; }

  friend TaskManager;
```

如代码14.23所示，我们修改了TaskManager的构造函数。创建与调用构造函数的上下文（执行main函数的上下文）相对应的任务，并将该任务的初始级别设置为current_level_（SetLevel()）的值。通过将生成的任务添加到相关级别的运行队列中来完成初始设置。current_level_被初始化为最高级别，因此主任务将具有最高优先级，并且应该能够对鼠标移动事件快速做出反应。

代码14.23 主任务的级别使用current_level_的值（task.cpp）

```
TaskManager::TaskManager() {
  Task& task = NewTask()
    .SetLevel(current_level_)
```

```
    .SetRunning(true);
  running_[current_level_].push_back(&task);
}
```

Sleep()、Wakeup()和SwitchTask()必须适应级别机制。我们将从Sleep()的最简单修改开始。代码14.24显示了带有特定级别运行队列的Sleep()。

代码14.24　将Sleep()映射到特定级别（task.cpp）

```
void TaskManager::Sleep(Task* task) {
  if (!task->Running()) {
    return;
  }

  task->SetRunning(false);

  if (task == running_[current_level_].front()) {
    SwitchTask(true);
    return;
  }

  Erase(running_[task->Level()], task);
}
```

它的作用很简单。它通过任务的运行标志来确定任务是否已准备好运行。我们将在稍后修改Wakeup()时设置该标志（设为true）。如果任务已准备就绪，则会取消运行标志。

随后的if语句将确定task是否正在运行，即是否试图让自己进入休眠状态。current_level_表示当前正在运行的任务所属的级别（我们将继续实现该级别）。因此，如果该级别运行队列的顶部是task，则意味着task就是当前正在运行的任务。如果想让自己进入休眠状态，就需要切换任务，因此要执行SwitchTask(true);。参数true的作用是告诉SwitchTask()，想让当前运行的任务休眠。

如果该任务不是当前正在运行的任务，也就是说，你想让另一个任务进入休眠状态，此时只需要将该任务从其所属级别的运行队列中删除即可。为了从std::deque中删除元素，我们使用自己定义的Erase()函数（代码14.25）。此函数从std::deque中删除具有指定值的所有元素。

代码14.25　Erase()从队列中删除指定元素（task.cpp）

```
namespace {
  template <class T, class U>
  void Erase(T& c, const U& value) {
    auto it = std::remove(c.begin(), c.end(), value);
    c.erase(it, c.end());
  }
} // namespace
```

Erase()只有两行代码。第一行，std::remove()在最后收集等于指定值的元素。从名称上看，它给人的感觉是会删除元素，但实际上并没有删除。std::remove()返回的是要删除的元素的起始位置，因此可以使用c.erase()删除该位置之后的所有元素。这才是真正的删除。

接下来，修改SwitchTask()（代码14.26）。

代码14.26 SwitchTask()将SwitchTask()映射到特定级别（task.cpp）

```
void TaskManager::SwitchTask(bool current_sleep) {
  auto& level_queue = running_[current_level_];
  Task* current_task = level_queue.front();
  level_queue.pop_front();
  if (!current_sleep) {
    level_queue.push_back(current_task);
  }
  if (level_queue.empty()) {
    level_changed_ = true;
  }

  if (level_changed_) {
    level_changed_ = false;
    for (int lv = kMaxLevel; lv >= 0; --lv) {
      if (!running_[lv].empty()) {
        current_level_ = lv;
        break;
      }
    }
  }

  Task* next_task = running_[current_level_].front();

  SwitchContext(&next_task->Context(), &current_task->Context());
}
```

该函数的前半部分将当前正在运行的级别current_level_的运行队列进行旋转。它所做的与没有级别时相同。如果参数current_sleep为true，则当前运行的任务（current_task）将进入休眠状态。但这并不难做到，只要不将其添加到运行队列中即可。因此，只有当current_sleep为false时，我们才会将该任务添加到运行队列的末尾。

下面的if语句描述了当前正在运行的级别的运行队列变空时会发生的情况。在这种情况下，需要更新任务级别。将level_changed_设为true，以便执行后面的if语句。

在函数的中间部分，如果level_changed_为true，则会对正在运行的任务级别进行审查。它会找出任务存在的最高级别。具体来说，它会按照最高级别的顺序查看运行队列。如果发现运行队列中至少有一个任务已注册，就会将该级别设置为current_level_。在图14.5所示的情况中，current_level_将是3，如果TaskA处于休眠状态，则current_level_将是1。

有几次level_changed_会变为true。其中一次是紧接着它前面的if语句。其他时候，level_

changed_会在Wakeup()中变为true。

正如你可能已经注意到的，这个过程没有考虑所有级别下都没有任务的情况。如果所有任务都休眠，则将不会更新，后续处理的结果将是未定义的。我们稍后会处理这个问题，这里假设一个或多个任务始终处于可运行状态。

SwitchTask()最后从current_level_指向的运行队列顶部获取一个任务，并切换到该任务。此时，current_level_应该是任务存在的最高级别，因此可以切换到该级别运行队列中的第一个任务。

代码14.27展示了Wakeup()的实现。

代码14.27　为Wakeup()添加更改运行任务级别的功能（task.cpp）

```
void TaskManager::Wakeup(Task* task, int level) {
  if (task->Running()) {
    ChangeLevelRunning(task, level);
    return;
  }

  if (level < 0) {
    level = task->Level();
  }

  task->SetLevel(level);
  task->SetRunning(true);

  running_[level].push_back(task);
  if (level > current_level_) {
    level_changed_ = true;
  }
  return;
}
```

到目前为止，如果指定的任务不存在于运行队列中（该任务处于休眠状态），则该函数只是将其添加到运行队列的末尾。这次，由于引入了特定级别的运行队列，因此该函数得到了极大的扩展。

Wakeup()有两个主要作用：一个是唤醒休眠的任务；另一个是更改运行任务的级别。虽然看起来后者是一个唤醒函数，但为了使Wakeup()成为一个“无论任务的当前状态如何，都以指定级别运行的函数”，后者的作用也是必要的。

该函数开始执行时，它会检查任务是否准备好运行。如果准备就绪，则将进程委托给ChangeLevelRunning()方法，以改变运行级别。稍后将介绍该方法的实现。这里首先介绍任务处于休眠状态时的函数执行过程。

如果任务处于休眠状态，则不会执行第一条if语句，而是进入下一步处理。第一步是处理参数level为负的情况。level指定了任务的运行级别，但如果任务的运行级别没有改变，并且任务接管了上次休眠前的运行级别，则应指定一个负值。接下来，更新任务的状态内存变量。然后将任务添加到所需级别的运行队列中。

最后一条if语句可能有点儿令人困惑。这条if语句的目的是确定下一次切换任务时是否要更新current_level_。如果有比当前正在运行的任务级别更高的任务可运行，则在下一次切换任务时必须运行级别更高的任务。因此，应将level_changed_设置为true，并要求在切换任务时审查级别。

代码14.28显示了ChangeLevelRunning()的实现，它可更改运行中任务的级别。当任务处于运行状态时，会在Wakeup()中调用该函数。

代码14.28 ChangeLevelRunning()更改运行任务的级别（task.cpp）

```
void TaskManager::ChangeLevelRunning(Task* task, int level) {
  if (level < 0 || level == task->Level()) {
    return;
  }

  if (task != running_[current_level_].front()) {
    // 更改其他任务的级别
    Erase(running_[task->Level()], task);
    running_[level].push_back(task);
    task->SetLevel(level);
    if (level > current_level_) {
      level_changed_ = true;
    }
    return;
  }

  // 更改自身级别
  running_[current_level_].pop_front();
  running_[level].push_front(task);
  task->SetLevel(level);
  if (level >= current_level_) {
    current_level_ = level;
  } else {
    current_level_ = level;
    level_changed_ = true;
  }
}
```

如果运行级别没有改变，则函数开头的if语句会中断函数。这只是一种优化。

第二条if语句检查指定任务当前是否正在运行。这是为了在任务改变自身级别或改变其他任务的级别时改变进程。这条if语句负责处理改变其他任务级别的情况。

更改另一个任务的级别相对简单。只需要将任务从其当前所属级别的运行队列中移除，然后将其重新添加到所需级别的运行队列中即可。如果所需的运行级别高于当前的运行级别，那么下一次切换任务时就需要重新审查级别，因此请保持level_changed_为true。

现在我们来看看如果第二条if语句为假，即即将改变某个任务的运行级别时，会发生什么情况。第一步是调整运行队列。将任务从当前运行队列中移除（pop_front()），并添加到所需级别的运行队列中（push_front(task)）。之后，将current_level_更新为所需级别。

之所以在开始而不是结束时添加任务并更新current_level_，是为了确保下一次任务切换成功。**图14.6**显示了TaskA尝试将自己的运行级别从3更改为2的情况。负责任务切换的SwitchTask()会将current_level_运行队列顶部的任务识别为当前运行的任务。因此，当Wakeup()进程完成时，它必须处于TaskA位于current_level_运行队列顶部的状态。之所以将任务添加到运行队列的顶部，然后重写current_level_，就是为了创建这种状态。

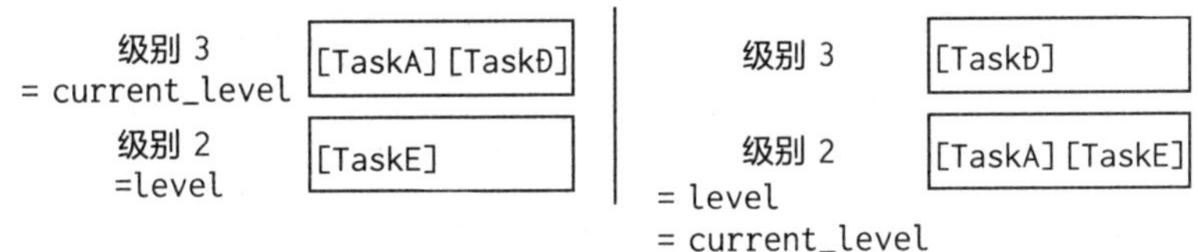

图14.6　TaskA尝试将自己的运行级别从3更改为2的情况

现在，如果当前运行任务的级别高于current_level_，则只需要调整运行队列即可，但如果级别低于current_level_，则必须在下一次切换任务时查看current_level_。**图14.6**正好说明了这种情况。在降低TaskA的级别后，现在的情况是TaskD应在下一次切换任务时运行。但是，由于降低了TaskA的级别，current_level_也降低了。如果level_changed_仍然为false，则TaskD将被忽略，而级别为2的任务组将运行。检查下一次任务切换时的级别，以确保TaskD得到正确运行。

修改完成后，让我们运行代码（**图14.7**）。与往常一样，虽然在图中很难呈现，但现在移动鼠标的动作非常流畅。

在主任务窗口中显示的数值，以前显示的是偏差4，如1304，现在则是一个清晰的数字，如1300。这证明超时和事件处理之间的时间已经缩短，因为当文本框中光标闪烁的定时器超时时，主任务就会被唤醒，并优先于其他任务运行。因此，基于级别的运行队列的引入是成功的。

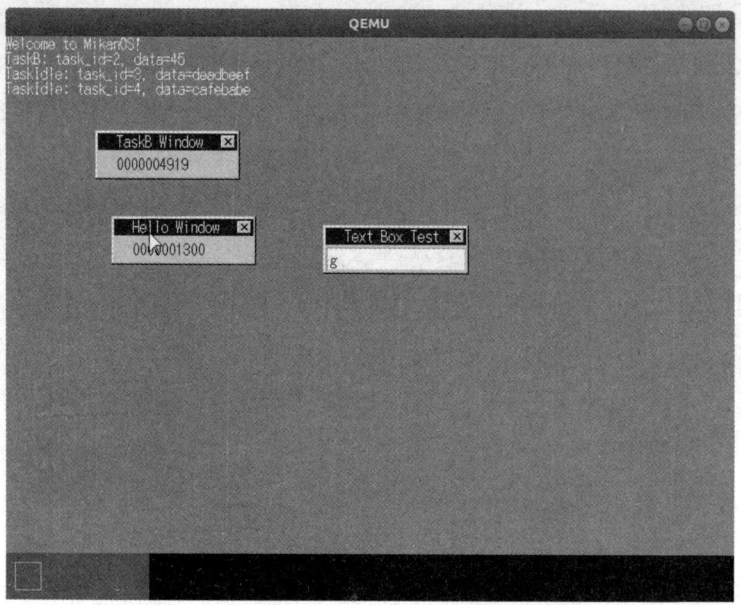

图14.7　主任务具有优先权，鼠标移动顺畅

14.5 休眠任务（osbook_day14d）

既然可以让任务休眠，那么就应该确保所有任务（而不仅仅是主任务）都在空闲时休眠。但仍有一个潜在问题：TaskManager::SwitchTask()的实现没有考虑所有任务都休眠且运行队列为空的情况。

你可以添加特殊代码来处理运行队列为空的情况，但实际上有一个更好的解决方案。那就是添加一个永不休眠的任务，一直运行。这样的任务被称为**空闲任务**（idle task）[1]。通过在底层添加一个空闲任务，运行队列将永远不为空，因此无须更改当前程序即可避免上述问题。

我们将尽快实现这一点。**代码14.29**显示了TaskManager类的构造函数。我们决定在创建主任务的同时创建一个空闲任务，并将其注册到底层的运行队列中。从现在起，我们假设0级专用于空闲任务，其他任务使用1至kMaxLevel级。

1　idle的深层意思是“没有工作，感到无聊”，这与唱歌、跳舞的偶像（idol）无关。

代码14.29 在TaskManager构造函数中注册空闲任务（task.cpp）

```
TaskManager::TaskManager() {
  Task& task = NewTask()
    .SetLevel(current_level_)
    .SetRunning(true);
  running_[current_level_].push_back(&task);

  Task& idle = NewTask()
    .InitContext(TaskIdle, 0)
    .SetLevel(0)
    .SetRunning(true);
  running_[0].push_back(&idle);
}
```

现在我们在任务管理器的构造函数中注册空闲任务，无须在主函数中再次注册。如**代码14.30**所示，主函数的任务创建部分现在变得简单多了。

代码14.30 简化的主函数任务创建过程（main.cpp）

```
  InitializeTask();
  Task& main_task = task_manager->CurrentTask();
  const uint64_t taskb_id = task_manager->NewTask()
    .InitContext(TaskB, 45)
    .Wakeup()
    .ID();
```

TaskIdle()原本在main.cpp中，但由于在主函数中已不再使用，因此已将其移至task.cpp（**代码14.31**）。此外，空闲任务启动时的信息也已消失。空闲任务隐藏在“阴影”中，不会出现在“舞台”上。

代码14.31 只需要hlt的TaskIdle()（task.cpp）

```
  void TaskIdle(uint64_t task_id, int64_t data) {
    while (true) __asm__("hlt");
  }
} // namespace
```

图14.8显示了任务的执行过程：按S键使TaskB休眠会导致主任务和TaskB同时休眠，但由于空闲任务的存在，主任务的行为并不奇怪，而是会继续正常运行。此外，在不按S键的情况下观察TaskB计数器的增长情况，我们注意到它的增长速度是之前的4倍。这是因为空闲任务的注册级别比TaskB低，所以空闲任务不会干扰TaskB的运行。非常好！

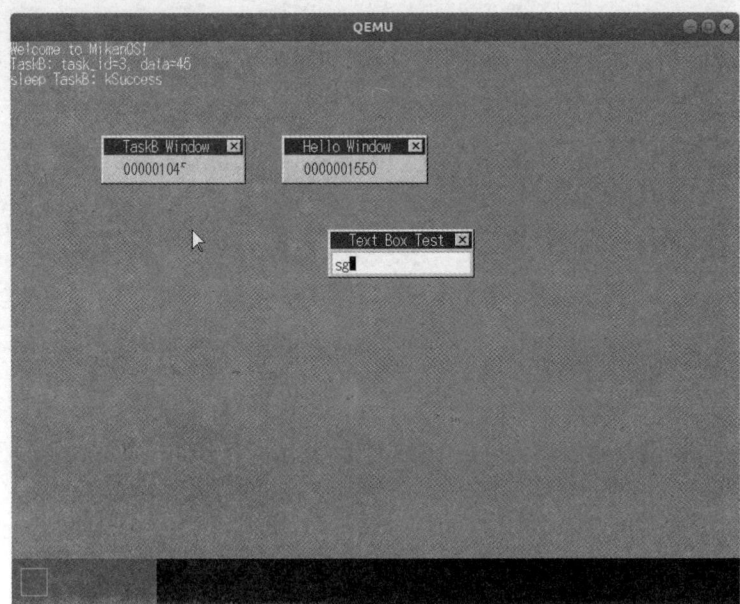

图14.8　空闲任务成功避免了运行队列为空的情况

第 15 章

终端

说到操作系统，大多数人都希望在黑色屏幕上输入命令进行操作。终端就是用于输入命令的窗口，如Linux的gnome-terminal、MS-DOS提示符或WindowsTerminal。在本章中，我们将尝试创建一个用于输入命令的终端，令其更像操作系统。

15.1 在主线程中绘制窗口（osbook_day15a）

我们本打算马上创建一个终端。但在琢磨第14章实现的操作系统时，我们发现了一个问题：当用鼠标移动TaskB窗口时，会留下残影，如图15.1所示。

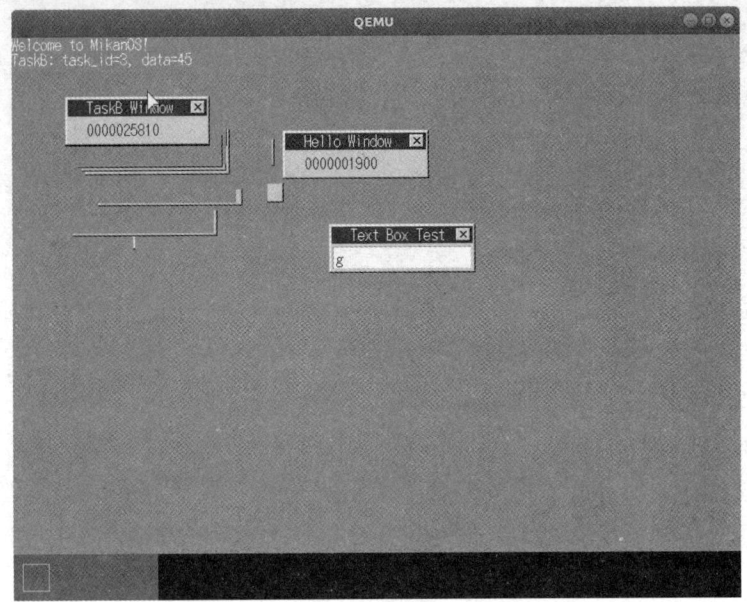

图15.1 移动TaskB窗口会留下残影

这是由于调用layer_manager->Draw()的TaskB部分与调用layer_manager->MoveRelative()用鼠标移动TaskB窗口的部分之间存在数据冲突。这两个方法都在内部重写了屏幕后置缓冲区和帧缓冲区。

重绘TaskB窗口的Draw()在TaskB的上下文中执行，而移动鼠标的MoveRelative()则在主上下文中执行。因此，如果在TaskB递增计数器并执行Draw()时发生鼠标移动事件，它就会切换到主任务并开始执行MoveRelative()，因为这两个方法会改变layer_manager成员变量的内容，即造成数据冲突。我们无法预测数据冲突时会发生什么。在这种情况下，屏幕显示会直接中断……

有两种方法可以解决这个问题。一种方法是在执行Draw()和MoveRelative()时禁用中断；将重要操作置于cli和sti之间的方法之前已经出现过多次。通过同样的方法，可以防止数据冲突。另一种方法是让专门的任务负责所有窗口的绘制和移动。当一个任务想要操作一个窗口时，它会向专用任务的消息队列发送一个请求。当专用任务收到请求时，它会从休眠中醒来，并根据请求执行窗口操作。

第一种方法非常简单。但是，屏幕绘制是一个相对烦琐的过程，因为它涉及大量的像素重写。在这种烦琐的处理过程中，让中断一直处于禁用状态并不是一个好主意。中断禁止时间越长，就越有可能错过中断。重新绘制优先级较低的窗口会干扰优先级较高的中断处理。这就是所谓的**优先级倒置**，也是操作系统任务调度中最常见的问题之一。

第二种方法稍微复杂一些，但不会出现上述问题，因为在整个窗口操作过程中都允许中断。在本节中，我们将采用第二种方法，不创建特殊任务，而是由主任务负责。

如**代码15.1**所示，我们在Message::Type中添加了kLayer，以便将窗口绘制等消息从TaskB传递给主任务。因为窗口绘制是图层的功能，所以我们使用了这样的名称。我们还添加了kLayerFinish类型来通知发送方绘制或移动任务已完成，并添加了src_task来指示任务ID。

代码15.1　在Message类型中添加图层操作类型（message.hpp）

```
struct Message {
  enum Type {
    kInterruptXHCI,
    kTimerTimeout,
    kKeyPush,
    kLayer,
    kLayerFinish,
  } type;

  uint64_t src_task;
```

我们添加了arg.layer作为与kLayer相对应的参数（**代码15.2**）。op是一个枚举类型，代表图层操作类型，定义如**代码15.3**所示。layer_id是一个任务ID，代表要操作的图层；x和y是位置信息，用于执行基于移动的图层操作。我们没有在这里使用Vector2D<int>，因为想让message.hpp独立于其他非标准头文件。

代码15.2　kLayer的参数（message.hpp）

```
    struct {
      LayerOperation op;
      unsigned int layer_id;
      int x, y;
    } layer;
```

代码15.3　LayerOperation表示图层操作类型（message.hpp）

```
enum class LayerOperation {
  Move, MoveRelative, Draw
};
```

我们在主循环中为图层操作请求添加了更多处理过程（**代码15.4**）：当收到msg->type为kLayer的消息时，会根据消息参数对其进行处理，然后通知发送方任务处理完成。Message结构体中增加的src_task变量在通知处理完成时将非常有用。

代码15.4 处理图层操作请求（main.cpp）

```
    case Message::kLayer:
      ProcessLayerMessage(*msg);
      __asm__("cli");
      task_manager->SendMessage(msg->src_task, Message{Message::kLayerFinish});
      __asm__("sti");
      break;
```

代码15.5显示了ProcessLayerMessage()的实现。它根据消息的参数执行请求操作。根据操作的不同，对x和y的使用也可能不同。

代码15.5 ProcessLayerMessage()实际处理图层操作请求（layer.cpp）

```
void ProcessLayerMessage(const Message& msg) {
  const auto& arg = msg.arg.layer;
  switch (arg.op) {
  case LayerOperation::Move:
    layer_manager->Move(arg.layer_id, {arg.x, arg.y});
    break;
  case LayerOperation::MoveRelative:
    layer_manager->MoveRelative(arg.layer_id, {arg.x, arg.y});
    break;
  case LayerOperation::Draw:
    layer_manager->Draw(arg.layer_id);
    break;
  }
}
```

代码15.6显示了为了使用图层操作请求和处理机制而修改的TaskB()。主要变化是不再直接调用layer_manager->Draw()，而是向主任务抛出一条kLayer类型的消息，并添加一个while循环来等待主任务通知操作已完成。乍一看很复杂，但实际上它与主循环的结构相同，所以不难理解。

代码15.6 从TaskB到主任务的图层操作请求（main.cpp）

```
void TaskB(uint64_t task_id, int64_t data) {
  printk("TaskB: task_id=%lu, data=%lu\n", task_id, data);
  char str[128];
  int count = 0;

  __asm__("cli");
```

```
  Task& task = task_manager->CurrentTask();
  __asm__("sti");

  while (true) {
    ++count;
    sprintf(str, "%010d", count);
    FillRectangle(*task_b_window->Writer(), {24, 28}, {8 * 10, 16}, {0xc6, 0xc6, 0xc6});
    WriteString(*task_b_window->Writer(), {24, 28}, str, {0, 0, 0});
    Message msg{Message::kLayer, task_id};
    msg.arg.layer.layer_id = task_b_window_layer_id;
    msg.arg.layer.op = LayerOperation::Draw;
    __asm__("cli");
    task_manager->SendMessage(1, msg);
    __asm__("sti");

    while (true) {
      __asm__("cli");
      auto msg = task.ReceiveMessage();
      if (!msg) {
        task.Sleep();
        __asm__("sti");
        continue;
      }

      if (msg->type == Message::kLayerFinish) {
        break;
      }
    }
  }
}
```

现在修改已经完成。运行程序，你会发现将不再产生之前看到的残影（图15.2）。不过，TaskB计数器现在的计数速度变成了修改前的1/3。这可能是由于TaskB和主任务之间频繁进行任务切换，且主任务的切换开销很大。在这种情况下，我们牺牲了程序的速度来提高安全性，所以这是一件好事。

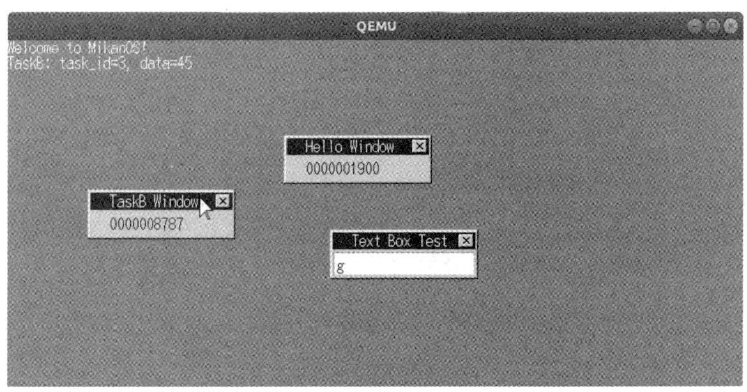

图15.2　移动TaskB窗口不会留下残影

15.2 活动窗口（osbook_day15b）

感觉很好，因为我们解决了一个bug。照这样下去，我们就要成功创建一个终端了。首先，我们想做一个类似于终端的窗口，这样就可以输入文本了。当看着操作系统的屏幕时，我们觉得有些奇怪。看起来好像有多个窗口同时处于活动状态。

活动意味着窗口被选中并处于最前端。在普通操作系统中，活动窗口和非活动窗口可以通过标题的颜色来区分。此外，键盘输入也会被发送到活动窗口中。

不过，MikanOS还没有在活动窗口和非活动窗口之间切换的机制。所有窗口的标题栏颜色都相同。所有的键盘输入都被发送到“Text Box Test”窗口中。这是一个问题。即使创建了终端窗口，但如果键盘输入没有被发送到终端，那么也无法输入命令。因此，我们引入了一种机制，通过选中窗口来激活它。

为了激活用鼠标选中的窗口，我们决定创建一个ActiveLayer类，将指定的窗口（包含该窗口的图层）置于前端（**代码15.7**）。由于鼠标层必须始终处于最前面，因此有一个SetMouseLayer()方法用于注册鼠标层的ID。最重要的方法是Activate()，它会将指定的图层置于最前面（但在鼠标层之后），并改变标题栏的颜色。

代码15.7　ActiveLayer类用于激活窗口（layer.hpp）

```
class ActiveLayer {
 public:
  ActiveLayer(LayerManager& manager);
  void SetMouseLayer(unsigned int mouse_layer);
  void Activate(unsigned int layer_id);
  unsigned int GetActive() const { return active_layer_; }

 private:
  LayerManager& manager_;
  unsigned int active_layer_{0};
  unsigned int mouse_layer_{0};
};

extern ActiveLayer* active_layer;
```

代码15.8显示了ActiveLayer类的构造函数和SetMouseLayer()方法的实现。构造函数设置了ActiveLayer类实例使用的LayerManager。你本可以使用全局变量layer_manager，而不是将其作为参数。但如果你能以很小的代价避免使用全局变量，那么这样做也没有什么坏处。

代码15.8 ActiveLayer类的构造函数和SetMouseLayer()方法的实现（layer.cpp）

```
ActiveLayer::ActiveLayer(LayerManager& manager) : manager_{manager} {
}

void ActiveLayer::SetMouseLayer(unsigned int mouse_layer) {
  mouse_layer_ = mouse_layer;
}
```

SetMouseLayer()用于设置鼠标层的ID，在InitializeMouse()中调用（代码15.9）。

代码15.9 将鼠标层注册为active_layer（mouse.cpp）

```
  active_layer->SetMouseLayer(mouse_layer_id);
```

考虑一下Activate()的实现策略。当调用该方法时，它应该做的是将指定的图层放在最前面，同时改变其所在窗口的标题栏颜色。与此同时，还需要恢复之前位于最前面的图层所拥有的窗口的标题栏颜色。更改窗口的标题栏颜色不是图层的功能，而是窗口的功能，因此我们将在窗口类中提供一个方法来实现这一功能。

代码15.10显示了Activate()的实现。它主要做两件事。首先，停用之前处于活动状态的图层窗口（active_layer_）。然后，将指定的图层置于最前面，同时激活该图层所拥有的窗口。为了在激活和停用窗口之间切换，我们决定在Window类中创建新的Activate()和Deactivate()。

代码15.10 Activate()将指定的图层置于最前面（layer.cpp）

```
void ActiveLayer::Activate(unsigned int layer_id) {
  if (active_layer_ == layer_id) {
    return;
  }

  if (active_layer_ > 0) {
    Layer* layer = manager_.FindLayer(active_layer_);
    layer->GetWindow()->Deactivate();
    manager_.Draw(active_layer_);
  }

  active_layer_ = layer_id;
  if (active_layer_ > 0) {
    Layer* layer = manager_.FindLayer(active_layer_);
    layer->GetWindow()->Activate();
    manager_.UpDown(active_layer_, manager_.GetHeight(mouse_layer_) - 1);
    manager_.Draw(active_layer_);
  }
}
```

在这里，我们先考虑一下Window类。该类仅表示一个具有水平方向和垂直方向的显示区域。不仅是带有标题栏的窗口，控制台和鼠标光标也属于Window类。因此，Window类本身并不知道标题栏的存在。我们所认为的标题栏只是在窗口的绘图区域中绘制的一张图片。在这种情况下，很难实现“调用Window::Activate()时更改标题栏的颜色”。即使要重绘标题栏，Window类也不知道标题栏字符串是什么，因此无法重绘。

基于此，我们决定创建一个继承自Window的类，用来表示带有标题栏的窗口。虽然对这个类的名称还不太确定，但我们将把它命名为ToplevelWindow。

为了能够继承Window类，我们将析构函数设为virtual，如**代码15.11**所示。继承基类的析构函数必须是虚拟析构函数[1]。

代码15.11 允许继承Window类（window.hpp）

```
/** @brief 创建一个具有指定像素数的平面绘图区域 */
Window(int width, int height, PixelFormat shadow_format);
virtual ~Window() = default;
Window(const Window& rhs) = delete;
Window& operator=(const Window& rhs) = delete;
```

从ActiveLayer::Activate()中调用另外两个方法，如**代码15.12**所示。这些方法的内容可以是空的，但必须是虚拟的，以便子类可以重载。

代码15.12 为Window类添加更多的激活方法（window.hpp）

```
virtual void Activate() {}
virtual void Deactivate() {}
```

现在我们准备好继承Window类了，定义了ToplevelWindow类，它表示一个带有标题栏的窗口（**代码15.13**）。class ToplevelWindow : public Window，继承自Window类的public继承是满足is-a关系（ToplevelWindow is a Window）的继承。具体来说，父类的所有公共成员在子类中也都是公共的。这意味着ToplevelWindow和Window一样，都有诸如DrawTo()和Write()等公共方法。

代码15.13 ToplevelWindow表示带有标题栏的窗口（window.hpp）

```
class ToplevelWindow : public Window {
 public:
  static constexpr Vector2D<int> kTopLeftMargin{4, 24};
  static constexpr Vector2D<int> kBottomRightMargin{4, 4};
```

1 C++的规则是，析构函数必须是虚拟的，尽管本书中没有解释为什么。如果你对此感兴趣，请参考C++相关书籍。

```
  class InnerAreaWriter : public PixelWriter {
   public:
    InnerAreaWriter(ToplevelWindow& window) : window_{window} {}
    virtual void Write(Vector2D<int> pos, const PixelColor& c) override {
      window_.Write(pos + kTopLeftMargin, c);
    }
    virtual int Width() const override {
      return window_.Width() - kTopLeftMargin.x - kBottomRightMargin.x; }
    virtual int Height() const override {
      return window_.Height() - kTopLeftMargin.y - kBottomRightMargin.y; }

   private:
    ToplevelWindow& window_;
  };

  ToplevelWindow(int width, int height, PixelFormat shadow_format,
                 const std::string& title);

  virtual void Activate() override;
  virtual void Deactivate() override;

  InnerAreaWriter* InnerWriter() { return &inner_writer_; }
  Vector2D<int> InnerSize() const;

 private:
  std::string title_;
  InnerAreaWriter inner_writer_{*this};
};
```

请注意名为title_的成员变量。这是一个用于存储标题栏中要显示的字符串的变量。与Window类相比，拥有这个变量可能是ToplevelWindow类最重要的特性。有了这个变量，就可以重新绘制标题栏。关于使用std::string作为变量类型的原因，参见15.1节。

ToplevelWindow类的另一个重要工具是InnerAreaWriter，这是一个专门用于窗口框架的绘图工具。在重写窗口内容时，通常只想重写框架内部的内容，而不会触及标题栏或窗口框架。在这种情况下，每次都要考虑"窗口左右4像素和顶部24像素是边距，要避开它们……"之类的问题，很乏味。因此，我们决定提供一种在窗口框架内部绘图的工具：通过InnerWriter()返回该窗口的绘图工具。使用此返回值绘图时，会将原点坐标(0,0)调整为窗口主体坐标(4,24)。

代码15.14显示了ToplevelWindow方法的定义。构造函数调用父类Window的构造函数，同时初始化ToplevelWindow类的成员变量title_。它还使用DrawWindow()方法绘制标题栏和窗口框架。

代码15.14　ToplevelWindow方法的定义（window.cpp）

```
ToplevelWindow::ToplevelWindow(int width, int height, PixelFormat shadow_format,
                               const std::string& title)
    : Window{width, height, shadow_format}, title_{title} {
  DrawWindow(*Writer(), title_.c_str());
}

void ToplevelWindow::Activate() {
  Window::Activate();
  DrawWindowTitle(*Writer(), title_.c_str(), true);
}

void ToplevelWindow::Deactivate() {
  Window::Deactivate();
  DrawWindowTitle(*Writer(), title_.c_str(), false);
}

Vector2D<int> ToplevelWindow::InnerSize() const {
  return Size() - kTopLeftMargin - kBottomRightMargin;
}
```

Activate()负责激活窗口，原理很简单：只需要在active=true时调用DrawWindowTitle()即可。DrawWindowTitle()将在后面实现。

顺便提一下，调用父类方法Window::Activate()没有效果，这是因为定义是空的（见**代码15.12**）。不过，在覆盖一个方法时，最好调用父类中的同名方法。将来，Window::Activate()的功能可能会得到一些有意义的扩展。到那时，如果忘记从子类中调用该方法，那么你的修改将被禁用。因此，即使它现在没有意义，也要调用它以防万一。

Deactivate()与Activate()相反：在active=false时调用DrawWindowTitle()，并将标题栏绘制为非活动状态下的颜色（灰色）。

InnerSize()用于计算窗口框架的大小。计算窗口框架大小的方法是从整个窗口的大小中减去上边距、下边距、左边距和右边距。

代码15.15显示了DrawWindowTitle()的实现。它简单地提取了之前在DrawWindow()中绘制标题栏的过程，并增加了更改颜色的功能。

代码15.15　使用DrawWindowTitle()绘制标题栏（window.cpp）

```
void DrawWindowTitle(PixelWriter& writer, const char* title, bool active) {
  const auto win_w = writer.Width();
  uint32_t bgcolor = 0x848484;
  if (active) {
    bgcolor = 0x000084;
  }
```

```
  FillRectangle(writer, {3, 3}, {win_w - 6, 18}, ToColor(bgcolor));
  WriteString(writer, {24, 4}, title, ToColor(0xffffff));

  for (int y = 0; y < kCloseButtonHeight; ++y) {
    for (int x = 0; x < kCloseButtonWidth; ++x) {
      PixelColor c = ToColor(0xffffff);
      if (close_button[y][x] == '@') {
        c = ToColor(0x000000);
      } else if (close_button[y][x] == '$') {
        c = ToColor(0x848484);
      } else if (close_button[y][x] == ':') {
        c = ToColor(0xc6c6c6);
      }
      writer.Write({win_w - 5 - kCloseButtonWidth + x, 5 + y}, c);
    }
  }
}
```

现在，ToplevelWindow类已经实现：当调用ActiveLayer::Activate()时，将调用指定窗口的Activate()和先前活动窗口的Deactivate()。不过，我们还没有编写调用ActiveLayer::Activate()的关键代码。我们将在用鼠标点击窗口时调用该代码。

代码15.16显示了对Mouse::OnInterrupt()的修改摘要。修改之处在于，对点击鼠标左键的操作进行了处理。以前，点击左键只会开始移动窗口，但此次修改会激活窗口。具体来说，增加了active_layer->Activate(layer->ID());这一行。如果点击的位置位于不可移动的图层（如背景或控制台窗口）上，则会停用所有窗口，如active_layer->Activate(0);。

代码15.16　用鼠标点击窗口时的Activate()（mouse.cpp）

```
  const bool previous_left_pressed = (previous_buttons_ & 0x01);
  const bool left_pressed = (buttons & 0x01);
  if (!previous_left_pressed && left_pressed) {
    auto layer = layer_manager->FindLayerByPosition(position_, layer_id_);
    if (layer && layer->IsDraggable()) {
      drag_layer_id_ = layer->ID();
      active_layer->Activate(layer->ID());
    } else {
      active_layer->Activate(0);
    }
  } else if (previous_left_pressed && left_pressed) {
```

现在可以用鼠标切换窗口的活动状态了。在其他操作系统中，也可以使用“Alt+Tab”组合键在活动窗口之间切换。在本书中，我们不会实现键盘切换功能，如果你感兴趣，则可以自行尝试。

代码15.17显示了主循环中的按键处理过程。此处理过程会根据活动窗口的不同而改变。如果带有文本框（text_window_layer_id）的窗口处于活动状态，则向文本框中输入一个键。如果TaskB窗口处于活动状态，则使用S键和W键休眠和唤醒它。如果其他窗口处于活动状态或所有窗口都处于未活动状态，则控制台将记录“key push not handled”。

代码15.17 根据活动窗口更改按键处理（main.cpp）

```
    case Message::kKeyPush:
      if (auto act = active_layer->GetActive(); act == text_window_layer_id) {
        InputTextWindow(msg->arg.keyboard.ascii);
      } else if (act == task_b_window_layer_id) {
        if (msg->arg.keyboard.ascii == 's') {
          printk("sleep TaskB: %s\n", task_manager->Sleep(taskb_id).Name());
        } else if (msg->arg.keyboard.ascii == 'w') {
          printk("wakeup TaskB: %s\n", task_manager->Wakeup(taskb_id).Name());
        }
      } else {
        printk("key push not handled: keycode %02x, ascii %02x\n",
            msg->arg.keyboard.keycode,
            msg->arg.keyboard.ascii);
      }
      break;
```

最后，需要将带有标题栏的窗口从Window类切换为ToplevelWindow类。还有许多地方需要修改。例如，**代码15.18**展示了对带有文本框的窗口的修改：从使用std::shared_ptr<Window>切换到std::shared_ptr<ToplevelWindow>，并在std::make_shared的参数末尾添加标题“Text Box Test”，删除了调用DrawWindow()的行。

代码15.18 修改为使用ToplevelWindow（main.cpp）

```
std::shared_ptr<ToplevelWindow> text_window;
unsigned int text_window_layer_id;
void InitializeTextWindow() {
  const int win_w = 160;
  const int win_h = 52;

  text_window = std::make_shared<ToplevelWindow>(
      win_w, win_h, screen_config.pixel_format, "Text Box Test");
  DrawTextbox(*text_window->InnerWriter(), {0, 0}, text_window->InnerSize());
```

一个小改动是，将DrawTextbox()中使用的text_window->Writer()改为text_window->InnerWriter()，并将坐标(4, 24)相应地改为(0, 0)。此外，我们希望窗口的大小完全适合窗口框架，因此使用了text_window->InnerSize()。

此外，将ToplevelWindow::Writer()改为ToplevelWindow::InnerWriter()。对DrawTextCursor()

进行了修改，如代码15.19所示。使用InnerWriter()更简单，因为在指定坐标时不必担心标题栏或窗口框架的粗细。

代码15.19　尽可能使用InnerWriter()（main.cpp）

```
void DrawTextCursor(bool visible) {
  const auto color = visible ? ToColor(0) : ToColor(0xffffff);
  const auto pos = Vector2D<int>{4 + 8*text_window_index, 5};
  FillRectangle(*text_window->InnerWriter(), pos, {7, 15}, color);
}
```

必要的修改已经完成，让我们运行代码（图15.3）。你点击的窗口现在处于活动状态，你可以在活动窗口中输入内容！所以成功了。顺便提一下，控制台中的日志是发送到Hello Window的A键和B键的日志（ASCII码0x61和0x62分别对应a和b）。如果我们激活带有文本框的窗口并按下该键，那么就可以在文本框中正常输入了。非常好！

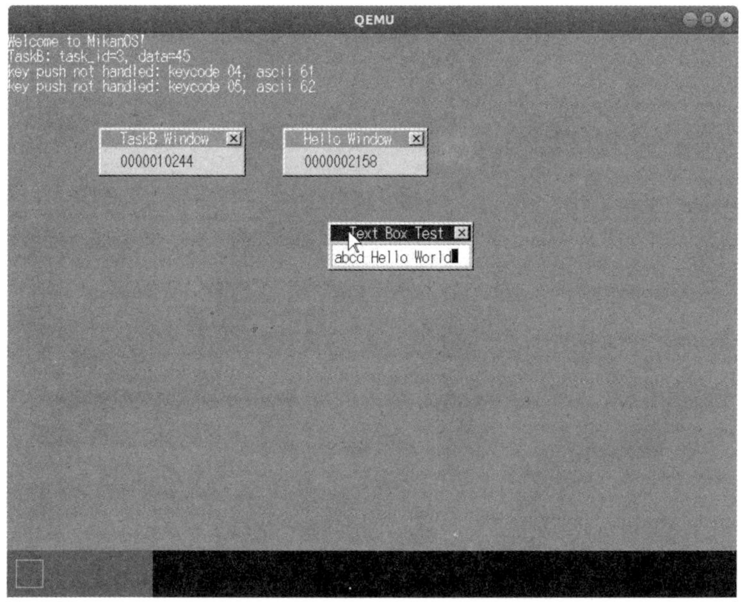

图15.3　向活动窗口发送按键信息

专栏15.1　为什么标题要使用std::string

为什么不使用const char* title_？原因是，将来可以将动态生成的字符串设置为标题。std::string可以存储整个字符串的副本，而const char*只能存储第一个地址的副本。

如果要使用由sprintf()动态生成的字符串作为标题，则最快捷的方法是将字符串写入作为局部变量创建的数组，并将数组设置为title_。

```
std::shared_ptr<ToplevelWindow> CreateTickWindow() {
  char win_title[32];
  sprintf(win_title, "tick = %lu", timer_manager->CurrentTick());
  return std::make_shared<ToplevelWindow>(
      160, 52, screen_config.pixel_format, win_title);
}
```

CreateTickWindow()用于创建并返回一个窗口，其标题应包含定时器的当前值。这个程序的问题在于win_title是一个局部变量。当退出函数时，局部变量将失去作用。而作为返回值的窗口本身在退出函数后仍然有效。

假设保存标题的成员变量是const char* title_。在这种情况下，title_将包含一个指向win_title数组的指针。但是，由于win_title在函数退出时将被销毁，因此title_将包含一个**指向已销毁数组的指针**。在屏幕上绘制生成的窗口时，将通过该指针引用已销毁的数组。这是一个严重的错误。

为了避免这个错误，win_title不应该是一个局部变量，而应该是一个全局变量，或者是一个使用malloc()动态创建的变量：通过将title_的类型设置为std::string，在内部使用一个等同于malloc()的函数动态分配内存，并且将字符串复制并保存，就可以轻松实现所需的功能。

15.3 终端窗口（osbook_day15c）

经过修改后，窗口看起来很酷。有了这么多功能，现在可以正式创建一个终端了。我们会把终端作为一个专门的任务，与主任务分开。这样，当我们想增加终端数量时，只需要增加任务数量就能轻松实现。在本节中，我们将创建一个专用于终端任务的窗口和一个类似的窗口。

代码15.20显示了新创建的Terminal类。该类在构造函数中为终端创建了窗口和图层。该类有一个BlinkCursor()方法，用于切换光标的闪烁。光标位置由cursor_变量表示。该类还没有提供输入字符串的功能。我们将在下一节中详细介绍。

代码15.20 Terminal类包含图层和窗口（terminal.hpp）

```
class Terminal {
 public:
  static const int kRows = 15, kColumns = 60;
```

```
  Terminal();
  unsigned int LayerID() const { return layer_id_; }
  void BlinkCursor();

 private:
  std::shared_ptr<ToplevelWindow> window_;
  unsigned int layer_id_;

  Vector2D<int> cursor_{0, 0};
  bool cursor_visible_{false};
  void DrawCursor(bool visible);
};

void TaskTerminal(uint64_t task_id, int64_t data);
```

代码15.21显示了Terminal类的构造函数。该构造函数创建了一个名为MikanTerm的窗口和一个保存窗口的图层（这并无深层原因，只是认为这样更容易理解）。

代码15.21　使用Terminal类的构造函数创建窗口（terminal.cpp）

```
Terminal::Terminal() {
  window_ = std::make_shared<ToplevelWindow>(
      kColumns * 8 + 8 + ToplevelWindow::kMarginX,
      kRows * 16 + 8 + ToplevelWindow::kMarginY,
      screen_config.pixel_format,
      "MikanTerm");
  DrawTerminal(*window_->InnerWriter(), {0, 0}, window_->InnerSize());

  layer_id_ = layer_manager->NewLayer()
    .SetWindow(window_)
    .SetDraggable(true)
    .ID();
}
```

ToplevelWindow::kMarginX是新增的常量，表示窗口的左右边距（框宽）。同理，ToplevelWindow::kMarginY代表窗口的上下边距和标题栏的总宽度。如果在这里写了数字（字面意义），如8或28，那么以后想更改操作系统的设计时，就很可能忘记更改窗口的边距。通过这种方式使用命名常量，只需要修改常量的一个定义，所有使用该常量的内容就都会自动修改。

DrawTerminal()是我们稍后将要创建的一个函数。终端仍然是一个黑底白字的屏幕。该函数将绘制一个指定大小的黑色背景文本框。

代码15.22显示了BlinkCursor()的实现，它负责实现光标的闪烁。稍后我们将使用定时器每0.5s调用一次该方法。cursor_visible_的值表示光标是可见的还是不可见的，它将被反转，DrawCursor()将相应地绘制光标。

代码15.22 BlinkCursor()实现光标闪烁（terminal.cpp）

```
void Terminal::BlinkCursor() {
  cursor_visible_ = !cursor_visible_;
  DrawCursor(cursor_visible_);
}

void Terminal::DrawCursor(bool visible) {
  const auto color = visible ? ToColor(0xffffff) : ToColor(0);
  const auto pos = Vector2D<int>{4 + 8*cursor_.x, 5 + 16*cursor_.y};
  FillRectangle(*window_->InnerWriter(), pos, {7, 15}, color);
}
```

当光标可见时，DrawCursor()会以白色绘制光标；当光标不可见时，DrawCursor()会以黑色绘制光标。终端的背景颜色是黑色，因此hidden=black。通常，你需要在最后更新屏幕，例如layer_manager->Draw(layer_id_)；否则，FillRectangle()的结果将不会反映在屏幕上。不过，DrawCursor()是在终端任务中执行的，与主任务是相互独立的。为了避免数据冲突，需要向主任务发送屏幕更新请求。我们将在稍后实现任务时编写该过程代码。

代码15.23显示了TaskTerminal()的实现。在函数的开头，我们实例化了刚刚创建的Terminal类：使用Terminal类的构造函数生成图层ID，我们将终端窗口移动到适当的位置并激活它。我们使用active_layer -> Activate()，而不是layer_manage->UpDown()。UpDown()并不考虑光标，所以如果指定的高度值过大，它就会位于光标的前面，此时就会导致光标从窗口下方穿过的奇怪现象。

代码15.23 终端专用任务TaskTerminal()（terminal.cpp）

```
void TaskTerminal(uint64_t task_id, int64_t data) {
  __asm__("cli");
  Task& task = task_manager->CurrentTask();
  Terminal* terminal = new Terminal;
  layer_manager->Move(terminal->LayerID(), {100, 200});
  active_layer->Activate(terminal->LayerID());
  __asm__("sti");
  while (true) {
    __asm__("cli");
    auto msg = task.ReceiveMessage();
    if (!msg) {
      task.Sleep();
      __asm__("sti");
      continue;
    }

    switch (msg->type) {
    case Message::kTimerTimeout:
      terminal->BlinkCursor();

      {
```

```
      Message msg{Message::kLayer, task_id};
      msg.arg.layer.layer_id = terminal->LayerID();
      msg.arg.layer.op = LayerOperation::Draw;
      __asm__("cli");
      task_manager->SendMessage(1, msg);
      __asm__("sti");
    }
    break;
  default:
    break;
  }
 }
}
```

函数开头的初始化部分使用了大量全局变量，因此有必要在整个过程中禁用中断。初始化完成后，中断禁用将被释放。

在循环中，我们编写了一个接收定时器超时信息的进程。这个定时器是一个光标闪烁定时器，每隔0.5s超时一次。收到消息后，将调用BlinkCursor()方法令光标闪烁。向TaskTerminal()发送超时消息的部分将在后面实现。

代码15.24显示了为终端创建任务的过程，该任务可在创建TaskB后立即添加。

代码15.24　为终端创建任务（main.cpp）

```
const uint64_t task_terminal_id = task_manager->NewTask()
  .InitContext(TaskTerminal, 0)
  .Wakeup()
  .ID();
```

在主循环中，我们稍微修改了光标定时器超时时的流程（**代码15.25**）。除了在文本框中令光标闪烁的传统处理，我们还将向终端任务发送定时器超时的信息。

代码15.25　通知终端光标定时器超时（main.cpp）

```
case Message::kTimerTimeout:
  if (msg->arg.timer.value == kTextboxCursorTimer) {
    __asm__("cli");
    timer_manager->AddTimer(
        Timer{msg->arg.timer.timeout + kTimer05Sec, kTextboxCursorTimer});
    __asm__("sti");
    textbox_cursor_visible = !textbox_cursor_visible;
    DrawTextCursor(textbox_cursor_visible);
    layer_manager->Draw(text_window_layer_id);

    __asm__("cli");
    task_manager->SendMessage(task_terminal_id, *msg);
    __asm__("sti");
```

```
    }
    break;
```

代码15.26显示了DrawTerminal()的实现。该函数在终端屏幕内绘制一个文本框，即一个黑色背景的文本框。

代码15.26 使用DrawTerminal()绘制黑色背景文本框（window.cpp）

```
void DrawTextbox(PixelWriter& writer, Vector2D<int> pos, Vector2D<int> size) {
  DrawTextbox(writer, pos, size,
            ToColor(0xffffff), ToColor(0xc6c6c6), ToColor(0x848484));
}

void DrawTerminal(PixelWriter& writer, Vector2D<int> pos, Vector2D<int> size) {
  DrawTextbox(writer, pos, size,
            ToColor(0x000000), ToColor(0xc6c6c6), ToColor(0x848484));
}
```

DrawTerminal()所要做的与代码12.20中定义的DrawTextbox()相同，只是背景颜色不同。因此，你可以通过复制并粘贴DrawTextbox()来创建DrawTerminal()。但这样会产生重复的代码。这里我们把常用的处理过程整理出来，作为一个新函数来实现，这样代码就不会重复了。

我们决定创建一个接收颜色信息的新版本DrawTextbox()，并将大部分处理移至此处，这样DrawTerminal()只需调用新创建的DrawTextbox()（黑色背景），而原来的DrawTextbox()现在只需调用新的DrawTextbox()（白色背景）。

代码15.27显示了接收颜色信息的DrawTextbox()的版本。C++允许定义名称相同但参数数量和类型不同的函数，称为函数重载（参见3.3节）。

代码15.27 可指定颜色的DrawTextbox()的版本（window.cpp）

```
namespace {
  void DrawTextbox(PixelWriter& writer, Vector2D<int> pos, Vector2D<int> size,
                   const PixelColor& background,
                   const PixelColor& border_light,
                   const PixelColor& border_dark) {
    auto fill_rect =
      [&writer](Vector2D<int> pos, Vector2D<int> size, const PixelColor& c) {
        FillRectangle(writer, pos, size, c);
      };

    // 绘制矩形
    fill_rect(pos + Vector2D<int>{1, 1}, size - Vector2D<int>{2, 2}, background);
```

到此为止，请尝试执行它（图15.4）。这时会出现一个类似于终端的窗口，光标闪烁。看到终端窗口，是不是感觉更像操作系统了？

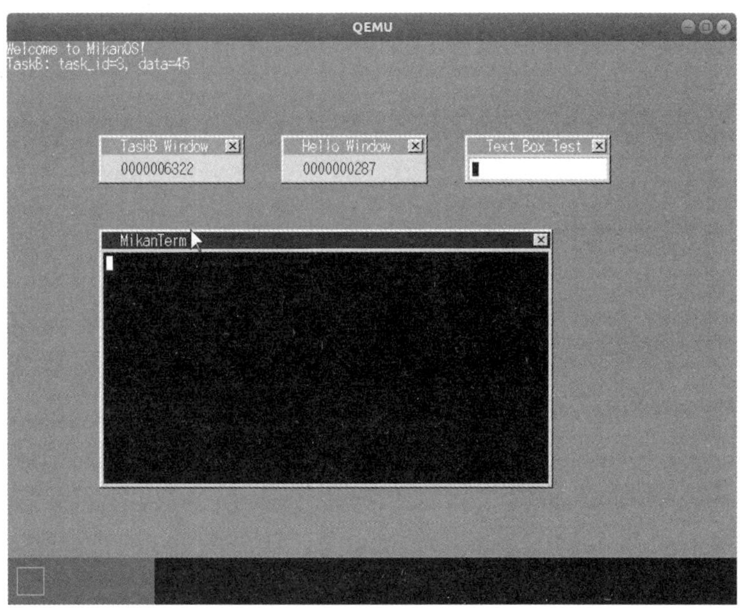

图15.4　在终端窗口中显示光标

15.4 加速绘图（osbook_day15d）

终端已经成功显示，但有一件事让人很困扰。那就是为了让光标闪烁，整个终端屏幕都要重新绘制，这非常浪费时间，因为让光标闪烁只需要重绘7像素×15像素即可。在本节中，我们将对其进行修改，以避免不必要的重绘。

首先，我们在LayerManager类（**代码15.28**）中添加一个Draw()方法。除了图层ID，该方法还允许指定重绘范围。新添加的方法会计算整个窗口区域（window_area）和指定绘图区域（area）之间的公共区域，并仅在该区域内进行重绘。绘图区域以窗口左上角为基准，而窗口区域以屏幕左上角为基准。为了匹配坐标系，需要在计算交集之前将window_area.pos添加到area.pos中。

代码15.28　添加Draw()，除了图层ID，还可指定重绘范围（layer.cpp）

```
void LayerManager::Draw(unsigned int id) const {
  Draw(id, {{0, 0}, {-1, -1}});
}

void LayerManager::Draw(unsigned int id, Rectangle<int> area) const {
  bool draw = false;
  Rectangle<int> window_area;
```

```
  for (auto layer : layer_stack_) {
    if (layer->ID() == id) {
      window_area.size = layer->GetWindow()->Size();
      window_area.pos = layer->GetPosition();
      if (area.size.x >= 0 || area.size.y >= 0) {
        area.pos = area.pos + window_area.pos;
        window_area = window_area & area;
      }
      draw = true;
    }
    if (draw) {
      layer->DrawTo(back_buffer_, window_area);
    }
  }
  screen_->Copy(window_area.pos, back_buffer_, window_area);
}
```

过去只指定图层ID的方法版本，现在只由新添加的方法调用一个特殊参数。

增加可在消息结构中指定的LayerOperation类型（**代码15.29**），以便可以从非主任务向主任务请求带范围重绘。可以看到，除了先前存在的无范围绘图请求Draw，我们还增加了有范围要求的DrawArea版本。

代码15.29　为LayerOperation添加类型（message.hpp）

```
enum class LayerOperation {
  Move, MoveRelative, Draw, DrawArea
};
```

我们在消息结构中添加了int w,h字段，以指定绘图范围，如**代码15.30**所示。变量名分别是width（宽度）和height（高度）的首字母。

代码15.30　添加用于设置绘图范围的字段（message.hpp）

```
    struct {
      LayerOperation op;
      unsigned int layer_id;
      int x, y;
      int w, h;
    } layer;
```

在ProcessLayerMessage()的switch语句中添加与DrawArea相对应的情况（**代码15.31**）。

代码15.31　添加有范围的重绘请求（layer.cpp）

```
  case LayerOperation::DrawArea:
    layer_manager->Draw(arg.layer_id, {{arg.x, arg.y}, {arg.w, arg.h}});
    break;
```

修改TaskTerminal()以使用添加了绘图范围的版本，如**代码15.32**所示。到目前为止，terminal->BlinkCursor()没有返回任何值，但现在它将返回要重新绘制的区域。MakeLayerMessage()是一个用于创建消息结构的函数。我们稍后将创建它。

代码15.32　切换到重绘请求的范围版本（terminal.cpp）

```
    case Message::kTimerTimeout:
      {
        const auto area = terminal->BlinkCursor();
        Message msg = MakeLayerMessage(
            task_id, terminal->LayerID(), LayerOperation::DrawArea, area);
        __asm__("cli");
        task_manager->SendMessage(1, msg);
        __asm__("sti");
      }
      break;
```

Terminal::BlinkCursor()返回要重绘的区域，如**代码15.33**所示。重绘区域的坐标系必须以窗口的左上角为原点。因此，窗口框架中的坐标将通过添加kTopLeftMargin转换为窗口左上角的坐标。

代码15.33　BlinkCursor()返回重绘区域（terminal.cpp）

```
Rectangle<int> Terminal::BlinkCursor() {
  cursor_visible_ = !cursor_visible_;
  DrawCursor(cursor_visible_);

  return {ToplevelWindow::kTopLeftMargin +
            Vector2D<int>{4 + 8*cursor_.x, 5 + 16*cursor_.y},
          {7, 15}};
}
```

代码15.34显示了MakeLayerMessage()的实现。它根据给定的请求类型和坐标信息创建一个消息结构。通过该函数，你可以清理许多内容。

代码15.34　使用MakeLayerMessage()创建图层操作请求信息（layer.hpp）

```
constexpr Message MakeLayerMessage(
    uint64_t task_id, unsigned int layer_id,
    LayerOperation op, const Rectangle<int>& area) {
  Message msg{Message::kLayer, task_id};
  msg.arg.layer.layer_id = layer_id;
  msg.arg.layer.op = op;
  msg.arg.layer.x = area.pos.x;
  msg.arg.layer.y = area.pos.y;
  msg.arg.layer.w = area.size.x;
  msg.arg.layer.h = area.size.y;
```

```
  return msg;
}
```

现在，让我们使用Local APIC定时器来衡量一下上述修改的改进程度。很久没有进行性能测试了。下面的测试程序分别测试了绘图范围不受限和受限时的性能。

```
case LayerOperation::Draw:
  if (arg.layer_id == 7) {
    auto start = LAPICTimerElapsed();
    layer_manager->Draw(arg.layer_id);
    auto elapsed = LAPICTimerElapsed() - start;
    Log(kWarn, "draw layer 7: elapsed = %u\n", elapsed);
    break;
  }
  layer_manager->Draw(arg.layer_id);
  break;
case LayerOperation::DrawArea:
  if (arg.layer_id == 7) {
    auto start = LAPICTimerElapsed();
    layer_manager->Draw(arg.layer_id, {{arg.x, arg.y}, {arg.w, arg.h}});
  auto elapsed = LAPICTimerElapsed() - start;
  Log(kWarn, "draw layer 7: elapsed = %u\n", elapsed);
  break;
}
layer_manager->Draw(arg.layer_id, {{arg.x, arg.y}, {arg.w, arg.h}});
break;
```

以下是测试结果。**图15.5**显示了使用无范围规定版本（LayerOperation::Draw）绘图的结果。平均绘制次数约为240万次。

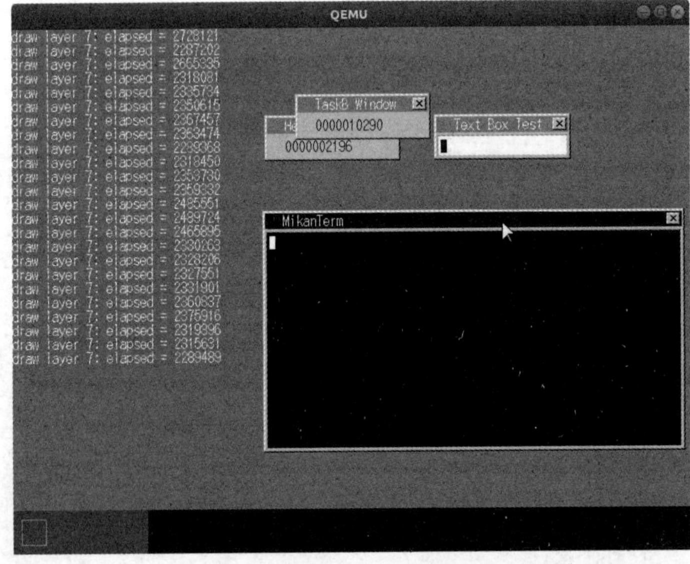

图15.5　绘图范围不受限时的性能

图15.6显示了使用指定范围的版本（LayerOperation::DrawArea）绘图的结果。平均绘制次数减少到约15万次。性能提高了约16倍。

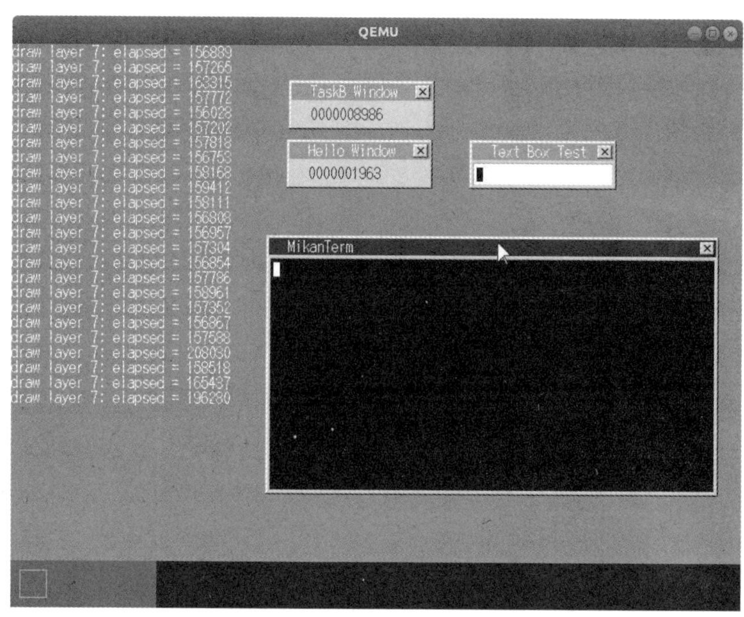

图15.6　绘图范围受限时的性能

既然性能提高了，那么是时候为终端添加一个文本输入功能了，我们将在第16章中实现文本输入功能。

第 16 章

命令

在本章中，你将首先能够在终端中输入文本。然后，你将创建以下命令：一个名为echo的简单命令，可以简单地显示参数；一个clear命令，可以将屏幕返回到空白状态；一个lspci命令，可以显示PCI设备列表。除此之外，我们还将实现一个命令历史记录功能，用于调用过去执行过的命令。在本章结束时，你将能够在终端中执行三个命令，而在这之前，终端还只是一个黑屏。现在它看起来非常像一个真正的操作系统。

 终端中的按键操作（osbook_day16a）

本章我们将在终端中创建第15章未实现的按键输入功能。我们的目标是在终端屏幕处于活动状态时进行按键输入，从而在终端上输出白色文本。首先在Terminal类中创建一个按键输入方法，然后使用该方法发送按键信息。

我们添加了一个缓冲区linebuf_，用于存储一行按键输入内容，如**代码16.1**所示。如果只想在屏幕上显示输入内容，则不需要这个缓冲区，但如果要对输入字符串进行一些处理，则需要用到它。Scroll1()是一个方法，当输入到终端屏幕的最后一行时，它会将屏幕上移一行。方法名称中的“1”表示一行。

代码16.1　在Terminal类中添加行缓冲区（terminal.hpp）

```
private:
  std::shared_ptr<ToplevelWindow> window_;
  unsigned int layer_id_;

  Vector2D<int> cursor_{0, 0};
  bool cursor_visible_{false};
  void DrawCursor(bool visible);
  Vector2D<int> CalcCursorPos() const;

  int linebuf_index_{0};
  std::array<char, kLineMax> linebuf_{};
  void Scroll1();
```

linebuf_的大小kLineMax是在Terminal类中定义的常量，如**代码16.2**所示。

代码16.2　kLineMax表示行缓冲区中的最大字符数（terminal.hpp）

```
  static const int kLineMax = 128;
```

CalcCursorPos()是一个方法，用于根据代表光标位置（以字符为单位）的cursor_变量计算相对于窗口左上角的像素坐标。这是一个简单的函数，如**代码16.3**所示。在实现按键输入时，需要在多个地方进行这种计算，因此可以将其剪切为一个方法（源码就不提供了）。

代码16.3　使用CalcCursorPos()计算光标的像素坐标（terminal.cpp）

```
Vector2D<int> Terminal::CalcCursorPos() const {
  return ToplevelWindow::kTopLeftMargin +
      Vector2D<int>{4 + 8 * cursor_.x, 4 + 16 * cursor_.y};
}
```

代码16.4显示了InputKey()的实现。该方法接收按键输入，并处理字符输入和换行。返回值类似于BlinkCursor()，指明应重新绘制的范围。

代码16.4　InputKey()接收按键输入（terminal.cpp）

```
Rectangle<int> Terminal::InputKey(
    uint8_t modifier, uint8_t keycode, char ascii) {
  DrawCursor(false);

  Rectangle<int> draw_area{CalcCursorPos(), {8*2, 16}};

  if (ascii == '\n') {
    linebuf_[linebuf_index_] = 0;
    linebuf_index_ = 0;
    cursor_.x = 0;
    Log(kWarn, "line: %s\n", &linebuf_[0]);
    if (cursor_.y < kRows - 1) {
      ++cursor_.y;
    } else {
      Scroll1();
    }
    draw_area.pos = ToplevelWindow::kTopLeftMargin;
    draw_area.size = window_->InnerSize();
  } else if (ascii == '\b') {
    if (cursor_.x > 0) {
      --cursor_.x;
      FillRectangle(*window_->Writer(), CalcCursorPos(), {8, 16}, {0, 0, 0});
      draw_area.pos = CalcCursorPos();

      if (linebuf_index_ > 0) {
        --linebuf_index_;
      }
    }
  } else if (ascii != 0) {
    if (cursor_.x < kColumns - 1 && linebuf_index_ < kLineMax - 1) {
      linebuf_[linebuf_index_] = ascii;
      ++linebuf_index_;
      WriteAscii(*window_->Writer(), CalcCursorPos(), ascii, {255, 255, 255});
      ++cursor_.x;
    }
  }

  DrawCursor(true);

  return draw_area;
}
```

目前，输入换行符（\n）和退格符（\b）会得到特殊处理。如果是换行符，控制台将显示linebuf_的内容，光标将前进到下一行。如果光标已在最后一行，则屏幕滚动一行。如果是退格符，则擦除光标位置处的一个字符，光标向左移动。如果是任何其他ASCII码，则会将其添加到行尾，并在屏幕上显示该字符。除了换行符和退格符，还有其他字符需要特别注意（例如制表符），但为了避免进一步复杂化，我们暂时不考虑。

代码16.5显示了Scroll1()的实现。该方法将屏幕倒数第二行向上滚动一行，并将最后一行填充为黑色。9.7节中也有类似的实现。

代码16.5　Scroll1()将显示屏幕滚动一行（terminal.cpp）

```
void Terminal::Scroll1() {
  Rectangle<int> move_src{
    ToplevelWindow::kTopLeftMargin + Vector2D<int>{4, 4 + 16},
    {8*kColumns, 16*(kRows - 1)}
  };
  window_->Move(ToplevelWindow::kTopLeftMargin + Vector2D<int>{4, 4}, move_src);
  FillRectangle(*window_->InnerWriter(),
                {4, 4 + 16*cursor_.y}, {8*kColumns, 16}, {0, 0, 0});
}
```

至此，Terminal类的修改已经完成。接下来，我们将使用创建的InputKey()方法创建一个向终端输入文本的过程。由于终端已作为独立于主任务的任务被创建，因此我们将使用终端任务的消息队列向终端输入按键信息。目前，终端任务的消息队列中只有光标闪烁的超时消息，我们将在其中添加按键输入消息。

我们立即在TaskTerminal()的消息循环中添加了kKeyPush（代码16.6）。当有按键输入信息时，我们会调用刚刚创建的InputKey()并重绘终端屏幕。当然，重绘操作是通过向主循环发出请求来完成的。

代码16.6　TaskTerminal()循环处理按键事件（terminal.cpp）

```
    case Message::kKeyPush:
      {
        const auto area = terminal->InputKey(msg->arg.keyboard.modifier,
                                             msg->arg.keyboard.keycode,
                                             msg->arg.keyboard.ascii);
        Message msg = MakeLayerMessage(
            task_id, terminal->LayerID(), LayerOperation::DrawArea, area);
        __asm__("cli");
        task_manager->SendMessage(1, msg);
        __asm__("sti");
      }
      break;
```

现在已经准备好在按键输入信息到来时立即对其进行处理了。可问题是，如何将按键信息发送给终端任务？我们要做的是将按键信息发送到活动窗口。可以找到有活动窗口的任务，然后将kKeyPush发送到该任务的消息队列。但到目前为止，窗口和任务之间还没有关联，因此我们需要创建关联。

定义一个layer_task_map，将图层ID与任务关联起来，如**代码16.7**所示。前面提到将窗口与任务关联起来，这里将图层ID与任务关联起来，因为我们使用图层ID来管理活动状态和非活动状态。使用std::map可以从图层ID中搜索任务ID。

代码16.7　layer_task_map将图层ID与任务关联起来（layer.cpp）

```
ActiveLayer* active_layer;
std::map<unsigned int, uint64_t>* layer_task_map;
```

在layer_task_map中注册终端屏幕信息和终端任务，如**代码16.8**所示，摘自TaskTerminal()的初始化部分。

代码16.8　在搜索表中注册终端任务（terminal.cpp）

```
  layer_task_map->insert(std::make_pair(terminal->LayerID(), task_id));
  __asm__("sti");
```

代码16.9显示了主循环中处理按键输入信息的部分。外部if语句根据活动窗口的情况决定执行情况。如果活动窗口既不是text_window_layer_id也不是task_b_window_layer_id，则会记录“key push not handled”。我们将其修改为在搜索表中检索与活动图层ID相对应的任务ID，如果找到了，则向该任务发送按键输入信息。

代码16.9　从搜索表中检索任务并抛出按键输入信息（main.cpp）

```
    case Message::kKeyPush:
      if (auto act = active_layer->GetActive(); act == text_window_layer_id) {
        InputTextWindow(msg->arg.keyboard.ascii);
      } else if (act == task_b_window_layer_id) {
        if (msg->arg.keyboard.ascii == 's') {
          printk("sleep TaskB: %s\n", task_manager->Sleep(taskb_id).Name());
        } else if (msg->arg.keyboard.ascii == 'w') {
          printk("wakeup TaskB: %s\n", task_manager->Wakeup(taskb_id).Name());
        }
      } else {
        __asm__("cli");
        auto task_it = layer_task_map->find(act);
        __asm__("sti");
        if (task_it != layer_task_map->end()) {
          __asm__("cli");
          task_manager->SendMessage(task_it->second, *msg);
          __asm__("sti");
        } else {
          printk("key push not handled: keycode %02x, ascii %02x\n",
              msg->arg.keyboard.keycode,
```

```
            msg->arg.keyboard.ascii);
      }
    }
    break;
```

layer_task_map->find(act)将活动图层ID作为键进行检索。如果键已注册，则find()方法会返回一个指向键值对的迭代器。也就是说，task_it->first是行为，task_it->second是任务ID。如果找不到键，则find()方法将返回layer_task_map->end()。

完成创建后，运行代码。启动终端并按键（图16.1）。真是一个惊喜！现在你可以在终端中输入文本了！你甚至可以输入符号，按Enter键就可以在该行记录输入的字符串。太完美了！

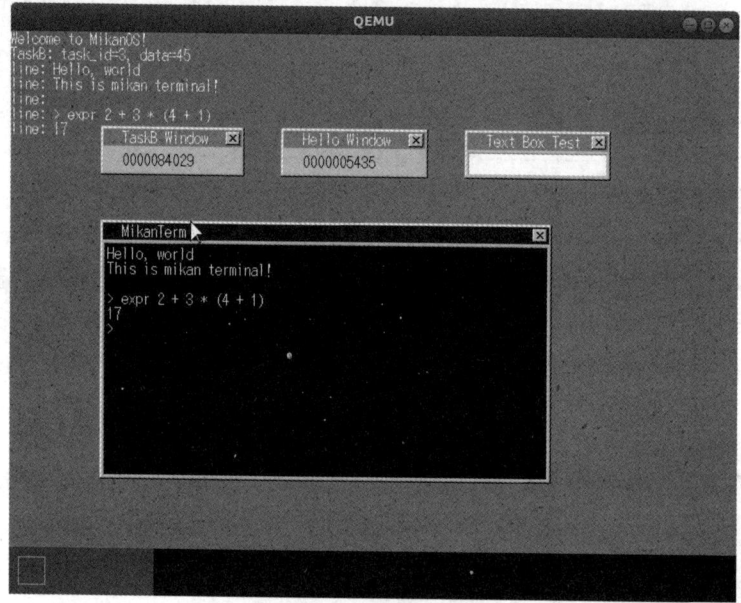

图16.1　在终端按键输入

16.2 echo命令（osbook_day16b）

既然有了终端，那么就需要创建一些命令。让我们从一个简单的echo命令开始，它可以将参数直接输出到屏幕上。使用方法如下。

```
> echo this is a pen
this is a pen
```

第一行左边的>是**提示符**（prompt）。它的意思是“提示用户采取行动”，之所以被称为提示符，是因为它会提示用户输入命令。Linux中常用的提示符有$和#。在任何情况下，提示符都用来表示系统已准备好接收命令输入。

为了显示提示内容，我们在Terminal类的构造函数末尾添加了Print(">");函数，如代码16.10所示。Print()是将实现的函数，它将在屏幕上显示指定的字符串。

代码16.10　在构造函数中显示提示内容（terminal.cpp）

```
Terminal::Terminal() {
  window_ = std::make_shared<ToplevelWindow>(
      kColumns * 8 + 8 + ToplevelWindow::kMarginX,
      kRows * 16 + 8 + ToplevelWindow::kMarginY,
      screen_config.pixel_format,
      "MikanTerm");
  DrawTerminal(*window_->InnerWriter(), {0, 0}, window_->InnerSize());

  layer_id_ = layer_manager->NewLayer()
    .SetWindow(window_)
    .SetDraggable(true)
    .ID();

  Print(">");
}
```

Print()的实现如代码16.11所示。该函数将指定的字符串显示到终端。与InputKey()不同，该函数在显示时不会修改linebuf_或linebuf_index_。

代码16.11　Print()将指定字符串显示到终端（terminal.cpp）

```
void Terminal::Print(const char* s) {
  DrawCursor(false);

  auto newline = [this]() {
    cursor_.x = 0;
    if (cursor_.y < kRows - 1) {
      ++cursor_.y;
    } else {
      Scroll1();
    }
  };

  while (*s) {
    if (*s == '\n') {
      newline();
    } else {
      WriteAscii(*window_->Writer(), CalcCursorPos(), *s, {255, 255, 255});
      if (cursor_.x == kColumns - 1) {
        newline();
      } else {
        ++cursor_.x;
      }
    }
```

```
    ++s;
  }

  DrawCursor(true);
}
```

函数开头定义了一个lambda表达式。当出现换行符时，它将光标向下移动一行，如果光标已在最下面一行，则屏幕向下滚动一行。while在循环中的两个地方使用，因此它像lambda表达式一样得到通知。使用lambda表达式，即使是不适合提取为方法或函数的代码片段，也可以很容易地被分割成若干部分，非常方便。

注意语句if(cursor_.x == -1)。这个条件意味着，只要光标位于终端屏幕的右边缘，就会执行newline()。这样就可以让不适合在一行中打印的长字符串环绕屏幕的右边缘显示，不过对于echo命令来说，若只能输入一行参数，这一点就不是很有用，因为它只会打印参数……

代码16.12显示了按下Enter键时发生的情况。到目前为止，我们只实现了使用Log()在控制台上显示linebuf_的内容。主要的变化是停用Log()并调用ExecuteLine()。这样就会再次显示提示符。

代码16.12　按Enter键时调用ExecuteLine()（terminal.cpp）

```
  if (ascii == '\n') {
    linebuf_[linebuf_index_] = 0;
    linebuf_index_ = 0;
    cursor_.x = 0;
    if (cursor_.y < kRows - 1) {
      ++cursor_.y;
    } else {
      Scroll1();
    }
    ExecuteLine();
    Print(">");
    draw_area.pos = ToplevelWindow::kTopLeftMargin;
    draw_area.size = window_->InnerSize();
  } else if (ascii == '\b') {
```

代码16.13显示了ExecuteLine()的实现。该方法根据linebuf_的内容执行命令，并将linebuf_开头的第一个空字符或NUL字符作为命令名。

代码16.13　ExecuteLine()执行命令（terminal.cpp）

```
void Terminal::ExecuteLine() {
  char* command = &linebuf_[0];
  char* first_arg = strchr(&linebuf_[0], ' ');
  if (first_arg) {
    *first_arg = 0;
```

```
    ++first_arg;
  }
  if (strcmp(command, "echo") == 0) {
    if (first_arg) {
      Print(first_arg);
    }
    Print("\n");
  } else if (command[0] != 0) {
    Print("no such command: ");
    Print(command);
    Print("\n");
  }
}
```

命令名后面可以跟一个参数。在函数的第二行，strchr会搜索紧跟在命令名后面的空格。如果找到空格，则将first_arg设置为空格的位置。如果找不到空格，则设置一个空指针。在紧随其后的if语句中，如果发现空格，则向该位置写入一个NUL字符，并将first_arg向前移动一次。图16.2显示了执行“echo hello”命令时linebuf_的变化情况。

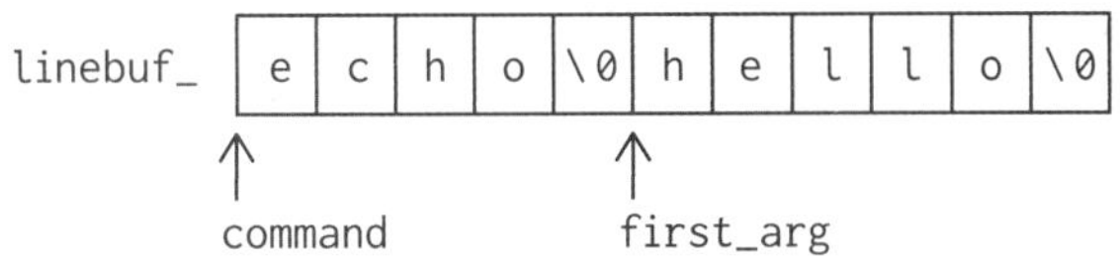

图16.2　将linebuf_分割为命令名和参数

修改完成后，请尝试执行该命令（图16.3）。可以使用echo命令，不存在的命令显示为“no such command”。很好，看来修改成功了。

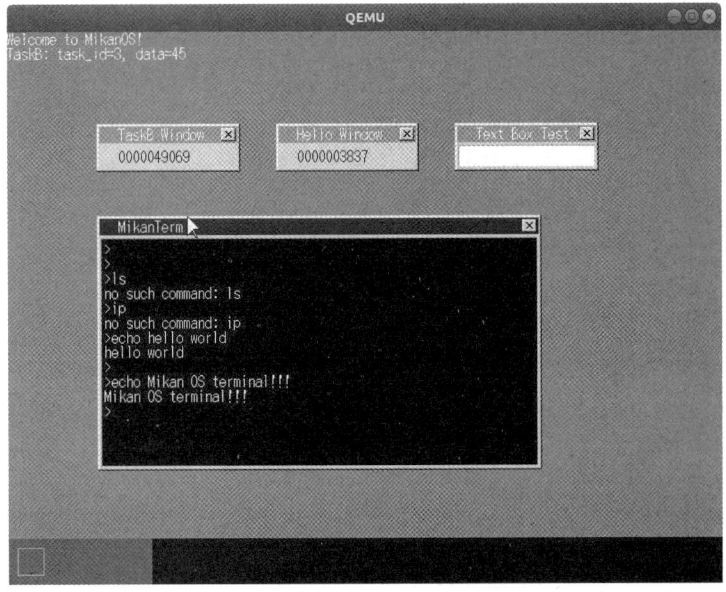

图16.3　使用echo命令

16.3 clear命令（osbook_day16c）

我们在琢磨echo命令时发现终端中的字符越来越乱，于是决定执行clear命令来清除终端中的字符。

clear命令很容易实现（代码16.14），只需要增加四行代码。可以说，迄今为止所做的所有准备工作都得到了回报！

代码16.14　添加clear命令（terminal.cpp）

```
if (strcmp(command, "echo") == 0) {
  if (first_arg) {
    Print(first_arg);
  }
  Print("\n");
} else if (strcmp(command, "clear") == 0) {
  FillRectangle(*window_->InnerWriter(),
                {4, 4}, {8*kColumns, 16*kRows}, {0, 0, 0});
  cursor_.y = 0;
} else if (command[0] != 0) {
```

执行clear命令后，整个终端显示消失，光标回到左上角，如图16.4所示。你可能会问，这是刚启动时的画面吗？不，是因为执行了clear命令！

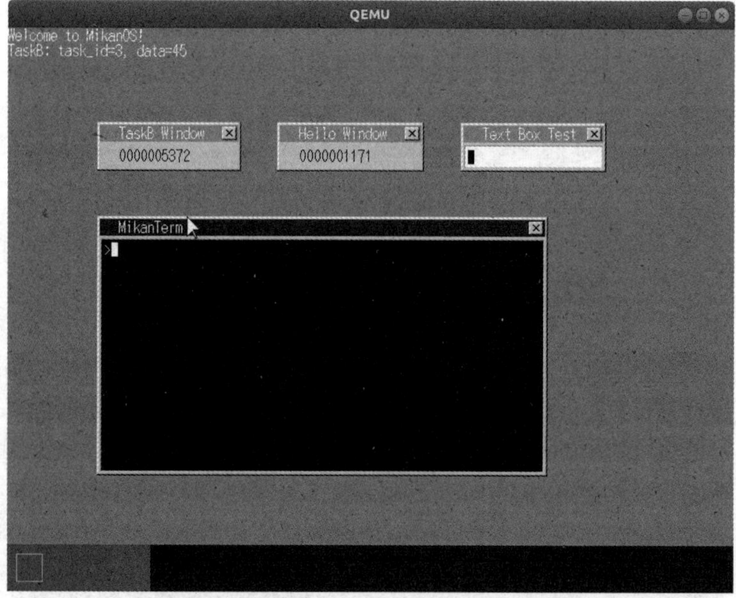

图16.4　执行clear命令

16.4 lspci命令（osbook_day16d）

我们想创建一个更实用的命令。用于做什么呢？让我们试着列出已连接的PCI设备，类似于Linux中的lspci命令，它可以列出每个PCI设备的总线号和类ID。

代码16.15显示了lspci命令的实现，并不是特别困难，因为它只是逐个显示6.3节中出现的pci::devices数组。

代码16.15 添加lspci命令（terminal.cpp）

```
} else if (strcmp(command, "lspci") == 0) {
  char s[64];
  for (int i = 0; i < pci::num_device; ++i) {
    const auto& dev = pci::devices[i];
    auto vendor_id = pci::ReadVendorId(dev.bus, dev.device, dev.function);
    sprintf(s, "%02x:%02x.%d vend=%04x head=%02x class=%02x.%02x.%02x\n",
        dev.bus, dev.device, dev.function, vendor_id, dev.header_type,
        dev.class_code.base, dev.class_code.sub, dev.class_code.interface);
    Print(s);
  }
} else if (command[0] != 0) {
```

在QEMU上执行lspci命令，结果如图16.5所示。class=0c.03.30是xHCI控制器的类ID。可以看到还有其他组件。顺便说一句，能在自己的操作系统上执行lspci命令，是不是很厉害？着实令人印象深刻。

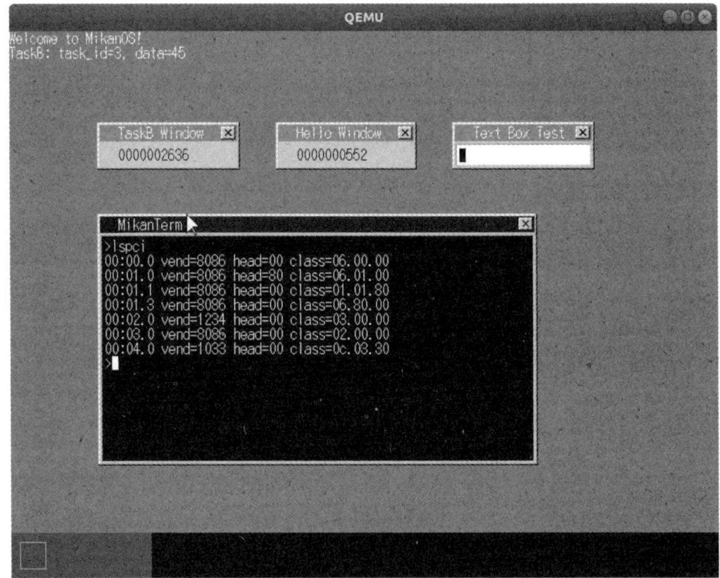

图16.5 执行lspci命令

16.5 命令历史记录（osbook_day16e）

在其他操作系统（如Linux和Windows）的终端中，使用箭头键可以调用以前输入的命令，即查看命令历史记录。这很酷，我们想在MikanOS中试试。我们觉得这并不难。

首先，我们创建一个变量来存储命令历史记录：将cmd_history_添加为Terminal类的成员变量（代码16.16）。该变量呈环形，每个元素都包含一个命令字符串（最多kLineMax个字符）。我们将把最近的命令放在前面（索引为0）。cmd_history_index_变量存储的是使用箭头键逐个向上和向下遍历命令历史记录时的位置。如果其值为-1，则表示历史命令未被遍历。

代码16.16　队列cmd_history_变量用于存储命令历史记录（terminal.hpp）

```
std::deque<std::array<char, kLineMax>> cmd_history_{};
int cmd_history_index_{-1};
Rectangle<int> HistoryUpDown(int direction);
```

Terminal类的构造函数决定了cmd_history_中元素的数量（代码16.17）。你可以在此存储确定的命令历史记录数。

代码16.17　最多存储8条命令历史记录（terminal.cpp）

```
Print(">");
cmd_history_.resize(8);
```

如代码16.18所示，命令历史记录是在按下Enter键时注册的：当在linebuf_中输入一个或多个字符时，命令历史记录就会被注册到cmd_history_的开头。切记，在注册的同时应从cmd_history_的末尾删除一条记录，以免超过构造函数中设置的命令历史记录最大数量。

代码16.18　按下Enter键时注册命令历史记录（terminal.cpp）

```
if (ascii == '\n') {
  linebuf_[linebuf_index_] = 0;
  if (linebuf_index_ > 0) {
    cmd_history_.pop_back();
    cmd_history_.push_front(linebuf_);
  }
  linebuf_index_ = 0;
  cmd_history_index_ = -1;
```

典型的方法是使用向上/向下箭头键跟踪命令历史记录，找到所需的命令后按Enter键执行。按Enter键后，将cmd_history_index_重置为-1，以退出命令历史记录搜索模式。

如代码16.19所示，在按向上/向下箭头键时添加if语句。

代码16.19　使用向上/向下箭头键跟踪命令历史记录（terminal.cpp）

```
} else if (keycode == 0x51) {    // 向下
  draw_area = HistoryUpDown(-1);
} else if (keycode == 0x52) {    // 向上
  draw_area = HistoryUpDown(1);
}
```

HistoryUpDown()的定义如代码16.20所示。该方法是命令历史记录函数的核心，按参数给出的方向跟踪命令历史记录：1表示较早的历史记录，-1表示较新的历史记录。与执行该方法时cmd_history_index_变量的值相对应，沿指定方向前进的命令历史记录会被复制到linebuf_中，并显示在终端中。

代码16.20　上下跟踪命令历史记录（terminal.cpp）

```
Rectangle<int> Terminal::HistoryUpDown(int direction) {
  if (direction == -1 && cmd_history_index_ >= 0) {
    --cmd_history_index_;
  } else if (direction == 1 && cmd_history_index_ + 1 < cmd_history_.size()) {
    ++cmd_history_index_;
  }

  cursor_.x = 1;
  const auto first_pos = CalcCursorPos();

  Rectangle<int> draw_area{first_pos, {8*(kColumns - 1), 16}};
  FillRectangle(*window_->Writer(), draw_area.pos, draw_area.size, {0, 0, 0});

  const char* history = "";
  if (cmd_history_index_ >= 0) {
    history = &cmd_history_[cmd_history_index_][0];
  }

  strcpy(&linebuf_[0], history);
  linebuf_index_ = strlen(history);

  WriteString(*window_->Writer(), first_pos, history, {255, 255, 255});
  cursor_.x = linebuf_index_ + 1;
  return draw_area;
}
```

执行方法，cmd_history_index_会根据参数改变。按向上箭头键（↑），direction为1，因此cmd_history_index_加1，并沿着历史较早的方向移动。按向下箭头键（↓），direction为-1，因此cmd_history_index_减1，并向历史较新的方向移动。

注意direction为1时条件表达式的右侧。&&运算符的右侧写成了下面两行中的上面一行。乍一看，下面一行的写法似乎还不错，但事实上却行不通。我们将详细解释原因，这是培养C++技能的好案例。

```
cmd_history_index_ + 1 < cmd_history_.size() //实际写法
cmd_history_index_ < cmd_history_.size() -1 //不好的写法
```

下面一行的写法之所以不好，是因为如果cmd_history_index_为-1，它就会被转换为size_t，而size_t是一个无符号整数类型。比较运算符左侧的cmd_history_index_是一个有符号整数类型（int）。size_t的类型是大类型[1]，在MikanOS开发环境使用的系统中，int比size_t小，因此在从左到右比较之前，int会被转换为size_t。

在下面一行的示例中，当cmd_history_index_为-1时，它被转换为size_t。将-1转换为无符号整数类型后，它是该类型所能表示的最大数字。在本例中，它就是size_t所能表示的最大数字。因此，比较运算符<的左侧数字将大于右侧数字，本应为真的条件表达式将为假。另外，在上述情况下，cmd_history_index_ + 1的结果将被转换为无符号整数，因此即使cmd_history_index_为-1，也没有关系。

运行操作系统并跟踪命令历史记录（图16.6）。尝试输入一些命令，并按向上箭头键（↑）。然后，你就可以逐条查看历史记录了，顺序是从较新的命令到较旧的命令。成功了！

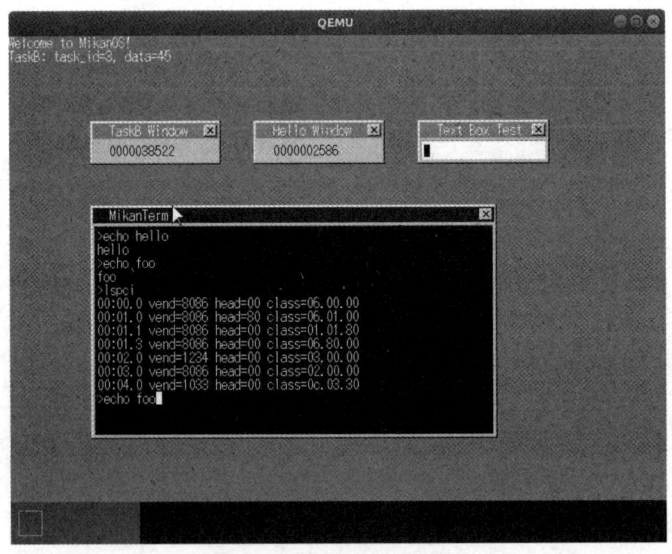

图16.6 跟踪命令历史记录

1 所谓“大类型”，就是指具有较高整数转换等级（integer conversion rank）的类型。

16.6 省电（osbook_day16f）

我们担心每次启动MikanOS时，CPU冷却风扇的转速都会增加。在思考原因时，我们想起了TaskB不断以最快的速度计数。如今，它不仅毫无用处，还浪费电。特别是，我们有时会在笔记本电脑使用电池供电时开发操作系统，因此希望尽可能降低功耗。这就是我们决定删除TaskB的原因。

由于只删除了与TaskB相关的源码，因此就不解释其中的改动了。我们在Git仓库中做了标记。如果想查看修改，请参阅osbook_day16e和osbook_day16f之间的差异。

启动后，你会发现TaskB窗口不见了（图16.7）。此外，如果使用top命令等查看Linux系统下的CPU使用率，就会发现QEMU的CPU使用率要小得多。在我们的运行环境中，osbook_day16e运行时，QEMU的CPU使用率一直高于100%，而现在最多只有百分之几。有了它，即使在电池驱动的情况下，也能毫无焦虑地检查操作系统的运行情况。

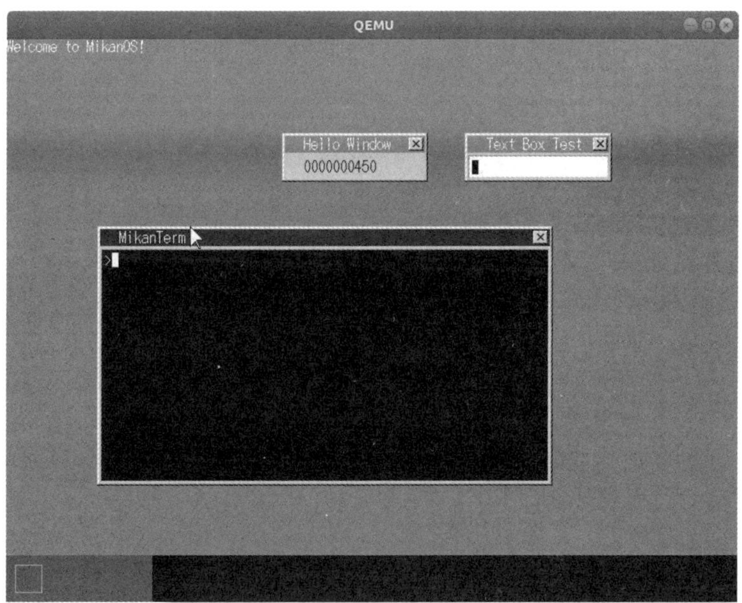

图16.7　删除与TaskB相关的源码

第 17 章

文件系统

本章的目标是让MikanOS能够处理文件。首先，我们将介绍文件系统。这在处理文件时非常重要。我们将使用与UEFI BIOS高度兼容的FAT文件系统。在简要介绍后，下一步是实现读取引导介质（包含kernel.elf的介质、操作系统本身）上的文件的功能。学习完本章全部内容，你将能够列出引导介质上的文件。

17.1 文件和文件系统

我们经常提到文件，那什么是文件呢？一般来说，文件是一个任意的字节序列，并附有名称。例如，MikanOS的主体kernel.elf就是一个可执行的二进制文件，名称为kernel.elf。除了名称，还可能附加其他元数据，如创建时间、修改时间、所有者、权限等。

现在，文件被广泛用于存储各种类型的数据，但文件并不是记录数据的必要条件。例如，在固态硬盘（SSD）和U盘中，数据区被划分为固定大小的块，以块为单位读/写数据（此类存储设备被称为**块设备**）。若一个块不够用，则只需要连接到更多的块。如果每个块的大小变化不大，那么这种方法很有效。你可以根据初始大小分配稍微多一些的块。此外，在访问数据时，只需要提供起始块编号，而无须考虑管理数据的位置。这种方法的缺点是，在指定数据时需要使用数字而不是名称，如果数据太大，就无法放入块中；如果数据太小，就会浪费可用空间。

在文件方法中，数据是通过名称来管理的。为此，需要使用名称和块编号之间的对应表。通过设计这种对应表，可以反映一个文件被同时记录在多个块中的情况。基于其强大的表达能力，当数据变大时，可以动态分配块；当数据变小时，可以回收不必要的块，从而减少空间浪费。以管理名称和块编号对应表的能力为核心的机制被称为“文件系统”。

文件系统有多种，其管理数据的存储方式和块的分配方式有所不同。ext4和btrfs是Linux系统下的典型文件系统。FAT在过去和现在都常用于Windows系统，现在普遍使用NTFS。APFS用于macOS系统。而UEFI标准中使用FAT。特别是，UEFI系统分区决定使用FAT来存储UEFI应用。FAT通常用于USB等移动存储设备。基于测试方便、标准公开且易于实施等原因，本书将介绍如何使用FAT。

为了了解FAT，我们首先要准备一个FAT格式的卷镜像，并查看其内容。卷镜像不是物理块设备，而是记录块设备内容的数据。你可以通过读取实际的块设备来创建它，也可以完全从头开始创建。在本例中，我们将创建一个新的卷镜像。

```
$ dd if=/dev/zero of=fat_disk bs=1M count=128
$ mkfs.fat -n 'MIKAN OS' -s 2 -f 2 -R 32 -F 32 fat_disk
```

dd命令将if（inputfile）指定的文件复制到of（outputfile）指定的文件。if指定的文件是/dev/zero，这是一个特殊的设备文件，其中的0可以被无限读取。of指定了卷镜像的文件名。

dd允许指定比cp命令更详细的复制操作，通常用于创建特定大小的空文件。count指定要复制的块数。只有bs×count=1MiB×128=128MiB才会从if复制到of。注意，指定一个稍大的bs值可以加快复制速度。

mkfs.fat命令用于以FAT格式格式化指定的块设备，也可以指定卷镜像而非实际设备。使用该功能可将刚刚创建的128MiB的空文件格式化为FAT格式。mkfs.fat命令各选项的含义如表17.1所示。

表17.1 mkfs.fat命令的选项

选项	含义
-s 2	每个簇的扇区数为2
-f 2	将FAT的数量设置为2
-R 32	将保留扇区数设置为32
-F 32	FAT类型为FAT32

要想理解这些选项的含义，需要了解FAT的工作原理。我们稍后再讨论这个问题，首先来看看卷镜像的内容。我们来看看元数据和文件的位置。目前，fat_disk应该是空的，格式为FAT。空的卷镜像的内容是什么？

```
$ hexdump -C -s 16k fat_disk
00004000  f8 ff ff 0f ff ff ff 0f  f8 ff ff 0f 00 00 00 00  |................|
00004010  00 00 00 00 00 00 00 00  00 00 00 00 00 00 00 00  |................|
*
00083000  f8 ff ff 0f ff ff ff 0f  f8 ff ff 0f 00 00 00 00  |................|
00083010  00 00 00 00 00 00 00 00  00 00 00 00 00 00 00 00  |................|
*
00102000  4d 49 4b 41 4e 20 4f 53  20 20 20 08 00 00 12 4f  |MIKAN OS   ....O|
00102010  44 4f 44 4f 00 00 12 4f  44 4f 00 00 00 00 00 00  |ĐOĐO...OĐO......|
00102020  00 00 00 00 00 00 00 00  00 00 00 00 00 00 00 00  |................|
*
08000000
```

hexdump是一条检查十六进制文件内容的命令。-C选项用于在十六进制数据旁显示ASCII码，这对于一眼就能看出文件中是否嵌入了字符串非常有用。事实上，你可以看到“MIKAN OS”字符串，这是在mkfs.fat中指定的卷名。随后的“ODODO...ODO”会被显示出来，因为非字符串值恰好与O或D的ASCII码匹配。

-s 16k是一个选项，表示从文件开头跳过16KiB的位置开始显示数据。在mkfs.fat中指定的保留扇区数为32（-R 32），因此FAT中的各种数据都将从32×512字节=16KiB开始记录。数据是从第一个16KiB开始记录的。

试着向卷镜像中写入一个文件，看看它是如何反映在FAT中的。将cafe.txt文件添加到卷镜像fat_disk中的步骤如下。

```
$ mkdir mnt
$ sudo mount -o loop fat_disk mnt
$ ls -a mnt
. ..
$ echo deadbeef > cafe.txt
```

第17章 文件系统

```
$ sudo cp cafe.txt mnt/cafe.txt
$ ls -a mnt
. .. cafe.txt
$ sudo umount mnt
```

在loop模式下挂载卷镜像允许像常规存储设备一样操作卷镜像。第一行用于创建一个作为挂载点的目录。第二行将卷镜像fat_disk挂载到刚刚创建的挂载点上。在挂载卷镜像时，使用-o loop指定loop模式。挂载操作只能由root用户执行，因此请使用sudo。

挂载完成后，就可以通过mnt目录操作卷镜像了。在这种情况下，创建一个名为cafe.txt的文件，并将其内容设置为deadbeef。由于挂载操作是以root用户身份执行的，因此需要以root用户身份对mnt进行修改。在以普通用户身份创建文件后，将其复制到mnt/cafe.txt的操作是以root用户身份执行的。

在mnt中的操作完成后，卸载卷镜像。通过卸载，所有未写入卷镜像的更改（只存在于内存中）都将被写入。最好先卸载卷镜像，因为在未卸载的情况下操作卷镜像可能会破坏卷镜像。

添加文件后，我们尝试查看卷镜像。

```
$ hexdump -C -s 16k fat_disk
00004000  f8 ff ff 0f ff ff ff 0f  f8 ff ff 0f ff ff ff 0f  |................|
00004010  00 00 00 00 00 00 00 00  00 00 00 00 00 00 00 00  |................|
*
00083000  f8 ff ff 0f ff ff ff 0f  f8 ff ff 0f ff ff ff 0f  |................|
00083010  00 00 00 00 00 00 00 00  00 00 00 00 00 00 00 00  |................|
*
00102000  4d 49 4b 41 4e 20 4f 53  20 20 20 08 00 00 12 4f  |MIKAN OS    ....O|
00102010  44 4f 44 4f 00 00 12 4f  44 4f 00 00 00 00 00 00  |ĐOĐO...OĐO......|
00102020  41 63 00 61 00 66 00 65  00 2e 00 0f 00 dc 74 00  |Ac.a.f.e......t.|
00102030  78 00 74 00 00 00 ff ff  ff ff 00 00 ff ff ff ff  |x.t.............|
00102040  43 41 46 45 20 20 20 20  54 58 54 20 00 7a 90 09  |CAFE    TXT .z..|
00102050  44 4f 44 4f 00 00 90 09  44 4f 03 00 09 00 00 00  |ĐOĐO....ĐO......|
00102060  00 00 00 00 00 00 00 00  00 00 00 00 00 00 00 00  |................|
*
00102400  64 65 61 64 62 65 65 66  0a 00 00 00 00 00 00 00  |deadbeef........|
00102410  00 00 00 00 00 00 00 00  00 00 00 00 00 00 00 00  |................|
*
08000000
```

仔细观察，可以发现有两个地方出现了看起来像文件名（cafe.txt）的字符串：第一个地方是“c.a.f.e......t.x.t”；第二个地方是“CAFE TXT”，虽然它是大写的，但肯定是一个文件名。此外，从偏移量00102400还可以看到deadbeef字符串。这肯定是cafe.txt中的内容。

因此，我们可以看到，在向FAT格式的卷镜像中添加文件时，文件名和文件内容都会被记录下来。下面我们尝试添加另一个文件，看看会发生什么。

```
$ sudo mount -o loop fat_disk mnt
$ echo CafeBabe > HelloWorld.data
$ sudo cp HelloWorld.data mnt/HeloWorld.data
$ sudo umount mnt
```

这里添加了一个名为HeloWorld.data的文件。我们故意在文件名中混合使用大小写字母，还尝试使文件名（不包括扩展名）超过8个字符，因为文件名的长度仅限于8个字符，例如cafe.txt的文件名是“CAFE TXT”。

```
$ hexdump -C -s 16k fat_disk
00004000  f8 ff ff 0f ff ff ff 0f  f8 ff ff 0f ff ff ff 0f  |................|
00004010  ff ff ff 0f 00 00 00 00  00 00 00 00 00 00 00 00  |................|
00004020  00 00 00 00 00 00 00 00  00 00 00 00 00 00 00 00  |................|
*
00083000  f8 ff ff 0f ff ff ff 0f  f8 ff ff 0f ff ff ff 0f  |................|
00083010  ff ff ff 0f 00 00 00 00  00 00 00 00 00 00 00 00  |................|
00083020  00 00 00 00 00 00 00 00  00 00 00 00 00 00 00 00  |................|
*
00102000  4d 49 4b 41 4e 20 4f 53  20 20 20 08 00 00 10 56  |MIKAN OS    ....V|
00102010  44 4f 44 4f 00 00 10 56  44 4f 00 00 00 00 00 00  |ĐOĐO...VĐO......|
00102020  41 63 00 61 00 66 00 65  00 2e 00 0f 00 dc 74 00  |Ac.a.f.e......t.|
00102030  78 00 74 00 00 00 ff ff  ff ff 00 00 ff ff ff ff  |x.t.............|
00102040  43 41 46 45 20 20 20 20  54 58 54 20 00 90 20 0e  |CAFE    TXT .. .|
00102050  44 4f 44 4f 00 00 20 0e  44 4f 03 00 09 00 00 00  |ĐOĐO.. .ĐO......|
00102060  42 61 00 00 00 ff ff ff  ff ff ff 0f 00 e9 ff ff  |Ba..............|
00102070  ff ff ff ff ff ff ff ff  ff ff 00 00 ff ff ff ff  |................|
00102080  01 48 00 65 00 6c 00 6f  00 57 00 0f 00 e9 6f 00  |.H.e.l.o.W....o.|
00102090  72 00 6c 00 64 00 2e 00  64 00 00 00 61 00 74 00  |r.l.d...d...a.t.|
001020a0  48 45 4c 4f 57 4f 7e 31  44 41 54 20 00 53 34 16  |HELOWO~1ĐAT .S4.|
001020b0  46 4f 46 4f 00 00 34 16  46 4f 04 00 09 00 00 00  |FOFO..4.FO......|
001020c0  00 00 00 00 00 00 00 00  00 00 00 00 00 00 00 00  |................|
*
00102400  64 65 61 64 62 65 65 66  0a 00 00 00 00 00 00 00  |deadbeef........|
00102410  00 00 00 00 00 00 00 00  00 00 00 00 00 00 00 00  |................|
*
00102800  43 61 66 65 42 61 62 65  0a 00 00 00 00 00 00 00  |CafeBabe........|
00102810  00 00 00 00 00 00 00 00  00 00 00 00 00 00 00 00  |................|
*
08000000
```

查看添加了第二个文件的卷镜像，要点如下。

- 超过8个字符的文件名有点儿难看，具体是“.H.e.l.o.W....o.r.l.d...d...a.t.”。
- 另一处是大写的“HELOWO~1DAT”，名称进一步缩写。
- 文件内容区分大小写。

下面将介绍详细的规范，以便操作系统能够正确读取卷镜像的内容。

17.2 BIOS参数块

目前创建的加密卷镜像代表一个分区。分区是将块设备划分为若干部分的单一区域。但在U盘等可移动设备中，整个存储区域通常被视为一个分区，因此卷镜像中保存了整个U盘的文件。

分区的第一个块被称为PBR（Partition Boot Record）。通过解释PBR，可以正确识别分区并操作FAT。特别地，重要信息被写入PBR内称为BPB（BIOS Parameter Block）的区域中。BPB的结构如表17.2所示。请注意，此表基于FAT规范。在FAT规范中，块被称为扇区（sector），因此应假定字段名称中出现的Sec指的是块。

表17.2 BPB的结构

字段名称	偏移量	字节数	fat_disk中的值	含义
BS_jmpBoot	0	3	eb5890	跳转到程序的指令
BS_OEMName	3	8	mkfs.fat	任意8字节的字符串
BPB_BytsPerSec	11	2	0x0200	每块的字节数
BPB_SecPerClus	13	1	0x02	每个簇的块数
BPB_RsvdSecCnt	14	2	0x0020	从卷首开始保留的块数
BPB_NumFATs	16	1	0x0002	FAT的数量
BPB_RootEntCnt	17	2	0x0000	※根目录条目数
BPB_TotSec16	19	2	0x0000	※整个卷中的总块数
BPB_Media	21	1	0xf8	媒体类型（现在不使用）
BPB_FATSz16	22	2	0x0000	※每个FAT的块数
BPB_SecPerTrk	24	2	0x0020	每个轨道的块数
BPB_NumHeads	26	2	0x0040	磁头个数
BPB_HiddSec	28	4	0x00000000	隐藏区块数
BPB_TotSec32	32	4	0x00040000	整个卷中的总块数
BPB_FATSz32	36	4	0x000003f8	每个FAT的块数
BPB_ExtFlags	40	2	0x0000	与FAT冗余相关的标志
BPB_FSVer	42	2	0x0000	文件系统版本（最新版本为0.0）
BPB_RootClus	44	4	0x00000002	根目录的起始簇编号
BPB_FSInfo	48	2	0x0001	FSINFO结构的起始块编号
BPB_BkBootSec	50	2	0x0006	引导扇区副本所在的块编号
BPB_Reserved	52	12	.	保留区
BS_DrvNum	64	1	0x80	BIOS中与INT 0x13一起使用的驱动器编号
BS_Reserved1	65	1	0x00	保留区

续表

字段名称	偏移量	字节数	fat_disk中的值	含义
BS_BootSig	66	1	0x29	扩展签名
BS_VolID	67	4	0x4f0c572f	加密卷序列号
BS_VolLab	71	11	MIKANOS	卷标签
BS_FilSysType	82	8	FAT32	文件系统类型

除了FAT32，FAT格式还包括FAT12和FAT16。表17.2中的偏移量0～35是FAT12/16/32的共同偏移量。从偏移量36开始的字段是FAT32特有的。在“含义”一列中，标有“※”的字段在FAT32中始终为0。

下面将详细介绍BPB中一些特别重要的内容。第一个是BPB_BytsPerSec，它表示一个块的字节数。在我们刚刚创建的卷镜像中，0x0200=512，这意味着一个块为512字节。FAT规范允许BPB_BytsPerSec的值为512、1024、2048或4096。目前使用的大多数块设备都是每个块包含512字节或4096字节。

BPB_SecPerClus表示每个簇的块数。簇是FAT文件系统中的一个重要概念，因为簇是多个块的组合。FAT将簇作为基本单位进行管理。我们不知道不以块为单位进行管理的真正原因，但以簇为单位可以有效管理大型卷。

BPB_TotSec32表示整个卷中的总块数。fat_disk为128MiB，因此总块数为128MiB/512B=256Ki块，256Ki=0x40000，与BPB中记录的值一致。BPB_TotSec16具有相同的意义，但只有2字节，对于大容量来说不够用。当使用BPB_TotSec32时，应令BPB_TotSec16=0。

BPB_RootClus是根目录的起始簇编号。根目录是文件系统中的最高目录（也称为文件夹），也是在创建的卷镜像中包含cafe.txt和HeloWorld.data的目录。通过下面的计算可以得出根目录的块编号。

BPB_RsvdSecCnt+BPB_NumFATs×BPB_FATSz32+(BPB_RootClus-2)×BPB_SecPerClus=2064

还有其他重要条目，将在后面的章节中解释。

17.3 目录条目

一个目录可以包含多个文件或子目录。不同的文件系统表示目录的方式不同，但在FAT文件系统中，目录被表示为特殊文件。文件的内容是字节的任意序列，而目录的内容则是一个32字节的数据结构数组，称为目录项（directory entry）。在fat_disk中，以0x102000开始的数据会形成一个目录条目数组。一旦知道了目录项的结构，就可以读取其中的内容。

表17.3显示了目录项的结构，以cafe.txt文件的目录项（卷镜像中从0x102040开始的32字节）为例。

表17.3 FAT文件系统中目录项的结构（以cafe.txt文件为例）

字段名称	偏移量	字节数	cafe.txt的值	含义
DIR_Name	0	11	CAFE....TXT	文件简称
DIR_Attr	11	1	0x20	文件属性
DIR_NTRes	12	1	0x00	Windows NT保留区
DIR_CrtTimeTenth	13	1	0x90	文件创建时间的毫秒部分
DIR_CrtTime	14	2	0x0e20	文件创建时间
DIR_CrtDate	16	2	0x4f44	文件创建日期
DIR_LstAccDate	18	2	0x4f44	最后访问日期
DIR_FstClusHI	20	2	0x0000	起始簇编号的前2字节
DIR_WrtTime	22	2	0x0e20	最后写入时间
DIR_WrtDate	24	2	0x4f44	最后写入日期
DIR_FstClusLO	26	2	0x0003	起始簇编号的后2字节
DIR_FileSize	28	4	0x00000009	文件字节数

DIR_Name是文件的简称。简称是“8+3”格式的：可以是8个字符的字符串，后面跟一个点和最多3个字符的扩展名。过去使用的许多文件扩展名都是3个字符的，原因可能就在于这一限制。简称当然是短名称，但也有长名称。例如，以0x102020或0x102080开头的目录条目就是专门用来存放长名称的。处理长名称非常烦琐，本书从略。

DIR_Attr是一个1字节值，代表文件的属性。**表17.4**列出了不同类型的文件属性。

表17.4 FAT文件系统的文件属性

属性名称	值	含义
ATTR_READ_ONLY	0x01	只读文件
ATTR_HIDDEN	0x02	隐藏文件
ATTR_SYSTEM	0x04	系统文件
ATTR_VOLUME_ID	0x08	卷名称
ATTR_DIRECTORY	0x10	目录
ATTR_ARCHIVE	0x20	应备份的标志
ATTR_LONG_NAME	0x0f	长名称条目

其中，ATTR_READ_ONLY表示文件是只读的，但是文件具有此属性并不意味着在卷上不可能写入该文件。操作系统负责保护具有此属性的文件不被写入。

ATTR_VOLUME_ID是一个特殊属性。具有该属性的文件不是普通文件，也没有文件内容。此外，根目录中只能存在一个这样的文件。该文件的名称实际上代表卷名称。

ATTR_DIRECTORY表示该文件是一个目录。在FAT文件系统中，目录是一个文件，其内容是一个目录项数组。本章只处理根目录，子目录将被忽略。

ATTR_LONG_NAME表示目录条目不是文件本身，而是包含相关文件长名称的条目。本书将忽略长名称条目。

17.4 读出卷（osbook_day17a）

既然知道了如何获取卷镜像中包含的文件列表，那么就可以从BPB值中获取根目录的位置，并根据目录条目的结构读取其内容了。通过显示读取的内容，似乎可以创建一个简化版的ls命令[1]。

不过，我们还缺少一些知识，那就是如何将卷镜像读入内存。具体来说，就是如何从U盘等块设备中读取数据。

对于一般的操作系统来说，会为每个块设备（如U盘和固态硬盘）准备驱动程序。操作系统会自行读/写块设备：对于U盘，会写入USB驱动程序和SCSI协议栈；对于带有NVMe连接的固态硬盘，会写入NVMe协议栈。如果你有一个连接NVMe的固态硬盘，那么只需要为NVMe准备一个驱动程序，就能对其进行读/写。当然，Windows、macOS和Linux系统都配备了这样的驱动程序，可以随意读/写块设备。然而，开发这些驱动程序相当困难[2]，我们要寻找一种更简单的方法。

传统BIOS具有读/写软盘和硬盘的能力。因此，我们认为UEFI BIOS也应具备类似功能，于是搜索了UEFI规范，并找到了块I/O协议（Block I/O Protocol）。我们将利用它在操作系统启动之前将数据从块设备中读入内存，这样操作系统就不会直接控制块设备读取数据了，而是会让引导程序将数据读入内存。

代码17.1显示了读取卷镜像的过程。这是引导加载器的附加过程，也是一个两阶段配置过程。第一阶段检查引导介质（包含引导加载器的存储设备，如U盘）上是否有名为fat_disk的文件。如果有，则将其作为卷镜像读取；如果没有该文件，则读取整个引导介质（第二阶段）。采用这种两阶段配置的原因是为了保持灵活性。在开发过程中，可以将已知内容的文件作为fat_disk放入。如果想在实际的U盘上试用，则也可以这样做。

1 在类POSIX操作系统上，ls命令用于列出文件。在MS-DOS操作系统中对应的是dir命令。

2 为USB存储设备和NVMe SSD编写驱动程序相当困难。我甚至花了一年多的时间才写出一个USB驱动程序。不过，驱动程序开发是一个有趣的领域，如果你有兴趣，不妨一试。

代码17.1 通过引导程序读取卷镜像（Main.c）

```
VOID* volume_image;

EFI_FILE_PROTOCOL* volume_file;
status = root_dir->Open(
    root_dir, &volume_file, L"\\fat_disk",
    EFI_FILE_MODE_READ, 0);
if (status == EFI_SUCCESS) {
  status = ReadFile(volume_file, &volume_image);
  if (EFI_ERROR(status)) {
    Print(L"failed to read volume file: %r", status);
    Halt();
  }
} else {
  EFI_BLOCK_IO_PROTOCOL* block_io;
  status = OpenBlockIoProtocolForLoadedImage(image_handle, &block_io);
  if (EFI_ERROR(status)) {
    Print(L"failed to open Block I/O Protocol: %r\n", status);
    Halt();
  }

  EFI_BLOCK_IO_MEDIA* media = block_io->Media;
  UINTN volume_bytes = (UINTN)media->BlockSize * (media->LastBlock + 1);
  if (volume_bytes > 16 * 1024 * 1024) {
    volume_bytes = 16 * 1024 * 1024;
  }

  Print(L"Reading %lu bytes (Present %d, BlockSize %u, LastBlock %u)\n",
      volume_bytes, media->MediaPresent, media->BlockSize, media->LastBlock);

  status = ReadBlocks(block_io, media->MediaId, volume_bytes, &volume_image);
  if (EFI_ERROR(status)) {
    Print(L"failed to read blocks: %r\n", status);
    Halt();
  }
}
```

加载文件的过程与加载kernel.elf相同。如果不想复制和粘贴代码，则可以将其剪切成一个名为ReadFile()的函数，使其通用。在将要读取的文件传递给该函数时，它会在内部分配一个与文件大小相当的内存区域，并将文件内容读入其中。分配的内存区域会被写回第二个参数（此处为volume_image）指定的指针变量。

如果没有名为fat_disk的文件，则执行else子句，该子句使用块I/O协议从引导介质的第一个块中读取16MiB。这个过程可能有点儿复杂，所以我们将逐步解释。

首先，使用OpenBlockIoProtocolForLoadedImage()获取与引导介质相关的块I/O协议，并将其设置为block_io变量。块I/O协议可用于获取有关块设备的信息，并以块为单位读/写数据。稍后将介绍该功能的实现。

block_io->Media中记录了与块I/O协议相关的块设备的各种信息。在这些信息中，BlockSize（每个块的字节数）和LastBlock（最大块数）用于确定块设备的总大小（单位为字节）。

总大小volume_bytes的上限为16MiB。原因在于，如果试图读取整个块设备信息，则可能没有足够的主内存来容纳它，而且这样做将耗费大量时间并减慢操作系统的启动速度。在FAT文件系统中，数据通常从块设备的开头开始按顺序打包，因此只读取开头部分就足够了。如果还不够，则可以逐渐增大上限。

最后，使用ReadBlocks()从块设备中读取数据。该函数在内部分配一个volume_bytes的内存区域，并将数据读入其中。所分配的内存区域会被写回第四个参数（此处为volume_image）中。稍后还将介绍该函数的实现。

代码17.2显示了OpenBlockIoProtocolForLoadedImage()的实现。该函数用于打开与存储引导加载器的块设备（引导介质）相对应的块I/O协议。实现此功能有两个步骤。首先，打开与引导加载器相关的加载镜像协议（Loaded Image Protocol）。然后，使用从加载镜像协议中获取的值打开块I/O协议。

代码17.2　打开块I/O协议（Main.c）

```
EFI_STATUS OpenBlockIoProtocolForLoadedImage(
    EFI_HANDLE image_handle, EFI_BLOCK_IO_PROTOCOL** block_io) {
  EFI_STATUS status;
  EFI_LOADED_IMAGE_PROTOCOL* loaded_image;

  status = gBS->OpenProtocol(
      image_handle,
      &gEfiLoadedImageProtocolGuid,
      (VOID**)&loaded_image,
      image_handle,
      NULL,
      EFI_OPEN_PROTOCOL_BY_HANDLE_PROTOCOL);
  if (EFI_ERROR(status)) {
    return status;
  }

  status = gBS->OpenProtocol(
      loaded_image->DeviceHandle,
      &gEfiBlockIoProtocolGuid,
      (VOID**)block_io,
      image_handle, // agent handle
      NULL,
      EFI_OPEN_PROTOCOL_BY_HANDLE_PROTOCOL);
  return status;
}
```

UefiMain()的第一个参数image_handle传递的是一个代表引导加载器BOOTX64.EFI的

句柄（在UEFI世界中，UEFI应用被称为“镜像”）。引导加载器的句柄可以被指定为OpenProtocol()的第一个参数，以获取与引导加载器绑定的加载镜像协议。打开的协议会被写回loaded_image变量中。

loaded_image->DeviceHandle将被设置为代表存储镜像（这里是引导加载器）的存储设备的句柄。通过指定该句柄作为OpenProtocol()的第一个参数，可以获取与该存储设备相关的块I/O协议。顺便提一下，将另一个存储设备指定为OpenProtocol()的第一个参数，就可以在任何兼容UEFI的存储设备上打开块I/O协议。关于如何获取代表另一个存储设备的句柄，本书从略。

代码17.3展示了ReadBlocks()的实现。它使用前面打开的块I/O协议读取数据。要读取的数据大小在read_bytes参数中以字节为单位指定。使用gBS->AllocatePool()分配指定大小的内存区域，并将从块设备中读取的数据写入其中。

代码17.3　从块设备中读取数据（Main.c）

```
EFI_STATUS ReadBlocks(
      EFI_BLOCK_IO_PROTOCOL* block_io, UINT32 media_id,
      UINTN read_bytes, VOID** buffer) {
  EFI_STATUS status;

  status = gBS->AllocatePool(EfiLoaderData, read_bytes, buffer);
  if (EFI_ERROR(status)) {
    return status;
  }

  status = block_io->ReadBlocks(
      block_io,
      media_id,
      0, // start LBA
      read_bytes,
      *buffer);

  return status;
}
```

如**代码17.4**所示，指向卷镜像所在内存区域的指针变量volume_image，已被修改为作为操作系统主函数的第四个参数并传递给操作系统主函数。

代码17.4　将卷镜像传递给操作系统（Main.c）

```
  typedef void EntryPointType(const struct FrameBufferConfig*,
                              const struct MemoryMap*,
                              const VOID*,
                              VOID*);
  EntryPointType* entry_point = (EntryPointType*)entry_addr;
  entry_point(&config, &memmap, acpi_table, volume_image);
```

由于块I/O协议是新引入的协议，因此需要在Loader.inf中添加GUID（代码17.5）。添加完成后，在EDK II上点击build命令，新的引导加载器就准备好了。引导加载器准备就绪后，下一步就是修改操作系统。

代码17.5　为块I/O协议添加GUID（Loader.inf）

```
[Protocols]
  gEfiLoadedImageProtocolGuid
  gEfiLoadFileProtocolGuid
  gEfiSimpleFileSystemProtocolGuid
  gEfiBlockIoProtocolGuid
```

在操作系统主函数中添加一个参数以匹配引导加载器的修改（代码17.6）。我们添加了void* volume_image作为第四个参数。现在volume_image将传递从fat_disk或块设备中读取的数据。

代码17.6　为操作系统主函数添加参数（main.cpp）

```
extern "C" void KernelMainNewStack(
    const FrameBufferConfig& frame_buffer_config_ref,
    const MemoryMap& memory_map_ref,
    const acpi::RSDP& acpi_table,
    void* volume_image) {
```

如果只是将卷镜像传递给操作系统，那么外观上不会有任何变化。因此，我们尝试使用十六进制形式显示卷镜像的内容（代码17.7）。卷镜像的前256字节以十六进制形式显示。

代码17.7　显示卷镜像（main.cpp）

```
  uint8_t* p = reinterpret_cast<uint8_t*>(volume_image);
  printk("Volume Image:\n");
  for (int i = 0; i < 16; ++i) {
    printk("%04x:", i * 16);
    for (int j = 0; j < 8; ++j) {
      printk(" %02x", *p);
      ++p;
    }
    printk(" ");
    for (int j = 0; j < 8; ++j) {
      printk(" %02x", *p);
      ++p;
    }
    printk("\n");
  }
```

当修改后的操作系统构建完成并由新的引导加载器启动时，其外观如图17.1所示。看起来显示的是某些数值，这真的是我们加载的卷镜像吗？让我们检查一下：$HOME/edk2/disk.img是在QEMU上运行时的引导介质，因此我们使用十六进制形式显示它。

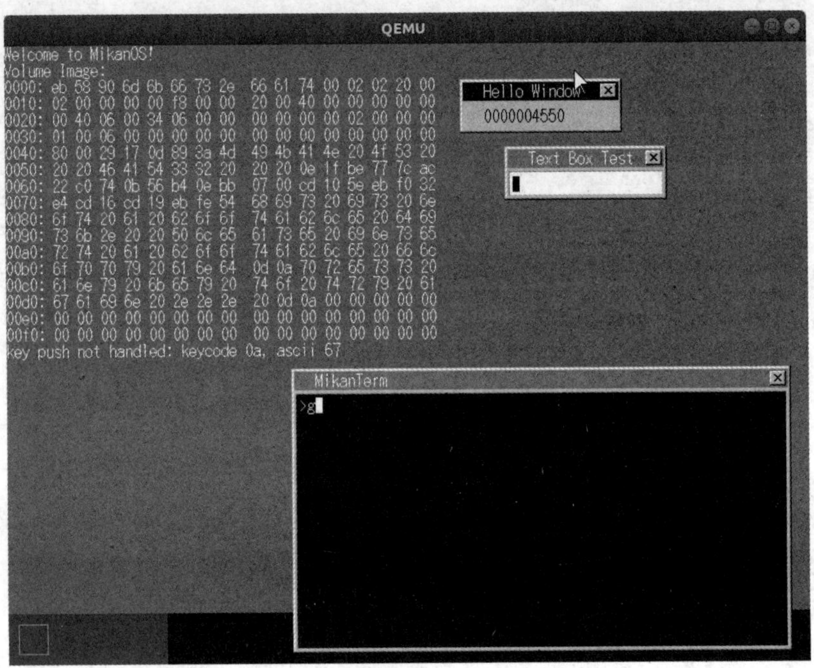

图17.1 卷镜像的十六进制表示

```
$ cd $HOME/edk2
$ hexdump -n 256 -C disk.img
00000000  eb 58 90 6d 6b 66 73 2e  66 61 74 00 02 02 20 00  |.X.mkfs.fat... .|
00000010  02 00 00 00 00 f8 00 00  20 00 40 00 00 00 00 00  |........ .@.....|
00000020  00 40 06 00 34 06 00 00  00 00 00 00 02 00 00 00  |.@..4...........|
00000030  01 00 06 00 00 00 00 00  00 00 00 00 00 00 00 00  |................|
00000040  80 00 29 17 0d 89 3a 4d  49 4b 41 4e 20 4f 53 20  |..)...:MIKAN OS |
00000050  20 20 46 41 54 33 32 20  20 20 0e 1f be 77 7c ac  |  FAT32   ...w|.|
00000060  22 c0 74 0b 56 b4 0e bb  07 00 cd 10 5e eb f0 32  |".t.V.......^..2|
00000070  e4 cd 16 cd 19 eb fe 54  68 69 73 20 69 73 20 6e  |.......This is n|
00000080  6f 74 20 61 20 62 6f 6f  74 61 62 6c 65 20 64 69  |ot a bootable di|
00000090  73 6b 2e 20 20 50 6c 65  61 73 65 20 69 6e 73 65  |sk.  Please inse|
000000a0  72 74 20 61 20 62 6f 6f  74 61 62 6c 65 20 66 6c  |rt a bootable fl|
000000b0  6f 70 70 79 20 61 6e 64  0d 0a 70 72 65 73 73 20  |oppy and..press |
000000c0  61 6e 79 20 6b 65 79 20  74 6f 20 74 72 79 20 61  |any key to try a|
000000d0  67 61 69 6e 20 2e 2e 2e  20 0d 0a 00 00 00 00 00  |gain ... .......|
000000e0  00 00 00 00 00 00 00 00  00 00 00 00 00 00 00 00  |................|
*
00000100
```

完全匹配。引导加载器正在读取引导介质中的数据并将其传递给操作系统。

专栏17.1 读取16MiB卷镜像是否足够

由于使用UEFI块I/O协议读取速度较慢，因此我们决定只读取卷镜像的前16MiB数据。16MiB真的够吗？在Linux中，fatcat命令非常有用；在Ubuntu中，可以通过sudo apt install fatcat安装fatcat。fatcat可以用来查看我们正在使用的U盘的FAT文件系统信息。

你的计算机如何识别U盘取决于你的系统配置。这里假设U盘被识别为/dev/sda。/dev/sda1代表此U盘的第一个分区。

```
$ sudo fatcat -i /dev/sda1
```

在fatcat -i的输出中，数据起始地址的值为0xe5c000。该值表示数据在加密卷中的起始地址。在加密卷的开头，有保留块和管理数据结构，如BPB和FAT，紧接着就是数据区域。

0xe5c000约为14.4MiB。原来我们的U盘有一个约14.4MiB的管理数据结构。这是一个大问题。只能读取卷镜像的前16MiB，但其中大部分都是管理数据结构，这意味着无法读取重要文件的内容。

FAT占用了14.4MiB中的大部分空间。容量越大、簇越小，FAT就越大。因此，对于128MiB的卷镜像（如fat_disk）来说，FAT大小并不是大问题，但对于我们的U盘（容量约为15GiB）来说，FAT就变得非常大了。

这是一个问题。简单的解决办法是使用块I/O协议读取更多数据。在这种情况下，将容量增加一倍就足够了。不过，根据U盘容量和簇大小，还有必要增加读取次数。读取的数据越多，启动操作系统的时间就越长，也就越令人沮丧。

建议的解决方案是，首先使用容量较小的U盘，或减小大容量U盘上第一个分区的大小。Ubuntu和Windows系统中都有创建任意大小分区的工具：在Ubuntu中，使用“GNOME磁盘实用工具”；在Windows中，使用“计算机管理”中的“磁盘管理”功能。

我们试着用大约1GiB的容量重新分区（图17.2），结果发现FAT变小了很多，只读取16MiB的数据不再是问题。太好了！

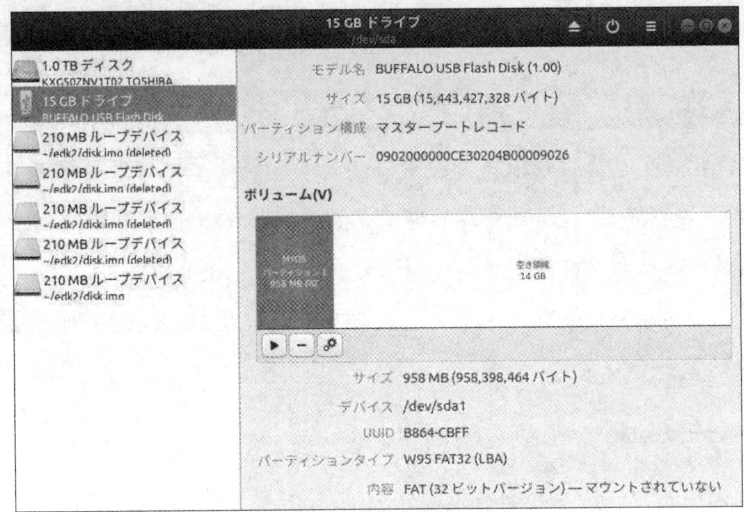

图17.2　使用GNOME磁盘实用工具重新分区

17.5 ls命令（osbook_day17b）

现在操作系统可以接收卷镜像，我们也可以创建ls命令了。该命令会显示卷镜像中包含的文件列表。我们所要做的就是解释根目录条目并显示文件名。让我们来试试看。

代码17.8显示了用于初始化FAT模块的fat::Initialize()函数的实现。它从主函数中接收卷镜像指针，并将其设置为全局变量。很简单。此处出现的BPB结构基于**表17.2**中的定义，定义在fat.hpp中。结构的源码省略了，因为结构本身与表中定义的一样，只是每个元素的名称略有不同。

代码17.8　FAT模块的初始化函数（fat.cpp）

```
BPB* boot_volume_image;

void Initialize(void* volume_image) {
  boot_volume_image = reinterpret_cast<fat::BPB*>(volume_image);
}
```

上面创建的函数由主函数调用。这里把它放在初始化中断之后和初始化PCI之前，如**代码17.9**所示。

代码17.9　使用主函数初始化FAT模块（main.cpp）

```
fat::Initialize(volume_image);
InitializePCI();
```

我们在Terminal::ExecuteLine()中添加了ls命令，如代码17.10所示。该程序在开始时获取指向根目录的第一个指针，并在后半部分的for语句中从头开始依次显示根目录的内容。

代码17.10　在ExecuteLine()中添加ls命令（terminal.cpp）

```
} else if (strcmp(command, "ls") == 0) {
  auto root_dir_entries = fat::GetSectorByCluster<fat::DirectoryEntry>(
      fat::boot_volume_image->root_cluster);
  auto entries_per_cluster =
     fat::boot_volume_image->bytes_per_sector / sizeof(fat::DirectoryEntry)
     * fat::boot_volume_image->sectors_per_cluster;
  char base[9], ext[4];
  char s[64];
  for (int i = 0; i < entries_per_cluster; ++i) {
    ReadName(root_dir_entries[i], base, ext);
    if (base[0] == 0x00) {
      break;
    } else if (static_cast<uint8_t>(base[0]) == 0xe5) {
      continue;
    } else if (root_dir_entries[i].attr == fat::Attribute::kLongName) {
      continue;
    }

    if (ext[0]) {
      sprintf(s, "%s.%s\n", base, ext);
    } else {
      sprintf(s, "%s\n", base);
    }
    Print(s);
  }
} else if (command[0] != 0) {
```

根目录在BPB_RootClus代表的簇中。BPB_RootClus的值可通过fat::boot_volume_image->root_cluster获得，并可通过向fat::GetSectorByCluster()函数赋值，获得簇在主内存中的位置。该函数将在稍后执行。

根目录的内容是表17.3所示的目录项数组。根据此表定义的结构是fat::DirectoryEntry。指向根目录开头的指针被转换为指向该结构的指针，并被设置为root_dir_entries变量。

entries_per_cluster变量表示每个簇的目录条目数。for循环将以这个数字为最大值运行。例如，如果1个簇=2个块，1个块=512字节，那么1个簇包含32个目录条目。这并不意味着根目录只能包含32个文件或目录。如果要存储超过32个文件或目录，那么根目录将存在于多个簇中。第18章将介绍如何解释FAT，一旦掌握了解释FAT的方法，就能处理需要跨多个簇的情况。现在，我们只处理可以存储在一个簇中的数据。

在for语句中，目录条目数组从头开始检查，并按顺序显示。在循环开始时，使用稍后执行的fat::ReadName()函数获取文件的短名称。该函数可用于单独获取“8+3”格式的文件名。文件名中的非扩展名部分为base，扩展名部分为ext。

根据FAT规范，DIR_Name的首字节（base[0]）具有以下特殊含义。

- **前导字节0xE5：该目录条目是空闲的。它不代表任何文件或目录。**
- **前导字节0x00：该目录条目是空闲的。此外，在此条目之后没有有效的目录条目。**
- **前导字节0x05：文件名的首字节原本是0xE5，这可能是Shift-JIS中混合日文文件名的首字节。**

在for循环中，将根据这一规范划分情况：如果首字节是0xE5，则继续输入以忽略它。如果是0x00，则以break语句结束循环。最后一种情况不予考虑，因为MikanOS不打算支持日文文件名。

如果发现目录条目有效，则下一步就是检查DIR_Attr。根据FAT规范，如果该值为ATTR_LONG_NAME，则条目的结构与fat::DirectoryEntry不同，将专门用于长名称，因此不会进行任何处理。

如果DIR_Attr的值不是ATTR_LONG_NAME，则显示短名称。如果有扩展名，则显示基本名称和扩展名，中间加一个点。如果没有扩展名，则只显示基本名称。

代码17.11显示了fat::GetSectorByCluster()的实现。该函数只将指针转换为所需类型，而将真正的工作委托给GetClusterAddr()。

代码17.11　GetSectorByCluster()将簇编号转换为指向块开头的指针（fat.hpp）

```
template <class T>
T* GetSectorByCluster(unsigned long cluster) {
  return reinterpret_cast<T*>(GetClusterAddr(cluster));
}
```

代码17.12显示了fat::GetClusterAddr()的实现，它进行了实质性处理。该函数返回指定簇编号对应的块地址。簇是BPB_SecPerClus块的集合。该函数返回簇中第一个块的地址。

代码17.12　GetClusterAddr()将簇编号转换为块位置（fat.cpp）

```
uintptr_t GetClusterAddr(unsigned long cluster) {
  unsigned long sector_num =
    boot_volume_image->reserved_sector_count +
    boot_volume_image->num_fats * boot_volume_image->fat_size_32 +
    (cluster - 2) * boot_volume_image->sectors_per_cluster;
```

```
  uintptr_t offset = sector_num * boot_volume_image->bytes_per_sector;
  return reinterpret_cast<uintptr_t>(boot_volume_image) + offset;
}
```

GetClusterAddr()首先根据指定的簇编号计算块编号，通过FAT文件系统格式化的卷的结构如**图17.3**所示。块编号是一个顺序号，卷镜像（boot_volume_image）的起始位置为0；簇编号是一个顺序号，数据区域的起始位置为2。从簇编号cluster获得的块编号被设置为sector_num变量，变量名中使用了sector（扇区）以符合FAT术语。

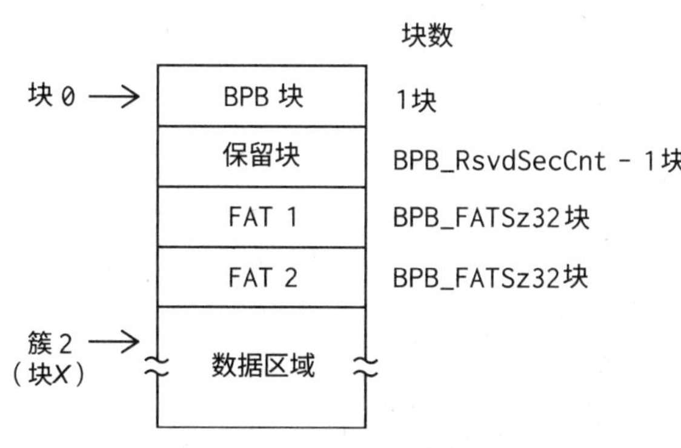

图17.3　FAT卷的结构

接下来，根据获得的块编号计算从卷镜像开头开始的字节偏移量。只需要将每个块的字节数乘以块编号即可。将得到的字节偏移量与卷镜像的起始地址相加，就得到了要查找的簇的起始块的最终地址。

fat::ReadName()的实现如**代码17.13**所示，将“8+3”格式的8个字符名称复制到base中，将3个字符名称复制到ext中，去掉尾部空格。base参数必须是一个至少包含9字节的数组，ext参数必须是一个至少包含4字节的数组，这样才能以空格结束。

代码17.13　ReadName()从目录条目中获取短名称（fat.cpp）

```
void ReadName(const DirectoryEntry& entry, char* base, char* ext) {
  memcpy(base, &entry.name[0], 8);
  base[8] = 0;
  for (int i = 7; i >= 0 && base[i] == 0x20; --i) {
    base[i] = 0;
  }
  memcpy(ext, &entry.name[8], 3);
  ext[3] = 0;
  for (int i = 2; i >= 0 && ext[i] == 0x20; --i) {
    ext[i] = 0;
  }
}
```

修改完成后，ls命令就可以执行了。运行ls命令（图17.4），我们可以看到四个文件，其中ELF是包含引导加载器的目录文件，KERNEL.ELF是操作系统文件，MEMMAP是包含从引导加载器中获得的内存映射的文件。

那么，MIKAN OS是什么文件呢？事实上，这个文件并不是一个普通的文件。它是根目录中只允许存在一个的特殊条目，代表卷名称。我们可以修改代码，使其不被显示。

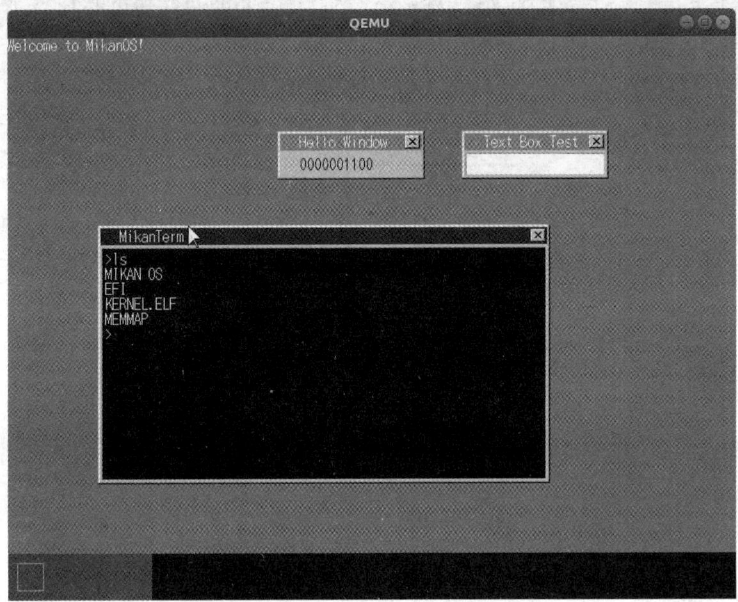

图17.4　在使用QEMU启动的操作系统上运行ls命令

第 18 章

应用

上一章介绍了查看启动媒体中文件列表的方法，本章将继续介绍打开文件并进行处理的方法。首先，介绍FAT的结构，以便正确处理大文件；然后，使用FAT创建cat命令，在终端中显示文件内容；最后，创建打开可执行文件并运行应用的机制。当用C++编写的应用启动时，一定会给你留下深刻的印象。

18.1 文件分配表（osbook_day18a）

FAT是文件分配表（File Allocation Table）的首字母缩写，是FAT文件系统的核心数据结构。FAT记录了文件被分配（allocated）到哪个簇。FAT可以帮助你处理存储在多个簇中的文件。

FAT的结构是簇链，通过跟踪簇链，可以找出给定簇号的下一个簇号。我们来看一个具体例子：用于启动QEMU的卷镜像disk.img的簇链如**表18.1**所示。如果查看根目录（第2簇）的下一簇编号，那么会看到0x0FFFFFF8，这个值代表簇链的末端，也就是根目录到此为止。从第3个簇开始，进入名为EFI的目录并开始启动。

表18.1　FAT簇链示例

簇编号	下一簇编号	文件
0	0x0FFFFFF8	
1	0x0FFFFFFF	
2	0x0FFFFFF8	/
3	0x0FFFFFFF	/EFI
4	0x0FFFFFFF	/EFI/BOOT
5	6	/EFI/BOOT/BOOTX64.EFI
6	7	/EFI/BOOT/BOOTX64.EFI
⋮	⋮	⋮
15	16	/EFI/BOOT/BOOTX64.EFI
16	0x0FFFFFFF	/EFI/BOOT/BOOTX64.EFI
17	18	/KERNEL.ELF
18	19	/KERNEL.ELF
⋮	⋮	⋮
2542	2543	/KERNEL.ELF
2543	0x0FFFFFFF	/KERNEL.ELF
2544	2545	/MEMMAP
2545	2546	/MEMMAP
2546	0x0FFFFFFF	/MEMMAP

跨多个簇的第一个文件是BOOTX64.EFI，该文件从第5个簇开始。追踪簇链，我们得到5→6→7→⋯→15→16。在disk.img中，一个簇为1KiB，这意味着它的大小约为12×1KiB=12KiB。BOOTX64.EFI的实际大小约为11.8KiB。因此，FAT可用于处理跨多个簇的文件。

代码18.1展示了按顺序遍历簇链的函数fat::NextCluster()的实现。首先计算FAT数据结构的位置，由于FAT数据结构非常重要，因此文件系统中通常有两个相同的FAT（见图17.3），该函数将使用其中第一个FAT。推荐检查两个FAT之间是否存在差异，这里省略。

代码18.1　通过NextCluster()获取簇链中的下一个簇编号（fat.cpp）

```
unsigned long NextCluster(unsigned long cluster) {
  uintptr_t fat_offset =
    boot_volume_image->reserved_sector_count *
    boot_volume_image->bytes_per_sector;
  uint32_t* fat = reinterpret_cast<uint32_t*>(
      reinterpret_cast<uintptr_t>(boot_volume_image) + fat_offset);
  uint32_t next = fat[cluster];
  if (next >= 0x0ffffff8ul) {
    return kEndOfClusterchain;
  }
  return next;
}
```

计算从卷首到FAT的字节偏移量，并将其设置为变量fat_offset。将该偏移量添加到boot_volume_image的地址中即可获得FAT在内存中所在的地址。在FAT32文件系统中，FAT是一个32位整数数组，因此得到的地址将被转换为uint32_t*类型的指针。

通过将簇号作为指向FAT开头的指针fat的索引，可以按顺序跟踪簇链。代码片段fat[cluster]与表18.1之间的关系说明如下。表18.1中的“簇编号”列是cluster，而“下一簇编号”列是元素fat[cluster]的值。这意味着簇链可以按如下方式追踪：cluster→fat[cluster]→fat[fat[cluster]]→…。

高于0x0FFFFFF8的值代表簇链的结束，为什么不将其设置为单一值是一个值得讨论的问题。在实际的卷镜像中存在一些差异，例如0x0FFFFFF8和0x0FFFFFFF。MikanOS创建了一个常量kEndOfClusterchain，代表簇链的结束（见代码18.2）。

代码18.2　创建代表簇链末尾的特殊簇编号（fat.hpp）

```
static const unsigned long kEndOfClusterchain = 0x0ffffffflu;
```

实现文件搜索函数fat::FindFile()（见代码18.3）。通过使用我们之前实现的NextCluster()，可以处理跨越多个簇的大量文件和目录。

代码18.3　通过FindFile()查找指定名称的文件（fat.cpp）

```
DirectoryEntry* FindFile(const char* name, unsigned long directory_cluster) {
  if (directory_cluster == 0) {
    directory_cluster = boot_volume_image->root_cluster;
  }
```

```
  while (directory_cluster != kEndOfClusterchain) {
    auto dir = GetSectorByCluster<DirectoryEntry>(directory_cluster);
    for (int i = 0; i < bytes_per_cluster / sizeof(DirectoryEntry); ++i) {
      if (NameIsEqual(dir[i], name)) {
        return &dir[i];
      }
    }

    directory_cluster = NextCluster(directory_cluster);
  }

  return nullptr;
}
```

该文件搜索函数按指定名称在指定目录中搜索，并返回匹配的文件。目录由目录的起始簇编号指定，簇编号在参数directory_cluster中传递。

在fat.hpp中可以看到，参数directory_cluster的默认值为0。因此，如果只调用第一个参数FindFile()，就会执行开头的if语句，并将根目录中的簇号设置为directory_cluster。换句话说，该函数将仅通过指定第一个参数来查找根目录中的文件。

for语句中使用的bytes_per_cluster是在初始化函数中设置的，如代码18.4所示。这是一个经常使用的常量，因此首先计算它，这样就不必每次都写公式。

代码18.4　计算bytes_per_cluster（fat.cpp）

```
BPB* boot_volume_image;
unsigned long bytes_per_cluster;

void Initialize(void* volume_image) {
  boot_volume_image = reinterpret_cast<fat::BPB*>(volume_image);
  bytes_per_cluster =
    static_cast<unsigned long>(boot_volume_image->bytes_per_sector) *
    boot_volume_image->sectors_per_cluster;
}
```

用于比较文件名的fat::NameIsEqual()的实现如**代码18.5**所示。该函数比较entry.name和name，如果相等则返回true。这是一个复杂的程序，因为这不是简单的字符串比较，需要基于8+3格式。

代码18.5　通过NameIsEqual()检查文件名是否匹配（fat.cpp）

```
bool NameIsEqual(const DirectoryEntry& entry, const char* name) {
  unsigned char name83[11];
  memset(name83, 0x20, sizeof(name83));

  int i = 0;
  int i83 = 0;
  for (; name[i] != 0 && i83 < sizeof(name83); ++i, ++i83) {
```

```
    if (name[i] == '.') {
      i83 = 7;
      continue;
    }
    name83[i83] = toupper(name[i]);
  }

  return memcmp(entry.name, name83, sizeof(name83)) == 0;
}
```

让我们仔细看看内部处理过程。在函数开始时，会准备一个11字节的数组name83，并用空格将其填满。在下面的for语句中，参数名称中的name被复制到该数组中，并被转换为8+3格式。复制时，小写字母被逐个转换为大写字母。计数变量i和i83分别用作name和name83的索引。

函数结束时，将刚刚创建的8+3格式字符串name83与目录条目name进行比较。如果匹配，则返回true。

最后，我们要实现cat命令，这是基于POSIX的操作系统使用的命令，通常用于将文件内容输出到屏幕（标准输出）。我们要创建的命令是接收文件名并将文件的内容输出到屏幕上。如**代码18.6**所示，它与其他命令一样被添加到Terminal::ExecuteLine()中。

代码18.6　cat命令的实现（terminal.cpp）

```
  } else if (strcmp(command, "cat") == 0) {
    char s[64];

    auto file_entry = fat::FindFile(first_arg);
    if (!file_entry) {
      sprintf(s, "no such file: %s\n", first_arg);
      Print(s);
    } else {
      auto cluster = file_entry->FirstCluster();
      auto remain_bytes = file_entry->file_size;

      DrawCursor(false);
      while (cluster != 0 && cluster != fat::kEndOfClusterchain) {
        char* p = fat::GetSectorByCluster<char>(cluster);

        int i = 0;
        for (; i < fat::bytes_per_cluster && i < remain_bytes; ++i) {
          Print(*p);
          ++p;
        }
        remain_bytes -= i;
        cluster = fat::NextCluster(cluster);
      }
      DrawCursor(true);
    }
  } else if (command[0] != 0) {
```

FindFile()用于查找参数中指定的文件。由于没有为第二个参数directory_cluster指定值，所以文件将从根目录开始查找。如果没有找到文件，那么变量file_entry将为空值，函数将带着错误信息退出。

file_entry->FirstCluster()是一个方法，用于返回两个字段的连接值，如**代码18.7**所示。FAT32的簇号宽度为32位，由于两个字段之间相隔16位，因此使用位运算将它们拼接在一起。

代码18.7　表示目录条目的结构（fat.hpp）

```
struct DirectoryEntry {
  unsigned char name[11];
  Attribute attr;
  uint8_t ntres;
  uint8_t create_time_tenth;
  uint16_t create_time;
  uint16_t create_date;
  uint16_t last_access_date;
  uint16_t first_cluster_high;
  uint16_t write_time;
  uint16_t write_date;
  uint16_t first_cluster_low;
  uint32_t file_size;

  uint32_t FirstCluster() const {
    return first_cluster_low |
      (static_cast<uint32_t>(first_cluster_high) << 16);
  }
} __attribute__((packed));
```

获得文件的簇号后，fat::GetSectorByCluster()将检索内存中的数据块并显示其内容，用于显示单个字符的Print()是新添加的方法，具体实现将在稍后讲解。该方法用于逐字节显示文件内容，如果文件大于一个簇（在QEMU使用的卷镜像中为1KiB），显示就会中断，必须遍历簇链。

遍历簇链的过程为cluster = fat::NextCluster(cluster);部分。这一过程可确保即使文件分散在不同的簇中，也能被正确读取。当到达簇链的末端时，fat::NextCluster(cluster)返回kEndOfClusterchain，循环结束。

代码18.8展示了用于显示单字符的Print(char)的实现。如果参数中指定的字符是换行符，就会打印一个换行符；否则，就会在屏幕上打印一个字符。当字符到达屏幕右侧边缘时，它将被换行显示。是的，这个过程看起来很熟悉，一直以来都有一个同名函数Print()，用于显示字符串。

代码18.8　Print(char)只向屏幕输出一个字符（terminal.cpp）

```
void Terminal::Print(char c) {
  auto newline = [this]() {
    cursor_.x = 0;
    if (cursor_.y < kRows - 1) {
      ++cursor_.y;
    } else {
      Scroll1();
    }
  };

  if (c == '\n') {
    newline();
  } else {
    WriteAscii(*window_->Writer(), CalcCursorPos(), c, {255, 255, 255});
    if (cursor_.x == kColumns - 1) {
      newline();
    } else {
      ++cursor_.x;
    }
  }
}
```


现有的Print(const char*)已经被简化，如**代码18.9**所示，增加了单字符函数。它不会在单字符函数中重绘光标，而是在单字符函数之外重绘光标。

代码18.9　Print(const char*)向屏幕输出字符串（terminal.cpp）

```
void Terminal::Print(const char* s) {
  DrawCursor(false);

  while (*s) {
    Print(*s);
    ++s;
  }

  DrawCursor(true);
}
```

现在执行工作已经完成，请尝试执行cat命令。在这个试验中，显示的是引导加载器写入的内存映射文件MEMMAP（见**图18.1**）。终端中显示了一个类似内存映射的字符串，同时，行尾显示了一个类似括号的符号，这是在UEFI中编写文件时自动添加的CR（0x0d），不是错误。

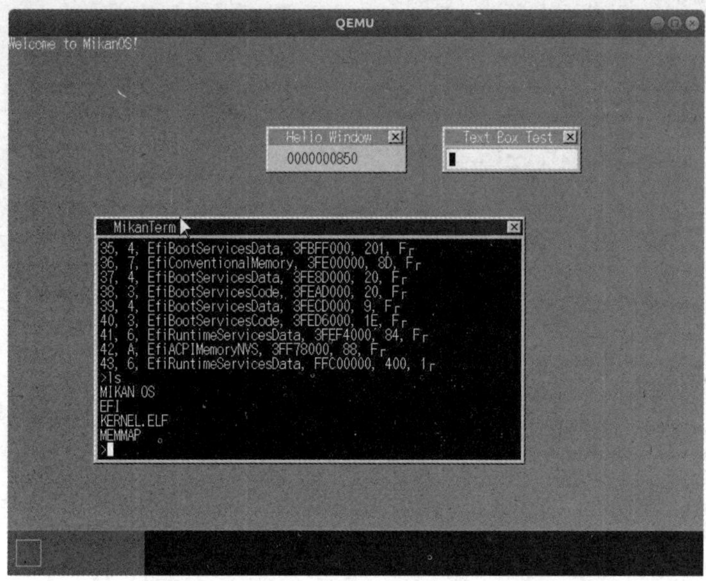

图18.1　使用cat命令显示MEMMAP文件

18.2 第一个应用（osbook_day18b）

既然可以读取并显示卷上的文件，那么也应该可以读取和启动可执行文件。读取和运行独立于操作系统的文件创建的应用，这样的能力难道不令人兴奋吗？

代码18.10展示了一个令人难忘的应用的首次实现。正如你所见，这个程序非常简单，只需保留hlt，它甚至没有在屏幕上显示任何信息。或者更准确地说，操作系统还不具备将字符串从应用显示到屏幕上的功能，因此只能创建这样一个简单的应用。

代码18.10　首次运行hlt应用程序（onlyhlt.asm）

```
bits 64
section .text

loop:
    hlt
    jmp loop
```

代码18.11展示了构建应用的Makefile，其中最重要的是运行nasm的一行。选项-f bin生成无头二进制文件。无头二进制文件是指从文件开头就纯粹用机器语言打包的文件。而ELF等操作系统文件是结构化的，文件开头有一个头文件，可执行代码和数据的排列方式可以分别被剪切出来，但无头二进制文件是纯粹的机器语言。眼见为实，让我们实际构建并查看生成文件的内容。

代码18.11　将应用程序编译为无头二进制文件（Makefile）

```
TARGET = onlyhlt

.PHONY: all
all: $(TARGET)

onlyhlt: onlyhlt.asm Makefile
	nasm -f bin -o $@ $<
```

```
$ source $HOME/osbook/devenv/buildenv.sh
$ cd $HOME/workspace/mikanos/apps/onlyhlt
$ git checkout osbook_day18b
$ make
nasm -f bin -o onlyhlt onlyhlt.asm
$ hexdump -C onlyhlt
00000000  f4 eb fd                                          |...|
00000003
```


编译生成了一个名为onlyhlt的文件。如果用十六进制显示，那么它包含3字节。这里尝试反汇编这3字节。

```
$ objdump -D -m i386:x86-64 -b binary onlyhlt
<略 >
0000000000000000 <.data>:
   0: f4                          hlt
   1: eb fd                       jmp      0x0
```

可以看出，在onlyhlt.asm中编写的程序被直接转换为机器语言，并从文件开头写起。这里显示的是jmp 0x0，但我实际写的是jmp loop，这是怎么回事呢？

实际上，机器语言中的eb fd被称为**相对短跳转**，意思是根据RIP寄存器在该时刻的值跳转到一个相对位置。相对短跳转本身用0xEB表示，跳转目的地用0xFD表示。0xFD表示带符号整数，即-3，代表跳转到RIP之前的3字节。x86-64体系结构规定，在执行一条指令期间，RIP的值指向下一条指令。这种相对短跳转将导致跳回hlt，进入死循环。

现在，我们如何执行生成的名为onlyhlt的二进制文件呢？如果你还记得操作系统本身是如何启动的，那就很容易了：操作系统是由引导程序加载到内存中并调用其入口而实现启动的。你应该也能做到这一点。在终端中输入onlyhlt，该进程就会被执行。

代码18.12展示了终端的修改。当输入终端的命令名称与任何内置命令（如ls或cat）不匹配时，就会发生这种情况。它会查找具有该名称的文件，并在找到后调用ExecuteFile()。

代码18.12 如果输入的名称不是内置命令，则查找文件（terminal.cpp）

```
  } else if (command[0] != 0) {
    auto file_entry = fat::FindFile(command);
    if (!file_entry) {
      Print("no such command: ");
      Print(command);
      Print("\n");
    } else {
      ExecuteFile(*file_entry);
    }
  }
```

ExecuteFile()的实现如**代码18.13**所示。它将给定的文件读入内存并加以调用，前提是文件开头有一个函数。读取文件的过程与cat命令几乎相同，因此无须解释。唯一不同的是，读取的字节序列会被读入数组file_buf，而不是显示在屏幕上。

代码18.13 ExecuteFile()读取并执行文件（terminal.cpp）

```
void Terminal::ExecuteFile(const fat::DirectoryEntry& file_entry) {
  auto cluster = file_entry.FirstCluster();
  auto remain_bytes = file_entry.file_size;

  std::vector<uint8_t> file_buf(remain_bytes);
  auto p = &file_buf[0];

  while (cluster != 0 && cluster != fat::kEndOfClusterchain) {
    const auto copy_bytes = fat::bytes_per_cluster < remain_bytes ?
      fat::bytes_per_cluster : remain_bytes;
    memcpy(p, fat::GetSectorByCluster<uint8_t>(cluster), copy_bytes);

    remain_bytes -= copy_bytes;
    p += copy_bytes;
    cluster = fat::NextCluster(cluster);
  }

  using Func = void ();
  auto f = reinterpret_cast<Func*>(&file_buf[0]);
  f();
}
```

将文件内容读入数组后，进行函数调用，对可执行的机器语言应从文件开头开始执行。如果是onlyhlt文件，则应在开头执行hlt死循环，终端呈现假死状态。如果终端被冻结，则执行成功；如果没有被冻结，则执行失败。

在一个修改过的操作系统上运行文件时，可以注意到不仅终端被冻结了，整个操作系统也被冻结了，主任务中的光标停止闪烁，鼠标停止工作。在探究原因时，我意识到在TaskTerminal()中从队列中获取消息后，sti并没有被执行，这意味着**代码18.14**的最后一行中没有sti。如果忘记了sti，则终端将在禁用中断的情况下开始执行onlyhlt。如果在禁用中断的情况下执行hlt，那么即使任务切换定时器超时，中断也不会发生，整个操作系统将被冻结。于是我添加了sti，修改就完成了。

代码18.14　获取信息后的sti（terminal.cpp）

```
    __asm__("cli");
    auto msg = task.ReceiveMessage();
    if (!msg) {
      task.Sleep();
      __asm__("sti");
      continue;
    }
    __asm__("sti");
```

现在是运行的时候了。但有一个问题：需要将onlyhlt文件添加到卷镜像中，但在之前的做法（使用run_qemu.sh）中，引导加载器（/EFI/BOOT/BOOTX64.EFI）和操作系统（/kernel.elf）都需要被添加到卷镜像中。因此我创建了一个新脚本（见**代码18.15**），对应的文件是$HOME/osbook/devenv/run_mikanos.sh。

代码18.15　MikanOS启动脚本（run_mikanos.sh）

```
#!/bin/sh -ex

DEVENV_DIR=$(dirname "$0")
DISK_IMG=./disk.img

DISK_IMG=$DISK_IMG $DEVENV_DIR/make_mikanos_image.sh
$DEVENV_DIR/run_image.sh $DISK_IMG
```

脚本首先创建包含onlyhlt文件的启动盘镜像，然后启动创建的镜像。创建卷镜像的脚本make_mikanos_image.sh非常重要，如**代码18.16**所示。

代码18.16　MikanOS启动脚本（make_mikanos_image.sh）

```
#!/bin/sh -ex

DEVENV_DIR=$(dirname "$0")
MOUNT_POINT=./mnt

if [ "$DISK_IMG" = "" ]
then
  DISK_IMG=./mikanos.img
fi

if [ "$MIKANOS_DIR" = "" ]
```

```
then
  if [ $# -lt 1 ]
  then
      echo "Usage: $0 <day>"
      exit 1
  fi
  MIKANOS_DIR="$HOME/osbook/$1"
fi

LOADER_EFI="$HOME/edk2/Build/MikanLoaderX64/DEBUG_CLANG38/X64/Loader.efi"
KERNEL_ELF="$MIKANOS_DIR/kernel/kernel.elf"

$DEVENV_DIR/make_image.sh $DISK_IMG $MOUNT_POINT $LOADER_EFI $KERNEL_ELF
$DEVENV_DIR/mount_image.sh $DISK_IMG $MOUNT_POINT

if [ "$APPS_DIR" != "" ]
then
  sudo mkdir $MOUNT_POINT/$APPS_DIR
fi

for APP in $(ls "$MIKANOS_DIR/apps")
do
  if [ -f $MIKANOS_DIR/apps/$APP/$APP ]
  then
    sudo cp "$MIKANOS_DIR/apps/$APP/$APP" $MOUNT_POINT/$APPS_DIR
  fi
done

if [ "$RESOURCE_DIR" != "" ]
then
  sudo cp $MIKANOS_DIR/$RESOURCE_DIR/* $MOUNT_POINT/
fi

sleep 0.5
sudo umount $MOUNT_POINT
```

make_mikanos_image.sh的过程如上所述。

脚本首先定义了各种变量。变量DEVENV_DIR是脚本所在目录的路径，MOUNT_POINT是挂载卷镜像的目录名称，DISK_IMG是卷镜像的名称。对变量MIKANOS_DIR的处理要复杂一些，如果定义了变量，则使用该变量的值。如果没有定义变量（空值），则使用脚本的第一个参数作为该变量的值。

定义变量后，使用make_image.sh创建包含BOOTX64.EFI和kernel.elf磁盘镜像disk.img。make_image.sh会在最后卸载镜像，但要进一步修改mount_image.sh来重新挂载。

挂载后将应用复制进去。在$MIKANOS_DIR/apps中搜索应用并将找到的所有内容复制到$MOUNT_POINT/$APPS_DIR下。如未指定APPS_DIR，则该变量为空，应用将被复制到

$MOUNT_POINT/。在此，$MIKANOS_DIR/apps/onlyhlt/onlyhlt将被复制为mnt/onlyhlt，卸载镜像文件并通过run_image.sh启动完成的镜像文件。

这里还添加了另一个脚本来构建操作系统和所有应用：$HOME/workspace/mikanos/build.sh（Git标签：osbook_day18b）（见**代码18.17**）。该脚本在不带参数的情况下运行时会构建整个系统。如果使用参数run运行该脚本，则会在构建完成后启动QEMU。运行此脚本时，请执行以下操作。

```
$ cd $HOME/workspace/mikanos
$ git checkout osbook_day18b
$ ./build.sh run
```

代码18.17　构建整个操作系统和应用程序的脚本（build.sh）

```
#!/bin/sh -eu

make ${MAKE_OPTS:-} -C kernel kernel.elf

for MK in $(ls apps/*/Makefile)
do
  APP_DIR=$(dirname $MK)
  APP=$(basename $APP_DIR)
  make ${MAKE_OPTS:-} -C $APP_DIR $APP
done

if [ "${1:-}" = "run" ]
then
  MIKANOS_DIR=$PWD $HOME/osbook/devenv/run_mikanos.sh
fi
```

这将构建整个程序，并通过刚刚创建的run_mikanos.sh启动QEMU。

图18.2展示了catmemmap命令和onlyhlt命令。从截图中很难看出，输入onlyhlt并按回车键后，光标停止闪烁。我可以在“TextBoxTest”中移动鼠标光标和按下键盘，但终端完全停止了响应，看来onlyhlt能正常工作。

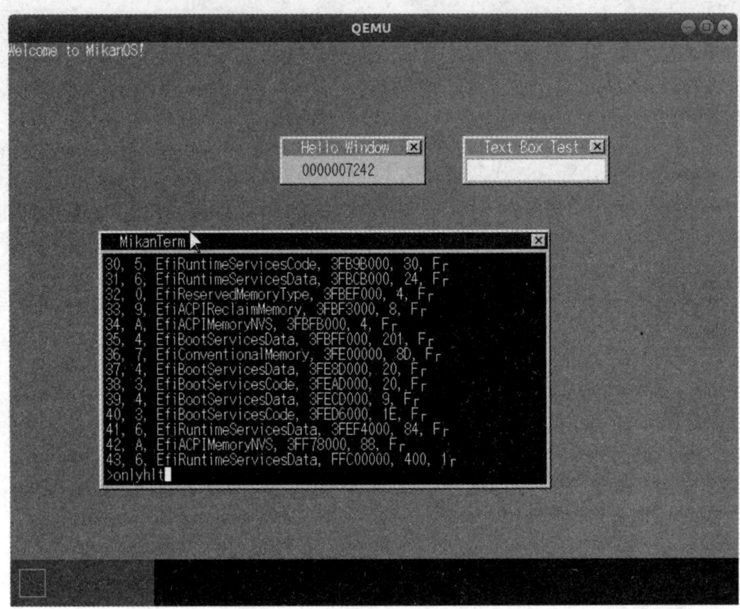

图18.2　启动onlyhlt时终端冻结

18.3 C++中的计算器（osbook_day18c）

此时，你可能会热情高涨："现在我已经编写了一个应用，它已经开始运行，我马上就要开始构建有趣的应用了！"但是，如果你只能用汇编语言创建应用，那将会很困难，所以你会希望能够用C++编写应用。在本节中，我们将尝试用C++创建并运行一个应用。

我们用汇编语言编写的onlyhlt命令是一个无头二进制文件，这不足以编写一个完整的程序。在一个完整的程序中，静态变量（如全局变量）、固定数据（如字符串）和机器语言相结合才能实现功能，但无头二进制文件只能表达机器语言。有些事情必须用机器语言以外的语言来表达，例如需要多少字节的内存空间来存储静态变量，以及固定数据在文件中的位置。

回想一下，到目前为止，我们创建的操作系统本身的文件格式是ELF格式。事实上，ELF是一种可以表达程序所需的各类信息，甚至可以对操作系统本身进行处理的文件格式。我们将以这种强大的ELF格式创建一个应用，并改进Terminal::ExecuteFile()，以便启动它。

现在，我们尝试制作一个逆波兰式（Reverse Polish Notation，RPN）计算器。逆波兰式是一种数式书写方式，运算符被置于后面，因此，它有时也被称为后置符号。表18.2将其与中置记法进行了比较。

表18.2　操作符所在位置的差异

中置记法	逆波兰式记法（后置记法）	逆波兰式的其他表示
2+3	23+	
(3+4)×2	34+2×	234+×

逆波兰式的一个主要特点是，它允许在不使用括号的情况下明确表达计算顺序。这一特点使计算程序的编写变得容易。用逆波兰式书写的数学表达式可以使用数字栈进行计算，步骤如下。

1. 准备一个空栈来存储数字。
2. 从公式左边读取一个数字或运算符。
3. 如果读取的是一个数字，则将其推入栈中。
4. 如果读取的是一个二进制运算符，则从栈中弹出两个数字，并将计算结果推入栈中。
5. 重复2～4，直到公式结束。
6. 栈中剩余的数字代表计算结果。

图18.3展示了根据此算法计算“34+2×”时的堆栈变化情况。比较程序和栈的变化并不困难。最后栈中剩余的14就是计算结果，这看起来是正确的。

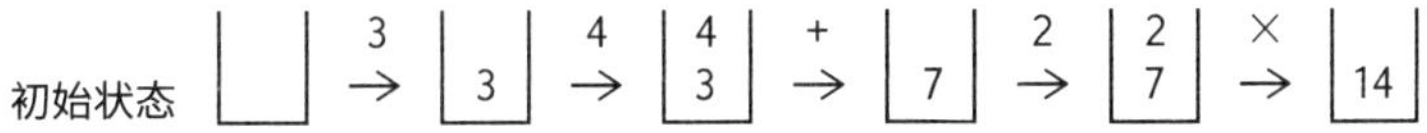

图18.3　计算逆波兰式“34+2×”时的堆栈问题

我们创建了一个程序，根据逆波兰式的计算过程进行计算。代码18.18将该程序作为接收命令行参数的公式，并将计算结果作为程序退出码输出。事实上，该程序既可以在Linux上运行，也可以作为MikanOS应用运行。要在Linux上运行，首先要使用clang进行编译。

```
$ clang++ rpn.cpp
```

这将生成一个可执行文件a.out，这样你就可以将一个公式作为命令行参数传递给它进行计算。

```
$ ./a.out 2 3 +
$ echo $?
5
```

代码18.18　逆波兰式计算器的实现（rpn.cpp）

```
int strcmp(const char* a, const char* b) {
  int i = 0;
  for (; a[i] != 0 && b[i] != 0; ++i) {
```

```
    if (a[i] != b[i]) {
      return a[i] - b[i];
    }
  }
  return a[i] - b[i];
}

long atol(const char* s) {
  long v = 0;
  for (int i = 0; s[i] != 0; ++i) {
    v = v * 10 + (s[i] - '0');
  }
  return v;
}

int stack_ptr;
long stack[100];

long Pop() {
  long value = stack[stack_ptr];
  --stack_ptr;
  return value;
}

void Push(long value) {
  ++stack_ptr;
  stack[stack_ptr] = value;
}

extern "C" int main(int argc, char** argv) {
  stack_ptr = -1;

  for (int i = 1; i < argc; ++i) {
    if (strcmp(argv[i], "+") == 0) {
      long b = Pop();
      long a = Pop();
      Push(a + b);
    } else if (strcmp(argv[i], "-") == 0) {
      long b = Pop();
      long a = Pop();
      Push(a - b);
    } else {
      long a = atol(argv[i]);
      Push(a);
    }
  }
  if (stack_ptr < 0) {
    return 0;
  }
  return static_cast<int>(Pop());
}
```

命令的退出码会被设置为一个名为$?的特殊变量，因此你可以在命令结束后立即通过

echo $?来显示退出码。

既然我们知道了如何在Linux上运行它，现在就可以为程序添加一个简短的说明了。首先，代码18.18中没有#include，你不觉得奇怪吗？这并不是输入错误。缺少#include的原因是MikanOS还没有为应用提供标准库。要使用Newlib和libc++等标准库，需要一些依赖操作系统的函数组。依赖操作系统的函数组可以放在newlib_support.c和libcxx_support.cpp中，但是我们还没有为应用准备好这些函数组。

因此我决定自己定义strcmp()和atol()这两个函数，它们都包含在标准库中。strcmp()比较两个字符串，如果匹配则返回0，atol()将十进制字符串转换为数字。

接下来是栈的定义，它是计算的核心，用逆波兰式表示：stack是作为栈主体的数组，stack_ptr是作为数组索引的栈顶部位置。Pop()和Push()，顾名思义，实现pop和push操作。

main()是实现公式计算的主要部分：它从for语句中的命令行参数argv中逐个读取数字和运算符，并继续处理。消耗完所有参数后，栈中剩余的数字将作为退出码返回。从for语句中可以看出，它只支持+和-运算符，如果想增加运算符的数量，那么可以尝试修改它。

为MikanOS构建rpn.cpp的Makefile如代码18.19所示。通常，在操作系统上运行的应用是为在主机环境中运行而构建的，而操作系统本身则是为独立环境（没有操作系统的环境）而构建的。逆波兰式计算程序运行在名为MikanOS的操作系统上，我们认为它是一个托管环境，但MikanOS尚不支持主机环境函数[1]，因此也需要为该程序构建独立环境，在编译时请使用-ffreestanding。

代码18.19　MikanOS可执行文件的构建脚本（Makefile）

```
TARGET = rpn

CPPFLAGS += -I.
CFLAGS   += -O2 -Wall  -g --target=x86_64-elf -ffreestanding
CXXFLAGS += -O2 -Wall  -g --target=x86_64-elf -ffreestanding \
            -fno-exceptions -fno-rtti -std=c++17
LDFLAGS += --entry main -z norelro --image-base 0 --static

.PHONY: all
all: $(TARGET)

rpn: rpn.o Makefile
	ld.lld $(LDFLAGS) -o rpn rpn.o

%.o: %.cpp Makefile
	clang++ $(CPPFLAGS) $(CXXFLAGS) -c $< -o $@
```

1　必须支持多线程、标准I/O和文件系统操作，才能在主机环境下运行。

如果未指定输出格式，那么链接器ld.lld将以ELF格式输出，因此，此Makefile生成的可执行文件rpn是ELF格式的。由于指定了--image-base 0，因此链接可执行文件时假定它是从内存地址0开始的。读取ELF文件的进程将在稍后创建，此时读取目标的内存地址无法固定，需要调整。通过将--image-base设置为0，可以使调整地址的计算变得简单一些。

rpn的实现已经完成。rpn要求在命令行参数argv中传递一个公式，因此我们也实现了这一机制。

如**代码18.20**所示，ExecuteFile()增加了两个参数，分别是命令名称和命令行参数。例如，如果在终端输入rpn 23 +，那么命令应为"rpn"，而first_arg应为"2 3 +"。

代码18.20　向ExecuteFile()传递命令行参数（terminal.cpp）

```
auto file_entry = fat::FindFile(command);
if (!file_entry) {
  Print("no such command: ");
  Print(command);
  Print("\n");
} else {
  ExecuteFile(*file_entry, command, first_arg);
}
```

代码18.21为ExecuteFile()中的修改。ELF的前4字节是"0x7f"、"E"、"L"和"F"，因此使用memcmp()对这4字节进行比较。如果确定文件不是ELF格式的，就会像以前一样执行无头二进制文件来启动过程。

代码18.21　根据应用程序是否为ELF格式来区分其启动过程（terminal.cpp）

```
auto elf_header = reinterpret_cast<Elf64_Ehdr*>(&file_buf[0]);
if (memcmp(elf_header->e_ident, "\x7f" "ELF", 4) != 0) {
  using Func = void ();
  auto f = reinterpret_cast<Func*>(&file_buf[0]);
  f();
  return;
}

auto argv = MakeArgVector(command, first_arg);

auto entry_addr = elf_header->e_entry;
entry_addr += reinterpret_cast<uintptr_t>(&file_buf[0]);
using Func = int (int, char**);
auto f = reinterpret_cast<Func*>(entry_addr);
auto ret = f(argv.size(), &argv[0]);

char s[64];
sprintf(s, "app exited. ret = %d\n", ret);
Print(s);
```

你可能会发现"\x7f" "ELF"的写法很奇怪，这是一种使用C/C++规范的书写方式。如果两个字符串字面量连续，它就会合并。换句话说，"\x7f" "ELF"被连接成一个5字节（4字节+NUL字符）的字符串字面量。这样做的原因是，如果写入"\x7fELF"，那么0x7fE之前的字符将被解释为十六进制数（最终会出现编译错误，因为0x7fe超出了1字节的范围）。

如果判断结果为ELF格式，则可以启动新添加的启动程序。首先，MakeArgVector()会将命令行参数转化为空格分隔的数组。然后，根据ELF文件头获取入口点地址，并在添加&file_buf[0]之后尝试调用。ELF文件头中记录的入口点地址是一个数字，它假定ELF文件被放置在地址0处，因此你需要添加实际要放置的地址。

f(argv.size(), &argv[0])是入口点，即应用中执行main()的部分，你可以通过向入口点传递两个参数来执行它。当入口点执行完毕后，它将返回此处，入口点的返回值将写入ret变量。除应用已完成外，该值也会显示在屏幕上。逆波兰式应用将计算结果作为main()的返回值输出，因此如果不显示上述返回值，就无法知道计算结果。

代码18.22展示了MakeArgVector()的实现。首先，命令名称存储在argv[0]中。在while循环中，命令行参数从argv[1]开始用空格分隔。isspace()是C标准库中的一个函数。如果指定字符是白字符（如空格或制表符），则返回true。

代码18.22 MakeArgVector()用空格分隔命令行参数（terminal.cpp）

```
namespace {

std::vector<char*> MakeArgVector(char* command, char* first_arg) {
  std::vector<char*> argv;
  argv.push_back(command);

  char* p = first_arg;
  while (true) {
    while (isspace(p[0])) {
      ++p;
    }
    if (p[0] == 0) {
      break;
    }
    argv.push_back(p);

    while (p[0] != 0 && !isspace(p[0])) {
      ++p;
    }
    if (p[0] == 0) {
      break;
    }
    p[0] = 0;
    ++p;
  }
```

```
  return argv;
}

} // namespace
```

图18.4展示了逆波兰式应用的使用方法。此外，它还能以与Linux相同的方式执行，我对此印象深刻。它正在成为一个非常严肃的操作系统。

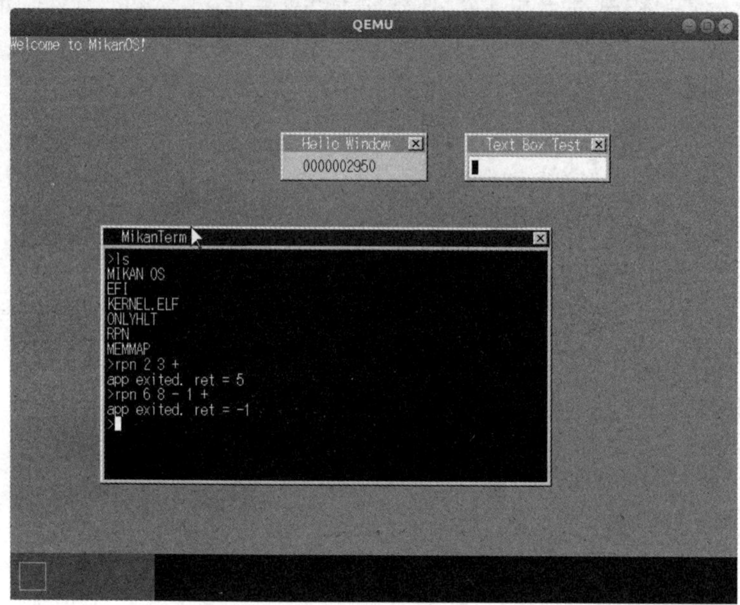

图18.4　逆波兰式应用的使用方法

18.4 标准库（osbook_day18d）

在创建逆波兰式应用时，我自己制作了strcmp()和atol()，这让我感到有些失败。我不想在标准库中创建自己的函数，我想以某种方式在我的应用中使用标准库。

幸运的是，操作系统和应用运行在相同的CPU上，因此无须为应用重建标准库，只需为应用准备newlib_support.c和libcxx_support.cpp。事实上，如果你只需要strcmp()和atol()，那么你甚至不需要准备这些文件，只需要链接标准库就可以了。

因此，我修改了apps/rpn/Makefile以链接标准库（见代码18.23）。其中，-lc是C标准库，-lc++和-lc++abi是C++标准库。

代码18.23　链接标准库（rpn/Makefile）

```
rpn: rpn.o Makefile
	ld.lld $(LDFLAGS) -o rpn rpn.o -lc -lc++ -lc++abi
```

我还重写了rpn.cpp，以便使用标准库（见代码18.24），我不认为这有什么特别难的。

代码18.24　包含并使用标准库（rpn/rpn.cpp）

```
#include <cstring>
#include <cstdlib>

int stack_ptr;
long stack[100];
```

修改完成后，构建并运行它。图18.5显示了它在QEMU中的运行情况。计算结果应该是5，但却显示为0，原因将在下一章揭晓。

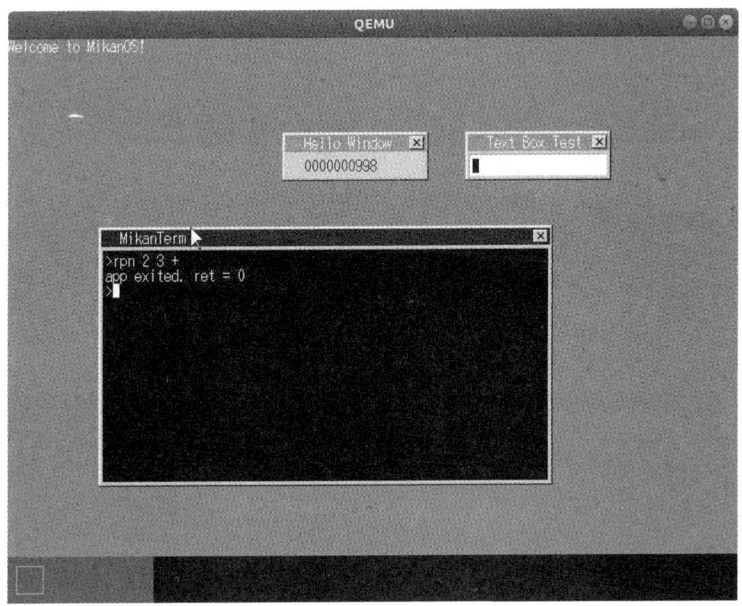

图18.5　修改rpn命令以使用标准库

第 19 章

分页

现在，你可以运行用单个文件创建的应用了，离真正的操作系统越来越近了。但是，由于某些原因，我们在上一章结尾创建的应用无法正常运行。在本章中，我们将揭示应用与内存地址之间的关系，并使用一种名为分页的CPU功能来使应用正常运行。在本章结束时，你将了解到分页的工作原理及实际设置方法。

19.1 可执行文件和内存地址

使用标准库设计的rpn命令出现故障，最可疑的是在调用入口点之前调整地址的部分，见代码18.21。

为了创建可执行文件，链接器必须知道文件将被放置在哪个地址[1]。链接器默认将文件放置在地址0x200000或0x400000（取决于链接器类型），链接rpn命令时指定的--imagebase 0会将地址改为0。最初，我们希望指定实际加载rpn的内存地址，但该地址只能在操作系统执行时确定，无法向链接器指定。因此，我们告诉链接器rpn将被放置在地址0处，而实际地址则在运行时添加。

拆解生成的rpn文件，看看--image-base对它有什么影响。使用以下命令反汇编该文件。

```
$ objdump -d -M intel -C -S apps/rpn/rpn
```

代码19.1展示了从反汇编结果中提取的部分main()代码。

代码19.1　rpn文件的反汇编结果（节选）

```
……
0000000000001040 <main>:

extern "C" int main(int argc, char** argv) {
……
if (strcmp(argv[i], "+") == 0) {
    1070:        49 8b 3c dc              mov    rdi,QWORD PTR [r12+rbx*8]
    1074:        be 62 01 00 00           mov    esi,0x162
    1079:        e8 e2 00 00 00           call   1160 <strcmp>
    107e:        85 c0                    test   eax,eax
    1080:        74 3e                    je     10c0 <main+0x80>
      long b = Pop();
      long a = Pop();
      Push(a + b);
    } else if (strcmp(argv[i], "-") == 0) {
    1082:        49 8b 3c dc              mov    rdi,QWORD PTR [r12+rbx*8]
    1086:        be 60 01 00 00           mov    esi,0x160
    108b:        e8 d0 00 00 00           call   1160 <strcmp>
    1090:        85 c0                    test   eax,eax
    1092:        74 4c                    je     10e0 <main+0xa0>
      long b = Pop();
……
```

1　链接器可以创建"位置无关可执行文件"（Position Independent Executable，PIE），这是一种无论放在哪里都能运行的文件。但在本书中，我们要解释的是分页，因此我们决定规定一个场景，在这个场景中，我们运行一个不是PIE的文件（部分原因是运行PIE文件需要重新定位，这比较困难）。

反汇编结果的前半部分对应strcmp(argv[i], "+")。函数调用规则是将第一个参数设置到RDI寄存器，将第二个参数设置到RSI寄存器。回想一下，第一个参数argv[i]对应QWORD PTR[r12+rbx*8]，第二个参数"+"对应0x162，然后将反汇编结果与C++代码进行比较。

第一个参数比较复杂，但我们现在要关注的是第二个参数。将第二个参数设置为寄存器的指令是mov esi,0x162，对应的机器语言是be 6201 0000。根据IntelSDM，be是一个指向32位寄存器ESI的mov，因此，下面的4字节62 0100 00应代表一个32位字面量。x86-64是小字节，因此这4字节可读作0x00000162。

现在我们知道，数字0x162被嵌入机器语言级别的语句，这个数字对应C++代码中strcmp()的第二个参数"+"，是一个字符串字面量。表达式（expression）中的字符串字面量被转换为指向字符串的指针，因此0x162是放置（或将要放置）字符串的内存地址。根据--image-base 0规范，链接器链接时假定可执行文件是从内存起始位置开始放置的，因此，0x162应对应文件开头的位置0x162。

反汇编结果的后半部分对应strcmp(argv[i], "-")，第二个参数的机器语言被设置为be 6001 0000，这与之前的设置几乎相同，但RSI寄存器中设置的32位值为0x00000160，偏差为2。文件开头0x160和0x162位置的数据可以使用hexdump命令来验证。

```
$ hexdump -C -s 0x160 -n 4 apps/rpn/rpn
00000160 2d 00 2b 00                                    |-.+.|
00000164
```

-s 0x160表示读取文件开头及以后0x160字节的数据，-n 4表示只读取4字节的数据。如果查看命令的结果，就会发现从0x160开始，有一连串-、+和白字符，这恰好是字符串"-"和"+"。

总之，我们看到可执行文件rpn中嵌入了一个数字（如0x162），代表内存地址，它是根据--image-base中指定的地址计算出来的。

另一方面，在MikanOS上，读取到rpn的地址是非零的，因此必须调整入口点的地址。然而，仅仅调整入口点的地址并不能调整机器语言中包含的数值，如0x162。因此，程序将按原样执行mov esi,0x160，并将该值传递给strcmp()的第二个参数。当然，字符串"+"不可能被放入0x162（有可能奇迹般地将相同的值写入内存，但这只是巧合）。因此，程序会出现故障。这就是使用标准库设计的逆波兰式应用在MikanOS中无法正常运行的原因。

19.2 地址转换

有几种方法可以解决此类问题：一种是预先确定可执行文件的地址。在确定地址时，应避免多个应用相互重叠，当然，还需要确定一个不与操作系统本身重叠的地址。这种方法对于嵌入式系统来说既简单又实用，因为嵌入式系统的主内存容量是固定的，要运行的应用也是固定的。但是，在个人计算机中，主内存的空闲部分通常因型号而异，因此如果要创建一个可在不同型号的计算机上运行的操作系统，就必须找到每个型号的地址并重新链接。这很麻烦。

第二种方法是重新定位可执行文件。重新定位是将可执行文件的第一个地址与一个临时值链接，然后将可执行文件放入内存后修改该值的过程。由于使用这种方法可以有意改变重定位地址，因此它有时也被用于一种名为地址空间布局随机化（Address Space Layout Randomization，ASLR）的技术，通过每次将可执行文件放置在随机地址上，增加安全攻击的难度。由于重新定位的过程相当困难，因此本书没有使用这种方法。

第三种方法是将应用可见的内存地址转换为物理地址。我们为每个应用准备了专用的地址转换表，即使应用A和应用B引用了相同的地址（如0x200000），它们也会被转换为不同的物理地址（见图19.1）。顺便提一下，这里之所以将应用A和应用B放在0x200000位置，是为了避免它们与操作系统本身所在的0x100000重叠。由于细节过于复杂，这里就不一一赘述了。但为了简化从操作系统到应用的执行切换过程，有必要对它们进行移位。

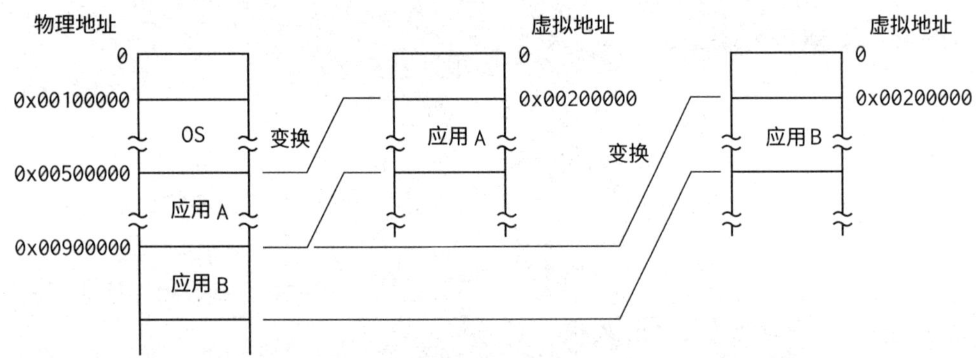

图19.1　应用程序的地址转换

当应用A开始运行时，即CPU尝试执行应用A的上下文时，操作系统会提前向CPU设置应用A的地址转换表。当应用A使用mov指令读写内存时，CPU会使用该转换表进行地址转换。应用A试图执行的mov指令中指定的地址被称为虚拟地址（我在**专栏19.1虚拟地址**中认为，将其翻译为事实地址更好）。

这种地址转换也被称为映射（map）。map一词有地图的意思，但它在此处与地图并不完全相同。C++标准库中的类std::map<A,B>也是这种意义上的映射。这就像将一些A类型的数转换为B类型的数。从将一个下标的数值转换为元素值的意义上讲，C的数组也是一个映射。

有了将虚拟地址映射到物理地址的能力，每个应用执行的机器语言就可以包含相同的内存地址。同时，确保应用A和应用B的内存区域，或操作系统机器语言和变量的内存区域位于物理内存中，这样它们就不会重叠。这一点非常有用，许多CPU都具有类似的功能。

其中，基于x86的CPU有两种不同的地址映射功能——分段和分页。遗憾的是，在x86-64架构的64位模式下，分段功能已基本被禁用，因此本书只介绍分页功能。分段功能被禁用的真正原因尚不清楚，但可能是因为该功能很少被使用。

分页（paging）是一种将内存地址空间划分为固定长度区域（页），并将地址映射到每个页的方法。在x86-64架构64位模式下，你可以从4KiB、2MiB或1GiB中选择页面大小（部分型号可能无法使用1GiB页面）。例如，在分页机制中使用的地址映射（被称为**分层分页结构**）中，从0x00200000开始的4KiB页面被映射到物理地址0x00500000。当应用A尝试读/写从0x00200000开始的4KiB区域中的某处时，地址会被转换为[1]读/写物理内存中从0x00500000开始的4KiB区域的相同偏移。

假设在应用A运行一段时间后，发生了定时器中断，系统切换到应用B的上下文。该分层分页结构将虚拟地址0x00200000开始的4KiB页面映射到物理地址0x00900000开始的页面。这样，当应用B尝试读/写从0x00200000开始的4KiB区域中的某个位置时，读/写的位置就会与物理内存中从0x00900000开始的4KiB区域的偏移量相同。

因此，即使应用A和应用B对相同的虚拟地址进行读/写，分页也会将它们转换为对不同物理地址的读/写。

到目前为止，我们假定应用被放置在0x200000，但这真的足够吗？不一定。我们希望将应用放在一个永远不会与操作系统重叠的虚拟地址上，但不能保证操作系统不会使用0x200000。那么，应该把它放在哪里呢？在下面的章节中，我们将根据MikanOS采用的四级分页假设，研究可以放置应用的虚拟地址。

专栏19.1　虚拟地址

虽然virtual通常被译为“虚拟”，但我认为virtual address中的virtual应被译为“事实上”。换句话说，应用为mov指令等指定的内存地址是该应用的“事实上的地址”。

virtual的细微差别在于“名义上不是，但事实上（或实质上）是”。virtual address不是CPU外部世界使用的真实地址，但实际上是应用的真实地址。“虚拟”是一种想象，但不是“真实”地址。“虚拟”一词给人的印象是虚构的，没有实质内容。虚拟地址当然不是物理地址，但对于应用来说，它是一个地址，而且肯定是CPU实际解释的一个数。

1　实际执行地址转换的硬件被称为MMU（Memory Management Unit），它内置于CPU中，除了转换地址，还负责检查内存权限。

在本书中，我们之所以将其称为“虚拟地址”，是因为“事实上的地址”太长，并且“虚拟地址”无疑是一种常见的翻译。但我建议读者从上述意义上理解“虚拟地址”。

19.3 加载并运行应用（osbook_day19a）

你是否已经对分页的目的有了一定的了解？分页以固定长度（如4KiB或2MiB）分隔的页为单位进行地址转换。正如8.6节介绍的那样，分层分页结构顾名思义是分层的。CPU在读写主内存前使用分层分页结构将虚拟地址转换为物理地址。根据分页模式的不同，分层深度有多种类型，MikanOS采用的x86-64的64位模式使用四级分页，下面将对此进行说明。

19.4 虚拟地址和四级分页

本节将解释给定的虚拟地址（应用的实际地址）会被转换成哪个物理地址。假设在CPU的CR3寄存器中设置了图19.2所示的分层分页结构。当CPU尝试访问虚拟地址0xffff800000003120时，将进行何种地址转换？

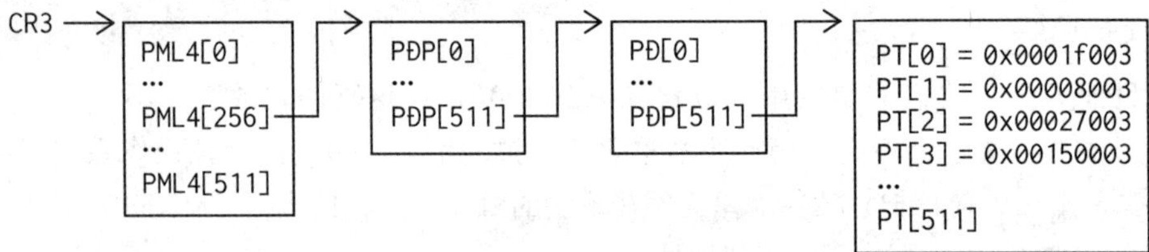

图19.2　应用程序分层分页结构示例

如图19.3所示，在四级分页中，CPU将虚拟地址分为六部分。其中，位[47:12]被分为9位，每一位都用作每一级的数组索引。该数组的元素（如PML4[0]）被称为“分页结构中的条目”，具有图19.4所示的结构。

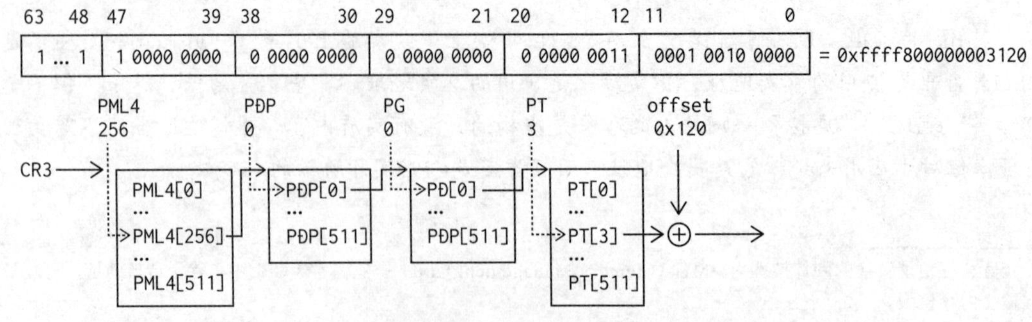

图19.3　虚拟地址结构

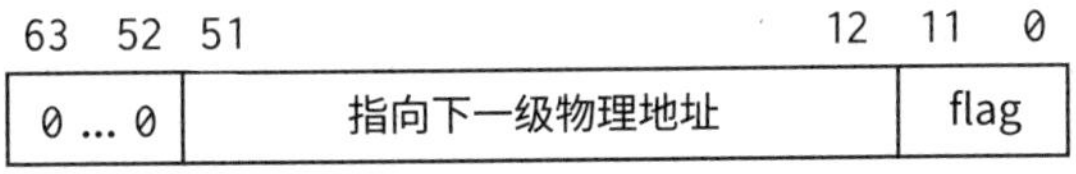

63 52	51 12	11 0
0 … 0	指向下一级物理地址	flag

图19.4　分页结构中的条目结构

40位宽的[1]物理地址字段由右移12位的物理地址填充。换句话说，通过计算PML4[0] & 0x000ffffffffff000ull得到的值应该是有效的物理地址，该物理地址指向下一级分页结构的起点。

虚拟地址0xffff800000003120最终被转换到哪个物理地址，取决于分层分页结构最后一级（PT）条目中设置的物理地址值。根据图19.2，PT[3]=0x150003，因此该页面条目指向的物理帧起始地址为0x150000。再加上虚拟地址偏移0x120，就得到了物理地址。最终，0xffff800000003120被转换为0x150120。

分页结构中条目结构的源码如**代码19.2**所示，可以看到，40位的addr字段被移位12位转换为实际地址。回到**图19.3**，CPU从CR3寄存器开始，使用4个下标以适配分层分页结构，最终获得页表元素PT[3]。页表元素指的是物理地址空间中的4KiB帧，因此将位[11:0]的值与之相加，就得到了要访问的物理地址。

代码19.2　分页结构中的条目结构（paging.hpp）

```
union PageMapEntry {
  uint64_t data;

  struct {
    uint64_t present : 1;
    uint64_t writable : 1;
    uint64_t user : 1;
    uint64_t write_through : 1;
    uint64_t cache_disable : 1;
    uint64_t accessed : 1;
    uint64_t dirty : 1;
    uint64_t huge_page : 1;
    uint64_t global : 1;
    uint64_t : 3;

    uint64_t addr : 40;
    uint64_t : 12;
  } __attribute__((packed)) bits;

  PageMapEntry* Pointer() const {
    return reinterpret_cast<PageMapEntry*>(bits.addr << 12);
  }

  void SetPointer(PageMapEntry* p) {
```

1　40位中有多少位有效取决于CPU的型号。基本上，型号越新，有效位越多。

```
    bits.addr = reinterpret_cast<uint64_t>(p) >> 12;
  }
};
```

位[11:0]是4KiB页面中的偏移位置。将偏移值与使用位[47:12]确定的4KiB栈顶地址相加，就能得到要读写的实际内存地址。

现在我们来看一个CPU实际处理地址转换的例子。假设你有一个包含以下两行的汇编语言程序。

```
mov rbx, 0xc0200042
mov [rbx], rax
```

站在CPU的角度，想象一下第二行中发生的地址转换。RBX指向的虚拟地址将被转换到什么物理地址？

1. mov rbx, 0xc0200042。很简单，将0xc0200042写入RBX。
2. 接下来是mov [rbx], rax。RBX的值是一个虚拟地址，所以我们先将其转换为物理地址。
3. CR3的值是A。我们知道PML4表的位置是A。
4. RBX中的位[47:39]为0。读取A[0]，我们知道PDP表中的位置是B。
5. RBX中的位[38:30]为3。读取B[3]，我们知道页面目录的位置是C。
6. RBX中的位[29:21]为1。读取C[1]，我们知道页表的位置是D。
7. RBX中的位[20:12]为0。读取D[0]，得到地址E。
8. RBX中的位[11:0]是0x42。最终的物理地址是E+0x42。

虚拟地址的位[63:48]不用于四级分页。不使用这些位并不意味着它们可以是空闲值：位[63:48]的所有内容必须与位47相同，否则在内存读写过程中会出现错误（CPU异常）。换句话说，位[63:48]要么全为0，要么全为1。满足这一约束条件的地址被称为**规范地址**。

只有位[63:47]全为0或全为1的地址才是有效地址，这意味着在整个64位地址空间中，只有两端的一小部分是实际可用的（见图19.5）。由于可用空间被分割，自然的想法是将操作系统放置在其中一个区域，而将应用放置在另一端。

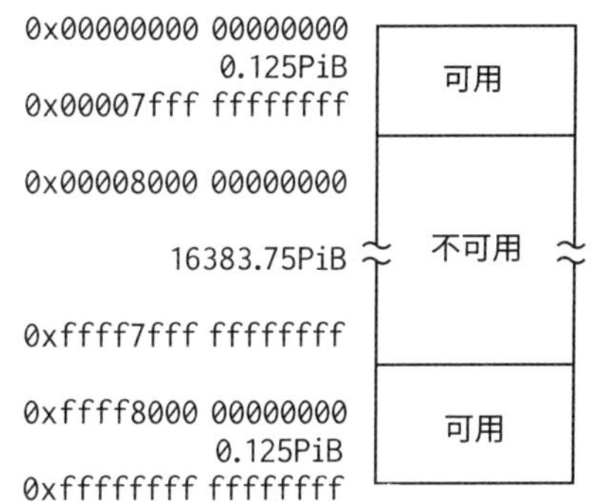

图19.5　程序员只能使用少量虚拟地址空间

19.5 在后半部分运行应用

在MikanOS中，操作系统运行在低层地址侧，应用运行在高层地址侧[1]＊4。为了清楚起见，我们将从0xffff800000000000开始放置应用。为此，在链接rpn命令时，可以指定链接器选项--image-base 0xffff800000000000（代码19.3）。

如果--image-base指定的地址超过32位，链接时就会出错，除非在编译时指定了-mcmodel=large。该选项指示编译器将函数、全局变量等的置位地址输出为64位。如果没有该选项，那么编译器会假定地址宽度为32位，并输出机器语言，因此无法链接不适合32位的地址，如0xffff800000000000。

代码19.3　应用程序通用的Makefile

```
CXXFLAGS += -O2 -Wall -g --target=x86_64-elf -ffreestanding -mcmodel=large \
            -fno-exceptions -fno-rtti -std=c++17
LDFLAGS += --entry main -z norelro --image-base 0xffff800000000000 --static
```

检查使用上述设置编译和链接的rpn文件的程序头：readelf -l rpn命令的结果显示LOAD段，如表19.1所示。

1　在主流操作系统中，操作系统通常在后半部运行，而应用程序则在前半部运行。我猜测，这样做的主要原因是，即使将来可用虚拟地址空间增加，也可以自然地使用庞大的内存空间而无须重新构建应用程序，或者将操作系统放在前半部分使机器语言更有效率。在MikanOS中，优先考虑的是构建操作系统的便捷性，因而操作系统被放在前半部分。

表19.1　rpn文件中的LOAD段列表

偏移量	虚拟地址	文件大小	内存大小	标记
0x0000	0xffff800000000000	0x04ec	0x04ec	R
0x1000	0xffff800000001000	0x0460	0x0460	RE
0x2000	0xffff800000002000	0x0768	0x0aa0	RW

看来虚拟地址被巧妙地放在了地址空间的后半部分。顺便说一句，入口点是0xffff800000001060，这似乎对应LOAD段的位置。操作系统必须按照指示放置这些LOAD段才能运行应用程序。

要使rpn命令正常工作，需要完成两项主要任务：

- 根据ELF文件中的程序标题设置分层分页结构。
- 将LOAD段加载到内存中。

4.5节已经介绍了程序头和LOAD段，rpn文件中的程序头和LOAD段同理。LOAD段根据程序头的设置被复制到目的地，这些操作被称为加载。

操作系统加载过程与应用加载过程的主要区别在于，应用中LOAD段的虚拟地址被设置为一个远超出物理内存容量的值（具体为0xffff800000000000）。在8.3节中描述的由SetupIdentityPageTable()设置的身份映射中，前64GiB的虚拟地址空间（即虚拟地址0至0xfffffffff）对应物理地址0至0xfffffffff。因此，如果尝试在不改变分层分页结构的情况下复制LOAD段，就会出现页面故障，因为你将尝试写入尚未映射的页面。

19.6 加载应用

因此，在将LOAD段复制到最终目的地之前，必须设置所需的页面。具体来说，设置分层分页结构，使从虚拟地址0xffff800000000000开始的虚拟地址范围与物理地址范围对应（见图19.6）。此时，页面在虚拟地址空间中必须连续，但在物理地址空间中可以不逐帧连续。

代码19.4展示了加载应用的函数LoadELF()的实现。该函数既设置了分层分页结构，又复制了LOAD段，以便应用可以运行。函数首先确保给定的ELF文件是可执行文件（第一条if语句），然后检查第一个LOAD段的虚拟地址是否在标准地址区域的后半部分（第二条if语句）。由于C++允许在数字字面中间插入单引号，因此我将64位地址分为4个4位，以便读者阅读。

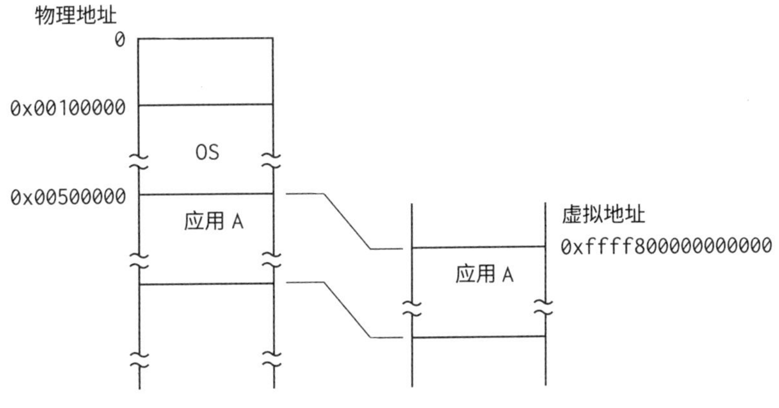

图19.6 应用程序地址映射示例

代码19.4 LoadELF()在ELF文件中正确放置LOAD段

```
Error LoadELF(Elf64_Ehdr* ehdr) {
  if (ehdr->e_type != ET_EXEC) {
    return MAKE_ERROR(Error::kInvalidFormat);
  }

  const auto addr_first = GetFirstLoadAddress(ehdr);
  if (addr_first < 0xffff'8000'0000'0000) {
    return MAKE_ERROR(Error::kInvalidFormat);
  }

  if (auto err = CopyLoadSegments(ehdr)) {
    return err;
  }

  return MAKE_ERROR(Error::kSuccess);
}
```

通过这两项检查后，就可以执行加载过程了。加载过程的主体由一个名为CopyLoadSegments()的函数完成，让我们来看看它的实现。

代码19.5展示了CopyLoadSegments()的实现，它实现了4.5节（osbook_day04d）中用于加载操作系统主体的同名函数，两者的目的相同，都是将LOAD段复制到目的地。这种实现方式的主要区别在于，分层分页结构是在复制LOAD段之前设置的。

代码19.5 CopyLoadSegments()将LOAD段复制到目的地（terminal.cpp）

```
Error CopyLoadSegments(Elf64_Ehdr* ehdr) {
  auto phdr = GetProgramHeader(ehdr);
  for (int i = 0; i < ehdr->e_phnum; ++i) {
    if (phdr[i].p_type != PT_LOAD) continue;
```

```
    LinearAddress4Level dest_addr;
    dest_addr.value = phdr[i].p_vaddr;
    const auto num_4kpages = (phdr[i].p_memsz + 4095) / 4096;

    if (auto err = SetupPageMaps(dest_addr, num_4kpages)) {
      return err;
    }

    const auto src = reinterpret_cast<uint8_t*>(ehdr) + phdr[i].p_offset;
    const auto dst = reinterpret_cast<uint8_t*>(phdr[i].p_vaddr);
    memcpy(dst, src, phdr[i].p_filesz);
    memset(dst + phdr[i].p_filesz, 0, phdr[i].p_memsz - phdr[i].p_filesz);
  }
  return MAKE_ERROR(Error::kSuccess);
}
```

19.7 设置分层分页结构

SetupPageMaps()删除了分层分页结构，该函数的参数是放置LOAD段的顶层地址（dest_addr）和以4KiB页面单位表示的段的大小（num_4kpages）。分层分页结构将从指定的顶层地址开始，按照指定的页数进行设置。

SetupPageMaps()的实现如**代码19.6**所示。该过程非常简短，CR3寄存器包含分层分页结构的最高层结构PML4的物理地址。一旦获得PML4的物理地址，具体过程就交给SetupPageMap()处理。

代码19.6　SetupPageMaps()设置整个分层分页结构（terminal.cpp）

```
Error SetupPageMaps(LinearAddress4Level addr, size_t num_4kpages) {
  auto pml4_table = reinterpret_cast<PageMapEntry*>(GetCR3());
  return SetupPageMap(pml4_table, 4, addr, num_4kpages).error;
}
```

SetupPageMap()在设置分层分页结构中起核心作用，其实现如**代码19.7**所示。整个结构是通过递归调用实现的。

代码19.7　SetupPageMap()设置指定的分层结构（terminal.cpp）

```
WithError<size_t> SetupPageMap(
     PageMapEntry* page_map, int page_map_level, LinearAddress4Level addr, size_t
num_4kpages) {
  while (num_4kpages > 0) {
    const auto entry_index = addr.Part(page_map_level);
```

```
    auto [ child_map, err ] = SetNewPageMapIfNotPresent(page_map[entry_index]);
    if (err) {
      return { num_4kpages, err };
    }
    page_map[entry_index].bits.writable = 1;

    if (page_map_level == 1) {
      --num_4kpages;
    } else {
      auto [ num_remain_pages, err ] =
        SetupPageMap(child_map, page_map_level - 1, addr, num_4kpages);
      if (err) {
        return { num_4kpages, err };
      }
      num_4kpages = num_remain_pages;
    }

    if (entry_index == 511) {
      break;
    }

    addr.SetPart(page_map_level, entry_index + 1);
    for (int level = page_map_level - 1; level >= 1; --level) {
      addr.SetPart(level, 0);
    }
  }

  return { num_4kpages, MAKE_ERROR(Error::kSuccess) };
}
```

分层分页结构的特点是每个分层的结构几乎相同。每个层次的数据结构都是由512个64位条目（物理地址和标志）组成的数组。在PML4、PDP和PD中，条目都指向一个较低级别的分页结构，允许进行共同处理。最低结构PT的不同之处在于，其入口指向的只是一个物理内存区域，而不是一个分页结构，但它的结构也是一行512个64位值。

SetupPageMap()包含以下4个参数：表示层次结构的值（page_map_level：4=PML4，1=PT）、层次结构的分页结构（page_map）、要设置的虚拟地址区的头addr和虚拟地址区的大小num_4kpages。在指定的分层结构中，该函数将为足够覆盖addr和num_4kpages指定的虚拟地址区的区域分配页面。

我们以加载rpn命令的第一个LOAD段为例：SetupPageMaps()递归调用SetupPageMap()时的参数值如表19.2所示。

表19.2　SetupPageMap()参数示例

	page_map	page_map_level	addr	num_4kpages
第1次	CR3的值	4（=PML4）	0xffff800000000000	1

续表

	page_map	page_map_level	addr	num_4kpages
第2次	0x1000	3（=PDP）	0xffff800000000000	1
第3次	0x2000	2（=PD）	0xffff800000000000	1
第4次	0x3000	1（=PT）	0xffff800000000000	1

让我们详解第一次调用过程：SetupPageMap()一被调用就会进入while循环。开始时addr.Part(page_map_level)提取指定虚拟地址层次的值。在第一次调用中，page_map_level为4，因此我们将检索PML4的第9位，这意味着entry_index为256（见图19.7）。由于篇幅原因，这里没有介绍addr类型LinearAddress4Level的定义，这是一个简单的定义，请参考源码。

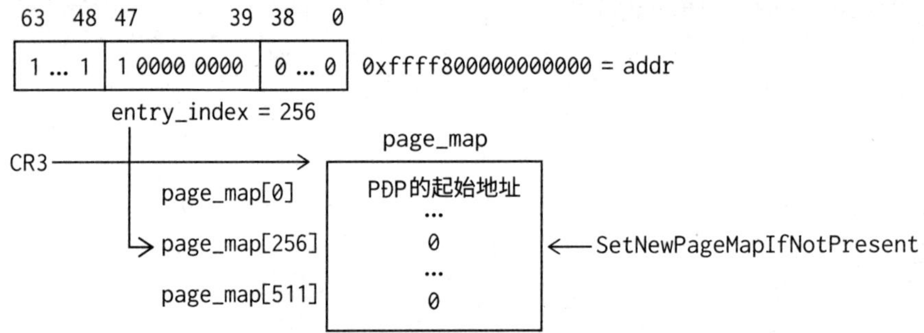

图19.7　addr与entry_index之间的关系

获得entry_index后，将执行SetNewPageMapIfNotPresent(page_map[entry_index])进程，该函数将生成一个新的分页结构，并将其设置为条目。

SetNewPageMapIfNotPresent()的实现如代码19.8所示，该函数将分页结构中的条目作为参数。如果条目的present标志为1，则表示该条目已设置了有效值，退出并且不执行任何操作。如果标志为0，则会生成一个新的分页结构（NewPageMap()），并设置条目的addr字段（SetPointer()）。在第一次调用SetupPageMap()时，page_map[256]中的present标志为0。因此，应执行此创建过程。

代码19.8　SetNewPageMapIfNotPresent()**根据需要生成并设置新的分页结构**（terminal.cpp）

```
WithError<PageMapEntry*> SetNewPageMapIfNotPresent(PageMapEntry& entry) {
  if (entry.bits.present) {
    return { entry.Pointer(), MAKE_ERROR(Error::kSuccess) };
  }

  auto [ child_map, err ] = NewPageMap();
  if (err) {
    return { nullptr, err };
  }
```

```
  entry.SetPointer(child_map);
  entry.bits.present = 1;

  return { child_map, MAKE_ERROR(Error::kSuccess) };
}
```

present标志表示条目是有效还是无效的。如果标志为0，则表示条目无效，即没有设置有效的物理地址。如果试图读取或写入无效条目所代表的虚拟地址范围，那么CPU将产生页面故障。例如，如果PML4[256]的present标志为0，并且执行了范围为0xffff800000000000到ffff807fffffffff的mov的指令，就会发生页面故障。

现在回到SetupPageMap()的while循环，在SetNewPageMapIfNotPresent(page_map[entry_index])过程结束时，page_map[entry_index]的addr字段被设置为指向一个较低分页结构的地址，接收该函数返回值的部分就是分页结构。函数中接收返回值的部分采用了不熟悉的auto [...]形式，这是C++的一种功能，被称为结构化绑定。如果返回值是一个结构体，那么每个字段都可以作为一个单独的变量被接收，详细信息参见专栏19.2结构绑定。

接下来，page_map[entry_index].bits.writable = 1;进程将writable标志设置为1。顾名思义，该标志用于允许写入条目所代表的虚拟地址范围。

用page_map_level的值对情况进行划分。最初，page_map_level为4，因此执行else子句；else子句设置了一个较低的分页结构，即刚刚生成的child_map，调用的函数是SetupPageMap()，以这种方式调用自身被称为递归调用。

让我们仔细看看递归调用的参数：setupPageMap(child_map, page_map_level -1,addr, num_4kpages)。第一个参数child_map是在while循环开始时生成的一个低级分页结构，第二个参数page_map_level -1代表一个较低的分层结构级别，这两个参数的共同点是它们都代表一个较低分层结构的值。

在编写递归调用的程序时，必须确定递归函数的参数和返回值的含义。既然参数已经确定，我们就来考虑返回值。是的，SetupPageMap()应该返回未处理页面的数量。要处理的页数通过参数num_4kpages传递，但并不是所有的页面都能同时映射。当page_map_level为1时，一次只能映射1个页面；当page_map_level为2时，最多只能映射512个页面，因此，将参数num_4kpages减去可映射的页数后的结果作为返回值。

```
  addr.SetPart(page_map_level, entry_index + 1);
  for (int level = page_map_level -1; level >= 1; --level) {
    addr.SetPart(level, 0);
  }
```

重述while循环的最后一个过程：在第一行中，虚拟地址中对应page_map_level的字段被设置为entry_index 1，因此，下一个循环开始时要检索的entry_index将递增1，分页结构中的条目将被逐个设置。在随后的for语句中，所有较低的字段都被设置为0，这实质上是一个数字进位过程。

至此，SetupPageMap()的大部分内容就解释清楚了，正如我们在递归过程中决定的那样，SetupPageMap()需要在最后返回未处理页数。

现在回到CopyLoadSegments()函数，该函数用于将LOAD段放置在适当的位置。它逐个查看程序头，如果类型是LOAD段，则为p_vaddr中指定的虚拟地址适当设置分层分页结构，并将LOAD段的内容复制到该位置。我们刚刚介绍了设置分层分页结构的函数SetupPageMaps()，该过程的其余部分是复制LOAD段的内容，这与**代码4.17**几乎相同，因此我们将省略解释。

19.8 整理分层分页结构

到目前为止，我们已经介绍了分层分页结构的设置和LOAD段的复制，这是启动应用所必需的。由于应用会在某个时刻终止，因此还需要在终止时进行清理。主要的清理工作是释放物理内存空间，以复制生成的分页结构和LOAD段。

代码19.9展示了用于清理的CleanPageMaps()函数的实现，该函数的任务是释放SetupPageMaps()分配的所有4KiB页面。为简化实现，我们假定PML4表中只有一个条目，这没有问题，因为我们构建的应用并不需要PML4表中有多个这样大的条目。

代码19.9　CleanPageMaps()为应用程序销毁分页结构（terminal.cpp）

```
Error CleanPageMaps(LinearAddress4Level addr) {
  auto pml4_table = reinterpret_cast<PageMapEntry*>(GetCR3());
  auto pdp_table = pml4_table[addr.parts.pml4].Pointer();
  pml4_table[addr.parts.pml4].data = 0;
  if (auto err = CleanPageMap(pdp_table, 3)) {
    return err;
  }

  const auto pdp_addr = reinterpret_cast<uintptr_t>(pdp_table);
  const FrameID pdp_frame{pdp_addr / kBytesPerFrame};
  return memory_manager->Free(pdp_frame, 1);
}
```

代码19.10展示了用于删除分页结构中所有条目的CleanPageMap()，其中的present位表示有效条目将毫无疑问地被删除。当然，必须递归删除，所以要递归调用CleanPageMap()。

代码19.10　CleanPageMap()删除指定分页结构中的所有条目（terminal.cpp）

```
Error CleanPageMap(PageMapEntry* page_map, int page_map_level) {
  for (int i = 0; i < 512; ++i) {
    auto entry = page_map[i];
    if (!entry.bits.present) {
      continue;
    }

    if (page_map_level > 1) {
      if (auto err = CleanPageMap(entry.Pointer(), page_map_level - 1)) {
        return err;
      }
    }

    const auto entry_addr = reinterpret_cast<uintptr_t>(entry.Pointer());
    const FrameID map_frame{entry_addr / kBytesPerFrame};
    if (auto err = memory_manager->Free(map_frame, 1)) {
      return err;
    }
    page_map[i].data = 0;
  }
  return MAKE_ERROR(Error::kSuccess);
}
```


至此，我们就完成了对建立分层分页结构的主要函数集的描述，这是一段漫长的旅程，还有一些程序需要说明。

很多地方都需要沿簇链来读取文件。每次都写一个while循环来读取簇链会很浪费，所以我把它变成了一个函数（代码19.11）。LoadFile()将目录条目指定的文件读入指定的缓冲区buf，缓冲区的大小（字节）在len中指定。该代码与之前出现的代码几乎完全相同，因此省略了对其工作原理的解释。

代码19.11　LoadFile()将文件内容读入缓冲区（fat.cpp）

```
size_t LoadFile(void* buf, size_t len, const DirectoryEntry& entry) {
  auto is_valid_cluster = [](uint32_t c) {
    return c != 0 && c != fat::kEndOfClusterchain;
  };
  auto cluster = entry.FirstCluster();

  const auto buf_uint8 = reinterpret_cast<uint8_t*>(buf);
  const auto buf_end = buf_uint8 + len;
  auto p = buf_uint8;

  while (is_valid_cluster(cluster)) {
    if (bytes_per_cluster >= buf_end - p) {
      memcpy(p, GetSectorByCluster<uint8_t>(cluster), buf_end - p);
      return len;
    }
```

```
    memcpy(p, GetSectorByCluster<uint8_t>(cluster), bytes_per_cluster);
    p += bytes_per_cluster;
    cluster = NextCluster(cluster);
  }
  return p - buf_uint8;
}
```

加载和执行应用的过程如**代码19.12**所示。使用之前创建的LoadELF()将应用的LOAD段加载到适当的虚拟地址后，将从ELF头中获取入口点地址并跳转到该地址。在此之前，需要调整入口点地址entry_addr的值，将其转换为实际内存地址。但现在已正确设置了分页，因此无须调整。程序运行结束后，会显示退出码，分层分页结构被移除，进程结束。

代码19.12　加载和执行应用程序的过程（terminal.cpp）

```
  auto argv = MakeArgVector(command, first_arg);
  if (auto err = LoadELF(elf_header)) {
    return err;
  }

  auto entry_addr = elf_header->e_entry;
  using Func = int (int, char**);
  auto f = reinterpret_cast<Func*>(entry_addr);
  auto ret = f(argv.size(), &argv[0]);

  char s[64];
  sprintf(s, "app exited. ret = %d\n", ret);
  Print(s);

  const auto addr_first = GetFirstLoadAddress(elf_header);
  if (auto err = CleanPageMaps(LinearAddress4Level{addr_first})) {
    return err;
  }
```

此时，将显示正确的计算结果（见**图19.8**），证明应用在虚拟地址空间的后半部分运行正常，分页操作成功。

专栏19.2　结构绑定

如果函数的返回值是一个结构体（类），则该函数允许在单独的变量中接收其成员。在文本中，其用法如下。

```
auto [ child_map, err ] = SetNewPageMapIfNotPresent(page_map[entry_index]);
```

SetNewPageMapIfNotPresent()的返回值是WithError<PageMapEntry*>，这是一个有两个成员的结构体。如上所述，第一个成员被绑定到child_map，第二个成员被绑定到err。这是一种结构化绑定，善用结构化绑定可使程序更具可读性。

在结构化绑定中，变量的类型必须始终为auto，不能单独指定每个变量的类型。必须接受所有未使用的成员，而且不能像其他编程语言那样使用_来读取。你可能会想，如果像下面这样写，函数就能被轻松丢弃了。

```
auto [ child_map, _ ] = SetNewPageMapIfNotPresent(page_map[entry_index]);
```

然而，这行代码只是接受了名为_的变量中的一个值。是的，在C++中，_也是一个有效的标识符（以_开头的标识符是保留名，实践中应避免使用）。

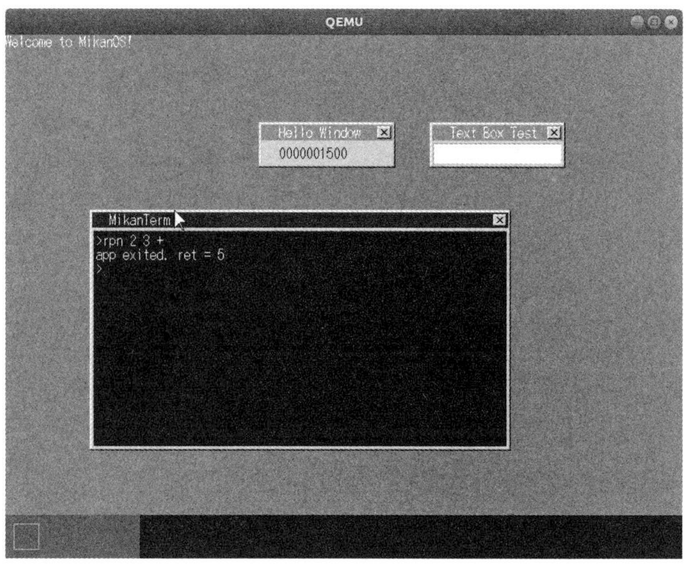

图19.8　为使用标准库而修改的rpn命令（重试）

第 20 章

系统调用

目前，应用的输入和输出方式只有命令行参数和退出码。如果是其他操作系统，那么应用可以输出字符串或绘制图片。在本章中，我们将尝试在MikanOS中实现系统调用，以便应用能向操作系统发出各种命令。到结束时，你将能在终端上显示应用中的字符串。

20.1 应用如何使用操作系统函数（osbook_day20a）

令人遗憾的是，rpn命令输出结果的唯一途径是主函数的返回值。在正常的编程环境中，你可以使用printf()这样的函数来输出字符串，而在更丰富的处理系统中，你可以轻松地进行绘制图片等操作。我也想让MikanOS应用程序做到类似的事情。

仔细想想，操作系统本身就能在屏幕上绘制字符串和图片，如果我们能从应用中调用这些函数，那目标不就很容易实现了吗？如果要使用的操作系统函数是一个函数，那么只要知道函数所在的地址，就应该能够调用它。因为操作系统中的函数也位于内存中，就像应用中的函数一样。

要找出函数所在的虚拟地址很容易：Linux命令nm会给出文件中的符号名称和地址列表，从那里，你可以找到需要的符号。让我们试着找出printk的地址。

```
$ nm -C kernel/kernel.elf | grep printk
000000000010b000 T printk(char const*, ...)
```

printk的虚拟地址是0x10b000，给nm添加-C选项是为了对符号进行解混淆。因为C++函数的符号会被混淆，使参数类型成为名称的一部分，所以解混淆会使它们更容易读取。

用获得的地址，我们定义了几个函数和全局变量的引用，如**代码20.1**所示。reinterpret_cast<type*>(address)可用于将任何整数转换为指针类型。

代码20.1 定义所需符号的地址（rpn/rpn.cpp）

```
#include <cstring>
#include <cstdlib>
#include "../../kernel/graphics.hpp"

auto& printk = *reinterpret_cast<int (*)(const char*, ...)>(0x000000000010b000);
auto& fill_rect = *reinterpret_cast<decltype(FillRectangle)*>(0x000000000010c1c0);
auto& scrn_writer = *reinterpret_cast<decltype(screen_writer)*>(0x000000000024d078);
```

type部分指定的decltype(...)可能不太清楚，decltype(expression)可以让你获得expression的类型，即decltype(FillRectangle)是FillRectangle()函数的类型，decltype(screen_writer)是screen_writer变量的类型。不用decltype也可以编写类型，但是FillRectangle()类型特别长，所以我不想手动编写它。

代码20.2展示了我添加的使用定义的符号集绘制字符串或图片的代码。我决定在控制台显示计算引起的栈变化，并在最后绘制一个合适的绿色正方形。现在，让我们构建并运行这个程序（见图20.1）。

代码20.2　直接使用操作系统函数绘制字符串和图片（rpn/rpn.cpp）

```
extern "C" int main(int argc, char** argv) {
  stack_ptr = -1;

  for (int i = 1; i < argc; ++i) {
    if (strcmp(argv[i], "+") == 0) {
      long b = Pop();
      long a = Pop();
      Push(a + b);
      printk("[%d] <- %ld\n", stack_ptr, a + b);
    } else if (strcmp(argv[i], "-") == 0) {
      long b = Pop();
      long a = Pop();
      Push(a - b);
      printk("[%d] <- %ld\n", stack_ptr, a - b);
    } else {
      long a = atol(argv[i]);
      Push(a);
      printk("[%d] <- %ld\n", stack_ptr, a);
    }
  }

  fill_rect(*scrn_writer, Vector2D<int>{100, 10}, Vector2D<int>{200, 200},
ToColor(0x00ff00));

  if (stack_ptr < 0) {
    return 0;
  }
  return static_cast<int>(Pop());
}
```

计算似乎和之前一样正常执行。此外，控制台中还显示了栈变化，并出现了一个绿色方块。这样，你就可以通过自由调用操作系统函数来创建各种应用了！

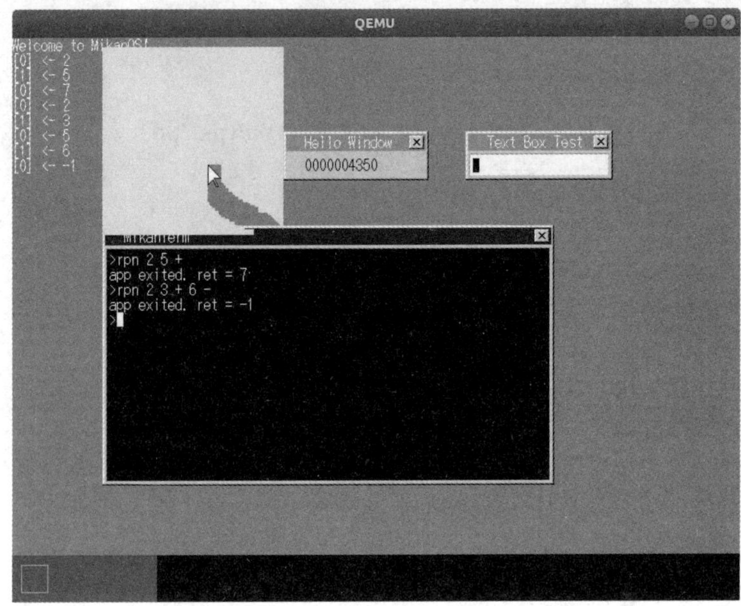

图20.1 rpn命令使用操作系统函数绘图

20.2 保护操作系统(1)（osbook_day20b）

仔细想想，从安全角度来看，在应用中自由调用操作系统函数并不可取。如果启动了恶意程序创建的攻击应用，就可能导致整个系统被破坏或重要数据被窃取。你可能认为只使用自己创建的应用就可以了，但应用中的错误可能会对操作系统产生负面影响。如果操作系统变得不稳定，系统被迫关闭，就不能找到原因，调试起来也非常困难。

因此，你可以禁用应用中的操作系统函数和变量。具体来说，我们使用x86-64提供的保护机制，使应用在用户模式下运行。该机制的核心部分是在代码段中设置的DPL，这个术语在7.3节中出现过，当时解释了DPL用于设置中断处理程序的执行权限。事实上，DPL是一个重要的概念，它出现在x86-64中除中断处理程序外的多个地方，并决定着执行权限。

x86-64体系结构有4个授权级别，从0到3。0是最高授权级别，通常用于操作系统本身（内核）。3是最低授权级别，通常用于运行应用。这些授权级别可以被看作一个同心圆（环），如图20.2所示，有时也被称为保护环。

在环0中，所有指令都可以执行，但在环3中，hlt等指令就不能执行。如果hlt指令可以执行，应用就可以自行停止CPU的运行。IntelSDM规定，如果只使用4个权限级别中的2个，则使用环0和环3，因此MikanOS使用环0运行操作系统本身，使用环3运行应用。

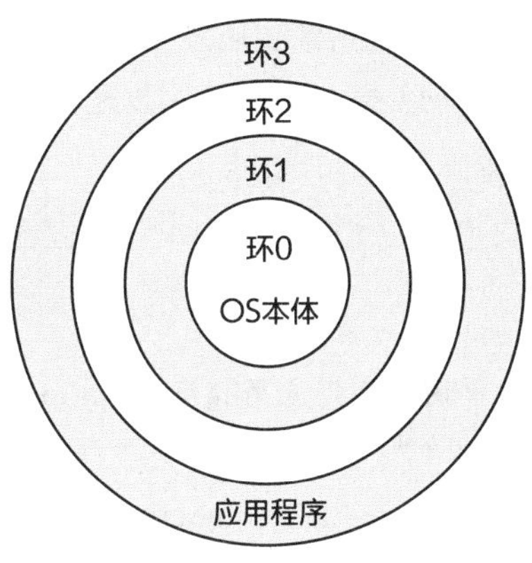

图20.2 保护环

为了在环3上运行应用，我们需要为应用创建一个段描述符。我们添加了一个代码段（gdt[3]）和一个数据段（gdt[4]），DPL=3，如**代码20.3**所示。通过这两个段可以让应用以较低的授权级别运行。

代码20.3 为应用程序创建段描述符（segment.cpp）

```
void SetDataSegment(SegmentDescriptor& desc,
                    DescriptorType type,
                    unsigned int descriptor_privilege_level,
                    uint32_t base,
                    uint32_t limit) {
  SetCodeSegment(desc, type, descriptor_privilege_level, base, limit);
  desc.bits.long_mode = 0;
  desc.bits.default_operation_size = 1; // 32-bit stack segment
}

void SetupSegments() {
  gdt[0].data = 0;
  SetCodeSegment(gdt[1], DescriptorType::kExecuteRead, 0, 0, 0xfffff);
  SetDataSegment(gdt[2], DescriptorType::kReadWrite, 0, 0, 0xfffff);
  SetCodeSegment(gdt[3], DescriptorType::kExecuteRead, 3, 0, 0xfffff);
  SetDataSegment(gdt[4], DescriptorType::kReadWrite, 3, 0, 0xfffff);
  LoadGDT(sizeof(gdt) - 1, reinterpret_cast<uintptr_t>(&gdt[0]));
}
```

使用两个段运行应用意味着什么？很简单：CS和SS寄存器指向各自的段。段寄存器的结构如**图20.3**所示。通过将其中的Index字段设置为GDT的索引，段寄存器将指向该段。

15 3	2	1 0
Index	TI	RPL

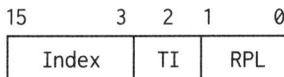

图20.3 段寄存器的结构

将CS的Index设置为3，CS将指向应用的代码段gdt[3]。同样，将SS的Index设置为4，将使SS指向应用的数据段gdt[4]。这可以通过与第8章中创建SetCSSS()相同的过程来完成。

因此，我实现了函数CallApp()，以CS和SS指向应用的数据段来启动应用（见代码20.4）。该过程与创建SetCSSS()类似，不同的是设置SS的方式：不是用mov指令设置，而是将值放在栈上。

代码20.4　CallApp()在指定环境中调用指定应用程序（asmfunc.asm）

```
global CallApp
CallApp:   ; void CallApp(int argc, char** argv, uint16_t cs, uint16_t ss, uint64_t rip,
uint64_t rsp);
    push rbp
    mov rbp, rsp
    push rcx  ; SS
    push r9   ; RSP
    push rdx  ; CS
    push r8   ; RIP
    o64 retf
    ; 应用在此处结束
```

实际上，在farreturn代码段的DPL大于当前代码段（低授权）的情况下，不仅CS和RIP，SS和RSP也应从栈中移除。我们的想法是利用这一功能同时设置CS和SS：通过将应用入口点地址和栈区地址设置为RIP和RSP，执行过程将从操作系统转移到应用中进行。

如图20.3所示，段寄存器有一个RPL（Request Privilege Level）字段。在很多情况下，这个字段的值应该与索引指向的段的DPL相同。因此，在将应用程序的代码段和数据段（DPL=3）设置为Index时，应设置RPL=3。

CS的RPL字段被称为CPL（Current Privilege Level）。顾名思义，CPL意味着CPU当前（current）的操作权限级别，更新CS寄存器后，CPU将立即以设定的CPL运行。换句话说，farretun指令对CS寄存器的重写是改变CPU运行模式的标记。可以说，“从现在起，处理将以操作系统模式启动”或“从现在起，它将处于应用模式，因此无法执行特权命令”这些模式之间的切换可以在瞬间完成。

在MikanOS中，CPL被设置为DPL=0，因此CPL≤DPL不成立。如果CPL>0时发生软件中断，那么会引发一般保护异常，这是为了确保无法从权限较低（CPL数值较大）的应用中调用权限较高（DPL数值较小）的中断处理程序。

回到正题。我们为应用创建了一个代码段和一个数据段，并实现了一个函数（CallApp），用于切换代码段和数据段并启动应用。要使应用在DPL=3下运行，接下来要做的就是更改分层分页结构的设置。如果查看**代码19.2**中显示的分页结构条目，就会发现一个名为user的标记。这一点非常重要。

CPU的工作原理是从RIP所指示的虚拟地址中读取指令，这就是所谓的指令获取，如**图20.4**所示。如果user标志为0，则只有当CPU以CPL<3运行时才允许访问内存。如果user标志为1，则无论CPL值是多少，都允许访问内存。如果user标志为0，则当CPU以CPL<1运行时才允许访问内存。目前，应用所在的虚拟地址0xffff800000000000后对应的条目已将user标志设置为0。一旦CS切换到应用的代码段且CPL=3，就会禁止指令获取并发生页面故障。如**代码20.5**所示。

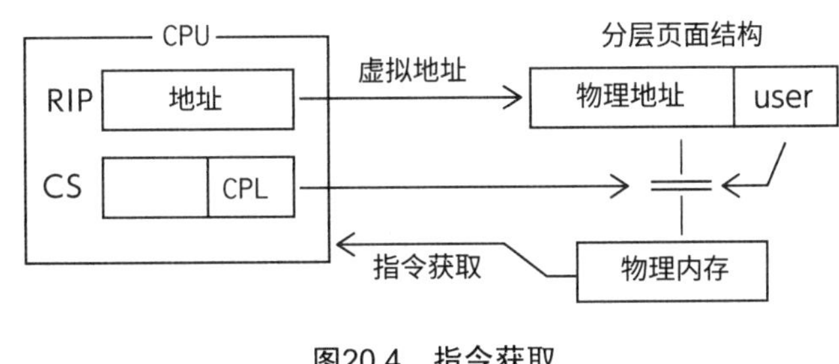

图20.4　指令获取

代码20.5　在放置应用程序的页面上将user位设置为1（terminal.cpp）

```
auto [ child_map, err ] = SetNewPageMapIfNotPresent(page_map[entry_index]);
if (err) {
  return { num_4kpages, err };
}
page_map[entry_index].bits.writable = 1;
page_map[entry_index].bits.user = 1;
```

在放置应用ELF文件的页面上，user被设置为1。操作系统本身所在页面（64位地址空间的前半部分）上的user位没有改变，因此如果应用试图接触操作系统区域，就会发生页面故障。事实上，这正是我们想做的：通过将操作系统区域的user位设置为0，将应用区域的user位设置为1，然后将运行状态切换为CPL=3，就能确保应用不读写操作系统函数和变量。

代码20.6为应用的启动过程。在此之前，应用入口的调用方式与普通函数相同，例如auto ret = f(argv.size(), &argv[0]);。从现在起，使用CallApp()调用应用，以便在DPL=3段中运行应用。

代码20.6 通过指定专用栈启动应用程序（terminal.cpp）

```
LinearAddress4Level stack_frame_addr{0xffff'ffff'ffff'e000};
if (auto err = SetupPageMaps(stack_frame_addr, 1)) {
  return err;
}

auto entry_addr = elf_header->e_entry;
CallApp(argc.value, argv, 3 << 3 | 3, 4 << 3 | 3, entry_addr,
    stack_frame_addr.value + 4096 - 8);

/*
char s[64];
sprintf(s, "app exited. ret = %d\n", ret);
Print(s);
*/
```

CallApp()需要6个参数。命令行参数的数量和字符串（argc和argv）、应用的代码和栈段的选择器值，以及RIP和RSP的初始值。第三个参数3<<3|3由于数字序列相同，可能会引起混淆。它首先计算3<<3，得到0b11000，然后将3与结果进行OR运算，得到0b11011。我们使用位移（<<）来匹配段寄存器中的Index字段，并使用位OR（|）来设置RPL中的值。

仔细观察CallApp()的实现（见**代码20.4**）会发现，它似乎没有使用RDI和RSI。第一个和第二个参数（argc和argv）应该被传递给这两个寄存器。我可以忽略它们吗？可以，没问题。在不改变这两个寄存器值的情况下执行retf指令，目的是将这两个寄存器的值原封不动地传递给函数的第一个和第二个参数，而函数将是应用的入口。

现在，如果你想知道应用是否能很好地运行，那么还需要考虑一件事，即argv的位置。到目前为止，argv是使用auto argv = MakeArgVector(command, first_arg);生成的，argv的类型是std::vector<char*>，std::vector通过在内部调用new操作符来分配内存。new操作符最终会使用sbrk()分配的区域，即操作系统[1]地址空间中的内存区域。因此，当应用试图读取argv时，就会发生页面错误，必须在应用区域（user设置为1的页面）中准备好argv。

为应用保留一页，并在其中创建argv（见**代码20.7**）。argv是一个指针数组，每个元素都指向其字符串数据的位置。如果使用rpn 2 42 +启动应用，那么修改后的MakeArgVector()将创建如**图20.5**所示的内存结构。我决定将argv数组放在一页的顶部，然后将字符串数据放在它后面。argv是一个指针数组，因此每个元素都指向字符串数据的位置。

1 也可以使用C++容器（如std::vector）提供的分配器机制自行分配内存，这有点儿复杂，所以在下面的解释中使用了其他方法。

代码20.7 在应用程序的页面中创建argv（terminal.cpp）

```
LinearAddress4Level args_frame_addr{0xffff'ffff'ffff'f000};
if (auto err = SetupPageMaps(args_frame_addr, 1)) {
  return err;
}
auto argv = reinterpret_cast<char**>(args_frame_addr.value);
int argv_len = 32; // argv = 8x32 = 256 bytes
auto argbuf = reinterpret_cast<char*>(args_frame_addr.value + sizeof(char**) * argv_len);
int argbuf_len = 4096 - sizeof(char**) * argv_len;
auto argc = MakeArgVector(command, first_arg, argv, argv_len, argbuf, argbuf_len);
if (argc.error) {
  return argc.error;
}
```

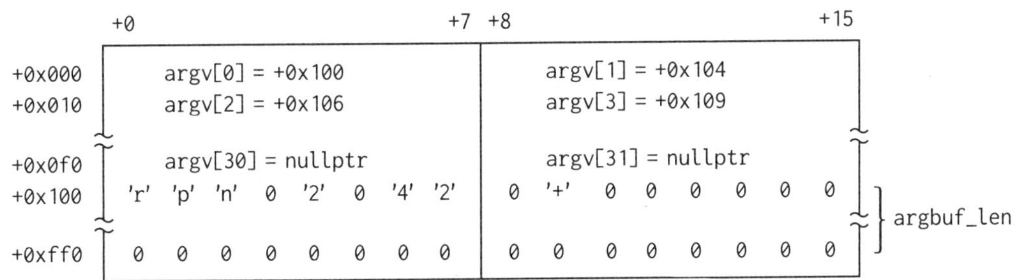

图20.5　页面中argv的结构

argv_len是argv中元素的个数。参数的实际数量默认为32，因为动态确定参数数量会很烦琐。指针变量argbuf指向字符串数据的起点（图中+0x100的位置）。argbuf_len是一个变量，代表字符串数据的最大字节数，可由一个页面的大小减去argv数组的大小（0x100）得到。

我对MakeArgVector()函数进行了修改，以便在给定的内存区域创建如图20.5所示的数据结构。修改后函数的第一部分如**代码20.8**所示。修改的关键是函数中定义的lambda表达式push_to_argv，它的作用是将参数中给出的字符串s复制到argbuf指向的字符串数据区，并将指向目标字符串的指针添加到argv的末尾。它用于构造argv，命令行参数以空格分隔。

代码20.8 修改后的MakeArgVector()在内存中构建argv（terminal.cpp）

```
WithError<int> MakeArgVector(char* command, char* first_arg,
    char** argv, int argv_len, char* argbuf, int argbuf_len) {
  int argc = 0;
  int argbuf_index = 0;

  auto push_to_argv = [&](const char* s) {
    if (argc >= argv_len || argbuf_index >= argbuf_len) {
      return MAKE_ERROR(Error::kFull);
```

```
    }

    argv[argc] = &argbuf[argbuf_index];
    ++argc;
    strcpy(&argbuf[argbuf_index], s);
    argbuf_index += strlen(s) + 1;
    return MAKE_ERROR(Error::kSuccess);
  };

  if (auto err = push_to_argv(command)) {
    return { argc, err };
  }
  if (!first_arg) {
    return { argc, MAKE_ERROR(Error::kSuccess) };
  }
```

建立argv的页面是通过SetupPageMaps()分配的，因此user位被设置为1。在应用中引用argv不会导致页面故障，现在应用应该可以运行了。还有最后一件事要完成，它与**代码20.4**最后一行中的注释“应用在此处结束”有关，要解决的是应用退出时停留在哪里的问题。

CallApp()使用retf指令跳转到应用，它没有使用call指令调用应用，因此无法使用ret指令从应用返回。那么，如果强制应用在栈中加载操作系统的CS和返回地址，并执行retf指令，会出现什么情况呢？事实上，向更高权限（更小的DPL）方向的farreturn是不可能实现的，如果你试图强行返回，就会引发一般保护异常（GP）。作为一种痛苦的补救措施，你可以在应用的末尾创建一个死循环（见**代码20.9**）。

代码20.9　因无法远端返回导致死循环（rpn/rpn.cpp）

```
  if (stack_ptr < 0) {
    return 0;
  }
  while (1);
  //return static_cast<int>(Pop());
```

顺便说一下，printk()和fill_rect()不能再从应用中调用，所以我删除了这两行。现在我们真的可以开始了，让我们启动应用。像往常一样，操作系统启动后，尝试执行rpn命令（见图20.6）。

很难判断rpn命令是否真的在环3上运行，或者操作系统是否已经冻结。仔细观察可以发现，“TextBoxTest”窗口中的光标一直在闪烁，说明操作系统本身还在运行，即使等待一段时间，操作系统似乎也不会被迫重启。如果对程序段或页面的设置不够完备，CPU就会出现异常，操作系统就会重启，所以我认为这种情况不会发生。我认为我们可以称其为成功，因为它在按预期运行。

在环3上运行应用的代价是，应用无法再向操作系统返回结果。在这种情况下，应用有什么用呢？这不是在浪费CPU吗？在本章接下来的内容中，我们将尝试创建一种机制，允许应用输出结果，并在进程结束后终止。

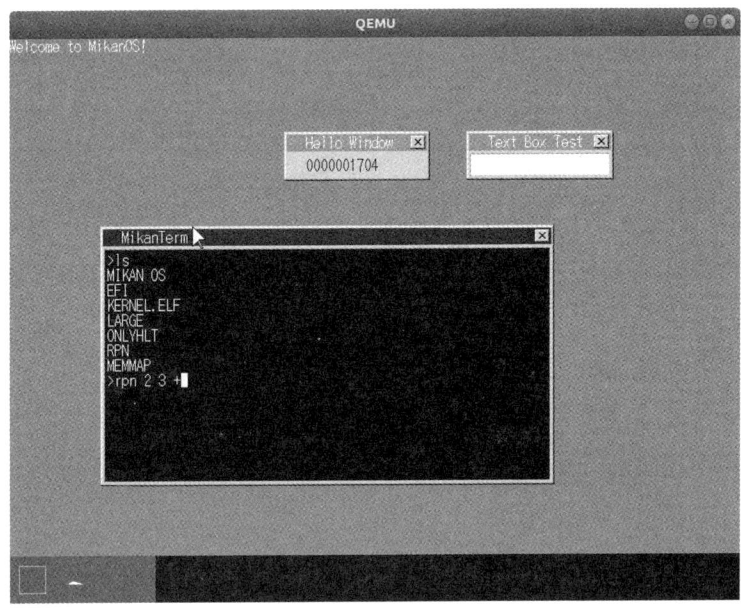

图20.6　可以在环3中调用rpn命令

20.3 设置TSS（osbook_day20c）

虽然rpn命令在环3中看似工作正常，但实际上有一个严重的错误仍未被发现。如果不了解CPU规范，就不会注意到这个错误：当rpn执行期间发生中断时，虚拟地址末尾附近的内存会被悄无声息地销毁。

CPU规范规定，当程序以CPL=3运行并发生中断，切换到CPL=0时，TSS.RSP0的值将在RSP寄存器中被设置。TSS是主内存中被称为task-state segment的结构（见表20.1）。TSS.RSP0是TSS中的一个64位宽字段，当中断发生时，TSS.RSP0的值将被设置到RSP寄存器中，这种行为无法禁止。目前，当执行rpn命令期间发生定时器中断时，会无意中触发这种机制。

表20.1　TSS结构

偏移量	大小	内容
0	4	保留（0）
4	8	RSP0
12	8	RSP1

续表

偏移量	大小	内容
20	8	RSP2
28	8	保留（0）
36	8	IST1
44-84		IST2-IST7
92	10	保留（0）
102	2	I/O映射页地址

TSS位于TR寄存器指向的108字节内存区域（段）中。但是，由于TR寄存器到目前为止尚未被设置，因此TR寄存器被设置为0意味着TSS位于地址0。如果在执行rpn命令时发生定时器中断（即CPU以CPL=3运行），那么内存地址4的8字节区域中的值将被设置到RSP寄存器中，并执行中断处理程序IntHandlerLAPICTimer()。写入地址4的值因情况而异，但在QEMU上执行时为0。因此，中断处理程序执行之前紧邻的RSP值为0。

当中断发生时，CPU会将一个40字节（InterruptFrame类型）的栈帧加载到栈中。如果在RSP=0时加载栈帧，栈指针就会向负方向溢出，被写入0xffffffffffffffd8到0xffffffffffffffff的区域。随着中断处理程序的进行，更多的数据被写入栈，内存损坏问题持续恶化。

通常情况下，写入一个奇怪的虚拟地址会导致页面故障，迫使操作系统重启，因此错误会被立即发现。然而，rpn命令的运行似乎没有任何问题。这是为什么呢？原因是0xffffffffffffffd8到0xffffffffffffffff的范围恰好与存储应用程序命令行参数（argv）的4KiB区域的末尾部分重叠，并且已为页面分配了物理帧。向已分配物理帧（可写设置）的页面写入数据不会导致页面故障。此外，像“rpn 2 3 +”这样短的命令行也不会使用4KiB区域的后面部分，因此，即使值被中断重写，也不会影响rpn的运行。在这种情况下，尽管看起来进展顺利，但内存损坏在后台悄然发生。

为防止内存损坏，必须适当设置TSS。分配一个适当大小的栈区域，并将栈区域末端的地址放入TSS.RSP0。这样，在CPL=3的程序执行过程中发生中断时，RSP寄存器就会被适当设置。让我们快速完成它。

如**代码20.10**所示，我们将tss定义为108字节的TSS区域，并将GDT增加2～7。这是因为TSS的段必须在GDT中设置，TSS的段占用了GDT的两个元素，底层的static_assert用来在编译时检查GDT是否足够大，它不会影响程序的运行，可以忽略。

代码20.10　为TSS定义一个区域（segment.cpp）

```
namespace {
  std::array<SegmentDescriptor, 7> gdt;
  std::array<uint32_t, 26> tss;
```

```
  static_assert((kTSS >> 3) + 1 < gdt.size());
}
```

GDT的1～4包含操作系统和应用的代码/数据段。因此，未使用的GDT[5]是为TSS设置的（见代码20.11）。如图20.3所示，将段寄存器设置为GDT移位3位后的下标。

代码20.11　将TSS放在GDT[5]中（segment.hpp）

```
const uint16_t kKernelCS = 1 << 3;
const uint16_t kKernelSS = 2 << 3;
const uint16_t kKernelDS = 0;
const uint16_t kTSS = 5 << 3;
```

代码20.12展示了函数InitializeTSS()的实现，该函数用于初始化TSS并将其设置为GDT。该函数首先分配一个栈区域，并将其设置在TSS.RSP0中。其大小应为8字节（32KiB），足以执行一个中断处理程序。

代码20.12　初始化TSS并将其设置在GDT中（segment.cpp）

```
void InitializeTSS() {
  const int kRSP0Frames = 8;
  auto [ stack0, err ] = memory_manager->Allocate(kRSP0Frames);
  if (err) {
    Log(kError, "failed to allocate rsp0: %s\n", err.Name());
    exit(1);
  }
  uint64_t rsp0 =
    reinterpret_cast<uint64_t>(stack0.Frame()) + kRSP0Frames * 4096;
  tss[1] = rsp0 & 0xffffffff;
  tss[2] = rsp0 >> 32;

  uint64_t tss_addr = reinterpret_cast<uint64_t>(&tss[0]);
  SetSystemSegment(gdt[kTSS >> 3], DescriptorType::kTSSAvailable, 0,
                   tss_addr & 0xffffffff, sizeof(tss)-1);
  gdt[(kTSS >> 3) + 1].data = tss_addr >> 32;

  LoadTR(kTSS);
}
```

接下来，将分配的栈区域写入TSS.RSP0。尽管它的大小为8字节，但还是要从TSS后的第4字节开始。通常情况下，8字节大小的数据会与8字节边界对齐，但由于历史原因，TSS的每个字段都对齐了4字节，这有点儿麻烦。因此，这里的上面4字节和下面4字节是分开写的，上面4字节都是0，所以没有必要写入。

在设置TSS后，TSS的首地址将在GDT[5]和GDT[6]中设置。一个GDT条目只能设置32位以内的地址，在64位模式下，需要使用两个条目来设置TSS的地址。SetSystemSegment()函数只设置GDT[5]，之后再设置GDT[6]。

代码20.13展示了SetSystemSegment()的实现。该函数用于设置系统段，即系统段位为0的段。段描述符结构本身与代码段（和数据段）通用，因此大部分处理都委托给SetCodeSegment()。

代码20.13 SetSystemSegment()设置系统段（segment.cpp）

```
void SetSystemSegment(SegmentDescriptor& desc,
                      DescriptorType type,
                      unsigned int descriptor_privilege_level,
                      uint32_t base,
                      uint32_t limit) {
  SetCodeSegment(desc, type, descriptor_privilege_level, base, limit);
  desc.bits.system_segment = 0;
  desc.bits.long_mode = 0;
}
```

使用SetSystemSegment()在GDT中注册TSS后，在TR寄存器中设置TSS的段寄存器值。当CPU因中断而需要读取TSS值时，它将调用TR寄存器指向的GDT条目来获取TSS。要向寄存器写入数值，必须使用指令ltr（LoadTR）。这在C++中无法实现，因此我们使用用汇编语言实现的LoadTR()（见代码20.14）。

代码20.14 LoadTR()为TR寄存器设置16位值（asmfunc.asm）

```
global LoadTR
LoadTR:  ; void LoadTR(uint16_t sel);
    ltr di
    ret
```

至此，对InitializeTSS()的介绍就结束了。总之，该函数允许CPU引用正确的TSS。将栈区域的尾部地址写入108字节TSS区域中的TSS.RSP0，将TSS的顶端地址设置为GDT和GDT。最后，将指向GDT的段寄存器值载入TR寄存器。

需要调用创建的InitializeTSS()，因为InitializeTSS()中使用了内存管理器，所以应在内存管理器初始化后调用（见代码20.15）。应该能够在内存管理器初始化之后、从CPL=3更改为CPL=0中断之前（调用rpn命令之前）的任何时间设置TSS。

代码20.15 从主函数调用InitializeTSS()（main.cpp）

```
  InitializeMemoryManager(memory_map);
  InitializeTSS();
  InitializeInterrupt();
```

既然已经设置了TSS，那么执行rpn命令期间的中断现在就应该在正确的栈上处理，不再会导致内存损坏。不过，这一修改会带来一个新问题。这与计算要存储在上下文切换中的RSP值有关。

图20.7的左侧显示了目前的工作原理。当发生定时器中断时，CPU会在执行IntHandlerLAPICTimer()之前将包含RIP、RSP等值的40字节数据（中断帧）放入栈。该中断处理程序调用LAPICTimerOnInterrupt()，后者又调用task_manager->SwitchTask()。最后，调用SwitchContext()。上下文TaskContext::rsp中保存的值是调用SwitchContext()之前RSP寄存器的值。

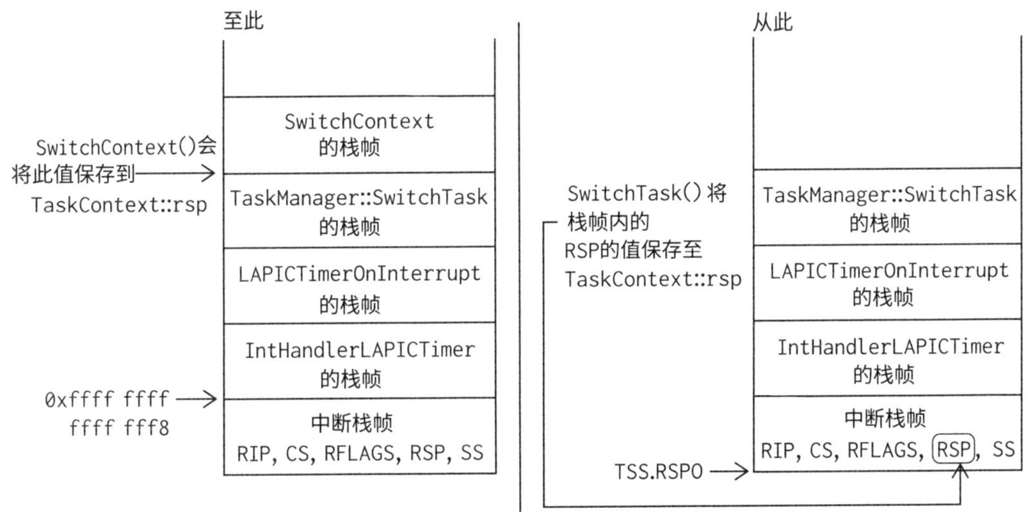

图20.7　更改保存在TaskContext::rsp中的值

如果所有上下文的栈都是独立的，那么这种机制就能正常工作。这是因为在下一次保存的上下文返回之前，栈内容不会被重写。下一次返回上下文时，处理将从中断处理程序的中间部分（调用SwitchContext()的调用指令之后）重新开始。栈帧被遍历，寄存器值被恢复，ret指令被执行，最后到达iret指令，中断被终止。

不过，由于我们刚才所做的更改，以用户模式（CPL=3）运行的上下文现在使用相同的栈（TSS.RSP0指向的栈）来处理中断。现在最多只能同时运行一个应用，但今后我们打算允许同时运行多个应用。如果有多个上下文在用户模式下运行，就不能使用之前的方法，因为中断处理将重写TSS.RSP0指向的栈内容。

因此，如图20.7右侧所示，修改方法是将中断帧中包含的值存储到上下文结构中。这样修改后，下次恢复上下文时，处理将从中断处理程序结束后的位置恢复，而不是从中断处理程序的中间位置恢复。TSS.RSP0指向的栈根本不会被引用，因此即使栈被覆盖也是安全的。

TaskManager::SwitchTask()需要中断帧，但中断帧只能在中断处理程序中获取，因此，中断处理程序必须获取中断帧中的值，并将其传递给SwitchTask()。如**代码20.16**所示，LAPICTimerOnInterrupt()将中断帧的信息（使用中断帧构建的上下文结构）作为参数接收，并将其传递给SwitchTask()。之所以要传递使用中断帧信息构建的上下文结构而不是中断帧本身，是因为仅有中断帧的值不足以传递给SwitchTask()。稍后将对此进行详细解释。

代码20.16　将中断帧流向上层函数（timer.cpp）

```
extern "C" void LAPICTimerOnInterrupt(const TaskContext& ctx_stack) {
  const bool task_timer_timeout = timer_manager->Tick();
  NotifyEndOfInterrupt();

  if (task_timer_timeout) {
    task_manager->SwitchTask(ctx_stack);
  }
}
```

LAPICTimerOnInterrupt()由中断处理程序IntHandlerLAPICTimer()调用。以前，这个中断处理程序是通过扩展C++编译器的__attribute__((interrupt))创建的，我用汇编语言重构了它，如**代码20.17**所示，因为我想编写C++无法编写的特殊处理程序。

代码20.17　在中断处理程序中建立上下文结构（asmfunc.asm）

```
extern LAPICTimerOnInterrupt
; void LAPICTimerOnInterrupt(const TaskContext& ctx_stack);

global IntHandlerLAPICTimer
IntHandlerLAPICTimer:  ; void IntHandlerLAPICTimer();
    push rbp
    mov rbp, rsp

    sub rsp, 512
    fxsave [rsp]
    push r15
    push r14
    push r13
    push r12
    push r11
    push r10
    push r9
    push r8
    push qword [rbp]
    push qword [rbp + 0x20]
    push rsi
    push rdi
    push rdx
    push rcx
```

```
push rbx
push rax

mov ax, fs
mov bx, gs
mov rcx, cr3

push rbx
push rax
push qword [rbp + 0x28]
push qword [rbp + 0x10]
push rbp
push qword [rbp + 0x18]
push qword [rbp + 0x08]
push rcx

mov rdi, rsp
call LAPICTimerOnInterrupt

add rsp, 8*8
pop rax
pop rbx
pop rcx
pop rdx
pop rdi
pop rsi
add rsp, 16
pop r8
pop r9
pop r10
pop r11
pop r12
pop r13
pop r14
pop r15
fxrstor [rsp]

mov rsp, rbp
pop rbp
iretq
```


重构IntHandlerLAPICTimer()的主要作用是在栈上建立上下文，并将其传递给LAPICTimerOnInterrupt()。它从上下文结构的末尾开始在栈上堆叠，从而构建上下文结构。

存储在上下文结构中的值应该是下一次返回该上下文时中断进程刚刚结束那一刻的值，RIP和RSP等5个寄存器的值可以从中断帧中获取。但是，其他寄存器的值不会被记录在中断帧中，必须在寄存器的值发生变化之前保存。由于在寄存器值变化前保存寄存器值的过程非常烦琐，因此中断处理程序必须用汇编语言实现。

当CR3的值被加载到栈时（执行push rcx时），完整的上下文结构就会在栈上建立起来。RSP寄存器指向上下文结构的顶部，RSP的值被复制到RDI（第一个参数的寄存器），然后调用LAPICTimerOnInterrupt()。因此，LAPICTimerOnInterrupt()可以将栈上的上下文结构作为参数。

代码20.18展示了对TaskManager::SwitchTask()的修改。它现在接收上下文结构作为第一个参数。接收到的上下文结构被复制到当前运行任务的上下文结构中，现在要切换到下一个任务的上下文中。RotateCurrentRunQueue()是将运行队列中的第一个元素移动到运行队列末尾的函数。SwitchTask()是一个函数，用于将运行队列中的第一个元素移到运行队列的末尾。

代码20.18 在栈上接收上下文结构（task.cpp）

```
void TaskManager::SwitchTask(const TaskContext& current_ctx) {
  TaskContext& task_ctx = task_manager->CurrentTask().Context();
  memcpy(&task_ctx, &current_ctx, sizeof(TaskContext));
  Task* current_task = RotateCurrentRunQueue(false);
  if (&CurrentTask() != current_task) {
    RestoreContext(&CurrentTask().Context());
  }
}
```

在操作运行队列之后，直到现在，都是使用SwitchContext()来切换上下文的。但是，这个函数在内部保存了上下文，不能再使用。因此，我们创建了一个名为RestoreContext()的新函数。该函数不会保存上下文，只会恢复给定的上下文。

代码20.19展示了RestoreContext()的实现，如果仔细观察，就会发现该函数实际上是SwitchContext()进程的第二部分，只是有了一个名字。无论调用RestoreContext()还是SwitchContext()，最终都会执行RestoreContext()进程，它会将给定上下文结构的值返回相应的寄存器，最后使用iret指令将进程转移到下一个上下文。

代码20.19 RestoreContext()恢复上下文（asmfunc.asm）

```
global SwitchContext
SwitchContext:  ; void SwitchContext(void* next_ctx, void* current_ctx);
    mov [rsi + 0x40], rax

    <略>

    fxsave [rsi + 0xc0]
    ; fall through to RestoreContext
global RestoreContext
RestoreContext:  ; void RestoreContext(void* task_context);
    ; iret的栈帧
    push qword [rdi + 0x28] ; SS

   <略>

    o64 iret
```

Sleep()仍使用SwitchContext()命令切换上下文（见代码20.20），这是因为Sleep()是用于正常、非中断处理的函数。在正常处理过程中，栈不会被多个上下文共享，因此无须更改进程。

代码20.20　Sleep()继续使用SwitchContext()（task.cpp）

```
void TaskManager::Sleep(Task* task) {
  if (!task->Running()) {
    return;
  }

  task->SetRunning(false);

  if (task == running_[current_level_].front()) {
    Task* current_task = RotateCurrentRunQueue(true);
    SwitchContext(&CurrentTask().Context(), &current_task->Context());
    return;
  }

  Erase(running_[task->Level()], task);
}
```


我们在连接了GDB的QEMU上启动MikanOS，并在定时器中断处理程序IntHandler-LAPICTimer()开始时停止进程，看看发生了什么。

```
$ gdb
……
Breakpoint 1, 0x000000000010e8ae in IntHandlerLAPICTimer ()
(gdb) p $rsp
$1 = (void *) 0x8fd8
(gdb)
```

修改前，RSP的值是0xffffffffffffffd8，修改后则变成了0x8fd8。我使用Log()输出了TSS.RSP0的值，发现它是0x9000，这证实了修改的正确性。

20.4 帮助查找错误（osbook_day20d）

在使用分段和分页等CPU功能编程时，经常会出现CPU异常，迫使整个操作系统重启，这给开发带来了很大困难。在本节中，我想添加一个捕获CPU异常的函数，并显示异常发生时的情况，以便程序员充分了解。这样做的主要原因是我在开发MikanOS时希望如此。读者看到的只是我努力调试后的无异常程序，而我却要经历很多异常才能写出本书中包含的源码。

我为CPU异常定义了许多中断处理程序，如**代码20.21**所示，这些异常包括最常见的异常和次要异常。关于每种异常的含义，见IntelSDM第3卷“6.15 Exception and Interrupt Reference”。

代码20.21 CPU异常的中断处理程序组（interrupt.cpp）

```
#define FaultHandlerWithError(fault_name) \
  __attribute__((interrupt)) \
  void IntHandler ## fault_name (InterruptFrame* frame, uint64_t error_code) { \
    PrintFrame(frame, "#" #fault_name); \
    WriteString(*screen_writer, {500, 16*4}, "ERR", {0, 0, 0}); \
    PrintHex(error_code, 16, {500 + 8*4, 16*4}); \
    while (true) __asm__("hlt"); \
  }

#define FaultHandlerNoError(fault_name) \
  __attribute__((interrupt)) \
  void IntHandler ## fault_name (InterruptFrame* frame) { \
    PrintFrame(frame, "#" #fault_name); \
    while (true) __asm__("hlt"); \
  }

  FaultHandlerNoError(DE)
  FaultHandlerNoError(DB)
  FaultHandlerNoError(BP)
  FaultHandlerNoError(OF)
  FaultHandlerNoError(BR)
  FaultHandlerNoError(UD)
  FaultHandlerNoError(NM)
  FaultHandlerWithError(DF)
  FaultHandlerWithError(TS)
  FaultHandlerWithError(NP)
  FaultHandlerWithError(SS)
  FaultHandlerWithError(GP)
  FaultHandlerWithError(PF)
  FaultHandlerNoError(MF)
  FaultHandlerWithError(AC)
  FaultHandlerNoError(MC)
  FaultHandlerNoError(XM)
  FaultHandlerNoError(VE)
```

异常处理程序的实现很常见，因此将它们写成宏。FaultHandlerWithError()宏定义了一个带有错误代码的异常处理程序。错误代码是一个整数值，用来指示异常的原因，而某些异常对应着特定的错误代码。FaultHandlerNoError()宏用于没有错误代码的异常，因此没有PrintHex(error_code,...)行来显示错误代码。

PrintHex()将给定的整数值以指定位数的十六进制数打印到屏幕上（见**代码20.22**）。

当异常发生时，情况可能会异常严重，因此要尽量使实现简单，避免使用标准库函数（如sprintf()）。我们还希望避免控制台滚动过程，因此决定直接在屏幕帧缓冲区上绘制字体，而不是使用printk()显示。

代码20.22　PrintFrame()显示栈帧上的信息（interrupt.cpp）

```
void PrintHex(uint64_t value, int width, Vector2D<int> pos) {
  for (int i = 0; i < width; ++i) {
    int x = (value >> 4 * (width - i - 1)) & 0xfu;
    if (x >= 10) {
      x += 'a' - 10;
    } else {
      x += '0';
    }
    WriteAscii(*screen_writer, pos + Vector2D<int>{8 * i, 0}, x, {0, 0, 0});
  }
}

void PrintFrame(InterruptFrame* frame, const char* exp_name) {
  WriteString(*screen_writer, {500, 16*0}, exp_name, {0, 0, 0});
  WriteString(*screen_writer, {500, 16*1}, "CS:RIP", {0, 0, 0});
  PrintHex(frame->cs, 4, {500 + 8*7, 16*1});
  PrintHex(frame->rip, 16, {500 + 8*12, 16*1});
  WriteString(*screen_writer, {500, 16*2}, "RFLAGS", {0, 0, 0});
  PrintHex(frame->rflags, 16, {500 + 8*7, 16*2});
  WriteString(*screen_writer, {500, 16*3}, "SS:RSP", {0, 0, 0});
  PrintHex(frame->ss, 4, {500 + 8*7, 16*3});
  PrintHex(frame->rsp, 16, {500 + 8*12, 16*3});
}
```

PrintFrame()是一个在屏幕上出现异常时显示栈帧的函数，它利用PrintHex()显示栈帧中包含的各种寄存器值。如果能同时显示栈帧中未包含的寄存器值（如RAX和CS），那么效果会更好。我们将在必要时添加这一功能。

代码20.23展示了一个在IDT中注册异常处理程序的程序。这并不难，只需将刚刚定义的处理程序注册到CPU规范确定的中断号上即可。你可能需要记住其中的**一般保护异常**（GP=13）和**页面故障**（PF=14）的名称和编号。你可以在不同的地方找到它们。

代码20.23　在IDT中注册异常处理程序（interrupt.cpp）

```
void InitializeInterrupt() {
  auto set_idt_entry = [](int irq, auto handler) {
    SetIDTEntry(idt[irq],
                MakeIDTAttr(DescriptorType::kInterruptGate, 0),
                reinterpret_cast<uint64_t>(handler),
                kKernelCS);
```

```
  };
  set_idt_entry(InterruptVector::kXHCI, IntHandlerXHCI);
  set_idt_entry(InterruptVector::kLAPICTimer, IntHandlerLAPICTimer);
  set_idt_entry(0,  IntHandlerDE);
  set_idt_entry(1,  IntHandlerDB);
  set_idt_entry(3,  IntHandlerBP);
  set_idt_entry(4,  IntHandlerOF);
  set_idt_entry(5,  IntHandlerBR);
  set_idt_entry(6,  IntHandlerUD);
  set_idt_entry(7,  IntHandlerNM);
  set_idt_entry(8,  IntHandlerDF);
  set_idt_entry(10, IntHandlerTS);
  set_idt_entry(11, IntHandlerNP);
  set_idt_entry(12, IntHandlerSS);
  set_idt_entry(13, IntHandlerGP);
  set_idt_entry(14, IntHandlerPF);
  set_idt_entry(16, IntHandlerMF);
  set_idt_entry(17, IntHandlerAC);
  set_idt_entry(18, IntHandlerMC);
  set_idt_entry(19, IntHandlerXM);
  set_idt_entry(20, IntHandlerVE);
  LoadIDT(sizeof(idt) - 1, reinterpret_cast<uintptr_t>(&idt[0]));
}
```

图20.8展示了修改后的rpn命令的执行情况，该命令调用了**代码20.1**中的printk()。可以看到，在调用printk()时发生了页面故障。由于添加了异常处理程序，现在可以看到哪个异常在哪里发生，从而使调试变得容易。

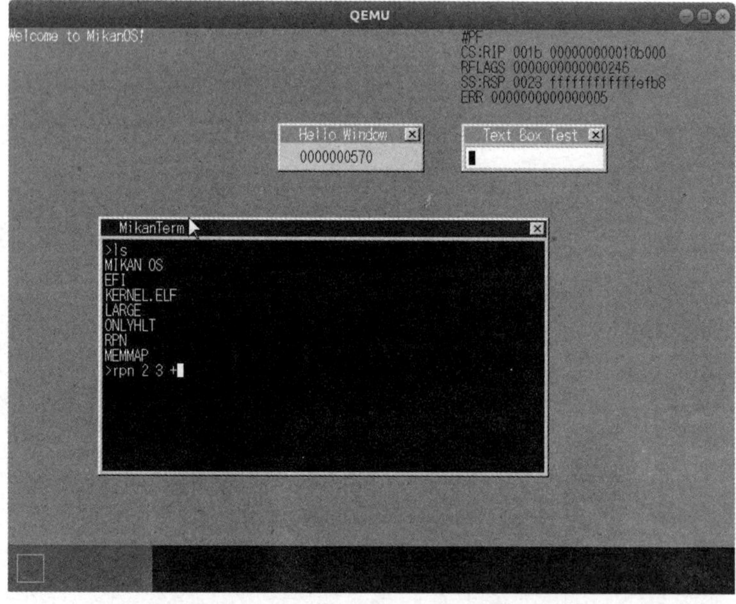

图20.8　从应用程序调用printk()会引发异常

试用完毕后，删除rpn命令中对printk()的调用。

20.5 系统调用（osbook_day20e）

目前，你无法从应用中调用操作系统函数，应用只能在内存中执行计算。对于权限较低的应用，如果不使用操作系统函数，就无法向屏幕输出文本或数字。如果不能显示它们，就等于什么都没计算，只是在浪费CPU。很可悲，不是吗？

从应用中安全调用操作系统函数的机制被称为**系统调用**，它的意思是调用（call）系统（操作系统）。很多人可能只听说过这个名字，在本节中，你将创建自己的系统调用。

实现系统调用的方法有很多，但在x86-64架构的64位模式下，最常见的方法可能是使用syscall指令。其他方法包括《30天自制操作系统》[1]中使用的方法，以及使用中断的方法和使用内存中队列的方法（在Linux中以io_uring名称引入）。在没有权限级别概念的CPU上使用的直接调用操作系统函数的方法，也可被视为系统调用的一种。本书介绍并实现了使用syscall的最正统方法。

syscall指令是一种从低权限程序调用高权限程序的机制。通过预先注册一个连接应用和操作系统的函数，就可以安全地从应用中调用操作系统的函数。如果在环3上运行的应用可以随意使用操作系统函数和变量，那将是非常危险的，但通过限制可调用的函数，可以安全地调用操作系统函数。

代码20.24展示了如何使用syscall指令。syscall不能用C++编写，因此程序以汇编语言函数的形式提供syscall，然后执行，仅此而已。

代码20.24　调用系统调用的代码（rpn/syscall.asm）

```
bits 64
section .text

global SyscallLogString
SyscallLogString:
    mov eax, 0x80000000
    mov r10, rcx
    syscall
    ret
```

SyscallLogString()调用一个系统调用，使用操作系统的Log()在控制台上显示一个字符串，稍后将详细说明。系统调用的功能由EAX中设置的数字选择，编号和功能之间的映射关

1　在《30天自制操作系统》中，API是一个宽泛的概念，包括调用系统之外的内容。

系由操作系统作者决定。例如，0x80000000是控制台显示功能，增加这个数字，就能获得更多的系统调用。我之所以选择0x80000000，是因为我想确保不被Linux的系统调用号（从0开始）覆盖，如果在不做任何修改的情况下运行Linux应用，那么可能会更容易一些。

你需要以某种方式向操作系统中接收系统调用的函数传递一个表示类型的编号和所需的参数。最简单的方法是在寄存器中传递参数，就像在普通函数调用中一样。寄存器的使用可由调用方和被调用的系统调用调整，无须采用特定的ABI。不过，由于采用不同规则的意义不大，MikanOS基本上遵循System V AMD64 ABI。

如果遵循System V AMD64ABI，向系统调用传递参数就会容易得多。这是因为当从C++调用SyscallLogString()时，参数已经按照RDI、RSI、RDX、RCX、R8和R9的顺序存储。如果按原样执行系统调用指令，寄存器的值就会按原样被传送到操作系统中。

syscall保留了大多数通用寄存器的值，但有两个例外：syscall指令将RIP的值保存在RCX中，将RFLAGS的值保存在R11中。在这种情况下，你必须小心，因为寄存器的值会被破坏。普通调用指令会将返回地址保存在栈中，但系统调用指令将其保存在寄存器中。

由于这个例外，RCX不能用作系统调用的第4个参数寄存器。Linux通过将系统调用的第4个参数传递给R10来解决这个问题。冷静下来看，SyscallLogString()只需要2个参数，因此无须调整，但今后肯定会有更多的系统调用需要4个或更多参数。虽然没用，但我还是要把它留在那里，免得到时候忘了RCX会被覆盖。

现在，在执行syscall时，会调用事先注册的操作系统函数。系统调用在其中处理，处理完毕后，返回系统调用的下一行。为了理解EAX中设置的值的含义，我们来看看系统调用中调用的函数的定义及注册这些函数的过程。

20.6 注册系统调用的过程

首先，syscall调用函数的注册过程如**代码20.25**所示。在其中两行中，我们看到函数WriteMSR()正在执行。该函数将第二个参数的值写入第一个参数指定的特定模型寄存器（Model Specific Register，MSR）。具体实现将在后面介绍。

代码20.25 注册要被系统调用的函数（syscall.cpp）

```
void InitializeSyscall() {
  WriteMSR(kIA32_EFER, 0x0501u);
  WriteMSR(kIA32_LSTAR, reinterpret_cast<uint64_t>(SyscallEntry));
  WriteMSR(kIA32_STAR, static_cast<uint64_t>(8) << 32 |
                       static_cast<uint64_t>(16 | 3) << 48);
  WriteMSR(kIA32_FMASK, 0);
}
```

第一行用来启用syscall的配置：IA32_EFER寄存器的第0位被称为SCE（Syscall Enable），将其设置为1即可启用syscall。使用64位模式时，第8位（LME）和第10位（LMA）必须设为1，因此要一起向寄存器写入0x501。

第二行将函数SyscallEntry()的首地址写入IA32_LSTAR寄存器。IA32_LSTAR是注册执行syscall时调用函数的地方。当应用执行SyscallLogString()（在syscall中）时，将调用在此处注册的函数（SyscallEntry()）。

syscall会为操作系统设置CS和SS，然后执行已注册的函数。第三行的设置会影响这两个段寄存器的值，**表20.2**总结了如何使用此处设置的值。

表20.2　syscall和sysret写入段寄存器的值

寄存器	syscall	sysret
CS	IA32_STAR[47:32]	IA32_STAR[63:48]+16
SS	IA32_STAR[47:32]+8	IA32_STAR[63:48]+8

表20.2中的sysret是与syscall对应的指令。sysret为应用设置CS和SS，然后返回syscall的调用者（应用）。

表20.2中的条目显示了执行相应指令时加载到两个段寄存器中的值。例如，执行syscall时，IA32_STAR[47:32]中设置的16位值将写入CS。该值加上8后也会被写入SS。两者都是操作系统的段寄存器，因此较低的两个位（RPL）应设置为0。

执行sysret时，IA32_STAR[63:48]的值加16后被写入CS，加8后被写入SS。这两个值是应用的段寄存器，因此较低的两个位被设置为3（这就是3被位或的原因，如16 | 3）。

CS和SS的值是从一个值计算出来的，而不是分开计算的，这可能有点儿令人困惑。在MikanOS的GDT中，操作系统的代码段是gdt[1]，栈段是gdt[2]，因此要在IA32_STAR[47:32]中将CS设置为8（1<<3），将SS设置为16（2<<3）。在我看来，将IA32_STAR[47:32]设置为8是个好主意。

sysret更为复杂。我们需要将代码段放在栈段之后，因为代码段将被设置为IA32_STAR[63:48]+16的值，而栈段将被设置为IA32_STAR[63:48]+8的值。但是，在当前配置中，gdt[3]是应用的代码段，而gdt[4]是应用的栈段，因此顺序是相反的。

因此，我们更改了GDT设置，如**代码20.26**所示。具体来说，我们只需交换gdt[3]和gdt[4]。在此状态下，通过在IA32_STAR[63:48]中设置19(16|3)可如愿切换到应用的程序段，同时，sysret在CS中设置了35(4<<3|3)，在SS中设置了27（3<<3|3）。CallApp()参数的顺序也根据这一修改进行了重新排列。

代码20.26 调整段描述符的顺序（segment.cpp）

```
void SetupSegments() {
  gdt[0].data = 0;
  SetCodeSegment(gdt[1], DescriptorType::kExecuteRead, 0, 0, 0xfffff);
  SetDataSegment(gdt[2], DescriptorType::kReadWrite, 0, 0, 0xfffff);
  SetDataSegment(gdt[3], DescriptorType::kReadWrite, 3, 0, 0xfffff);
  SetCodeSegment(gdt[4], DescriptorType::kExecuteRead, 3, 0, 0xfffff);
  LoadGDT(sizeof(gdt) - 1, reinterpret_cast<uintptr_t>(&gdt[0]));
}
```

代码20.27展示了WriteMSR()的实现。它将第二个参数中指定的值写入第一个参数中指定的模型专用寄存器（MSR）。通用寄存器可以用RAX等名称指定，而特定型号寄存器则通过设置ECX中的寄存器编号来指定。wrmsr指令将EDX:EAX的64位值写入ECX中指定的寄存器。要将值复制到EDX，则需要使用右移指令shr执行32位移位。

代码20.27 WriteMSR()设置特定模型寄存器中的值（asmfunc.asm）

```
global WriteMSR
WriteMSR:  ; void WriteMSR(uint32_t msr, uint64_t value);
    mov rdx, rsi
    shr rdx, 32
    mov eax, esi
    mov ecx, edi
    wrmsr
    ret
```

20.7 系统调用本体

现在我们知道了系统调用的注册过程。接下来将展示syscall调用函数SyscallEntry()的实现（见代码20.28）。该函数是在应用中调用操作系统函数的唯一入口，只能用汇编语言编写。

代码20.28 由syscall调用的操作系统侧函数（asmfunc.asm）

```
extern syscall_table
global SyscallEntry
SyscallEntry:  ; void SyscallEntry(void);
    push rbp
    push rcx  ; original RIP
    push r11  ; original RFLAGS

    mov rcx, r10
    and eax, 0x7fffffff
```

```
mov rbp, rsp
and rsp, 0xfffffffffffffff0

call [syscall_table + 8 * eax]

mov rsp, rbp

pop r11
pop rcx
pop rbp
o64 sysret
```

该函数最重要的一行是中间的call指令，该指令从名为syscall_table的函数指针表中获取系统调用编号对应的函数指针，并对其进行调用。

在call前后会进行必要的调整。首先保存RBP，因为在函数调用之前或之后，该寄存器的值都不能改变。稍后我们将使用RBP暂存RSP，因此我们要将原始值保存在栈中。

根据System V AMD64 ABI，RBP的值必须在函数调用前后保存，但RCX和R11不受此限。那么，为什么在RBP之后也要保存这两个寄存器呢？

保存RCX和R11是因为它们的值被sysret指令使用。syscall指令在这两个寄存器中保存重要值：执行syscall时的RIP和RFLAGS值。sysret反过来将RCX和R11的值写回RIP和RFLAGS，使syscall返回调用者，这意味着在调用前后都要保存和恢复，以防RCX和R11被函数调用改变。

保存3个寄存器后，执行mov rcx, r10。这只是代码20.24中将RCX复制到R10的操作的还原。这种转换是必要的，因为根据syscall指令的规定，RCX不能用于参数传递。

eax、0x7fffffff屏蔽了系统调用号的最有效位。我们希望将系统调用号作为syscall_table的索引，但这需要一个巨大的数组，其开头有0x80000000个未使用的元素。通过将最有效位设置为0，可以将数字转换为适合索引的基于0的数字。

接下来的两行（保存RSP和调整值）为下一条调用指令做准备，System V AMD64 ABI规定，在调用函数时，栈指针必须是16的倍数，为此需要进行调整。

接下来是开始时引入的调用，然后是恢复存储值的过程，最后执行sysret并返回syscall的调用者。

代码20.29展示了syscall_table的定义。LogString()的地址注册在索引0处。该下标加上0x80000000就是系统调用号。

代码20.29 定义函数指针表syscall_table（syscall.cpp）

```
namespace syscall {

#define SYSCALL(name) \
  int64_t name( \
      uint64_t arg1, uint64_t arg2, uint64_t arg3, \
      uint64_t arg4, uint64_t arg5, uint64_t arg6)

SYSCALL(LogString) {
  if (arg1 != kError && arg1 != kWarn && arg1 != kInfo && arg1 != kDebug) {
    return -1;
  }
  const char* s = reinterpret_cast<const char*>(arg2);
  if (strlen(s) > 1024) {
    return -1;
  }
  Log(static_cast<LogLevel>(arg1), "%s", s);
  return 0;
}

#undef SYSCALL

} // namespace syscall

using SyscallFuncType = int64_t (uint64_t, uint64_t, uint64_t,
                                 uint64_t, uint64_t, uint64_t);
extern "C" std::array<SyscallFuncType*, 1> syscall_table{
  /* 0x00 */ syscall::LogString,
};
```

syscall::LogString()的处理过程很简单。对参数进行检查，如果参数没有失效，就会将给定的字符串输出到控制台。参数检查对于提高操作系统的安全性至关重要，尤其是在尝试运行不受信任的应用时。

现在我们已经为系统调用做好了准备，让我们修改rpn命令以使用系统调用（见代码20.30）。这并不难，只需在C++程序中调用SyscallLogString()，它是用汇编实现的。如果可以显示某个字符串，那么只需检查其是否正常工作即可。作为测试，我们决定在输入数字时显示#，在输入运算符时显示运算符。例如，如果输入rpn 2 5 +，那么希望它显示##+。这样行吗？

代码20.30 从应用程序调用系统调用（rpn/rpn.cpp）

```
extern "C" int64_t SyscallLogString(LogLevel, const char*);

extern "C" int main(int argc, char** argv) {
  stack_ptr = -1;

  for (int i = 1; i < argc; ++i) {
```

```
    if (strcmp(argv[i], "+") == 0) {
      long b = Pop();
      long a = Pop();
      Push(a + b);
      SyscallLogString(kWarn, "+");
    } else if (strcmp(argv[i], "-") == 0) {
      long b = Pop();
      long a = Pop();
      Push(a - b);
      SyscallLogString(kWarn, "-");
    } else {
      long a = atol(argv[i]);
      Push(a);
      SyscallLogString(kWarn, "#");
    }
  }
  if (stack_ptr < 0) {
    return 0;
  }
  SyscallLogString(kWarn, "\nhello, this is rpn\n");
  while (1);
  //return static_cast<int>(Pop());
}
```


图20.9展示了rpn命令的运行情况，终端屏幕（黑屏）保持不变，但控制台左上角显示##+。这证明系统已被正确调用，非常成功！

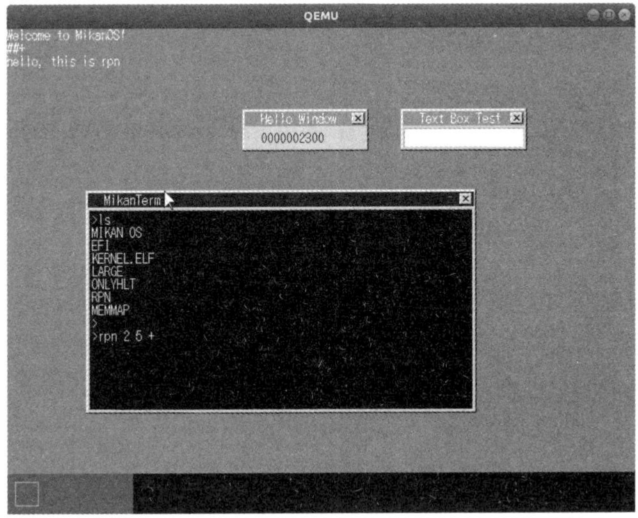

图20.9　通过系统调用在控制台上显示字符串

第 21 章

窗口应用

到目前为止，应用只能在控制台上显示字符串。我想制作一个更图形化、更有趣的应用，例如让它绘制图片。但无论如何，我需要先创建专用窗口。在本章中，我们将设置应用打开窗口的机制。

21.1 设置IST（osbook_day21a）

我们只创建了一个在控制台显示字符串的系统调用，尽管它看起来运行得很好，但实际上还存在一个严重的错误。这个错误通常是潜伏着的，如果运气不好，它就会被触发，导致操作系统崩溃。我在构建MikanOS到第30天时，通过一个应用无法正常工作的现象发现了这个错误。20.3节就属于这种情况。

一旦在执行系统调用时发生定时器中断和上下文切换，就会触发该错误。系统调用由syscall指令执行，该指令为操作系统设置CS和SS，但不改变RSP。因此，系统调用的功能（目前只有syscall::LogString()……）是在RSP指向应用栈的情况下实现的。如果在这里发生定时器中断会怎样？

假设在执行系统调用期间发生了定时器中断，此时CS已为操作系统完成设置，CPU以CPL=0运行。CPL在中断发生时不会发生变化，设置为TSS.RSP0的栈也不会被使用。这意味着定时器中断的处理是在应用栈上执行的（见图21.1），这会导致错误。

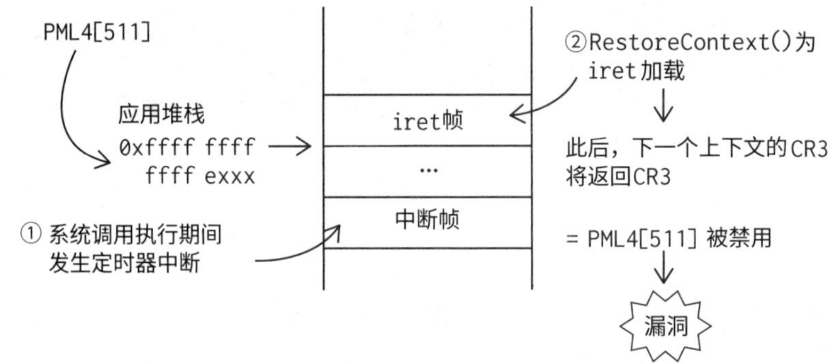

图21.1　在应用程序栈中如何进行上下文切换

应用栈设置在虚拟地址的后半部分，RestoreContext()更新CR3寄存器是从应用上下文切换到下一个上下文的过程的一部分，由于CR3指向分层分页结构(PML4)，所以此时页面上的内容将被删除。操作系统区域（PML4[0]至PML4[255]）的映射对所有上下文都相同，应用区域（PML4[256]及以上）的映射则针对每个上下文。也就是说，更新CR3后，栈区域所在的页面将被禁用（present标志设置为0）。如果在这种状态下执行iret指令，就会访问栈并发生页面故障，导致操作系统崩溃。

这种情况通常不会发生，原因是系统调用的处理会立即结束。如果在执行系统调用和处理结束之间没有发生定时器中断，就不会触发该错误。创建和使用的系统调用量越大，触发此错误的概率就越高。

要修复这个错误，最好在操作系统区域分配的栈上处理定时器中断。我提出了两种方法：一种是在系统调用开始时交换栈，另一种是使用CPU函数在定时器中断时自动交换栈。

在系统调用开始时交换栈可以通过在SyscallEntry()开始时更新RSP，然后调用在系统调用表（syscall_table）中注册的函数来实现。不过这种方法仍然存在一个小问题：它没有考虑在进程进入SyscallEntry()和更新RSP之间发生定时器中断的情况。因为这段时间很短，所以在这段时间内发生定时器中断的概率很低。但如果发生了定时器中断，操作就会出错。

可以使用CPU函数在发生定时器中断时替换栈。有一种被称为**中断堆栈表**（Interrupt Stack Table，IST）的机制，可确保在执行中断处理程序时使用预先定义的栈。

IST包含在TSS中。前一章中已经配置了TSS.RSP0，通过进行与RSP0相似的配置，也可以启用IST，这比在系统调用开始时替换栈要简单得多。既然这种方法简单可靠，我们当然决定采用。

我修改了InitializeTSS()，使其也能设置TSS中的IST，如**代码21.1**所示。如**表20.1**所示，IST从IST1到IST7，其机制是选择在哪个中断处理程序中使用哪个IST。你可以选择其中任何一个。这里使用常量kISTForTimer表示所需的IST编号。

代码21.1　设置TSS.IST1（segment.cpp）

```
void InitializeTSS() {
  SetTSS(1, AllocateStackArea(8));
  SetTSS(7 + 2 * kISTForTimer, AllocateStackArea(8));

  uint64_t tss_addr = reinterpret_cast<uint64_t>(&tss[0]);
  SetSystemSegment(gdt[kTSS >> 3], DescriptorType::kTSSAvailable, 0,
                   tss_addr & 0xffffffff, sizeof(tss)-1);
  gdt[(kTSS >> 3) + 1].data = tss_addr >> 32;

  LoadTR(kTSS);
}
```

TSS配置中的SetTSS()和AllocateStackArea()的实现如**代码21.2**所示，我们只是将过去在InitializeTSS()中编写的程序剪切成一个函数。

代码21.2　设置TSS的便捷函数（segment.cpp）

```
void SetTSS(int index, uint64_t value) {
  tss[index]     = value & 0xffffffff;
  tss[index + 1] = value >> 32;
}

uint64_t AllocateStackArea(int num_4kframes) {
  auto [ stk, err ] = memory_manager->Allocate(num_4kframes);
  if (err) {
```

```
    Log(kError, "failed to allocate stack area: %s\n", err.Name());
    exit(1);
  }
  return reinterpret_cast<uint64_t>(stk.Frame()) + num_4kframes * 4096;
}
```

如代码21.3所示，将kISTForTimer设置为1，这样做的目的是将IST1用于定时器中断。

代码21.3 将IST1与定时器中断一起使用（interrupt.hpp）

```
cconst int kISTForTimer = 1; // index of the interrupt stack table
```

要在中断中使用IST机制，必须在向IDT注册中断处理程序时设置IST编号。代码21.4展示了配置程序，可以在MakeIDTAttr()中设置第四个IST编号，并在其中指定前面提到的常数。这将把IDT条目的IST字段设置为1，当定时器中断时，设置为TSS.IST1的栈将被使用。

代码21.4 配置IST以与定时器中断一起使用（interrupt.cpp）

```
  SetIDTEntry(idt[InterruptVector::kLAPICTimer],
              MakeIDTAttr(DescriptorType::kInterruptGate, 0 /* DPL */,
                          true /* present */, kISTForTimer /* IST */),
              reinterpret_cast<uint64_t>(IntHandlerLAPICTimer),
              kKernelCS);
```

这就完成了我们在本节中想要完成的错误修复工作。从现在起，如果在执行系统调用期间发生定时器中断，那么错误应该不会再发生了。由于错误很难复现，因此无法验证问题是否真的已被解决。修改后的MikanOS似乎与以前一样正常工作，我们视为修复完成。

21.2 字符串显示系统调用（osbook_day21b）

在创建图片绘制系统之前，至少要进行两次系统调用，分别是向终端显示字符串和关闭程序。首先，我们执行一个系统调用，向终端显示字符串。

到目前为止，我们唯一的系统调用是向控制台输出字符串，而控制台是一个与终端无关的全局显示区域。这很有用，但我还希望从终端启动的应用能在终端中显示消息，MikanOS也能做到这一点。

在开始前，我们解释一下printf()和系统调用的关系。因为如果不将二者联系起来，就很难理解我们将要做的事情。图21.2显示了两者之间的一般关系。

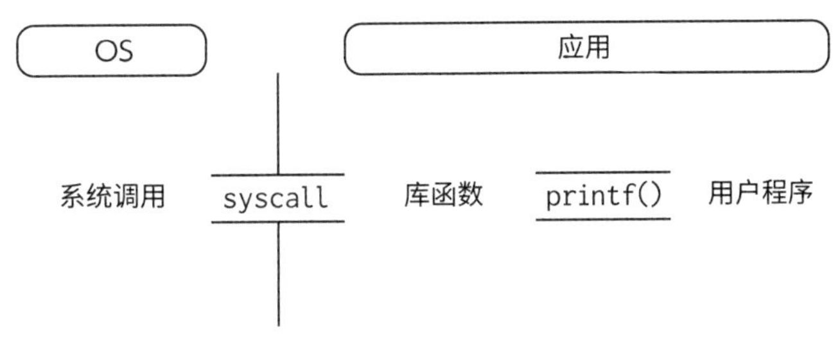

图21.2　系统调用和printf()的关系

系统调用是操作系统提供的函数，它们通过syscall指令从应用中调用，其处理过程包含在操作系统的可执行文件中。printf()是C语言的标准库函数。这两个标准库函数都链接到应用中，形成一个可执行文件，这意味着同一个可执行文件包含应用的main()和printf()。

C语言处理器必须保证可以从C语言程序中调用printf()。反过来说，只要printf()可以从C语言程序中调用，就没有特定的实现方法：printf()有一个格式化函数，可以在字符串中嵌入数字和其他字符，但这个函数是在系统调用中实现，还是在C标准库中实现，取决于C标准库。如果是前者，printf()就会成为系统调用的浅封装，系统调用则负责所有实际处理工作。

在Linux中，系统调用只提供简单的字符串显示功能，格式化功能则由库提供。这种方法在Linux之外被广泛使用，本书中使用的Newlib也与之类似，我们打算在MikanOS中采用相同的机制（图21.3）。

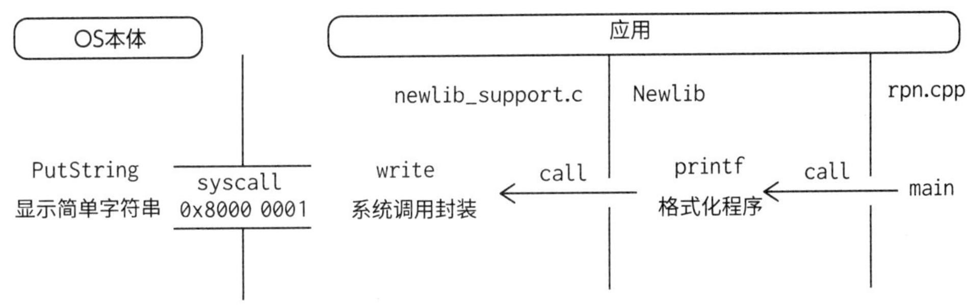

图21.3　Newlib和系统调用的不同作用

printf()本身就是在Newlib中实现的，因此，我们需要制作的部分是打印字符串的系统调用，以及连接系统调用和printf()的write()。如果要使用Newlib的printf()，那么还需要定义一些依赖操作系统的函数。除了write()，只需要准备简单返回错误的函数。我们在第5章中创建了newlib_support.c，在这里我们也将为应用创建该函数。

21.3 创建系统调用

系统调用和库函数的分工已经安排妥当。现在我们要创建系统调用。为此，我们首先要考虑向终端展示一个字符串需要做些什么。

考虑使用syscall指令执行系统调用的情况。在这种情况下，系统调用只有一个入口，因此无法识别执行系统调用的应用。如果无法识别应用，也就无法识别显示该应用的终端。不过，由于目前只有一个终端，因此可以默认将调用显示在该终端上。将来你可能希望在不止一个终端上显示，因此我们将考虑支持多终端的系统。

为了显示系统调用终端的字符串，有必要指定要显示的终端。要做到这一点，我们必须准备一个应用与终端之间的对应表。我们以某种方式识别系统调用中的调用应用并搜索该表，似乎是可行的。

现在，我们该如何识别应用呢？仔细想想就会发现，可以通过任务ID来识别应用，这是因为应用是在作为单独任务启动的终端上启动的。在任何给定时间点，终端上最多只有一个应用在运行。因此，只要知道调用系统调用的任务ID，就能识别终端。

如代码21.5所示，我们定义了一个对应表terminals，用于通过任务ID搜索终端。当终端任务启动时，它会在对应的表中注册自己（(*terminals)[task_id] = terminal;）。terminals是一个从不同任务中读写的变量，因此应在cli/sti包围中更改，以避免冲突。

代码21.5　任务ID与终端之间的对应表（terminal.cpp）

```
std::map<uint64_t, Terminal*>* terminals;

void TaskTerminal(uint64_t task_id, int64_t data) {
  __asm__("cli");
  Task& task = task_manager->CurrentTask();
  Terminal* terminal = new Terminal{task_id};
  layer_manager->Move(terminal->LayerID(), {100, 200});
  active_layer->Activate(terminal->LayerID());
  layer_task_map->insert(std::make_pair(terminal->LayerID(), task_id));
  (*terminals)[task_id] = terminal;
  __asm__("sti");
```

代码21.6展示了terminals的初始化过程。请注意，该初始化过程必须在第一个终端任务启动之前进行。

代码21.6　在创建终端前初始化终端（main.cpp）

```
  terminals = new std::map<uint64_t, Terminal*>;
  const uint64_t task_terminal_id = task_manager->NewTask()
```

```
    .InitContext(TaskTerminal, 0)
    .Wakeup()
    .ID();
```

代码21.7展示了系统调用syscall::PutString()的实现，这也是本节的主要内容。

代码21.7　字符串显示终端的系统调用（syscall.cpp）

```
SYSCALL(PutString) {
  const auto fd = arg1;
  const char* s = reinterpret_cast<const char*>(arg2);
  const auto len = arg3;
  if (len > 1024) {
    return { 0, E2BIG };
  }

  if (fd == 1) {
    const auto task_id = task_manager->CurrentTask().ID();
    (*terminals)[task_id]->Print(s, len);
    return { len, 0 };
  }
  return { 0, EBADF };
}
```


表21.1列出了该系统调用使用的三个参数。

表21.1　PutString()系统调用的参数

参数名	值例	说明
fd	1	文件描述符编号
s	foobar	要显示字符串的指针
len	7	不包括NUL字符的字节数

fd是一个数字，指定显示字符串的目标，例如，1是代表终端的数字。将来，如果可以处理来自应用程序的文件，就可以通过更改fd的指定值将字符串写入文件而不是终端。s和len用于指定字符串的指针和要写入字符串的字节数，设计指定字节数是为了处理未以NUL字符结束的字符串。

如果字符串过长，那么将返回错误E2BIG。E2BIG是<cerrno>头中定义的标准错误编号，用于类POSIX系统（如Linux）。我改变了系统调用的返回类型，这样可以同时返回结果值和错误值（见代码21.8）。

代码21.8　更改系统调用的返回类型（syscall.cpp）

```
namespace syscall {
  struct Result {
    uint64_t value;
```

```
    int error;
  };

#define SYSCALL(name) \
  Result name( \
      uint64_t arg1, uint64_t arg2, uint64_t arg3, \
      uint64_t arg4, uint64_t arg5, uint64_t arg6)
```

返回类型syscall::Result是一个结构体，其中：value代表系统调用的结果（例如PutString()写入的字节数），error代表错误编号。如果错误编号非零，则假定存在错误。整个结构只占128位，因此根据SystemVAMD64ABI规范，系统调用的返回值放在RAX:RDX上。如果返回值大于128位，它就会被放在栈上，而这样就会很麻烦。有了系统调用的返回值寄存器，就可以毫不费力地向应用返回值了。

因为我们改变了返回类型，所以也改变了syscall_table的类型（见**代码21.9**）。相应修改现有系统调用syscall::LogString()的实现，它只返回错误值，因此源码省略。

代码21.9 更改系统调用的函数表类型（syscall.cpp）

```
using SyscallFuncType = syscall::Result (uint64_t, uint64_t, uint64_t,
                                         uint64_t, uint64_t, uint64_t);
extern "C" std::array<SyscallFuncType*, 2> syscall_table{
  /* 0x00 */ syscall::LogString,
  /* 0x01 */ syscall::PutString,
};
```

这里解释一下fd为1的处理过程，它是PutString()系统调用的精髓。

获取当前运行任务的ID。该系统调用由应用调用，因此当前运行的任务就是应用正在运行的终端任务。

一旦获得终端任务的ID，就可以通过在terminals中搜索ID来获得指向终端对象的指针。使用获得的指针调用Print()方法并在终端上显示字符串。

这里没有Terminal::Print()允许指定字节数，我们一起来实现它。

代码21.10展示了修改后的Terminal::Print()。主要有三处修改：添加参数len、使用len绘制字符串，以及最后重绘屏幕。

代码21.10 允许Print()接受字节计数（terminal.cpp）

```
void Terminal::Print(const char* s, std::optional<size_t> len) {
  const auto cursor_before = CalcCursorPos();
  DrawCursor(false);

  if (len) {
```

```
    for (size_t i = 0; i < *len; ++i) {
      Print(*s);
      ++s;
    }
  } else {
    while (*s) {
      Print(*s);
      ++s;
    }
  }

  DrawCursor(true);
  const auto cursor_after = CalcCursorPos();
  Vector2D<int> draw_pos{ToplevelWindow::kTopLeftMargin.x, cursor_before.y};
  Vector2D<int> draw_size{window_->InnerSize().x,
                          cursor_after.y - cursor_before.y + 16};

  Rectangle<int> draw_area{draw_pos, draw_size};

  Message msg = MakeLayerMessage(
      task_id_, LayerID(), LayerOperation::DrawArea, draw_area);
  __asm__("cli");
  task_manager->SendMessage(1, msg);
  __asm__("sti");
}
```


将std::optional作为len的类型，以便表达“无字节数”的情况。我们不希望修改过多调用Print()而不指定字节数，因此将len设置为std::optional类型并指定默认参数，如**代码21.11**所示。

代码21.11 为len指定默认参数（terminal.hpp）

```
void Print(const char* s, std::optional<size_t> len = std::nullopt);
```

Print()的后半部分是重绘。在此之前，没有这样的过程，因此在应用终止时重绘。这样做还不够好，因为rpn命令启动后不会一直退出。为了在不退出应用的情况下在终端中显示字符串，我们决定在字符串显示的系统调用中重新绘制字符串。如果你创建了一个长期运行的程序，那么这一功能也很有用。

计算重绘范围之所以复杂，是因为重绘的范围要尽可能小。缩小重绘范围的基本思路是使用字符串显示前后的光标位置。如果利用光标位置的差异，就可以找到应该重绘的范围。不过，这有点儿困难，因为必须考虑到字符串包含换行符的情况。

由于很难将绘制范围最小化，上述程序采取了折中的方法，将水平方向上的窗口全角和光标位置的垂直差加一行组成的矩形作为垂直方向上的重绘范围。

图21.4展示了显示两行字符串“fizz\nbuzz”时的重绘范围的计算方法。可以看到，无论字符串显示在行的哪个位置，这两行都被用作重绘范围。

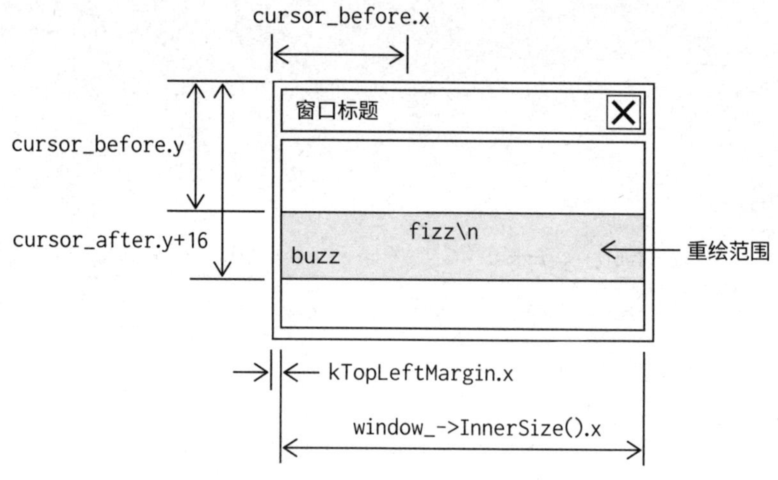

图21.4　在Print()中计算重绘范围

21.4 创建write()

系统调用准备就绪。下一步是实现write()，这是在应用端调用printf()所必需的。你可以在Linux终端中查找函数原型man 2 write，或阅读$HOME/osbook/devenv/x86_64-elf/include/sys/unistd.h。

代码21.12展示了write()的实现。由于系统调用的辛勤工作，该函数本身的实现非常简单。如果进程失败，那么write()应该将错误值设置为errno，然后返回-1。我就是这样实现的。

代码21.12　使用系统调用write()输出字符串（rpn/newlib_support.c）

```
struct SyscallResult {
  uint64_t value;
  int error;
};
struct SyscallResult SyscallPutString(uint64_t, uint64_t, uint64_t);

ssize_t write(int fd, const void* buf, size_t count) {
  struct SyscallResult res = SyscallPutString(fd, (uint64_t)buf, count);
  if (res.error == 0) {
    return res.value;
  }
  errno = res.error;
```

```
  return -1;
}
```

write()调用的SyscallPutString()只是SyscallLogString()代码的副本，系统调用号改为0x80000001，无须引入源码。

让rpn命令调用printf()，如代码21.13所示。当然，既然是printf()，就可以指定各种格式。让我们试试显示long类型。

代码21.13　在rpn命令中使用printf()（rpn/rpn.cpp）

```
  long result = 0;
  if (stack_ptr >= 0) {
    result = Pop();
  }

  printf("%ld\n", result);
  while (1);
```

编辑apps/rpn/Makefile，在rpn链接目标中添加newlib_support.o，其中定义了write()（见代码21.14）。

代码21.14　链接newlib_support.o（rpn/Makefile）

```
TARGET = rpn
OBJS = rpn.o syscall.o newlib_support.o
include ../Makefile.elfapp
```

上面的代码不能正常编译和链接，因此我们还要编辑apps/Makefile.elfapp（见代码21.15）。完成这些后，请编译并运行它（见图21.5）。

代码21.15　添加C语言编译规则（Makefile.elfapp）

```
%.o: %.c Makefile
	clang $(CPPFLAGS) $(CFLAGS) -c $< -o $@
```

图21.5 使用printf()打印整数

21.5 退出系统调用（osbook_day21c）

在当前状态下，应用无法终止，这是因为如果main()进程终止，整个操作系统就会死亡。仔细想想，“应用终止”是一个相当困难的过程，从CPU的角度看，这不过是从环3到环0的运行模式转换。

从环3到环0的转换机制就是系统调用本身。从另一个角度看，使用系统调用的应用的终止过程可以被描述为“调用一个永不结束的系统调用”。当应用调用“终止系统调用”时，进程会从环3移动到环0，并且永远不会从系统调用中返回。如果创建了这样的系统调用，就可以实现应用的终止。在本节中，我们将创建一个应用终止的系统调用。

还有一种终止应用的方法：当应用引发CPU异常时，终止的只是该应用，而不是整个操作系统。如果应用的main()通过return而不是exit系统调用退出，那么它将跳转到一个不正确的地址，最终将引发CPU异常。因此，一旦捕获到异常，就应该停止应用。这种方法对处理不调用退出系统调用的不良行为或故意尝试执行不正确操作的应用来说是必要的，但对正常应用并无必要。本书中没有实现该方法，这里将其作为一项任务留给读者。

现在，退出系统调用与退出其他系统调用的主要区别在于，当系统调用处理完成后，sysret指令不会被执行。我们希望将执行返回操作系统进程（Terminal::ExecuteFile()）。

在这里，请先回忆一下应用启动时的进程。应用（ELF文件）被放置在适当的虚拟地址中，并通过retf指令跳转到入口。跳转由CallApp()处理（见代码20.4）。在当前没有退出系统调用的状态下，最后一次调用CallApp()时不会返回任何进程。我前面所说的“执行返回”是指应该从CallApp()返回处理，这就是本节的最终目标。

现在，我们将创建exit系统调用，它是第三个系统调用，因此编号为0x80000002。我们将修改SyscallEntry()以在检测到该编号时跳转到一个特殊进程（见代码21.16）。

代码21.16　跳转到专门用于退出系统调用的进程（asmfunc.asm）

```
push rax

mov rcx, r10 a
nd eax, 0x7fffffff
mov rbp, rsp
and rsp, 0xfffffffffffffff0

call [syscall_table * eax]

mov rsp, rbp

pop rsi
cmp esi, 0x80000002
je .exit
```

系统调用编号由EAX寄存器传递。不过，EAX寄存器是在call指令调用的函数中被修改的，因此它被存储在栈中，调用指令执行的系统调用处理完毕，将检索栈中存储的编号。此时，请注意不要更改存储系统调用返回值的RAX和RDX。检查数字是否为0x8000000002，如果是，则跳转到仅用于退出系统调用的.exit。

代码21.17展示了.exit。前两条mov指令将栈从应用切换到操作系统，并设置CallApp()的返回值。这一切似乎有些神秘，我稍后会详细解释。总而言之，当进程到达.exit时，RAX包含一个指向操作系统栈区域的指针，这个栈区域由CallApp()保存。因此，第一条mov指令会使栈指针指向操作系统的栈。

代码21.17　终止应用程序并返回操作系统（asmfunc.asm）

```
.exit:
    mov rsp, rax
    mov eax, edx

    pop r15
    pop r14
    pop r13
    pop r12
    pop rbp
```

```
    pop rbx

    ret
```

6条pop指令将所有寄存器恢复到调用CallApp()时的状态。请注意，由于RSP指向操作系统的栈，所以，每条pop指令都会从栈中读取操作系统的值，而不是应用的值。因此，我们在CallApp()开始时添加一个保存寄存器值的过程（见**代码21.18**）。你能看到pop和push的顺序正好相反吗？

代码21.18　在CallApp()开始时保存寄存器值（asmfunc.asm）

```
global CallApp
CallApp: ; int CallApp(int argc, char** argv, uint16_t ss,
       ;              uint64_t rip, uint64_t rsp, uint64_t* os_stack_ptr);
    push rbx
    push rbp
    push r12
    push r13
    push r14
    push r15
    mov [r9], rsp

    push rdx ; SS
    push r8 ; RSP
    add rdx, 8
    push rdx ; CS
    push rcx ; RIP
    o64 retf
```

CallApp()和SyscallEntry()的处理流程按时间顺序概括如下，重点是应用的启动和终止。

- CallApp：向操作系统栈保存一组寄存器。
- CallApp：切换到应用栈。
- CallApp：启动应用。
- SyscallEntry.exit：切换到操作系统栈。
- SyscallEntry.exit：从操作系统栈返回一组寄存器。
- SyscallEntry.exit：返回CallApp()调用的下一行。

通过恢复调用CallApp()时栈中的寄存器值，操作系统可以返回CallApp()调用的下一行。**图21.6**展示了这一机制。

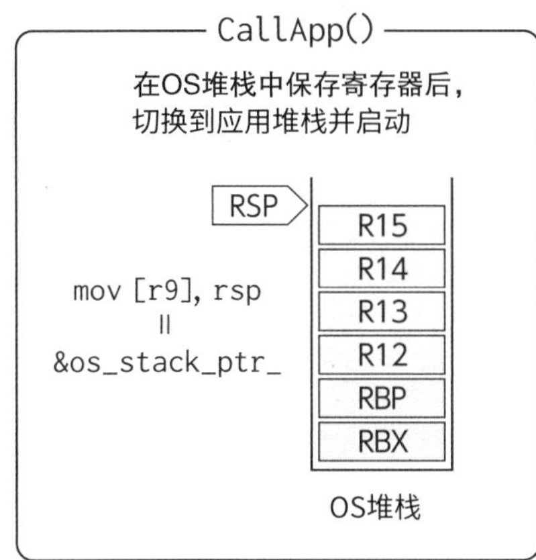

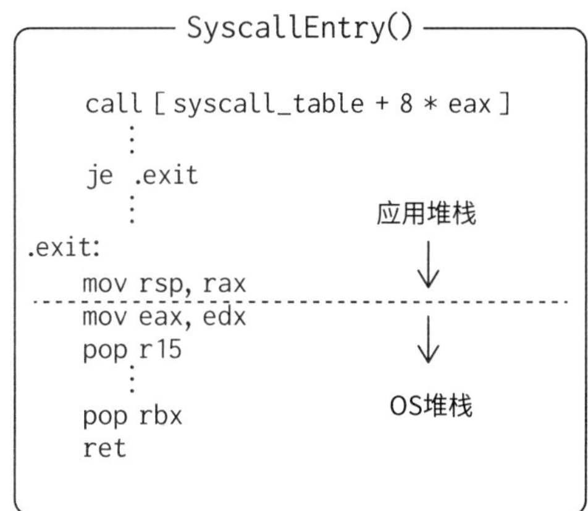

图21.6　保存和恢复操作系统栈

请注意CallApp()中的mov [r9], rsp，这里的内存中存储了一个指向操作系统栈的指针（操作系统栈指针）。由于R9寄存器被分配给了CallApp()的第6个参数os_stack_ptr，所以在以C++风格编写时，它对应下面的代码。

```
*os_stack_ptr = RSP;
```

我们修改了调用程序，为CallApp()的第6个参数指定了一个用于存储栈指针的变量（见代码21.19）。

代码21.19　在CallApp()中指定变量以保存栈指针（terminal.cpp）

```
__asm__("cli");
auto& task = task_manager->CurrentTask();
__asm__("sti");

auto entry_addr = elf_header->e_entry;
int ret = CallApp(argc.value, argv, 3 << 3 | 3, entry_addr,
                  stack_frame_addr.value + 4096 - 8,
                  &task.OSStackPointer());

char s[64];
sprintf(s, "app exited. ret = %d\n", ret);
Print(s);
```

用于存储操作系统栈指针的变量将保存在任务类中，该类原本有一个变量Task::stack_ptr_用于存储该任务的栈指针。除了这个变量，我们还为它添加了一个Task::os_stack_ptr_变量，这个新增变量专门用于在执行CallApp()时存储RSP的值。

代码21.20展示了Task::OSStackPointer()的实现。这是一个简单的方法，只返回对os_stack_ptr_的引用。

代码21.20 OSStackPointer()返回变量引用（task.cpp）

```
uint64_t& Task::OSStackPointer() {
  return os_stack_ptr_;
}
```

每次切换任务时，Task::stack_ptr_都会通过SwitchContext()保存当前RSP的值。因此，在应用通过CallApp()启动后第一次执行SwitchContext()时，应用的栈指针会被保存（它不能用于恢复操作系统栈的值）。

顺便提一下，CallApp()最初允许分别指定应用的代码段和栈段。但是，只要使用了syscall，就没有必要再分别指定二者，因此只能指定栈段的选择器值。这样一来，参数就减少了一个，可以将&task.OSStackPointer()作为第6个参数传递。而在SystemVAMD64ABI中，当参数超过6个时就会有点儿麻烦，所以这对我帮助很大。

21.6 返回栈指针

现在我们知道堆指针是如何保存的了，接下来看看返回机制：操作系统的堆指针返回是SyscallEntry.exit的最初的处理mov rsp, rax。然而，为什么操作系统的栈指针会在RAX中？这是一个谜：SyscallEntry()中没有任何进程从Task::os_stack_ptr_中读取值并将其写入RAX。解开这个谜团的关键在于C++函数syscall::Exit()，它在0x80000002处被调用。

syscall::Exit()的实现如代码21.21所示。该过程非常简单，只需返回当前任务所持有的操作系统栈指针值（执行CallApp()时存储的值）和系统调用的第一个参数。

代码21.21 Exit()返回栈指针和操作系统的退出码（syscall.cpp）

```
SYSCALL(Exit) {
  __asm__("cli");
  auto& task = task_manager->CurrentTask();
  __asm__("sti");
  return { task.OSStackPointer(), static_cast<int>(arg1) };
}
```

从汇编语言的角度分析这两个返回值：task.OSStackPointer()相当于RAX，而static_cast<int>(arg1)相当于RDX。基本上，函数的返回值由RAX表示，但System V AMD64 ABI规定，当一个寄存器不够用时，需要额外使用RDX。

代码21.22重现了SyscallEntry.exit的处理过程。在.exit之前的call指令和je .exit之后的调用指令之间，RAX和RDX没有变化。因此，在.exit时，RAX:RDX仍被设置为syscall::Exit()的返回值。有了这两个mov，操作系统的栈指针就恢复了，syscall::Exit()的第1个参数被设置为EAX。

代码21.22　退出应用程序并返回操作系统（asmfunc.asm）

```
.exit:
    mov rsp, rax
    mov eax, edx

    pop r15
    pop r14
    pop r13
    pop r12
    pop rbp
    pop rbx

    ret
```

代码21.23展示了应用调用exit系统调用的位置。exit系统调用的参数是应用的退出码，在许多操作系统中，退出码为0表示正常退出，非0的退出码表示错误退出。在MikanOS中，应用的退出码暂时没有意义，只会显示为“app exited. ret = %d”。为了验证退出码是否会发生变化，我们尝试用逆波兰式指定计算结果作为退出码。

代码21.23　从应用程序调用退出系统调用（rpn/rpn.cpp）

```
  long result = 0;
  if (stack_ptr >= 0) {
    result = Pop();
  }

  printf("%ld\n", result);
  SyscallExit(static_cast<int>(result));
```

在Linux上用C/C++编程时，只需在main()中写入return 0;即可成功退出应用，无须写入exit(0);。但是，MikanOS应用总是需要执行SyscallExit(0);，否则，整个操作系统就会死机。

二者的不同之处在于调用main()的方式：在MikanOS中，main()首先被调用，因此任何必要的初始化和后处理都必须在其中完成；而在Linux中，启动例程[1]首先被调用，然后调用main()，启动例程包含从main()返回时调用exit()的进程。

在MikanOS中，main()不能以返回语句结束，因此，将main()的返回类型设为int并无意

1　通常情况下，crt0.o文件包含启动例程。

义。相反，如果返回语句不返回值（编译器不知道调用SyscallExit()会导致应用在此退出），则会发出警告，而这是一种阻碍。因此，我们将返回类型改为void。

现在，退出系统调用应该已经完成，我们检查了rpn命令的运行情况（见图21.7）。应用现在可以正常终止，进程返回终端。你可以反复运行该命令，而无须重启操作系统，退出码似乎也正确反映了计算结果。

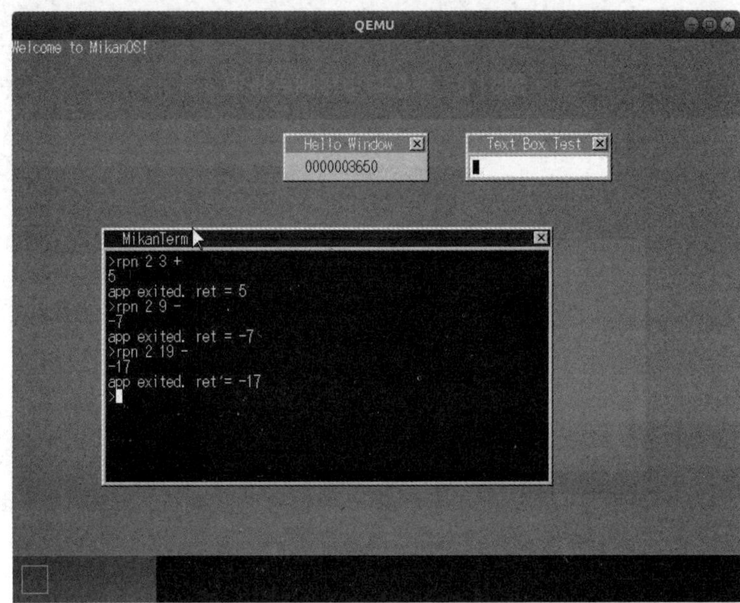

图21.7 rpn命令以不同的退出码退出

21.7 代码整理（osbook_day21d）

我们创建了退出系统调用，但只修改了rpn命令，因此需要确保large命令[1]也能被调用。为此，large命令还需要apps/rpn/syscall.asm中的一组函数，以便将系统调用与C++绑定。我们将该文件移至apps/syscall.asm。

移动后，syscall.o将被从apps/rpn/Makefile的OBJS中删除，而apps/Makefile.elfapp则在应用之间共用，如代码21.24所示。

1 large命令是一种使用为分页验证而创建的超大全局变量的应用程序。

代码21.24　在应用程序公共文件中链接syscall.o（Makefile.elfapp）

```
OBJS += ../syscall.o ../newlib_support.o
```

Makefile.elfapp常用于构建ELF应用。我们已将在应用中使用Newlib所需的newlib_support.o从apps/rpn/移至apps/。

此外，我还创建了头文件syscall.h（见代码21.25），其中包含连接系统调用和C++的函数的原型声明。当应用和系统调用的数量增加时，这种通用化使我们无须在每个应用的源码中编写单独的原型声明。

代码21.25　系统调用函数声明集（syscall.h）

```
#include <cstdint>
#include "../kernel/logger.hpp"

extern "C" {

struct SyscallResult {
  uint64_t value;
  int error;
};

SyscallResult SyscallLogString(LogLevel level, const char* message);
SyscallResult SyscallPutString(int fd, const char* s, size_t len);
void SyscallExit(int exit_code);

} // extern "C"
```

我们修改了syscall.h，以便使用large命令调用exit系统调用（见代码21.26）。main()不再返回值，因此我们将返回类型设置为void，就像在rpn中一样。

代码21.26　large命令的源代码（large/large.cpp）

```
#include <cstdlib>
#include "../syscall.h"

char table[3 * 1024 * 1024];

extern "C" void main(int argc, char** argv) {
  SyscallExit(atoi(argv[1]));
}
```

21.8 打开一个窗口（osbook_day21e）

前面的铺垫出乎意料地长。终于，我们可以开始本章的工作了，那就是打开一个窗口并绘制一幅图画。在本节中，我们将创建一个打开窗口的系统调用，这项工作以前已经做过了，我们只需将其作为系统调用来实现。

代码21.27展示了打开窗口的syscall::OpenWindow()系统调用的原型声明。参数w和h是窗口的宽度和高度，x和y是窗口的初始位置，title是窗口的标题字符串。

代码21.27 打开窗口的系统调用（syscall.h）

```
SyscallResult SyscallLogString(LogLevel level, const char* message);
SyscallResult SyscallPutString(int fd, const char* s, size_t len);
void SyscallExit(int exit_code);
SyscallResult SyscallOpenWindow(int w, int h, int x, int y, const char* title);
```

代码21.28展示了实现过程。窗口（ToplevelWindow）根据参数创建，并在图层管理器中注册。新打开的窗口将被激活，层ID将作为系统调用的返回值返回，以便在窗口创建后对其进行操作。我们打算在今后任何与窗口相关的系统调用中都指定该层ID。

代码21.28 打开窗口的系统调用（syscall.cpp）

```
SYSCALL(OpenWindow) {
  const int w = arg1, h = arg2, x = arg3, y = arg4;
  const auto title = reinterpret_cast<const char*>(arg5);
  const auto win = std::make_shared<ToplevelWindow>(
      w, h, screen_config.pixel_format, title);

  __asm__("cli");
  const auto layer_id = layer_manager->NewLayer()
    .SetWindow(win)
    .SetDraggable(true)
    .Move({x, y})
    .ID();
  active_layer->Activate(layer_id);
  __asm__("sti");

  return { layer_id, 0 };
}
```

代码21.29展示了新增命令winhello的源码。这是一个简单的应用，只需打开一个窗口。调用该命令后，效果如图21.8所示，窗口正常显示。

代码21.29 winhello命令的源代码（winhello/winhello.cpp）

```
#include "../syscall.h"

extern "C" void main(int argc, char** argv) {
  SyscallOpenWindow(200, 100, 10, 10, "winhello");
  SyscallExit(0);
}
```

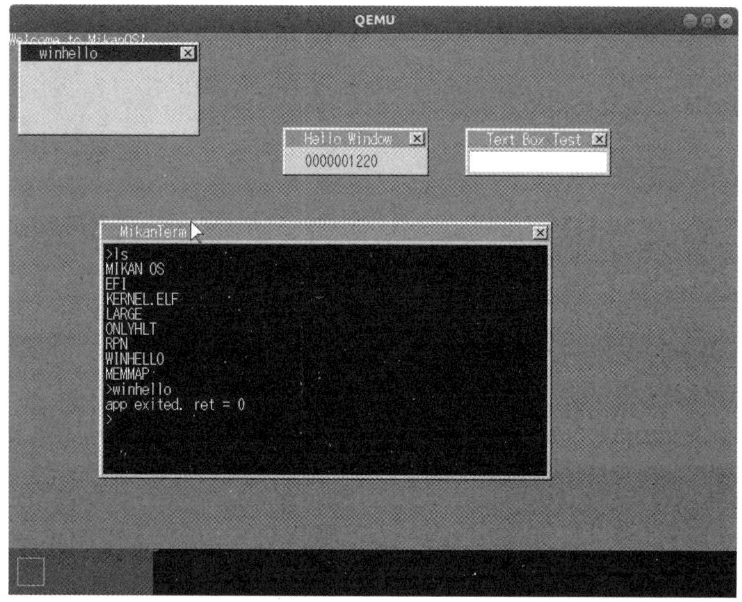

图21.8 调用winhello命令打开窗口

21.9 在窗口中写入文本（osbook_day21f）

虽然现在可以打开窗口了，但不能在窗口中书写文字就太无聊了。我的最终目标是绘制一幅图画，但现在我还是想办法让它能够生成文字。

因此，我创建了一个syscall::WinWriteString()系统调用，用于在窗口中绘制字符（见代码21.30）。layer_id是包含要绘制窗口的层ID，x和y是相对于窗口左上角的绘制位置，s是指向字符串的指针。

代码21.30　通过WinWriteString()在窗口中绘制字符（syscall.cpp）

```
SYSCALL(WinWriteString) {
  const unsigned int layer_id = arg1;
  const int x = arg2, y = arg3;
  const uint32_t color = arg4;
  const auto s = reinterpret_cast<const char*>(arg5);

  __asm__("cli");
  auto layer = layer_manager->FindLayer(layer_id);
  __asm__("sti");
  if (layer == nullptr) {
    return { 0, EBADF };
  }

  WriteString(*layer->GetWindow()->Writer(), {x, y}, s, ToColor(color));
  __asm__("cli");
  layer_manager->Draw(layer_id);
  __asm__("sti");

  return { 0, 0 };
}
```

指定的图层ID用于检索该图层，并在该图层所属的窗口中绘制字符串。使用layer_manager->Draw()重新绘制图层，从而在屏幕上反映绘制结果。

除了创建系统调用的主体，我们还可以将其注册到syscall_table，并将函数添加到apps/syscall.asm中。这些工作与其他系统调用相同，因此不做介绍。

我们修改了winhello命令，以调用创建的系统调用（见代码21.31）。首先修改SyscallOpen-Window()以保存返回值，这是因为执行SyscallWinWriteString()时需要返回值（层ID）。一旦窗口被正确打开，它就会绘制三个位置和颜色不同的字符串。

代码21.31　在winhello命令中绘制字符（winhello/winhello.cpp）

```
#include "../syscall.h"

extern "C" void main(int argc, char** argv) {
  auto [layer_id, err_openwin]
    = SyscallOpenWindow(200, 100, 10, 10, "winhello");
  if (err_openwin) {
    SyscallExit(err_openwin);
  }

  SyscallWinWriteString(layer_id, 7, 24, 0xc00000, "hello world!");
  SyscallWinWriteString(layer_id, 24, 40, 0x00c000, "hello world!");
  SyscallWinWriteString(layer_id, 40, 56, 0x0000c0, "hello world!");
  SyscallExit(0);
}
```

执行修改后的命令的结果如图21.9所示。现在，三个字符串以不同的颜色正确显示，稍做修改就能显示字符串。

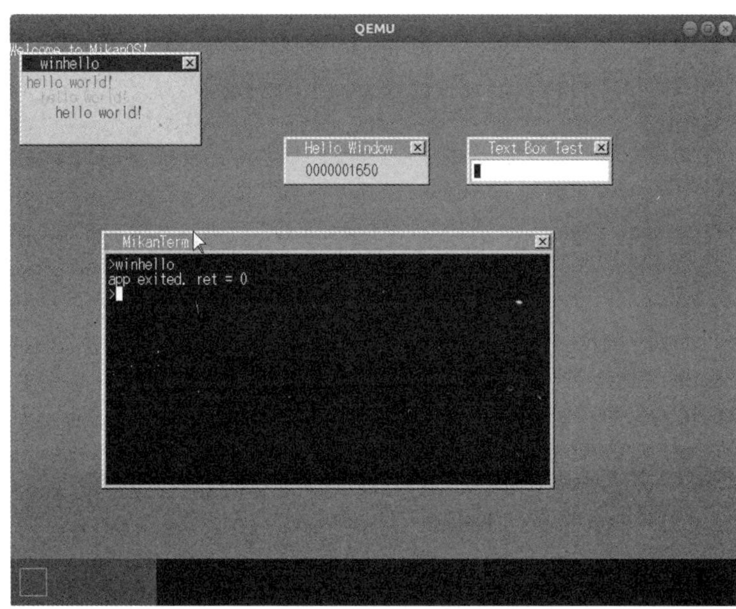

图21.9　在窗口中绘制字符串

第 22 章

图形和事件（1）

打开窗口后，要做的就是处理图形。在窗口中绘制图形的自由度越高，表现力就越强，看起来就越美观。这也有助于保持你的积极性。事实上，在窗口中绘制一幅图是一个相当简单的过程，因此我们将很快完成它。

在本章后半部分，我们将为应用增加一个接收键盘输入的机制。该机制将允许应用等待键盘输入，然后做出适当的处理并退出。键盘输入机制还可用于接收鼠标和计时器等事件，从而实现多种应用。

22.1 使用exit()（osbook_day22a）

在进入本章的主题之前，解决一个一直困扰我们的问题，那就是如何退出应用。现在我们调用SyscallExit()来退出应用，但想使用C标准库中的exit()，因为根据C语言标准，exit()可以正确处理退出过程。

C语言标准有一种在程序结束时调用函数的机制：如果使用atexit()注册函数，那么这些函数将在执行exit()时被调用（包括启动例程调用时和在main()中调用时）。只要将那些无论程序在何处终止都必定希望执行的后处理函数注册进去，就能确保不会遗漏执行。目前还没有明确使用atexit()的应用，但不能排除标准库函数内部会调用它。因此，确保正确地使用exit()。

我们立即对其进行了修改，使用exit()代替SyscallExit()，如**代码22.1**所示。介绍从略，因为这并不困难。我们对winhello以外的应用做了同样的修改。

代码22.1　使用exit()退出应用（winhello/winhello.cpp）

```
  SyscallWinWriteString(layer_id, 40, 56, 0x0000c0, "hello world!");
  exit(0);
```

不过，如果在链接时没有_exit，那么仅这一项修改就会让你愤怒。在Newlib中，你需要创建_exit()才能使用exit()。我们在**代码22.2**中定义了它。是不是有点儿太简单了，有点儿扫兴？

代码22.2　准备_exit()（apps/newlib_support.c）

```
void _exit(int status) {
  SyscallExit(status);
}
```

是的，我们做了一个不太必要但很重要的修改，那就是在apps/newlib_support.c中包含apps/syscall.h。在此之前，我们并不包含它，而是为每个需要的系统调用编写原型声明。不过，我们认为将来会有更多的系统调用从newlib_support.c中调用，因此我们想在现阶段改变方法，将syscall.h包含进来。

我们听到有人说：“为什么不直接包含它呢？”我们之所以不厌其烦地在这里包含它，

是因为想向大家展示如何写一个通常可以从C和C++中包含的头文件。**代码22.3**展示了syscall.h的全部内容。

代码22.3　C和C++常用的头文件（apps/syscall.h）

```
#ifdef __cplusplus
#include <cstddef>
#include <cstdint>

extern "C" {
#else
#include <stddef.h>
#include <stdint.h>
#endif

#include "../kernel/logger.hpp"

struct SyscallResult {
  uint64_t value;
  int error;
};

struct SyscallResult SyscallLogString(enum LogLevel level, const char* message);
struct SyscallResult SyscallPutString(int fd, const char* s, size_t len);
void SyscallExit(int exit_code);
struct SyscallResult SyscallOpenWindow(int w, int h, int x, int y, const char* title);
struct SyscallResult SyscallWinWriteString(unsigned int layer_id, int x, int y,
                                           uint32_t color, const char* s);

#ifdef __cplusplus
} // extern "C"
#endif
```

创建一个在C和C++中通用的头文件的问题在于C++的函数名混淆功能。在C++中，纯函数名会被转换为一个符号，这个符号看起来就像附加在其上的参数类型名（以及相应的拼写式字符串），因此同名的函数可以用不同的参数类型和数量来定义。C语言中没有此功能，因此源码中的相同原型声明在C++中具有不同的含义。extern "C"的作用就是防止出现这种情况。通过将其放在函数原型之前或将其作为extern "C" {}括起来，可以防止函数名被混淆。

只有在C++中才能编写extern "C"，因此必须使用一种技巧，只有当syscall.h包含在C++中时，才能启用extern "C"。这可以通过一种叫作条件编译的机制来实现。为此，我们使用了__cplusplus宏。该宏是在编译C++代码时定义的，而不是在编译C时定义的，因此如果定义了该宏，只需启用extern "C"。可以使用#ifdef来检查是否定义了该宏。

在C语言中，枚举必须以enum名称为前缀，结构必须以struct名称为前缀。而在C++语言中，枚举和结构可能有前缀，也可能没有，因此我们添加了enum和struct前缀以匹配C语言。

我们想使用apps/syscall.h中的LogLevel定义，因此稍微修改了一下kernel/logger.hpp，以

便从C语言中获取该定义（代码22.4）。extern "C"是不必要的，因为Log()等函数不需要从C语言中获取。

代码22.4 添加枚举（logger.hpp）

```
int Log(enum LogLevel level, const char* format, ...);
```

好了，修改到此为止，辛苦。由于没有什么可见的变化，我们就不展示运行截图了。

22.2 绘制两个点（osbook_day22b）

在本章中，我们将添加在窗口中绘图的功能。让我们从绘制最简单的点开始。你所要做的就是在指定的坐标处打上一个指定颜色的点。你还可以指定点的高度和宽度。这将是一个绘制矩形而非点的系统调用。

代码22.5展示了系统调用的原型声明，这并不难理解。矩形左上角的坐标由x和y指定，宽度和高度由w和h指定。color是填充的颜色。

代码22.5 填充矩形的系统调用（syscall.h）

```
struct SyscallResult SyscallWinFillRectangle(
    unsigned int layer_id, int x, int y, int w, int h, uint32_t color);
```

这个系统调用的主体部分可能与syscall::WinWriteString()几乎相同，复制整个函数并稍加修改也很容易，一直到从图层ID引入窗口的过程都是一样的，只需将向窗口写入字符串的过程（WriteString()）改写为绘制矩形的过程（FillRectangle()）。

在增加类似进程数量时，尽管复制和粘贴代码很容易，但有很多弊端，所以最好避免。我们希望在创建一个只允许单独创建不同点的结构的同时，尽可能使共同流程变得通用。在修复错误或更改共同流程的功能时，将其通用化意味着你不必对多个功能进行相同的修改。这很好[1]。

如果你不打算在其他地方执行同样的复制和粘贴操作，那么不采取强制通用化措施也是可以的。不过，我们计划添加更多的系统调用，以便在窗口中绘制某些内容。因此，我们将借此机会将它们通用化。

代码22.6展示了两个窗口绘制系统调用的定义。一个是syscall::WinWriteString()，它

1 并非所有的复制和粘贴都是坏事。程序设计中的一个难点是，相似的程序并不一定意味着应该共享。

通过将通用处理提取到DoWinFunc()中而得到简化。另一个是新添加的用于绘制矩形的syscall::WinFillRectangle()。代码可能有点儿乱，我们将详细解释。

代码22.6　简化窗口绘制系统调用组（syscall.cpp）

```
SYSCALL(WinWriteString) {
  return DoWinFunc(
      [](Window& win,
         int x, int y, uint32_t color, const char* s) {
        WriteString(*win.Writer(), {x, y}, s, ToColor(color));
        return Result{ 0, 0 };
      }, arg1, arg2, arg3, arg4, reinterpret_cast<const char*>(arg5));
}

SYSCALL(WinFillRectangle) {
  return DoWinFunc(
      [](Window& win,
         int x, int y, int w, int h, uint32_t color) {
        FillRectangle(*win.Writer(), {x, y}, {w, h}, ToColor(color));
        return Result{ 0, 0 };
      }, arg1, arg2, arg3, arg4, arg5, arg6);
}
```

这两个函数都只有一个return语句。该return语句用于调用一个名为DoWinFunc()的函数。该函数是一个新创建的函数，用于执行常规处理，如从图层ID获取窗口。具体实现将在后面介绍。

DoWinFunc()的第一个参数所给出的函数表达了每次系统调用（写入字符串还是绘制矩形）之间的区别。正如6.3节中提到的，该lambda表达式是一个定义未命名函数的C++函数。该lambda表达式根据第一个参数传递的窗口，使用其余参数绘制字符或矩形。

代码22.7展示了DoWinFunc()的定义，该函数负责共同的处理任务。它是作为函数模板创建的。该函数搜索第二个参数layer_id指定的图层，并检索该图层的窗口。在调用第一个参数指定的函数f时，会使用检索到的窗口和第三个参数及后续参数。最后，窗口被重新绘制，整个过程结束。

代码22.7　DoWinFunc()负责窗口绘制过程的通用部分（syscall.cpp）

```
namespace {
  template <class Func, class... Args>
  Result DoWinFunc(Func f, unsigned int layer_id, Args... args) {
    __asm__("cli");
    auto layer = layer_manager->FindLayer(layer_id);
    __asm__("sti");
    if (layer == nullptr) {
      return { 0, EBADF };
```

```
    }

    const auto res = f(*layer->GetWindow(), args...);
    if (res.error) {
      return res;
    }
    __asm__("cli");
    layer_manager->Draw(layer_id);
    __asm__("sti");

    return res;
  }
}
```

该函数定义的主要特点是使用了可变参数模板（Variadic templates）。这是一种用于定义参数数量可变的函数的C++工具。DoWinFunc()的第三个参数Args... args，可以对应任何大于或等于0的参数数量。其中，将DoWinFunc()指定的第一个参数赋值给f，第二个参数赋值给layer_id，其余参数赋值给args。例如，调用DoWinFunc(arg1, arg2, arg3, arg4);,f=arg1,layer_id=arg2,args={arg3, arg4}，传递给f的第二个参数的args...是一种扩展args的写法：当args={arg3, arg4}时，f(*layer-> GetWindow(), args...)表示f(*layer->GetWindow(), arg3, arg4)。

让我们使用矩形绘图系统调用制作一些应用。参阅《30天自制操作系统》，我们发现stars命令绘制的星空非常美妙，于是复制了一份（**代码22.8**）。这条命令用于在黑色的夜空中绘制许多闪亮的星星。原命令绘制的星星数量固定为50颗，但本书中的stars命令允许使用命令行参数调整星星的数量。

代码22.8 绘制星空的stars命令（stars/stars.cpp）

```
#include <cstdlib>
#include <random>
#include "../syscall.h"

static constexpr int kWidth = 100, kHeight = 100;

extern "C" void main(int argc, char** argv) {
  auto [layer_id, err_openwin]
    = SyscallOpenWindow(kWidth + 8, kHeight + 28, 10, 10, "stars");
  if (err_openwin) {
    exit(err_openwin);
  }

  SyscallWinFillRectangle(layer_id, 4, 24, kWidth, kHeight, 0x000000);

  int num_stars = 100;
  if (argc >= 2) {
    num_stars = atoi(argv[1]);
  }
```

```
  std::default_random_engine rand_engine;
  std::uniform_int_distribution x_dist(0, kWidth - 2), y_dist(0, kHeight - 2);
  for (int i = 0; i < num_stars; ++i) {
    int x = x_dist(rand_engine);
    int y = y_dist(rand_engine);
    SyscallWinFillRectangle(layer_id, 4 + x, 24 + y, 2, 2, 0xfff100);
  }

  exit(0);
}
```

下面介绍具体的实现。首先，打开一个窗口，使用刚刚创建的系统调用将其填充为黑色。这就是夜空。你让它可以绘制矩形，而不仅是使用点绘制系统调用，这一点非常有用！夜空绘制完成后，下一步就是读取命令行参数并设置星星的数量num_stars。如果省略命令行参数，则默认绘制100颗星星。最后，按照指定的星星数量执行循环并绘制星星。

我们在循环前创建三个变量rand_engine、x_dist和y_dist。这是获取随机数（random number）的准备工作，我们将用它们来稀疏地分散星星。**随机数**是一个（看似）没有规律的数值。掷骰子就是我们熟悉的随机数生成器的一个例子。当你掷骰子时，得到的数值是分散的，对吗？这就是所谓的随机数。

我们虽然不能在计算机内真正掷骰子，但可以通过计算生成伪随机数。rand_engine是一种伪随机数生成器，可以生成随机数。x_dist和y_dist决定了通过随机数生成器获得数值的范围。x_dist决定了星星的水平位置，介于0和kWidth-2之间。y_dist决定了星星的垂直位置。随机数生成器rand_engine与决定数值范围的x_dist、y_dist结合使用，可以得到一个具有所需数值范围的随机数。

在循环中，水平和垂直位置首先由随机数决定。然后，使用矩形绘制系统调用在该位置绘制星星。将星星的大小设置为2×2。

该命令的执行过程如**图22.1**所示。哦，多么美丽的星空啊！这是世界上唯一以伪随机数生成器的意志绘制的星空。抱歉，有点儿夸张。无论如何，既然我们知道绘制矩形的系统调用是有效的，本节就结束了。

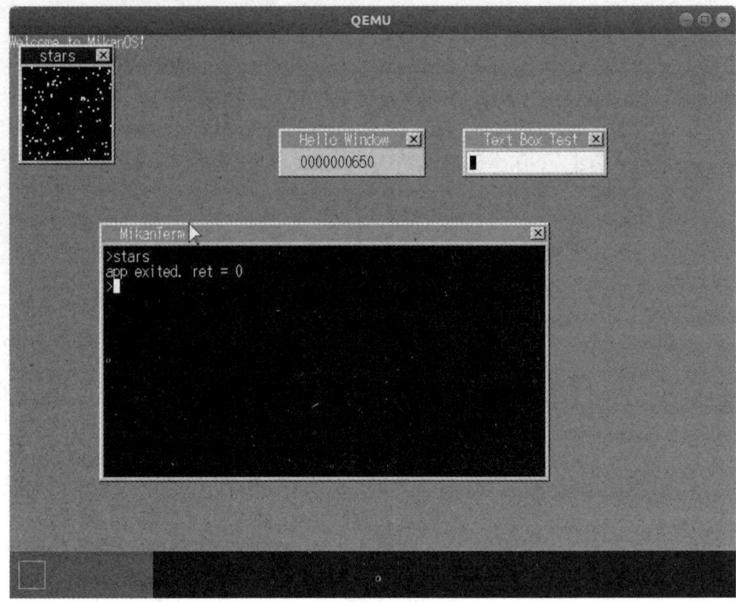

图22.1　如何使用stars命令绘制星空

22.3 获取计时器值（osbook_day22c）

思考绘制星星程序的运行情况时，我们觉得它的效率很低。原因在于，每绘制一颗星星，都要重新绘制屏幕。其实，在绘制完所有的星星后，只重新绘制一次屏幕，速度会快很多。我们打算修改绘制窗口的系统调用，以便指定一个不重绘窗口的选项。

按"先测量后优化"的原则，我们将在修改系统调用之前测量时间。如果有获取计时器值的系统调用（timer_manager->CurrentTick()），就可以测量应用端的处理时间。因此，让我们快速创建一个获取计时器值的系统调用。

代码22.9展示了创建的系统调用。这是一个非常简单的实现。其他系统调用会返回一个主值和错误值的组合，但我们决定返回频率而不是错误值，因为这个系统调用总是成功的。我们认为，这比单独创建一个只检索频率的系统调用更简单。

代码22.9　获取计时器值和频率的系统调用（syscall.cpp）

```
SYSCALL(GetCurrentTick) {
  return { timer_manager->CurrentTick(), kTimerFreq };
}
```

使用我们创建的系统调用，可以测量绘制星星的循环所花费的时间。如**代码22.10**所示，在循环前后分别获取计时器值，将差值转换成以毫秒为单位的值并显示出来。

代码22.10　绘制星星的时间（stars/stars.cpp）

```
auto [tick_start, timer_freq] = SyscallGetCurrentTick();

std::default_random_engine rand_engine;
std::uniform_int_distribution x_dist(0, kWidth - 2), y_dist(0, kHeight - 2);
for (int i = 0; i < num_stars; ++i) {
  int x = x_dist(rand_engine);
  int y = y_dist(rand_engine);
  SyscallWinFillRectangle(layer_id, 4 + x, 24 + y, 2, 2, 0xfff100);
}

auto tick_end = SyscallGetCurrentTick();
printf("%d stars in %lu ms.\n",
       num_stars,
       (tick_end.value - tick_start) * 1000 / timer_freq);
```


图22.2展示了在我们的QEMU环境中更改星星的数量并运行代码的结果：绘制100颗星星耗时约0.08秒，绘制1000颗星星耗时约0.62秒，绘制10000颗星星耗时约5.94秒。粗略看来，时间与星星的数量成正比——不出所料。如果我们在下一节对代码进行优化后重新测量，就能知道重绘所需的时间。顺便提一下，所有时间值的最后一位数全部为0，因为timer_manager->CurrentTick()只能以10毫秒为单位测量时间。

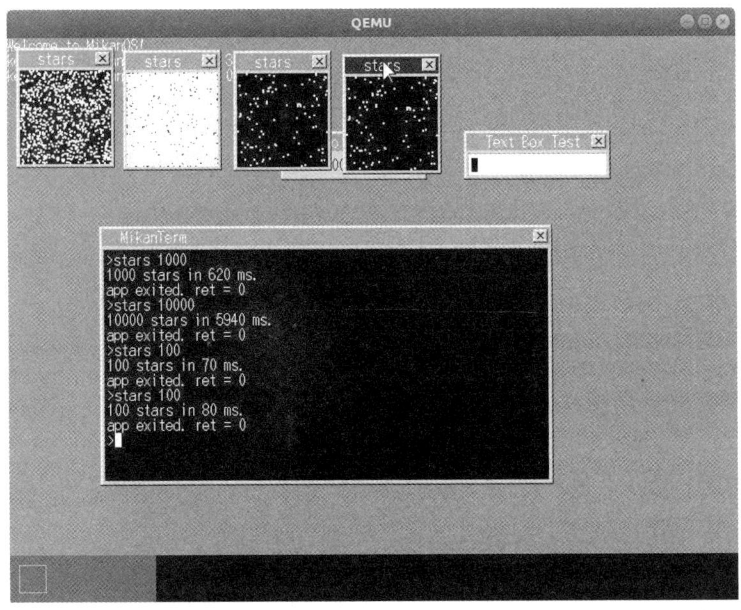

图22.2　更改星星的数量并测量时间

22.4 窗口绘制的优化（osbook_day22d）

测量完时间后，我们将进行一些优化。我们将为所有在窗口中绘制文本和图形的系统调用添加一个选项，以统一的方式不自动重绘它们，并创建一个通过判断来决定是否重绘它们的系统调用。通过向每个系统调用添加一个bool no_redraw类型的参数，似乎很容易做到这一点。但syscall::WinFillRectangle()使用了所有六个参数，因此没有空间添加更多的参数了。你能做到不添加任何参数吗？

幸运的是，layer_id是一个32位整数[1]，用于传递参数的寄存器有64位宽，因此寄存器的高32位是空闲的。如果把这部分作为标志，就可以在不增加任何参数的情况下应对自如。更好的是，由于不需要额外的参数，所以要修改的部分很少。

代码22.11展示了DoWinFunc()的修改版本。我们明确指出，将接收图层ID的参数标记为uint64_t layer_id_flags。高32位作为标志被放入变量layer_flags。

代码22.11　将图层ID的高32位作为标志（syscall.cpp）

```
template <class Func, class... Args>
Result DoWinFunc(Func f, uint64_t layer_id_flags, Args... args) {
  const uint32_t layer_flags = layer_id_flags >> 32;
  const unsigned int layer_id = layer_id_flags & 0xffffffff;

  __asm__("cli");
  auto layer = layer_manager->FindLayer(layer_id);
  __asm__("sti");
  if (layer == nullptr) {
    return { 0, EBADF };
  }

  const auto res = f(*layer->GetWindow(), args...);
  if (res.error) {
    return res;
  }

  if ((layer_flags & 1) == 0) {
    __asm__("cli");
    layer_manager->Draw(layer_id);
    __asm__("sti");
  }

  return res;
}
```

1　准确地说，unsigned int不一定是32位宽的。不过，即使是64位宽的，只要能生成32位能够容纳的图层数就足够了，因此将高32位作为标志是没有问题的。

这一修改的主要目的是不自动重绘，因此我们添加了一个if语句，即如果layer_flags的第0位为1，则不进行重绘。这种规范可以保持兼容性。另外，如果规定第0位为1则重绘，那么所有绘制窗口的应用都必须进行修改才能正确显示窗口。

我们添加了一个简单的系统调用syscall::WinRedraw()，它只进行重绘（**代码22.12**）。实际上，你不必创建这样一个新的系统调用，你可以用0×0作为矩形的大小来代替WinFillRectangle()。不过，为了清晰起见，我们决定创建一个新的系统调用，专门用于重绘。

代码22.12　重绘系统调用（syscall.cpp）

```
SYSCALL(WinRedraw) {
  return DoWinFunc(
      [](Window&) {
        return Result{ 0, 0 };
      }, arg1);
}
```

如**代码22.13**所示，不重绘的选项以常量宏LAYER_NO_REDRAW的形式提供，这是对诸如0x00000001ull << 32等字面量（magic number）的很好的命名方式，其含义乍一看并不明显。我们还为新添加的重绘系统调用增加了一个原型声明。

代码22.13　不重绘选项和重绘系统调用常量（syscall.h）

```
#define LAYER_NO_REDRAW (0x00000001ull << 32)
struct SyscallResult SyscallWinWriteString(
    uint64_t layer_id_flags, int x, int y, uint32_t color, const char* s);
struct SyscallResult SyscallWinFillRectangle(
    uint64_t layer_id_flags, int x, int y, int w, int h, uint32_t color);
struct SyscallResult SyscallGetCurrentTick();
struct SyscallResult SyscallWinRedraw(uint64_t layer_id_flags);
```

我们将其修改为绘制星星时可选择不重绘（**代码22.14**）。所有星星都绘制完毕后，系统会在最后调用重绘系统调用，只重绘一次。这一修改会使速度快多少呢？结果令人兴奋。

代码22.14　使用不重绘选项绘制星星（stars/stars.cpp）

```
  auto [tick_start, timer_freq] = SyscallGetCurrentTick();

  std::default_random_engine rand_engine;
  std::uniform_int_distribution x_dist(0, kWidth - 2), y_dist(0, kHeight - 2);
  for (int i = 0; i < num_stars; ++i) {
    int x = x_dist(rand_engine);
    int y = y_dist(rand_engine);
    SyscallWinFillRectangle(layer_id | LAYER_NO_REDRAW,
```

```
                    4 + x, 24 + y, 2, 2, 0xfff100);
  }
  SyscallWinRedraw(layer_id);

  auto tick_end = SyscallGetCurrentTick();
  printf("%d stars in %lu ms.\n",
         num_stars,
         (tick_end.value - tick_start) * 1000 / timer_freq);
```

图22.3展示了在绘制不同数量的星星时的运行情况。令人惊讶的是，即使绘制10000颗星星，所需的时间也不到100毫秒！这是一个惊人的效果。平均60毫秒的速度比每次重绘的版本快99倍。这次只做了很少的修改，但增加了与窗口绘制相关的所有系统调用的功能。这要归功于DoWinFunc()处理的通用化。

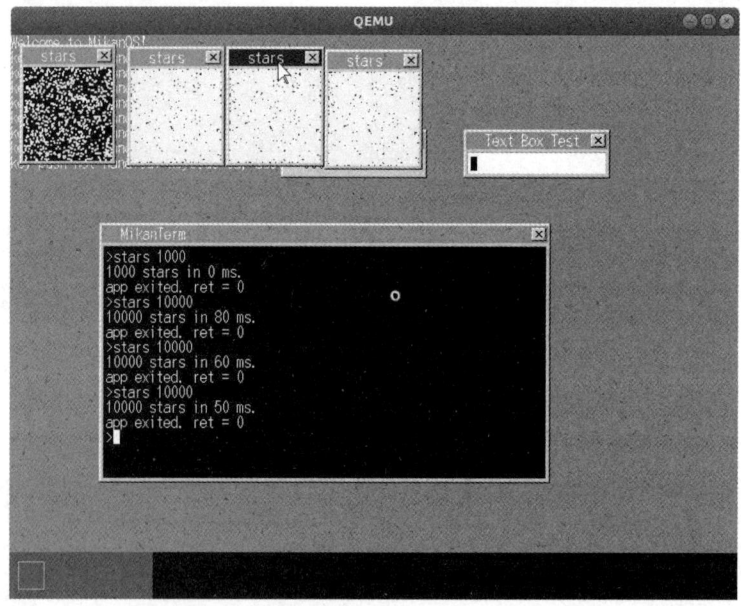

图22.3 绘制不同数量的星星时的运行情况

22.5 绘制直线（osbook_day22e）

现在可以绘制矩形了。原则上，只要能绘制矩形，就能绘制任何复杂的图形。你甚至可以逐像素绘制细节。不过，这样一来，画对角线和圆形就变得非常麻烦。在本节中，我们将尝试创建一个系统调用，以便轻松绘制基本形状——直线。

给定直线起点(x_0,y_0)和终点(x_1,y_1)的坐标，直线的公式为（这个公式可能有点儿难，如不理解，可跳过）。

$$y = \frac{y_1 - y_0}{x_1 - x_0}(x - x_0) + y_0$$

$\frac{y_1 - y_0}{x_1 - x_0}$表示直线的斜率，通常用字母$m$来表示。可以用C++程序对其进行如下表达。

```
double m = (y1 -y0) / (x1 -x0);
for (int x=x0;x<= x1; ++x){
  inty =m*(x-x0) y0;
  // 在坐标(x, y)处放置一个点
}
```

实际上，这个方法并不完美。最糟糕的是，如果直线的斜率m大于1（也可以说比45°更接近垂直），它就会变成一条虚线。如果m大于1，下一个点就会离上一个点更远。因此，如果我们要画一条直线，那么条件是直线的斜率小于1。

现在你对如何绘制直线有了基本的理解，可以开始进行实际的系统调用了。代码22.15展示了绘制直线的syscall::WinDrawLine()系统调用。

代码22.15　在两个指定点之间绘制直线（syscall.cpp）

```
SYSCALL(WinDrawLine) {
  return DoWinFunc(
      [](Window& win,
         int x0, int y0, int x1, int y1, uint32_t color) {
        auto sign = [](int x) {
          return (x > 0) ? 1 : (x < 0) ? -1 : 0;
        };
        const int dx = x1 - x0 + sign(x1 - x0);
        const int dy = y1 - y0 + sign(y1 - y0);

        if (dx == 0 && dy == 0) {
          win.Writer()->Write({x0, y0}, ToColor(color));
          return Result{ 0, 0 };
        }

        const auto floord = static_cast<double(*)(double)>(floor);
        const auto ceild = static_cast<double(*)(double)>(ceil);

        if (abs(dx) >= abs(dy)) {
          if (dx < 0) {
            std::swap(x0, x1);
            std::swap(y0, y1);
          }
          const auto roundish = y1 >= y0 ? floord : ceild;
          const double m = static_cast<double>(dy) / dx;
          for (int x = x0; x <= x1; ++x) {
            const int y = roundish(m * (x - x0) + y0);
            win.Writer()->Write({x, y}, ToColor(color));
          }
        } else {
          if (dy < 0) {
```

```
        std::swap(x0, x1);
        std::swap(y0, y1);
      }
      const auto roundish = x1 >= x0 ? floord : ceild;
      const double m = static_cast<double>(dx) / dy;
      for (int y = y0; y <= y1; ++y) {
        const int x = roundish(m * (y - y0) + x0);
        win.Writer()->Write({x, y}, ToColor(color));
      }
    }
    return Result{ 0, 0 };
  }, arg1, arg2, arg3, arg4, arg5, arg6);
}
```

在系统调用的开始，会计算两个常数dx和dy，它们分别是直线的水平位移和垂直位移。换句话说，从直线的起点(x_0, y_0)到终点(x_1, y_1)的坐标已经确定。

系统调用WinDrawLine()会给出两个点的坐标，并绘制一条以这两个点为端点的直线。函数sign()用于返回给定值的符号，取值为1、0、-1，在这里用于修正dx和dy的值。如果不使用sign()来修正dx和dy，那么最终绘制的直线将不包括点(x_1, y_1)。这只是一个很小的细节，如果我们想尽可能精确地绘制直线，程序就是这样的——尽管很烦琐。

计算出dx和dy后，就可以开始实际的绘制了。首先，我们要特别注意这样一种情况，即绘制的实际上不是一条直线，而是一个点（两个端点的坐标相同）。如果不排除这种情况，以后计算直线的斜率时就会遇到麻烦，因为分母将为0。

排除了画点的情况后，下一步实际上就是处理直线。首先，我们要定义常量floord和ceild，这两个常量我们在稍后会用到。它们是从多个重载的floor()和ceil()函数中筛选出来的double类型，根据参数类型的不同，它们有不同的定义。C++中的函数重载通常很方便，但试图选择一个没有给定参数的函数可能会比较烦琐。

现在，绘制一条直线，正如开头所解释的，我们可以将其分为两种情况：近水平和近垂直。近水平（斜率小于或等于1）相当于abs(dx) >= abs(dy)为true。abs()是C标准库中一个计算绝对值（absolute value）的函数。

近水平和近垂直的过程非常相似。在前者中，变量沿*X*轴移动，并击中一个点。在后者中，变量沿*Y*轴进行处理，但处理过程的形式完全相同，唯一不同的是*X*轴和*Y*轴。因此，我们只解释前者。

首先，如果dx为负值，即点(x_1,y_1)在点(x_0,y_0)的左边，则两个端点会交换。这样做的目的是确保以后执行for语句时，$x_0<x_1$始终成立。如果不这样做，当$x_0>x_1$时，for语句将不会执行。

完成端点交换后，找出直线的斜率m。dx和dy都是整数类型。在进行除法运算之前，将它们转换为浮点类型，可以防止小数部分被除法运算截断。

在循环过程中，*Y*坐标由*X*坐标通过获得的斜率计算得出。在将*Y*坐标转换为整数时，需要根据直线方向（*Y*坐标递增或递减），在截尾（floor）和四舍五入（ceil）之间进行选择。这一细微差别至关重要——若未正确处理，则可能导致像素级偏移，最终通过沿*X*方向逐点绘制的循环，即可完成整条直线的绘制。

我们开发了一个可以绘制多条直线的命令lines（见代码22.16）。使用main()打开一个窗口并在窗口中绘制直线。绘制直线的方法非常巧妙：以某个点为中心，按每5°旋转一次的方式，向四周以辐射状绘制直线。循环中使用的变量deg，用于保存角度值，度数从5°到90°不等。C标准库中的三角函数cos()和sin()用于根据角度和半径计算*X*坐标和*Y*坐标。

代码22.16　绘制彩色线条的lines命令（lines/lines.cpp）

```
#include <cmath>
#include <cstdlib>
#include <random>
#include "../syscall.h"

static constexpr int kRadius = 90;

constexpr uint32_t Color(int deg) {
  if (deg <= 30) {
    return (255 * deg / 30 << 8) | 0xff0000;
  } else if (deg <= 60) {
    return (255 * (60 - deg) / 30) << 16 | 0x00ff00;
  } else if (deg <= 90) {
    return (255 * (deg - 60) / 30) | 0x00ff00;
  } else if (deg <= 120) {
    return (255 * (120 - deg) / 30) << 8 | 0x0000ff;
  } else if (deg <= 150) {
    return (255 * (deg - 120) / 30) << 16 | 0x0000ff;
  } else {
    return (255 * (180 - deg) / 30) | 0xff0000;
  }
};

extern "C" void main(int argc, char** argv) {
  auto [layer_id, err_openwin]
    = SyscallOpenWindow(kRadius * 2 + 10 + 8, kRadius + 28, 10, 10, "lines");
  if (err_openwin) {
    exit(err_openwin);
  }

  const int x0 = 4, y0 = 24, x1 = 4 + kRadius + 10, y1 = 24 + kRadius;
  for (int deg = 0; deg <= 90; deg += 5) {
    const int x = kRadius * cos(M_PI * deg / 180.0);
    const int y = kRadius * sin(M_PI * deg / 180.0);
    SyscallWinDrawLine(layer_id, x0, y0, x0 + x, y0 + y, Color(deg));
    SyscallWinDrawLine(layer_id, x1, y1, x1 + x, y1 - y, Color(deg + 90));
  }
  exit(0);
}
```

如果只有黑色就会很单调，所以我们尝试根据不同的角度应用渐变色。我们定义了根据角度计算颜色的函数Color()。该函数的取值范围为0°至180°，并根据角度返回颜色值（RGB值）。

要链接这个程序，需要使用cos()和sin()。因此，我们链接了数学库（libm），如代码22.17所示。

代码22.17 链接数学库（Makefile.elfapp）

```
$(TARGET): $(OBJS) Makefile
        ld.lld $(LDFLAGS) -o $@ $(OBJS) -lc -lc++ -lc++abi -lm
```

编译并运行后的效果如图22.4所示。图中的线条干净笔直，没有在任何角度出现虚线。这证明条件分支运行正常。各种颜色的线条呈放射状展开，非常美观。

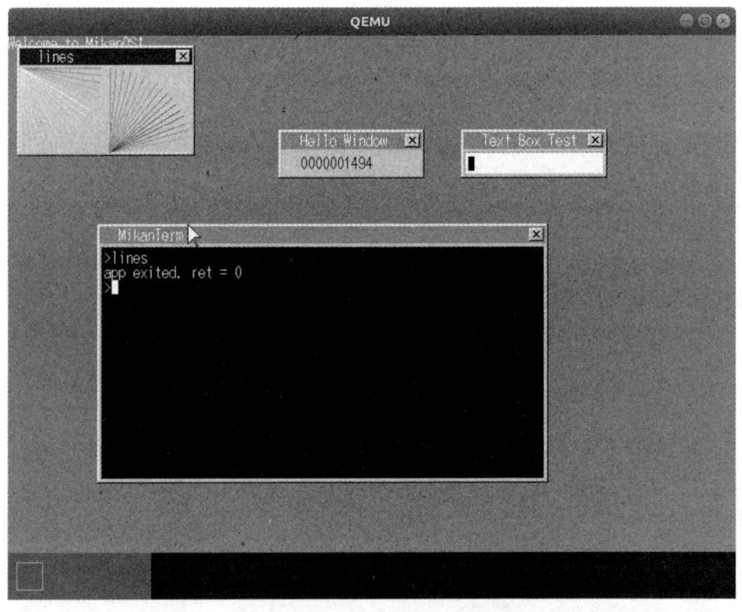

图22.4 如何利用lines命令绘制放射状线条

22.6 关闭窗口（osbook_day22f）

其实存在各种各样的绘图命令，如五颜六色的字符串、大小不一的矩形、笔直的线条等。当开始使用这些命令时，我们意识到了一件重要的事情：当应用关闭时，窗口不会自动关闭，而是保留在界面上。因此，在本节中，我们将创建一个关闭窗口的系统调用。

到目前为止，我们还没有创建一种机制来关闭已创建的图层或窗口。因此，我们首先创建一个新函数RemoveLayer()来删除指定的图层（代码22.18）。该函数将从layer_stack_和layers_中删除由图层ID指定的图层，将从layer_stack_中删除的工作留给Hide()方法来完成。你已经有一段时间没有使用图层管理器了，你还记得图层管理器是做什么的吗？

代码22.18　用RemoveLayer()删除指定图层（layer.cpp）

```
void LayerManager::RemoveLayer(unsigned int id) {
  Hide(id);

  auto pred = [id](const std::unique_ptr<Layer>& elem) {
    return elem->ID() == id;
  };
  EraseIf(layers_, pred);
}
```

EraseIf()是一个删除给定条件（pred）为真元素的函数，其实现与Erase()几乎完全相同（代码14.25），因此不再赘述。

系统调用syscall::CloseWindow()使用新增的RemoveLayer()关闭窗口（及其图层），如代码22.19所示。其逻辑并不复杂。指定图层ID的标志位不会用到，因此可以忽略。

代码22.19　删除图层的系统调用（syscall.cpp）

```
SYSCALL(CloseWindow) {
  const unsigned int layer_id = arg1 & 0xffffffff;
  const auto layer = layer_manager->FindLayer(layer_id);

  if (layer == nullptr) {
    return { EBADF, 0 };
  }

  const auto layer_pos = layer->GetPosition();
  const auto win_size = layer->GetWindow()->Size();

  __asm__("cli");
  active_layer->Activate(0);
  layer_manager->RemoveLayer(layer_id);
  layer_manager->Draw({layer_pos, win_size});
  __asm__("sti");

  return { 0, 0 };
}
```

创新之处在于重绘过程。特别是Layer_manager->Draw({layer_pos, win_size})部分：使用RemoveLayer()删除图层后，就无法使用指定的图层进行重绘了。在删除图层之前会获取图层位置和窗口大小，并使用它们重新绘制。

对winhello命令进行了修改，只需在exit(0);之前添加新创建的系统调用，即可在程序退出前关闭窗口（代码22.20）。

代码22.20　在程序退出前关闭窗口（winhello/winhello.cpp）

```
SyscallWinWriteString(layer_id, 7, 24, 0xc00000, "hello world!");
SyscallWinWriteString(layer_id, 24, 40, 0x00c000, "hello world!");
SyscallWinWriteString(layer_id, 40, 56, 0x0000c0, "hello world!");

SyscallCloseWindow(layer_id);
exit(0);
```

运行修改后的winhello命令。嗯？我们没有看到任何变化，仅显示app exited. ret = 0。这很自然，因为程序启动并打开窗口后，会立即关闭窗口，但这总比不关闭窗口要好。

要解决这个问题，可以让winhello命令等待某些事件。例如，等待计时器超时、等待按键、等待鼠标点击关闭按钮等。这些都可以通过创建统一的“等待事件”系统调用来处理。我们将在下一节中创建它们。

22.7 等待按键输入（osbook_day22g）

为了确保窗口不会立即关闭，可以创建一个系统调用来等待某些事件的发生。我们很难从一开始就处理所有事件，因此将从按下Ctrl+Q键时关闭程序这一目标开始。

我们希望总体结构如下。首先，应用通过系统调用向操作系统发出请求，“如果有任何事件发生，请通知我”。收到请求的操作系统会为应用收集事件并将其返回应用。应用检查返回的事件，如果与按下Ctrl+Q键相对应，则关闭窗口并终止应用。

如果在执行系统调用时，应用至少有一个事件，则系统调用可立即终止，并将事件发回给应用。另外，如果还没有事件，则主要有两种可能的行为：一种是立即发回“没有事件”，另一种是等待事件到来。

在前一种行为中，应用会不断重复调用系统调用，直到收到事件为止。这种方法被称为轮询。如果一直全力调用系统调用，CPU使用率将接近100%，通常可用于其他任务的CPU资源将被浪费。因此，在轮询时，有必要设计一种方法，让每次循环后都有一点儿休眠时间。但是，实现休眠是很困难的，因为它还需要创建系统调用。

通过后一种行为，应用可以预期系统调用将始终返回一个或多个事件。在收到事件之前，应用会被操作系统自动休眠。因此，应用无须做任何浪费CPU资源的事情。在本节中，我们将尝试创建一个旨在实现后一种行为的系统调用。

代码22.21展示了我们要实现的系统调用的原型声明。假设应用提供了一个用于读取事件的数据区events，而系统调用会将事件写入该数据区。为了能一次读取多个事件，数据区被设置为一个数组，数组中的元素数由len指定。系统调用应将实际读取的事件数作为返回值。

代码22.21　事件获取系统调用的原型（syscall.h）

```
struct SyscallResult SyscallReadEvent(struct AppEvent* events, size_t len);
```

如代码22.22所示，我们尝试定义了一个代表事件的AppEvent结构。kQuit是表示停止应用（quit）的事件类型。比方说，当该事件被发送给应用时，应用将执行退出操作。

代码22.22　AppEvent表示单个事件（app_event.hpp）

```
#pragma once

#ifdef __cplusplus
extern "C" {
#endif

struct AppEvent {
  enum Type {
    kQuit,
  } type;
};

#ifdef __cplusplus
} // extern "C"
#endif
```

如代码22.23所示，对winhello命令进行了修改，以等待退出事件到来，而不关闭应用。它会一直循环，直到收到退出事件或SyscallReadEvent()失败为止。在现阶段，只有退出事件一种事件类型，else子句（printf("unknown event:"……所在行）从未执行过，但我们这样写是为了防止将来出现更多的事件类型。

代码22.23　当退出事件到来时关闭应用（winhello/winhello.cpp）

```
  AppEvent events[1];
  while (true) {
    auto [ n, err ] = SyscallReadEvent(events, 1);
    if (err) {
      printf("ReadEvent failed: %s\n", strerror(err));
      break;
    }
    if (events[0].type == AppEvent::kQuit) {
      break;
```

```
    } else {
      printf("unknown event: type = %d\n", events[0].type);
    }
  }
  SyscallCloseWindow(layer_id);
  exit(0);
```

SyscallReadEvent()等待（阻塞）一个或多个事件到来。它确实这样做了，或者说，它将来会为此而创建。因此，乍一看，上面的程序似乎在以最快的速度调用SyscallReadEvent()，但实际上它是在等待事件到来，因此CPU使用率永远不会达到100%。

现在我们要实现系统调用的内容。该如何实现呢？我们要做的是在按下Ctrl+Q键时向系统调用参数events写入一个事件，并从系统调用中返回。为此，我们需要接收为应用窗口输入的按键。事实上，这种机制在16.1节中已经创建，还记得吗？

我们当时是使用layer_task_map将图层ID与任务联系起来的。它从按键按下时处于活动状态的窗口的图层ID中搜索任务，并向该任务发送键入信息。这种机制很容易用于创建事件采集系统调用。应用是在终端任务上启动的，因此要接收应用的按键输入，可以查看终端任务的消息队列。

syscall::ReadEvent()的实现如**代码22.24**所示。该系统调用的主要过程是从终端任务的消息队列中逐个获取消息，将其转换为AppEvent类型，并写入系统调用参数events中。下面对该过程进行描述。

代码22.24　从终端任务接收应用按键输入（syscall.cpp）

```
SYSCALL(ReadEvent) {
  if (arg1 < 0x8000'0000'0000'0000) {
    return { 0, EFAULT };
  }
  const auto app_events = reinterpret_cast<AppEvent*>(arg1);
  const size_t len = arg2;

  __asm__("cli");
  auto& task = task_manager->CurrentTask();
  __asm__("sti");
  size_t i = 0;

  while (i < len) {
    __asm__("cli");
    auto msg = task.ReceiveMessage();
    if (!msg && i == 0) {
      task.Sleep();
      continue;
    }
    __asm__("sti");
```

```
    if (!msg) {
      break;
    }

    switch (msg->type) {
    case Message::kKeyPush:
      if (msg->arg.keyboard.keycode == 20 /* Q key */ &&
          msg->arg.keyboard.modifier & (kLControlBitMask | kRControlBitMask)) {
        app_events[i].type = AppEvent::kQuit;
        ++i;
      }
      break;
    default:
      Log(kInfo, "uncaught event type: %u\n", msg->type);
    }
  }

  return { i, 0 };
}
```

首先，检查第一个参数events的值。如果该值作为数组指针无效，则表示出错。允许应用使用的内存区域仅为虚拟地址空间的后半部，因此如果指定的指针指向前半部，就会出错。这是因为可能会有不良应用故意指定一个较小的值，试图破坏操作系统的内存区域。

如果第一个参数的值正常，下一步就是检索运行中的任务。正在运行的任务就是运行应用的终端任务。

下一步是while循环。在循环开始时，如task.ReceiveMessage()，会从任务的消息队列中获取一条消息。如果没有消息，则msg为空（值为std::nullopt）。如果是空值，任务将进入休眠状态。在这里，休眠任务会导致ReadEvent()系统调用在没有事件发生时等待。如果系统调用没有在此处休眠就被终止，它就是一个轮询方法。

现在，如果消息队列中有一条或多条消息，msg将不再为空。剩下的工作就是将msg转换为AppEvent类型，并从事件数组的开头写入。

据USB HID规范（HID Usage Table），Q键的按键代码为20，Ctrl键是一个修饰键，因此Ctrl+Q的判定条件是按键代码为20且修饰键的Ctrl位被标记。当知道Ctrl+Q键已输入时，我们就会向events写入一个kQuit事件。

如果至少有一个事件被写入events，计数器i将被设置为大于0的值。如果在此状态下没有更多信息需要处理，就会退出while循环并完成系统调用。如果系统调用无差错地完成，则始终会有至少一个事件被写入events。

现在可以认为系统调用已经完成，但有些事情忘了做，那就是在layer_task_map中注册应用窗口。如果没有注册，在应用窗口中输入的按键将不会被发送给终端任务，ReadEvent()系统调用也不会获得任何事件。当应用打开一个窗口（syscall::OpenWindow()）时，包含该窗口的图层会被修改，以便在layer_task_map中注册（代码22.25）。

代码22.25　在layer_task_map中注册应用窗口（syscall.cpp）

```
__asm__("cli");
const auto layer_id = layer_manager->NewLayer()
  .SetWindow(win)
  .SetDraggable(true)
  .Move({x, y})
  .ID();
active_layer->Activate(layer_id);

const auto task_id = task_manager->CurrentTask().ID();
layer_task_map->insert(std::make_pair(layer_id, task_id));
__asm__( “sti");
```

此外，当应用关闭窗口时应取消注册layer_task_map。如代码22.26所示，在syscall::CloseWindow()中添加了layer_task_map->erase(layer_id);。

代码22.26　应用关闭窗口时取消注册（syscall.cpp）

```
__asm__("cli");
active_layer->Activate(0);
layer_manager->RemoveLayer(layer_id);
layer_manager->Draw({layer_pos, win_size});
layer_task_map->erase(layer_id);
__asm__("sti");
```

现在，我们注意到一个严重的问题：在syscall::ReadEvent()中，正在执行task.Sleep()。task.Sleep()调用SwitchContext()。当执行系统调用时，RSP指向应用的栈，这导致了与21.1节中所述类似的问题。我们来设置IST：SwitchContext() RSP（以及随后从SwitchContext()执行的RestoreContext()），将iret指令的栈放入IST中。iret指令无法读取为应用加载到栈中的帧，因此会出现页面故障[1]。

IST机制避免了在计时器中断内执行RestoreContext()时出现的页面故障。然而，系统调用无须通过中断机制即可执行，因此需要另一种解决方法。在此，我们决定在执行系统调用时交换栈。

因此，我们进行了修改，在执行syscall_table中注册的函数之前为操作系统交换栈（代

1　由于篇幅原因，在此介绍并修复了这一错误，但它实际上在24.3节时才显现出来。为每个应用切换PML4的修改会导致iretq产生页面故障。

码22.27）。我们所做的唯一修改是在注释“为操作系统在栈上执行系统调用做准备”后面添加14行。这14行有点儿难处理，所以我们将从头开始。

代码22.27　执行系统调用时交换栈（asmfunc.asm）

```
extern GetCurrentTaskOSStackPointer
extern syscall_table
global SyscallEntry
SyscallEntry:  ; void SyscallEntry(void);
    push rbp
    push rcx  ; 原 RIP
    push r11  ; 原 RFLAGS

    push rax  ; 保存系统调用编号

    mov rcx, r10
    and eax, 0x7fffffff
    mov rbp, rsp

    ;为操作系统在栈上执行系统调用做准备
    and rsp, 0xfffffffffffffff0
    push rax
    push rdx
    cli
    call GetCurrentTaskOSStackPointer
    sti
    mov rdx, [rsp + 0]  ; RDX
    mov [rax - 16], rdx
    mov rdx, [rsp + 8]  ; RAX
    mov [rax - 8], rdx

    lea rsp, [rax - 16]
    pop rdx
    pop rax
    and rsp, 0xfffffffffffffff0

    call [syscall_table + 8 * eax]
    ; rbx和r12-r15是callee-saved，调用者不保存
    ; rax用于返回值，调用者不保存

    mov rsp, rbp
```

首先，RSP值被对齐到16字节边界，以便安全地调用用C++实现的函数GetCurrentTaskOSStackPointer()。由于8字节的push指令执行了两次，所以对齐不会被打乱（如果执行奇数次，则会被打乱）。该函数的执行方式与前一个函数相同，但对齐方式不同。在执行该函数时不允许中断，因此在调用前后都应禁用和允许中断。

GetCurrentTaskOSStackPointer()是一个检索当前执行任务的操作系统栈指针值的函数（代码22.28），返回的是CallApp()保存的栈指针值。要在汇编语言中使用该函数，需要在函数

名后添加extern "C"，以避免混淆。

代码22.28 获取当前任务的操作系统栈指针（task.cpp）

```
__attribute__((no_caller_saved_registers))
extern "C" uint64_t GetCurrentTaskOSStackPointer() {
  return task_manager->CurrentTask().OSStackPointer();
}
```

该函数紧接在syscall指令后调用，在这种情况下，你不希望每个寄存器的值都被破坏。函数通常会修改寄存器的值，因此必须保存和恢复大量寄存器才能安全地调用函数。在一个函数中，实际被修改的寄存器可能很少，但自行假设并不是一个好主意，因为哪些寄存器被修改是由C++编译器决定的。

这就是__attribute__((no_caller_saved_registers))。使用该属性定义函数后，保存和恢复寄存器就成了函数的责任，其中caller指的是调用者，而“no_caller_saved_registers”指的是“调用者不会保存任何寄存器”。因此，调用者有责任保存和恢复寄存器。当然，只有返回值寄存器（RDX和RAX）必须由调用者保存和恢复，但这正是call指令之前的两条push指令的作用。

考虑到GetCurrentTaskOSStackPointer()的返回值存储在RAX寄存器中，我们将了解SyscallEntry()过程的其余部分：将在RAX中写入的操作系统栈地址设置为RSP是最终目标。

在调用syscall_table中注册的函数之前，我们需要恢复RDX的值，因为RDX必须被设置为系统调用的第三个参数。为此，我们需要将栈中存储的两个寄存器的值移动（mov）到操作系统的栈中，如图22.5所示。

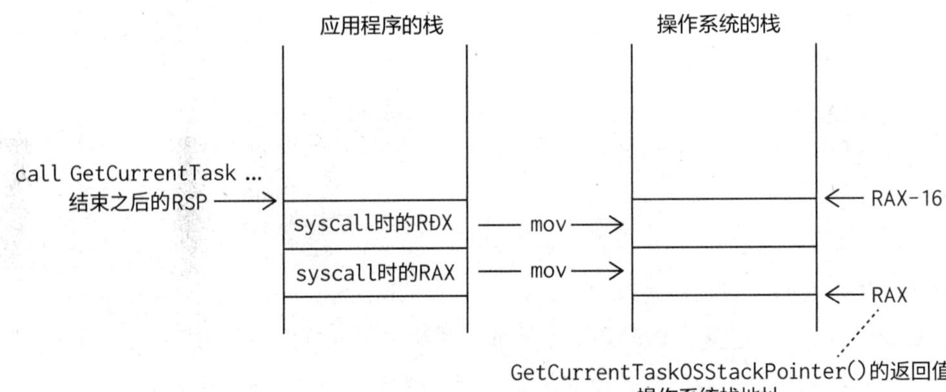

图22.5 将值移动到栈中

将值移动到操作系统的栈中后，可以将RSP切换到操作系统的栈，然后执行两次pop指令来恢复这两个寄存器。切换栈后，再次将操作系统栈的栈指针对齐到16字节边界，然后调用系统调用函数。

虽然篇幅有点儿长，但等待按键输入的机制已经完成。现在让我们编译并运行它。图22.6展示了执行winhello命令并按下Ctrl+Q键后的运行情况。从图22.6中很难看出，按下Ctrl+Q键后，窗口立即关闭，应用以代码0退出。好的，正如所料。能在应用中接收按键操作，我们已经非常兴奋了。已经过去了很长时间，本章到此结束吧。

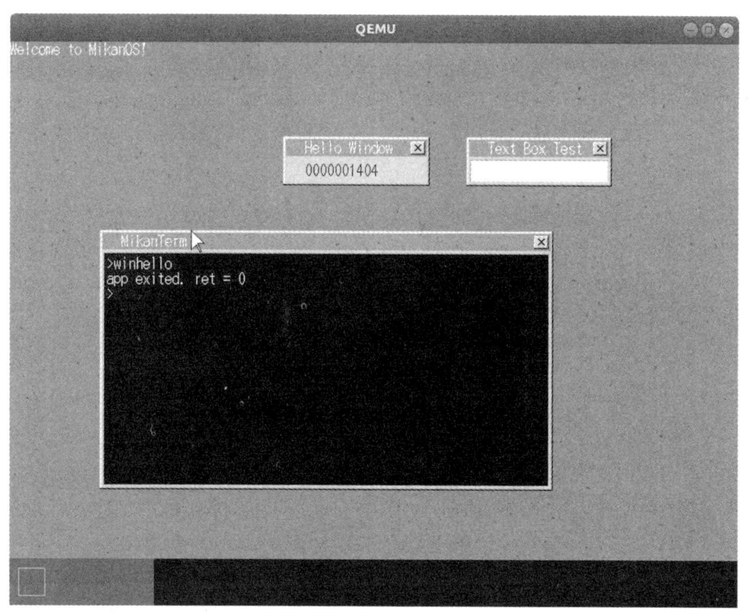

图22.6　按下Ctrl+Q键结束winhello命令

第23章

图形和事件（2）

在本章中，我们将在事件处理机制中处理鼠标事件。这意味着，只要能输入鼠标数据，就能捕捉鼠标轨迹。我们将尝试创建一个简单的绘图应用。虽然本书中不会深入讨论，但在这个绘图应用的基础上，未来应该还能开发用于绘制设计图的CAD软件。真是让人充满期待。一旦鼠标输入成为可能，下一步就是为应用创建一个等待时间流逝的机制。我们认为这也可以很容易地借助按键输入机制来实现。如果应用可以等待指定的时间，就有可能减缓进程并实现动画效果。

23.1 鼠标输入（osbook_day23a）

允许应用接收鼠标移动。具体来说，每次鼠标移动都会产生一个事件，记录垂直和水平移动量，并可通过ReadEvent()系统调用获取。这意味着随着鼠标的移动，任务的消息队列将收到越来越多的鼠标移动通知。

如代码23.1所示，我们在AppEvent结构中添加了一个事件类型，用于通知鼠标移动。该事件的参数包括鼠标坐标x和y（参照窗口左上角）、从上一点移动的距离dx和dy，以及按下的鼠标按钮的状态。下一个目标是，当执行ReadEvent()系统调用时，可读取该事件。

代码23.1　鼠标移动事件（app_event.hpp）

```
struct AppEvent {
  enum Type {
    kQuit,
    kMouseMove,
  } type;

  union {
    struct {
      int x, y;
      int dx, dy;
      uint8_t buttons;
    } mouse_move;
  } arg;
};
```

从事件发生到应用使用ReadEvent()读取事件的过程有点儿复杂，因此我们在这里要仔细检查一下。图23.1展示了从鼠标移动、USB HID类驱动程序做出响应到事件被传递给应用的路径。

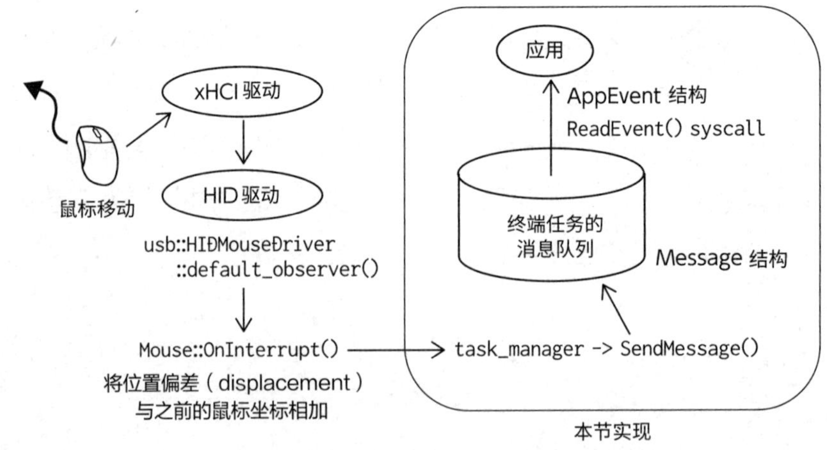

图23.1　传递鼠标移动事件

当鼠标移动时，USB驱动程序被激活。该程序最终会调用usb::HIDMouseDriver:: default_observer中注册的函数。此处注册了Mouse::OnInterrupt()，该函数目前负责拖动窗口。在本节中，我们将为Mouse::OnInterrupt()添加一个函数，向任务发送鼠标移动的信息。

当应用读取ReadEvent()系统调用时，它使用AppEvent结构。但当它向任务发送信息时，它需要使用Message结构。因此，我们需要对Message结构进行与AppEvent结构相同的修改。我们不打算介绍这些修改，因为它们实际上只是相同的修改。

现在，应该将鼠标移动事件发送给哪个任务？如果有多个任务在运行，应该发送给所有任务吗？还是只发送给有活动窗口（有一个）的任务？可能的策略有很多。在这里，我们将只发送给活动窗口。如果将其发送给所有任务，进程将变得过于繁重。

代码23.2展示了新创建的函数SendMouseMessage()的定义。该函数接收鼠标位置、相对于上一个点的移动量和按钮状态，并将其发送给活动窗口的任务。在发送给任务之前，鼠标坐标会根据窗口左上角的位置转换成一个值，这样可以在收到数据后更容易地处理。

代码23.2　SendMouseMessage()向活动窗口发送鼠标事件（mouse.cpp）

```
void SendMouseMessage(Vector2D<int> newpos, Vector2D<int> posdiff,
                      uint8_t buttons) {
  const auto act = active_layer->GetActive();
  if (!act) {
    return;
  }
  const auto layer = layer_manager->FindLayer(act);

  const auto task_it = layer_task_map->find(act);
  if (task_it == layer_task_map->end()) {
    return;
  }

  if (posdiff.x != 0 || posdiff.y != 0) {
    const auto relpos = newpos - layer->GetPosition();
    Message msg{Message::kMouseMove};
    msg.arg.mouse_move.x = relpos.x;
    msg.arg.mouse_move.y = relpos.y;
    msg.arg.mouse_move.dx = posdiff.x;
    msg.arg.mouse_move.dy = posdiff.y;
    msg.arg.mouse_move.buttons = buttons;
    task_manager->SendMessage(task_it->second, msg);
  }
}
```

我们在Mouse::OnInterrupt()中添加了SendMouseMessage()的调用。当鼠标移动或按下按钮时，该调用将被执行（**代码23.3**）。拖动窗口时，事件不会被触发，posdiff不会归零，但从窗口左上方开始的鼠标坐标不会改变，因此向应用发送事件毫无用处。

代码23.3 从Mouse::OnInterrupt()调用SendMouseMessage()（mouse.cpp）

```
  if (drag_layer_id_ == 0) {
    SendMouseMessage(newpos, posdiff, buttons);
  }
```

现在，鼠标移动事件被发送到任务的消息队列中。接下来，我们在syscall::ReadEvent()（代码23.4）中添加对鼠标移动事件的处理。app_events[i].arg.mouse_move（AppEvent中的一个结构）和msg->arg.mouse_move（Message中的一个结构）是具有相同成员且顺序相同的结构。但它们的类型不同，不能整体赋值。因此，它们是逐个元素赋值的。

代码23.4 将ReadEvent()与鼠标移动事件相对应（syscall.cpp）

```
    case Message::kMouseMove:
      app_events[i].type = AppEvent::kMouseMove;
      app_events[i].arg.mouse_move.x = msg->arg.mouse_move.x;
      app_events[i].arg.mouse_move.y = msg->arg.mouse_move.y;
      app_events[i].arg.mouse_move.dx = msg->arg.mouse_move.dx;
      app_events[i].arg.mouse_move.dy = msg->arg.mouse_move.dy;
      app_events[i].arg.mouse_move.buttons = msg->arg.mouse_move.buttons;
      ++i;
      break;
```

让我们来解释一下为什么这两个结构具有相同的定义，却没有使用公共类型。这是有意为之的。当然，如果你愿意，可以将结构定义放在一个头文件中，并将该类型用于AppEvent和Message。然后，你可以为整个结构赋值，例如app_events[i].arg.mouse_move = msg->arg.mouse_move;。不过，它们本质上是不同的类型：Message用于在操作系统内部发送和接收事件，AppEvent则用于应用接收事件。这样一来，如果把本质上不同但“碰巧相似”的东西强行统一，以后就会很麻烦。因此，我们才敢在这里将它们定义为不同的结构类型。

让我们回归正题。经过上述修改，你现在应该可以使用ReadEvent()系统调用读取鼠标的移动了。我们想尽快制作使用鼠标移动的应用，例如一个既容易制作又容易看到鼠标移动的应用……啊，对了！我们要试着制作一个眼球应用。

眼球应用是指眼球像盯着鼠标光标一样移动的应用。xeyes是Linux和其他操作系统中使用的X窗口系统的著名应用。我们试图通过创建一个名为eye的命令来模仿它。具体实现如代码23.5所示。

代码23.5 绘制跟随鼠标移动的眼球应用（eye/eye.cpp）

```
#include <cmath>
#include <cstdio>
#include <cstdlib>
```

```
#include <algorithm>
#include "../syscall.h"

static const int kCanvasSize = 100, kEyeSize = 10;


void DrawEye(uint64_t layer_id_flags,
             int mouse_x, int mouse_y, uint32_t color) {
  const double center_x = mouse_x - kCanvasSize/2 - 4;
  const double center_y = mouse_y - kCanvasSize/2 - 24;

  const double direction = atan2(center_y, center_x);
  double distance = sqrt(pow(center_x, 2) + pow(center_y, 2));
  distance = std::min<double>(distance, kCanvasSize/2 - kEyeSize/2);

  const double eye_center_x = cos(direction) * distance;
  const double eye_center_y = sin(direction) * distance;
  const int eye_x = static_cast<int>(eye_center_x) + kCanvasSize/2 + 4;
  const int eye_y = static_cast<int>(eye_center_y) + kCanvasSize/2 + 24;

  SyscallWinFillRectangle(layer_id_flags, eye_x - kEyeSize/2, eye_y - kEyeSize/2, kEyeSize,
kEyeSize, color);
}

extern "C" void main(int argc, char** argv) {
  auto [layer_id, err_openwin]
    = SyscallOpenWindow(kCanvasSize + 8, kCanvasSize + 28, 10, 10, "eye");
  if (err_openwin) {
    exit(err_openwin);
  }

  SyscallWinFillRectangle(layer_id, 4, 24, kCanvasSize, kCanvasSize, 0xffffff);

  AppEvent events[1];
  while (true) {
    auto [ n, err ] = SyscallReadEvent(events, 1);
    if (err) {
      printf("ReadEvent failed: %s\n", strerror(err));
      break;
    }
    if (events[0].type == AppEvent::kQuit) {
      break;
    } else if (events[0].type == AppEvent::kMouseMove) {
      auto& arg = events[0].arg.mouse_move;
      SyscallWinFillRectangle(layer_id | LAYER_NO_REDRAW,
          4, 24, kCanvasSize, kCanvasSize, 0xffffff);
      DrawEye(layer_id, arg.x, arg.y, 0x000000);
    } else {
      printf("unknown event: type = %d\n", events[0].type);
    }
  }
  SyscallCloseWindow(layer_id);
  exit(0);
}
```

eye命令使用具有正方形绘图区域的窗口。kCanvasSize是绘图区域的边长，kEyeSize是眼球的大小。我们很想画一个圆形眼球，但画圆形很乏味，所以就画了一个正方形眼球。因此kCanvasSize这个常数也代表眼球的大小。

函数DrawEye()在给定窗口中绘制眼球。眼球绘制在它注视（跟随）鼠标光标的位置。如果鼠标光标在绘图区域外，眼球的位置将不会跳出绘图区域。如果鼠标光标在绘图区域内，眼球的位置将在鼠标光标的正下方。

在DrawEye()结束时最后一次调用SyscallWinFillRectangle()之前的所有计算都用于计算眼球的位置。下面将解释计算的流程。即使你不理解下面的内容，也不会影响你对本书的理解，可以跳过。

现在，让我们来解释眼球位置的计算。示意图如**图23.2**所示。图中的mouse是函数参数中给出的鼠标光标坐标mouse_x和mouse_y的向量表示。坐标基于窗口的左上角，因此向量的起点也是窗口的左上角。center是坐标center_x和center_y的向量表示。鼠标光标的坐标被mouse转换为从绘图区域中心看到的坐标。

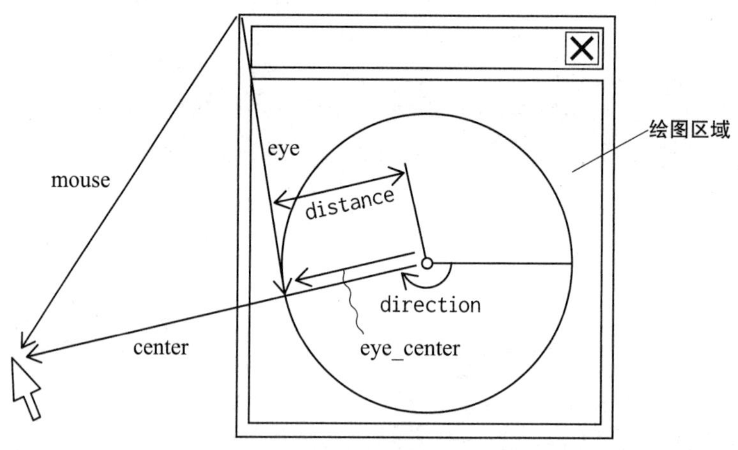

图23.2　计算眼球位置

接下来，计算鼠标光标距绘图区域中心的direction（角度）和distance（距离）。atan2()是一个标准C函数，用于根据*X*方向和*Y*方向的位移求角度。distance可使用勾股定理计算。

使用std::min限制距离，使其不超过绘图区域的半径（kCanvasSize/2-kEyeSize/2）。通过这个过程，眼球就会从绘图区域的中心位置进入一个半径为kCanvasSize/2的圆内。

eye_center是眼球距离绘图区域中心的位置，eye是将其转换为相对于窗口左上角坐标的向量。最后，使用eye的坐标绘制眼球。

main()部分的新功能是描述当使用SyscallReadEvent()收到的事件为AppEvent::kMouseMove时的过程。当鼠标移动时，就会发生该事件，因此，此时可以调用DrawEye()来绘制眼球。如果在绘制眼球之前没有将绘图区域填充为白色，就会绘制出多个眼球，多个眼球会相互叠加。

图23.3展示了程序的运行情况。看起来如何？眼球（只是正方形）在正常移动，就像跟随鼠标光标移动一样！多有趣啊！

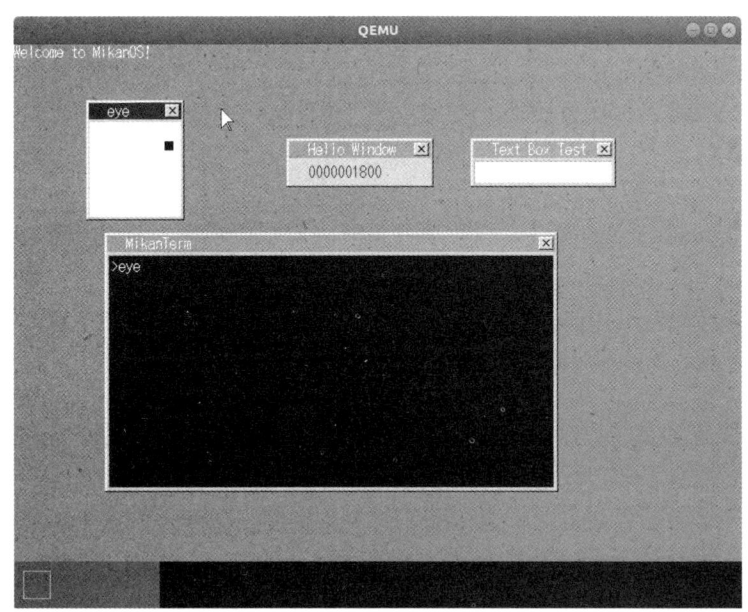

图23.3　眼球就像跟随鼠标光标移动一样

23.2 绘图软件（osbook_day23b）

既然可以捕捉鼠标的移动，我们也想继续捕捉按下按钮的动作。如果能记录按钮的状态，我们就能制作一种绘图软件，在按下按钮时通过移动鼠标来绘制线条。

我们将快速添加与按下按钮对应的事件类型。首先，我们为AppEvent和Message结构添加事件类型：AppEvent事件类型的定义现在看起来像代码23.6。

代码23.6　添加与按下按钮相对应的事件类型（app_event.hpp）

```
enum Type {
  kQuit,
  kMouseMove,
  kMouseButton,
} type;
```

我们还要添加与事件类型kMouseButton对应的参数。代码23.7展示了参数的结构定义。

当然，其也会被添加到AppEvent和Message中。按理说，我们应该使用bool类型来表示布尔值press，但C语言中没有bool类型，因此我们使用整数类型代替。

代码23.7　按下按钮事件的参数（app_event.hpp）

```
  struct {
    int x, y;
    int press; // 1: press, 0: release
    int button;
  } mouse_button;
```

现在，我们希望在点击窗口中的任意位置时触发点击事件。不过，在当前的实现中，点击窗口的任意位置都会导致窗口进入拖动模式。为了制作绘图软件，我们想执行一个名为“点击并按住鼠标，然后移动鼠标以绘制线条”的过程，因此我们不想让窗口在被点击时进入拖动模式。让我们将拖动模式的开始时间限制在点击标题栏时。

如代码23.8所示，我们决定仅在点击标题栏所在区域（*Y*坐标介于0和ToplevelWindow::kTopLeftMargin.y之间）时设置drag_layer_id_变量。因此，只有在标题栏上按下鼠标左键时，才会启动拖动模式。

代码23.8　仅当点击标题栏时才进入拖动模式（mouse.cpp）

```
const bool previous_left_pressed = (previous_buttons_ & 0x01);
const bool left_pressed = (buttons & 0x01);
if (!previous_left_pressed && left_pressed) {
  auto layer = layer_manager->FindLayerByPosition(position_, layer_id_);
  if (layer && layer->IsDraggable()) {
    const auto y_layer = position_.y - layer->GetPosition().y;
    if (y_layer < ToplevelWindow::kTopLeftMargin.y) {
      drag_layer_id_ = layer->ID();
    }
    active_layer->Activate(layer->ID());
  } else {
    active_layer->Activate(0);
  }
} else if (previous_left_pressed && left_pressed) {
```

如代码23.9所示，上一个按钮的按下状态previous_buttons_将作为SendMouseMessage()的第4个参数传递。通过比较新旧按钮按下状态，可以检测到按钮按下或松开的时刻。

代码23.9　还向SendMouseMessage()传递之前的一个按钮状态（mouse.cpp）

```
if (drag_layer_id_ == 0) {
  SendMouseMessage(newpos, posdiff, buttons, previous_buttons_);
}
```

修改SendMouseMessage()以在按钮状态发生变化时发送事件（代码23.10），其中的diff变量包含表示新旧按钮状态差别的值。^是异或运算符。previous_buttons和buttons是鼠标上每个按钮状态的位图，因此通过按位计算异或，已发生变化的位被设置为1，未发生变化的位被设置为0，从而可以检测到状态已发生变化的按钮。

代码23.10　当按钮状态发生变化时发送事件（mouse.cpp）

```
if (previous_buttons != buttons) {
  const auto diff = previous_buttons ^ buttons;
  for (int i = 0; i < 8; ++i) {
    if ((diff >> i) & 1) {
      Message msg{Message::kMouseButton};
      msg.arg.mouse_button.x = relpos.x;
      msg.arg.mouse_button.y = relpos.y;
      msg.arg.mouse_button.press = (buttons >> i) & 1;
      msg.arg.mouse_button.button = i;
      task_manager->SendMessage(task_it->second, msg);
    }
  }
}
```

如果第i个按钮的按下状态发生变化，diff变量的第i位就会被置1。然后，(diff >>i)&1变为true，并执行if语句。这样，就会生成一条信息，并将仅针对状态发生变化的按钮的消息发送给任务。消息中包含按钮状态改变时鼠标的坐标（基于窗口左上角）、区分按钮是按下还是松开的值以及按钮的编号（从0开始）。

下一步是修改syscall::ReadEvent()。我们添加了一个与按钮事件kMouseButton相对应的进程，如代码23.11所示。像往常一样，只需将Message结构转换为AppEvent结构即可。

代码23.11　使用ReadEvent()响应按钮事件（syscall.cpp）

```
case Message::kMouseButton:
  app_events[i].type = AppEvent::kMouseButton;
  app_events[i].arg.mouse_button.x = msg->arg.mouse_button.x;
  app_events[i].arg.mouse_button.y = msg->arg.mouse_button.y;
  app_events[i].arg.mouse_button.press = msg->arg.mouse_button.press;
  app_events[i].arg.mouse_button.button = msg->arg.mouse_button.button;
  ++i;
  break;
```

使用添加的系统调用实现的绘图软件如代码23.12所示。该paint命令将打开一个窗口并等待鼠标操作。按下鼠标左键（0号键）并移动鼠标，就可以画出一条线。

代码23.12 按下并拖动按钮时可画线的应用（paint/paint.cpp）

```
#include <cstdio>
#include <cstdlib>
#include <cstring>
#include "../syscall.h"

static const int kWidth = 200, kHeight = 130;

bool IsInside(int x, int y) {
  return 4 <= x && x < 4 + kWidth && 24 <= y && y < 24 + kHeight;
}

extern "C" void main(int argc, char** argv) {
  auto [layer_id, err_openwin]
    = SyscallOpenWindow(kWidth + 8, kHeight + 28, 10, 10, "paint");
  if (err_openwin) {
    exit(err_openwin);
  }

  AppEvent events[1];
  bool press = false;
  while (true) {
    auto [ n, err ] = SyscallReadEvent(events, 1);
    if (err) {
      printf("ReadEvent failed: %s\n", strerror(err));
      break;
    }
    if (events[0].type == AppEvent::kQuit) {
      break;
    } else if (events[0].type == AppEvent::kMouseMove) {
      auto& arg = events[0].arg.mouse_move;
      const auto prev_x = arg.x - arg.dx, prev_y = arg.y - arg.dy;
      if (press && IsInside(prev_x, prev_y) && IsInside(arg.x, arg.y)) {
        SyscallWinDrawLine(layer_id, prev_x, prev_y, arg.x, arg.y, 0x000000);
      }
    } else if (events[0].type == AppEvent::kMouseButton) {
      auto& arg = events[0].arg.mouse_button;
      if (arg.button == 0) {
        press = arg.press;
        SyscallWinFillRectangle(layer_id, arg.x, arg.y, 1, 1, 0x000000);
      }
    } else {
      printf("unknown event: type = %d\n", events[0].type);
    }
  }

  SyscallCloseWindow(layer_id);
  exit(0);
}
```

重要的变量是press。当鼠标左键被按下时，该变量为true；当鼠标左键未被按下时，该变量为false。当kMouseButton事件发生时，该变量会被更新。

当鼠标移动事件（kMouseMove）发生时，使用SyscallWinDrawLine()，当press为true且光标位于窗口的绘图区域内（IsInside()为true）时，就会实际绘制线条。鼠标移动事件包含鼠标移动的dx和dy，可用于绘制线条。

图23.4展示了使用paint命令如何绘图。虽然使用触控板绘制会显得模糊，但操作本身非常舒适，没有任何特别的处理障碍。

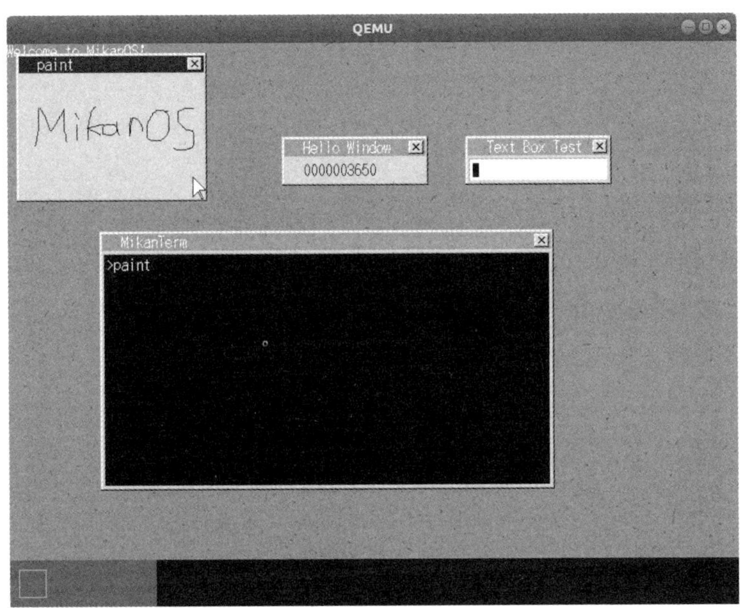

图23.4　使用paint命令如何绘图

23.3 计时器命令（osbook_day23c）

让我们创建一个等待时间的函数，这是本节的主要话题。如果使用操作系统本身的计时器函数，应该不难。在查看计时器函数时，我们发现向其发送超时消息的任务被固定为1。在TimerManager::Tick()中，我们使用了task_manager->SendMessage(1, m);。工作原理是，当应用设置计时器时，超时将被通知给主任务。一旦主任务识别出这是应用设置的计时器，它就需要将通知消息转发给终端任务。

即使转发消息，也必须在计时器类中包含“转发任务ID”。现在这样做很好，因为只有一个终端，但如果将来要添加更多的终端，就需要再次确定将消息转发到哪里。因此，我们为任务ID添加了一个字段task_id_，并添加了一个方法TaskID()来获取它，如代码23.13所示。

代码23.13　使计时器类有一个任务ID（timer.hpp）

```
class Timer {
 public:
  Timer(unsigned long timeout, int value, uint64_t task_id);
  unsigned long Timeout() const { return timeout_; }
  int Value() const { return value_; }
  uint64_t TaskID() const { return task_id_; }

 private:
  unsigned long timeout_;
  int value_;
  uint64_t task_id_;
};
```

我们在计时器类的构造函数中添加了参数，因此需要修改生成计时器的所有地方。例如，为task_id指定一个数字，如代码23.14所示。指定1将导致执行与之前相同的行为。应用的其他部分也应以同样的方式进行修改。

代码23.14　在task_id中指定1，即主任务的编号（main.cpp）

```
  const int kTextboxCursorTimer = 1;
  const int kTimer05Sec = static_cast<int>(kTimerFreq * 0.5);
  timer_manager->AddTimer(Timer{kTimer05Sec, kTextboxCursorTimer, 1});
  bool textbox_cursor_visible = false;
```

你最终要做的是，为应用设置的计时器向其所属的任务（终端任务）发送超时通知消息。要实现这一目标，刚刚添加的任务ID有两种可能的用途：一种是在向主任务（任务1）发送超时通知消息时，在消息中包含任务ID，主任务可以看到消息中的任务ID，并将消息转发给相应的任务；另一种是首先向相关任务发送超时通知消息。后者效率更高，因为消息不经过主任务。我们将在后续的修改中使用后者。

对TimerManager::Tick()的修改如代码23.15所示。修改发生在指定任务ID的第4行。现在使用的是t.TaskID()，而不是常量1。

代码23.15　向标记为计时器的任务发送超时通知消息（timer.cpp）

```
    Message m{Message::kTimerTimeout};
    m.arg.timer.timeout = t.Timeout();
    m.arg.timer.value = t.Value();
    task_manager->SendMessage(t.TaskID(), m);
```

我们创建了一个系统调用syscall::CreateTimer()，应用在其中创建了一个计时器。具体实现如代码23.16所示。第一个参数是计时器的运行模式。第二个参数是超时时要通知的任意值。第三个参数是以毫秒为单位的值，用于指定超时时间。系统调用正常结束时的返回值是计时器中设置的超时时间，即将操作系统启动时间设置为0时的以毫秒为单位表示的值。

代码23.16　生成计时器系统调用（syscall.cpp）

```
SYSCALL(CreateTimer) {
  const unsigned int mode = arg1;
  const int timer_value = arg2;
  if (timer_value <= 0) {
    return { 0, EINVAL };
  }

  __asm__("cli");
  const uint64_t task_id = task_manager->CurrentTask().ID();
  __asm__("sti");

  unsigned long timeout = arg3 * kTimerFreq / 1000;
  if (mode & 1) { // relative
    timeout += timer_manager->CurrentTick();
  }

  __asm__("cli");
  timer_manager->AddTimer(Timer{timeout, -timer_value, task_id});
  __asm__("sti");
  return { timeout * 1000 / kTimerFreq, 0 };
}
```

运行模式mode的每一位都有意义。如果第0位为1，则运行模式为相对（relative）模式。在相对模式下，计时器参照当前时间并在arg3指定的时间之后设置。如果第0位为0，则为绝对（absolute）模式，arg3表示以毫秒为单位的计时器超时时间。

最后，在添加计时器时，取相反数-timer_value，以区分操作系统本身和应用生成的计时器。终端任务每隔0.5秒就会从主任务中收到光标闪烁的超时通知消息。无论应用是否在运行，该消息都会被发送，而我们不清楚超时的是应用设置的计时器还是光标闪烁的计时器，因此我们不希望覆盖应用生成的计时器的计时器值。操作系统本身生成的计时器的计时器值被区分为0或更高，而应用生成的计时器的计时器值则为负值。

当查找用于任务切换的计时器的计时器值时，我们发现使用的是std::numeric_limits<int>::min()。这并不好，因为它是一个负值。任何不可能在其他地方使用的值都可以保留，因此我们将其保留为正的最大值，如代码23.17所示。（严格来说，应用实际上不能指定std::numeric_limits <int>::min()作为计时器值，所以现在这样也不错。）

代码23.17 将任务切换计时器的计时器值更正为正值（timer.hpp）

```
const int kTaskTimerPeriod = static_cast<int>(kTimerFreq * 0.02);
const int kTaskTimerValue = std::numeric_limits<int>::max();
```

通过目前所做的修改，应用已经使用CreateTimer()系统调用创建了一个计时器，并在超时时向应用运行的终端任务发送了一条超时通知消息。接下来，我们需要创建一种机制，让应用本身能够注意到超时。只要在ReadEvent()系统调用中添加功能，就能轻松实现这一目标。

代码23.18展示了添加到AppEvent结构中的参数，其中列出了超时时间和计时器值。除此之外，我们还添加了kTimerTimeout作为事件类型。

代码23.18 为AppEvent结构添加超时通知事件参数（app_event.hpp）

```
  struct {
    unsigned long timeout;
    int value;
  } timer;
```

代码23.19展示了syscall::ReadEvent()的修改部分。与其他事件一样，我们转换了Message结构和AppEvent结构。与其他事件不同的是，如果计时器值大于0，事件将被忽略。计时器值大于0的计时器超时事件，即不是由应用生成的计时器超时事件，不应该让应用获取。

代码23.19 使ReadEvent()与超时事件相对应（syscall.cpp）

```
case Message::kTimerTimeout:
  if (msg->arg.timer.value < 0) {
    app_events[i].type = AppEvent::kTimerTimeout;
    app_events[i].arg.timer.timeout = msg->arg.timer.timeout;
    app_events[i].arg.timer.value = -msg->arg.timer.value;
    ++i;
  }
  break;
```

我们在syscall.h中添加了SyscallCreateTimer()的原型声明和所需常量的定义，如代码23.20所示。两个常量决定了计时器的运行模式。目前只有单次（oneshot）模式，其中的时间设置可以是相对的，也可以是绝对的。

代码23.20 为计时器运行模式准备常量（syscall.h）

```
#define TIMER_ONESHOT_REL 1
#define TIMER_ONESHOT_ABS 0
struct SyscallResult SyscallCreateTimer(
    unsigned int type, int timer_value, unsigned long timeout_ms);
```

我们使用添加的系统调用创建了一个用于等待指定时间的timer命令（代码23.21）。如果在命令行参数中指定等待时间，它就会等待该时间，然后输出“xx msecs elapsed!”的信息。我们感觉已经很久没有创建过不打开窗口的命令了。

代码23.21　计时器应用等待指定时间（以毫秒为单位）（timer/timer.cpp）

```
#include <cstdio>
#include <cstdlib>
#include <cstring>
#include "../syscall.h"

extern "C" void main(int argc, char** argv) {
  if (argc <= 1) {
    printf("Usage: timer <msec>\n");
    exit(1);
  }

  const unsigned long duration_ms = atoi(argv[1]);
  const auto timeout = SyscallCreateTimer(TIMER_ONESHOT_REL, 1, duration_ms);
  printf("timer created. timeout = %lu\n", timeout.value);

  AppEvent events[1];
  while (true) {
    SyscallReadEvent(events, 1);
    if (events[0].type == AppEvent::kTimerTimeout) {
      printf("%lu msecs elapsed!\n", duration_ms);
      break;
    } else {
      printf("unknown event: type = %d\n", events[0].type);
    }
  }
  exit(0);
}
```

图23.5展示了创建的命令是如何运行的：输入1000后，时间为1秒；输入3000后，时间为3秒。是的，成功了。

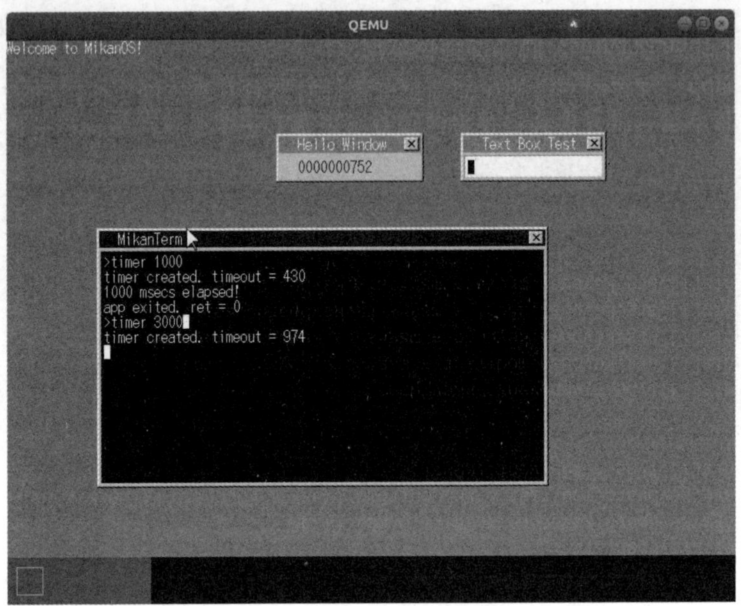

图23.5 使用timer命令等待3秒

23.4 动画（osbook_day23d）

大家都看过动画，但为什么动画中的人物和其他物体看起来会动呢？动画，是通过在一些静止图像之间不断切换来表现运动的，甚至计算机也可以通过在短时间内切换画面来表现运动。

动画中最重要的是画面之间的过渡。如果过渡得太快或太慢，动画的显示就会不正常。这就是前面创建的计时器的作用所在。使用计时器，你可以自由控制画面过渡的时间间隔，以恰到好处的速度播放动画。

在本节中，我们要创建一个表现运动的应用。不过，准备大量画面非常困难，因此我们将尝试使用通过计算生成的图片来实现动画。旋转立方体怎么样？你可以将一个三维立方体（骰子）绕*X*轴、*Y*轴和*Z*轴一点点地旋转，然后显示在屏幕上。

这就是我们创建一个名为cube的应用的原因，源码文件为apps/cube/cube.cpp。要理解这个程序，你需要了解三角函数、向量、旋转矩阵等知识，但本书并不涉及这些内容。因为要创建本书所涉及的操作系统，并不需要这些数学知识。不过，我们稍后会简单介绍主要的常量和变量，以便你修改和使用它们。

启动cube应用后，其外观如图23.6所示，六个面的颜色各不相同，以便清楚地看到旋转过程。立方体被绘制在一个正方形绘图区域内，并一点点地旋转。

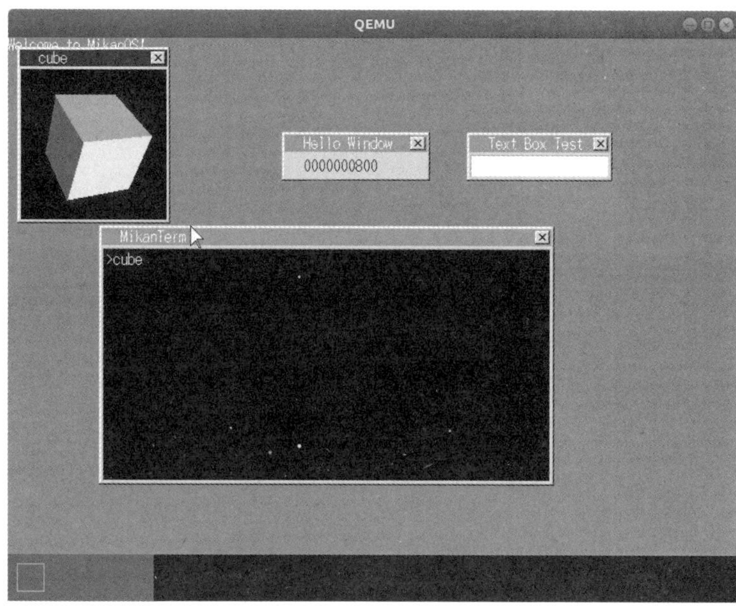

图23.6　旋转彩色立方体

代码23.22展示了常量和全局变量的定义方法。本节将解释其中最重要的变量。阅读本书的其余部分并不需要理解这些解释，如果觉得困难，可直接跳到下一节。

代码23.22　cube应用中的常量和变量（cube/cube.cpp）

```
using namespace std;

template <class T>
struct Vector3D {
  T x, y, z;
};

template <class T>
struct Vector2D {
  T x, y;
};

void DrawObj(uint64_t layer_id);
void DrawSurface(uint64_t layer_id, int sur);
bool Sleep(unsigned long ms);

const int kScale = 50, kMargin = 10;
const int kCanvasSize = 3 * kScale + kMargin;
const array<Vector3D<int>, 8> kCube{{
  { 1,  1,  1}, { 1,  1, -1}, { 1, -1,  1}, { 1, -1, -1},
```

```
  {-1,  1,  1}, {-1,  1, -1}, {-1, -1,  1}, {-1, -1, -1}
}};
const array<array<int, 4>, 6> kSurface{{
 {0,4,6,2}, {1,3,7,5}, {0,2,3,1}, {0,1,5,4}, {4,5,7,6}, {6,7,3,2}
}};
const array<uint32_t, kSurface.size()> kColor{
  0xff0000, 0x00ff00, 0xffff00, 0x0000ff, 0xff00ff, 0x00ffff
};

array<Vector3D<double>, kCube.size()> vert;
array<double, kSurface.size()> centerz4;
array<Vector2D<int>, kCube.size()> scr;
```

让我们从常量开始。kScale会影响立方体的大小。如果给这个值乘以*N*，窗口和立方体都会放大*N*倍。kMargin是立方体与绘图框架之间的距离。kCanvasSize是绘图区域的高度和宽度，单位为像素。

kCube表示立方体顶点坐标的定义。立方体的实际大小由kScale决定，此处将其定义为以原点为中心的单位圆。kSurface用于定义立方体的表面。例如，第一个元素{0, 4, 6, 2}表示依次访问顶点0、4、6、2形成的曲面。kColor表示每个曲面的颜色。

下面是变量。vert是旋转后立方体的顶点坐标。由于是顶点坐标，因此其数量与kCube相同，为8个。centerz4是存储立方体每个面中间（重心）*Z*坐标的变量，用于以从最远（*Z*坐标最大）到最近的顺序绘制立方体的面。scr是一个存储屏幕（screen）坐标的变量，是立方体每个顶点在三维空间中旋转后投影到屏幕上的坐标。元素类型是Vector2D<int>，原因在于这些是平面坐标，单位是像素（整数）。

最后，对函数进行总结：main()旋转立方体并将旋转后的顶点坐标写入vert。同时，它会找出每个面的*Z*坐标并将其写入centerz4。旋转过程结束后，DrawObj()将被调用。

DrawObj()会在layer_id指定的窗口中绘制旋转后的立方体。该函数首先将三维空间中的坐标垂直投影到屏幕上，并设置scr。然后调用DrawSurface()，从立方体六个面中最里面的一个面开始绘制。

DrawSurface()将指定的面绘制到窗口中。绘制的基本原理是这样的：当投影到屏幕上时，立方体的每个面都是一个扭曲的矩形；然后，将该矩形切成宽度为1像素的水平线；使用SyscallWinFillRectangle()，一次绘制一条水平线。

23.5 打方块游戏（osbook_day23e）

我们将继续创建使用操作系统函数的应用，而不是创建操作系统。但第24章的难度又会增加，所以我们还是趁现在好好玩玩吧。

之前提到，我们还没有一个可以接收任意键的事件。一旦可以使用任意键和计时器，就可以创建游戏了。在本节中，我们将修改ReadEvent()系统调用以接收任意键，并创建一个打方块游戏作为游戏示例。

如代码23.23所示，我们在AppEvent结构中为按键事件添加了按键参数。在制作游戏时，除了按下按键时的事件，最好还能在按键松开时获得事件，因此我们添加了一个名为press的成员，以便区分这两种事件。我们在AppEvent::type中添加了一个名为kKeyPush的常量，这个常量在代码中没有显示。

代码23.23　在AppEvent结构中添加按键事件（app_event.hpp）

```
struct {
  uint8_t modifier;
  uint8_t keycode;
  char ascii;
  int press; // 1: press, 0: release
} keypush;
```

当按下按键时，首先反应的是xHCI（USB主机控制器）驱动程序。xHCI驱动程序调用HIDKeyboardDriver（HID键盘的驱动程序）的OnDataReceived()方法。该方法最终会调用HIDKeyboardDriver::default_observer中注册的函数。

该函数之前仅在按键按下时调用。我们需要对其进行修改，使其不仅在按键按下时调用，而且在按键松开时也调用。

首先，我们修改了HIDKeyboardDriver::ObserverType的定义，如代码23.24所示。我们只是添加了参数press，以便区分按键是按下还是松开。

代码23.24　修复按键事件观察者类型（usb/classdriver/keyboard.hpp）

```
using ObserverType = void (uint8_t modifier, uint8_t keycode, bool press);
```

我们还相应地修改了OnDataReceived()侧，以便向观察者传递更多的参数（代码23.25）。为了增加检测按键松开的功能，流程的算法发生了很大的变化。请看流程的更多细节。

代码23.25　向观察者传递更多的参数（usb/classdriver/keyboard.cpp）

```
Error HIDKeyboardDriver::OnDataReceived() {
  std::bitset<256> prev, current;
  for (int i = 2; i < 8; ++i) {
    prev.set(PreviousBuffer()[i], true);
    current.set(Buffer()[i], true);
  }
  const auto changed = prev ^ current;
```

```
    const auto pressed = changed & current;
    for (int key = 1; key < 256; ++key) {
      if (changed.test(key)) {
        NotifyKeyPush(Buffer()[0], key, pressed.test(key));
      }
    }
    return MAKE_ERROR(Error::kSuccess);
  }
```

按键变化是通过处理位集的标准类std::bitset计算出来的：prev和current两个位集都对应按键代码（值在0和255之间）和比特位。如果按下按键代码为N的按键，则位N的值为1。例如，如果一直按下R键，松开Q键，再按下S键，则位集的值如表23.1所示。

表23.1　按下R键、松开Q键和按下S键时设置的位值

位集	位0:19	位20:22（QRS）	位23:255
prev	0..0	110	0..0
current	0..0	011	0..0
changed	0..0	101	0..0
pressed	0..0	001	0..0

prev表示上一次按键，current表示当前按键。因此，通过比较二者并提取发生变化的位，只能检测到发生变化的按键。这就是变化。在这个位集中，只有与发生变化的按键对应的位才会被置1。使用排他性逻辑或（^），可以一次性确定0→1或1→0发生的变化。在发生变化的按键中，按下（0→1）的按键用pressed表示。

要获取位集中给定位的值，可使用test（比特位）方法。该方法使用for循环查找changed中为1的位，即已更改按键的编号。如果存在已更改的按键，无论按键是按下还是松开，都会调用NotifyKeyPush()方法。按键是否按下的消息将作为第三个参数传递，以匹配刚刚修改的ObserverType。

用InitializeKeyboard()注册的观察者也会被修改。如代码23.26所示，为观察者添加第三个参数，使其可以接收按键状态。对了，我们在Message::arg::keyboard中添加了一个press字段，我们之前没有介绍过这个字段。这次的主要修改点是将作为参数接收的按键复制到这个新增的press字段中。

代码23.26　确保实际观察者接收按键（keyboard.cpp）

```
void InitializeKeyboard() {
  usb::HIDKeyboardDriver::default_observer =
    [](uint8_t modifier, uint8_t keycode, bool press) {
      const bool shift = (modifier & (kLShiftBitMask | kRShiftBitMask)) != 0;
      char ascii = keycode_map[keycode];
      if (shift) {
```

```
        ascii = keycode_map_shifted[keycode];
      }
      Message msg{Message::kKeyPush};
      msg.arg.keyboard.modifier = modifier;
      msg.arg.keyboard.keycode = keycode;
      msg.arg.keyboard.ascii = ascii;
      msg.arg.keyboard.press = press;
      task_manager->SendMessage(1, msg);
    };
}
```

接下来，修改syscall::ReadEvent()，以正确处理按键事件。当输入Ctrl+Q以外的按键时，会发送一个kKeyPush类型的事件（代码23.27）。

代码23.27　使用ReadEvent()系统调用处理按键事件（syscall.cpp）

```
    case Message::kKeyPush:
      if (msg->arg.keyboard.keycode == 20 /* Q key */ &&
          msg->arg.keyboard.modifier & (kLControlBitMask | kRControlBitMask)) {
        app_events[i].type = AppEvent::kQuit;
        ++i;
      } else {
        app_events[i].type = AppEvent::kKeyPush;
        app_events[i].arg.keypush.modifier = msg->arg.keyboard.modifier;
        app_events[i].arg.keypush.keycode = msg->arg.keyboard.keycode;
        app_events[i].arg.keypush.ascii = msg->arg.keyboard.ascii;
        app_events[i].arg.keypush.press = msg->arg.keyboard.press;
        ++i;
      }
      break;
```

在这种状态下运行程序，我们发现终端会重复输入一个字符：当我们按下ab键时，该字符会被输入为aabb。这是因为终端在处理按键事件时没有查看按键。如代码23.28所示，if语句只在按键按下（press为true）时才处理按键输入。

代码23.28　修正终端，使按键不会重复输入（terminal.cpp）

```
      if (msg->arg.keyboard.press) {
        const auto area = terminal->InputKey(msg->arg.keyboard.modifier,
                                             msg->arg.keyboard.keycode,
                                             msg->arg.keyboard.ascii);
```

顺便提一下，“TextBoxTest”窗口也获得了双重输入。我们用同样的方法纠正了这一点（代码23.29）。

代码23.29　修正文本框，解决了重复输入的问题（main.cpp）

```
if (auto act = active_layer->GetActive(); act == text_window_layer_id) {
  if (msg->arg.keyboard.press) {
    InputTextWindow(msg->arg.keyboard.ascii);
  }
} else {
```

我们利用迄今为止创建的按键事件制作了一个打方块游戏。像往常一样，我们不会解释整个源码，如果你感兴趣，请阅读源码文件apps/blocks/blocks.cpp。

启动已创建的blocks命令，你将看到如图23.7所示的屏幕。使用左右键移动挡板，使用空格键发射小球。虽然尚未实现生命值、得分功能及消除全部方块后的通关判定，但暂且可以体验消除方块的玩法了。我们在MikanOS上做出了第一款游戏，太棒了！

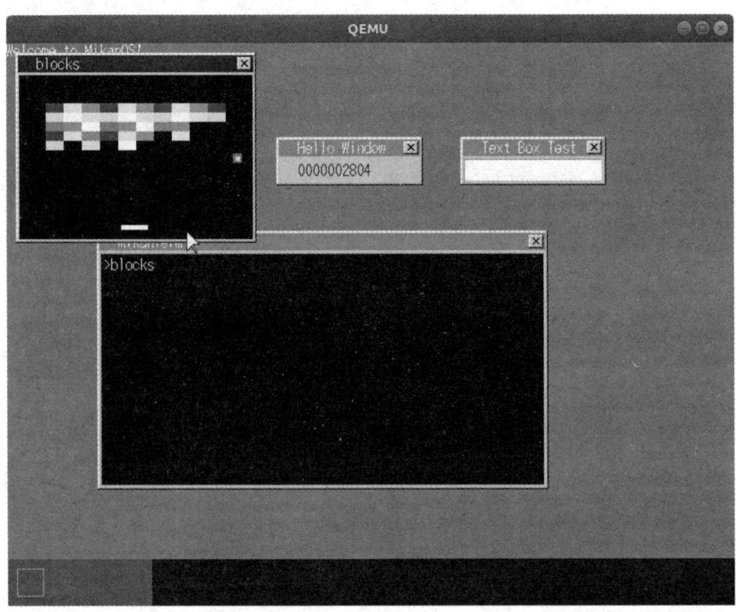

图23.7　玩打方块游戏

第 24 章 多终端

目前，在启动一个应用时，终端会进入等待状态，因此无法同时启动多个应用。既然我们可以打开多个窗口并进行多任务处理，那么我们也希望同时启动多个应用，不是吗？在本章中，我们将尝试实现这一点。

24.1 增加终端数量（osbook_day24a）

本章的目标是同时启动多个应用。我们该如何做呢？回顾一下应用启动机制，会发现在Terminal::ExecuteFile()中，ELF文件被读入主内存并启动。如果我们能启动多个终端，就能启动多个应用。因此，首先尝试打开多个终端。

我们决定在按下F2键时生成一个终端任务，如**代码24.1**所示。这是一个非常简单的想法，但它能行得通吗？

代码24.1 按下F2键时生成一个终端任务（main.cpp）

```
case Message::kKeyPush:
  if (auto act = active_layer->GetActive(); act == text_window_layer_id) {
    if (msg->arg.keyboard.press) {
      InputTextWindow(msg->arg.keyboard.ascii);
    }
  } else if (msg->arg.keyboard.press &&
             msg->arg.keyboard.keycode == 59 /* F2 */) {
    task_manager->NewTask()
      .InitContext(TaskTerminal, 0)
      .Wakeup();
  } else {
```

当我们按下F2键时，第二个终端就会打开，如**图24.1**所示。

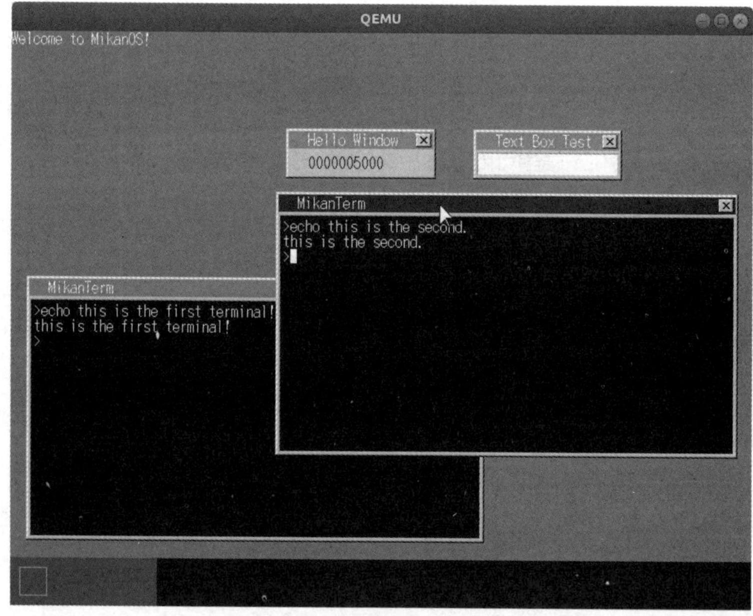

图24.1 打开多个终端

可以使两个终端在活动和非活动之间切换，也可以为每个终端分配按键。暂时成功了，但如果你仔细观察，就会发现光标在第二个终端中并不闪烁。此外，当在一个终端中启动cube时，我们尝试在另一个终端中启动lines，会打开lines窗口，但会出现#UD异常。我们将在下一节解决这些问题。

24.2 光标自动闪烁（osbook_day24b）

首先，我们将解决第二个问题光标在终端中不闪烁。当前的光标闪烁机制是通过将超时通知消息复制给终端任务，并在主任务管理的计时器超时时发送该消息实现的。在这种机制下，当存在多终端时，主任务必须决定向哪个终端发送消息，这可能会使代码变得复杂。目前的机制还有一个微妙的问题：即使终端不活动，光标也会闪烁。

因此，终端本身会控制光标闪烁。这意味着，当终端任务启动时，它会激活一个计时器，并自行测量0.5秒。这样，光标就会在所有终端中自动闪烁。

我们还将尝试在终端窗口处于非活动状态时停止闪烁光标。为此，终端任务需要知道窗口在活动和非活动状态之间切换的时间，因此，可以修改ActiveLayer类，以便在活动状态切换时向任务发送消息。

从代码24.2中可以看到全部修改内容。其中有两个关键点：终端任务本身调用timer_manager->AddTimer()，消息kWindowActive则用于通知终端任务窗口的活动状态。我们试图让闪烁光标的计时器始终以0.5秒的间隔运行，同时只有在窗口处于活动状态时（window_isactive为true时）才让光标闪烁。

代码24.2　终端任务本身控制计时器（terminal.cpp）

```
auto add_blink_timer = [task_id](unsigned long t){
  timer_manager->AddTimer(Timer{t + static_cast<int>(kTimerFreq * 0.5),
                               1, task_id});
};
add_blink_timer(timer_manager->CurrentTick());

bool window_isactive = false;

while (true) {
  __asm__("cli");
  auto msg = task.ReceiveMessage();
  if (!msg) {
    task.Sleep();
    __asm__("sti");
    continue;
  }
```

```
    __asm__("sti");

    switch (msg->type) {
    case Message::kTimerTimeout:
      add_blink_timer(msg->arg.timer.timeout);
      if (window_isactive) {
        const auto area = terminal->BlinkCursor();
        Message msg = MakeLayerMessage(
            task_id, terminal->LayerID(), LayerOperation::DrawArea, area);
        __asm__("cli");
        task_manager->SendMessage(1, msg);
        __asm__("sti");
      }
      break;

    <略>

    case Message::kWindowActive:
      window_isactive = msg->arg.window_active.activate;
      break;
    default:
      break;
    }
  }
```

预期的行为是这样的。最初，光标在终端中闪烁。如果终端窗口处于非活动状态（例如点击另一个窗口，光标就会停止闪烁），那么当窗口再次处于活动状态时，光标将再次开始闪烁。我们稍后将看到它是否有效。

代码24.3展示了修改后的ActiveLayer::Activate()。在这里只增加了两行代码：使用函数SendWindowActiveMessage()将窗口的活动状态通知给窗口（图层）所属的任务。

代码24.3 通知任务活动窗口已切换（layer.cpp）

```
void ActiveLayer::Activate(unsigned int layer_id) {
  if (active_layer_ == layer_id) {
    return;
  }

  if (active_layer_ > 0) {
    Layer* layer = manager_.FindLayer(active_layer_);
    layer->GetWindow()->Deactivate();
    manager_.Draw(active_layer_);
    SendWindowActiveMessage(active_layer_, 0);
  }

  active_layer_ = layer_id;
  if (active_layer_ > 0) {
    Layer* layer = manager_.FindLayer(active_layer_);
    layer->GetWindow()->Activate();
    manager_.UpDown(active_layer_, manager_.GetHeight(mouse_layer_) - 1);
```

```
    manager_.Draw(active_layer_);
    SendWindowActiveMessage(active_layer_, 1);
  }
}
```

代码24.4展示了SendWindowActiveMessage()的实现。该函数搜索指定图层所属的任务，如果该任务存在，则发送kWindowActive类型的消息。这个函数非常简单。

代码24.4　向指定图层所属的任务发送kWindowActive消息（layer.cpp）

```
Error SendWindowActiveMessage(unsigned int layer_id, int activate) {
  auto task_it = layer_task_map->find(layer_id);
  if (task_it == layer_task_map->end()) {
    return MAKE_ERROR(Error::kNoSuchTask);
  }

  Message msg{Message::kWindowActive};
  msg.arg.window_active.activate = activate;
  return task_manager->SendMessage(task_it->second, msg);
}
```


kWindowActive类型消息参数的结构如代码24.5所示。activate是表示窗口是否处于活动状态的字段。

代码24.5　kWindowActive类型消息的参数（message.hpp）

```
    struct {
      int activate; // 1: activate, 0: deactivate
    } window_active;
```

虽然没有在代码中展示，但已从main.cpp的主循环中删除了向其他任务发送光标闪烁计时器的过程（不再需要展示）。

图24.2展示了代码运行情况。当启动多个终端时，光标会在每个终端中开始闪烁。仔细观察任务A窗口中的光标和显示“this is the first terminal”的终端中的光标，会发现它们并不同步（任务A窗口中的光标可见，但终端中的光标消失了）。从截图中很难看出，但在实际操作中可以观察到：窗口停用时，光标停止闪烁。

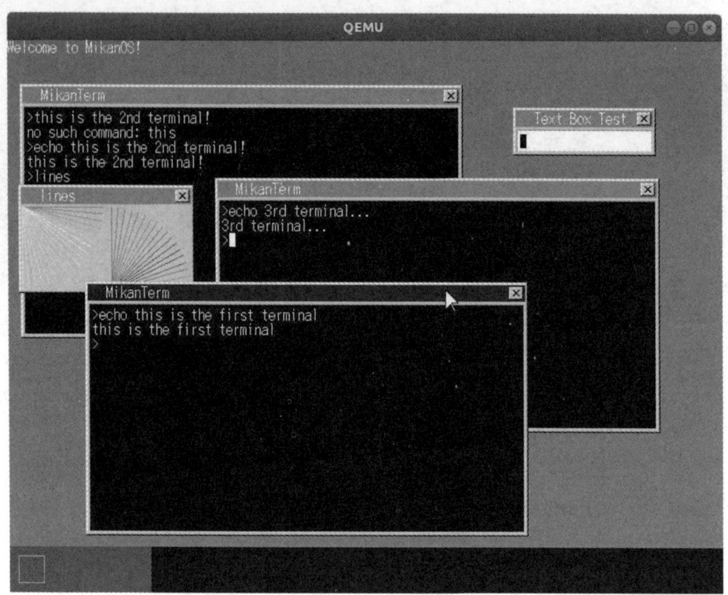

图24.2　光标在多个终端中分别闪烁

24.3 同时启动多个应用（osbook_day24c）

虽然通过F2键可以轻松启动多个终端，但在尝试各种操作时，出现了CPU异常，整个操作系统被冻结，如图24.3所示。首先，我们在默认终端（显示“1st terminal”的终端）中运行lines应用，该应用在没有关闭窗口的情况下就立即退出了。然后，在第二个终端中运行cube应用，在第三个终端中执行rpn命令。紧接着，出现了异常。

同时运行多个应用会出现异常的原因是什么？多少能猜到一些。没错，是虚拟内存空间冲突。每个应用都在0xffff800000000000的虚拟内存空间中放置自己的可执行文件，并使用0xffffffffffffe000的4KiB作为堆栈空间。因此，多个应用会争夺这些空间。

这个问题在19.2节中已经讨论过。在该节中介绍了三种避免冲突的方法：转移链接地址、在加载应用时重新定位地址以及转换地址。当许多开发者自由创建应用时，转移链接地址的方法很难协调。即使可以在应用之间协调，也无法启动同一应用的多个版本。重新配置很困难，故本书不采用这种方法。

本书采用的方法是在分层分页结构之间切换。应用会有自己的分层分页结构，切换应用时，也会切换CPU调用的分层分页结构[1]。这样就可以将相同的虚拟地址映射到不同的物理地

1　这种方法的优点是可以在应用之间分离地址空间，使一个应用无法读取另一个应用的数据，从而提高安全性。这是其他两种方法不具备的优势。

址（图24.4）。

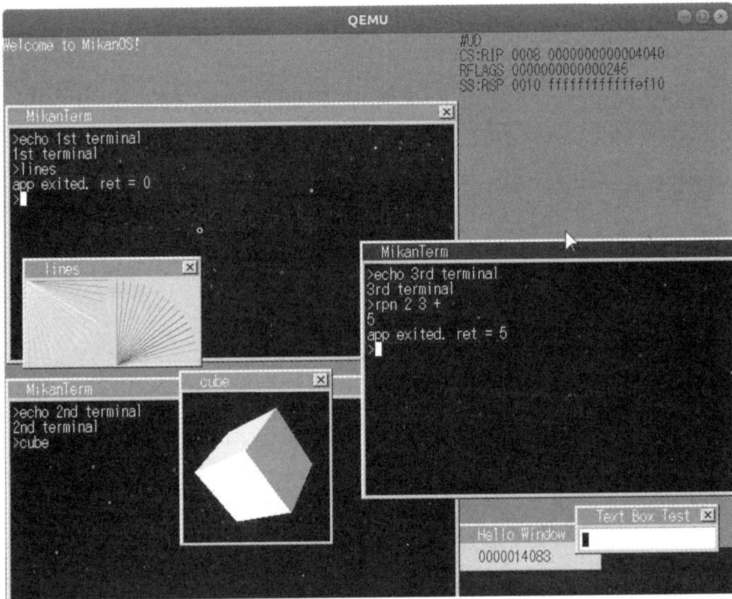

图24.3　启动多个应用后发生异常的情况

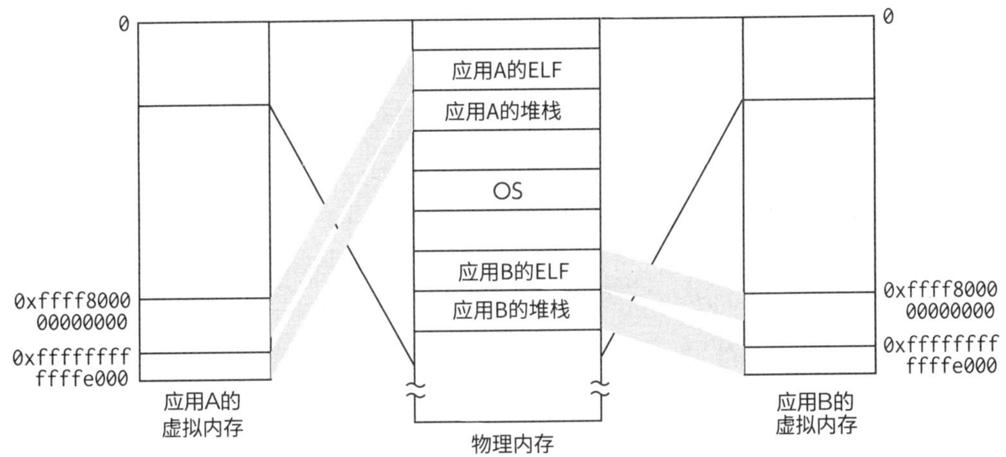

图24.4　每个应用都拥有自己的虚拟地址空间

分层分页结构的顶层数据结构是PML4：CPU的CR3寄存器保存着PML4所在的物理地址，CPU在访问内存时会参考PML4并将虚拟地址转换为物理地址。如果你忘记了这方面的内容，请回头阅读19.3节。

总之，你需要做的是建立一个分层分页结构，将PML4置于每个应用的顶层，并在切换应用时重写CR3寄存器。从那时起，我们将把这一点写入程序。

事实上，我们已经实现了一种机制，即为每个任务（每个应用）设置一个PML4地址，作为TaskContext::cr3，并在每次切换任务时重写CR3寄存器。因此，我们需要做的是为每个任务生成PML4，并将其设置在TaskContext::cr3中。

在Terminal::ExecuteFile()中更改应用可执行文件的加载过程（**代码24.6**），目的是将可执行文件加载到应用自己的虚拟地址。主要变化是，在调用LoadELF()之前使用SetupPML4()构建应用自己的PML4。

代码24.6　加载可执行文件前设置PML4（terminal.cpp）

```
  __asm__("cli");
  auto& task = task_manager->CurrentTask();
  __asm__("sti");

  if (auto pml4 = SetupPML4(task); pml4.error) {
    return pml4.error;
  }

  if (auto err = LoadELF(elf_header)) {
    return err;
  }
```

SetupPML4()的实现如**代码24.7**所示。它主要做了三件事：生成用作PML4的数据结构、复制操作系统的页面映射设置，以及将构建的PML4设置为CR3和当前任务。值得注意的是memcpy()这一行。该行将当前在CR3中设置的PML4的值复制到新生成的PML4中。仔细观察，会发现要复制的元素有256个。PML4是一个包含512个64位元素的数组，因此只复制了前半部分。

代码24.7　SetupPML4()构建并激活新的PML4（terminal.cpp）

```
WithError<PageMapEntry*> SetupPML4(Task& current_task) {
  auto pml4 = NewPageMap();
  if (pml4.error) {
    return pml4;
  }

  const auto current_pml4 = reinterpret_cast<PageMapEntry*>(GetCR3());
  memcpy(pml4.value, current_pml4, 256 * sizeof(uint64_t));

  const auto cr3 = reinterpret_cast<uint64_t>(pml4.value);
  SetCR3(cr3);
  current_task.Context().cr3 = cr3;
  return pml4;
}
```

之所以只复制PML4的前半部分，是因为我们只想复制操作系统的内存映射：PML4的前半部分对应于虚拟地址的前半部分，PML4的后半部分对应于虚拟地址的后半部分。因此，PML4的前半部分用于操作系统的设置，后半部分用于应用的设置。操作系统的内存映射对所有应用都是一样的，因此只需原样复制前半部分即可。

在SetupPML4()处理流程中，前半部分完成了以下操作：将为操作系统设置的PML4映射配置到CR3寄存器和当前任务中，当CR3寄存器被修改后，CPU会立即开始使用新的PML4。因此，按原样加载应用可执行文件，加载过程将使用新的PML4执行。

你不仅要将构建好的PML4设置到CR3寄存器，还要将其设置为当前任务的上下文结构，如current_task.Context().cr3 = cr3;。这是为了防止发生任务切换——你永远不知道何时会发生任务切换。当你切换任务并再次回到此任务时，必须确保此任务的PML4能正确加载到CR3寄存器中。

下一步是在应用关闭时进行清理。如代码24.8所示，当应用关闭时，CleanPageMaps()会删除PML4下面的分层分页结构。这与之前的操作相同。这次改变的是对FreePML4()的后续调用。在此之前，PML4最初是为操作系统创建的，并会重新使用，因此不应删除。但现在我们使用的是为应用生成的PML4，因此需要删除它。

代码24.8　应用关闭后，PML4也会被删除（terminal.cpp）

```
  const auto addr_first = GetFirstLoadAddress(elf_header);
  if (auto err = CleanPageMaps(LinearAddress4Level{addr_first})) {
    return err;
  }
  return FreePML4(task);
```

FreePML4()的实现如代码24.9所示。该函数首先从任务结构中取消注册PML4，并重置CR3寄存器以指向操作系统的PML4（ResetCR3()的实现稍后介绍）。完成这些过程后，CPU就不再引用该任务的PML4了。

代码24.9　FreePML4()为应用取消注册PML4，然后将其删除（terminal.cpp）

```
Error FreePML4(Task& current_task) {
  const auto cr3 = current_task.Context().cr3;
  current_task.Context().cr3 = 0;
  ResetCR3();

  const FrameID frame{cr3 / kBytesPerFrame};
  return memory_manager->Free(frame, 1);
}
```

从任务结构中取消注册和重置CR3寄存器的顺序很重要。考虑一下如果顺序颠倒会发生什么。试想在重置CR3寄存器后立即进行任务切换，进程再次返回该任务。当任务切换后返回该任务时，任务结构中仍然设置了有效的PML4。因此，其PML4被设置到CR3寄存器中。这意味着重置CR3寄存器的效果将消失。

ResetCR3()的实现非常简单，如代码24.10所示，只需在CR3寄存器中设置操作系统的PML4。pml4_table是kernel/paging.cpp中定义的静态变量，在操作系统启动时被设置到CR3寄存器中。

代码24.10 ResetCR3()在CR3寄存器中设置操作系统的PML4（paging.cpp）

```
void ResetCR3() {
  SetCR3(reinterpret_cast<uint64_t>(&pml4_table[0]));
}
```

在做了所有这些修改后，还没有修改负责关键的可执行文件加载过程的LoadELF()。这样可以吗？是的，没问题。LoadELF()会向当时在CR3寄存器中设置的分层分页结构添加新条目，因此，它会自动将设置写入新创建的PML4（以及从中指向的底层分页结构）。如果颠倒调用SetupPML4()和LoadELF()的顺序，将无法正常工作。

修改完成。现在你应该可以启动多个应用了。运行时，它看起来就像图24.5。这令人印象深刻。多个应用同时运行，是不是很神奇？我们终于可以称之为多任务操作系统了。

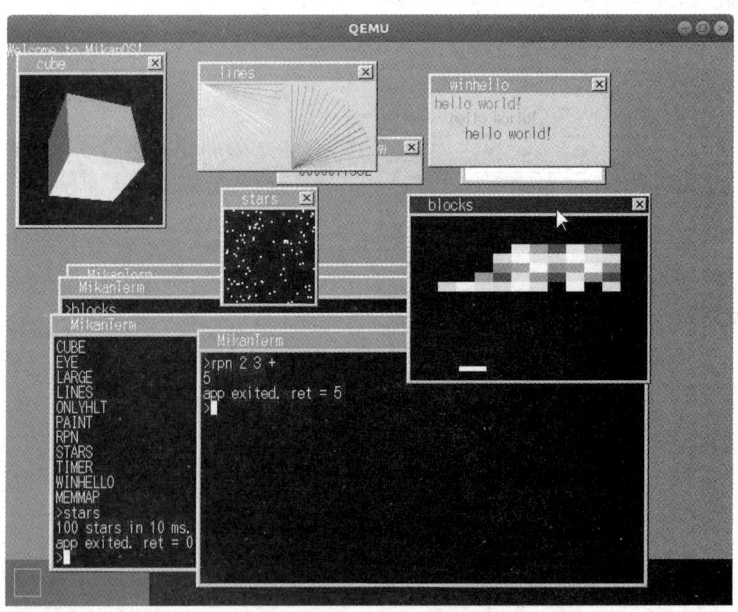

图24.5 同时启动多个应用的视图

24.4 修复窗口重叠的错误（osbook_day24d）

注意，在启动大量终端和应用时，打开一个新窗口，它就会处于活动状态，但其并不在顶部，而是隐藏在其他窗口之下。在启动许多应用时，这种行为很麻烦，而我们认为新打开的窗口自然应该位于顶部。我们来解决这个问题。

首先，我们研究一下错误所在。我们在ActiveLayer::Activate()中添加一些用于调查的代码，以研究并观察每次调用该方法时LayerManager::layer_stack_中的变化。在LayerManager中，该成员变量被声明为私有变量，因此无法从类的外部观察到它的变化。因此，我们将ActiveLayer类声明为友元类，这样就可以从ActiveLayer类中看到LayerManager的私有成员，如下所示。

```
class LayerManager {
  ……
private:
  ……
  std::vector<Layer*> layer_stack_{};
  unsigned int latest_id_{0};

  friend class ActiveLayer;
};
```

我们添加的是friend class一行。friend声明是使用friend关键字指定的函数或类。虽然类中的私有成员通常在类外是不可见的，但对声明为好友的函数或类（在本例中为ActiveLayer类）来说是可见的。不应滥用friend声明，因为它们会破坏类的封装特性，但为了方便临时调试，使用friend声明也是可以的。

通过对stack_layer_变量的观察，我们发现问题出在ActiveLayer::Activate()将新创建的图层置于最前面的过程中。新创建的图层最初是隐藏的（高度为-1）。当把一个图层从隐藏状态一下子放到最前面时，显示的图层数量会增加1，因此计算出的高度似乎是错的。我们对其进行修改：先将图层置于最下面（高度为0），再执行将其置于最前面的操作，如**代码24.11**所示。

代码24.11　新创建的图层显示在最后面，然后移动到最前面（layer.cpp）

```
  manager_.UpDown(active_layer_, 0);
  manager_.UpDown(active_layer_, manager_.GetHeight(mouse_layer_) - 1);
```

调试中出现了一些令人困扰的问题，因此做了改动。如**代码24.12**所示，将创建终端任务移到InitializeMouse()之后，在终端任务开始时执行ActiveLayer::Activate()。假设此前已通过ActiveLayer::SetMouseLayer()设置了鼠标图层。鼠标图层是在InitializeMouse()中设置的，这意味着它必须在终端任务启动之前调用。尽管在通常情况下不会有问题，但这是一个潜在的错误点，时间不同可能会出现错误。

代码24.12 先创建鼠标图层，再创建终端图层（main.cpp）

```
usb::xhci::Initialize();
InitializeKeyboard();
InitializeMouse();

task_manager->NewTask()
  .InitContext(TaskTerminal, 0)
  .Wakeup();
```

我们进行了上述修改，并编译和运行了代码。在启动各种应用或使用F2键增加终端时出现的窗口重叠问题似乎已得到妥善解决。我们就不贴截图了，如果你好奇的话，可以上手验证一下。

24.5 不需要终端即可启动应用（osbook_day24e）

现在，可以同时启动应用了，难道你没发现自己正在兴致勃勃地把玩很多应用吗？终端屏幕浪费了很多空间，很碍事。而且，大多数终端的作用只是启动应用并等待它们完成。

因此，在本节中，我们将创建一个不需要打开终端即可启动应用的系统。为此，让我们简要回顾一下应用是如何启动的。

1. 用户在终端中输入应用名称。
2. 终端检查输入的应用名称是否与内置命令名称匹配，如果匹配，则调用ExecuteFile()方法。
3. ExecuteFile()将与应用名称相对应的可执行文件加载到内存中，调用入口点。

如你所见，终端负责应用启动过程的大部分工作。在考虑如何在不打开终端的情况下启动应用时，我们认为，如果不使用终端，而是在后台运行终端但不在屏幕上显示，会更容易一些。我们会尝试执行这一策略。

我们添加了noterm作为终端的内置命令（代码24.13）。以noterm<命令行>的方式使用该命令，在离屏模式下启动的终端中执行指定的命令行，启动终端任务的方式与按F2键的方式基本相同，但有一点不同：在TaskTerminal()的参数data中传递了first_arg，它是指向命令行字符串的指针。在启动后立即显示的终端中或按F2键时打开的终端中，data被设置为0。

代码24.13 添加更多的noterm内置命令（terminal.cpp）

```
} else if (strcmp(command, "noterm") == 0) {
  task_manager->NewTask()
    .InitContext(TaskTerminal, reinterpret_cast<int64_t>(first_arg))
    .Wakeup();
} else if (command[0] != 0) {
```

以这种方式接收命令行参数的终端如代码24.14所示。参数data应为0或指向转换为整数值的命令行字符串的指针。应将其重新转换为指针类型，并将其放入变量command_line中。

代码24.14　在传递命令行时执行而不打开屏幕（terminal.cpp）

```
void TaskTerminal(uint64_t task_id, int64_t data) {
  const char* command_line = reinterpret_cast<char*>(data);
  const bool show_window = command_line == nullptr;

  __asm__("cli");
  Task& task = task_manager->CurrentTask();
  Terminal* terminal = new Terminal{task_id, show_window};
  if (show_window) {
    layer_manager->Move(terminal->LayerID(), {100, 200});
    layer_task_map->insert(std::make_pair(terminal->LayerID(), task_id));
    active_layer->Activate(terminal->LayerID());
  }
  (*terminals)[task_id] = terminal;
  __asm__("sti");

  if (command_line) {
    for (int i = 0; command_line[i] != '\0'; ++i) {
      terminal->InputKey(0, 0, command_line[i]);
    }
    terminal->InputKey(0, 0, '\n');
  }
```

下一行设置变量show_window，表示是否显示终端屏幕。如果没有指定命令行字符串，即command_line为空指针，则显示屏幕并将show_window设为true。诸如layer_manager->Move()这样的过程包含在if语句中，这样，当该变量为false时，即在不显示屏幕的模式下，不会执行与图层相关的操作。

上述应用的主要特点是后面的for语句。该for语句负责将command_line指定的命令行字符串输入终端。因此，不是由人类按键输入字符串，而是自动输入命令行字符串。如果在按键按下时使用terminal->InputKey()方法，就能像按键按下一样向终端输入字符串。

代码24.15展示了TaskTerminal()的后半部分。我们只更改了它，以便仅当show_window为true时才处理屏幕绘制。你可能会认为，当收到kKeyPush时，可以将整个过程（包括terminal->InputKey()的调用）包含在if(show_window)中。到目前为止，这是正确的。我们之所以没有这么做，是因为我们想让它具有可扩展性：通过保留对terminal-> InputKey()的调用，我们可以向终端发送按键信息，并通过外部程序等来操作终端。

代码24.15　在if语句中包含与屏幕绘制有关的处理（terminal.cpp）

```
    switch (msg->type) {
    case Message::kTimerTimeout:
```

```
      add_blink_timer(msg->arg.timer.timeout);
      if (show_window && window_isactive) {
        const auto area = terminal->BlinkCursor();
        Message msg = MakeLayerMessage(
            task_id, terminal->LayerID(), LayerOperation::DrawArea, area);
        __asm__("cli");
        task_manager->SendMessage(1, msg);
        __asm__("sti");
      }
      break;
    case Message::kKeyPush:
      if (msg->arg.keyboard.press) {
        const auto area = terminal->InputKey(msg->arg.keyboard.modifier,
                                             msg->arg.keyboard.keycode,
                                             msg->arg.keyboard.ascii);
        if (show_window) {
          Message msg = MakeLayerMessage(
              task_id, terminal->LayerID(), LayerOperation::DrawArea, area);
          __asm__("cli");
          task_manager->SendMessage(1, msg);
          __asm__("sti");
        }
      }
      break;
    case Message::kWindowActive:
      window_isactive = msg->arg.window_active.activate;
      break;
    default:
      break;
    }
```

虽然在前面没有介绍，但我们在Terminal类的构造函数中添加了一个参数（见代码24.16）。这个参数就是show_window，表示是否显示屏幕。只有当该参数为true时，才会创建一个窗口并添加图层。show_window的值会在构造函数和其他方法中使用。创建一个新的成员变量show_window_，并将其复制到此处。

代码24.16　在终端类的构造函数中指定是否显示屏幕（terminal.cpp）

```
Terminal::Terminal(uint64_t task_id, bool show_window)
    : task_id_{task_id}, show_window_{show_window} {
  if (show_window) {
    window_ = std::make_shared<ToplevelWindow>(
        kColumns * 8 + 8 + ToplevelWindow::kMarginX,
        kRows * 16 + 8 + ToplevelWindow::kMarginY,
        screen_config.pixel_format,
        "MikanTerm");
    DrawTerminal(*window_->InnerWriter(), {0, 0}, window_->InnerSize());

    layer_id_ = layer_manager->NewLayer()
      .SetWindow(window_)
      .SetDraggable(true)
```

```
      .ID();

    Print(">");
  }
  cmd_history_.resize(8);
}
```

例如，在代码24.17中使用show_window_。只有在show_window_为true时才绘制光标。如果show_window_为false，则不存在窗口，即window_是一个空指针，如果执行FillRectangle(*window_->Writer(),……将出现错误。因此，我们需要根据show_window_的值创建一个条件分支。

代码24.17　仅当show_window_为true时才绘制光标（terminal.cpp）

```
void Terminal::DrawCursor(bool visible) {
  if (show_window_) {
    const auto color = visible ? ToColor(0xffffff) : ToColor(0);
    FillRectangle(*window_->Writer(), CalcCursorPos(), {7, 15}, color);
  }
}
```

还有一些地方需要进行屏幕绘制。如果逐个展示，篇幅有点儿长，所以我们只再展示一个示例。如代码24.18所示，其中使用window_的行被包含在if语句中。这样，使用window_的每一行都被包含在if语句中。请注意，如果将if语句包含在与屏幕绘图无关的部分，则可能无法执行必要的处理。

代码24.18　仅当show_window_为true时才绘制屏幕（terminal.cpp）

```
  } else if (ascii != 0) {
    if (cursor_.x < kColumns - 1 && linebuf_index_ < kLineMax - 1) {
      linebuf_[linebuf_index_] = ascii;
      ++linebuf_index_;
      if (show_window_) {
        WriteAscii(*window_->Writer(), CalcCursorPos(), ascii, {255, 255, 255});
      }
      ++cursor_.x;
    }
  } else if (keycode == 0x51) { // down arrow
```

图24.6展示了创建的noterm命令的执行过程。在第一个终端中，我们在不使用noterm命令的情况下启动了cube。此时的行为似乎与之前的情况相同。不出所料。接下来，我们用F2键启动了一个新终端，并运行了noterm cube。然后，当cube应用启动时，终端中出现了提示符（>）。你可以启动任意多个应用，而不必一个接一个地打开终端。成功！

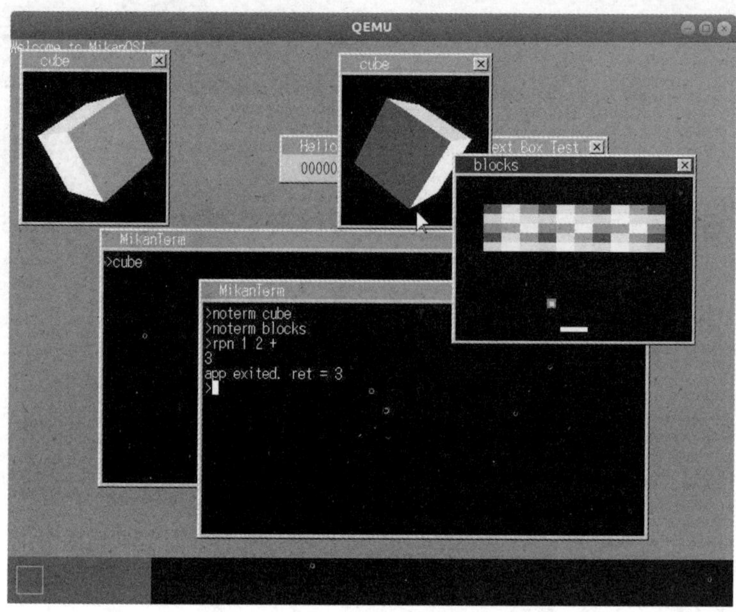

图24.6　使用noterm命令启动应用

24.6 冻结操作系统的应用（osbook_day24f）

在本章中，你可以轻松打开多个终端并运行多个应用。功能是完美的，但仍有一个严重的问题困扰了我们一段时间，那就是应用会冻结整个操作系统。

在当前的MikanOS中，如果应用引发CPU异常，即使不是故意的，异常处理程序也会被调用，从而冻结整个操作系统。CPU异常也可能是在读/写无效内存地址（空指针访问是典型现象）或在试图执行hlt指令等情况下发生的。要消除所有此类错误是很困难的，原因在于可能有人故意创建此类应用。无论如何，被有问题的应用冻结整个操作系统都不是件好事。

在本章接下来的内容中，我们将尝试创建一种机制，以防止因应用引发异常而导致整个操作系统被冻结。在此之前，我们将创建一个故意引发异常的应用，以证明应用可以在此阶段冻结操作系统。

代码24.19展示了故意引发异常的fault命令的实现。该命令支持通过选择不同的选项触发不同类型的异常。hlt，顾名思义，试图执行hlt指令。hlt是特权指令，应用无法执行，因此应引发一般保护异常。wr_kernel尝试写入操作系统的内存空间（虚拟地址空间的前半部分有一个操作系统区域）。wr_app尝试写入应用的地址空间，但没有页面条目的区域。zero会引发除零异常。

代码24.19　执行fault命令（fault/fault.cpp）

```
#include <cstdio>
#include <cstdlib>
#include <cstring>
#include "../syscall.h"

extern "C" void main(int argc, char** argv) {
  const char* cmd = "hlt";
  if (argc >= 2) {
    cmd = argv[1];
  }

  if (strcmp(cmd, "hlt") == 0) {
    __asm__("hlt");
  } else if (strcmp(cmd, "wr_kernel") == 0) {
    int* p = reinterpret_cast<int*>(0x100);
    *p = 42;
  } else if (strcmp(cmd, "wr_app") == 0) {
    int* p = reinterpret_cast<int*>(0xffff8000ffff0000);
    *p = 123;
  } else if (strcmp(cmd, "zero") == 0) {
    volatile int z = 0;
    printf("100/%d = %d\n", z, 100/z);
  }

  exit(0);
}
```


如图24.7所示，使用fault命令会引发除零异常。如果在除以整数的div或idiv指令中指定0为分母，就会引发除零异常。操作系统不应该被这样一个很容易被植入的错误冻结。

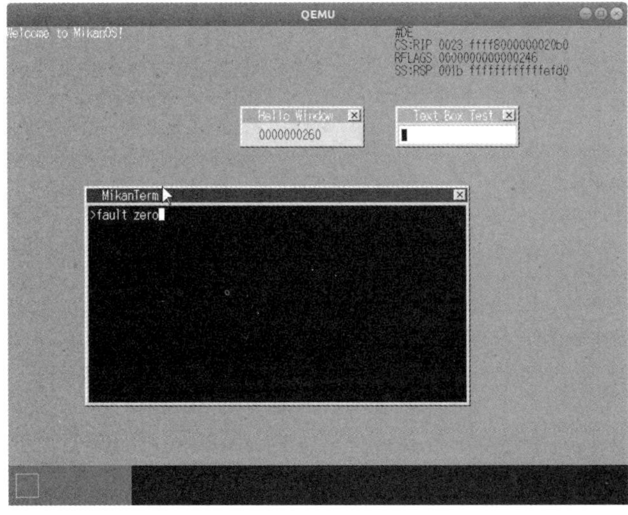

图24.7　引发除零异常

24.7 保护操作系统(2)（osbook_day24g）

在本节中，我们将添加一个函数，用于在应用引发CPU异常时简单地关闭应用，而不会冻结整个操作系统。具体机制如下。首先，在CPU异常调用的中断处理程序中，检测异常原因是否为应用。如果发现是应用，则“杀死”该应用，并将进程返回到操作系统本身。

可以通过中断发生时CS寄存器的值来判断异常是由应用引起的，还是由操作系统本身引起的：CS的低3位是CPL字段，表示CPU运行的授权级别，0表示操作系统本身正在运行，3表示应用正在运行。因此，如果CPL=3，就可以关闭应用。

下一步是找出强制关闭应用的方法。应用终止系统调用的过程将对此有所帮助，特别是在syscall::Exit()完成后对SyscallEntry.exit的处理，可在出现异常时强制关闭应用。

通过复制和粘贴SyscallEntry.exit的大部分处理过程，创建了ExitApp()的实现，如**代码24.20**所示。该函数的第一个参数是操作系统栈指针，第二个参数是CallApp()的返回值。有关该过程的详细说明，请参阅**21.5节**。正如注释中所述，执行最后一个ret后，将返回Terminal::ExecuteFile()中CallApp()的下一行。

代码24.20 ExitApp()强制关闭程序（asmfunc.asm）

```
global ExitApp ; void ExitApp(uint64_t rsp, int32_t ret_val);
ExitApp:
    mov rsp, rdi
    mov eax, esi

    pop r15
    pop r14
    pop r13
    pop r12
    pop rbp
    pop rbx

    ret ;跳转到CallApp的下一行
```

代码24.21实现了KillApp()（使用ExitApp()强制关闭应用）及调用它的异常处理程序。新添加的KillApp()会查看堆栈帧中记录的CS值，换句话说，导致异常的程序运行时的CS值，以确定异常是否由应用引起。如果CPL不等于3，则不是应用引起的异常，因此不会强制关闭应用。如果CPL等于3，则使用ExitApp()命令“杀死”应用。

代码24.21 使用KillApp()强制关闭当前运行的应用（interrupt.cpp）

```
void KillApp(InterruptFrame* frame) {
  const auto cpl = frame->cs & 0x3;
```

```
    if (cpl != 3) {
      return;
    }

    auto& task = task_manager->CurrentTask();
    __asm__("sti");
    ExitApp(task.OSStackPointer(), 128 + SIGSEGV);
  }

#define FaultHandlerWithError(fault_name) \
  __attribute__((interrupt)) \
  void IntHandler ## fault_name (InterruptFrame* frame, uint64_t error_code) { \
    KillApp(frame); \
    PrintFrame(frame, "#" #fault_name); \
    WriteString(*screen_writer, {500, 16*4}, "ERR", {0, 0, 0}); \
    PrintHex(error_code, 16, {500 + 8*4, 16*4}); \
    while (true) __asm__("hlt"); \
  }

#define FaultHandlerNoError(fault_name) \
  __attribute__((interrupt)) \
  void IntHandler ## fault_name (InterruptFrame* frame) { \
    KillApp(frame); \
    PrintFrame(frame, "#" #fault_name); \
    while (true) __asm__("hlt"); \
  }
```


在调用ExitApp()之前要执行sti指令，原因是在强制关闭应用时，需要明确设置IF=1。通常，从中断或异常调用的中断处理程序返回原程序时，会使用iret指令[1]，该指令通过写回堆栈中存储的RFLAGS值来设置IF=1[2]。但是，在强制关闭应用的情况下，ExitApp()会被调用，而不会返回中断处理程序。因此，iret指令不会被执行，IF的值也不会恢复原值。因此，需要使用sti指令明确更改IF=1，以便接收下一个中断或异常。

下面简要介绍从启动应用到发生异常并强制关闭应用的过程。

1. 应用由CallApp()启动。此时，应用的堆栈被设置在RSP中，CS被设置为应用（CPL=3）。
2. 应用引发CPU异常。
3. CPU检查IDT并调用相应的中断处理程序。CPU将CS设置为操作系统的值（kKernelCS），并将IF位的值设置为0。
4. 中断处理程序调用KillApp()。存储在堆栈帧的CS中的CPL字段在应用执行期间被视为异常，因为CPL=3。

1 你可能会想，我不记得写过这样的指令。没错，编译器会在带有__attribute__((interrupt))的函数中自动使用iret指令，所以你不必自己编写。

2 当然，如果堆栈中存储的RFLAGS的IF位值为0，iret指令在恢复RFLAGS时，将不会设置IF=1。

5. 由于sti，设置IF=1，允许下一次中断。
6. KillApp()调用ExitApp()。ExitApp()会恢复操作系统的RSP和每个寄存器，并跳转到CallApp()的下一行。

好了，必要的修改已经完成，但最后一项修改是删除无头二进制格式应用的执行功能。还记得我们在支持ELF格式之前就支持无头二进制格式应用了吗？无头二进制格式应用是在CPL=0的情况下运行的，即在操作系统模式下运行，因此我们添加的保护功能不起作用。我们认为不再需要支持无头二进制格式，因此决定删除该功能。现在，如果你尝试执行非ELF格式的文件，就会出现错误，如代码24.22所示。

代码24.22　不允许运行无头二进制格式应用（terminal.cpp）

```
auto elf_header = reinterpret_cast<Elf64_Ehdr*>(&file_buf[0]);
if (memcmp(elf_header->e_ident, "\x7f" "ELF", 4) != 0) {
  return MAKE_ERROR(Error::kInvalidFile);
}
```

图24.8展示了与上一节相同的fault命令。虽然执行了相同的命令，但可以看出修改后的应用在操作系统未冻结的情况下被迫关闭。应用的退出码为139，这是因为ExitApp()的参数被设置为128 + SIGSEGV。目前，无论以哪种异常终止，都会得到相同的错误代码。

图24.8　应用如何因异常而被迫关闭

第25章 使用应用读取文件

现在，可以轻松地同时启动应用，我们的系统开始变得非常像一个操作系统。如果仅从外观上看，已经达到了一个出色的操作系统的水平。然而，从功能角度来看，应用所能执行的操作仍然很少，而且不成熟。在一般的操作系统中，允许应用分配内存和读/写文件是最基本的功能。在本章中，我们将为MikanOS的应用添加读取文件的功能。第26章将介绍写入文件的功能。

25.1 目录支持（osbook_day25a）

突然意识到，我们正准备创建一个新的应用来尝试读取文件。应用的数量增加了很多，以至于使用ls命令已经无法显示全部应用。这有点儿麻烦。如果有更多的应用，当运行ls命令来查看有哪些文件时，我们就只能看到其中一部分。为了解决这个问题，本节我们将讨论目录。

目录是存放多个文件的地方。有些操作系统也称其为**文件夹**（directory）。在很多情况下，你可以把目录放在目录中，FAT文件系统也不例外。在目录中放置目录意味着可以创建目录的层次结构。这种层次结构有时被称为目录树。

以启动操作系统的U盘为例，目录树的结构如**图25.1**所示。图中有一个根目录。这是目录树中最高层次的目录。只有根目录不存储在任何其他目录中，而是独立存在的。所有其他目录都存储在某个目录中。

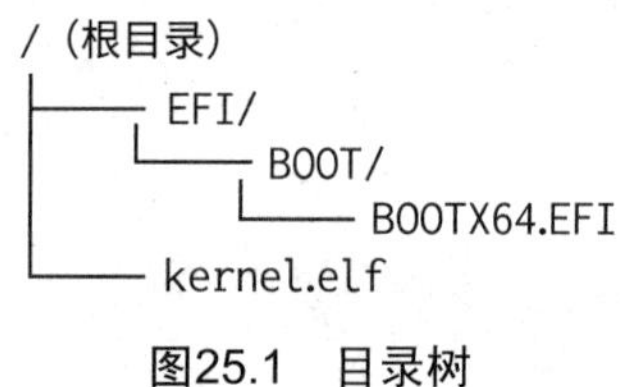

图25.1　目录树

路径（path）是指定目录树中特定目录或文件的一种便利方法。例如，指定驱动器文件BOOTX64.EFI的路径为/EFI/BOOT/BOOTX64.EFI。路径（path）一般指道路，在文件系统领域，路径是从一个目录到另一个目录或文件的道路。路径是一串用/分隔的目录名。分隔符因操作系统而异，Linux使用/，故MikanOS也沿用/。

以/开头的路径被称为**绝对路径**。前面的/代表根目录。根目录没有名称，所以如果在开头写/，其就会被认为是根目录。与绝对路径相反，从根目录以外的位置开始的路径被称为相对路径。例如，BOOT/BOOTX64.EFI就是一个**相对路径**。绝对路径只能以一种方式解释，而相对路径的特点是，根据它们的来源指向不同的文件（并不是说它们的好坏，而是说它们有这样的特点）。

如**17.3节**所述，FAT文件系统将目录表示为特殊文件。根目录和其他目录都是以目录条目数组为内容的文件。文件或目录是否是文件由文件的属性DIR_Attr决定（如**表17.3**所示）。如果DIR_Attr的值是ATTR_DIRECTORY，则代表该文件是目录。一旦知道文件是一个目录，就可以将文件内容作为目录条目数组读取，从而获得该目录中包含的文件列表。

我们将快速修改ls命令，使其与目录相对应。**代码25.1**展示了修改后的ls命令的实现，它接收路径字符串作为命令行参数。Linux中的ls命令也可以接收路径字符串。例如，如果指定的路径是foo/bar，那么bar文件位于foo目录中。如果bar是一个目录，那么列出的是其中的文件，而不是bar本身。

代码25.1　使ls命令与目录相对应（terminal.cpp）

```
} else if (strcmp(command, "ls") == 0) {
  if (first_arg[0] == '\0') {
    ListAllEntries(this, fat::boot_volume_image->root_cluster);
  } else {
    auto [ dir, post_slash ] = fat::FindFile(first_arg);
    if (dir == nullptr) {
      Print("No such file or directory: ");
      Print(first_arg);
      Print("\n");
    } else if (dir->attr == fat::Attribute::kDirectory) {
      ListAllEntries(this, dir->FirstCluster());
    } else {
      char name[13];
      fat::FormatName(*dir, name);
      if (post_slash) {
        Print(name);
        Print(" is not a directory\n");
      } else {
        Print(name);
        Print("\n");
      }
    }
  }
} else if (strcmp(command, "cat") == 0) {
```

这一过程发生了重大变化。在此之前，输出路径目录下文件列表的过程是直接编写的。修改命令后，主要变化是使用fat::FindFile()。正如稍后将介绍的那样，FindFile()到目前为止只能搜索根目录下的文件，修改后可以搜索指定的路径，并增加了深入目录树搜索文件的功能。

修改命令后，FindFile()返回两个值。一个是目录条目（DirectoryEntry），代表搜索并找到的文件或目录。另一个是一个布尔值，表示/符号是否紧随其后。fat::FindFile()的参数和返回值示例如表25.1所示。

表25.1　fat::FindFile()的参数和返回值示例

参数	返回值1	返回值2
“memmap”	表示memmap的条目（文件）	false
“memmap/hoge”	表示memmap的条目（文件）	true
“efi/boot”	表示boot的项（目录）	false
“efi/boot/”	表示boot的项（目录）	true
“hoge/”	nullptr	true

FindFile()的返回值可用于区分不同的情况。如果没有与指定路径对应的条目，dir将变为nullptr。在这种情况下，将显示“No such file or directory”（无此文件或目录）并完成处理。

如果指定路径对应的条目是一个目录，则会列出该目录的内容（ListAllEntries()是负责列出目录内容的函数）。

如果FindFile()的返回值既不是nullptr也不是目录，则第二个返回值（post_slash）将进一步区分这两种情况。这个过程不是很重要，不需要详细解释，所以我们就不细说了。简单地说，如果指定了ls memmap，则情况会被划分为显示“MEMMAP”；如果指定了ls memmap/hoge，则会显示“MEMMAP is not a directory”。

代码25.2展示了fat::FindFile()的实现。该函数最初在**代码18.3**中创建。当时只能在一个目录中搜索，但这次修改后可以进入目录中搜索文件。从while循环的中间部分可以看出，该函数是一个会调用自身的递归函数。执行ls efi/boot，然后调用FindFile()。FindFile()的大致行为如**表25.2**所示。

代码25.2 使FindFile()映射到目录层次结构（fat.cpp）

```
std::pair<DirectoryEntry*, bool>
FindFile(const char* path, unsigned long directory_cluster) {
  if (path[0] == '/') {
    directory_cluster = boot_volume_image->root_cluster;
    ++path;
  } else if (directory_cluster == 0) {
    directory_cluster = boot_volume_image->root_cluster;
  }

  char path_elem[13];
  const auto [ next_path, post_slash ] = NextPathElement(path, path_elem);
  const bool path_last = next_path == nullptr || next_path[0] == '\0';

  while (directory_cluster != kEndOfClusterchain) {
    auto dir = GetSectorByCluster<DirectoryEntry>(directory_cluster);
    for (int i = 0; i < bytes_per_cluster / sizeof(DirectoryEntry); ++i) {
      if (dir[i].name[0] == 0x00) {
        goto not_found;
      } else if (!NameIsEqual(dir[i], path_elem)) {
        continue;
      }

      if (dir[i].attr == Attribute::kDirectory && !path_last) {
        return FindFile(next_path, dir[i].FirstCluster());
      } else {
        // dir[i]不是目录或已到达路径尽头时停止搜索
        return { &dir[i], post_slash };
      }
    }
    directory_cluster = NextCluster(directory_cluster);
  }

not_found:
  return { nullptr, post_slash };
}
```

表25.2　FindFile()的大致行为

调用	参数path	path_elem	path_last	行为
第1回	"efi/boot"	"efi"	false	在根目录下打开efi
第2回	"boot"	"boot"	true	返回与boot对应的条目和false值

让我们从头开始快速浏览一下这个函数。首先，要调整path和directory_cluster的值。如果path以/开头，它就是一个绝对路径，因此directory_cluster将包含一个代表根目录的值。如果省略directory_cluster，也会输入代表根目录的值。

接下来，执行函数NextPathElement(path, path_elem)。该函数将path指定的路径字符串的第一个元素（以/分隔）复制到变量path_elem中。在第一次调用FindFile("efi/boot")时，path、path_elem和next_path之间的关系如图25.2所示。

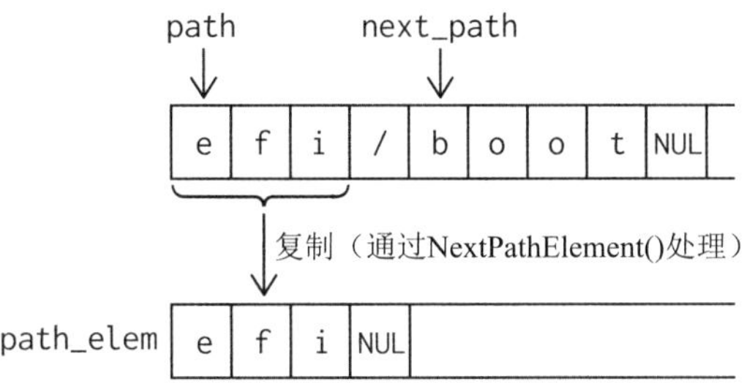

图25.2　path与path_elem、next_path的关系

变量path_last表示复制到path_elem中的字符串是否是路径的终点。如果值为true，则表示路径到此结束。如果值为false，则表示后面还有更多内容。

FindFile()中的中心循环会逐个检查directory_cluster指定的目录中的条目，寻找名称与path_elem匹配的文件或目录。如果直到最后也没有找到名称匹配的文件或条目，则搜索失败，并通过处理not_found:来返回一个空指针。

如果找到了具有所需名称的条目，则会根据其类型进行处理。如果条目是一个目录而不是路径的终点，则会向下移动一级目录树。如果不是目录或到达路径终点，则按原样返回找到的条目。

有几个函数的实现没有显示。第一个是fat::FormatName()。这是一个简单的函数，用于格式化作为参数传递的文件名（基本名称和扩展名），并将其复制到数组中。其实现非常简单，就不介绍了。接下来是ListAllEntries()，它与原始ls命令的实现几乎完全相同。由于它只是简单地列出指定目录的内容，因此也不再介绍。最后是NextPathElement()。这是一个比较重要的函数，其实现如代码25.3所示。

代码25.3　NextPathElement()获取用/分隔的路径的第一个元素（terminal.cpp）

```
std::pair<const char*, bool>
NextPathElement(const char* path, char* path_elem) {
  const char* next_slash = strchr(path, '/');
  if (next_slash == nullptr) {
    strcpy(path_elem, path);
    return { nullptr, false };
  }

  const auto elem_len = next_slash - path;
  strncpy(path_elem, path, elem_len);
  path_elem[elem_len] = '\0';
  return { &next_slash[1], true };
}
```

NextPathElement()是一个多功能函数。它有三个用途：第一个用途，将以/分隔的路径的第一个元素复制到path_elem中；第二个用途，返回第一个元素是否以/结尾；第三个用途，返回指向路径中下一个元素的指针。

理解NextPathElement()处理过程的关键是strchr(path, '/')。它会从路径开头开始搜索/，并返回找到的位置。如果path为"ab/cd"，返回值是指向path[2]的指针。如果path为"abc/d"，返回值是指向path[3]的指针。如果path中没有'/'，则返回一个空指针。

由于我们改变了FindFile()的返回值类型，因此需要修改使用该函数的位置。**代码25.4**展示了一个修改示例。该代码段提取终端中调用外部命令的部分，类似于ls命令，并分为三种情况进行处理。

代码25.4　使用FindFile()的正确位置（terminal.cpp）

```
} else if (command[0] != 0) {
  auto [ file_entry, post_slash ] = fat::FindFile(command);
  if (!file_entry) {
    Print("no such command: ");
    Print(command);
    Print("\n");
  } else if (file_entry->attr != fat::Attribute::kDirectory && post_slash) {
    char name[13];
    fat::FormatName(*file_entry, name);
    Print(name);
    Print(" is not a directory\n");
  } else if (auto err = ExecuteFile(*file_entry, command, first_arg)) {
    Print("failed to exec file: ");
    Print(err.Name());
    Print("\n");
  }
```

1. 既未找到文件也未找到目录。
2. 所找到的条目不是目录，但末尾有一个/。
3. 其他（找到文件时）。

由于cat命令也使用FindFile()函数，因此也以同样的方式进行了修改。同样的修改，我们就不再解释了。

好了，解释到此为止。下面让我们来看看修改后的ls命令。哦，对了，我们最初之所以想让ls命令支持目录，是因为应用太多，屏幕上不能完全显示执行ls命令的结果。因此从现在开始，我们决定把应用放在一个名为apps的目录中。为此，在调用MikanOS构建脚本时，设置环境变量APPS_DIR，方法如下：将某个字符串设置为APPS_DIR，然后调用build.sh，就会在磁盘目录中创建一个以该名称命名的目录。

```
$ APPS_DIR=apps ./build.sh run
```

图25.3展示了使用各种参数执行ls命令的情况。

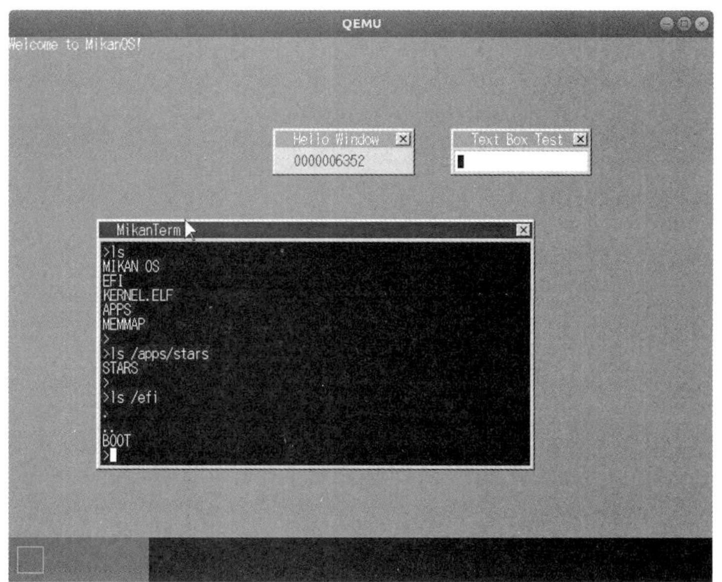

图25.3 使用各种参数执行ls命令的情况

第一条命令不带参数，输出的是根目录下的文件列表。可以看到，输出的文件数量大幅减少。如果仔细观察，可以看到APPS这个名称。这是使用APPS_DIR变量配置生成的应用目录。第二个是apps目录中的starts文件，其中应该包含许多应用，但只显示了名称匹配的应用。这也起作用了。第三个指定的是efi目录，目录中的所有文件都可见。这样看来，它在各种模式下都能正常工作。非常成功！

另外，.是目录本身，..是一个特殊文件，代表上一级目录（父目录）。如果能很好地使用这两个符号，就能实现更多类似操作系统的行为。例如，在Linux下执行以下命令不会出错。

```
$ ls ../
```

这是一条显示当前目录上一级目录所含文件的命令。特殊文件..表示“上一级”。而且，当前目录是用户当前所在的目录。在终端中工作时，用户“在”某个目录中。如果在终端中指定相对路径，则其会被解释为相对于当前目录。通常会在启动应用后立即将主目录（$HOME）设置为当前目录。切换当前目录的命令是cd，意思是更改目录（Change Directory）。MikanOS没有当前目录的概念，但如果你有兴趣，欢迎来实现它。

顺便一提，现在所有使用FindFile()的进程都支持目录，因此你可以使用cat命令来显示目录中的文件，当然也可以在apps中启动应用。恭喜！

25.2 读取文件（osbook_day25b）

从这里，我们开始开发从应用中读/写文件的功能。读取文件似乎更容易，所以我们先从读取文件开始。

现在，读取文件的最低要求是什么？在查看终端中提供的cat命令的实现时，可以考虑以下三点。

- **从代表文件的路径中识别文件的目录条目。**
- **读取目录条目并获取文件内容所在的簇编号。**
- **根据簇编号，获取块编号。**

获得块编号后，就可以真正读出文件内容了。在成熟的操作系统中，获得块编号后，需要访问实际记录数据的存储设备（硬盘、固态硬盘等）并读取数据。在MikanOS中，驱动器预先将存储设备中的数据读取到内存中，这意味着无须每次都访问硬件。

在为应用设计读取文件的函数时，首先想到的是允许应用按原样使用上述机制。只需通过系统调用指定路径来获取目录条目，并通过系统调用指定簇编号来读取数据即可。这种方法要求应用处理目录条目和簇。

但是，一般的操作系统不会直接向应用显示目录条目。这是因为一般认为操作系统负责抽象文件系统。除了FAT，目前还有很多其他文件系统在广泛使用。如果直接向应用展示FAT

文件系统特有的数据结构的目录条目，应用将只能处理FAT上的文件。

标准C函数包括fopen()和fread()。这些函数使用FILE*类型的值来处理文件。在基于POSIX的操作系统（如Linux）上，应用还可以使用被称为文件描述符（fd）的整数值来处理文件。无论如何，应用都不需要关心目标文件位于哪个文件系统上。MikanOS中使用的C标准库Newlib符合POSIX标准，使用整数值处理文件。因此，我们将效仿这种做法，创建一个系统调用，允许应用以整数值处理文件。

我们希望操作系统具备管理偏移量（读取位置）的能力。当应用读取文件时，通常不会一次性读取整个文件，而是一点一点地读取。这是因为一次性读取整个大文件可能需要大量内存。因此，如果操作系统对偏移量进行管理，应用就可以更容易地从一开始就读取一定字节的数据，而操作系统管理偏移量的机制通常也提供了一套改变偏移量的操作（称为寻道，seek）。

当然，也可以使用一个系统调用，始终指定从文件头开始的偏移量和每次要读取的字节数。使应用可以自行管理偏移量。不过，这种方法可能会降低读取文件的效率。例如，FAT文件簇链只能从头开始追踪，因此在每次指定偏移量的格式中，都必须从头开始追踪文件簇链。如果由操作系统来管理偏移量，只要不指定寻道操作，就不必遍历簇链。

前期工作已经做了很久，但我们还是要为应用创建一个读取文件的机制。我们的目标是能够使用fopen()和fread()来读取文件。为了测试这一点，我们创建了一个新的应用。readfile命令如代码25.5所示。

代码25.5　显示文件前三行的命令（readfile/readfile.cpp）

```
#include <cstdio>
#include <cstdlib>

extern "C" void main(int argc, char** argv) {
  const char* path = "/memmap";
  if (argc >= 2) {
    path = argv[1];
  }

  FILE* fp = fopen(path, "r");
  if (fp == nullptr) {
    printf("failed to open: %s\n", path);
    exit(1);
  }

  char line[256];
  for (int i = 0; i < 3; ++i) {
    if (fgets(line, sizeof(line), fp) == nullptr) {
      printf("failed to get a line\n");
```

```
      exit(1);
    }
    printf("%s", line);
  }
  printf("----\n");
  exit(0);
}
```

fopen()是一个C标准库函数，用于打开指定的文件并返回一个FILE*类型的值，这是之后操作文件所必需的。第一个参数是文件的路径。第二个参数是打开文件的模式。指定r表示读取，w表示写入，a表示追加到文件末尾。还有其他模式，如读/写等。有关详细信息，请参阅C语言教程。

本程序使用fgets()代替了fread()。因为这样可以方便地以一行为单位读取文本文件。fgets()一直读到换行符（'\n'）或缓冲区满为止。读取内容包括换行符，因此在printf()中无须额外添加换行符。与fopen()一样，fgets()也在许多C语言教程中有介绍。

大多数fopen()和fgets()的实现都包含在Newlib中，程序员只需提供几个依赖操作系统的函数即可使用它们。我们已经检查过，需要正确实现三个函数open()、read()和sbrk()[1]。作为示例，这些函数应在apps/newlib_support.c中实现。下面将依次介绍每种实现。

代码25.6展示了open()的实现，并不难，它只简单地调用了新创建的OpenFile()系统调用。open()是根据man 2 open中的规范实现的。其规定，如果执行失败，将返回-1并将错误值设置为errno。

代码25.6　open()只调用OpenFile()系统调用（newlib_support.c）

```
int open(const char* path, int flags) {
  struct SyscallResult res = SyscallOpenFile(path, flags);
  if (res.error == 0) {
    return res.value;
  }
  errno = res.error;
  return -1;
}
```

接下来是read()的实现（**代码25.7**）。read()被定义为仅在printf()被修改为由应用使用时才返回错误的函数。修改后，现在可以正确调用系统调用了。

1　为了确定fopen()和fread()正常工作所需的依赖操作系统的函数，我们创建了一个使用fopen()和fread()的验证应用，并逐一实现了依赖操作系统的函数，直至其正常工作。

代码25.7　read()也只调用ReadFile()系统调用（newlib_support.c）

```
ssize_t read(int fd, void* buf, size_t count) {
  struct SyscallResult res = SyscallReadFile(fd, buf, count);
  if (res.error == 0) {
    return res.value;
  }
  errno = res.error;
  return -1;
}
```

目前介绍的两个函数，即open()和read()，从它们的名字不难想象它们是如何使用的。当然，fopen()会使用open()，fread()会使用read()。那么，sbrk()是用来做什么的呢？正如9.1节中所解释的，这是一个由malloc()内部使用的函数。malloc()作为标准的内存分配函数，会被其他标准函数调用。阅读Newlib的实现可以发现，似乎fopen()、fread()和fgets()也可能在内部使用malloc()。因此，需要使用sbrk()，这些函数才能正常工作。

代码25.8展示了sbrk()的实现。不过，应用还没有为分配内存准备系统调用，因此这是一个没有使用系统调用的简化实现。我们的想法是：让fopen()和fgets()暂时发挥作用。因此这是一个随机实现，甚至没有检查错误。在实现内存分配的系统调用后，我们将用正确的实现来代替它。

代码25.8　非常简化的sbrk()实现（newlib_support.c）

```
caddr_t sbrk(int incr) {
  static uint8_t heap[4096];
  static int i = 0;
  int prev = i;
  i += incr;
  return (caddr_t)&heap[prev];
}
```

既然已经解释了newlib_support.c的变化，下一步就是解释两个新添加的系统调用OpenFile()和ReadFile()了。为此，我们首先要设计操作系统端的文件管理。

如前所述，我们将设计应用对带有整数值（文件描述符编号）的文件进行操作。这个整数值对于应用来说是唯一的，我们要确保同时启动的两个应用不会共享这个整数值。这意味着，如果处理该文件的两个应用恰好具有相同编号的文件描述符，它们之间将不会有任何关联。

如果应用之间共享编号，那么后启动的应用可能会使用先启动的应用所打开文件的编号来自行操作文件（无须自己打开文件）。即使我们不考虑这种安全问题，按应用管理已打开文件的列表可能会更容易。

与修改分层分页结构使每个应用都有自己的分层分页结构一样，Task类也应该有一个文件描述符数组（见图25.4）。文件描述符可作为一个单独的类创建，其中包含与文件相关的FAT目录条目引用和文件开头偏移量等信息。通知应用的文件描述符编号可以是Task::files_的下标。

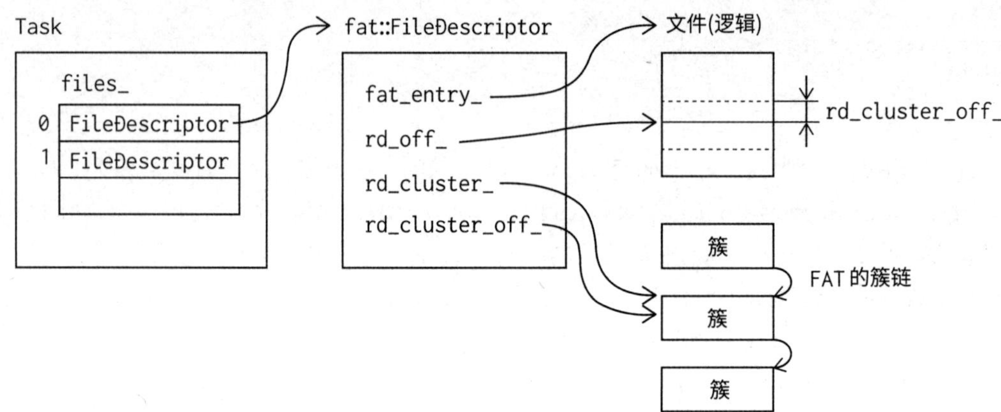

图25.4　任务、文件描述符和文件之间的关系

根据设计（代码25.9），我们在Task类中添加了一个文件描述符数组files_。类型有点儿长，但仔细阅读会发现它是指向文件描述符的指针数组。std::unique_ptr是一个智能指针，在9.3节中也曾出现过。

代码25.9　使Task类拥有一个文件描述符数组（task.hpp）

```
private:
  uint64_t id_;

  <略>

  std::vector<std::unique_ptr<fat::FileDescriptor>> files_{};
```

然后，还添加了Files()方法，以便从类外部使用数组。Task类的唯一变化就是添加了这两行。

FileDescriptor类的实现如代码25.10所示。四个成员变量的作用如表25.3所示。

代码25.10　FileDescriptor类包含文件和偏移量信息（fat.hpp）

```
class FileDescriptor {
 public:
  explicit FileDescriptor(DirectoryEntry& fat_entry);
  size_t Read(void* buf, size_t len);
```

```
private:
  DirectoryEntry& fat_entry_;
  size_t rd_off_ = 0;
  unsigned long rd_cluster_ = 0;
  size_t rd_cluster_off_ = 0;
};
```

表25.3　FileDescriptor类的成员变量的作用

变量名	作用
fat_entry_	该文件描述符指向的文件引用
rd_off_	从文件开头读取的逻辑偏移量（以字节为单位）
rd_cluster_	与rd_off_指向的位置相对应的簇的编号
rd_cluster_off_	从文件簇开始读取的偏移量（以字节为单位）

rd_off_是从文件开头读取的逻辑偏移量。在FAT文件系统中，文件数据不是以连续的方式排列的，而是以单独的簇排列的。在实际读取文件内容时，需要使用簇编号和簇内偏移量对，而不是从文件开头读取的偏移量。它们用rd_cluster_和rd_cluster_off_来表示。

FileDescriptor类的构造函数和方法的实现如**代码25.11**所示。构造函数很简单，它只接收对代表文件的目录条目的引用，并设置成员变量。fat_entry_是一个引用变量，因此不能在构造函数之外设置它的值。

代码25.11　FileDescriptor类的构造函数和方法（fat.cpp）

```
FileDescriptor::FileDescriptor(DirectoryEntry& fat_entry)
    : fat_entry_{fat_entry} {
}

size_t FileDescriptor::Read(void* buf, size_t len) {
  if (rd_cluster_ == 0) {
    rd_cluster_ = fat_entry_.FirstCluster();
  }
  uint8_t* buf8 = reinterpret_cast<uint8_t*>(buf);
  len = std::min(len, fat_entry_.file_size - rd_off_);

  size_t total = 0;
  while (total < len) {
    uint8_t* sec = GetSectorByCluster<uint8_t>(rd_cluster_);
    size_t n = std::min(len - total, bytes_per_cluster - rd_cluster_off_);
    memcpy(&buf8[total], &sec[rd_cluster_off_], n);
    total += n;

    rd_cluster_off_ += n;
    if (rd_cluster_off_ == bytes_per_cluster) {
      rd_cluster_ = NextCluster(rd_cluster_);
      rd_cluster_off_ = 0;
    }
```

```
  }

  rd_off_ += total;
  return total;
}
```

Read()将fat_entry_指向的文件数据读取到参数buf指向的内存空间。它将文件数据的len字节从rd_off_指向的位置复制到buf中。执行此方法后，rd_off_会比执行方法前前进len字节。该方法返回读取数据的字节数。

之所以要在while语句中一次读取一点儿数据，是因为需要以簇的方式分别读取数据。如果读取的文件范围跨越了簇边界，则需要在簇边界前后分别运行memcpy()。为此，需要边循环边读取。

对FileDescriptor类的介绍到此为止，现在是实现系统调用本身的时候了。首先，**代码25.12**介绍了系统调用的原型声明。其中SyscallOpenFile()和SyscallReadFile()的参数与open()和read()相同。

代码25.12　新增系统调用的原型声明（syscall.h）

```
struct SyscallResult SyscallOpenFile(const char* path, int flags);
struct SyscallResult SyscallReadFile(int fd, void* buf, size_t count);
```

syscall::OpenFile()系统调用见**代码25.13**。参数path表示要打开的文件的路径。参数flags指定了打开文件的模式等。其含义类似于为fopen()指定的模式，但fopen()的模式是字符串，而open()的flags是整数。

代码25.13　OpenFile()系统调用（syscall.cpp）

```
SYSCALL(OpenFile) {
  const char* path = reinterpret_cast<const char*>(arg1);
  const int flags = arg2;
  __asm__("cli");
  auto& task = task_manager->CurrentTask();
  __asm__("sti");

  if ((flags & O_ACCMODE) == O_WRONLY) {
    return { 0, EINVAL };
  }

  auto [ dir, post_slash ] = fat::FindFile(path);
  if (dir == nullptr) {
    return { 0, ENOENT };
  } else if (dir->attr != fat::Attribute::kDirectory && post_slash) {
    return { 0, ENOENT };
  }

  size_t fd = AllocateFD(task);
```

```
  task.Files()[fd] = std::make_unique<fat::FileDescriptor>(*dir);
  return { fd, 0 };
}
```

关于flags的说明可以在man 2 open等文件中找到。根据这些说明，必须始终为flags指定O_RDONLY、O_WRONLY或O_RDWR这三个值中的一个。这三个值被称为访问模式。除了访问模式，似乎还可以为其添加其他各种属性。虽然与读取模式无关，但在写入模式下打开文件时指定O_CREAT意味着“如果没有文件，则创建一个新文件”。要在写入模式下用O_CREAT打开文件，请使用open("memmap", O_WRONLY|O_CREAT)，添加一个带位或的属性。

flags & O_ACCMODE是一种忽略flags属性位、只提取访问模式的写入方式。在上述代码中，当提取的访问模式为WRONLY时，会出现错误。目前还没有写入文件的函数，因此可以使用……

检查访问模式后，代码会查找由path指定的文件。为此，请使用fat::FindFile()。由于我们在上一节中将该函数与目录相关联，因此OpenFile()系统调用也可以自动与目录相关联。如果未找到path指定的文件，或者该文件不是目录，而是尾部带有/的文件，系统将返回错误ENOENT，即“无条目”（NoEntry），该错误代码表示无法找到指定的文件或目录。

如果找到了path指定的文件，下一步就是分配一个新的文件描述符。函数AllocateFD()会返回Task::files_中第一个未使用的文件描述符编号。如果Task::files_中的所有元素都已使用，则会在其末尾添加一个新的文件描述符并返回其编号。无论如何，AllocateFD()的返回值都是指向Task::files_中空元素的索引。这样就可以生成一个文件描述符并将其分配给该索引所代表的元素。

AllocateFD()的实现如**代码25.14**所示。它从头开始检查给定Task类的files_，如果发现元素指针为空，则返回索引。如果所有元素都已使用，则在Task::files末尾添加一个空元素并返回其索引。

代码25.14　AllocateFD()在Task::files_中查找空元素（syscall.cpp）

```
size_t AllocateFD(Task& task) {
  const size_t num_files = task.Files().size();
  for (size_t i = 0; i < num_files; ++i) {
    if (!task.Files()[i]) {
      return i;
    }
  }
  task.Files().emplace_back();
  return num_files;
}
```

syscall::ReadFile()的实现如**代码25.15**所示。该系统调用的关键在于第一个参数中指定的文件描述符是files_的索引。一旦知道了这一点，就很容易了。如果指定了一个尚未打开的文件描述符，则会返回EBADF错误，表明该文件描述符无效。

代码25.15　ReadFile()系统调用（syscall.cpp）

```
SYSCALL(ReadFile) {
  const int fd = arg1;
  void* buf = reinterpret_cast<void*>(arg2);
  size_t count = arg3;
  __asm__("cli");
  auto& task = task_manager->CurrentTask();
  __asm__("sti");

  if (fd < 0 || task.Files().size() <= fd || !task.Files()[fd]) {
    return { 0, EBADF };
  }
  return { task.Files()[fd]->Read(buf, count), 0 };
}
```

如果已经完成了上述修改，那么就可以在应用中读取文件了。图25.5展示了构建并执行readfile命令后的效果。是的，前三行似乎都按预期显示了。这很好！

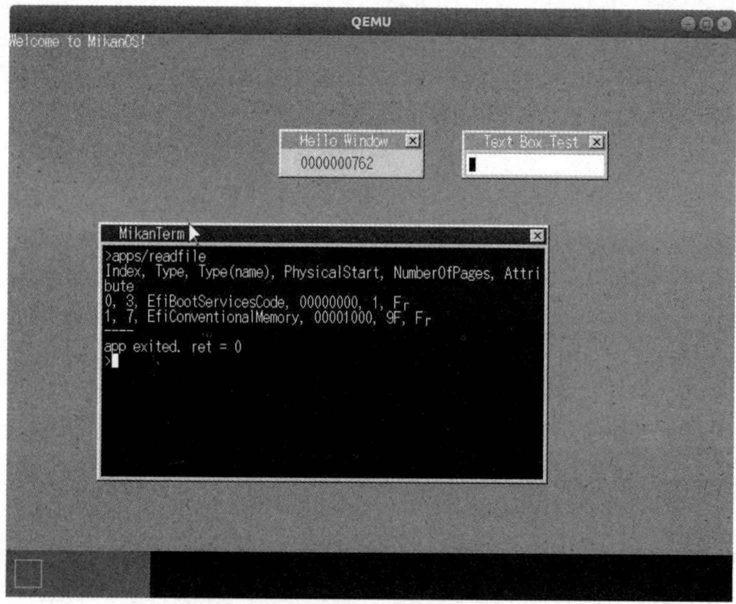

图25.5　使用readfile命令显示memmap

尽管MikanOS没有实现，但通用操作系统（如Linux和Windows）都有一种用权限保护文件的机制：在Linux中，可以将所有者和所有者组设置为文件的属性。然后，你还可以为所有者、所有者组和其他用户设置单独的读取、写入和执行权限。在使用Linux时，你见过类似

rwxr-xr-x这样的显示吗？这便是权限标志，下面将其分为三段进行解读：前3位是文件所有者的权限，中间3位是所有者组的权限，最后3位是其他用户的权限。r表示可读，w表示可写，x表示可执行。由于Linux的设计初衷是支持多用户使用同一操作系统，因此通过这种机制，可以防止他人随意读取用户文件。

25.3 正则表达式搜索（osbook_day25c）

既然可以读取文件，就可以用它们来创建grep命令，执行正则表达式搜索。正则表达式搜索有时也被称为“模糊搜索”。有一种在字符串中表示模式的语言，叫作正则表达式（regular expression）。正则表达式允许你搜索更多的字符串，而不仅仅是完全匹配的字符串。grep是一个非常著名的使用正则表达式搜索文件的命令，很多人可能以前都用过它。关于正则表达式本身的解释，可参考专业图书。

代码25.16展示了grep命令的实现。它非常简单。解释正则表达式本来就很困难，但如果使用C++标配的<regex>库，就会变得非常简单。std::regex是一个用来表示正则表达式模式的类，将用正则表达式编写的模式字符串传递给构造函数。std::regex_search()会在给定的字符串中搜索与模式匹配的子串。如果匹配，则返回true。

代码25.16　使用C++正则表达式库编写的grep命令（grep/grep.cpp）

```
#include <cstdio>
#include <cstdlib>
#include <regex>

extern "C" void main(int argc, char** argv) {
  if (argc < 3) {
    printf("Usage: %s <pattern> <file>\n", argv[0]);
    exit(1);
  }

  std::regex pattern{argv[1]};

  FILE* fp = fopen(argv[2], "r");
  if (fp == nullptr) {
    printf("failed to open: %s\n", argv[2]);
    exit(1);
  }

  char line[256];
  while (fgets(line, sizeof(line), fp)) {
    std::cmatch m;
    if (std::regex_search(line, m, pattern)) {
      printf("%s", line);
    }
```

```
  }
  exit(0);
}
```

当尝试使用<regex>库时，我们得到了一个错误信息：函数posix_memalign()未定义。该函数像malloc()一样用于分配内存空间，但与malloc()不同的是，它分配的是一个对齐的内存空间。这个函数不是Newlib的函数，而是libc++（C++标准库）所依赖的函数，但因为比较烦琐，所以我们在newlib_support.c中定义了它（**代码25.17**）。

代码25.17 posix_memalign()分配对齐的内存空间（newlib_support.c）

```
int posix_memalign(void** memptr, size_t alignment, size_t size) {
  void* p = malloc(size + alignment - 1);
  if (!p) {
    return ENOMEM;
  }
  uintptr_t addr = (uintptr_t)p;
  *memptr = (void*)((addr + alignment - 1) & ~(uintptr_t)(alignment - 1));
  return 0;
}
```

图25.6展示了如何使用grep命令在memmap文件中搜索包含3FE.D000的行。在正则表达式中，“.”是代表任意单字符的符号。截图显示搜索工作似乎正常。

为了简单起见，我们到此为止。第26章将开始介绍写入文件的应用技巧、标准输入机制。

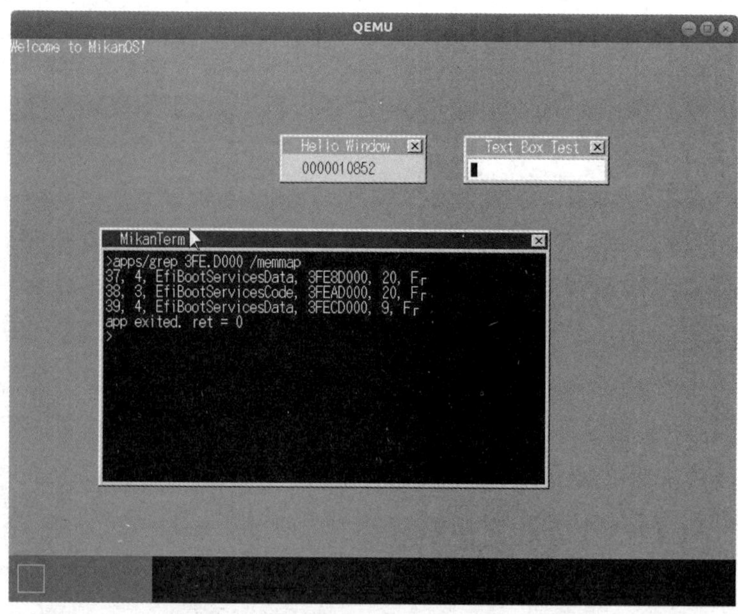

图25.6 尝试使用grep命令进行模式搜索

第 26 章

使用应用写入文件

如果能从应用中读取文件，应用的应用范围就会更广。事实上，已经确认可以实现grep等实际应用。计算机的本质是接收输入、进行计算并输出结果。虽然打印到终端本身就是一种输出，但我们仍希望支持写入文件的功能。在本章中，我们将创建一个允许应用写入文件的机制。

26.1 标准输入（osbook_day26a）

在写入文件之前，我们先创建一个标准输入机制。虽然这个功能与写入文件功能没有直接关系，但我们认为通过支持标准输入，围绕文件操作的机制将变得更加灵活，未来的开发也将变得更加容易。此外，标准输入系统可以统一处理键盘和文件，这让我们感到很浪漫！

你听说过标准输入吗？它是将字符串输入程序的标准接口：C语言的scanf()读取数据的接口就是**标准输入**（standard input）。有输入就有输出，printf()的输出目标被称为**标准输出**（standard output），perror()的输出目标被称为**标准错误**（standard error）**输出**。在各种编程语言中，标准输入/输出都很方便，而且通常很容易使用，不限于C语言。

在C语言中，标准输入/输出可以作为文件处理。普通文件必须用fopen()打开后才能使用，但只有标准输入/输出会在程序启动时自动打开，并作为FILE*类型的全局变量stdin、stdout和stderr使用。它们可以像普通文件一样使用，例如fgets(buf, sizeof(buf), stdin)。

与C标准一样，POSIX将标准输入/输出视为文件。POSIX通过被称为文件描述符编号的整数值来管理文件。普通文件在每次用open()打开时都会自动编号，而标准输入/输出从一开始就有固定的编号：stdin=0、stdout=1、stderr=2。Newlib符合POSIX标准，它的printf()最终会在标准输出（fd=1）上调用write(1, ...)。在**代码21.7**中，之所以写if(fd == 1)，是因为在syscall::PutString()中变量fd的值变成了1，因为执行了针对fd=1的write()命令。

如果只在Linux终端中启动应用，标准输入将被连接到键盘，标准输出将被连接到终端屏幕。因此，如果从标准输入键入，就会收到键盘输入；如果打印到标准输出，就会在终端屏幕上看到字符串。可以把标准输入/输出看作一种将键盘或终端屏幕显示为文件的机制。

本节将在MikanOS中实现标准输入机制。我们的目标是从键盘读取三行输入内容并打印到终端，而无须修改readfile命令的源码。为此，readfile命令中的fgets()必须能够从标准输入中读取字符串。现在，你想到实现这一机制的方法了吗？

26.2 文件描述符的抽象化

我们想创建一种机制，让标准输入看起来像文件，但仔细想想，FAT文件系统中的文件与键盘输入看起来像文件之间存在本质区别。FAT文件是排列在内存（最初是硬盘或固态硬盘等存储设备）中的数据字节序列。键盘输入是一种设备，用户每次按键都会生成一个字符的数据。从硬件角度看，它们完全不同。

不过，它们都具有读取字符串（或字节序列）的特性：FAT文件和键盘输入都能一次读取一个字符（尽管读取速度不同）。因此，任何具有“读取字符串”属性的东西都可以被视为文件。在C++中，有一种直截了当的表达方式。是的，就是继承。

代码26.1展示了基类FileDescriptor[1]。我们的策略是从该类继承并创建一个处理FAT文件系统中文件的类和一个处理键盘输入的类。C++的约定是，作为继承的基类使用的类的析构函数必须始终是virtual的。由于Read()方法将在子类中实现，在这里将其声明为纯虚函数（即没有实现的虚函数）是合适的。

代码26.1　FileDescriptor表示可以读取字符串（file.hpp）

```
#pragma once

class FileDescriptor {
 public:
  virtual ~FileDescriptor() = default;
  virtual size_t Read(void* buf, size_t len) = 0;
};
```

第25章中实现的fat::FileDescriptor类已被修改为继承自我们刚创建的FileDescriptor类（代码26.2），可以看到第一行已添加了继承声明（: public父类）。该类的内容变化不大，但在其中一处我们为Read()声明添加了override，以明确指出，它覆盖了父类中的Read()，防止出错。通过这种继承，现在可以使用父类::FileDescriptor中的指针变量来操作fat::FileDescriptor的实例了。

代码26.2　fat::FileDescriptor处理FAT文件系统中的文件（fat.hpp）

```
class FileDescriptor : public ::FileDescriptor {
 public:
  explicit FileDescriptor(DirectoryEntry& fat_entry);
  size_t Read(void* buf, size_t len) override;

 private:
  DirectoryEntry& fat_entry_;
  size_t rd_off_ = 0;
  unsigned long rd_cluster_ = 0;
  size_t rd_cluster_off_ = 0;
};
```

与fat::FileDescriptor类似，我们也实现了一个TerminalFileDescriptor类，该类通过继承使

1　该类与fat.hpp中定义的FileDescriptor名称相同，但内容不同。这是因为这两个类属于不同的命名空间。明确写出命名空间的方法分别是fat::FileDescriptor和::FileDescriptor。

键盘输入显示在文件中（代码26.3）。稍后将显示Read()方法的实现。

代码26.3 TerminalFileDescriptor类使键盘输入显示在文件中（terminal.hpp）

```
class TerminalFileDescriptor : public FileDescriptor {
 public:
  explicit TerminalFileDescriptor(Task& task, Terminal& term);
  size_t Read(void* buf, size_t len) override;

 private:
  Task& task_;
  Terminal& term_;
};
```

现在，我们使用继承来表示两种类型的“文件”。为了能够统一处理它们，我们将Task::files_的元素类型修改为父类的指针类型，如**代码26.4**所示。这意味着，在使用Task::files_时（系统调用ReadFile()），无须区分“文件”实际上是FAT文件还是键盘输入。也就是，两种不同的事物被抽象为“文件”。

代码26.4 将Task::files_的元素类型修改为父类的指针类型（task.hpp）

```
  std::vector<std::unique_ptr<::FileDescriptor>> files_{};
```

26.3 接收键盘输入

现在，普通文件会在调用ReadFile()之前使用OpenFile()打开，而标准输入则必须在应用启动时以fd=0的方式打开。换句话说，在应用启动前，Task::files_的前缀应为代表标准输入的值。

代码26.5展示了一个在启动应用前将标准输入设置为fd=0的程序。该程序取自Terminal::ExecuteFile()，它在执行CallApp()之前，在Task::files_的开头设置了代表标准输入的值（TerminalFileDescriptor的实例）。

代码26.5 为标准输入设置fd=0（terminal.cpp）

```
  task.Files().push_back(
      std::make_unique<TerminalFileDescriptor>(task, *this));

  auto entry_addr = elf_header->e_entry;
  int ret = CallApp(argc.value, argv, 3 << 3 | 3, entry_addr,
                    stack_frame_addr.value + 4096 - 8,
                    &task.OSStackPointer());

  task.Files().clear();
```

鉴于应用在单个终端中启动和关闭多次，我们意识到需要在关闭应用时清空Task::files_。这就是为什么要在CallApp()之后执行task.Files().clear();。如果不这样做，文件就会堆积起来，每次启动应用时，文件描述符编号都会向后移动。

接收键盘输入的TerminalFileDescriptor::Read()的实现如**代码26.6**所示。这并不难。只需从任务的消息队列中读取一个字符并返回即可。在正常读取文件的情况下，它会尝试继续读取，直到达到len指定的字节数为止，但键盘输入每次只输入一个字符，因此Read()应在输入一个字符后结束。

代码26.6　TerminalFileDescriptor::Read()接收键盘输入（terminal.cpp）

```
size_t TerminalFileDescriptor::Read(void* buf, size_t len) {
  char* bufc = reinterpret_cast<char*>(buf);

  while (true) {
    __asm__("cli");
    auto msg = task_.ReceiveMessage();
    if (!msg) {
      task_.Sleep();
      continue;
    }
    __asm__("sti");

    if (msg->type == Message::kKeyPush && msg->arg.keyboard.press) {
      bufc[0] = msg->arg.keyboard.ascii;
      term_.Print(bufc, 1);
      return 1;
    }
  }
}
```

term_.Print(bufc, 1);用于将按键结果立即打印到终端。这个过程被称为**回显**。注释掉这一行并试运行，可以清楚地看到其效果。回显使输入过程非常流畅。

readfile命令以path为参数，从path指定的文件中读取三行。这意味着，输入文件必须能由path指定。目前还没有与标准输入相对应的路径，因此readfile无法读取标准输入。虽然到现在为止我们已经很努力了，但还是有遗憾……

不用难过！你只需允许使用特殊路径指定标准输入，如**代码26.7**所示。现在你可以使用fopen("@stdin","r")来获取标准输入，因此你应该可以使用readfile命令来处理标准输入。映射到标准输入的路径取决于操作系统。在MikanOS中我们尝试了@stdin，而在Linux中则使用的是/dev/stdin。

代码26.7 在标准输入中提供文件名（syscall.cpp）

```
SYSCALL(OpenFile) {
  const char* path = reinterpret_cast<const char*>(arg1);
  const int flags = arg2;
  __asm__("cli");
  auto& task = task_manager->CurrentTask();
  __asm__("sti");

  if (strcmp(path, "@stdin") == 0) {
    return { 0, 0 };
  }
```

图26.1展示了到此为止的修改是如何执行的。屏幕截图很难呈现，所以我们将解释操作过程。首先，当你在键盘上输入“abc……”时，每次按键后终端中都会显示你输入的字符。这要归功于回显功能。然后，当你按下回车键时，“abcdef”会立即在下一行显示。这是因为通过fgets()读取一行的结果会通过printf()输出到终端。第二行以同样的方式显示，按下回车键时显示相同的内容。第三行显示的是按下回车键之前的状态（即输入暂停在未提交状态）。

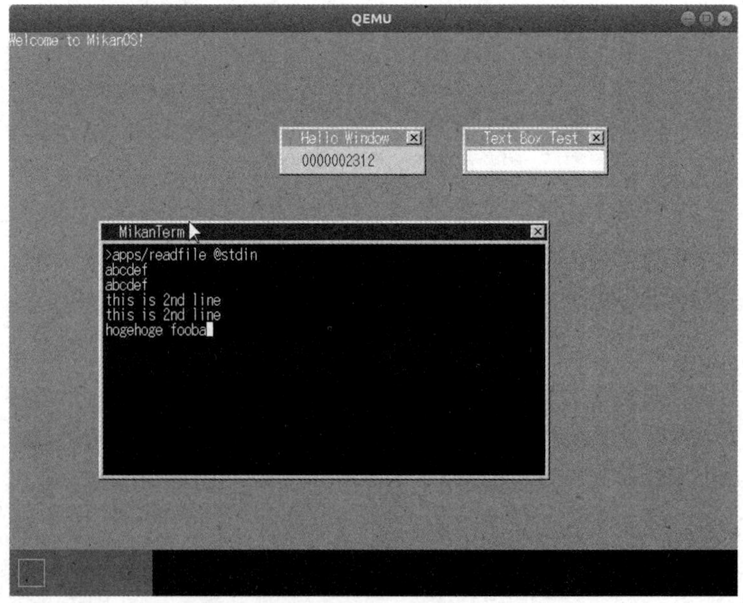

图26.1 为readfile命令指定标准输入

现在，readfile命令端可以处理键盘输入，而无须更改任何一行代码。我们自己都有点儿不好意思说，但这种机制很酷。

26.4 EOF和EOT（osbook_day26b）

任何打开文件的命令都可以以同样的方式使用标准输入机制。当然，它也可以与grep命令一起使用，所以实际上是以apps/grep foo @stdin的方式运行的，并通过在键盘上输入各种内容进行了尝试。我们试着在键盘上输入各种内容，发现只有包含foo的行重复显示了。当然，回显只显示搜索未命中的一行，而搜索命中的一行则会重复显示一行。这看起来不错。

但是有一个问题：如果将标准输入指定为grep命令的输入文件，命令永远不会结束。grep会一直运行，直到文件的末尾。这是因为普通文件有一个终点，而标准输入没有。

文件的终点被称为EOF（End of File）。另外，数据传输（如标准输入或网络通信）的终点被称为EOT（End of Transmission）。虽然EOF和EOT是相似的概念，但如果没有特殊的机制，就无法实现EOT。在本节中，EOT可以用标准输入来表示。

在Linux中，在终端按下Ctrl+D键代表EOT。Linux终端提供了按住Ctrl键并按下A至Z键和一些符号键来输入ASCII的1至31的控制字符的功能，其中A～Z依次对应1～26。D是从头开始的第4个字符。事实上，EOT被分配给ASCII编码4。这意味着，按住Ctrl键并按下D键，即可输入EOT。MikanOS中也采用了这种机制，以便终止grep。

对TerminalFileDescriptor::Read()进行了修改，如**代码26.8**所示。如果未按下Ctrl键，行为与前面介绍的相同；如果按下Ctrl键，则进入控制字符处理模式。在控制字符处理模式下，输入的字符带^显示，表示输入了控制字符。Ctrl+D以外的控制字符暂时被忽略，当检测到Ctrl+D时返回0。这与到达文件终点时的行为相同。因此，应用无法区分EOF和EOT，只是按照正常的文件结束方式进行处理。这样做不会有任何问题。

代码26.8　按下Ctrl+D键输入EOT（terminal.cpp）

```
size_t TerminalFileDescriptor::Read(void* buf, size_t len) {
  char* bufc = reinterpret_cast<char*>(buf);

  while (true) {
    __asm__("cli");
    auto msg = task_.ReceiveMessage();
    if (!msg) {
      task_.Sleep();
      continue;
    }
    __asm__("sti");

    if (msg->type != Message::kKeyPush || !msg->arg.keyboard.press) {
      continue;
```

```
    }
    if (msg->arg.keyboard.modifier & (kLControlBitMask | kRControlBitMask)) {
      char s[3] = "^ ";
      s[1] = toupper(msg->arg.keyboard.ascii);
      term_.Print(s);
      if (msg->arg.keyboard.keycode == 7 /* D */) {
        return 0; // EOT
      }
      continue;
    }

    bufc[0] = msg->arg.keyboard.ascii;
    term_.Print(bufc, 1);
    return 1;
  }
}
```

让我们立即运行它（见图26.2）。在适当位置输入Ctrl+D，即可立即终止grep命令。我们很高兴通过简单的修改就能支持EOT。

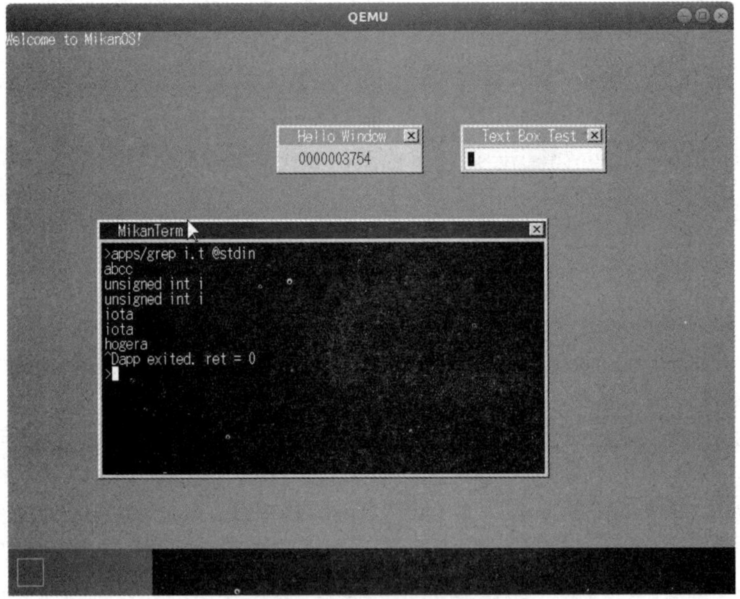

图26.2　用Ctrl+D终止grep命令

26.5 写入文件(1)（osbook_day26c）

让我们来试试本章的主题：写入文件。这似乎是一个大工程。这是因为我们还没有在操作系统中开发任何写入文件的功能，更不用说在应用中了。我们将从设计入手。写入文件并不意味着写入存储设备，而只是将内容存储在主内存中，因为MikanOS并没有安装控制存储设备的驱动程序。

写入文件实质上是重写FAT文件系统上的数据。需要重写的数据主要有两类。一类是数据本身，文件数据被写入FAT簇链。如果文件较大，单个簇可能无法容纳，因此可能需要将簇连接起来。另一类是目录条目。目录条目记录了文件大小和写入的日期与时间，因此当文件被重写时需要更新目录条目。如果创建一个新文件，也需要添加一个新的目录条目。

- **创建新文件的函数。在指定目录下创建一个新目录条目，将文件大小初始化为0。**
- **向现有文件写入数据的函数。**

考虑到应创建的函数，我们认为这两个函数是用户直接需要的。即使是向新文件写入数据，因为创建大小为0的新文件后，它也可以被视为“现有文件”。同时，创建这两个文件似乎工作量很大，因此在本节中我们将只实现创建新的空文件的函数。

代码26.9展示了OpenFile()系统调用的修改部分及其周围环境。主要变化是处理未找到指定路径的情况（if (file == nullptr)）。到目前为止，它只返回了ENOENT错误，如果指定了O_CREAT标志，函数CreateFile()将创建一个新的空文件。该函数将在稍后执行。

代码26.9　如果指定O_CREAT，则创建新的空文件（syscall.cpp）

```
if (strcmp(path, "@stdin") == 0) {
  return { 0, 0 };
}

auto [ file, post_slash ] = fat::FindFile(path);
if (file == nullptr) {
  if ((flags & O_CREAT) == 0) {
    return { 0, ENOENT };
  }
  auto [ new_file, err ] = CreateFile(path);
  if (err) {
    return { 0, err };
  }
  file = new_file;
} else if (file->attr != fat::Attribute::kDirectory && post_slash) {
  return { 0, ENOENT };
}

size_t fd = AllocateFD(task);
task.Files()[fd] = std::make_unique<fat::FileDescriptor>(*file);
return { fd, 0 };
```

O_CREAT标志是为POSIX的open()定义的标准标志。如果试图打开的文件不存在，该标志的作用是创建一个新的空文件。我们在Linux系统上试用时发现，无论采用哪种模式

（O_RDONLY、O_WRONLY、O_RDWR），如果没有文件，就会创建一个新的空文件。因此，我们也尝试在MikanOS中这样实现。

用于处理O_CREAT的CreateFile()实现如代码26.10所示。大部分实际处理过程都在fat::CreateFile()中定义，返回值只是从Error类型转换为系统调用的错误值。

代码26.10 转换返回值（syscall.cpp）

```
std::pair<fat::DirectoryEntry*, int> CreateFile(const char* path) {
  auto [ file, err ] = fat::CreateFile(path);
  switch (err.Cause()) {
  case Error::kIsDirectory: return { file, EISDIR };
  case Error::kNoSuchEntry: return { file, ENOENT };
  case Error::kNoEnoughMemory: return { file, ENOSPC };
  default: return { file, 0 };
  }
}
```

代码26.11展示了fat::CreateFile()的实现。该函数在参数指定的路径下创建一个新的空文件。如果路径中包含目录名，则在该目录下创建文件，否则在根目录下创建文件。

代码26.11 CreateFile()用指定的名称创建一个新的空文件（fat.cpp）

```
WithError<DirectoryEntry*> CreateFile(const char* path) {
  auto parent_dir_cluster = fat::boot_volume_image->root_cluster;
  const char* filename = path;

  if (const char* slash_pos = strrchr(path, '/')) {
    filename = &slash_pos[1];
    if (slash_pos[1] == '\0') {
      return { nullptr, MAKE_ERROR(Error::kIsDirectory) };
    }

    char parent_dir_name[slash_pos - path + 1];
    strncpy(parent_dir_name, path, slash_pos - path);
    parent_dir_name[slash_pos - path] = '\0';

    if (parent_dir_name[0] != '\0') {
      auto [ parent_dir, post_slash2 ] = fat::FindFile(parent_dir_name);
      if (parent_dir == nullptr) {
        return { nullptr, MAKE_ERROR(Error::kNoSuchEntry) };
      }
      parent_dir_cluster = parent_dir->FirstCluster();
    }
  }

  auto dir = fat::AllocateEntry(parent_dir_cluster);
  if (dir == nullptr) {
```

```
    return { nullptr, MAKE_ERROR(Error::kNoEnoughMemory) };
  }
  fat::SetFileName(*dir, filename);
  dir->file_size = 0;
  return { dir, MAKE_ERROR(Error::kSuccess) };
}
```

parent_dir_cluster是一个重要变量。该变量代表创建空文件的目录。初始值是根目录，因此如果路径中不包含目录名，就会在根目录中创建空文件。

接下来，检查路径中是否包含目录名，如果包含，则打开该目录。strrchr()是C标准库中的一个函数，用于搜索给定字符串末尾的字符。它用于将路径分割成目录名和文件名。如果路径中包含多个分隔符（/），则使用strrchr()（多一个r）代替strchr()，以正确搜索最后一个分隔符。如果路径中包含/，那么fat::FindFile()会打开目录，并将簇编号设置为parent_dir_cluster。

最后，fat::AllocateEntry()用于在指定目录中创建一个新的空文件。文件名用fat::SetFileName()设置。下面将介绍这两个函数及相关函数。

fat::AllocateEntry()的实现如**代码26.12**所示。该函数在指定目录中搜索，找到并返回一个未使用的目录条目。如果目录条目名称的第一个字节为0或0xE5，则表示该目录条目未使用，因此如果找到这样的目录条目，就会返回。

代码26.12　AllocateEntry()搜索并返回一个空闲条目（fat.cpp）

```
DirectoryEntry* AllocateEntry(unsigned long dir_cluster) {
  while (true) {
    auto dir = GetSectorByCluster<DirectoryEntry>(dir_cluster);
    for (int i = 0; i < bytes_per_cluster / sizeof(DirectoryEntry); ++i) {
      if (dir[i].name[0] == 0 || dir[i].name[0] == 0xe5) {
        return &dir[i];
      }
    }
    auto next = NextCluster(dir_cluster);
    if (next == kEndOfClusterchain) {
      break;
    }
    dir_cluster = next;
  }

  dir_cluster = ExtendCluster(dir_cluster, 1);
  auto dir = GetSectorByCluster<DirectoryEntry>(dir_cluster);
  memset(dir, 0, bytes_per_cluster);
  return &dir[0];
}
```

很少出现找不到空闲条目的情况。在这种情况下，不是放弃生成文件，而是将目录的数据区扩展一个簇，为空闲条目腾出空间。以调用ExtendCluster()开始的四行就是这样做的：ExtendCluster()是一个用于扩展簇链的函数，它将指定数量的空闲簇附加到簇链的末尾，并返回末尾的簇编号。在这里，要扩展的簇数被设置为1，因此返回值dir_cluster正是刚刚扩展的簇编号。当然，刚刚被扩展的簇是空的，因此我们可以毫无疑问地返回第一个条目。

fat::ExtendCluster()的实现如**代码26.13**所示。它的作用是收集参数n指定的空闲簇，并将其添加到由eoc_cluster指定的簇链末尾。

代码26.13　用ExtendCluster()扩展簇链（fat.cpp）

```
unsigned long ExtendCluster(unsigned long eoc_cluster, size_t n) {
  uint32_t* fat = GetFAT();
  while (!IsEndOfClusterchain(fat[eoc_cluster])) {
    eoc_cluster = fat[eoc_cluster];
  }

  size_t num_allocated = 0;
  auto current = eoc_cluster;

  for (unsigned long candidate = 2; num_allocated < n; ++candidate) {
    if (fat[candidate] != 0) { // candidate cluster is not free
      continue;
    }
    fat[current] = candidate;
    current = candidate;
    ++num_allocated;
  }
  fat[current] = kEndOfClusterchain;
  return current;
}
```

在前面的while语句中，会遍历参数eoc_cluster指定的簇所属的簇链，直到达到末尾。后半部分的for语句从起点（簇2）开始检查卷中的所有簇，并寻找所需数量的空闲簇。循环变量candidate意为“候选”。在这里的含义是候选的空闲簇。找到的空闲簇数量由num_allocated管理。搜索空闲簇的过程会一直持续，直到该值达到n。

for语句会将找到的空闲簇添加到簇链的末尾。**图26.3**展示了将一个簇添加到从簇2到簇3的簇链末尾的示例。由于簇4已作为另一条簇链的一部分使用，因此簇5被选为候选簇。更新进程将簇5连接到簇3，并递增num_allocated。

当磁盘卷接近用满时，有可能该磁盘卷中的所有簇都已被搜索，仍然找不到足够的空闲簇。然而，上述实现跳过了这一检查。这是因为没有足够空闲簇的情况并不经常发生，而且检查错误的代码可能相当庞大。首先，MikanOS驱动器只读取卷的前16MiB。因此，内存中的可用的簇数远远少于原始卷中实际存在的簇数，簇计数检查毫无意义。（如果能在磁盘卷前面的簇即将超过16MiB时停止错误检查，会更有价值。如果你感兴趣，可以修改代码。）

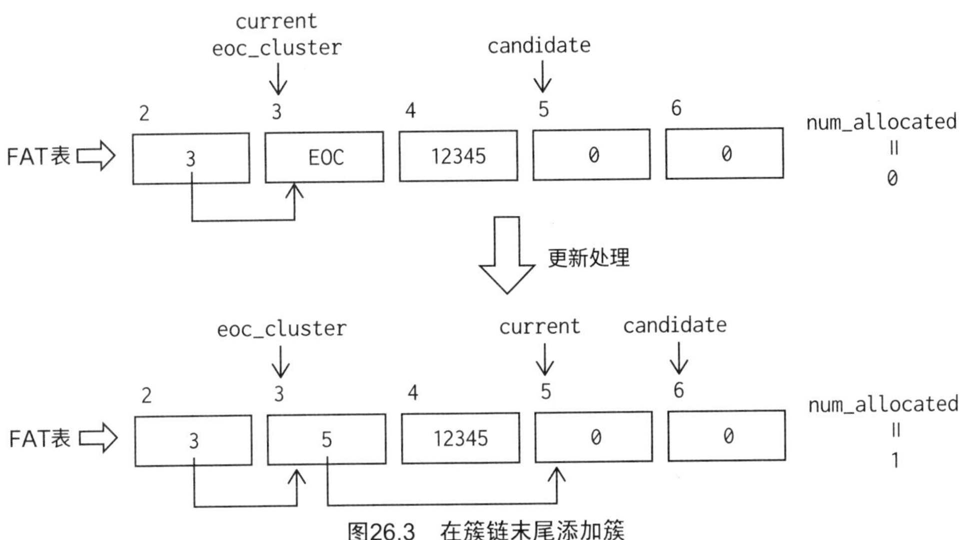

图26.3 在簇链末尾添加簇

ExtendCluster()中使用的GetFAT()是一个函数，用于获取卷中FAT结构（32位数组）的第一个指针。IsEndOfClusterchain()也是一个函数，用于检查给定的簇编号是否代表簇链的结束。具体实现从略。

CreateFile()中调用的fat::AllocateEntry()的介绍到此为止。我们将简要介绍随后出现的fat::SetFileName()。

代码26.14展示了fat::SetFileName()的实现。该函数的功能非常简单。它只是将由参数name指定的短文件名（8+3格式）复制给目录条目的entry.name字段，并将其转换为大写字母。例如，如果文件名为"hoge.foo"，则在entry.name中写入11个字符"HOGE FOO"。（如果卷只能在MikanOS中读/写，则无须遵守此类规定。）

代码26.14 SetFileName()向目录条目写入一个简短的名称（fat.cpp）

```
void SetFileName(DirectoryEntry& entry, const char* name) {
  const char* dot_pos = strrchr(name, '.');
  memset(entry.name, ' ', 8+3);
  if (dot_pos) {
    for (int i = 0; i < 8 && i < dot_pos - name; ++i) {
      entry.name[i] = toupper(name[i]);
    }
    for (int i = 0; i < 3 && dot_pos[i + 1]; ++i) {
      entry.name[8 + i] = toupper(dot_pos[i + 1]);
    }
  } else {
    for (int i = 0; i < 8 && name[i]; ++i) {
      entry.name[i] = toupper(name[i]);
    }
  }
}
```

目录条目中还有其他项目，如创建文件的日期时间和修改文件的日期时间，但我们暂时不会对其进行修改。不过，我们将确保只有文件大小被设置为0。这是为了避免命令读取文件时出现故障。

如果在OpenFile()系统调用中指定了O_CREAT，那么现在就应该有一个创建文件的机制。让我们创建一条命令，以写入模式打开文件，验证一下这一点。

我们已经实现了复制文件的标准命令cp（**代码26.15**）。与原始命令相比，它的功能要少得多。当调用cp <src> <dest>命令时，会用由dest指定的文件名复制由src指定的文件。

代码26.15　复制文件的cp命令（cp/cp.cpp）

```
#include <cstdio>
#include <cstdlib>

extern "C" void main(int argc, char** argv) {
  if (argc < 3) {
    printf("Usage: %s <src> <dest>\n", argv[0]);
    exit(1);
  }

  FILE* fp_src = fopen(argv[1], "r");
  if (fp_src == nullptr) {
    printf("failed to open for read: %s\n", argv[1]);
    exit(1);
  }

  FILE* fp_dest = fopen(argv[2], "w");
  if (fp_dest == nullptr) {
    printf("failed to open for write: %s\n", argv[2]);
    exit(1);
  }

  char buf[256];
  size_t bytes;
  while ((bytes = fread(buf, 1, sizeof(buf), fp_src)) > 0) {
    const size_t written = fwrite(buf, 1, bytes, fp_dest);
    if (bytes != written) {
      printf("failed to write to %s\n", argv[2]);
      exit(1);
    }
  }
  exit(0);
}
```

程序本身非常简单：它只需分别以读/写模式打开由src和dest指定的文件，每次复制256字节的文件内容。指定w作为fopen()的模式，指定O_WRONLY|O_CREAT作为open()的标志。

图26.4展示了cp命令的执行过程：我们试图复制一个名称为abc的memmap文件。由于我

们尚未实现fwrite()所依赖的write()，cp命令整体上失败了，因为它无法复制数据。但fopen()本身却成功了，一个名为abc的新文件被创建。这看起来不错。当然，如果我们用cat命令显示ABC，内容是空的。

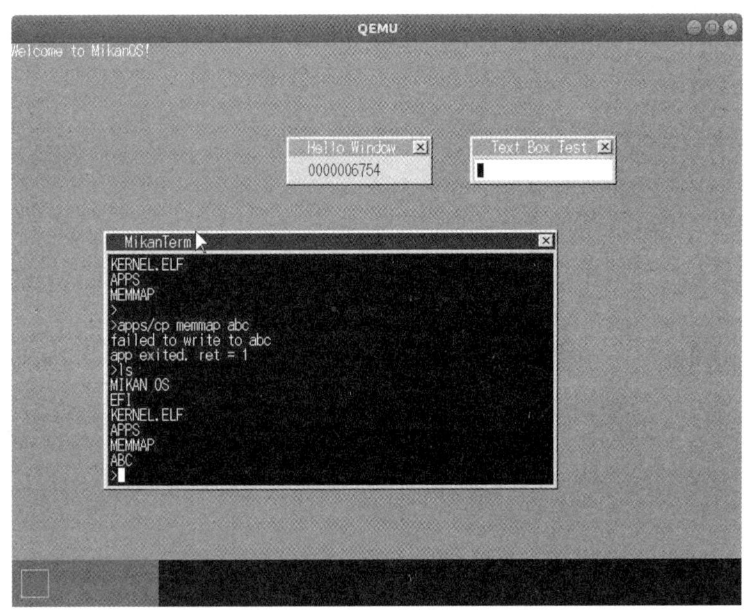

图26.4　如何用cp命令创建新文件

26.6 写入文件(2)（osbook_day26d）

现在可以创建一个新的空文件了。在本节中，我们将创建一个向现有文件写入数据的函数。完成后，fwrite()能正常工作，cp命令也能正确复制文件。

为了支持写入文件，我们首先在FileDescriptor类中添加了一个Write()方法（代码26.16）。在父类中添加更多的纯虚函数会导致编译错误，除非在子类中重载。为解决这个错误，我们需要在两个子类（fat::FileDescriptor和TerminalFileDescriptor）中实现Write()方法。

代码26.16　增加写入文件描述符的接口（file.hpp）

```
class FileDescriptor {
 public:
  virtual ~FileDescriptor() = default;
  virtual size_t Read(void* buf, size_t len) = 0;
  virtual size_t Write(const void* buf, size_t len) = 0;
};
```

TerminalFileDescriptor::Write()看起来很简单，所以我们首先实现了它（代码26.17）。与Read()相比，它非常容易创建，只需将接收到的字符串输出到终端，就大功告成了。

代码26.17　向终端输出终端文件描述符::Write()（terminal.cpp）

```
size_t TerminalFileDescriptor::Write(const void* buf, size_t len) {
  term_.Print(reinterpret_cast<const char*>(buf), len);
  return len;
}
```

既然TerminalFileDescriptor支持读/写，那么它不仅可以用作标准输入（fd=0），还可以用作标准输出（fd=1）和标准错误输出（fd=2）。因此，我们将Task::files_的前三个文件描述符都设为TerminalFileDescriptor，如代码26.18所示。以前只设置了fd=0，而现在fd=0、1和2都连接到终端。

代码26.18　将前三个文件描述符设为标准输入/输出（terminal.cpp）

```
  for (int i = 0; i < 3; ++i) {
    task.Files().push_back(
        std::make_unique<TerminalFileDescriptor>(task, *this));
  }
```

在正确设置了fd=1和2后，我们修改了syscall::PutString()，如代码26.19所示。以前，如果fd为1，程序会向终端输出一个字符串。修改后，将使用在Task::files_中注册的文件描述符。由于此修改，不再需要全局变量terminals，它按任务ID搜索终端的对应表。我们已经删除了所有使用该变量的地方。

代码26.19　在PutString()系统调用中使用fd（syscall.cpp）

```
SYSCALL(PutString) {
  const auto fd = arg1;
  const char* s = reinterpret_cast<const char*>(arg2);
  const auto len = arg3;
  if (len > 1024) {
    return { 0, E2BIG };
  }

  __asm__("cli");
  auto& task = task_manager->CurrentTask();
  __asm__("sti");

  if (fd < 0 || task.Files().size() <= fd || !task.Files()[fd]) {
    return { 0, EBADF };
  }
  return { task.Files()[fd]->Write(s, len), 0 };
}
```

修改TerminalFileDescriptor其实很简单，难的是修改fat::FileDescriptor。首先，我们声明了Write()方法，并添加了更多可能需要的成员变量（代码26.20）。我们模仿了用于读取的三个成员变量（从rd_开始），并创建了用于写入的三个成员变量：wr_off_是文件开头的偏移量，wr_cluster_是要写入的簇编号，wr_cluster_off_是簇内的偏移量。

代码26.20　为fat::FileDescriptor添加更多的Write()函数（fat.hpp）

```
class FileDescriptor : public ::FileDescriptor {
 public:
  explicit FileDescriptor(DirectoryEntry& fat_entry);
  size_t Read(void* buf, size_t len) override;
  size_t Write(const void* buf, size_t len) override;

 private:
  DirectoryEntry& fat_entry_;
  size_t rd_off_ = 0;
  unsigned long rd_cluster_ = 0;
  size_t rd_cluster_off_ = 0;
  size_t wr_off_ = 0;
  unsigned long wr_cluster_ = 0;
  size_t wr_cluster_off_ = 0;
};
```

代码26.21展示了fat::FileDescriptor::Write()的实现，它是本章主题，我们将从其顶部开始描述。

代码26.21　在FAT文件系统上写入文件（fat.cpp）

```
size_t FileDescriptor::Write(const void* buf, size_t len) {
  auto num_cluster = [](size_t bytes) {
    return (bytes + bytes_per_cluster - 1) / bytes_per_cluster;
  };

  if (wr_cluster_ == 0) {
    if (fat_entry_.FirstCluster() != 0) {
      wr_cluster_ = fat_entry_.FirstCluster();
    } else {
      wr_cluster_ = AllocateClusterChain(num_cluster(len));
      fat_entry_.first_cluster_low = wr_cluster_ & 0xffff;
      fat_entry_.first_cluster_high = (wr_cluster_ >> 16) & 0xffff;
    }
  }

  const uint8_t* buf8 = reinterpret_cast<const uint8_t*>(buf);

  size_t total = 0;
  while (total < len) {
    if (wr_cluster_off_ == bytes_per_cluster) {
      const auto next_cluster = NextCluster(wr_cluster_);
```

```
      if (next_cluster == kEndOfClusterchain) {
        wr_cluster_ = ExtendCluster(wr_cluster_, num_cluster(len - total));
      } else {
        wr_cluster_ = next_cluster;
      }
      wr_cluster_off_ = 0;
    }

    uint8_t* sec = GetSectorByCluster<uint8_t>(wr_cluster_);
    size_t n = std::min(len, bytes_per_cluster - wr_cluster_off_);
    memcpy(&sec[wr_cluster_off_], &buf8[total], n);
    total += n;

    wr_cluster_off_ += n;
  }

  wr_off_ += total;
  fat_entry_.file_size = wr_off_;
  return total;
}
```

num_cluster是一个函数，用于计算写入指定字节数所需的簇数。给其加上bytes_per_cluster -1后除以bytes_per_cluster，是四舍五入到最接近整数的写法。写入单字节时需要分配一个簇，因此计算方法是四舍五入而不是截尾。

第一次写入文件时，会执行以下if语句：如果是写入新建的空文件，fat_entry_.FirstCluster()的值为0。在这种情况下，它会根据需要使用AllocateClusterChain()分配尽可能多的空闲簇，这将在后面实现。

另外，如果是写入现有文件，fat_entry_.FirstCluster()就是第一个簇编号。在这种情况下，簇编号被设置为wr_cluster_。随后的写入过程将从头开始覆盖文件内容。你可能会担心文件内容被覆盖和销毁，但这并无大碍，因为fopen()规范规定，以w模式打开的文件的所有内容都将被删除。

该规范规定，如果在a模式[1]下调用fopen()，该模式将从文件末尾开始追加。然而，当前的syscall::OpenFile()实现并不支持这种模式。读者可以自行决定是否支持这种模式。

接下来，介绍while语句的处理过程。与读取过程类似，while语句循环执行，直到写入指定的字节数为止。

循环开始的处理很有特点。在循环开始时，进程会在簇链末尾增加空闲簇。当写偏移（wr_cluster_off_）到达簇链的末尾时，进程会尝试将簇链中的下一个簇设置为wr_cluster_。如果簇链还在继续，这样做没有问题，但如果簇链已经结束，就没有下一个簇了。因此，ExtendCluster()会根据需要在簇链的末尾添加尽可能多的簇。其余过程与读取文件类似，因此

1 a代表追加模式，是append的意思。

并不是很难。

代码26.22为fat::FileDescriptor::Write()首次写入空文件时使用的函数fat::AllocateClusterChain()的实现。该函数创建一个由指定数量的空闲簇组成的簇链，并返回第一个簇编号。

代码26.22　AllocateClusterChain()分配指定数量的空闲簇（fat.cpp）

```
unsigned long AllocateClusterChain(size_t n) {
  uint32_t* fat = GetFAT();
  unsigned long first_cluster;
  for (first_cluster = 2; ; ++first_cluster) {
    if (fat[first_cluster] == 0) {
      fat[first_cluster] = kEndOfClusterchain;
      break;
    }
  }

  if (n > 1) {
    ExtendCluster(first_cluster, n - 1);
  }
  return first_cluster;
}
```

现在，所有修改都已完成，cp命令也已执行。请看图26.5，它描述了执行过程：打开了三个终端。在左边的终端中，你调用了cp命令。你可以看到cp已成功退出，退出码为0，并且多了一个名为ABC的文件。

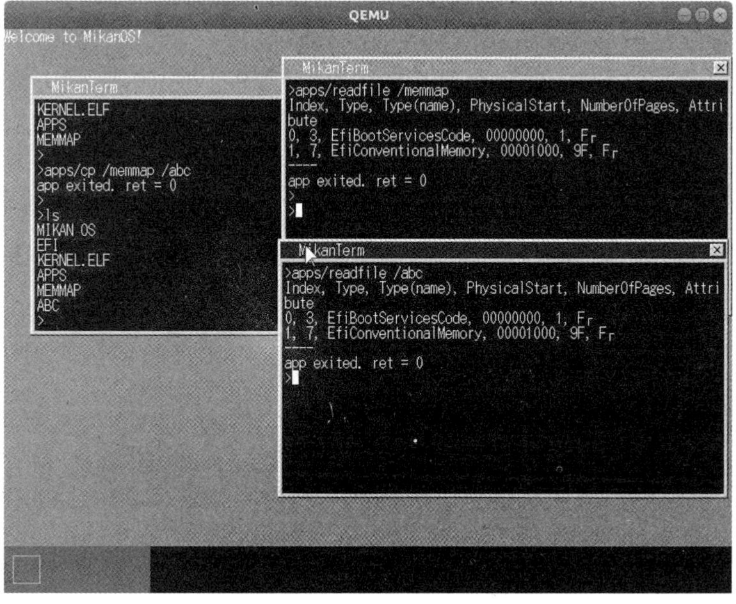

图26.5　展示cp命令复制文件的过程

右上角的终端展示的是memmap文件的内容，右下角的终端展示的是abc文件的内容。可以看到内容是一样的。这说明cp命令正确复制了文件。我们现在对它的印象非常深刻。我们很高兴MikanOS变得越来越正规了。

说到这里，我们这次没有修改apps/newlib_support.c中的write()。尽管如此，还是成功写入了文件，因为write()最初使用的是PutString()系统调用。通过修改，PutString()可以正确处理fd=1以外的文件，因此不需要修改write()。

第 27 章

应用的内存管理

本章的主题是应用的内存分配。由于MikanOS在64位模式下运行，因此提供了巨大的虚拟地址空间。不过，应用目前还无法使用它。内存分配的一种方法是按需分页。按需分页是一种奇特的机制，无论分配的内存区域有多大，在实际使用内存区域之前，物理内存都不会被占用。有效利用页面故障的程序设计会在本章中首次出现。

27.1 按需分页（osbook_day27a）

首先解释一下**按需分页**（demand paging）一词的含义。demand意思是请求或要求。分页你应很熟悉，它是一种地址映射机制。分页机制是通过对分层分页结构的配置，将页（固定长度的虚拟地址范围）映射到帧（固定长度的物理地址范围）。按需分页是一种最初不为任何页面分配帧的方法，只有在首次访问页面时才为该页面分配帧。按需分页的名称意味着，只有在对页面有需求时，才会处理有需求的页面。

按需分页是一种有趣的机制，它利用了页面故障，即通常不希望发生的CPU异常。在准备过程中，页表项中的present位被设置为0。不过，页表最初是清零的，所以这不需要做任何事情就能实现。准备就绪后，等待页面被访问。当页面被访问时，流程如下。

1. 当访问页面时，由于present位为0，会发生页面故障。
2. 页面故障的异常处理程序会为导致页面故障的页面分配一个帧。
3. 终止异常处理程序，并重新执行导致页面故障的指令。
4. 处理工作继续进行，就像什么都没发生过一样。

此前，一旦出现异常，应用就会被迫终止。然而有了按需分页，即使发生了页面故障，应用也能在分配完物理内存后继续执行。这难道不是一种有趣的机制吗？按需分页可以用在很多地方。例如，在运行应用时，ELF文件会被读入内存，但有了按需分页功能，应用几乎可以在实际文件被读取之前就启动。

如果可以读取ELF文件头，就可以获得入口点的地址，这样就可以调用入口点，而不必在内存中放置ELF文件的LOAD段。当然，由于要call的页面present=0，所以会发生页面故障。在页面故障处理程序中，会为目标页面分配一个帧。然后为该帧读出ELF文件的相应部分。如果在这种状态下退出异常处理程序，则重新执行call指令。这一次，present=1，ELF文件（ELF文件的一部分）也被读出，成功调用入口点。

以上是使用按需分页延迟读取文件的示例。如果可执行文件中实际执行的机器语言范围有限，那么就没有必要将整个可执行文件加载到内存中。在某些较短时间内，即使是大型程序也可能只执行某些语句。这就是所谓的访问局部性。只要构成for语句的机器语言还在内存中，CPU就能继续执行该for语句。程序使用的变量也是如此。只要内存中只有当时所需的变量，程序就可以执行。

将按需分页简单地用作内存分配机制很容易。所要做的就是在出现页面故障时分配一个帧。通过按需分页延迟读取文件则比较困难，这需要一种将页面映射到文件的机制。首先，在MikanOS中延迟加载文件并没有什么好处。因为文件从一开始就放在内存中，只是因为从硬盘和固态硬盘读取数据的速度非常慢，延迟加载才会有用。因此，在本节中，按需分页纯粹是作为应用分配内存的一种机制来实现的。

按需分页的核心是处理页面故障，比如**代码27.1**中调用了一个新创建的函数HandlePageFault()。如果该函数无错退出，则表示按需分页处理成功，异常处理程序退出，不会强制应用终止。在这种情况下，应用会继续处理，就像什么都没发生过一样。

代码27.1　当发生页面故障时，调用HandlePageFault()函数（interrupt.cpp）

```
__attribute__((interrupt))
void IntHandlerPF(InterruptFrame* frame, uint64_t error_code) {
  uint64_t cr2 = GetCR2();
  if (auto err = HandlePageFault(error_code, cr2); !err) {
    return;
  }
  KillApp(frame);
  PrintFrame(frame, "#PF");
  WriteString(*screen_writer, {500, 16*4}, "ERR", {0, 0, 0});
  PrintHex(error_code, 16, {500 + 8*4, 16*4});
  while (true) __asm__("hlt");
}
```

当程序访问的页面present=0或没有足够权限读写该页面时，就会发生页面故障。异常原因记录在传递给页面故障异常处理程序的错误代码（参数error_code）中。异常发生时CR2寄存器的值记录了导致异常的内存地址。结合这两个信息，就可以确定试图读取或写入的页面，以及发生页面故障的原因。

代码27.2展示了HandlePageFault()的实现过程。如果忽略if语句（它只是一个错误检查语句），该函数实质上只有一行，即对SetupPageMaps()的调用。这一行将为导致页面故障的页面分配一个物理帧。按需分页听起来很困难，但实际操作起来却令人大吃一惊。

代码27.2　HandlePageFault()为导致异常的页面分配一个帧（paging.cpp）

```
Error HandlePageFault(uint64_t error_code, uint64_t causal_addr) {
  auto& task = task_manager->CurrentTask();
  if (error_code & 1) { // P=1且因页面级权限违规而导致异常
    return MAKE_ERROR(Error::kAlreadyAllocated);
  }
  if (causal_addr < task.DPagingBegin() || task.DPagingEnd() <= causal_addr) {
    return MAKE_ERROR(Error::kIndexOutOfRange);
  }
  return SetupPageMaps(LinearAddress4Level{causal_addr}, 1);
}
```

SetupPageMaps()函数最初是在terminal.cpp中的一个未命名空间中定义的。我们希望在按需分页过程中使用这个函数，但只要它在未命名空间中，其他文件就无法使用它。因此，我们把它移到了全局命名空间，这样它就可以在terminal.cpp和paging.cpp中使用。因为这是一个与分页相关的进程，所以我们顺便把定义移到了paging.cpp中。

现在，我们在HandlePageFault()中进行的两次错误检查比较重要，所以解释一下：在第一个if语句中，如果错误代码的第0位为1，那么就是错误。页面故障错误代码的位结构如**表27.1**所示。第0位为1表示页面本身存在，但由于违反授权而发生了页面故障。按需分页是一种在访问不存在的页面时分配物理帧的机制，因此需要P=0。P=1的页面故障不是按需分页导致的页面故障，而是真正的严重页面故障。

表27.1 页面故障错误代码的位定义（摘录）

位位置	位名	含义
0	P	1=页面权限违规导致异常
		0=读取时出现异常
1	W/R	1=写入时出现异常
		0=异常是由supervisor模式访问引起的
2	U/S	1=异常是由用户模式访问引起的
		0=违反保留位并不是异常的原因
3	RSVD	1=页面不存在导致的异常
		0=由于保留位被设置为而发生的异常

第二个if语句确保导致页面故障的地址位于task.DPagingBegin()和task.DPagingEnd()之间。这两个方法代表了对按需分页有效的虚拟地址范围，该地址范围由应用事先声明。如果没有这种地址范围检查，应用的错误（如缓冲区超限）可能会导致无限制地分配物理帧，因为要一直读写空闲地址，从而耗尽物理内存。因此，通过将可以进行按需分页的地址范围限制在一个预先声明的范围内，就可以防止因错误而导致的内存耗尽。

可以进行按需分页的地址范围的成员变量定义如**代码27.3**所示，获取和设置这些成员变量的方法定义如**代码27.4**所示。由于所有这些信息都与应用相关，因此作为示例将其放在Task结构中。我们需要能够在应用中设置该地址范围，因此接下来我们将为此创建系统调用。

代码27.3 可以进行按需分页的地址范围的成员变量（task.hpp）

```
  uint64_t dpaging_begin_{0}, dpaging_end_{0};
```

代码27.4 获取和设置按需分页地址范围的方法（task.cpp）

```
uint64_t Task::DPagingBegin() const {
  return dpaging_begin_;
}
```

```
void Task::SetDPagingBegin(uint64_t v) {
  dpaging_begin_ = v;
}

uint64_t Task::DPagingEnd() const {
  return dpaging_end_;
}

void Task::SetDPagingEnd(uint64_t v) {
  dpaging_end_ = v;
}
```

我们为应用创建了新的系统调用syscall::DemandPages()，用于声明可按需分页的虚拟地址范围（代码27.5）。该系统调用以页数作为参数，并将Task::dpaging_end_向后移动该页数。扩展后的地址范围允许在随后出现页面故障时分配物理帧。

代码27.5　DemandPages()扩展可进行按需分页的地址范围（syscall.cpp）

```
SYSCALL(DemandPages) {
  const size_t num_pages = arg1;
  // const int flags = arg2;
  __asm__("cli");
  auto& task = task_manager->CurrentTask();
  __asm__("sti");

  const uint64_t dp_end = task.DPagingEnd();
  task.SetDPagingEnd(dp_end + 4096 * num_pages);
  return { dp_end, 0 };
}
```

对应用来说，使用该系统调用扩展地址范围等同于实际分配内存。这是因为，从应用的角度来看，从一开始就为扩展的地址范围分配物理帧，和在访问时发生页面故障并分配物理帧[1]，是没有区别的。这意味着可以使用这种机制来实现malloc()。稍后我们将使用按需分页重构sbrk()。

在使用DemandPages()系统调用之前，必须将Task::dpaging_begin_和Task::dpaging_end_初始化为适当的值，它们应该是什么值呢？

你可以自由使用0xffff800000000000之后的地址空间中任何未使用的范围。但是，该范围必须是连续的，而不是间断的，如果要在0xffff800000000000之后的地址空间中找到最宽的连续部分，可能会很困难（毕竟有128TiB的地址空间）。因此，我们将以应用的ELF文件加载结束位置为起点，并由此向后延伸（图27.1）。在调用CallApp()启动应用之前，将添加设置这些文件的过程。

1　可以通过测量读取和写入内存所需的时间等方法来估算。

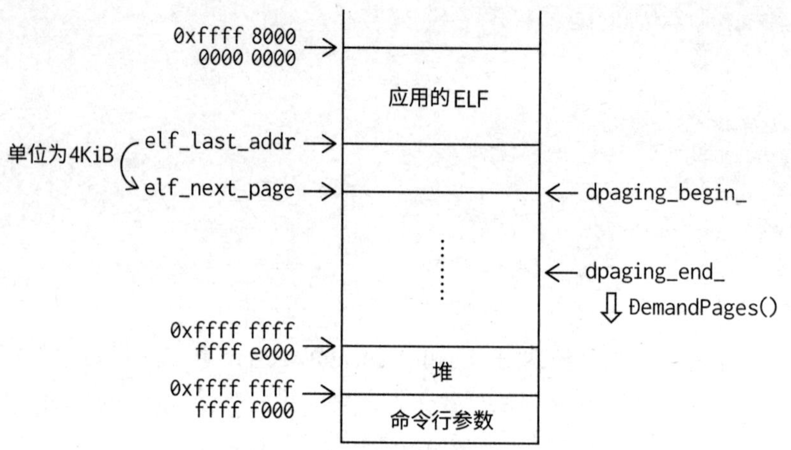

图27.1　DemandPages()如何扩展地址范围

如代码27.6所示，我们添加了一个进程来获取内存中的ELF文件的最后一个地址elf_last_addr。加载ELF文件的函数LoadELF()原本只返回错误值，但现在额外返回了最终地址。这是对计算LOAD段的最大值p_vaddr + p_memsz的一个简单修改。

代码27.6　获取ELF文件的最终地址（terminal.cpp）

```
const auto [ elf_last_addr, elf_err ] = LoadELF(elf_header);
if (elf_err) {
  return elf_err;
}
```

代码27.7显示了使用获取的ELF文件最后地址初始化按需分页地址范围的过程。elf_last_addr并未对齐到4KiB单位。它与elf_next_page一样，被舍入到4KiB地址。这样做的目的是确保按需分页总是逐页处理。

代码27.7　为按需分页设置地址范围的初始值（terminal.cpp）

```
const uint64_t elf_next_page =
  (elf_last_addr + 4095) & 0xffff'ffff'ffff'f000;
task.SetDPagingBegin(elf_next_page);
task.SetDPagingEnd(elf_next_page);

auto entry_addr = elf_header->e_entry;
int ret = CallApp(argc.value, argv, 3 << 3 | 3, entry_addr,
```

最后，让我们使用按需分页来实现sbrk()，这是一个用于分配Newlib的malloc()所需的内存的函数（代码27.8）。sbrk()是一个用于调整程序中断点的函数，最初在25.2节实现。

代码27.8　使用按需分页sbrk()分配内存（newlib_support.c）

```
caddr_t sbrk(int incr) {
  static uint64_t dpage_end = 0;
  static uint64_t program_break = 0;

  if (dpage_end == 0 || dpage_end < program_break + incr) {
    int num_pages = (incr + 4095) / 4096;
    struct SyscallResult res = SyscallDemandPages(num_pages, 0);
    if (res.error) {
      errno = ENOMEM;
      return (caddr_t)-1;
    }
    program_break = res.value;
    dpage_end = res.value + 4096 * num_pages;
  }

  const uint64_t prev_break = program_break;
  program_break += incr;
  return (caddr_t)prev_break;
}
```

程序中断点是一个代表内存区域末端的值，它向后延伸得越来越远。这与我们在这里创建的按需分页机制完全相同，但有一点不同：sbrk()的参数可以以字节为单位指定，而按需分页导致的地址范围扩展只能以页为单位进行。假设调用sbrk()两次，参数分别为128和256，第一次调用时，SyscallDemandPages()只执行一次。但是，在第二次调用时，就不需要执行SyscallDemandPages()了，因为已经分配了1页=4KiB的按需分页区域。稍显复杂的sbrk()就是为了实现这样的操作。

现在，修改已经完成，让我们运行它吧。但目前还没有一个很好的应用，有些应用会用到malloc()，但我们想在一个需要大量内存的应用中试试。于是我们创建了dpage命令，用于按需分页实验。

dpage命令需要一个文件路径和一个数字，例如dpage <path> <num>。如果将num设为10（=0x0a），就可以汇总换行符数，即行数。详细的命令实现从略。

在处理流程中，为了进行按需分页实验，整个文件内容会被一次性读取到按需分页分配的内存中，然后从头开始检查每个字节的值。没有必要一次读完文件，如果重复一点一点读文件、搜索字节的过程，就可以用少量内存完成整个过程。在本例中，我们要测试按需分页，因此先将整个文件读入内存。

使用dpage命令所消耗的内存如图27.2所示。kernel.elf大约有3MiB大小，消耗了778页虚拟地址空间。无论运行多少次，我们都没有发现任何错误或操作系统出现异常。一切正常！

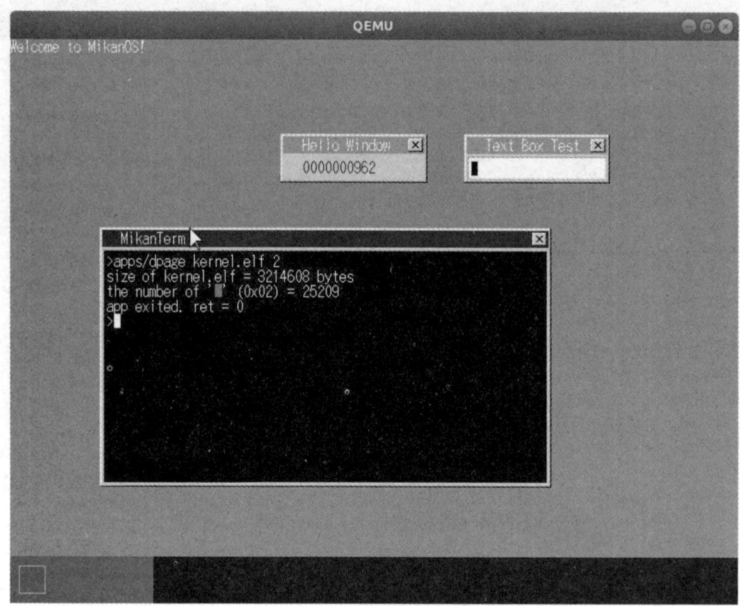

图27.2 dpage命令如何在kernel.elf中搜索

27.2 内存映射文件（osbook_day27b）

内存映射文件是一种有趣的分页机制，这意味着文件映射到内存。通过将文件映射到内存地址中，就可以像读写普通内存一样读写文件。类似的机制还有MMIO（内存映射输入/输出），它将硬件寄存器映射到内存中，并像读写正常内存一样读写寄存器。通过让各种东西看起来像内存，可以只使用mov指令进行读写，而无须使用特殊的机器语言。

读写文件通常使用fread()或fwrite()从文件开头进行。这种方法有时也被称为流[1]方法，因为文件中的数据被视为纯粹的字节序列，并且该序列从头开始依次读写。

内存映射文件方法将文件内容映射到一个虚拟地址空间，用于读写。要使用流API（如fread()和fwrite()）执行随机访问，需要读写一个位置，然后寻址到下一个目标，再读写一点，然后寻址回上一个位置。然后再读写一点，并再次寻址，如此反复。这样做非常麻烦，效率似乎也不高。

我们将尝试如图27.3所示实现内存映射文件。重点是，应用的虚拟地址空间通过以页面缓存命名的物理内存区域与实际文件内容相连。通过将文件内容（部分）复制到页面缓存

1 Stream，字节序列看起来就像一条缓慢而细长的溪流。

中，并将该页面映射到应用的虚拟地址空间，应用就可以读写文件内容。内存映射文件给人的印象是，机械硬盘和固态硬盘等存储设备上的文件是直接映射到虚拟地址空间的。然而，如果不以这种方式处理真实内存区域，内存映射文件就无法实现（至少在普通计算机上如此）。这种机制与Linux中内存映射文件的机制大致相同。

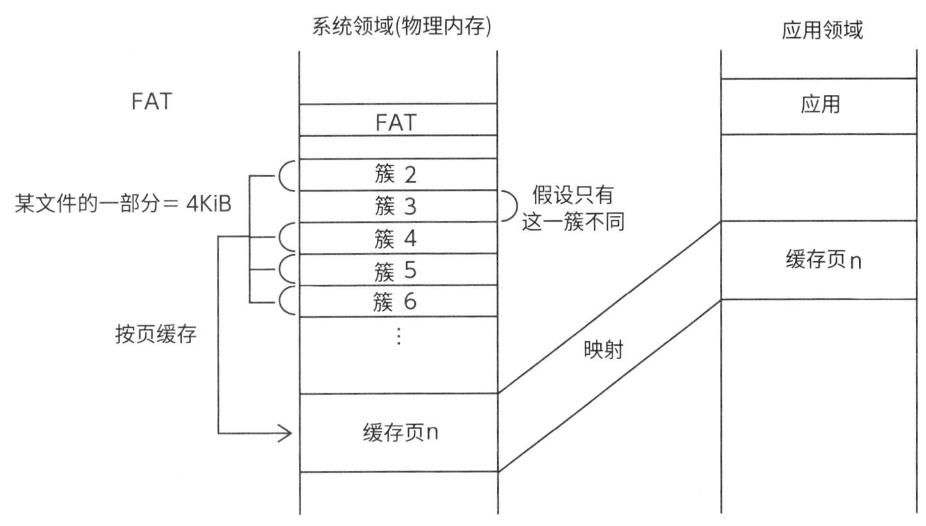

图27.3　将页面缓存映射到应用的虚拟地址空间

在MikanOS中，文件最初是放在内存中的，因此这种需要将文件数据复制到页面缓存中的方法是一种浪费。不过，这种方法对于实现内存映射文件是必不可少的。这是因为FAT文件系统中的簇并不一定比内存页大：如果创建的FAT文件系统有1簇=2扇区，那么1簇=1KiB。

如果文件由多个簇组成，数据可能会被放在跳过的簇中。这种情况被描述为碎片状态、碎片化等。将文件映射到应用的虚拟地址空间时，文件数据必须从一开始就以连续的方式映射。但是，如果在簇小于4KiB时碎片化，那么粒度太大，4KiB页面无法正确映射。因此，我们采用了以页面缓存为中介的方法。

首先，我们创建了一个FileMapping结构来表示文件的映射（**代码27.9**）。它表示哪个文件（fd）映射到哪个虚拟地址范围（从vaddr_begin到vaddr_end）。由于文件描述符编号和虚拟地址空间是特定于应用的（不同的应用可以拥有相同的“编号3”，但指向不同的文件），因此每个应用都将拥有自己的FileMapping类实例。

代码27.9　表示应用特定文件映射的结构（task.hpp）

```
struct FileMapping {
  int fd;
  uint64_t vaddr_begin, vaddr_end;
};
```

你已经习惯了为每个应用提供信息，不是吗？是的，你可以在任务类中获得这些信息。如代码27.10所示，我们添加了一个文件映射数组file_maps_。在它前面的file_map_end_是我们这次添加的另一个变量。这是一个影响文件映射到的虚拟地址范围的变量，稍后将详细解释。

代码27.10　使任务具有文件映射信息（task.hpp）

```
  uint64_t dpaging_begin_{0}, dpaging_end_{0};
  uint64_t file_map_end_{0};
  std::vector<FileMapping> file_maps_{};
```

我们添加了更多的方法来读写我们添加的两个成员变量，如代码27.11所示。这没有什么需要解释的。

代码27.11　读写添加的成员变量的方法（task.cpp）

```
uint64_t Task::FileMapEnd() const {
  return file_map_end_;
}

void Task::SetFileMapEnd(uint64_t v) {
  file_map_end_ = v;
}

std::vector<FileMapping>& Task::FileMaps() {
  return file_maps_;
}
```

现在，让我们来解释一下Task::file_map_end_的作用。这个变量决定内存映射文件使用的地址范围。初始值在应用启动前设置，如代码27.12所示。初始值为0xffffffffffffe000，几乎处于虚拟地址空间的末端。原因是我们希望将内存映射文件的地址范围从虚拟地址空间的末端向0扩展，如图27.4所示。

代码27.12　为file_map_end_设置初始值（terminal.cpp）

```
  task.SetDPagingEnd(elf_next_page);

  task.SetFileMapEnd(0xffff'ffff'ffff'e000);

  auto entry_addr = elf_header->e_entry;
  int ret = CallApp(argc.value, argv, 3 << 3 | 3, entry_addr,
                    stack_frame_addr.value + 4096 - 8,
                    &task.OSStackPointer());

  task.Files().clear();
  task.FileMaps().clear();
```

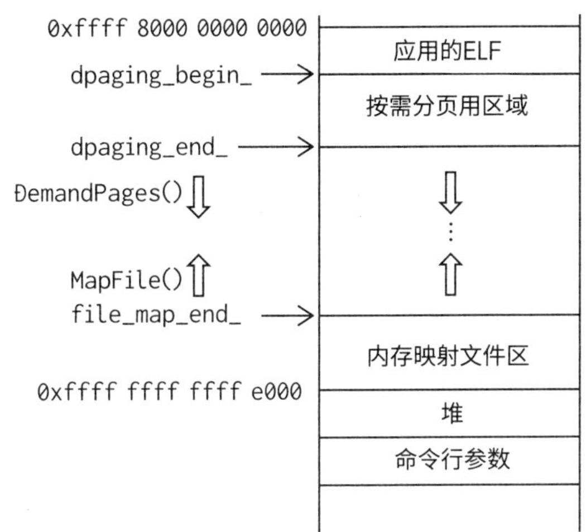

图27.4　将内存映射文件放在虚拟地址的末端

这是因为应用虚拟地址空间的前半部分（从0xffff800000000000向后）包含应用的ELF文件，而其后的地址范围则用于按需分页。按需分页的地址范围越往后越远，后面的障碍物会造成问题。因此，内存映射文件的设计是将地址范围从末端向前端延伸。这样可以最大限度地利用巨大的虚拟地址空间。

应用结束后，记得清空Task::file_maps_。我们最初忘了写这个过程，结果出现了一个错误，应用的行为从第一次到第二次都发生了变化。

代码27.13展示了新创建的系统调用syscall::MapFile()的实现过程。该系统调用将文件描述符编号作为第一个参数，并将文件映射到虚拟内存中。返回值是映射文件内容的内存区域的首地址。应用可以从该地址开始，通过读取文件的内存区域来读取文件数据。回想一下，当时并没有系统调用来获取文件大小，因此只要指定一个指向size_t类型变量的指针作为MapFile()的第二个参数，就可以获取文件大小（单位为字节）。

代码27.13　MapFile()系统调用注册文件映射（syscall.cpp）

```
SYSCALL(MapFile) {
  const int fd = arg1;
  size_t* file_size = reinterpret_cast<size_t*>(arg2);
  // const int flags = arg3;
  __asm__("cli");
  auto& task = task_manager->CurrentTask();
  __asm__("sti");
  if (fd < 0 || task.Files().size() <= fd || !task.Files()[fd]) {
    return { 0, EBADF };
  }

  *file_size = task.Files()[fd]->Size();
  const uint64_t vaddr_end = task.FileMapEnd();
```

```
  const uint64_t vaddr_begin = (vaddr_end - *file_size) & 0xffff'ffff'ffff'f000;
  task.SetFileMapEnd(vaddr_begin);
  task.FileMaps().push_back(FileMapping{fd, vaddr_begin, vaddr_end});
  return { vaddr_begin, 0 };
}
```

让我们来详细看看系统调用的处理过程。首先，像往常一样，我们要检查文件描述符编号是否为无效值。检查完毕后，我们使用系统调用第二个参数中指定的指针并写入文件大小。这样，应用就能知道文件的大小。

下一行是该系统调用的基本过程。首先，将当前的Task::file_map_end_值存储到变量vaddr_end中。接下来，从该值中减去文件大小，然后将该值对齐到4KiB边界，即vaddr_begin。然后，我们会将Task::file_map_end_更新为vaddr_begin的值，以防再次执行MapFile()。最后，将刚刚创建的文件映射信息添加到file_maps_中，系统调用过程就完成了。

正如你已经注意到的，这个系统调用不会以任何方式改变分层分页结构，它只是注册了一个“将特定虚拟地址范围映射到该文件的请求”，确保文件真正映射到虚拟地址空间的过程在发生页面故障时仍可完成。以这种方式将处理过程推后到真正需要的时候进行称为延迟处理，它可以减少一些不必要的处理过程。如果处理量相对较大，延迟处理就更有可能奏效。

代码27.14显示了HandlePageFault()，当发生页面故障时会调用该函数。以前只处理按需分页，这次增加了对内存映射文件的处理。

代码27.14　发生页面故障时映射文件（paging.cpp）

```
Error HandlePageFault(uint64_t error_code, uint64_t causal_addr) {
  auto& task = task_manager->CurrentTask();
  if (error_code & 1) { // P=1且因页面级权限违规而导致异常
    return MAKE_ERROR(Error::kAlreadyAllocated);
  }
  if (task.DPagingBegin() <= causal_addr && causal_addr < task.DPagingEnd()) {
    return SetupPageMaps(LinearAddress4Level{causal_addr}, 1);
  }
  if (auto m = FindFileMapping(task.FileMaps(), causal_addr)) {
    return PreparePageCache(*task.Files()[m->fd], *m, causal_addr);
  }
  return MAKE_ERROR(Error::kIndexOutOfRange);
}
```

当导致页面故障的虚拟地址causal_addr不在按需分页的地址范围内时，内存映射文件的处理就会开始。首先，使用FindFileMapping()查找该地址对应的文件映射。如果该地址对应之前用MapFile()系统调用注册的文件映射的地址范围，则返回该文件映射。

如果FindFileMapping()返回一个有效指针，则执行if语句的内容。在if语句的内容中，使用PreparePageCache()创建一个包含causal_addr的4KiB页面。文件数据的相应部分（最多4KiB）被复制到该页面，以便应用读取文件数据。

代码27.15展示了FindFileMapping()的实现过程。它在给定的FileMapping结构数组中查找地址范围包含特定虚拟地址的文件映射，如果找到则返回。如果没有对应的文件映射，则返回一个空指针。

代码27.15　查找包含指定地址的文件映射（paging.cpp）

```
const FileMapping* FindFileMapping(const std::vector<FileMapping>& fmaps,
                                   uint64_t causal_vaddr) {
  for (const FileMapping& m : fmaps) {
    if (m.vaddr_begin <= causal_vaddr && causal_vaddr < m.vaddr_end) {
      return &m;
    }
  }
  return nullptr;
}
```

代码27.16展示了PreparePageCache()的实现过程。该函数创建了一个4KiB页面，其中包含导致页面故障的虚拟地址causal_vaddr，并将文件数据复制到该页面。

代码27.16　创建指定页面并复制文件（paging.cpp）

```
Error PreparePageCache(FileDescriptor& fd, const FileMapping& m,
                       uint64_t causal_vaddr) {
  LinearAddress4Level page_vaddr{causal_vaddr};
  page_vaddr.parts.offset = 0;
  if (auto err = SetupPageMaps(page_vaddr, 1)) {
    return err;
  }

  const long file_offset = page_vaddr.value - m.vaddr_begin;
  void* page_cache = reinterpret_cast<void*>(page_vaddr.value);
  fd.Load(page_cache, 4096, file_offset);
  return MAKE_ERROR(Error::kSuccess);
}
```

SetupPageMaps()从该地址开始创建一个4KiB页面，并在内部完成物理帧的生成，将其分配给一个页面。页面分配完成后，文件数据将被复制到该页面（其指向的物理帧）。

图27.5显示了发生页面故障后如何创建页面缓存。首先，当试图读取或写入文件的应用访问vaddr_begin和vaddr_end范围内的虚拟地址区域时，就会发生页面故障（①）。PreparePageCache()在内部调用SetupPageMaps()来分配页面，其中包括帧的分配（②）。在这里，fd.Load()被用来复制文件数据（③）。

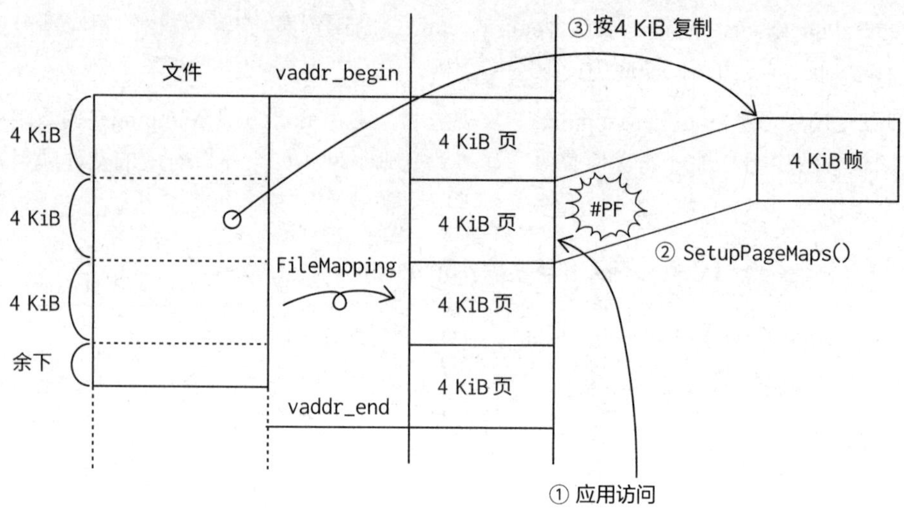

图27.5　页面故障触发时如何创建页面缓存

最后，我们介绍两个方法Size()和Load()，它们已被添加到FileDescriptor类（代码27.17）中。Size()返回文件的字节数，Load()在不改变内部管理的读写偏移值的情况下，将文件数据读入指定的缓冲区。

代码27.17　为FileDescriptor增加两个方法（file.hpp）

```
class FileDescriptor {
 public:
  virtual ~FileDescriptor() = default;
  virtual size_t Read(void* buf, size_t len) = 0;
  virtual size_t Write(const void* buf, size_t len) = 0;
  virtual size_t Size() const = 0;

  /** @brief Load 读取文件内容且不改变内部偏移量
   */
  virtual size_t Load(void* buf, size_t len, size_t offset) = 0;
};
```

Load()的实现过程如代码27.18所示。我们不想重复编写将文件数据读入缓冲区的代码，因此我们使用Read()创建了这一过程。仔细想想，fat.cpp中也有一个类似的函数，叫作LoadFile()，我们对它进行了修改，以使用我们刚刚实现的Load()。

代码27.18　Load()从指定位置读取文件内容（fat.cpp）

```
size_t FileDescriptor::Load(void* buf, size_t len, size_t offset) {
  FileDescriptor fd{fat_entry_};
```

```
  fd.rd_off_ = offset;

  unsigned long cluster = fat_entry_.FirstCluster();
  while (offset >= bytes_per_cluster) {
    offset -= bytes_per_cluster;
    cluster = NextCluster(cluster);
  }

  fd.rd_cluster_ = cluster;
  fd.rd_cluster_off_ = offset;
  return fd.Read(buf, len);
}
```

现在，内存映射文件的操作系统侧实现已经全部完成，我们可以创建一个验证应用（代码27.19）。新创建的系统调用SyscallMapFile()通常与SyscallOpenFile()结合使用。这是因为它需要你要映射的文件的文件描述符编号。

代码27.19　将文件映射并读入内存（mmap/mmap.cpp）

```
#include <cstdlib>
#include <cstdio>
#include <fcntl.h>
#include "../syscall.h"

extern "C" void main(int argc, char** argv) {
  SyscallResult res = SyscallOpenFile("/memmap", O_RDONLY);
  if (res.error) {
    exit(res.error);
  }
  const int fd = res.value;
  size_t file_size;
  res = SyscallMapFile(fd, &file_size, 0);
  if (res.error) {
    exit(res.error);
  }

  char* p = reinterpret_cast<char*>(res.value);
  for (size_t i = 0; i < file_size; ++i) {
    printf("%c", p[i]);
  }
  printf("\nread from mapped file (%lu bytes)\n", file_size);

  exit(0);
}
```

如果SyscallMapFile()调用成功，它将在返回值中返回文件映射区域的首地址。将其转换为char*类型的指针并读取其内容，即可读取文件数据。

在上述应用中，文件数据是通过printf()从文件开头一个字符一个字符地显示出来的。实际上，使用流方法API（fread()）来编写这种顺序访问更简单。当使用随机存取时，内存映射文件才真正发挥其作用，但我们想不出一个使用随机存取的简单验证应用。

图27.6显示了mmap命令的执行过程。可以看到文件内容已正确显示。很抱歉，这个例子完全无趣，但无论如何，它是成功的。

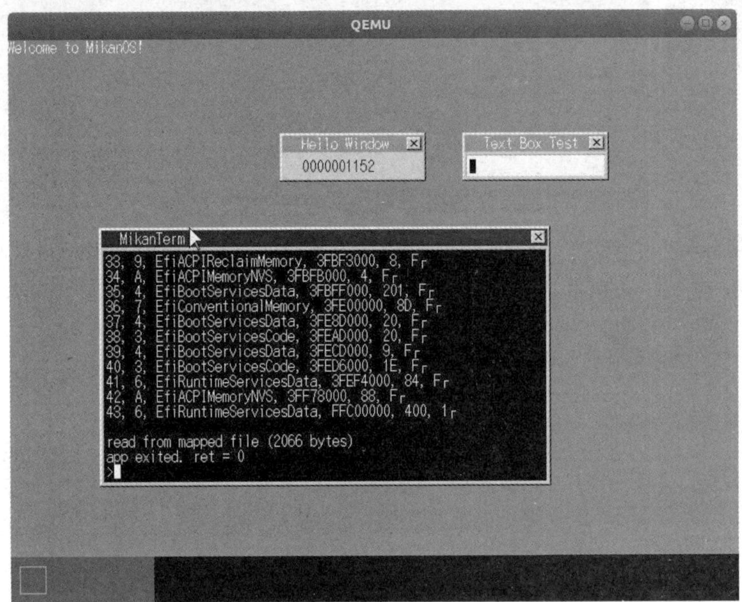

图27.6　mmap命令如何显示内存映射文件

27.3 测量内存使用情况（osbook_day27c）

MikanOS有更多与内存相关的功能，如按需分页和内存映射文件，我们想如果能有一个命令来检查内存使用量，那一定会很有趣。Linux有一个名为free的命令，可以让你查看系统有多少可用内存和已用内存。我们将尝试为MikanOS创建一个类似的命令。

在代码27.20中，我们创建了一个MemoryStat结构，用于显示使用中的帧数和总帧数。为内存管理器添加一个方法，将其作为返回值。

代码27.20　表示内存状态的结构（memory_manager.hpp）

```
struct MemoryStat {
  size_t allocated_frames;
  size_t total_frames;
};
```

我们实现了函数BitmapMemoryManager::Stat()，如代码27.21所示，该函数计算并返回当时的内存状态。它从一开始就通过检查内存管理器管理的范围来计算正在使用的帧数。std::bitset的count()方法可用于计算给定整数值为1的位数。

代码27.21　Stat()返回当前内存状态（memory_manager.cpp）

```
MemoryStat BitmapMemoryManager::Stat() const {
  size_t sum = 0;
  for (int i = range_begin_.ID() / kBitsPerMapLine;
       i < range_end_.ID() / kBitsPerMapLine; ++i) {
    sum += std::bitset<kBitsPerMapLine>(alloc_map_[i]).count();
  }
  return { sum, range_end_.ID() - range_begin_.ID() };
}
```

代码27.22展示了memstat命令的实现过程。这是一个非常简单的过程，只需查询内存管理器的内存状态并显示出来。

代码27.22　memstat命令（terminal.cpp）

```
  } else if (strcmp(command, "memstat") == 0) {
    const auto p_stat = memory_manager->Stat();

    char s[64];
    sprintf(s, "Phys used : %lu frames (%llu MiB)\n",
        p_stat.allocated_frames,
        p_stat.allocated_frames * kBytesPerFrame / 1024 / 1024);
    Print(s);
    sprintf(s, "Phys total: %lu frames (%llu MiB)\n",
        p_stat.total_frames,
        p_stat.total_frames * kBytesPerFrame / 1024 / 1024);
    Print(s);
  } else if (command[0] != 0) {
```

图27.7显示了memstat的三次运行情况。第一次是系统启动后，第二次是打开一个终端启动两个apps/cube后，第三次是再打开一个终端启动两个apps/cube后。可以看到，每次启动两个apps/cube都会消耗32个帧的内存。

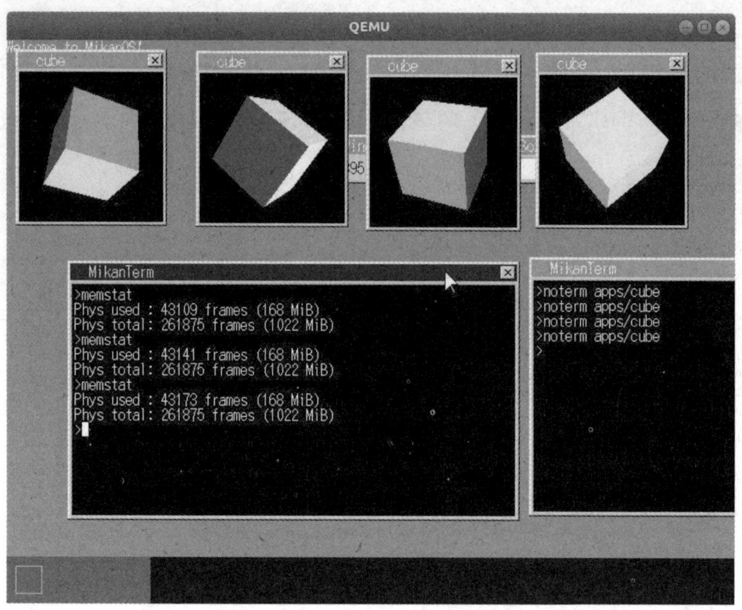

图27.7 使用memstat测量cube消耗的内存量

27.4 写入时复制（osbook_day27d）

你可能认为每次启动cube应用都会消耗内存，但仔细想想，这有点浪费。也就是说，当你运行一个应用时，它会将整个ELF文件读入物理内存，不问任何问题。这意味着多次运行同一个应用会在内存中创建许多数据相同的副本。

无论运行多少次同一个应用，ELF文件中的机器语言和只读数据区域都应该是相同的。如果多个任务能共享机器语言和只读数据区，就能节省内存。

利用分页功能，可以很容易地与多个任务共享相同的物理内存：只需在分层分页结构中为每个任务分别设置一个指向相同物理地址的页面即可。事实上，操作系统本身的地址区（从0到0x7fffffffffff）就已经这样做了。当新启动一个应用时，操作系统的前半部分PML4会被复制到应用的前半部分PML4，因此物理内存中的操作系统区域被所有应用共享。

可能的解决方案是在首次启动应用时将ELF文件加载到物理内存中，只有在第二次或以后启动同一应用时才将页面设置为引用该物理内存。这种方法行不通，因为ELF文件中也包含全局变量，而全局变量是可以改写的。如果多个应用引用相同的物理内存，重写其中一个应用的全局变量将影响其他应用。

这就需要使用分层分页结构中每个条目的R/W位。将该位设置为0将禁止写入该页面，如果应用试图写入该页面，就会发生页面故障。在页面故障处理程序中，将分配一个新的物理帧，其中包含相关页面内容的副本，并重写分层分页结构，使页面指向该物理帧（图27.8）。发生页面故障的页面的配置将更新为指向新的物理帧，R/W位将置1。然后，当返回应用时，应用可以写入全局变量，就像什么都没发生过一样，程序可以继续运行。

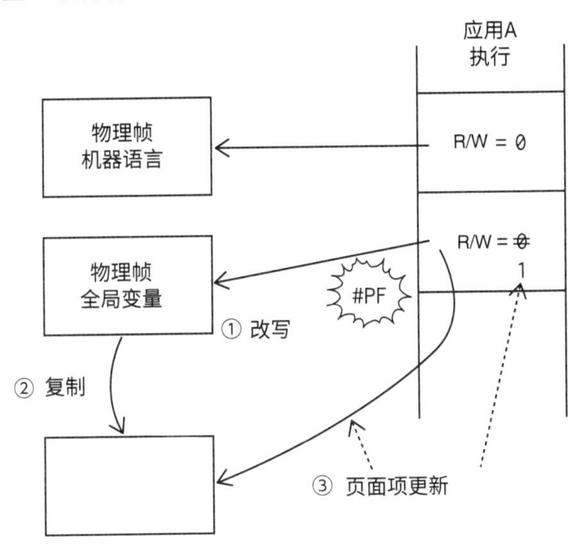

图27.8 全局变量区域如何在写入时复制

这种技术称为**写入时复制**（Copy-on-Write，CoW）。这意味着变量被映射为只读变量（R/W=0），并在第一次写入时被复制。当复制过程耗时较长，且只写入整体的一小部分时，写入时复制就会有效。如果几乎整个页面都被均匀地重写，最终就会复制每一页，这可能会违背直觉且效率低下。这次我们试图用写入时复制来实现应用的启动，但在应用启动的情况下，复制物理帧需要复制4KiB的内存，因此需要时间，而且与整个ELF文件相比，需要重写的区域只是一部分，因此写入时复制可能更有效。

我们的目标是为应用创建一个类似图27.9的数据结构，以实现写入时复制。创建的具体细节有待研究，但最终结果是我们希望它看起来像这样：有两个分层的分页结构，每个结构都指向同一个物理帧。关键是每个4KiB页面都是只读的（writable=0），并映射到一个物理帧。如果试图写入只读页面，就会出现页面故障。写入时复制是通过在异常处理程序中复制物理帧来实现的，这样分层分页结构就指向了复制的物理帧。

两个分层分页结构中的一个将作为下一次启动同一应用时的模板重复使用。当启动同一个应用时，应用的加载过程（查看ELF程序头并适当放置LOAD段的过程）将被省略，而模板（已加载的分层分页结构）将被简单复制。

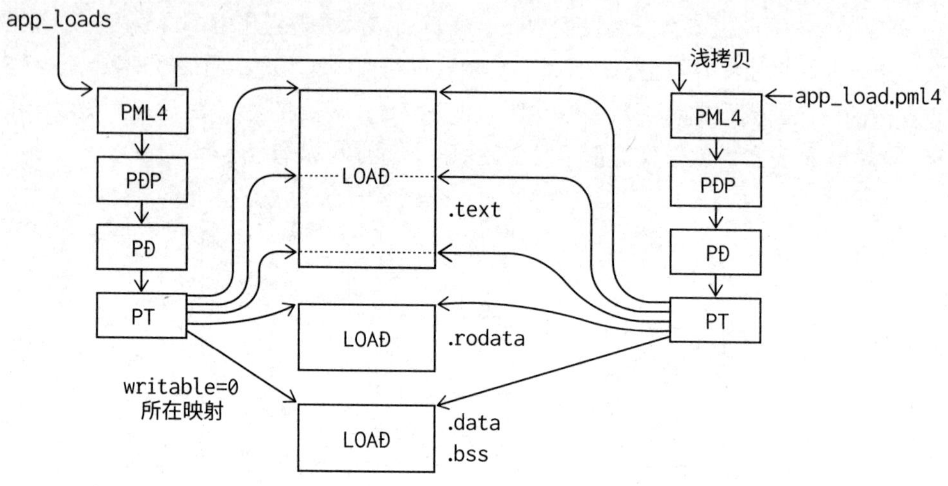

图27.9　复制指向应用LOAD段的分层分页结构

这有点长，但让我们开始执行吧。首先，我们创建了一个AppLoadInfo结构，用于存储加载到内存中的应用的状态（**代码27.23**）。该结构的vaddr_end记录了分层分页结构的最终地址。entry记录了应用的入口点的地址。pml4记录了指向分层分页结构的指针。

代码27.23　AppLoadInfo表示应用加载后的状态（terminal.hpp）

```
struct AppLoadInfo {
  uint64_t vaddr_end, entry;
  PageMapEntry* pml4;
};
```

对于第二次及以后的运行，app_loads被创建为首次启动应用时记录信息的地方（**代码27.24**）。有了这个映射，用户就可以将代表应用的目录条目作为键值，从而获得应用的加载信息。如果用户试图启动的应用已在此映射中注册，操作系统将跳过加载过程并启动该应用。app_loads在终端任务初始化之前在主函数中初始化。

代码27.24　app_loads保存已加载应用的列表（terminal.cpp）

```
std::map<fat::DirectoryEntry*, AppLoadInfo>* app_loads;
```

如**代码27.25**所示，Terminal::ExecuteFile()中的应用启动过程被封装成一个名为LoadApp()的函数。稍后将介绍LoadApp()的实现过程，但为简单起见，如果应用已在app_loads中注册，则调用该注册信息。如果未注册，则执行从LOAD段开始的完整加载流程。

代码27.25　将应用启动处理委托给LoadApp()（terminal.cpp）

```
Error Terminal::ExecuteFile(fat::DirectoryEntry& file_entry, char* command, char* first_arg)
{
  __asm__("cli");
  auto& task = task_manager->CurrentTask();
  __asm__("sti");

  auto [ app_load, err ] = LoadApp(file_entry, task);
  if (err) {
    return err;
  }

  LinearAddress4Level args_frame_addr{0xffff' ffff'ffff'f000};
```

代码27.26展示了LoadApp()的实现过程。如果理解了该函数的工作原理，就等于理解了本节的内容，它是一个重要的函数。我们将从头开始看这个过程。

代码27.26　LoadApp()在app_loads中查找应用，如果不存在则加载它们（terminal.cpp）

```
WithError<AppLoadInfo> LoadApp(fat::DirectoryEntry& file_entry, Task& task) {
  PageMapEntry* temp_pml4;
  if (auto [ pml4, err ] = SetupPML4(task); err) {
    return { {}, err };
  } else {
    temp_pml4 = pml4;
  }

  if (auto it = app_loads->find(&file_entry); it != app_loads->end()) {
    AppLoadInfo app_load = it->second;
    auto err = CopyPageMaps(temp_pml4, app_load.pml4, 4, 256);
    app_load.pml4 = temp_pml4;
    return { app_load, err };
  }

  std::vector<uint8_t> file_buf(file_entry.file_size);
  fat::LoadFile(&file_buf[0], file_buf.size(), file_entry);

  auto elf_header = reinterpret_cast<Elf64_Ehdr*>(&file_buf[0]);
  if (memcmp(elf_header->e_ident, "\x7f" "ELF", 4) != 0) {
    return { {}, MAKE_ERROR(Error::kInvalidFile) };
  }
  auto [ last_addr, err_load ] = LoadELF(elf_header);
  if (err_load) {
    return { {}, err_load };
  }

  AppLoadInfo app_load{last_addr, elf_header->e_entry, temp_pml4};
  app_loads->insert(std::make_pair(&file_entry, app_load));

  if (auto [ pml4, err ] = SetupPML4(task); err) {
```

```
    return { app_load, err };
  } else {
    app_load.pml4 = pml4;
  }
  auto err = CopyPageMaps(app_load.pml4, temp_pml4, 4, 256);
  return { app_load, err };
}
```

首先执行SetupPML4()。还记得这个函数的作用吗？该函数创建一个新的PML4表，一个4KiB的物理帧，并将操作系统的设置复制到表的前半部分（索引0至255）。然后在CR3寄存器中设置新生成的PML4表。函数返回新生成的PML4表，并将其记入变量temp_pml4。执行该函数后，在虚拟地址的应用区域0xffff800000000000之后没有任何内容。

接下来，检查应用是否已在app_loads中注册。如果应用已注册，则it != app_loads->end()变为true，并执行if语句的内容。if语句正文的目的是将搜索到的应用信息的分层分页结构设置复制到temp_pml4的后半部（索引256至511，应用区域），并返回给函数调用者。

首先，将it指向的应用注册信息提取到app_load中。此时，app_load.pml4会指向作为模板的分层分页结构（或者说，我们在此之后创建的进程就是这样）。

CopyPageMaps()会将模板的后半部分（应用区域）复制到temp_pml4中。CopyPageMaps()是一个对分层分页结构进行浅层复制的函数。浅层复制（shallow copy，也称浅拷贝）是只复制分层分页结构，而不复制PT指向的物理帧；对于PML4、PDP、PD和PT，将创建一个新表并复制值，但不复制PT指向的物理帧。

分层分页结构的复制完成后，temp_pml4也就完成了，前半部分和后半部分都已建立。可以将temp_pml4赋值给app_load.pml4，这样app_load.pml4就不是一个模板，而是指向新建立的分层分页结构。if语句的处理以返回app_load结束。

现在，下一步是在app_loads中没有注册应用时的处理方法。这部分与实现写入时复制之前的app_load的过程几乎完全相同，因此无须解释。将文件加载到缓冲区并检查其是否为ELF文件后，使用LoadELF()加载文件，这与之前的过程几乎完全相同但新增了以下过程。

值得注意的是，在LoadELF()之前，temp_pml4指向的分层分页结构的后半部（应用区域）是空的，但在LoadELF()之后，配置将被写入其中。写入时复制的基本思想是将分层分页结构与app_loads中写入的设置一起注册，并将其作为第二次和后续应用启动的模板注册到app_loads中。

此时，分层分页结构将作为模板在CR3中注册。如果模板已被更改就不好了，因此要执行SetupPML4()来生成新的分层分页结构并更新CR3。然后在app_load.pml4中设置新生成的分层分页结构。此时，app_load.pml4指向的分层分页结构（应用区域）的后半部分是空的，因此需要复制分层分页结构的后半部分作为模板。

现在，LoadELF()的处理过程确实不能与之前相同。这是因为分层分页结构的可写位必须设置为0。以前，writable=1用于允许应用写入，但要实现写入时复制，必须禁用写入。

代码27.27显示了CopyLoadSegments()的全部内容。只有一行被修改：SetupPageMaps()的第三个参数现在传递为false。对SetupPageMaps()的修改将在后面显示。

代码27.27　将LOAD段复制到的页面设为只读（terminal.cpp）

```
WithError<uint64_t> CopyLoadSegments(Elf64_Ehdr* ehdr) {
  auto phdr = GetProgramHeader(ehdr);
  uint64_t last_addr = 0;
  for (int i = 0; i < ehdr->e_phnum; ++i) {
    if (phdr[i].p_type != PT_LOAD) continue;

    LinearAddress4Level dest_addr;
    dest_addr.value = phdr[i].p_vaddr;
    last_addr = std::max(last_addr, phdr[i].p_vaddr + phdr[i].p_memsz);
    const auto num_4kpages = (phdr[i].p_memsz + 4095) / 4096;

    // 设置页面为只读 (writable = false)
    if (auto err = SetupPageMaps(dest_addr, num_4kpages, false)) {
      return { last_addr, err };
    }

    const auto src = reinterpret_cast<uint8_t*>(ehdr) + phdr[i].p_offset;
    const auto dst = reinterpret_cast<uint8_t*>(phdr[i].p_vaddr);
    memcpy(dst, src, phdr[i].p_filesz);
    memset(dst + phdr[i].p_filesz, 0, phdr[i].p_memsz - phdr[i].p_filesz);
  }
  return { last_addr, MAKE_ERROR(Error::kSuccess) };
}
```

如果在SetupPageMaps()中将复制LOAD段的4KiB页面设置为只读，那么在memcpy()中复制LOAD段时，难道不会出错吗？或者说，如果没有错误，那就不是“只读”。实际上，这是一种CPU规范，它允许在监督模式（CPL<3）下运行的程序写入页面，而与可写位设置无关，不过，需要CR0中的WP位为0。

因此，我们在SetupIdentityPageTable()中添加了一段代码，将WP位设置为0（代码27.28）。

代码27.28　允许监督写入只读页面（paging.cpp）

```
  ResetCR3();
  SetCR0(GetCR0() & 0xfffeffff); // 清除WP
```

代码27.29显示了SetupPageMap()的修改部分，它处理了大部分SetupPageMaps()处理过程。主要的修改是将接收到的可写位设置为page_map[entry_index].bits.writable。

代码27.29 修改为指定写入R/W位的值（paging.cpp）

```
WithError<size_t> SetupPageMap(
    PageMapEntry* page_map, int page_map_level, LinearAddress4Level addr,
    size_t num_4kpages, bool writable) {
  while (num_4kpages > 0) {
    const auto entry_index = addr.Part(page_map_level);

    auto [ child_map, err ] = SetNewPageMapIfNotPresent(page_map[entry_index]);
    if (err) {
      return { num_4kpages, err };
    }
    page_map[entry_index].bits.user = 1;

    if (page_map_level == 1) {
      page_map[entry_index].bits.writable = writable;
      --num_4kpages;
    } else {
      page_map[entry_index].bits.writable = true;
      auto [ num_remain_pages, err ] =
        SetupPageMap(child_map, page_map_level - 1, addr, num_4kpages, writable);
```

不过，只有分层分页结构的最低层PT才会根据参数改变可写位：对于page_map_level不为1的PML4、PDP和PD，可写位和以前一样设置为writable=1。分页机制的规定是，如果任何级别的可写位=0，则为只读，因此MikanOS决定只在最低级别在0和1之间切换可写位。这将使写入时复制的可写切换过程变得更加简单。

代码27.30显示了HandlePageFault()的修改部分，当发生页面故障时，该部分将被调用。主要的变化是，错误代码的每一位都被命名了，而且调用CopyOnePage()来实现写入时复制。

代码27.30 当出现页面故障时，执行写入时复制处理（paging.cpp）

```
Error HandlePageFault(uint64_t error_code, uint64_t causal_addr) {
  auto& task = task_manager->CurrentTask();
  const bool present = (error_code >> 0) & 1;
  const bool rw      = (error_code >> 1) & 1;
  const bool user    = (error_code >> 2) & 1;
  if (present && rw && user) {
    return CopyOnePage(causal_addr);
  } else if (present) {
    return MAKE_ERROR(Error::kAlreadyAllocated);
  }

  if (task.DPagingBegin() <= causal_addr && causal_addr < task.DPagingEnd()) {
```

以前，如果错误代码的present位为1，则总是错误。这是因为我们不希望在访问已经存在的页面时发生错误。但现在我们有了只读页面，因此，页面本身是存在的，但写入指令却因为只读而失败。这正是写入时复制的基本行为：if(present && rw && user)决定了页面存在的条件（present=1），而页面故障的原因是用户模式（user=1）下的写入指令（rw=1）。

代码27.31展示了最核心的写入时复制函数CopyOnePage()的实现过程。该函数实现了图27.8所示的写入时复制行为。它复制了包含导致页面故障的地址（causal_addr）的4KiB页面所映射的物理帧的内容，并将其重新映射为可写；SetPageContent()重写了页表，并重新映射了指定的物理帧。

代码27.31　CopyOnePage()将4KiB页面复制并映射为可写页面（paging.cpp）

```
Error CopyOnePage(uint64_t causal_addr) {
  auto [ p, err ] = NewPageMap();
  if (err) {
    return err;
  }
  const auto aligned_addr = causal_addr & 0xffff'ffff'ffff'f000;
  memcpy(p, reinterpret_cast<const void*>(aligned_addr), 4096);
  return SetPageContent(reinterpret_cast<PageMapEntry*>(GetCR3()), 4,
                        LinearAddress4Level{causal_addr}, p);
}
```

代码27.32展示了SetPageContent()的实现过程。该函数更新配置，使包含给定虚拟地址addr的4KiB页面指向content指定的物理帧，根据addr在分层分页结构中逐级下降，并在到达最低页表时更新相应4KiB页面的配置。更新时，将可写改为1。如果忘记做此更改，一旦离开页面故障异常处理程序并返回应用，写入指令将再次导致页面故障。

代码27.32　SetPageContent()将物理帧映射为可写页面（paging.cpp）

```
Error SetPageContent(PageMapEntry* table, int part,
                     LinearAddress4Level addr, PageMapEntry* content) {
  if (part == 1) {
    const auto i = addr.Part(part);
    table[i].SetPointer(content);
    table[i].bits.writable = 1;
    InvalidateTLB(addr.value);
    return MAKE_ERROR(Error::kSuccess);
  }

  const auto i = addr.Part(part);
  return SetPageContent(table[i].Pointer(), part - 1, addr, content);
}
```

最后的调用InvalidateTLB()（代码27.33）非常重要。该函数仅使TLB中与已重新配置的页面相关的部分无效（invalidate）。invlpg是该函数使用的指令，不能用C++编写，是汇编语言函数。

代码27.33　使包含指定地址的TLB行无效（asmfunc.asm）

```
global InvalidateTLB  ; void InvalidateTLB(uint64_t addr);
InvalidateTLB:
    invlpg [rdi]
    ret
```

TLB（TranslationLookasideBuffer）是CPU内置的一个设备，用于加速将虚拟地址转换为物理地址的过程。通过分页进行地址转换是一个非常繁重的任务。例如，每执行一次mov指令，就会产生四次内存访问来遍历分层分页结构。换句话说，内存访问次数增加了好几倍。由此可见，这很可能会导致性能大幅下降。

为了避免这种情况，地址转换的结果会记录在TLB中并重复使用：TLB是CPU内置的功能，而不是内存，因此它可以高速运行。当程序尝试访问内存时，如果其虚拟地址已在TLB中注册，则无须查询分层分页结构即可获得物理地址。分层分页结构是内存中的一种数据结构，用于存储分层分页结构中的数据。

由于分层分页结构是内存中的数据结构，因此CPU不会注意到其中的部分内容被改写。如果在更改分层分页结构的部分内容后不执行invlpg指令，CPU将继续使用过时的TLB，并读写偏离应读写的物理地址的错误区域[1]。invlpg使包含参数指定的虚拟地址的TLB行无效。这样，下次对该虚拟地址进行内存访问时，将执行遍历分层分页结构的过程，TLB中的信息也将是最新的。

最后，对在应用关闭后释放内存的CleanPageMap()进行了修改（代码27.34）。由于已经实现了写入时复制过程，因此在应用结束时，包含应用机器语言（.text）和只读数据（.rodata）的LOAD段应保持未复制状态。到目前为止，CleanPageMap()的实现是为了删除4KiB页面引用的物理帧，而不会报出任何问题，但从现在开始，它不得释放尚未复制的页面的物理帧。因此，利用复制的页面总是writable=1的特性，我们改变了流程，只有当writable=1时才释放物理帧。

代码27.34　释放应用使用的页面（paging.cpp）

```
Error CleanPageMap(
    PageMapEntry* page_map, int page_map_level, LinearAddress4Level addr) {
  for (int i = addr.Part(page_map_level); i < 512; ++i) {
    auto entry = page_map[i];

    ……
```

1　作者起初忘了包含这一过程，并被一个在QEMU上运行良好但在某些机器上运行不佳的问题所困扰，最终通过invlpg解决了这一问题。

```
if (entry.bits.writable) {
  const auto entry_addr = reinterpret_cast<uintptr_t>(entry.Pointer());
  const FrameID map_frame{entry_addr / kBytesPerFrame};
  if (auto err = memory_manager->Free(map_frame, 1)) {
    return err;
  }
}
page_map[i].data = 0;
```

解释到此为止，让我们来看看实际操作（图27.10）。在上一节中测量时，每个cube消耗16个帧，而现在只消耗11个帧。cube是一个约70KiB的应用，但更大的可执行文件会产生更大的影响，因为有更多的页面不会被复制。

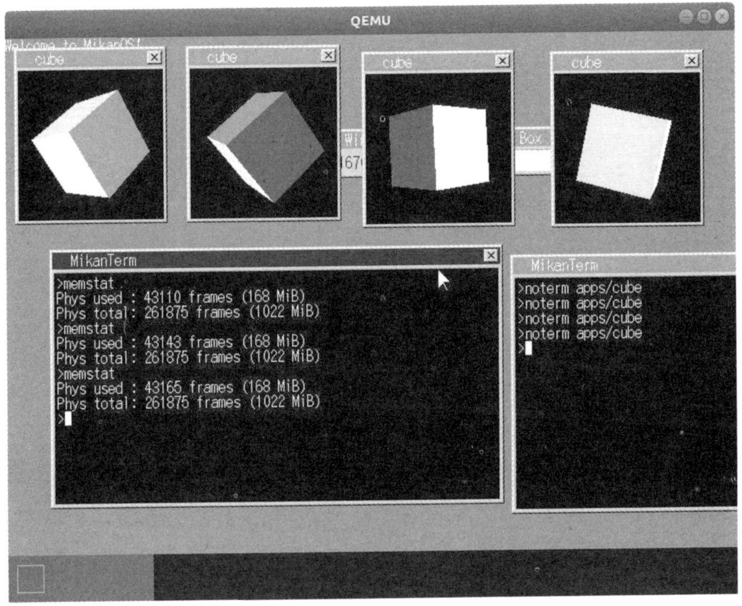

图27.10　每个cube应用消耗更少内存

写入时复制是一项非常先进的功能，我们有点不确定是否要在本书中介绍它，但我们对这种相当紧凑的实现方式印象深刻。祝你在下一章中好运！

第 28 章

日文显示和重定向

英文字母在程序中非常容易处理，因此本书一直使用英文字母和数字字符的输出模式。不过，Windows、macOS和Linux都能读写日文文本，菜单也能是日文的。在本章前半部分，我们将为MikanOS添加日文显示功能。在本章后半部分，我们将开发一个重定向功能，将命令的输出保存到文件中。到目前为止，命令输出的字符串只能显示在终端屏幕上，但重定向功能可以将它们写入文件。现在，命令之间可以通过文件链接数据，从而扩大了命令的应用范围。

28.1 日文和字符编码（osbook_day28a）

我们一直在使用ASCII码，它是计算机世界中广泛使用的字符编码，可以处理字母、数字和符号。7位ASCII字符的编码范围为0至127，因此char类型的变量可以表示一个字符。通过128个不同的值，可以表示控制代码（NUL、EOT、换行等）、字母、数字和一些符号。

另一方面，除了字母和数字，世界上还有许多其他字符。在英语国家之外，人们专门为每种语言开发了许多字符编码，以便在计算机上处理这些字符。日文最常用的字符编码是JIS、Shift-JIS和EUC-JP。即使是同一种日文字符编码，字符和数值之间的对应关系也不尽相同，将数字转换成字节串（编码方案）的规则也不尽相同。字符编码就像一把钥匙：没有它，字节串就无法转换成正确的字符，也就无法读取。

在互联网发展之前，这还不是问题。当时，计算机只供一个或一群人使用，即使进行通信，也很少跨越国界。因此，与之交换数据的每个人都使用同一种语言。如果我们承诺都使用一种字符编码，就不会有任何困难。

但现在，我们每天都在用许多不同的语言交换数据。许多人访问英文网站，有些人可能用俄文、中文等收集信息。一个网络服务往往混合了多种语言。社交网站上有来自世界各地的人注册，每天都有各种语言的信息。

在这个各种语言的文本并存的世界中，使用每种语言各自的字符编码写东西需要极其复杂的处理过程。一种方法是在不同语言之间做一个切换标记。“注意！现在进入日文模式！按Shift-JIS码解析。注意！现在进入俄文模式！按KOI8-R码解析。注意！现在进入ASCII模式！按ASCII码解析！”每当出现更改字符编码的标记时，就会切换要解释的字符编码。是的，光是想想我们就头疼。事实上，JIS编码使用这种方法在英文和日文模式之间切换，以表达混合了字母、数字、平假名、片假名和汉字的句子。这并不意味着这种方法是错误的，但它一定是一种麻烦的方法。

有一种编码叫Unicode。这是一种“雄心勃勃”的字符编码，旨在用一个编码系统涵盖世界上所有的字符。英文、日文、俄文和汉字都可以一并处理。如果用Unicode创建文档，就可以非常自然地创建混合语言文档，而不需要任何特殊标记。即使在社交网络上用各种语言发布信息，也可以在幕后统一处理为Unicode。Unicode目前已被广泛使用，因此MikanOS也将采用Unicode来支持日文。

当谈到字符编码时，我们指的是两件事：字符和数值之间的映射，以及数值和位序列之间的转换方法。简单地书写Unicode通常指的是前者（字符和数值之间的映射）。例如，在Unicode中，.对应0x266a。映射到字符上的数值称为码位（code point），在Unicode世界中，码位用U+表示，如U+266A。

要将用Unicode表示的字符串写入内存或通过网络传输，必须将码位转换为位序列。将码位转换为位序列的方法称为**编码方案**（scheme）。Unicode定义了几种编码方案，常见的有UTF-8、UTF-16和UTF-32。

最简单的是UTF-32。它以32位表示一个码位的数值：一个字符用32位表示。因此从码位到位序列以及从位序列到码位的转换非常容易。例如，字母A的码位是U+0041，因此在UTF-32中对其编码的结果是一个32位宽的字节序列0x00000041。虽然转换简单明了，但它有一个明显的缺点。也就是说，即使只用ASCII码范围内的字符来编写文本，它也会是用ASCII码编码的文本的四倍。当然，只支持ASCII码的程序无法处理以UTF-32编码的数据。

UTF-16表示码位数值的低16位，比UTF-32好一些，但其存储空间仍然是用ASCII码编码的两倍。此外，UTF-16还采用了一种称为代理对的特殊规范，这使得它成为一种难用的编码方案。

UTF-8方案中，码位由1至4字节的可变长度表示。其特点是，它以与ASCII码完全相同的方式对ASCII字符（U+0000至U+007F）进行编码。例如，字母A在ASCII码中用7位65（0b1000001）表示，而在UTF-8中则用8位65（0b01000001）表示。由于大多数现代存储设备使用8位为1字节作为最小单位，而ASCII码文档在大多数情况下也是以8位记录一个字符的，因此ASCII码和UTF-8的字节序列完全相同。这一特点使英文文档的大小与ASCII码相同，并可由只支持ASCII码的程序处理。

UTF-8还避免了UTF-32和UTF-16中出现的因字节序不同而导致的问题，这些问题是由于将编码后的位序列转换成字节序列的顺序不同而造成的。例如，在将0x00000041写入文件时，规范并没有规定应写成00 00 00 41还是41 00 00 00。如果读取时的字节序与写入文件时的字节序不同，就会产生错误的结果。在这方面，UTF-8没有字节序问题。即使是在UTF-8中需要两个字节以上的字符（ASCII码范围之外的字符），规范也决定了记录字节的顺序，因此不会产生混淆。

目前，就我们所见，UTF-8作为文本文件的编码格式已成为事实上的全球标准。软件（包括操作系统）的内部表示可能不是UTF-8，但它是文件和网络交互的强大编码格式。许多文本编辑器都以UTF-8格式读写文件。因此，MikanOS也将基于UTF-8实现日文相关功能。

在本节，我们的目标是使Terminal::Print()和cat命令兼容UTF-8。一旦做到这一点，就能正确识别UTF-8字符串中的每个字符，包括ASCII码范围之外的字符（如日文），并计算出Unicode码位。不过，能够计算码位并不意味着字符串可以实际显示在屏幕上。只有存在与该码位相对应的字体，字符才能显示在屏幕上。因此，我们计划在下一节中讨论对日文字体的支持。

代码28.1显示了WriteUnicode()，它是本节的主角。该函数在指定位置绘制指定码位的字符。也可以说，它是一个接收以UTF-32编码的值的函数（Unicode代码点等于UTF-32表示的值吗？）。目前还没有支持非ASCII码的字体，只能显示码位在0x7f以下ASCII码范围内的字符。如果给定的码位高于0x80，我们别无选择，只能用?来显示。

代码28.1 WriteUnicode()绘制给定码位相对应的字符（font.cpp）

```
void WriteUnicode(PixelWriter& writer, Vector2D<int> pos,
                  char32_t c, const PixelColor& color) {
  if (c <= 0x7f) {
    WriteAscii(writer, pos, c, color);
    return;
  }

  WriteAscii(writer, pos, '?', color);
  WriteAscii(writer, pos + Vector2D<int>{8, 0}, '?', color);
}
```

我们重写了WriteString()，以使用新创建的WriteUnicode()（代码28.2）。该函数从头开始读取给定的字符串s（假设它是UTF-8编码字符串），然后每次打印一个Unicode字符。要理解这个程序，需要先了解UTF-8的结构。

代码28.2 WriteString()的Unicode支持（font.cpp）

```
void WriteString(PixelWriter& writer, Vector2D<int> pos, const char* s, const PixelColor&
color) {
  int x = 0;
  while (*s) {
    const auto [ u32, bytes ] = ConvertUTF8To32(s);
    WriteUnicode(writer, pos + Vector2D<int>{8 * x, 0}, u32, color);
    s += bytes;
    x += IsHankaku(u32) ? 1 : 2;
  }
}
```

以UTF-8编码的字符串“Hello世界”如图28.1所示。用UTF-8编码后，其总共有11个字节的数据。前五个字符采用ASCII码，因此每个字符可用一个字节表示：H=0x48、e=0x65、l=0x6c、o=0x6f。

“世”和“界”这两个字符不能用一个字节表示，因此需要将多个字节组合起来才能表示一个字符。在UTF-8中，一个字符的字节数可以通过查看第一个字节来确定。从第一个字节的最高位开始，1的连续个数表示字符的字节数。“世”的第一个字节是0xe4=0b11100100，因此从最高位开始的1的连续个数是3，这意味着“世”是一个3字节字符。同样，“界”也是一个3字节字符。从第二字节开始前两位必须始终为0b10。

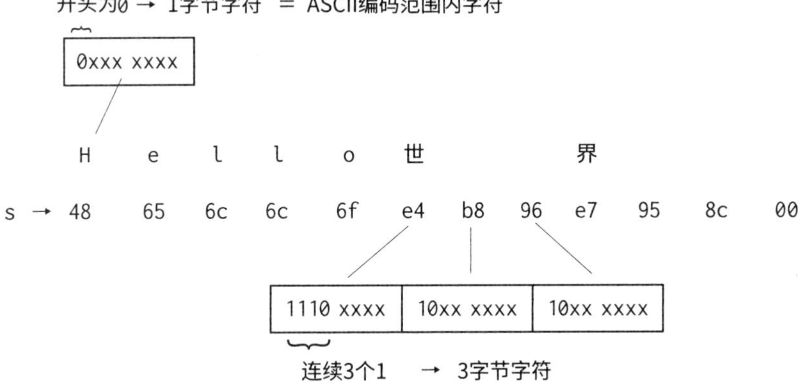

图28.1 UTF-8编码字符串示例

代码28.3显示了函数CountUTF8Size()，该函数根据UTF-8字符的第一个字节计算字符的字节数：如果字符在ASCII码范围内（0～0x7f），则为1字节字符；如果有两个连续的1（0xc0～0xdf），则为2字节字符；等等。

代码28.3 CountUTF8Size()查找UTF-8字符的字节数（font.cpp）

```
int CountUTF8Size(uint8_t c) {
  if (c < 0x80) {
    return 1;
  } else if (0xc0 <= c && c < 0xe0) {
    return 2;
  } else if (0xe0 <= c && c < 0xf0) {
    return 3;
  } else if (0xf0 <= c && c < 0xf8) {
    return 4;
  }
  return 0;
}
```

代码28.4显示了函数ConvertUTF8To32()。该函数从UTF-8字符串开头提取一个字符，并返回该字符的码位。要将UTF-8字符转换为码位，只需提取并连接图28.1中x所示的码位。

代码28.4 ConvertUTF8To32()从UTF-8字符串中提取单个字符（font.cpp）

```
std::pair<char32_t, int> ConvertUTF8To32(const char* u8) {
  switch (CountUTF8Size(u8[0])) {
  case 1:
    return {
      static_cast<char32_t>(u8[0]),
      1
    };
  case 2:
```

```
    return {
      (static_cast<char32_t>(u8[0]) & 0b0001'1111) << 6 |
      (static_cast<char32_t>(u8[1]) & 0b0011'1111) << 0,
      2
    };
  case 3:
    return {
      (static_cast<char32_t>(u8[0]) & 0b0000'1111) << 12 |
      (static_cast<char32_t>(u8[1]) & 0b0011'1111) << 6 |
      (static_cast<char32_t>(u8[2]) & 0b0011'1111) << 0,
      3
    };
  case 4:
    return {
      (static_cast<char32_t>(u8[0]) & 0b0000'0111) << 18 |
      (static_cast<char32_t>(u8[1]) & 0b0011'1111) << 12 |
      (static_cast<char32_t>(u8[2]) & 0b0011'1111) << 6 |
      (static_cast<char32_t>(u8[3]) & 0b0011'1111) << 0,
      4
    };
  default:
    return { 0, 0 };
  }
}
```

在cat命令的程序中，从文件中实际读取和显示数据的过程已被调整为UTF-8格式（代码28.5）。请注意while语句：一个字符对应的字节序列被读入u8buf（最多4字节），然后通过ConvertUTF8To32()转换为Unicode，最后通过Print()显示。如果不能成功转换，u32将被设置为0。在这种情况下，将显示“□”。

代码28.5　cat的UTF-8处理（terminal.cpp）

```
  } else {
    fat::FileDescriptor fd{*file_entry};
    char u8buf[4];

    DrawCursor(false);
    while (true) {
      if (fd.Read(&u8buf[0], 1) != 1) {
        break;
      }
      const int u8_remain = CountUTF8Size(u8buf[0]) - 1;
      if (u8_remain > 0 && fd.Read(&u8buf[1], u8_remain) != u8_remain) {
        break;
      }

      const auto [ u32, u8_next ] = ConvertUTF8To32(u8buf);
      Print(u32 ? u32 : U'□');
    }
    DrawCursor(true);
  }
```

cat中使用的Terminal::Print()的实现过程如**代码28.6**所示。参数以前是char类型，但经过修改后，它现在接受代表UTF-32字符的char32_t类型。char32_t是在C++11中引入的，因此在旧的C++教程中可能找不到。char16_t类型代表单个UTF-16字符。

代码28.6　使Print()与Unicode兼容（terminal.cpp）

```
void Terminal::Print(char32_t c) {
  if (!show_window_) {
    return;
  }

  auto newline = [this]() {
    cursor_.x = 0;
    if (cursor_.y < kRows - 1) {
      ++cursor_.y;
    } else {
      Scroll1();
    }
  };

  if (c == U'\n') {
    newline();
  } else if (IsHankaku(c)) {
    if (cursor_.x == kColumns) {
      newline();
    }
    WriteUnicode(*window_->Writer(), CalcCursorPos(), c, {255, 255, 255});
    ++cursor_.x;
  } else {
    if (cursor_.x >= kColumns - 1) {
      newline();
    }
    WriteUnicode(*window_->Writer(), CalcCursorPos(), c, {255, 255, 255});
    cursor_.x += 2;
  }
}
```

U'\n'表示UTF-32编码的换行符。一般来说，如果没有U，它是一个ASCII码[1]字符字面量，而有U和u时，它分别是一个UTF-32和UTF-16字符字面量。

IsHankaku()是一个新创建的函数，用于确定给定字符是半角字符还是全角字符。其实现如**代码28.7**所示。

1　该标准要求使用处理器定义的字符编码，但作者实际上从未遇到过使用ASCII码以外的任何编码的处理器。

代码28.7　如果参数是单字节字符，IsHankaku()返回true（font.cpp）

```
bool IsHankaku(char32_t c) {
  return c <= 0x7f;
}
```

宽度是高度一半的字符（如字母、数字）称为半角字符，而宽度和高度相同的字符（如日文字符）称为全角字符。虽然仔细观察，每个字符的宽度都不一样（M比I宽，旧比日宽），但为了简单起见，我们假设半角字符的大小为8像素×16像素，全角字符的大小为16像素×16像素。这种字符宽度相同的假设被称为等宽（monospace），否则为比例（proportional）。MikanOS不处理非等宽字符。

回到Print()，如果知道IsHankaku()给出的字符是半角还是全角，就可以相应地改变换行位置和光标移动宽度。如果字符是半角的，则可以直接显示到终端屏幕的右边缘。但如果字符是全角的，则必须在距右端一个半角字符之前换行。半角字符的光标移动宽度为1，全角字符的光标移动宽度为2。顺便提一下，字符是半角的还是全角的与字符是否在ASCII码范围内无关。因此，无论字符是半角的还是全角的，都要使用WriteUnicode()来绘制。

至此，支持Unicode的修改就完成了。不过，由于目前还没有日文字体，在显示日文字符时会出现“??”。为了测试，我们创建了一个名为resource/jpn.txt的文件（代码28.8）。

代码28.8　用于测试日文显示的文件（jpn.txt）

```
ようこそ，MikanOSへ！
MikanOSは計算機科学の教材となることを目指して作られています。

リポジトリ→ https://gi**ub.com/uchan-nos/mikanos
```

该文件须放入MikanOS启动盘。为了方便，我们在MikanOS启动脚本$HOME/osbook/devenv/run_mikanos.sh中使用了RESOURCE_DIR机制。该机制会将RESOURCE_DIR指定目录下的文件复制到启动卷的根目录。

```
$ APPS_DIR=apps RESOURCE_DIR=resource ./build.sh run
```

你可以使用命令行启动QEMU。图28.2中显示了cat jpn.txt的执行情况。只有日文部分变成了“??”而ASCII码似乎显示正确。这符合预期。如果在下一节中加入日文字体，这个“??”会正确显示。我们很期待！

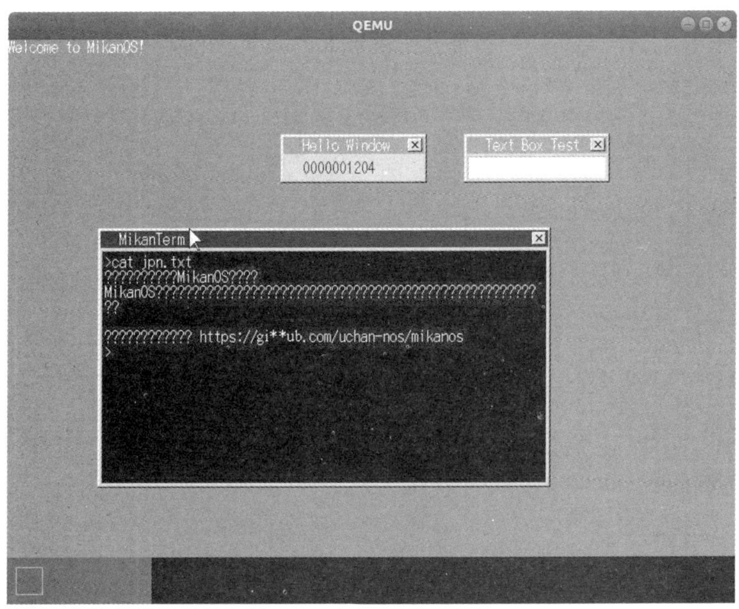

图28.2　显示含日文字符的UTF-8文档

28.2 日文字体（osbook_day28b）

ASCII字符的渲染依赖嵌入操作系统本身的字体数据。这种字体数据以东云字体为基础，表示为8像素×16像素的简单位序列，程序中可以看到uint8_t数组。

要找到包含日文的位图字体非常困难。它并非完全不存在，但存在一些问题，如特殊文件格式、不支持Unicode等。由于缺乏选择，我们很难使用自己喜欢的字体。

因此，本节在MikanOS中加入了一个名为FreeType的库，以便使用TrueType文件格式的字体。这种格式非常流行，就字体而言，TrueType是最受欢迎的文件格式之一。因此如果你能处理它，你就能整合并使用你喜欢的字体。在本节中，我们将IPA字体中的IPAGothic添加到resource/nihongo.ttf中。只要符合许可，就可以重新发布该字体文件，因此MikanOS中包含了该字体文件，以供使用。完整的许可见IPA_Font_License_Agreement_v1.0.txt。IPAGothic文件非常大，约6MiB。引导加载器目前加载的容量（16MiB）是不够的，因此我们将其加倍到32MiB，如**代码28.9**所示。这暂时可以满足操作系统本身和应用数量的增长需求。不要忘了在$HOME/edk2目录中执行build。

代码28.9 增加引导加载器加载的大小（MikanLoaderPkg/Main.c）

```
EFI_BLOCK_IO_MEDIA* media = block_io->Media;
UINTN volume_bytes = (UINTN)media->BlockSize * (media->LastBlock + 1);
if (volume_bytes > 32 * 1024 * 1024) {
  volume_bytes = 32 * 1024 * 1024;
}
```

FreeType库的使用大致遵循以下流程。

1. 初始化（FT_Init_FreeType()）。
2. 加载字体文件。
3. 创建字体对象（FT_New_Memory_Face()）。
4. 加载所需字符（FT_Load_Glyph()）。

本节的主要目标是使WriteUnicode()与日文兼容。上一节创建的该函数在输入ASCII码范围之外的字符时会显示“??”，从而引起误导。我们的想法是对其进行修改，并使用FreeType库来正确显示字符。让我们从创建初始化FreeType库的过程开始。

代码28.10展示了InitializeFont()的实现过程，它负责MikanOS中与字体相关的初始化。从顶部看，我们首先初始化了FreeType库，然后打开nihongo.ttf文件，最后将文件读入nihongo_buf。这里出现的两个变量就是**代码28.11**中定义的变量。它们只在font.cpp中使用，因此我们在未命名空间中定义了它们。

代码28.10 初始化FreeType库（font.cpp）

```
void InitializeFont() {
  if (int err = FT_Init_FreeType(&ft_library)) {
    exit(1);
  }

  auto [ entry, pos_slash ] = fat::FindFile("/nihongo.ttf");
  if (entry == nullptr || pos_slash) {
    exit(1);
  }

  const size_t size = entry->file_size;
  nihongo_buf = new std::vector<uint8_t>(size);
  if (LoadFile(nihongo_buf->data(), size, *entry) != size) {
    delete nihongo_buf;
    exit(1);
  }
}
```

代码28.11　绘制日文字体所需的两个变量（font.cpp）

```
FT_Library ft_library;
std::vector<uint8_t>* nihongo_buf;
```

源码没有显示，但定义的InitializeFont()会在主函数中调用。我们认为最好尽早初始化日文显示，因此我们尝试在fat::Initialize(volume_image);之后立即调用InitializeFont()。

在字体领域，字面（face）是指字形的设计。字体文件可能包含多种设计，每个称为一个face。如**代码28.12**所示，NewFTFace()将从字体文件中读取第一个face（如果只包含一个），FreeType库中的函数FT_New_Memory_Face()可用于从加载到内存中的字体文件中读取一个face。

代码28.12　NewFTFace()准备一个face对象（font.cpp）

```
WithError<FT_Face> NewFTFace() {
  FT_Face face;
  if (int err = FT_New_Memory_Face(
        ft_library, nihongo_buf->data(), nihongo_buf->size(), 0, &face)) {
    return { face, MAKE_ERROR(Error::kFreeTypeError) };
  }
  if (int err = FT_Set_Pixel_Sizes(face, 16, 16)) {
    return { face, MAKE_ERROR(Error::kFreeTypeError) };
  }
  return { face, MAKE_ERROR(Error::kSuccess) };
}
```

通常，TrueType字体中的字形可以自由缩放（向量字体）。因此在实际绘制字体之前有必要确定所需的大小。这可以通过FT_Set_Pixel_Sizes()来完成。在本例中，我们将字体设置为16像素×16像素。

加载所需字符的函数RenderUnicode()如**代码28.13**所示。如果传入要读取的字符的Unicode代码点和用NewFTFace()创建的face对象，就可以读取该字符的字形。

代码28.13　读入指定字符的字形的函数（font.cpp）

```
Error RenderUnicode(char32_t c, FT_Face face) {
  const auto glyph_index = FT_Get_Char_Index(face, c);
  if (glyph_index == 0) {
    return MAKE_ERROR(Error::kFreeTypeError);
  }

  if (int err = FT_Load_Glyph(face, glyph_index,
                              FT_LOAD_RENDER | FT_LOAD_TARGET_MONO)) {
    return MAKE_ERROR(Error::kFreeTypeError);
  }
  return MAKE_ERROR(Error::kSuccess);
}
```

在字体领域，字符的形状被称为字形。FT_Get_Char_Index()是一个从Unicode码点检索face对象中字形编号的函数。由于字体文件中的字形并不总是按Unicode代码点排序，因此有必要使用该函数转换。

获得的字形编号可传递给FT_Load_Glyph()，以获得该字形。该字形在face->glyph->bitmap中取得。

我们修改了WriteUnicode()以使用我们创建的两个函数绘制字形（**代码28.14**）。使用RenderUnicode()加载到face->glyph->bitmap中的字形，在参数指定的writer中绘制图片。要详细描述这个绘制程序需要很长时间。因此，我们认为它并不是操作系统创建过程中不可或缺的一部分，所以省略解释。抱歉。

代码28.14　绘制与指定字符相对应的字形（font.cpp）

```
Error WriteUnicode(PixelWriter& writer, Vector2D<int> pos,
                   char32_t c, const PixelColor& color) {
  if (c <= 0x7f) {
    WriteAscii(writer, pos, c, color);
    return MAKE_ERROR(Error::kSuccess);
  }

  auto [ face, err ] = NewFTFace();
  if (err) {
    WriteAscii(writer, pos, '?', color);
    WriteAscii(writer, pos + Vector2D<int>{8, 0}, '?', color);
    return err;
  }
  if (auto err = RenderUnicode(c, face)) {
    FT_Done_Face(face);
    WriteAscii(writer, pos, '?', color);
    WriteAscii(writer, pos + Vector2D<int>{8, 0}, '?', color);
    return err;
  }
  FT_Bitmap& bitmap = face->glyph->bitmap;

  const int baseline = (face->height + face->descender) *
    face->size->metrics.y_ppem / face->units_per_EM;
  const auto glyph_topleft = pos + Vector2D<int>{
    face->glyph->bitmap_left, baseline - face->glyph->bitmap_top};

  for (int dy = 0; dy < bitmap.rows; ++dy) {
    unsigned char* q = &bitmap.buffer[bitmap.pitch * dy];
    if (bitmap.pitch < 0) {
      q -= bitmap.pitch * bitmap.rows;
    }
    for (int dx = 0; dx < bitmap.width; ++dx) {
      const bool b = q[dx >> 3] & (0x80 >> (dx & 0x7));
      if (b) {
        writer.Write(glyph_topleft + Vector2D<int>{dx, dy}, color);
```

```
      }
    }
  }

  FT_Done_Face(face);
  return MAKE_ERROR(Error::kSuccess);
}
```

需要提一点，实际的字形图像是加载到bitmap.buffer中的。由于加载字形时指定了FT_LOAD_TARGET_MONO，因此加载的应该是黑白图像，其中一个比特对应一个像素。换句话说，一个字节包含八个像素的数据。可以使用位运算一次取出一个像素，例如q[dx >> 3] & (0x80 >> (dx & 0x7))，如果位为1，则绘制它，如果位为0，则什么也不做。

最后，使用FT_Done_Face()销毁NewFTFace()创建的face对象，完成整个过程。

“现在日文支持完成了！”但在我们的环境中，当我们尝试显示日文时，操作系统被迫重启。经过调查，发现FreeType占用了太多的栈，并溢出了栈区域。我们将任务栈从4KiB增加到32KiB，如**代码28.15**所示，现在它可以正常工作了。

代码28.15　将任务栈增至32KiB（task.hpp）

```
class Task {
 public:
  static const int kDefaultLevel = 1;
  static const size_t kDefaultStackBytes = 8 * 4096;
```

在上一节中，我们已经使WriteString()支持了Unicode。因此应用应能显示日文，而无须做任何事情。但是，如果应用的栈仍然很小，就会出现故障，因此请按照前面的修改（**代码28.16**）增加应用的栈。

代码28.16　将应用的栈也增至32KiB（terminal.cpp）

```
  const int stack_size = 8 * 4096;
  LinearAddress4Level stack_frame_addr{0xffff'ffff'ffff'f000 -stack_size};
  if (auto err = SetupPageMaps(stack_frame_addr, stack_size / 4096)) {
    return err;
  }

  <略>

  task.SetFileMapEnd(stack_frame_addr.value);

  int ret = CallApp(argc.value, argv, 3 << 3 | 3, app_load.entry,
                    stack_frame_addr.value + stack_size -8,
                    &task.OSStackPointer());
```

最后一个修改点：要使用FreeType库，还必须将FreeType库链接到内核。在链接器选项中添加-lfreetype，如代码28.17所示。

代码28.17 链接FreeType库（Makefile）

```
kernel.elf: $(OBJS) Makefile
	ld.lld $(LDFLAGS) -o kernel.elf $(OBJS) -lc -lc++ -lc++abi -lm \
	-lfreetype
```

图28.3显示了执行过程：cat jpn.txt将显示日文而不是“??”。此外，我们还复制了winhello并制作了一个应用winjpn，并运行了它，它可以用日文显示问候语。是的，看起来不错。现在能显示日文了，有点感动！

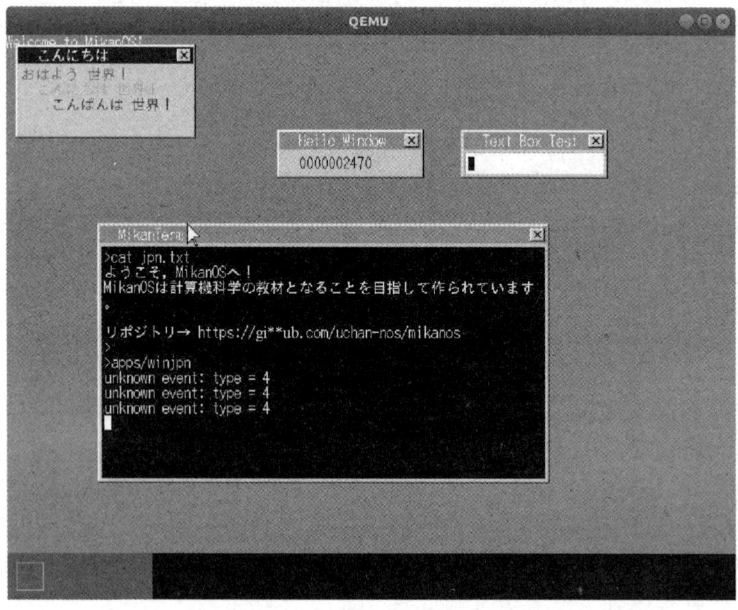

图28.3 用cat显示日文文档

28.3 重定向（osbook_day28c）

应用使用printf()等向标准输出输出字符串，使用scanf()等从标准输入读取数据。标准输入和输出默认连接到终端，因此输出到标准输出的字符串最终会显示在终端上，而输入到终端的字符串最终会传递到标准输入。之所以使用“标准输入/输出”而不是“终端”这个迂回的名称，是因为标准输入/输出有时会用于终端以外的其他用途。将标准输入/输出连接到终端以外的其他设备的功能称为重定向（redirect）。

在Linux中，重定向可用于将标准输入/输出连接到文件。例如，在终端上，echo "hoge">piyo会将字符串hoge写入名为piyo的文件。我们将尝试在MikanOS中模仿这种机制。在本节中，我们将尝试创建一个重定向函数，将字符串从标准输出写入文件。

首先，在Terminal类中，我们添加了一个数组files_，该数组保存了代表标准输入/输出的三个文件描述符（代码28.18），其中files_的索引与文件描述符的编号相对应，编号0代表标准输入，编号1代表标准输出，编号2代表标准错误输出。

代码28.18 使终端有一个代表标准输入/输出的文件（terminal.hpp）

```
bool show_window_;
std::array<std::shared_ptr<FileDescriptor>, 3> files_;
```

代码28.19显示了在初始化终端类时如何设置files_。通过为所有三个元素设置TerminalFileDescriptor，标准输入/输出被连接到终端。

代码28.19 默认将标准输入/输出连接到终端（terminal.cpp）

```
Terminal::Terminal(Task& task, bool show_window)
    : task_{task}, show_window_{show_window} {
  for (int i = 0; i < files_.size(); ++i) {
    files_[i] = std::make_shared<TerminalFileDescriptor>(*this);
  }
  if (show_window) {
```

代码28.20是Terminal::ExecuteFile()的一部分，用于设置应用的初始文件描述符。在此之前，我们设置了一个固定的TerminalFileDescriptor。但现在我们将其改为复制Terminal::files_。此时，如果Terminal::files_[1]已从代表终端的TerminalFileDescriptor切换到另一个文件描述符，应用将自动输出到该文件。这是重定向的关键。

代码28.20 在应用启动时为标准输入/输出设置文件（terminal.cpp）

```
  for (int i = 0; i < files_.size(); ++i) {
    task.Files().push_back(files_[i]);
  }
```

剩下要做的就是编写一个过程，检测命令行中是否输入了类似>piyo的内容，并用代表piyo的文件描述符替换files_[1]。

这里有一个细节：我们将Task::files_的类型改为std::shared_ptr。如代码28.21所示，如果std::unique_ptr保持不变，task.Files().push_back(files_[i])的编译就会失败！原因是将std::shared_ptr赋值给std::unique_ptr（std::unique_ptr是Terminal::files_的类型）会导致错误。可

以将std::unique_ptr赋值给std::shared_ptr，反之则不行。

代码28.21 将Task::files_的元素更改为std::shared_ptr（task.hpp）

```
std::vector<std::shared_ptr<::FileDescriptor>> files_{};
```

代码28.22显示了当发现重定向符号>时切换标准输出的过程。如果在命令行字符串中发现>，redir_char将被设置为非空值，并执行if语句内部的操作。

代码28.22 发现重定向符号时切换stdout（terminal.cpp）

```
void Terminal::ExecuteLine() {
  char* command = &linebuf_[0];
  char* first_arg = strchr(&linebuf_[0], ' ');
  char* redir_char = strchr(&linebuf_[0], '>');
  if (first_arg) {
    *first_arg = 0;
    ++first_arg;
  }

  auto original_stdout = files_[1];

  if (redir_char) {
    *redir_char = 0;
    char* redir_dest = &redir_char[1];
    while (isspace(*redir_dest)) {
      ++redir_dest;
    }

    auto [ file, post_slash ] = fat::FindFile(redir_dest);
    if (file == nullptr) {
      auto [ new_file, err ] = fat::CreateFile(redir_dest);
      if (err) {
        PrintToFD(*files_[2],
                  "failed to create a redirect file: %s\n", err.Name());
        return;
      }
      file = new_file;
    } else if (file->attr == fat::Attribute::kDirectory || post_slash) {
      PrintToFD(*files_[2], "cannot redirect to a directory\n");
      return;
    }
    files_[1] = std::make_shared<fat::FileDescriptor>(*file);
  }

  if (strcmp(command, "echo") == 0) {
```

redir_dest是指向要重定向到的文件路径的指针（>piyo中的piyo）。while语句会跳过>符号后面的空白字符；在while语句结束时，redir_dest指向文件路径的起点。

在从调用fat::FindFile()到赋值给files_[1]的处理序列中，如果redir_dest指向的文件存在，则将其用作重定向目标，否则将使用fat::CreateFile()创建一个空文件。如果文件存在，文件内容将被擦除或覆盖。

如果创建新文件的过程失败，则会显示“failed to create a redirect file”的错误信息。以前，错误信息会通过Print()直接输出到终端，但从现在起，错误信息将输出到标准错误输出（files_[2]）。这样，如果将来增加了stderr输出重定向，错误信息就可以被记录到文件中。本例中使用的PrintToFD()是一个新创建的函数，用于格式化字符串并将其写入文件描述符。稍后将展示具体的实现过程。

现在，通过迄今为止所做的修改，你应该能够将应用使用printf()等函数输出到标准输出的字符串写入文件而不是终端。因此，你会立即想运行下面的命令行。

```
>echo deadbeef > piyo
```

上述命令行的目的是将字符串deadbeef写入名为piyo的文件。然而，这仍然行不通。这是因为echo并没有将deadbeef字符串输出到标准输出，而是使用Print()直接输出到终端。echo是终端内置命令，而不是应用，在输出字符串时，它并没有使用files_数组设置的文件描述符。这个问题很容易解决：与其让echo直接使用Print()，不如让它向标准输出输出一条信息。因此，我们将Print()改为PrintToFD()，如**代码28.23**所示。类似的修改也适用于其他终端内置命令。

代码28.23　确保在stdout上显示echo命令（terminal.cpp）

```
if (strcmp(command, "echo") == 0) {
  if (first_arg) {
    PrintToFD(*files_[1], "%s", first_arg);
  }
  PrintToFD(*files_[1], "\n");
} else if (strcmp(command, "clear") == 0) {
```

例如，对cat的修改如**代码28.24**所示。其关键在于区分了标准输出（files_[1]）和标准错误输出（files_[2]）。cat的主要功能是显示文件内容，因此，文件内容会输出到标准输出。另一方面，错误信息（如文件无法打开）并不是cat的主要功能，而是错误处理。在这种情况下，信息应输出到标准错误输出。分离输出目标可以防止错误信息与重定向文件混在一起。

代码28.24　错误信息转到stderr输出（terminal.cpp）

```
} else if (strcmp(command, "cat") == 0) {
  auto [ file_entry, post_slash ] = fat::FindFile(first_arg);
```

```
    if (!file_entry) {
      PrintToFD(*files_[2], "no such file: %s\n", first_arg);
    } else if (file_entry->attr != fat::Attribute::kDirectory && post_slash) {
      char name[13];
      fat::FormatName(*file_entry, name);
      PrintToFD(*files_[2], "%s is not a directory\n", name);
    } else {
      fat::FileDescriptor fd{*file_entry};
      char u8buf[5];
      DrawCursor(false);
      while (true) {
        if (fd.Read(&u8buf[0], 1) != 1) {
          break;
        }
        const int u8_remain = CountUTF8Size(u8buf[0]) - 1;
        if (u8_remain > 0 && fd.Read(&u8buf[1], u8_remain) != u8_remain) {
          break;
        }
        u8buf[u8_remain + 1] = 0;

        PrintToFD(*files_[1], "%s", u8buf);
      }
      DrawCursor(true);
    }
  } else if (strcmp(command, "noterm") == 0) {
```

对echo和cat以外的内置命令也做了同样的修正。这是一个简单的修正，因此不再介绍。

如果在重定向过程中保持Terminal::files_[1]不变，下次运行时，重定向设置将被继承。应该在ExecuteLine()结束时恢复files_[1]，如代码28.25所示。

代码28.25　在ExecuteLine()结束时恢复标准输出目标（terminal.cpp）

```
  files_[1] = original_stdout;
}
```

最后，我们引入PrintToFD()（代码28.26），它与printk()的实现过程几乎相同，因此应该不难。它格式化字符串，然后使用fd.Write()将其输出。由于该函数可普遍用于FileDescriptor的任何子类，我们将其定义放在了file.cpp中，而不是terminal.cpp中，并将其原型声明放在了file.hpp中。

代码28.26　PrintToFD()将字符串写入指定的文件描述符（file.cpp）

```
size_t PrintToFD(FileDescriptor& fd, const char* format, ...) {
  va_list ap;
  int result;
  char s[128];
```

```
  va_start(ap, format);
  result = vsprintf(s, format, ap);
  va_end(ap);

  fd.Write(s, result);
  return result;
}
```

图28.4显示了执行过程。在顶部终端中，我们将echo和rpn命令的输出重定向到一个文件。可以看到，它按照预期重定向了。在底部终端，我们使用了两次grep命令，并从memmap文件中提取了包含Conv和3E的行。使用重定向，你可以用这种方式在命令之间连接数据。

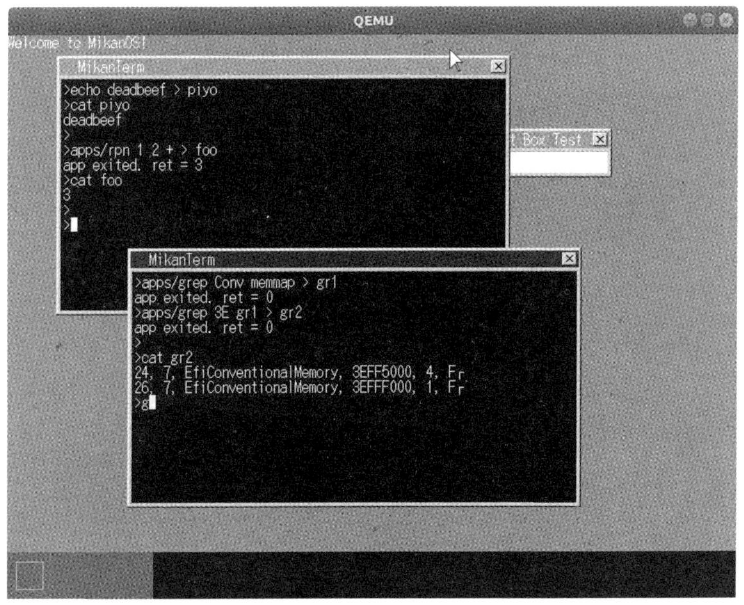

图28.4　重定向内置命令和应用的输出

在本书中，我们只实现了标准输出的重定向。在Linux和其他系统中，也可以实现标准输入和标准错误输出的重定向，但MikanOS中不包括它们。原因是，如果尝试支持它们，命令行参数的解析过程就会变得相当复杂。具体来说，无论是echo a <in>out还是echo a>out<in，都需要识别标准输出的重定向目标是out，标准输入的重定向目标是in。这很乏味，不是吗？只要你努力解析字符串，重定向过程本身就很简单，因为你只需替换Terminal::files_。解析字符串有助于培养编程能力，感兴趣的读者不妨一试。

第 29 章

应用间通信

虽然重定向可以在应用之间连接数据，但还有许多其他功能可以将应用相互连接起来。在本章中，我们将尝试创建一个典型的管道函数。如果能使用管道，就可以不必通过文件连接多个命令，非常方便。虽然我们不会实现它，但在最后我们将介绍一种名为共享内存的功能，它使用分页技术在应用之间引用相同的内存区域。共享内存允许在应用之间使用比管道更高级的数据结构，为编程提供了更多可能性。

29.1 退出码（osbook_day29a）

在创建管道和共享内存之前，我们想阻止应用的退出码显示在屏幕上。退出码是exit()的参数，即应用返回操作系统端的值。到目前为止，退出码都是在应用退出时显示在屏幕上的，如app exited. ret = 3，但每次都显示有点令人不安。在其他操作系统中，退出码不会显示在屏幕上。相反，它们可以被检索并在以后使用。可以使用echo $?来显示前一个应用的退出码。

```
>apps/rpn 1 2 +
3
>echo $?
3
>
```

这样，你就可以在运行应用后立即使用echo $?显示退出码。$?是终端中使用的一种变量类型。在Linux终端上，以$开头的名称被视为变量名，$?代表前一个应用的退出码。我们可以模仿这种做法。

我们添加了一个变量Terminal::last_exit_code_，来保存最后一个应用的退出码（代码29.1）。

代码29.1　添加代表最后一个应用的退出码的成员变量（terminal.hpp）

```
bool show_window_;
std::array<std::shared_ptr<FileDescriptor>, 3> files_;
int last_exit_code_{0};
```

修改代码29.2中的echo命令，使用$?时，显示last_exit_code_。此时，仍没有进程更新last_exit_code_，因此它将始终显示0。从现在起，我们将增加一个过程来更新这个变量。

代码29.2　添加echo $?以显示last_exit_code_的值（terminal.cpp）

```
if (strcmp(command, "echo") == 0) {
  if (first_arg && first_arg[0] == '$') {
    if (strcmp(&first_arg[1], "?") == 0) {
      PrintToFD(*files_[1], "%d", last_exit_code_);
    }
  } else if (first_arg) {
    PrintToFD(*files_[1], "%s", first_arg);
  }
  PrintToFD(*files_[1], "\n");
} else if (strcmp(command, "clear") == 0) {
```

如代码29.3所示，在Terminal::ExecuteLine()开头定义了exit_code变量，在结尾更新了last_exit_code_。在处理每条命令时，将exit_code设置为适当的值。

代码29.3　定义变量exit_code，用于保存应用的退出码（terminal.cpp）

```
  auto original_stdout = files_[1];
  int exit_code = 0;

  <略>

  last_exit_code_ = exit_code;
  files_[1] = original_stdout;
}
```

代码29.4为修改cat命令的示例。在本节开头，我们设定的目标是处理“应用的退出码”，顺便决定处理一下命令的退出码。区分内置命令和应用的意义并不大。

代码29.4　如果进程失败，则将exit_code设为1（terminal.cpp）

```
} else if (strcmp(command, "cat") == 0) {
  auto [ file_entry, post_slash ] = fat::FindFile(first_arg);
  if (!file_entry) {
    PrintToFD(*files_[2], "no such file: %s\n", first_arg);
    exit_code = 1;
  } else if (file_entry->attr != fat::Attribute::kDirectory && post_slash) {
    char name[13];
    fat::FormatName(*file_entry, name);
    PrintToFD(*files_[2], "%s is not a directory\n", name);
    exit_code = 1;
  } else {
```

在许多操作系统中，退出码为0表示正常退出，非0表示错误退出。因此，即使在MikanOS中，当应用或命令出错退出时，我们也会使用非0值。在上面的修改示例中，如果没有找到文件，或指定的是目录而非文件，那么退出码就会设置为1。与此类似，当发生错误时，其他命令也会将exit_code设为1。

Terminal::ExecuteFile()只能在内部启动应用并在屏幕上打印其退出码，但不能将其作为返回值。因此，我们决定以int类型返回退出码，如代码29.5所示。然后删除了ExecuteFile()中打印退出码的函数。

代码29.5　确保ExecuteFile()返回退出码（terminal.cpp）

```
WithError<int> Terminal::ExecuteFile(fat::DirectoryEntry& file_entry,
                                     char* command, char* first_arg) {
  __asm__("cli");
  auto& task = task_manager->CurrentTask();
```

```
  __asm__("sti");

  auto [ app_load, err ] = LoadApp(file_entry, task);
  if (err) {
    return { 0, err };
  }
  <略>

  int ret = CallApp(argc.value, argv, 3 << 3 | 3, app_load.entry,
                    stack_frame_addr.value + stack_size - 8,
                    &task.OSStackPointer());

  task.Files().clear();
  task.FileMaps().clear();

  if (auto err = CleanPageMaps(LinearAddress4Level{0xffff'8000'0000'0000})) {
    return { ret, err };
  }
  return { ret, FreePML4(task) };
}
```

ExecuteFile()的调用处也做了修改，如**代码29.6**所示。将返回的退出码（ec）赋值给exit_code。如果err为true（Error::kSuccess以外的错误），并不意味着应用本身失败了，而是操作系统本身（例如分配内存或设置分级分页结构）或与启动应用相关的其他过程失败了。在这种情况下，我们决定将退出码的值取负后作为真正的退出码。这样做事出有因，而非迫不得已。

代码29.6　在ExecuteFile()的调用处接收退出码（terminal.cpp）

```
      auto [ ec, err ] = ExecuteFile(*file_entry, command, first_arg);
      if (err) {
        PrintToFD(*files_[2], "failed to exec file: %s\n", err.Name());
        exit_code = -ec;
      } else {
        exit_code = ec;
      }
```

图29.1显示了执行结果。现在，应用的退出码已按预期显示。任务完成了。

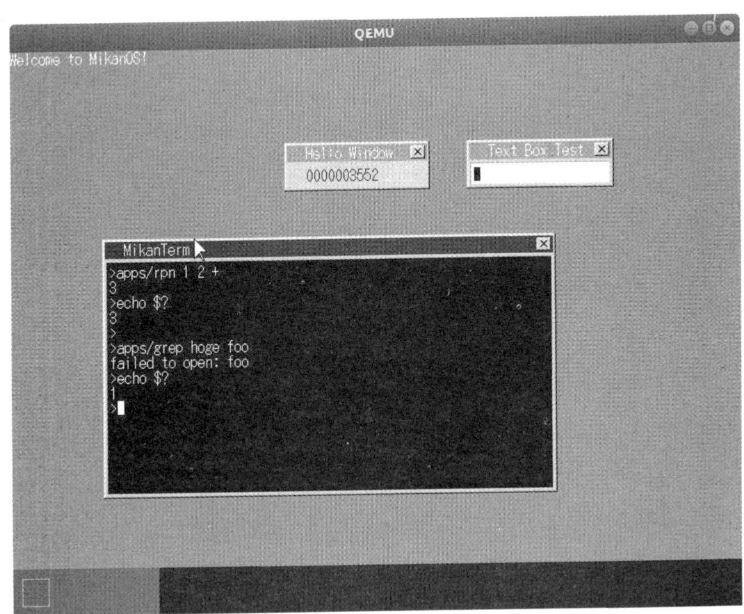

图29.1　各种退出码

29.2 管道（osbook_day29b）

MikanOS目前允许通过读写文件在应用之间交换数据。然而，用于应用间通信的管道和共享内存等有用功能尚不可用。有了这些应用间通信功能，开发能处理其他应用输出数据的应用将变得更加容易。顺便提一下，应用间通信也称为进程间通信。

如果在Linux或类似系统上运行命令行grep "hoge" foo | wc -l，就可以从名为foo的文件中统计出包含hoge的行的数量。命令行中的|是管道的符号，意思是将grep的标准输出连接到wc的标准输入。wc -l是一个计算作为标准输入的字符串行数的命令。

管道是将一个标准输出连接到另一个标准输入的机制，如图29.2所示。图中显示了执行cat memmap | grep hoge时cat的标准输出与grep的标准输入之间的连接。管道机制可用于任何使用标准输入和输出的程序，因此无须区分应用和内置命令。在本节中，除非另有说明，命令既包括内置命令也包括应用。

管道主要有两种实现方式。一种是在等待左侧命令结束时记录其输出，然后将记录的数据注入右侧命令。另一种是同时运行左右两个命令，反复读取左侧命令的输出并将其发送给右侧命令。如果左侧命令只需很短时间即可完成，且输出量不大，则前一种方法更为简单高效。

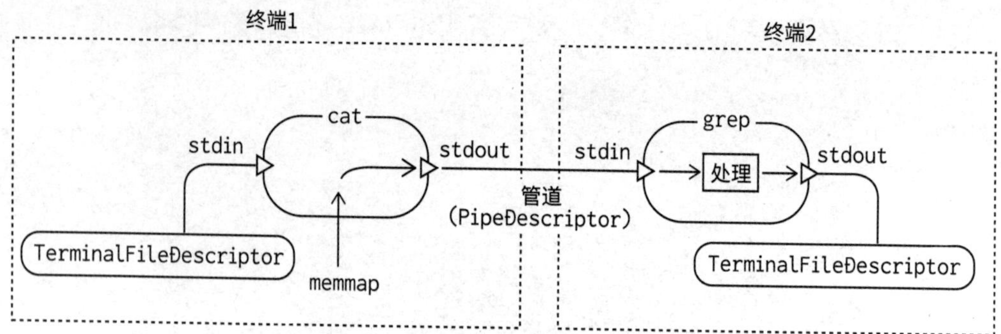

图29.2 将cat和grep管道连接在一起

不过，一般情况下后者更受欢迎。如果左侧命令运行时间较长，后一种方法允许右侧命令启动，而无须等待左侧命令结束。左侧命令每次输出数据时，数据都会传递给右侧命令，左右进程同时运行。例如，当左侧命令处理从网络零星接收到的数据或等待人工输入时，这种方法就很有效。

如果左侧命令的输出量较大，同时运行左侧命令和右侧命令也是有利的。这是因为，如果每次将左侧命令的输出少量导入右侧命令，就可以减少临时存储空间。假设左侧命令输出100GiB的文档数据，右侧命令计算行数，要在内存中临时存储100GiB的文档数据是很困难的（至少需要100GiB的内存），但如果每次传输4KiB的数据，就只需要4KiB的内存。

在本节中，我们将尝试以同时激活左右两个命令的方式来实现管道。这有点复杂，但我们会尽力而为！

最能体现这一修改全貌的部分如**代码29.7**所示。这是ExecuteLine()中处理终端命令行的部分。我们从头开始描述发现管道符号|时的处理过程（if (pipe_char)）。

代码29.7 如果有管道描述符|，则创建管道并替换标准输入/输出（terminal.cpp）

```
void Terminal::ExecuteLine() {
  char* command = &linebuf_[0];
  char* first_arg = strchr(&linebuf_[0], ' ');
  char* redir_char = strchr(&linebuf_[0], '>');
  char* pipe_char = strchr(&linebuf_[0], '|');

  <略>

  std::shared_ptr<PipeDescriptor> pipe_fd;
  uint64_t subtask_id = 0;

  if (pipe_char) {
    *pipe_char = 0;
    char* subcommand = &pipe_char[1];
    while (isspace(*subcommand)) {
```

```
    ++subcommand;
  }

  auto& subtask = task_manager->NewTask();
  pipe_fd = std::make_shared<PipeDescriptor>(subtask);
  auto term_desc = new TerminalDescriptor{
    subcommand, true, false,
    { pipe_fd, files_[1], files_[2] }
  };
  files_[1] = pipe_fd;

  subtask_id = subtask
    .InitContext(TaskTerminal, reinterpret_cast<int64_t>(term_desc))
    .Wakeup()
    .ID();
}

<略（此处运行内嵌命令和应用程序）>

if (pipe_fd) {
  pipe_fd->FinishWrite();
  __asm__("cli");
  auto [ ec, err ] = task_manager->WaitFinish(subtask_id);
  __asm__("sti");
  if (err) {
    Log(kWarn, "failed to wait finish: %s\n", err.Name());
  }
  exit_code = ec;
}

last_exit_code_ = exit_code;
files_[1] = original_stdout;
}
```


29.3 解析命令行并启动任务

首先，调整指针变量subcommand，使其指向右侧命令名称的开头。然后，创建一个新任务并将其命名为subtask。subtask用于创建一个PipeDescriptor类型的对象。该类是这次新创建的，在管道过程中起着核心作用。

TerminalDescriptor是另一个新创建的结构体，用于保存创建新终端时的初始设置。上述程序以表29.1中的设置启动一个新终端。

表29.1　在右侧执行命令的终端设置

项目	值	说明
command_line	subcommand	在新终端中自动执行subcommand
exit_after_command	true	自动执行后退出终端

续表

项目	值	说明
show_window	false	不创建新窗口
files[0]	pipe_fd	将新终端的标准输入连接到管道
files[1]	files_[1]	使新终端的stdout与当前终端相同
files[2]	files_[2]	使新终端的stderr输出与当前终端相同

生成term_desc后，执行files_[1] = pipe_fd;。这将把当前终端的标准输出连接到管道。如果这一行放在生成term_desc之前，term_desc->files[1]就会连接到管道，从而导致行为错误。

最后，使用准备好的终端配置term_desc调用TaskTerminal()。这将启动一个新任务，并将一个标准输入连接到管道。

启动已设置管道的终端后，像往常一样执行管道左侧的命令。与执行内置命令和应用相关的进程不会被修改。左侧命令执行完毕后，会添加一个清理进程（if (pipe_fd)）。

清理进程会执行pipe_fd->FinishWrite()，告诉管道的接收者将不再发送数据。如果不这样做，管道的接收者会认为数据可能仍在发送，并继续等待。接下来，执行task_manager->WaitFinish(subtask_id)，等待右边的命令完成。数据停止发送后，右侧命令的处理会继续一段时间，然后应该会结束。

当两条或两条以上的命令同时运行时（如管道处理），可以选择总的退出码：在MikanOS中，右侧命令的退出码将作为整个命令行的退出码。

29.4 管道处理的主体PipeDescriptor

现在我们将继续实现PipeDescriptor，它是管道的核心功能。**代码29.8**显示了类的定义。由于管道可以读写，因此通过继承FileDescriptor，管道被创建为一种文件类型。

代码29.8　PipeDescriptor代表管道本身（terminal.hpp）

```
class PipeDescriptor : public FileDescriptor {
 public:
  explicit PipeDescriptor(Task& task);
  size_t Read(void* buf, size_t len) override;
  size_t Write(const void* buf, size_t len) override;
  size_t Size() const override { return 0; }
  size_t Load(void* buf, size_t len, size_t offset) override { return 0; }

  void FinishWrite();

 private:
```

```
  Task& task_;
  char data_[16];
  size_t len_{0};
  bool closed_{false};
};
```

Read()、Write()、Size()和Load()是FileDescriptor中的方法，因此无须解释它们的作用。当然，稍后将详细介绍它们的内容。另一方面，FinishWrite()是PipeDescriptor类独有的方法。与普通文件不同，管道没有结束。因此，发送方必须能够表明不再发送数据，而FinishWrite()就是实现这一点的方法。它类似于在终端键入Ctrl+D。

下面简要说明每个成员变量的作用。task_表示发送数据的命令所在的任务。data_和len_在数据目标命令使用Read()读取数据时处于活动状态。closed_是一个标志，表示不再向管道发送数据，在执行FinishWrite()时变为true。

代码29.9展示了向管道写入数据的方法Write()的实现过程。该方法将接收到的数据发送给PipeDescriptor::task_的消息队列（图29.3）。

代码29.9　Write()发送kPipe消息（terminal.cpp）

```
size_t PipeDescriptor::Write(const void* buf, size_t len) {
  auto bufc = reinterpret_cast<const char*>(buf);
  Message msg{Message::kPipe};
  size_t sent_bytes = 0;
  while (sent_bytes < len) {
    msg.arg.pipe.len = std::min(len - sent_bytes, sizeof(msg.arg.pipe.data));
    memcpy(msg.arg.pipe.data, &bufc[sent_bytes], msg.arg.pipe.len);
    sent_bytes += msg.arg.pipe.len;
    __asm__("cli");
    task_.SendMessage(msg);
    __asm__("sti");
  }
  return len;
}
```

Write()将接收到的数据封装在消息结构中，并将其发送给目标任务（msgs_）的消息队列。Message::kPipe的参数类型定义如代码29.10所示，允许每次发送16字节的数据。

代码29.10　kPipe消息参数类型（message.hpp）

```
    struct {
      char data[16];
      uint8_t len;
    } pipe;
```

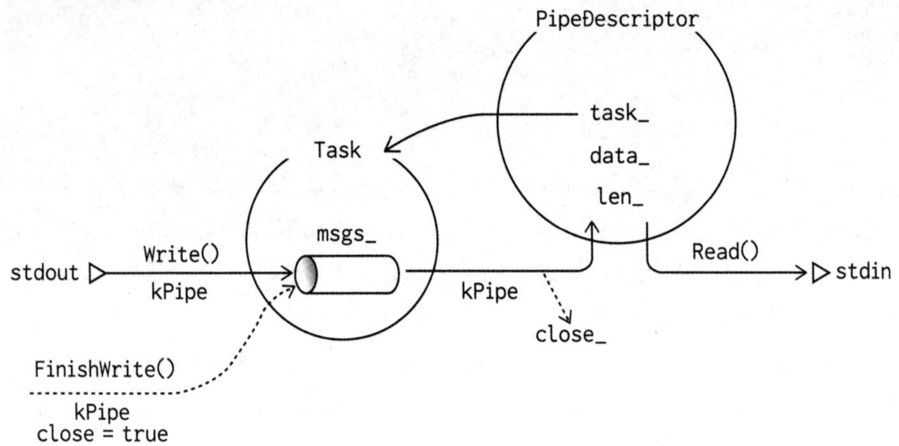

图29.3 PipeDescriptor实现的管道机制概述

如果data过大（大于16字节），消息结构将变得过大，内存将浪费在kPipe以外的消息上。反之，如果data太小，就必须发送大量信息，从而造成很大的开销。还有一种方法是用data作为指针，分配相应大小的内存区域。不过，我们觉得这样做有点复杂，所以采用了将数据区嵌入结构的方法。

代码29.11展示了Read()的实现过程。该方法从任务的消息队列中逐一接收消息，如果是kPipe消息，则对管道进行处理。

代码29.11 Read()从消息队列中接收数据（terminal.cpp）

```
size_t PipeDescriptor::Read(void* buf, size_t len) {
  if (len_ > 0) {
    const size_t copy_bytes = std::min(len_, len);
    memcpy(buf, data_, copy_bytes);
    len_ -= copy_bytes;
    memmove(data_, &data_[copy_bytes], len_);
    return copy_bytes;
  }

  if (closed_) {
    return 0;
  }

  while (true) {
    __asm__("cli");
    auto msg = task_.ReceiveMessage();
    if (!msg) {
      task_.Sleep();
      continue;
    }
    __asm__("sti");
```

```
  if (msg->type != Message::kPipe) {
    continue;
    }

    if (msg->arg.pipe.len == 0) {
      closed_ = true;
      return 0;
    }

    const size_t copy_bytes = std::min<size_t>(msg->arg.pipe.len, len);
    memcpy(buf, msg->arg.pipe.data, copy_bytes);
    len_ = msg->arg.pipe.len - copy_bytes;
    memcpy(data_, &msg->arg.pipe.data[copy_bytes], len_);
    return copy_bytes;
  }
}
```


尽管原理很简单，但处理过程却很复杂，原因是它考虑到了作为Read()参数的缓冲区buf小于16字节的情况。如果buf始终大于16字节，它就会简单地将接收到的消息中包含的全部数据复制到buf中，仅此而已。但如果buf较小，那么未能被Read()处理的剩余部分必须在下一次Read()中返回。这就是PipeDescriptor::data_发挥作用的地方：将剩余部分复制到data_中，下次data_中有剩余数据时，就从data_而不是消息队列中读取数据。

代码29.12显示了方法FinishWrite()，用于告知已无数据可发送。这个过程很简单：发送一条len为0的消息。当Read()方法收到一条len为0的消息时，它会识别管道已关闭，并将PipeDescriptor::closed_设为true。

代码29.12　FinishWrite()告知已无数据可发送（terminal.cpp）

```
void PipeDescriptor::FinishWrite() {
  Message msg{Message::kPipe};
  msg.arg.pipe.len = 0;
  __asm__("cli");
  task_.SendMessage(msg);
  __asm__("sti");
}
```

29.5 启动和关闭终端

到目前为止，我们已经创建了一种使用管道收发数据的机制。其中kPipe消息是通过任务的消息队列（即管道的核心）交换的。在接下来的小节中，我们将在管道的右侧实现与启动和终止任务相关的流程。

代码29.13显示了对TaskTerminal()的修改。到目前为止，该函数的第二个参数是命令行字符串指针。这次将其改为接收TerminalDescriptor指针。两个主要变化是：将接收到的指针term_desc传递给Terminal类的构造函数，以及添加一个进程，以便在term_desc->exit_after_command为true时终止任务。

代码29.13 修改TaskTerminal()以接收终端描述符（terminal.cpp）

```
void TaskTerminal(uint64_t task_id, int64_t data) {
  const auto term_desc = reinterpret_cast<TerminalDescriptor*>(data);
  bool show_window = true;
  if (term_desc) {
    show_window = term_desc->show_window;
  }

  __asm__("cli");
  Task& task = task_manager->CurrentTask();
  Terminal* terminal = new Terminal{task, term_desc};
  if (show_window) {
    layer_manager->Move(terminal->LayerID(), {100, 200});
    layer_task_map->insert(std::make_pair(terminal->LayerID(), task_id));
    active_layer->Activate(terminal->LayerID());
  }
  __asm__("sti");

  if (term_desc && !term_desc->command_line.empty()) {
    for (int i = 0; i < term_desc->command_line.length(); ++i) {
      terminal->InputKey(0, 0, term_desc->command_line[i]);
    }
    terminal->InputKey(0, 0, '\n');
  }

  if (term_desc && term_desc->exit_after_command) {
    delete term_desc;
    __asm__("cli");
    task_manager->Finish(terminal->LastExitCode());
    __asm__("sti");
  }
```

首先，修改Terminal类的构造函数（**代码29.14**）。它使用从term_desc收到的信息初始化show_window_和files_。这并不难。对于首先启动或通过F2键启动的终端，term_desc将是一个空指针，因此可为其指定一个默认值。

代码29.14 处用TerminalDescriptor初始化成员变量（terminal.cpp）

```
Terminal::Terminal(Task& task, const TerminalDescriptor* term_desc)
    : task_{task} {
  if (term_desc) {
    show_window_ = term_desc->show_window;
    for (int i = 0; i < files_.size(); ++i) {
```

```
      files_[i] = term_desc->files[i];
    }
  } else {
    show_window_ = true;
    for (int i = 0; i < files_.size(); ++i) {
      files_[i] = std::make_shared<TerminalFileDescriptor>(*this);
    }
  }

  if (show_window_) {
```

接下来，我们看看当term_desc->exit_after_command为true时会发生什么。如果该标志为true，终端将在执行完term_desc->command_line中设置的命令行后终止。用于终止终端的task_manager->Finish()的实现过程将在后面展示。

由于我们修改了TaskTerminal()的参数，因此还必须修改启动终端任务的其他部分。我们检查了一下，幸运的是唯一受影响的是noterm命令。你还记得这条命令吗？正如24.5节所创建的那样，它是一种无须打开窗口即可在独立终端上启动命令的机制。我们可以快速修改它（代码29.15）。

代码29.15　在noterm中更改传递给TaskTerminal()的值（terminal.cpp）

```
} else if (strcmp(command, "noterm") == 0) {
  auto term_desc = new TerminalDescriptor{
    first_arg, true, false, files_
  };
  task_manager->NewTask()
    .InitContext(TaskTerminal, reinterpret_cast<int64_t>(term_desc))
    .Wakeup();
```

29.6 终止任务

实际上，到目前为止我们还无法终止已启动的终端。noterm在不打开窗口的情况下在单独的终端上启动命令，但在命令结束后很长时间内，终端仍在幕后继续运行。要实现管道功能，必须等待右侧的命令退出。因此，我们将尝试让退出终端成为可能。我们要创建的是一种通用的终止机制，它不仅适用于终端，也适用于Task所代表的所有任务。

代码29.16展示了Finish()的实现过程。该函数的作用是终止当前运行的任务。主要过程是从运行队列（running_）和任务数组（tasks_）中移除当前正在运行的任务。在finish_tasks_中记录任务已完成的消息，并唤醒在finish_waiter_中注册的任何等待完成的任务。我们将从头开始。

代码29.16 Finish()终止任务并在finish_tasks_中注册退出码（task.cpp）

```
void TaskManager::Finish(int exit_code) {
  Task* current_task = RotateCurrentRunQueue(true);

  const auto task_id = current_task->ID();
  auto it = std::find_if(
      tasks_.begin(), tasks_.end(),
      [current_task](const auto& t){ return t.get() == current_task; });
  tasks_.erase(it);

  finish_tasks_[task_id] = exit_code;
  if (auto it = finish_waiter_.find(task_id); it != finish_waiter_.end()) {
    auto waiter = it->second;
    finish_waiter_.erase(it);
    Wakeup(waiter);
  }

  RestoreContext(&CurrentTask().Context());
}
```

一开始，我们使用RotateCurrentRunQueue()删除运行队列中的第一个元素。这意味着当前正在运行的任务（调用Finish()的任务）不再处于可运行状态。稍后我们将介绍该函数的实现过程。

然后，从tasks_中删除当前正在运行的任务。接下来，使用std::find_if()找到符合条件的元素（指向任务对象的指针），并使用tasks_.erase()将其删除，从而将当前正在运行的任务从tasks_中移除。这样，当前运行的任务就会从内存中完全删除。

tasks_是指向任务对象的指针，在TaskManager::NewTask()中以tasks_.emplace_back(new Task{latest_id_})的形式生成（**代码13.22**）。通常，简单地删除指针并不会销毁其指向的对象，而是将其保留在内存中。因此，必须显式地以delete（删除）对象;的方式销毁指针。另一方面，tasks_的元素使用了std::unique_ptr<Task>。这是一种智能指针，因此删除元素会自动销毁它指向的对象。使用智能指针作为数组元素非常方便，因为你不必自己删除它们。

从tasks_中删除任务之前，必须先获取current_task->ID()。因为从tasks_中删除任务后，current_task指向的任务对象已被销毁，因此无法正确检索任务ID。

回到正题。从tasks_中删除任务之后，在finish_tasks_中注册退出码（此处注册的值由WaitFinish()引用，稍后将介绍）。接下来，它会查看finish_waiter_，看是否有任务在等待该任务完成。如果有，则使用Wakeup()将其唤醒。最后，调用RestoreContext()将执行转移到下一个任务并结束进程。RestoreContext()的下一行没有返回。

图29.4展示了finish_tasks_和finish_waiter_的使用方法。假设管道左侧的任务是TaskA，右侧的任务是TaskB，并且TaskB以退出码42结束处理，TaskA和TaskB是并行运行的，因此处理①②的顺序由每个任务内部决定，但TaskA的①②和TaskB的①②哪个先执行还不得而知。

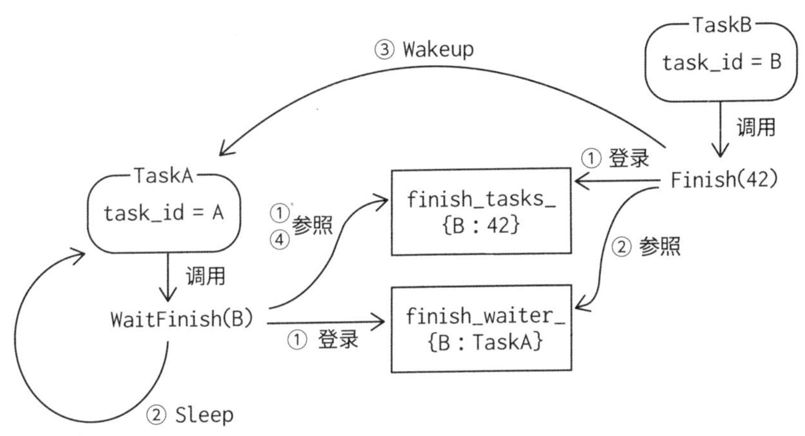

图29.4 finish_tasks_和finish_waiter_之间的关系

让我们从TaskB的角度来看看这个操作：当TaskB处理完传给它的命令行时，它会调用Finish()来终止任务。正如我们前面看到的，Finish()首先在finish_tasks_中记录它自己的任务ID（B）和退出码（42）之间的对应关系（①）。接下来，它会检查finish_waiter_，看看是否有任务在等待TaskB完成（②）。如果有这样的任务，它就会被唤醒（③）。

现在从TaskA的角度来看，TaskA调用WaitFinish()等待TaskB完成。WaitFinish()首先使用finish_waiter_检查TaskB是否已经完成。如果TaskB还没有完成，它会在finish_waiter_中注册"TaskA正在等待TaskB"（①）并进入睡眠状态（②）。被TaskB（③）唤醒的TaskA再次检查finish_tasks_并获取TaskB（④）的退出码。

代码29.17展示了WaitFinish()的实现过程。该方法等待指定任务完成，并获取任务的退出码。该方法运行时必须禁用中断，因为如果在该方法处理过程中发生任务切换，那将是非常糟糕的。

代码29.17 WaitFinish()获取指定任务的退出码（task.cpp）

```
WithError<int> TaskManager::WaitFinish(uint64_t task_id) {
  int exit_code;
  Task* current_task = &CurrentTask();
  while (true) {
    if (auto it = finish_tasks_.find(task_id); it != finish_tasks_.end()) {
      exit_code = it->second;
      finish_tasks_.erase(it);
      break;
    }
    finish_waiter_[task_id] = current_task;
    Sleep(current_task);
  }
  return { exit_code, MAKE_ERROR(Error::kSuccess) };
}
```

例如，在TaskA的两个进程finish_tasks_.find(task_id)和finish_waiter_[task_id]=current_task;间切换，假设任务切换发生在前一进程和TaskB完成之后，那TaskB结束时finish_waiter_[task_id]中什么也没注册。然后，当TaskA恢复执行时，TaskA在finish_waiter_[task_id]中如实注册，并进入休眠状态。但是，由于之后没有人唤醒TaskA，因此TaskA永远处于休眠状态。

与使用SwitchTask()切换任务不同，在使用Finish()终止任务时，无须将上下文保存到“当前任务”。正确的说法是，在执行RestoreContext()时（Finish()结束时），当前任务已被销毁，无法保存。

这段内容很长，但它描述了支持管道的主要修改内容。现在你应该可以使用管道了。让我们运行它！

图29.5显示了它的运行情况。上面的终端会对cat的输出结果进行grep搜索。第二个命令会对cat的结果进行两次grep搜索，但它能正常运行。我们没想到这种多级管道也能运行，这要归功于管道处理的正确实现！在下面的终端中，我们试着将ls的结果传给grep和readfile。是的，这似乎也能正常工作。这很好。

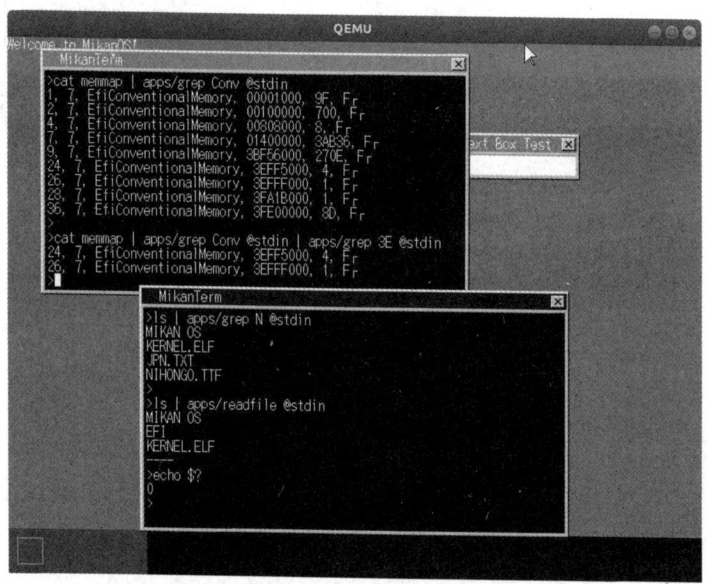

图29.5 尝试使用管道执行不同的命令

这样管道功能就完成了，但我们还想介绍一下我们已经解决的问题，即无法在USB键盘上输入管道符号|。我们的键盘是日文布局，但MikanOS将其识别为美式英文布局。keycode_map和keycode_map_shifted到目前为止只设置了与美式英文键盘上的按键相对应的元素值。因此，无论在我们的键盘上按多少个“|￥”键，都没有任何反应。

按下“|￥”键并检查按键代码后发现它是137。在USB HID标准中，137是Keyboard

International3，而这正是在非美式英文键盘中激活的按键。如代码29.18所示，通过修改137键代码来指定管道符号，就可以在实际设备上输入管道符号。

代码29.18　与USB键盘上的管道符号相对应（keyboard.cpp）

```
const char keycode_map_shifted[256] = {
  0,    0,    0,    0,    'A',  'B',  'C',  'D', // 0

  <略>

  0,    '¦',  0,    0,    0,    0,    0,    0,    // 136
};
```

29.7 排序命令（osbook_day29c）

既然管道函数已经可用，我们想创建一条新命令sort，它可以逐行对文档进行排序。例如，如果有以下文档：

```
apple
banana
app
```

则文档排序如下：

```
app
apple
banana
```

这听起来似乎没什么用，但它是一个通用命令，因此应用范围是广泛的。例如，如果你想计算一篇文章中某个单词出现的频率，就可以将该单词逐行提取（这是一个单独的命令），然后对它们进行排序，可以轻松计算出某个单词出现的次数。好吧，无论如何我们都要做出来。

代码29.19展示了排序命令的实现过程。sort以文件名作为命令行参数。但我们的设计是，如果省略文件名，它将从标准输入中读取数据。这样做很方便，因为你不必每次使用管道时都写@stdin。由于省略文件名非常方便，我们还修改了常用的grep。

代码29.19　sort命令按行排序（sort/sort.cpp）

```
#include <cstdio>
#include <cstdlib>
#include <string>
#include <vector>
```

```
extern "C" void main(int argc, char** argv) {
  FILE* fp = stdin;
  if (argc >= 2) {
    fp = fopen(argv[1], "r");
    if (fp == nullptr) {
      fprintf(stderr, "failed to open '%s'\n", argv[1]);
      exit(1);
    }
  }

  std::vector<std::string> lines;
  char line[1024];
  while (fgets(line, sizeof(line), fp)) {
    lines.push_back(line);
  }

  auto comp = [](const std::string& a, const std::string& b) {
    for (int i = 0; i < std::min(a.length(), b.length()); ++i) {
      if (a[i] < b[i]) {
        return true;
      } else if (a[i] > b[i]) {
        return false;
      }
    }
    return a.length() < b.length();
  };

  std::sort(lines.begin(), lines.end(), comp);
  for (auto& line : lines) {
    printf("%s", line.c_str());
  }
  exit(0);
}
```

图29.6显示了使用sort命令排序的各种文档。在左侧终端中，通过键盘输入六行进行排序。输入这六行并按下Ctrl+D键后，排序结果输出。排序结果符合预期。在右侧终端中，grep和sort相结合，只对首字符为3的行进行排序。这似乎也是正确的。

Linux和其他系统中的sort命令功能更多。例如，你可以用数字代替字母进行排序，或者删除排序后的重复行。我们不会在本书中使用这些命令，因为本书没有足够的篇幅。如果读者感兴趣，可以创建自己的命令。

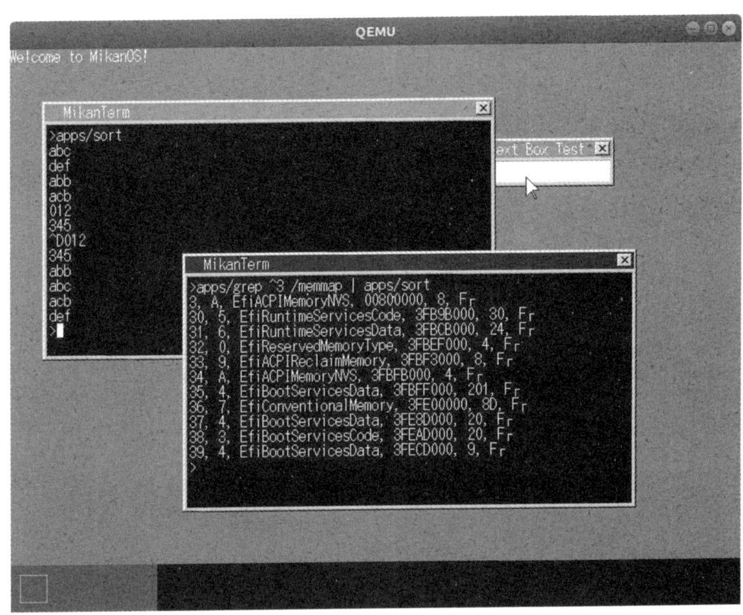

图29.6　尝试sort

29.8 终端错误修复（osbook_day29d）

在探究管道时，我们注意到在执行命令时，似乎只有终端的最后一行会被更新。如果显示的文档足够大，我们希望整个终端都滚动，但除了最后一行外，其他都保持静止。这很奇怪，所以我们想修复这个错误，然后结束本章。

我们是在查看源码并试图找出原因时发现这个问题的：TerminalFileDescriptor::Write()在显示字符串后没有重绘屏幕。从本质上讲，它必须向主任务抛出一条重绘信息。因此，我们对它进行了修改，以在显示字符串后重绘屏幕，如代码29.20所示。

代码29.20　每次显示字符串时重绘（terminal.cpp）

```
size_t TerminalFileDescriptor::Write(const void* buf, size_t len) {
  term_.Print(reinterpret_cast<const char*>(buf), len);
  term_.Redraw();
  return len;
}
```

但这还不够。这是因为在回显过程中，终端也要执行显示过程。此时也应重绘屏幕（代码29.21）。

代码29.21 回显时也重绘（terminal.cpp）

```
size_t TerminalFileDescriptor::Read(void* buf, size_t len) {
  char* bufc = reinterpret_cast<char*>(buf);

  while (true) {

 <略>

    bufc[0] = msg->arg.keyboard.ascii;
    term_.Print(bufc, 1);
    term_.Redraw();
    return 1;
  }
}
```

代码29.22展示了Terminal::Redraw()的实现过程。它要求主任务重绘整个终端区域。

代码29.22 Redraw()重绘整个终端（terminal.cpp）

```
void Terminal::Redraw() {
  Rectangle<int> draw_area{ToplevelWindow::kTopLeftMargin,
                          window_->InnerSize()};

  Message msg = MakeLayerMessage(
      task_.ID(), LayerID(), LayerOperation::DrawArea, draw_area);
  __asm__("cli");
  task_manager->SendMessage(1, msg);
  __asm__("sti");
}
```

我们注意到cat命令的运行速度非常慢。但如果使用cat memmap | apps/grep.并通过管道连接，速度就会明显加快。也许区别在于cat直接显示时一次显示一个字符，而通过管道连接时，Newlib的功能是一次显示一行[1]。

因此，我们修改了cat命令，使其一次打印一行，如代码29.23所示，使用ReadDelim()读取到'\n'为止的内容，然后使用PrintToFD()将其输出。ReadDelim()从指定的文件描述符中读内容，直到遇到指定的字符（'\n'），其在file.cpp中有定义。实现方法很简单，在此省略。

代码29.23 让cat一次显示一行（terminal.cpp）

```
    fat::FileDescriptor fd{*file_entry};
    char u8buf[1024];
    DrawCursor(false);
    while (true) {
```

1 Newlib的输出库（一组以FILE*为中心的函数）具有临时存储显示字符串的功能，以减少Write()调用，即系统调用，并加快进程速度。

```
    if (ReadDelim(fd, '\n', u8buf, sizeof(u8buf)) == 0) {
      break;
    }
    PrintToFD(*files_[1], "%s", u8buf);
  }
  DrawCursor(true);
```

图29.7显示了使用cat命令显示memmap时的状态。正常情况下很难截取到这张图，因此我们使用GDB设置了一个中断点并截取了这张图。如果你在PrintToFD()处设置中断并查看情况，就可以看到屏幕每1或2行更新一次。之所以不是每行更新，可能是因为屏幕更新留给了主任务处理。如果正常运行而不用GDB中断的话，画面会很流畅，这样功能就完成了。

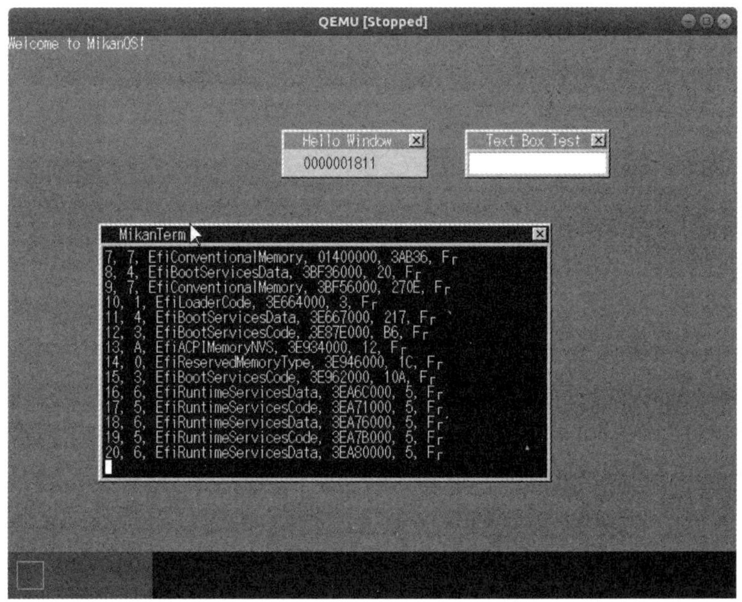

图29.7　每一行之后如何重绘终端

29.9 共享内存

共享内存是一种使用分页机制进行应用间通信的方法。同一个物理帧被映射到多个应用的虚拟地址中。所有应用共享操作系统的地址空间，但原则上应用的地址空间（0xffff800000000000起）是相互独立的。例如，应用A的地址0xffff800000000000和应用B的地址0xffff800000000000分别映射到不同的物理帧，并不共享。共享内存是一种创建特殊可共享页面的技术。

27.4节中描述了创建空洞的可能性。写入时复制允许使用相同可执行文件的多个应用在启动时引用相同的物理帧。但是，使用写入时复制功能，无法在多个应用中读写相同的数据。因为当你尝试写入该页面时，内容会被复制到另一个物理帧。

共享内存与写入时复制类似，只是物理帧被映射到了具有写入权限的虚拟页面。具有写入权限的映射允许多个应用共享相同的变量。在管道中，通信通常是单向的，但在共享内存中，通信的方向并不固定。这是一种非常灵活的机制，可以根据开发者的想法以任何方式使用。由于数组和结构可以放在共享内存中，因此与管道相比，共享内存更容易使用高级表达式，而管道只是简单地传输一串字节。

使用共享内存时，需要注意**数据竞赛**（data race）。这不限于应用，在操作系统本身中也可能发生。例如，我们在使用task_manager时一直注意禁止中断，以免任务被切换。共享内存自然也会发生同样的情况。如果任务切换时，一个应用正在更改数据，而另一个应用引用了相同的变量，那么就会读取不一致的数据。

第 30 章

额外应用

MikanOS现在已经完全像个操作系统了。在本章中，我们将制作几个应用来收尾。一个more命令，用于在页面中显示标准输出。一个文本查看器，用于查看文本文件。一个图像查看器，用于显示图像文件。此外，我们还将做三项改进。第一，提供一种启动应用的机制，而不必每次都添加apps/。第二，使cat支持标准输入。第三，启用窗口右上角的“关闭”按钮。到目前为止，它还只是一张图片，但我们会尽量让它可用。

30.1 应用路径程序（osbook_day30a）

每次添加apps/（例如apps/grep）似乎都很麻烦。如果在MikanOS中只写入grep就能运行一个应用，那将非常有用。

这在Linux中是通过环境变量的机制来实现的。Linux终端（准确地说是shell）配备了各种变量，其中一个叫PATH的特殊变量用于指定不带目录名的程序。对于PATH（通常是/usr/bin等），如果程序在该目录中，就可以只用名称启动。

要正确建立环境变量机制似乎需要做大量工作。因此在本节中，我们将重点介绍如何实现在不使用apps/的情况下启动应用。

因此，我们创建了一个名为FindCommand()的函数（**代码30.1**）。该函数首先搜索作为参数给出的应用名，如果找不到就在应用中搜索。

代码30.1 FindCommand()从apps中搜索应用（terminal.cpp）

```
fat::DirectoryEntry* FindCommand(const char* command,
                                 unsigned long dir_cluster = 0) {
  auto file_entry = fat::FindFile(command, dir_cluster);
  if (file_entry.first != nullptr &&
      (file_entry.first->attr == fat::Attribute::kDirectory ||
       file_entry.second)) {
    return nullptr;
  } else if (file_entry.first) {
    return file_entry.first;
  }

  if (dir_cluster != 0 || strchr(command, '/') != nullptr) {
    return nullptr;
  }

  auto apps_entry = fat::FindFile("apps");
  if (apps_entry.first == nullptr ||
      apps_entry.first->attr != fat::Attribute::kDirectory) {
    return nullptr;
  }
  return FindCommand(command, apps_entry.first->FirstCluster());
}
```

Terminal::ExecuteLine()中启动应用的部分如**代码30.2**所示。之前创建的FindCommand()被用来搜索应用。这没有什么难度。

代码30.2　FindCommand()搜索应用（terminal.cpp）

```
} else if (command[0] != 0) {
  auto file_entry = FindCommand(command);
  if (!file_entry) {
    PrintToFD(*files_[2], "no such command: %s\n", command);
    exit_code = 1;
  } else {
    auto [ ec, err ] = ExecuteFile(*file_entry, command, first_arg);
```

图30.1显示了执行该命令的过程。你可以看到应用可以在有和没有apps/的情况下启动。

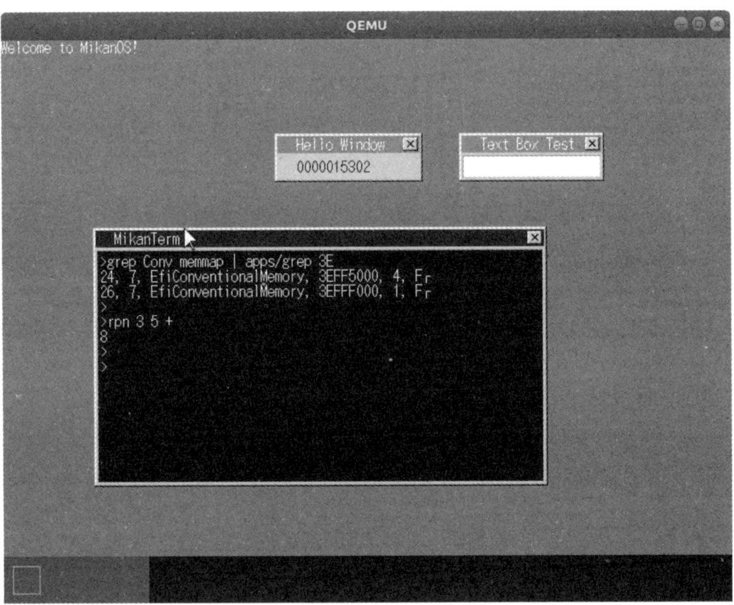

图30.1　不使用apps/运行各种应用

30.2 more命令（osbook_day30b）

我们以为会像ls apps一样看到一个应用列表。然而，应用太多了，开头被隐藏起来，无法看到全部。有这么多应用是好事，但没法看到所有应用就有点不方便了。

Linux有more和less等命令，可以让你翻阅文件内容。使用管道，你可以按页面读取标准输出，如下图所示。

```
$ ls /usr/bin | more
```

我们尝试在MikanOS中创建一个more命令。

代码30.3展示了more命令的实现过程。该命令的参数是more [-n] [<file>]。-n选项指定页的行数，其中n是一个数字。如要按3行进行分页，则指定n为3。<file>指定要分页的文件路径。如果省略，则从标准输入读取。

代码30.3　用more命令翻阅文件（more/more.cpp）

```
#include <cstdio>
#include <cstdlib>
#include <cstring>
#include <string>
#include <vector>
#include "../syscall.h"

AppEvent WaitKey() {
  AppEvent events[1];
  while (true) {
    auto [ n, err ] = SyscallReadEvent(events, 1);
    if (err) {
      fprintf(stderr, "ReadEvent failed: %s\n", strerror(err));
      exit(1);
    }

    if (events[0].type == AppEvent::kQuit) {
      exit(0);
    }
    if (events[0].type == AppEvent::kKeyPush &&
        events[0].arg.keypush.press) {
      return events[0];
    }
  }
}

extern "C" void main(int argc, char** argv) {
  int page_size = 10;
  int arg_file = 1;
  if (argc >= 2 && argv[1][0] == '-' && isdigit(argv[1][1])) {
    page_size = atoi(&argv[1][1]);
    ++arg_file;
  }

  FILE* fp = stdin;
  if (argc > arg_file) {
    fp = fopen(argv[arg_file], "r");
    if (fp == nullptr) {
      fprintf(stderr, "failed to open '%s'\n", argv[arg_file]);
      exit(1);
    }
  }
```

```
std::vector<std::string> lines{};
char line[256];
while (fgets(line, sizeof(line), fp)) {
  lines.emplace_back(line);
}

for (int i = 0; i < lines.size(); ++i) {
  if (i > 0 && (i % page_size) == 0) {

      fputs("---more---\n", stderr);
      WaitKey();
    }

    fputs(lines[i].c_str(), stdout);
  }
  exit(0);
}
```

主函数的前半部分分析命令行参数，并确定要分页的行数、page_size和文件fp。接下来，从文件fp中读取所有行，并存储在lines中。最后，它会重复该过程，每次显示一定数量的行，并等待按键输入。

WaitKey()使用ReadEvent()系统调用（好久没用了）等待按键输入。一旦有按键按下，WaitKey()就会返回处理，并恢复下一页的显示处理。

我们试着运行这个程序，看看它是否能正常工作。但无论我们按下多少个键，它都毫无反应。我们想了一下，意识到遗漏了什么。这是因为使用管道时，一个终端任务会在后台启动，但按键事件只会发送给管道左侧任务。管道左侧任务已在layer_task_map表中注册，该表注册了按键事件要发送给的任务。通常情况下没有问题，但在使用管道时，我们希望将各种事件发送给管道右侧任务。

如**代码30.4**所示，我们添加了处理逻辑，在使用管道时切换事件的目标。我们临时更新layer_task_map表中的注册，使管道处理过程中发送的所有事件都发送给管道右侧任务（subtask_id）。

代码30.4　使用管道时更改事件目标（terminal.cpp）

```
  if (pipe_char) {
    *pipe_char = 0;

    <略>

    subtask_id = subtask
      .InitContext(TaskTerminal, reinterpret_cast<int64_t>(term_desc))
      .Wakeup()
      .ID();
    (*layer_task_map)[layer_id_] = subtask_id;
  }
```

```
<略>

if (pipe_fd) {
  pipe_fd->FinishWrite();
  __asm__("cli");
  auto [ ec, err ] = task_manager->WaitFinish(subtask_id);
  (*layer_task_map)[layer_id_] = task_.ID();
  __asm__( “sti”);
```

more的执行过程如图30.2所示。可以看到cat和ls的输出是逐页显示的。

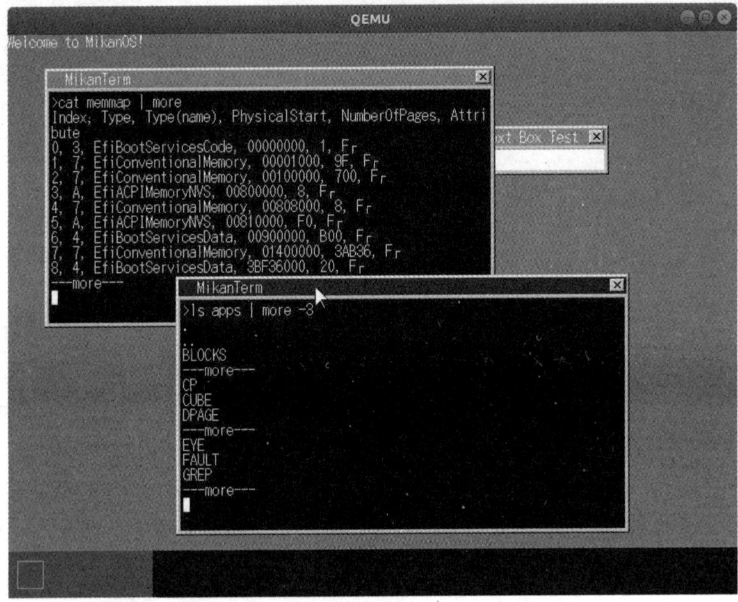

图30.2 使用more命令逐页查看输出结果

30.3 使cat与输入相对应（osbook_day30c）

cat命令目前无法处理标准输入。它是内置的终端命令，因此不能使用@stdin符号，也不能在文件名省略时从标准输入中读取。

一旦cat可以处理stdin，它就可以创建含换行符的文本文件。将cat的输出重定向到文件，如cat foo。一旦可以创建文本文件，就可以随时创建用于检查其他命令运行情况的文件。这不需要每次都把文件放到启动卷中，然后重启MikanOS。

修改如**代码30.5**所示。主要修改是当命令行参数first_arg为空时，使用代表标准输入的文件描述符files_[0]。其他部分几乎没有修改。

代码30.5　如果cat中省略了文件名，则使用标准输入（terminal.cpp）

```
} else if (strcmp(command, "cat") == 0) {
  std::shared_ptr<FileDescriptor> fd;
  if (!first_arg || first_arg[0] == '\0') {
    fd = files_[0];
  } else {
    auto [ file_entry, post_slash ] = fat::FindFile(first_arg);
    if (!file_entry) {
      PrintToFD(*files_[2], "no such file: %s\n", first_arg);
      exit_code = 1;
    } else if (file_entry->attr != fat::Attribute::kDirectory && post_slash) {
      char name[13];
      fat::FormatName(*file_entry, name);
      PrintToFD(*files_[2], "%s is not a directory\n", name);
      exit_code = 1;
    } else {
      fd = std::make_shared<fat::FileDescriptor>(*file_entry);
    }
  }
  if (fd) {
    char u8buf[1024];
    DrawCursor(false);
    while (true) {
      if (ReadDelim(*fd, '\n', u8buf, sizeof(u8buf)) == 0) {
        break;
      }
      PrintToFD(*files_[1], "%s", u8buf);
    }
    DrawCursor(true);
  }
} else if (strcmp(command, "noterm") == 0) {
```

在执行各种命令时，我们注意到如果命令名称和参数之间有两个以上的空格，参数就无法被正确识别。这是因为当参数以空格开头时，没有足够的处理来调整指向参数的first_arg。我们通过删除循环（do-while语句）中的空格来解决这个问题，如**代码30.6**所示。

代码30.6　命令和参数之间有两个或两个以上空格时的处理（terminal.cpp）

```
if (first_arg) {
  *first_arg = 0;
  do {
    ++first_arg;
  } while (isspace(*first_arg));
}
```

如**图30.3**所示。在左侧终端中，结合使用cat和重定向，创建了一个名为foobar的三行文本文件。在右侧终端中，我们使用创建的文件检查了grep和sort的运行情况。现在cat可以处理标准输入并创建简单文本。它没有文本编辑器那么先进，也不那么方便。例如，如果在输入过程中出错，就无法纠正，但对于快速测试来说，它还是很有用的。

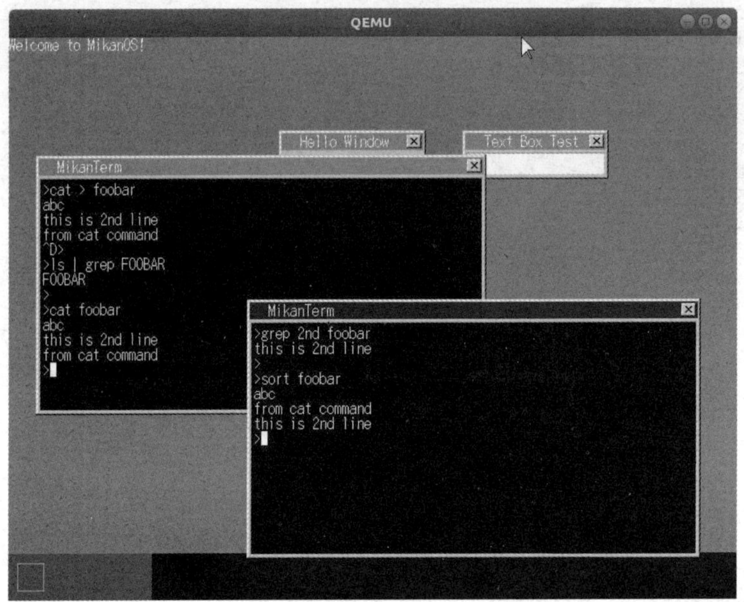

图30.3 使用cat创建文本文件foobar

30.4 关闭按钮（osbook_day30d）

在本节中，我们将尝试使关闭按钮正常工作。在此之前它只是一张图片。首先，必须确定关闭按钮已被点击。当鼠标左键单击窗口时，它会确定坐标是否在关闭按钮上。除了这个判断外，实际关闭窗口的方法主要有两种。一种是从外部强制关闭窗口。另一种是向负责窗口的任务发送信息，要求其主动关闭窗口。

前一种方法（从外部关闭窗口）存在潜在的危险。如果任务在不知道窗口已关闭的情况下继续处理，可能会尝试在不存在的窗口中写入图片。使用后一种方法，任务会主动关闭窗口，因此是安全的。因此，我们采用后一种方法。

首先，我们将创建一个函数来确定点击的坐标是否位于关闭按钮的上方。

在Window类中，我们实现了一个GetWindowRegion()方法，该方法可根据窗口中的坐标确定窗口区域的类型（**代码30.7**）。该方法被假定为虚函数，并由子类重载。

代码30.7　GetWindowRegion()根据坐标确定区域类型（window.hpp）

```
virtual WindowRegion GetWindowRegion(Vector2D<int> pos);
```

WindowRegion枚举的定义（该方法的返回类型）如代码30.8所示。从枚举的名称中可以看出，它们从顶部开始分别代表标题栏（显示窗口标题的地方）、关闭按钮、窗口边框和其他区域。如果将参照窗口左上角的坐标传递给GetWindowRegion()，系统会确定坐标对应的区域，并返回其中一个值。

代码30.8　WindowRegion枚举用于确定窗口区域类型（window.hpp）

```
enum class WindowRegion {
  kTitleBar,
  kCloseButton,
  kBorder,
  kOther,
};
```

在Windows类中，区域之间没有区别，因此无论坐标如何，GetWindowRegion()方法应始终返回kOther（代码30.9）。

代码30.9　Window::GetWindowRegion()的实现过程（window.cpp）

```
WindowRegion Window::GetWindowRegion(Vector2D<int> pos) {
  return WindowRegion::kOther;
}
```

代码30.10为ToplevelWindow::GetWindowRegion()的实现过程。窗口周围的两个像素被确定为边框（kBorder）。Y坐标小于kTopLeftMargin.y的区域被确定为标题栏（kTitleBar）。其中右边缘的小矩形被确定为关闭按钮（kCloseButton）。

代码30.10　ToplevelWindow::GetWindowRegion()的实现过程（window.cpp）

```
WindowRegion ToplevelWindow::GetWindowRegion(Vector2D<int> pos) {
  if (pos.x < 2 || Width() - 2 <= pos.x ||
      pos.y < 2 || Height() - 2 <= pos.y) {
    return WindowRegion::kBorder;
  } else if (pos.y < kTopLeftMargin.y) {
    if (Width() - 5 - kCloseButtonWidth <= pos.x && pos.x < Width() - 5 &&
        5 <= pos.y && pos.y < 5 + kCloseButtonHeight) {
      return WindowRegion::kCloseButton;
    }
    return WindowRegion::kTitleBar;
  }
  return WindowRegion::kOther;
}
```

代码30.11显示了点击鼠标左键时的处理过程。该过程的切换取决于刚刚添加的GetWindowRegion()方法的返回值。如果单击标题栏，则拖动窗口。如果单击关闭按钮，则关闭窗口。根据分配给drag_layer_id_或close_layer_id的值，切换后续处理。

代码30.11 根据窗口区域类型更改处理方法（mouse.cpp）

```
const auto pos_layer = position_ - layer->GetPosition();
switch (layer->GetWindow()->GetWindowRegion(pos_layer)) {
case WindowRegion::kTitleBar:
  drag_layer_id_ = layer->ID();
  break;
case WindowRegion::kCloseButton:
  close_layer_id = layer->ID();
  break;
default:
  break;
}
```

代码30.12显示了与鼠标点击有关的整体处理过程，包括前面使用GetWindowRegion()进行的条件分支。在按下左键的瞬间（if (!previous_left_pressed && left_pressed)），前面显示的条件分支过程将被放入处理过程。最后一个if语句根据关闭按钮是否被点击来划分处理过程。如果点击了关闭按钮，新创建的SendCloseMessage()将被调用。否则，处理将继续进行。单击关闭按钮会通知当前活动窗口（与其关联的任务）。

代码30.12 鼠标点击的整体处理（mouse.cpp）

```
unsigned int close_layer_id = 0;

const bool previous_left_pressed = (previous_buttons_ & 0x01);
const bool left_pressed = (buttons & 0x01);
if (!previous_left_pressed && left_pressed) {
  auto layer = layer_manager->FindLayerByPosition(position_, layer_id_);
  if (layer && layer->IsDraggable()) {
    const auto pos_layer = position_ - layer->GetPosition();
    switch (layer->GetWindow()->GetWindowRegion(pos_layer)) {
    case WindowRegion::kTitleBar:
      drag_layer_id_ = layer->ID();
      break;
    case WindowRegion::kCloseButton:
      close_layer_id = layer->ID();
      break;
    default:
      break;
    }
    active_layer->Activate(layer->ID());
  } else {
    active_layer->Activate(0);
  }
```

```
} else if (previous_left_pressed && left_pressed) {
  if (drag_layer_id_ > 0) {
    layer_manager->MoveRelative(drag_layer_id_, posdiff);
  }
} else if (previous_left_pressed && !left_pressed) {
  drag_layer_id_ = 0;
}

if (drag_layer_id_ == 0) {
  if (close_layer_id == 0) {
    SendMouseMessage(newpos, posdiff, buttons, previous_buttons_);
  } else {
    SendCloseMessage();
  }
}
```

代码30.13展示了SendCloseMessage()的实现过程。该函数向与当前活动窗口关联的任务（task_id）发送kWindowClose消息。其中使用的FindActiveLayerTask()函数可搜索包含当前活动窗口的图层及与之相关的任务。

代码30.13　SendCloseMessage()通知关闭按钮的点击（mouse.cpp）

```
void SendCloseMessage() {
  const auto [ layer, task_id ] = FindActiveLayerTask();
  if (!layer || !task_id) {
    return;
  }

  Message msg{Message::kWindowClose};
  msg.arg.window_close.layer_id = layer->ID();
  task_manager->SendMessage(task_id, msg);
}
```

Message::kwindowClose被添加为消息类型。然后，添加了与该类型相对应的参数（代码30.14）。给了参数一个层ID，这样就可以看到哪个窗口（层）被关闭了。

代码30.14　将kWindowClose添加到消息结构中（message.hpp）

```
struct {
  unsigned int layer_id;
} window_close;
```

在创建这个参数时，我们突然想到：应该给其他参数（mouse_button和window_active）也加上层ID。目前，一个应用最多只能有一个窗口。因此，不传递层ID是没有问题的。但是，如果要创建一个多窗口的应用，我们就需要能够识别哪个窗口被点击或哪个窗口处于活动状态。如有必要，读者可自行扩展。

现在，通过目前所做的修改，当点击关闭按钮时，相应的任务将收到一条kwindowClose消息。下一步是修改接收任务，并添加一个对消息做出反应的处理。

代码30.15显示了添加到终端任务中的处理接收到的消息的行。接收到kWindowClose消息后，终端窗口将被关闭，然后终端任务将被终止。

代码30.15 收到kWindowClose时关闭窗口（terminal.cpp）

```
    case Message::kWindowClose:
      CloseLayer(msg->arg.window_close.layer_id);
      __asm__("cli");
      task_manager->Finish(terminal->LastExitCode());
      break;
```

CloseLayer()是一个新创建的函数，用于关闭指定的层，如代码30.16所示。与syscall::CloseWindow()的过程相同，因此我们将其提取为一个函数，使其通用化。

代码30.16 CloseLayer()关闭指定的层（layer.cpp）

```
Error CloseLayer(unsigned int layer_id) {
  Layer* layer = layer_manager->FindLayer(layer_id);
  if (layer == nullptr) {
    return MAKE_ERROR(Error::kNoSuchEntry);
  }

  const auto pos = layer->GetPosition();
  const auto size = layer->GetWindow()->Size();

  __asm__("cli");
  active_layer->Activate(0);
  layer_manager->RemoveLayer(layer_id);
  layer_manager->Draw({pos, size});
  layer_task_map->erase(layer_id);
  __asm__("sti");

  return MAKE_ERROR(Error::kSuccess);
}
```

最后，我们修改了syscall::ReadEvent()，以便在收到kWindowClose时通知应用kQuit事件（代码30.17）。现在，任何识别到kQuit事件的应用都会响应关闭按钮。

代码30.17 ReadEvent()也对应于kWindowClose（syscall.cpp）

```
    case Message::kWindowClose:
      app_events[i].type = AppEvent::kQuit;
      ++i;
      break;
```

我们关闭了初始终端（图30.4）。如果桌面上没有一个终端，那就有点“寂寞”了……很难截取窗口关闭的截图，但我们还是关闭了应用窗口。

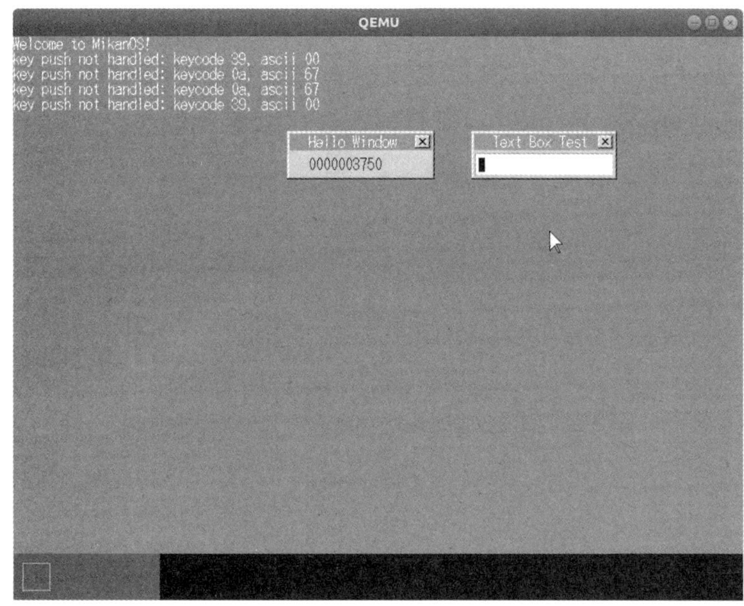

图30.4　关闭终端窗口

30.5 文本查看器（osbook_day30e）

我们决定利用操作系统现有的功能创建一个有用的应用。嗯……在屏幕上阅读文档的应用怎么样？我们在本章开头创建了more命令，但它只能向前翻页，而且无法改变屏幕大小。我们将尝试创建一个应用，以便更舒服地阅读文档。用于阅读文档，尤其是纯文本文档（没有任何修饰的纯文本文件）的软件被称为文本查看器（textviewer）。因此我们将该应用命名为tview。

tview应具有以下功能。

1. 向前和向后滚动的功能：上下光标键可用于逐行前后滚动，PageUp/PageDown键可用于半屏滚动。
2. 改变屏幕尺寸：在命令行中指定-w（宽度）和-h（高度）。默认值为80列x20行。
3. 更改制表符宽度：在命令行中指定-t（制表符宽度）来更改制表符宽度。默认为8列。

代码30.18显示了tview的主要功能。乍一看，它很简单。因为函数被分割开来，这样主函数就尽可能短了。但整个tview.cpp大约有250行，是一个有点大的程序。主函数的前半部分使用getopt()来解析命令行参数。后半部分则对文件进行内存映射、打开窗口并绘制每一行。后半部分的while循环用于重复绘制和等待键入事件。

代码30.18 tview的主要功能（tview/tview.cpp）

```
extern "C" void main(int argc, char** argv) {
  auto print_help = [argv](){
    fprintf(stderr,
            "Usage: %s [-w WIDTH] [-h HEIGHT] [-t TAB] <file>\n",
            argv[0]);
  };

  int opt;
  int width = 80, height = 20, tab = 8;
  while ((opt = getopt(argc, argv, "w:h:t:")) != -1) {
    switch (opt) {
    case 'w': width = atoi(optarg); break;
    case 'h': height = atoi(optarg); break;
    case 't': tab = atoi(optarg); break;
    default:
      print_help();
      exit(1);
    }
  }
  if (optind >= argc) {
    print_help();
    exit(1);
  }

  const char* filepath = argv[optind];
  const auto [ fd, content, filesize ] = MapFile(filepath);

  const char* last_slash = strrchr(filepath, '/');
  const char* filename = last_slash ? &last_slash[1] : filepath;
  const auto layer_id = OpenTextWindow(width, height, filename);

  const auto lines = FindLines(content, filesize);

  int start_line = 0;
  while (true) {
    DrawLines(lines, start_line, layer_id, width, height, tab);
    if (UpdateStartLine(&start_line, height, lines.size())) {
      break;
    }
  }

  SyscallCloseWindow(layer_id);
  exit(0);
}
```

getopt()是第一个出现的函数。它是一个标准的POSIX函数，定义在unistd.h上。它不是一个C语言标准函数，但好在Newlib中包含了它，因此它可以使用。它用于解析命令行参数中选项的函数。

“选项”说明参数不是必需的，如果指定了就可以改变某些行为。如果对默认值感到满意，想省略tview的屏幕尺寸和选项卡宽度，并可以在需要时更改它们就足够了。因此，我们希望将它们设为可选参数，而不是必选参数。例如，我们希望tview hoge在不带选项的情况下以默认屏幕尺寸和制表符宽度显示文本。若执行tview -w 30 -h 10 hoge，则会以30×10的画面尺寸和默认的制表符宽度显示文本。

仔细想想，这是一个相当烦琐的过程。命令行参数的数量和顺序会根据指定的选项而改变，因此在处理argv时需要考虑到这一点。事实上，getopt()可以轻松实现这些选项。

在getopt()的参数中，最有趣的是作为第三个参数传递的"w:h:t:"，其中w定义了命令行选项-w，后面的:表示该选项取值。剩下的"h:t:"同样定义了两个带值的选项-h和-t。

getopt()返回一个选项字符串。optarg是getopt()管理的全局变量，以字符串形式包含getopt()返回的最后一个选项参数。

optind是一个值，代表参数解析结束时argv的下标。如果该值大于或等于argc，则表示没有非选项参数，即没有为tview指定文件名。程序将以错误结束。

由于篇幅原因，其余部分省略。

我们为tview添加了一个名为resource/mikanos.txt的文件。这是一个日文文件，简要介绍了如何使用MikanOS。在tview中的显示如图30.5所示。日文和制表符都能正确显示。你还可以使用上下光标键和PageUp/PageDown键滚动。任务完成了！

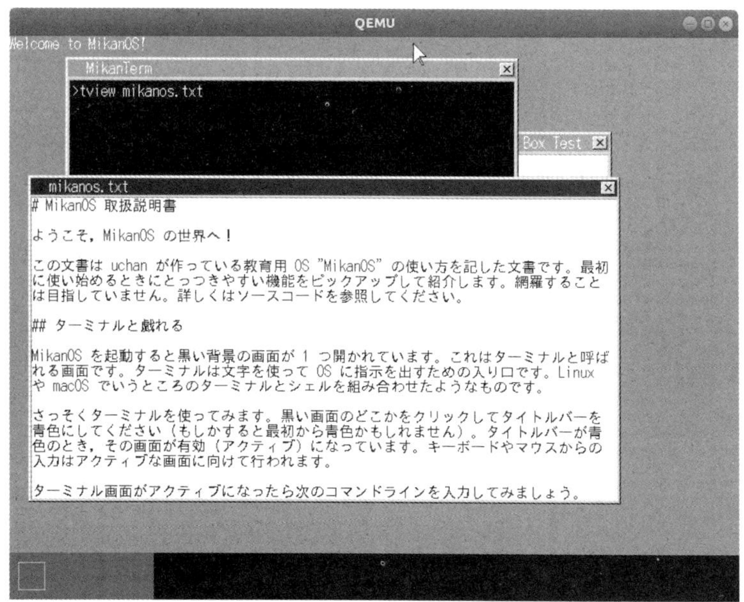

图30.5　使用tview查看MikanOS用户手册

30.6 图像查看器（osbook_day30f）

终于是本章的最后一节了。我们将以图像查看器（graphic viewer）收尾，它是用于显示图像文件的软件。此应用用于显示位图图像和JPEG照片。

要显示图像文件，需要通过PixelWriter::Write()对图像文件进行解释并最终显示在屏幕上。这意味着图像文件必须能转换成像素数组。如果只想使用位图格式，那就很容易。这是因为位图格式很简单：它只是每个像素的颜色信息数组。而其他图像格式则比较复杂：JPEG格式有一个称为离散余弦变换的算法，需要使用三角函数还原数据，而GIF和PNG格式也需要对压缩的图像数据进行解压缩。要自己创建这些程序非常困难，因此需要使用现有的程序库。

图像查看器也是HariboteOS中的一个应用。HariboteOS图像浏览器可以显示位图和JPEG图像。这是通过OSASK中使用的图像库实现的。HariboteOS无法计算浮点数，但OSASK图像库是专门为处理JPEG格式数据而设计的，只使用整数，因此可以照常使用。当我们尝试把这个库整合到MikanOS图像查看器中时，由于某些原因，它无法工作。于是我们开始寻找其他图像库。

HariboteOS中没有浮点数计算功能的原因是，CPU本身没有浮点数计算功能：在x86架构中，浮点数计算是可选的，需要设置才能使用。而x86-64架构则可以将浮点数作为标准处理，因为x86-64始终包含SSE2指令集。因此，可以使用以浮点数计算为前提而构建的普通JPEG库。

stb image库可以作为处理JPEG格式的库。该库支持位图、JPEG和PNG等多种图像格式，因此你可以使用它创建支持多种格式的图像查看器。**代码30.19**显示了一个使用stb_image.h的图像查看器示例。

代码30.19　图像查看器（gview/gview.cpp）

```
#include <cstdio>
#include <cstdlib>
#include <cstring>
#include <fcntl.h>
#include <tuple>
#include "../syscall.h"

#define STBI_NO_THREAD_LOCALS
#define STB_IMAGE_IMPLEMENTATION
#define STBI_NO_STDIO
#include "stb_image.h"

std::tuple<int, uint8_t*, size_t> MapFile(const char* filepath) {
  SyscallResult res = SyscallOpenFile(filepath, O_RDONLY);
  if (res.error) {
```

```
    fprintf(stderr, "%s: %s\n", strerror(res.error), filepath);
    exit(1);
  }

  const int fd = res.value;
  size_t filesize;
  res = SyscallMapFile(fd, &filesize, 0);
  if (res.error) {
    fprintf(stderr, "%s\n", strerror(res.error));
    exit(1);
  }

  return {fd, reinterpret_cast<uint8_t*>(res.value), filesize};
}

void WaitEvent() {
  AppEvent events[1];
  while (true) {
    auto [ n, err ] = SyscallReadEvent(events, 1);
    if (err) {
      fprintf(stderr, "ReadEvent failed: %s\n", strerror(err));
      return;
    }
    if (events[0].type == AppEvent::kQuit) {
      return;
    }
  }
}

uint32_t GetColorRGB(unsigned char* image_data) {
  return static_cast<uint32_t>(image_data[0]) << 16 |
         static_cast<uint32_t>(image_data[1]) << 8 |
         static_cast<uint32_t>(image_data[2]);
}

uint32_t GetColorGray(unsigned char* image_data) {
  const uint32_t gray = image_data[0];
  return gray << 16 | gray << 8 | gray;
}

extern "C" void main(int argc, char** argv) {
  if (argc < 2) {
    fprintf(stderr, "Usage: %s <file>\n", argv[0]);
    exit(1);
  }

  int width, height, bytes_per_pixel;
  const char* filepath = argv[1];
  const auto [ fd, content, filesize ] = MapFile(filepath);

  unsigned char* image_data = stbi_load_from_memory(
      content, filesize, &width, &height, &bytes_per_pixel, 0);
  if (image_data == nullptr) {
    fprintf(stderr, "failed to load image: %s\n", stbi_failure_reason());
```

```
    exit(1);
  }

  fprintf(stderr, "%dx%d, %d bytes/pixel\n", width, height, bytes_per_pixel);
  auto get_color = GetColorRGB;
  if (bytes_per_pixel <= 2) {
    get_color = GetColorGray;
  }

  const char* last_slash = strrchr(filepath, '/');
  const char* filename = last_slash ? &last_slash[1] : filepath;
  SyscallResult window =
    SyscallOpenWindow(8 + width, 28 + height, 10, 10, filename);
  if (window.error) {
    fprintf(stderr, "%s\n", strerror(window.error));
    exit(1);
  }
  const uint64_t layer_id = window.value;

  for (int y = 0; y < height; ++y) {
    for (int x = 0; x < width; ++x) {
      uint32_t c = get_color(&image_data[bytes_per_pixel * (y * width + x)]);
      SyscallWinFillRectangle(layer_id | LAYER_NO_REDRAW,
                              4 + x, 24 + y, 1, 1, c);
    }
  }

  SyscallWinRedraw(layer_id);
  WaitEvent();

  SyscallCloseWindow(layer_id);
  exit(0);
}
```

至于stb_image.h的用法，在引用之前需要定义几个宏。STB_NO_THREAD_LOCALS禁用了多线程环境下的一项功能（线程本地存储）。STB_IMAGE_IMPLEMENTATION为各种功能生成实体，如果未定义，做链接时将出现undefined symbol错误。STBI_NO_STDIO表示不使用标准输入/输出函数，如fopen()。目前MikanOS支持fopen()和fread()，但它们都是半成品，例如不支持seek，所以不应该在stbimage库中使用它们。

stbi_load_from_memory()可用于从内存中的图像文件中获取图像。content是指向图像文件内容的指针。要将图像文件加载到内存中，可以使用fread()或内存映射文件。下面的示例展示了如何使用stbi_load_from_memory()。

stbi_load_from_memory()返回加载的图像数据。该图像数据（image_data）是一个以像素为单位的颜色信息数组，每个像素的字节数设置为bytes_per_pixel。如果是3或4，则表示全彩。根据这些信息，选择一个函数来计算字节序列中的像素颜色，并将其设置为get_color。

然后，打开一个窗口，逐个像素绘制image_data中的内容，以显示图像。这很简单。最后，使用WaitEvent()等待按下Ctrl+Q或点击关闭按钮，然后关闭窗口并关闭应用。

现在，图像查看器已经准备就绪，让我们运行它查看一些图像。resource文件夹下有fujisan.jpg（富士山）、tokyost.jpg（丸之内站）和night.bmp（夜景）。首先，我们尝试运行命令gview fujisan.jpg来显示JPEG图像。它给出了failed to load image: unknown marker的错误信息，图像无法显示。

经过一番努力和对解决方案的研究，增加栈似乎可以奏效。我们将应用的栈从32KiB增加到64KiB，如**代码30.20**所示。应用的栈缓慢增加。对于许多应用来说，小栈就足够了，但我们别无选择，只能适应消耗栈最多的应用。只要在虚拟地址的使用上巧妙一些，就可以采用先预留少量栈，不够时再增加栈的技巧。具体来说，可以将内存映射文件的虚拟地址空间（位于栈区域旁边）移到更远的位置。虚拟地址空间非常大，没必要费尽心思把它塞得满满的。

代码30.20　增加应用栈（terminal.cpp）

```
const int stack_size = 16 * 4096;
LinearAddress4Level stack_frame_addr{0xffff'ffff'ffff'f000 - stack_size};
```

执行过程如**图30.6**所示。图像显示良好，任务完成了！

图30.6　使用图像查看器显示三幅图像

第 31 章

前方的路

感谢你读到这里。我们知道这是一条漫长的路。如果书能得到读者的喜欢，那将是作者最大的荣幸。在本书中获得的知识，以及通过动手获得的经验，将来一定会派上用场。

操作系统自制是无止境的。本书中介绍的只是一小部分。如果你想继续，这里有一些可供选择的方向。当然，也可以向其他方向发展。我们写这一章是为了给那些可能想继续但又不知道该怎么做的人提供参考。

首先，一个直接的方向是修改MikanOS。例如，终端现在已经含在操作系统中，但也有可能把它重制成一个应用，就像Linux中那样。这就需要为该应用提供执行其他应用的功能，如Linux和其他操作系统中系统调用fork和exec所实现的功能。

实现虚拟内存和共享内存也很有意思。虚拟内存是一种为应用提供比物理内存更大的内存的功能。随着应用对内存的需求越来越大，物理内存即将耗尽，虚拟内存功能也能满足一些需求。具体来说，当物理内存即将耗尽时，一部分数据（不常用的）会被写入存储器（机械或固态硬盘），从而让物理内存有可用空间。如果通过分页将空闲空间映射到应用的虚拟地址空间，应用就可以继续运行，就像什么都没发生过一样。

也可以改进内存管理算法。MikanOS的内存管理基于位图分配法，它有以下缺点：内存请求越大，分配和释放内存所需的时间就越长。还会出现碎片，即空闲空间被程序漏洞吃掉。要解决这个问题，可以采用先进的内存管理算法，如Linux使用的Buddy系统和块分配器。

下一个方向是扩展设备驱动程序，以支持不同的硬件。MikanOS本身不具备存储、读写能力。编写SATA或NVMe驱动程序（当你读到这一章时可能已经发布了新标准）将允许访问机械硬盘和固态硬盘。扩展MikanOS中的USB驱动程序以支持鼠标和键盘以外的USB设备也会很有趣。许多设备都可以通过USB连接，包括集线器、U盘、打印机、网络摄像头和网络适配器。

在另一个方向上，扩展到与MikanOS无关的领域可能会很有趣：阅读和修改Linux代码、构建自己的C编译器、构建自己的CPU。有很多底层的乐趣在等着你。我们在2020年底启动了OpeLa项目，目的是完全构建自己的操作系统和编程语言。我们不知道会不会成功，但目标是在自制操作系统之上运行自制编程语言，并使用该语言构建操作系统和编译器。换句话说，我们的目标是自托管的操作系统和编译器。

每年夏天，我们都会组织一次名为“Security Camp全国大会”的活动[1]。该活动是一个为期五天四夜的夏令营，由信息安全领域的知名讲师主讲。内容与安全和编程有关，在过去几年中，还以黑客马拉松的形式举办了一次研讨会，参与者在会上开发自己的操作系统、C编译器和编程语言。目前还不知道今后是否还会有类似的讲座，但如果读者到了参加“Security

1　但2020年是个例外，当时受新冠疫情影响，它在线上举办了两个月。

Camp全国大会”的年龄（22岁以下），就应该考虑参加。这是一个非常实惠的活动，参会、住宿和交通费用由主办方全包。

本书0.1节的开头写道：

> **制作操作系统是有诀窍的——不要从一开始就试图让它变得完美。如果一开始就追求完美，你将会停滞不前，根本无法前进。**

我们认为本书的内容有一定难度，而我们已经尽可能地添加解释，使其尽可能通俗易懂，但我们的能力有限。你需要读两三遍才能更好地理解。第二遍应该比第一遍更容易理解。如果你有能力，还可以阅读Intel SDM和其他文档，以深入了解相关知识。

如果你遇到任何问题，本书的支持网站或osdev-jp应该是一个很好的地方，对于本书中不理解的部分或更高级的主题（“我想做一个这样的扩展，但该怎么做？”）都可以随时提问。

附录A　配置开发环境

本书中MikanOS的构建与启动的开发环境可参考GitHub上的uchan-nos/mikanos-build。

不过在Ubuntu（Linux发行版之一）上开发是标准的做法。你也可以在Windows中的WSL上使用Ubuntu进行开发（见A.1节）。

如果按照上面的安装说明，Clang将作为C++编译器，Nasm将作为x86汇编器。还会安装其他一些工具，然后下载EDKII用于引导加载程序开发。如果开发环境安装正确，文件目录应如下所示。否则，安装失败。

```
$HOME/
  edk2/
    MikanLoaderPkg        引导程序的符号链接
  osbook/
    day01/
      bin/hello.efi       二进制编辑器版Hello World
      asm/hello.asm       汇编版（文书中未显示）
      c/hello.c           C语言版
    devenv/
      run_qemu.sh         在QEMU上启动已创建的UEFI应用的脚本
      buildenv.sh         用于MikanOS构建的环境变量的文件
      x86_64-elf/         用于构建MikanOS的程序库
```

A.1 安装WSL

如果你使用的是Windows，没有Ubuntu环境，则可以使用WSL[1]中的Ubuntu功能。在本书编写时，同时存在着WSL1和WSL2。MikanOS的开发可以使用其中任何一个。由于WSL2是较新的技术，而且微软推荐使用WSL2。所以除非有特殊原因，应该使用WSL2。

你可以找到WSL的官方说明并进行安装。以下概述了WSL2的安装步骤。

1. 以管理员身份打开PowerShell。
2. 在PowerShell中运行`dism.exe /online /enable-feature /featurename:Microsoft-Windows-Subsystem -Linux /all /norestart`。
3. 确保Windows版本为1903或更高，构建版本为18362或更高。

1　Windows Subsystem for Linux。可在Windows上使用的Linux环境。

4. 在PowerShell中运行`dism.exe /online /enable-feature /featurename:VirtualMachine-Platform /all /norestart`。
5. 重启。
6. 为x64机器安装WSL2Linux内核更新包。
7. 在PowerShell中运行`wsl --set-default-version 2`。
8. 从微软商店安装Ubuntu。
9. 从“开始”菜单启动Ubuntu。
10. 等待几分钟，直到看到“Installing, this may take a few minutes...”。
11. 当被要求“Enter new UNIX username”时，输入你选择的用户名。
12. 当被要求“Enter new UNIX password”时，输入两次密码。

在步骤10中，安装可能会失败，提示“错误0x80070003”或“错误0x80370102”。如果出现此类错误，请检查BIOS设置中是否启用了CPU虚拟化功能。需要查找类似“Intel Virtualization Technology”的条目，并将其设置为启用（Enable）状态。该设置的名称和位置因型号而异，但可以在CPU相关设置页面找到。

Ubuntu 18.04可用于检查本书内容的运行情况，因此Ubuntu 18.04是最安全的选择。但用Ubuntu 20.04也应该可以运行。Ubuntu每两年发布一个长期支持版本，18.04是2018年4月的版本。在编写本书时，Ubuntu 22.04及更高版本尚未发布，因此我们无法确认用它们是否能正常运行。一旦我们确认mikanos-build可以运行，我们将立即更新。

A.2 将QEMU与WSL结合使用的准备工作

要在WSL中使用QEMU，必须在Windows端安装X服务器。但以后可能不再需要这一步骤。

X服务器是处理Linux中图形用户界面的核心组件。它允许运行图形用户界面应用的机器与显示的机器分开。WSL本身不具备屏幕绘制功能，因此使用X窗口系统进行屏幕传输和绘制对于QEMU的运行至关重要。

Windows下有多种X服务器实现，包括VcXsrv、MobaXterm、Cygwin/X和Xming。根据我们的研究，VcXsrv似乎是目前最流行的（也是在教程类文章中最常见的）。

要获取VcXsrc，需要访问其官网并下载最新版本。撰写本文时，最新版本为1.20.8.1。下载完后会得到一个名为vcxsrv-64.1.20.8.1.installer.exe的安装程序。

启动安装程序后，会出现类似图A.1所示的界面。单击“Next”按钮继续。下一个屏幕允许你指定安装位置，但如果没有特殊原因，请单击“Install”按钮。然后，安装将继续进行，并在短暂等待后完成。

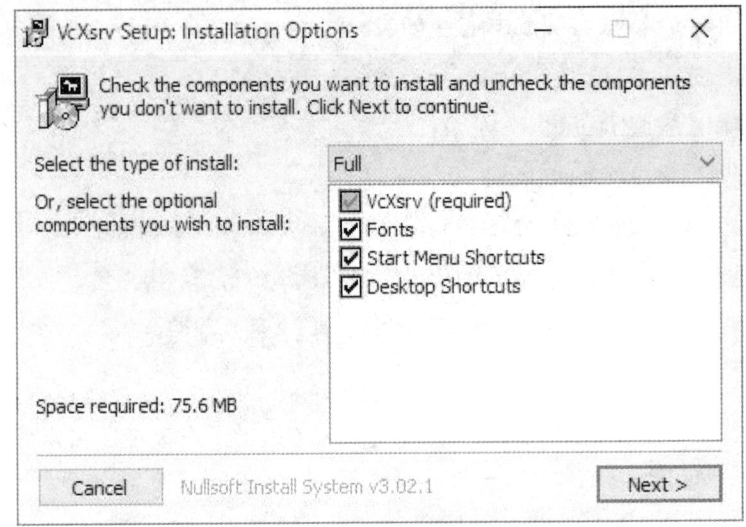

图A.1 VcXsrv安装选项

安装完成后，Windows开始菜单中会多出一个项目，如图A.2所示。单击“XLaunch”菜单项启动用于配置VcXsrv的辅助应用。

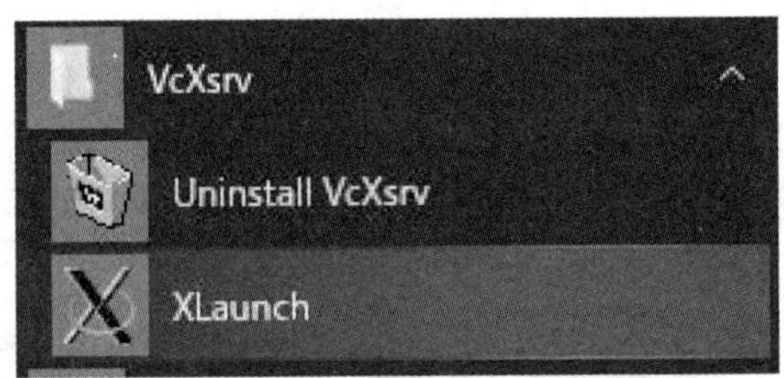

图A.2 开始菜单中的VcXsrv

在启动后的第一个界面上，可以选择GUI应用屏幕的显示方式。目前应选择“Multiple windows”。点击“下一步”按钮后，系统会询问你是否要启动客户端（GUI应用）。我们稍后将启动QEMU，因此现在无须启动任何应用（选择Start no client）。

点击“下一步”后，你将进入一个名为“Extra Settings”的界面。这很重要。选中“Disable access control”复选框（图A.3）。如果不进行此设置，VcXsrv将拒绝WSL上运行的图形用户界面应用的连接。设置完成后，点击“下一步”按钮。在最后一屏，你会看到一条英文信息，提示你终于要启动VcXsrv了，点击“Finish”（完成）按钮。

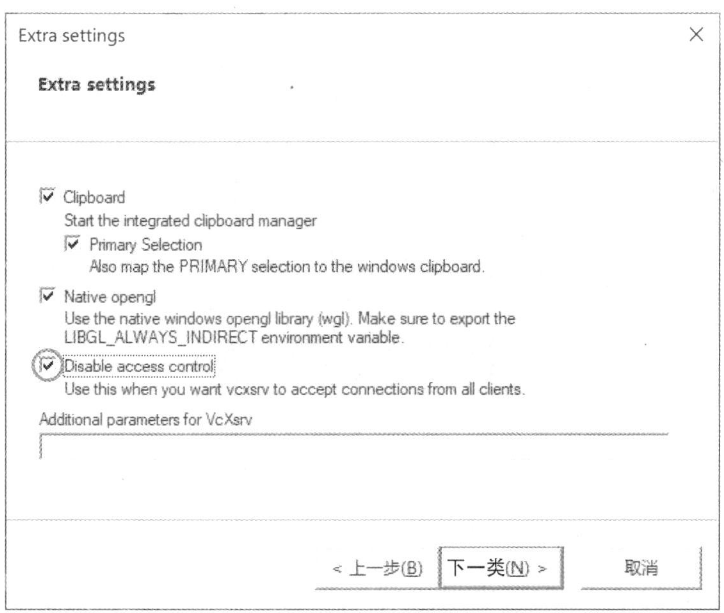

图A.3　禁用VcXsrv访问控制

首次启动VcXsrv时，Windows将检测网络连接并显示类似图A.4的对话框，另外请选择“公共网络”，因为WSL2将被识别为公共网络。因此如果不进行此设置，从WSL2到VcXsrv的通信将被阻止。另外选择公共网络后，要点击“允许访问”按钮。

图A.4　允许来自公共网络的连接

启动VcXsrv后，任务栏上会出现VcXsrv图标（**图A.5**）。如果将鼠标悬停在图标上，会看到类似“PC名:0.0-0clients”的内容。其中的“:0.0”非常重要，如果没有，就说明有问题。请检查设置，因为它们可能是错误的，或者VcXsrv可能已经在运行。

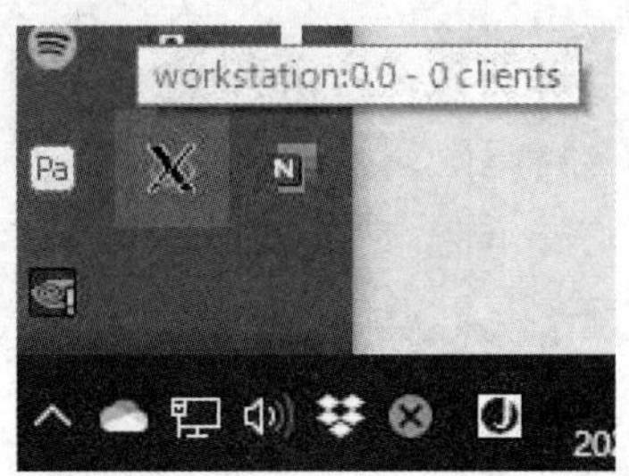

图A.5　任务栏上的VcXsrv图标

“Windows安全警告”对话框只会在第一次出现。第一次你忘记添加公共网络，那么你就必须更改防火墙设置。有几种方法可以做到这一点，例如在配置界面“允许应用通过Windows防火墙”中找到“VcXsrv windows xserver”条目，然后选中“公共”复选框（**图A.6**中最右边一列）。

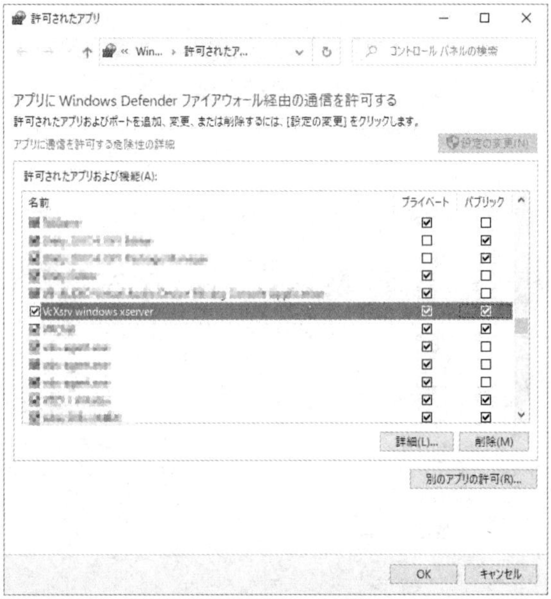

图A.6　允许公共连接

在Windows开始菜单的搜索框中输入“允许应用通过Windows防火墙”，即可找到该配置窗口。

附录B　获取MikanOS

要构建MikanOS，除了开发环境外，还需要源码。与开发环境不同，MikanOS的源码可以放在任何地方。举例来说，下面是要放在$HOME/workspace/mikanos中的一系列命令。

```
$ mkdir $HOME/workspace
$ cd $HOME/workspace
$ git clone https://gi**ub.com/uchan-nos/mikanos.git
```

MikanOS源码在本书中的每个时间点都标有版本。标签名为osbook_dayXX。使用Git命令需要进入目标目录，因此需要cd $HOME/workspace/mikanos，然后运行git tag -l。

```
$ cd $HOME/workspace/mikanos
$ git tag -l
```

这样就能在所需时间点获取源码。例如，要获取26.1节的源码，请运行以下命令。

```
$ git checkout osbook_day26a
```

如果文件有改动，git checkout命令会失败，提示“error: Your local changes the following files would be overwritten by checkout”。这意味着签出操作将覆盖你对该文件所做的更改，该文件将不复存在。

如果你愿意放弃所有改动，可以输入以下命令重置。需要注意的是，这些改动将永久丢失。

```
$ git reset --hard
```

如果你不想丢失更改，则必须提交。关于Git的详细用法，可参考相应书籍。

B.1 检查MikanOS版本之间的差异

你可以使用Git功能检查两个版本之间的完整差异。文本中列出的源码片段并不完整，因此需要完整差异时，例如复制源码时，请使用下面的方法。例如，检查day26a和day26b之间差异的命令及其执行结果如下所示。

```
$ cd $HOME/workspace/mikanos
$ git diff osbook_day26a osbook_day26b
diff --git a/kernel/terminal.cpp b/kernel/terminal.cpp
index 9ea0702c..ba04343b 100644
--- a/kernel/terminal.cpp
+++ b/kernel/terminal.cpp
@@ -11,6 +11,7 @@
 #include "memory_manager.hpp"
 #include "paging.hpp"
 #include "timer.hpp"
+#include "keyboard.hpp"

 namespace {

@@ -728,11 +729,22 @@ size_t TerminalFileDescriptor::Read(void* buf, size_t len) {
     }
     __asm__("sti");

-    if (msg->type == Message::kKeyPush && msg->arg.keyboard.press) {
-      bufc[0] = msg->arg.keyboard.ascii;
-      term_.Print(bufc, 1);
-      return 1;
+    if (msg->type != Message::kKeyPush || !msg->arg.keyboard.press) {
+      continue;
     }
+    if (msg->arg.keyboard.modifier & (kLControlBitMask | kRControlBitMask)) {
+      char s[3] = "^ ";
+      s[1] = toupper(msg->arg.keyboard.ascii);
+      term_.Print(s);
+      if (msg->arg.keyboard.keycode == 7 /* D */) {
+        return 0; // EOT
+      }
+      continue;
+    }
+
+    bufc[0] = msg->arg.keyboard.ascii;
+    term_.Print(bufc, 1);
+    return 1;
   }
 }
```

行首的+表示增加的行，-表示删除的行。数一数，我们可以发现，从26a到26b，我们删除了4行，增加了16行。类似的过程也可以用来检查两个相邻版本之间的差异，如day26a和day26b，以及任意两点之间的差异。

B.2 搜索源码

git grep命令在搜索MikanOS源码时非常有用。例如，要搜索字符串KernelMain，请执行以下操作。

```
$ git grep KernelMain
kernel/Makefile:LDFLAGS  += --entry KernelMain -z norelro --image-base 0x100000 --static
kernel/asmfunc.asm:extern KernelMainNewStack
……
```

这将显示所有包含指定字符串的行及文件名。你也可以使用正则表达式，其语法与grep命令相同。

附录C　EDKII文件说明

除源码外，至少需要三个文件：包声明文件（.dec）、包描述文件（.dsc）和模块信息文件（.inf）。我们将引用示例文件中的部分文件进行说明。

首先来看包声明文件（**代码C.1**）。这个文件的配置项很少，因为它的主要作用是确定包的名称。只要将PACKAGE_NAME设置为正确的值，其他的使用上面列出的值就可以了。如果你打算广泛发布此软件包，或将其导入原始的EDKII，则需要对配置值多加注意（各配置项的含义不在本书讨论范围内，故不赘述）。

代码C.1　MikanLoaderPkg.dec

```
[Defines]
  DEC_SPECIFICATION              = 0x00010005
  PACKAGE_NAME                   = MikanLoaderPkg
  PACKAGE_GUID                   = 452eae8e-71e9-11e8-a243-df3f1ffdebe1
  PACKAGE_VERSION                = 0.1
```

接下来，让我们看看包描述文件。EDK II Platform Description (DSC) File Specification详细介绍了包描述文件的规范。该文件的内容要比声明文件丰富得多，有很多地方可以查看。让我们依次查看，从Defines部分开始设置了基本信息。

代码C.2显示了Defines部分。这部分的重要设置是SUPPORTED_ARCHITECTURES和OUTPUT_DIRECTORY。其他设置不那么重要，从略。

代码C.2　MikanLoaderPkg.dsc中的定义部分

```
[Defines]
  PLATFORM_NAME                  = MikanLoaderPkg
  PLATFORM_GUID                  = d3f11f4e-71e9-11e8-a7e1-33fd4f7d5a3e
  PLATFORM_VERSION               = 0.1
  DSC_SPECIFICATION              = 0x00010005
  OUTPUT_DIRECTORY               = Build/MikanLoader$(ARCH)
  SUPPORTED_ARCHITECTURES        = X64
  BUILD_TARGETS                  = DEBUG|RELEASE|NOOPT
```

SUPPORTED_ARCHITECTURES指定了UEFI应用的目标架构。在本书中，我们为Intel 64构建操作系统，因此在此指定x64。也可以指定其他架构，如IA32和ARM。

OUTPUT_DIRECTORY指定输出已构建文件（.efi文件）的目录。$(ARCH)部分是一个变量，包含实际编译的架构名称（如果编译的是Intel 64，则为x64）。我们稍后将实际构建它，所以可以到时再看。

接下来，转到LibraryClasses部分（代码C.3）。在这一部分，你将设置创建UEFI应用所需库的名称和实际文件之间的对应关系。每行定义一个对应关系，如下所示。

代码C.3　MikanLoaderPkg.dsc中LibraryClasses部分

```
[LibraryClasses]
  UefiApplicationEntryPoint|MdePkg/Library/UefiApplicationEntryPoint/UefiApplicationEntryPoint.inf
  UefiLib|MdePkg/Library/UefiLib/UefiLib.inf
```

通过库名|库模块信息文件的路径查看引用的两行，可以发现它定义了两个库，即UefiApplicationEntryPoint和UefiLib。这些库名将在模块信息文件的LibraryClasses部分的配置中使用，稍后将对此进行说明。

接下来，转到Components部分（代码C.4）。在该部分中，你将指定构成软件包的组件[1]。构建软件包时，此处指定的组件就是要构建的组件。例如，EDKII的AppPkg含多个组件，如Hello、Main和Lua，但组件部分未指定的Components将不会被编译。

代码C.4　MikanLoaderPkg.dsc中Components部分

```
[Components]
  MikanLoaderPkg/Loader.inf
```

看过包描述文件后，我们现在来看模块信息文件（代码C.5）。模块信息文件的规范见EDK II Module Information (INF) File Specification。一个包可以有多个模块。每个包创建一个包描述文件，每个模块创建一个模块信息文件。

代码C.5　Loader.inf

```
[Defines]
  INF_VERSION                    = 0x00010006
  BASE_NAME                      = Loader
  FILE_GUID                      = c9d0d202-71e9-11e8-9e52-cfbfd0063fbf
  MODULE_TYPE                    = UEFI_APPLICATION
  VERSION_STRING                 = 0.1
  ENTRY_POINT                    = UefiMain
```

1　“组件”是指一组程序。一个包由一个或多个组件组成。

```
#  VALID_ARCHITECTURES           = X64

[Sources]
  Main.c

[Packages]
  MdePkg/MdePkg.dec
[LibraryClasses]
  UefiLib
  UefiApplicationEntryPoint

[Guids]

[Protocols]
```

Defines部分的重要内容是BASE_NAME和ENTRY_POINT，其中BASE_NAME是组件的名称，易于编写。

在ENTRY_POINT中，写入该UEFI应用的入口点名称。有关入口点的更多信息，请参阅2.2节。

Sources部分列出了构成UEFI应用的源码，每行一个文件。

虽然我们对Packages部分的理解不是很透彻，但在我们看来，应该列出构建此模块所需的包。就目前而言，上述配置值运行良好，所以没有详细探讨。

LibraryClasses部分指定了UEFI应用所依赖的库。此处指定的库名称是包说明文件LibraryClasses部分定义的名称。

附录D　C++中的模板

模板是类型抽象的一种功能。在C++程序中，通常需要编写特定的类型，如int或PixelColor。但模板允许编写“某种类型”的通用实现。例如，标准库std::vector就是一个模板，它实现了一个包含各种类型元素的动态数组。动态数组的每个功能，如添加、删除、搜索和排序，都可以在不依赖特定元素类型的情况下实现，无论元素类型是int、double还是你自己创建的结构。因此，它们非常适合作为模板来实现。

代码D.1重现了**第6章**中首次出现的Vector2D的定义。第一行template<typename T>就是模板。在这行后面的结构定义中，T可以作为类型使用。这个T被称为模板参数。

代码D.1　二维向量Vector2D（graphics.hpp）

```
template <typename T>
struct Vector2D {
  T x, y;

  template <typename U>
  Vector2D<T>& operator +=(const Vector2D<U>& rhs) {
    x += rhs.x;
    y += rhs.y;
    return *this;
  }
};
```

像在Vector2D中一样，作为模板的结构定义被称为结构模板。此外还有函数模板和变量模板，但在此不做介绍。

当编译器检测到结构模板时，就会将结构定义实例化。模板实例化（template instantiation）指的是将结构定义中的模板参数T替换为具体类型。由于我们在FillRectangle()的参数中写入了Vector2D<int>，因此编译器会生成一个结构定义，将T替换为int。如果代码中使用了Vector2D<double>类型，编译器也会生成一个将T实例化为double的版本。

模板允许定义通用结构而不受限于特定类型：Vector2D<int>允许用整数表示坐标，Vector2D<double>允许用小数表示X和Y坐标，等等。无论T的具体类型是什么，“二维向量有两个成员变量x和y，可以像a+=b一样运算”这一属性不会改变。通过模板，我们可以直截了当地表达这一属性。

附录E iPXE

iPXE是一个通过网络启动操作系统的软件。你可以通过网络将操作系统（引导加载程序和内核）从开发机复制到测试机，并在测试机上启动它。我们将它用于日常开发，因为它省去了将操作系统复制到U盘并反复插拔U盘的麻烦。

使用iPXE启动操作系统需要两个主要的准备步骤。下面依次加以说明。

1. 准备一个已安装iPXE的U盘并将其插入测试机。
2. 在开发机上启动HTTP服务器。

E.1 构建和安装iPXE

安装构建iPXE所需工具，其在apt下可以轻松安装。

```
$ sudo apt install build-essential binutils-dev zlib1g-dev libiberty-dev liblzma-dev
```

准备iPXE启动脚本load.cfg。没有该脚本也可使用iPXE，但每次都必须手写输入iPXE命令，非常烦琐。可以将启动脚本保存为ipxe/src/load.cfg。

```
#!ipxe

#dhcp
set net0/ip 192.168.0.199
set net0/netmask 255.255.255.0
ifopen net0

prompt Press any key to load the kernel

kernel http://<开发机IP地址>:8000/EFI/BOOT/BOOTX64.EFI
initrd http://<开发机IP地址>:8000/fat_disk
initrd http://<开发机IP地址>:8000/kernel.elf /kernel.elf mode=755

boot
```

启动脚本的前半部分配置网络。192.168.0.199是要分配给测试机的IP地址，静态设置IP地址是为了绕过DHCP并加快启动过程。实际IP地址应根据网络环境进行更改，并应与连接到局域网的其他设备的IP地址不同。如果不确定，也可以设置DHCP模式。取消注释#dhcp，并注释掉随后的三行（两行set和一行ifopen），就会进入DHCP模式。

<开发机的IP地址>应是分配给开发机的IP地址，要想找出IP地址，请在开发机上运行ip a命令。显示结果中的inet a.b.c.d就是候选IP地址。你可能会看到几个IP地址，但如果其中任何一个有inet 192.168.x.y这样的，那就很可能是正确答案。

脚本的后半部分使用HTTP下载三个文件。kernel和initrd分别是下载文件的iPXE命令。而不是kernel.elf，因为这是指定第一个启动文件BOOTX64.EFI的命令。

启动脚本准备就绪后，就可以构建iPXE。

```
$ cd ipxe/src
$ make bin-x86_64-efi/ipxe.efi EMBED=./load.cfg
```

此过程会生成bin-x86_64-efi/ipxe.efi文件。EMBED=./load.cfg中包含启动脚本。将其安装到U盘上。安装时只需将其复制到/EFI/BOOT/BOOTX64.EFI中。复制方式不限，下面是一个例子。

```
$ sudo mount /dev/sdb1 /mnt/usbmem
$ sudo cp bin-x86_64-efi/ipxe.efi /mnt/usbmem/EFI/BOOT/BOOTX64.EFI
$ sudo umount /mnt/usbmem
```

将U盘插入测试机。

E.2 启动HTTP服务器

启动脚本将尝试从http://<开发机IP地址>:8000/...下载文件。因此，需要在开发机的8000端口上设置HTTP服务器。如果使用的是Ubuntu，最简单的是用Python语言。

首先，你需要在某个目录（比方说ipxe_root）下放置三个文件，使它们以ipxe_root/EFI/BOOT/BOOTX64.EFI、ipxe_root/fat_disk和ipxe_root/kernel.elf的形式出现。使用符号链接可简化操作。

```
$ cd $HOME/workspace/mikanos
$ mkdir -p ipxe_root/EFI/BOOT
$ cd ipxe_root
$ ln -s $HOME/edk2/Build/MikanLoaderX64/DEBUG_CLANG38/X64/Loader.efi ./EFI/BOOT/BOOTX64.EFI
$ ln -s ../disk.img ./fat_disk
$ ln -s ../kernel/kernel.elf ./kernel.elf
```

放置文件后，用Python启动HTTP服务器。

```
$ python3 -m http.server 8000
```

curl命令可以用来检查HTTP服务器是否已经启动。可以使用-I选项来确认文件是否存在，而无须下载文件本身。

```
$ curl -I http://localhost:8000/kernel.elf
HTTP/1.0 200 OK
Server: SimpleHTTP/0.6 Python/3.6.9
Date: Wed, 02 Dec 2020 07:37:19 GMT
Content-type: application/octet-stream
Content-Length: 4451856
Last-Modified: Tue, 01 Dec 2020 03:08:37 GMT
```

如果curl -I的结果是200 OK（如上所示），则HTTP服务器已成功启动。

E.3 网络启动实践

包含iPXE的U盘和开发机上的HTTP服务器准备就绪后，就可以启动网络了。将装有iPXE的U盘插入测试机并打开。打开BIOS设置并调整，使其从装有iPXE的U盘启动。在大多数机型上，反复按Delete或F2键将弹出BIOS设置界面。

如果你在不调整任何设置的情况下构建iPXE，额外功能就会内置，导致iPXE启动时初始化时间增加。根据我们的经验，在“iPXE initialising devices...”状态下，某些机型需要几十秒。

在这种情况下，调整ipxe/src/config/general.h中的编译选项，可能显著改善系统性能。在我们测试过的机型上，将无线网相关选项中的#define改为#undef，速度提升明显。

```
#undef CRYPTO_80211_WEP
#undef CRYPTO_80211_WPA
#undef CRYPTO_80211_WPA2
```

该机型没有无线局域网接口，因此很可能因iPXE试图初始化无线局域网相关功能而超时。

附录F ASCII码表

表F.1为ASCII码的控制字符部分。控制字符通常不显示在屏幕上，但用于控制文档的显示。它们有时被称为不可打印字符（non-printable character）。例如，换行符（LF和CR）和制表符（HT和VT）就是控制字符。其他不用于正常文档但代表数据分隔符的字符（如SOH和FS）也有定义。

表F.1 ASCII字符（控制字符）

字符	十进制数	十六进制数	转义序列
NUL(nullcharacter)	0	0x00	\0
SOH(startofheader)	1	0x01	
STX(startoftext)	2	0x02	
ETX(endoftext)	3	0x03	
EOT(endoftransmission)	4	0x04	
ENQ(enquiry)	5	0x05	
ACK(acknowledge)	6	0x06	
BEL(bell)	7	0x07	\a
BS(backspace)	8	0x08	\b
HT(horizontaltab)	9	0x09	\t
LF(linefeed)	10	0x0a	\n
VT(verticaltab)	11	0x0b	\v
FF(formfeed)	12	0x0c	\f
CR(carriagereturn)	13	0x0d	\r
SO(shiftout)	14	0x0e	
SI(shiftin)	15	0x0f	
DLE(datalinkescape)	16	0x10	
DC1(devicecontrol1)	17	0x11	
DC2(devicecontrol2)	18	0x12	
DC3(devicecontrol3)	19	0x13	
DC4(devicecontrol4)	20	0x14	
NAK(negativeacknowledge)	21	0x15	
SYN(synchronousidle)	22	0x16	
ETB(endoftransmissionblock)	23	0x17	

续表

字符	十进制数	十六进制数	转义序列
CAN(cancel)	24	0x18	
EM(endofmedium)	25	0x19	
SUB(substitute)	26	0x1a	
ESC(escape)	27	0x1b	
FS(fileseparator)	28	0x1c	
GS(groupseparator)	29	0x1d	
RS(recordseparator)	30	0x1e	
US(unitseparator)	31	0x1f	
DEL(delete)	127	0x7f	

ASCII码是最有代表性的字符编码。大多数文字处理软件都支持ASCII码。通常我们在创建程序时，可能会不自觉地使用ASCII码。最近流行的UTF-8码与0x00～0x7f范围内的ASCII码兼容。仅使用该范围内的字符并以UTF-8码编写的文件与以ASCII码编写的文件完全没有区别。

表F.2和**表F.3**是图形字符。控制字符不在屏幕上显示，而图形字符（0x20～0x7e）则可以在屏幕上显示。因此，图形字符也被称为可打印字符（printable character）。

表F.2　ASCII字符（图形字符0x40到0x7e）

字符	十进制数	十六进制数
空白''	32	0x20
!	33	0x21
"	34	0x22
#	35	0x23
$	36	0x24
%	37	0x25
&	38	0x26
'	39	0x27
(	40	0x28
)	41	0x29
*	42	0x2a
+	43	0x2b
,	44	0x2c
-	45	0x2d
.	46	0x2e
/	47	0x2f
0	48	0x30
1	49	0x31
2	50	0x32
3	51	0x33
4	52	0x34
5	53	0x35
6	54	0x36
7	55	0x37
8	56	0x38
9	57	0x39
:	58	0x3a
;	59	0x3b
<	60	0x3c
=	61	0x3d
>	62	0x3e
?	63	0x3f

读者可能会问，为什么制表符（HT）和换行符（LF）是不可打印字符，而空白却是可打印字符。我们认为，制表符在屏幕上显示时会转换为空格，因此制表符本身不会显示。换行符也具有移动到下一行的效果，但不具有文字的形式。不过，这方面的分类因情况而异。例如，Python编程语言中的常量string.printable除了空白外，还包括HT、LF、VT、FF和CR。

比较表F.3的左右两边。你会发现左边的是大写字母，而右边则列出了对应的小写字母。事实上，在ASCII码中，大写字母加上0x20就变成了小写字母。利用这一事实，将混合大小写字符串转换为全大写字母的程序可以编写如下。

表F.3 ASCII码（图形字符0x40至0x7e）

字符	十进制数	十六进制数	字符	十进制数	十六进制数
@	64	0x40	`	96	0x60
A	65	0x41	a	97	0x61
B	66	0x42	b	98	0x62
C	67	0x43	c	99	0x63
D	68	0x44	d	100	0x64
E	69	0x45	e	101	0x65
F	70	0x46	f	102	0x66
G	71	0x47	g	103	0x67
H	72	0x48	h	104	0x68
I	73	0x49	i	105	0x69
J	74	0x4a	j	106	0x6a
K	75	0x4b	k	107	0x6b
L	76	0x4c	l	108	0x6c
M	77	0x4d	m	109	0x6d
N	78	0x4e	n	110	0x6e
O	79	0x4f	o	111	0x6f
P	80	0x50	p	112	0x70
Q	81	0x51	q	113	0x71
R	82	0x52	r	114	0x72
S	83	0x53	s	115	0x73
T	84	0x54	t	116	0x74
U	85	0x55	u	117	0x75
V	86	0x56	v	118	0x76
W	87	0x57	w	119	0x77
X	88	0x58	x	120	0x78

续表

<table>
<tr><th>字符</th><th>十进制数</th><th>十六进制数</th><th>字符</th><th>十进制数</th><th>十六进制数</th></tr>
<tr><td>Y</td><td>89</td><td>0x59</td><td>y</td><td>121</td><td>0x79</td></tr>
<tr><td>Z</td><td>90</td><td>0x5a</td><td>z</td><td>122</td><td>0x7a</td></tr>
<tr><td>[</td><td>91</td><td>0x5b</td><td>{</td><td>123</td><td>0x7b</td></tr>
<tr><td>\</td><td>92</td><td>0x5c</td><td>|</td><td>124</td><td>0x7c</td></tr>
<tr><td>]</td><td>93</td><td>0x5d</td><td>}</td><td>125</td><td>0x7d</td></tr>
<tr><td>^</td><td>94</td><td>0x5e</td><td>~</td><td>126</td><td>0x7e</td></tr>
<tr><td>`</td><td>95</td><td>0x5f</td><td></td><td></td><td></td></tr>
</table>

```
#include <iostream>

void ToUpper(char* s) {
  while (*s) {
    if ('a' <= *s && *s <= 'z') {
      *s -= 0x20;
    }
    ++s;
  }
}

int main() {
  char greet[] = "Hello, world!";
  std::cout << greet << std::endl;
  ToUpper(greet);
  std::cout << greet << std::endl;
}
```

在实践中，建议使用标准库<cctype>中定义的std::toupper和std::tolower。因为即使程序的执行环境中采用了ASCII以外的字符集，也可以使用这些函数。例如，在俄罗斯使用的程序可能使用西里尔字符输入。如果这样，就不能使用假定使用ASCII码的大小写转换方法。不过如果只使用ASCII码，上述程序也可以正常运行。

致谢

这本书的诞生得益于多人合作。原稿的完成时间比原计划推迟了很多，给编辑风穴先生、Mynavi出版社的山口先生以及DadaHouse的制作设计师海江田先生带来了不少麻烦。感谢他们的耐心等待。还有很多人对本书的完成起到了至关重要的作用，在此表示感谢。

我写这本书的第一个也是最大的灵感来自OSASK和《30天自制操作系统》。十分感谢OSASK的创始人和该书的作者川合先生。如果川合先生没有创建OSASK，我可能永远不会制作自己的操作系统。如果该书没有出版，我就不会考虑用新技术重写它。感谢川合先生的工作使我能够享受自制操作系统的乐趣。在本书写作过程中，川合先生也给了我很多建议。非常感谢他的准确建议。

感谢所有审稿人的帮助，他们让本书的品质有了很大提高。东京工业大学信息科学技术学院教授権藤先生、参加过2017年“Security Camp全国大会”的森真诚先生、参加过2019年会议的筑波大学广濑智之先生、斯坦福大学数学系与物理系的佐藤弘崇先生、希望学习本书的中学生代表平田诚治先生、kaage（@ageprocpp）、八木瑛久先生和Osmium_1008耐心地阅读了稿件并提出了宝贵的意见。非常感谢！

衷心感谢东京工业大学信息科学技术学院2020年度System Development Studio: Advanced II的全体学生。他们阅读了未完成的手稿，并指出了许多要补充、要修改和拼写错误之处。本书作为教程的质量有所提高，我感觉可以用于研究生水平的讲座。

osdev-jp的市川真一帮我检查了MikanOS在各种机器上的运行情况。不仅如此，他还把他宝贵的测试设备免费借给了我。非常感谢！

我要感谢osdev-jp的所有成员。多亏了他们在这个社区中的热情，我才能继续自己的操作系统开发工作。没有他们的鼓励，我就不会写这本书。与他们进行的技术讨论非常有意义。多亏了与他们进行的深入而高水平的讨论，才有了今天的MikanOS。非常感谢他们！